HANDWÖRTERBUCH DER MÜNZKUNDE.

HANDWÖRTERBUCH DER
MÜNZKUNDE
UND IHRER HILFSWISSENSCHAFTEN

VON

H. HALKE.

1909
DRUCK UND VERLAG VON
GEORG REIMER BERLIN.

Vorwort.

Wenn ich mit einem Buche an die Öffentlichkeit trete, welches den Titel „Handwörterbuch der Münzkunde und ihrer Hilfswissenschaften“ führt, so sind die Gründe, welche mich hierzu bewogen haben, den Gründen ähnlich, die mich seinerzeit zur Herausgabe meiner „Einleitung in das Studium der Numismatik“ veranlaßten. Während ich jedoch in letzterer bemüht war, das Wissenswerteste aus dem gesamten Gebiete der Numismatik systematisch zusammenzustellen und eine Übersicht über die geschichtliche Entwickelung des Münzwesens zu bieten, soll das vorliegende Werk ein Handbuch sein, in welchem nicht nur der Münzsammler und angehende Numismatiker, sondern auch der gebildete Laie über manche ihm aufstoßende Fragen aus dem Gebiete der Numismatik und ihrer Hilfswissenschaften, auf die schnellste und einfachste Weise kurze Belehrung finden kann. Sind doch die zahlreich vorhandenen Handwörterbücher und Reallexika der Kunstgeschichte, Kulturgeschichte, Archäologie, der technischen Wissenschaften etc. offenbar dem gleichen Bedürfnis entsprungen. Nur in der numismatischen Literatur fehlt es an einem ähnlichen Hilfsbuche, denn das einzige mir bekannte, im Jahre 1811 erschienene Handwörterbuch der gesamten Münzkunde von Schmieder mit Nachtrag vom Jahre 1815 ist, wenn es auch noch viel Brauchbares enthält, veraltet und kaum mehr erhältlich, berücksichtigt auch nicht die Hilfswissenschaften der Numismatik, während die neueren Wörterbücher über Münz- oder Geldkunde vom Standpunkte der Volkswirtschaftslehre und der Geldlehre geschrieben sind und sich mit der eigentlichen Numismatik wenig oder gar nicht befassen.

Bei Münzfreunden und Münzsammlern erstreckt sich zwar erfahrungsmäßig das Interesse bzw. die Sammellust in der Regel nur auf ein beschränktes Gebiet; beide kommen aber häufig in die Lage, sich über Fragen unterrichten zu wollen, die mit ihren Zielen nicht in unmittelbarem Zusammenhange stehen. Andererseits ist das Gebiet der Numismatik ein ungemein umfangreiches, und nicht jedem ist Zeit und Gelegenheit geboten, sich zeitraubenden numismatischen Studien sowie den damit verbundenen Vorstudien zu unterziehen und sich zu diesem Zwecke womöglich eine ganze Bibliothek anzuschaffen. Im engsten Zusammenhange mit der Numismatik steht ferner eine Reihe von Wissenschaften, die vom Standpunkte der Numismatik als Hilfswissenschaften derselben zu betrachten sind. Hierzu gehören vornehmlich die Geschichte und die historische Geographie, dann die Archäologie, die Mythologie, die Kultur- und die Kunstgeschichte, die Heraldik, Sphragistik, Ikonographie, Kostümkunde, Etymologie, Sprachen- und Schriftkunde sowie die Technik der Münzprägung. Das Handwörterbuch soll daher ein Hilfs- und Nachschlagebuch sein, welches dem Münzfreund und Sammler nicht nur über Fragen aus dem Gebiete der eigentlichen Numismatik, wie ihm solche im gewöhnlichen Leben, beim Studium numismatischer Bücher und selbst beim Lesen von Münzkatalogen häufig aufstoßen, Auskunft gibt, sondern es soll auch Fragen aus den vorgedachten Wissenschaften beantworten, soweit sie zur Numismatik in Beziehung stehen.

Was die in dem Wörterbuch aufgeführten Münzen und numismatischen Begriffe anlangt, so sind in dasselbe nur Artikel über Münzen früherer Zeiten aufgenommen, deren wissenschaftliche Behandlung Aufgabe der Numismatik ist, die sich also auf die Entstehung, Beschaffenheit, Benennung und Verbreitung dieser Münzen, ferner auf die Erklärung der wichtigsten der auf ihnen vorkommenden Bilder, Zeichen und Aufschriften, auf die Herstellung der Münzen, das Sammeln derselben sowie auf die in der Numismatik gebräuchlichen technischen Ausdrücke usw. beziehen. Dagegen gibt das Handwörterbuch nur ausnahmsweise und nur soweit dies durch den historischen Zusammenhang bedingt wird, Auskunft über moderne Münzen. Ferner bedingt die lexikographische Form des Buches eine möglichst knappe Behandlung des umfangreichen Stoffes. Wer über diesen oder jenen Punkt eingehendere Belehrung zu erhalten wünscht, wird natürlich auf Spezialwerke zurückgehen müssen. In dem am Schluß des Wörterbuches befindlichen Quellenverzeichnis ist eine Reihe solcher Spezialwerke aufgeführt; auch ist im Texte auf Quellen, welche ich benutzt habe, häufig verwiesen.

Trotz der Beschränkungen, welche ich mir hiernach auferlegt habe, darf der Leser nicht erwarten, daß ihm mein Wörterbuch über alle innerhalb des Rahmens desselben liegende Fragen Antwort oder so eingehende Auskunft erteilen wird, wie er zu erhalten wünscht. Ich weiß selbst am besten, daß das Buch noch vieler Ergänzungen und Verbesserungen fähig ist, tröste mich aber mit dem Bewußtsein, daß es in dieser Beziehung das Schicksal anderer Wörterbücher teilt, und daß es an einem Handbuch, welches ähnliche Ziele verfolgt, in der numismatischen Literatur überhaupt noch fehlt. Ich werde jedermann, besonders den Herren Rezensenten dankbar sein, wenn sie mich auf wünschenswerte Verbesserungen aufmerksam machen.

Kötzschenbroda, im Oktober 1908.

Der Verfasser.

A.

A, Zeichen der Münzstätte Berlin, auf preußischen Münzen seit Friedrich dem Großen, auf Münzen des Deutschen Reichs seit Einführung der Reichswährung (auf letzteren auch A-A); ferner auf zahlreichen anderen Münzen des Mittelalters und der Neuzeit Zeichen einer mit dem Buchstaben A anfangenden oder der ersten Münzstätte des betreffenden Landes. Weiteres s. unter Münzzeichen.

A. A. A. F. F., Abkürzung für auro argento aere flando feriundo, s. Tresviri monetales.

Abbas, s. Abt.

Abbildungen von Münzen. Für das Bestimmen von Münzen (s. d.) sind, wenn Originale nicht zur Verfügung stehen, Abbildungen von größter Wichtigkeit, denn selbst die genaueste Beschreibung wird niemals ausreichen, ein ganz genaues Bild von den auf einer Münze befindlichen Darstellungen zu geben. Andererseits können die Stärke des Schrötlings (s. d.), die Farbe des Metalls sowie manche Eigentümlichkeiten, welche die Münze in ihrer äußern Erscheinung zeigt, namentlich der Gesamteindruck, welchen sie auf den Beschauer ausübt, und die Fabrik oder Mache (s. d.) auch durch die getreueste Abbildung nicht vollkommen wiedergegeben werden. Diese Mängel haften selbst den Abformungen von Münzen, sei es durch Abdruck oder durch Abguß (s. diese Wörter) in größerem oder geringerem Maße an, und wenn die Abformungen auch ein anschaulicheres Bild von der Münze geben, als die Abbildungen, so haben doch letztere wieder den Vorzug, daß sie numismatischen Büchern und Katalogen bequem beigefügt werden können. Früher wurden die Abbildungen von Münzen im Wege des Kupferdrucks oder des Holzschnitts hergestellt, beides Verfahren, welche die schönsten und klarsten Reproduktionen liefern und von denen das letztere noch den Vorzug besitzt, daß die Holzschnitte in den Typendruck bequem eingefügt werden können, Sie setzen aber voraus, daß der Zeichner sehr genau arbeitet, und sind überdies kostspielig. Billiger, aber weniger gut sind die im Wege der Lithographie (des Steindrucks) hergestellten Abbildungen. Auch von dem wenig kostspieligen Prägedruckverfahren hat man bei Münzabbildungen

Gebrauch gemacht, doch ist dasselbe wegen verschiedener ihm anhaftender Mängel nur in beschränktem Maße zur Anwendung gelangt. Seit Erfindung der Photographie bzw. des Lichtdrucks bedient man sich auch in der numismatischen Literatur zur Herstellung der benötigten Abbildungen mit Vorliebe des Lichtdruckverfahrens, von welchem es verschiedene Arten gibt. Allen gemeinsam ist der Vorzug, daß es das Bild der Münze, namentlich das Relief derselben am anschaulichsten wiedergibt, doch müssen die Abbildungen, wenn sie tadellos ausfallen sollen, auf besonders dazu geeignetes Papier gedruckt bzw. als Tafeln dem Buche beigegeben werden. Zu Abbildungen, welche in den Text eines Buches eingedruckt werden sollen, bedient man sich jetzt statt der Holzstöcke oder der von diesen angefertigten Galvanos der Autotypien oder Photozinkographien (Zinkhochätzungen), zu deren Herstellung man das Bild der Münze auf einer eigens dazu präparierten Zinkplatte photographisch fixiert und durch Ätzung zu einem Relief gestaltet, aus dem dann ein Klischee gefertigt wird. Dasselbe kann wie die Buchstabentypen behandelt bzw. in die Druckform eingesetzt werden, doch fallen die solchergestalt hergestellten Abbildungen in der Regel nicht so schön und so klar aus, wie die Abdrücke von Holzstöcken oder Galvanos.

Abdrücke von Münzen werden in einfachster Weise dadurch hergestellt, daß man diejenige Seite der Münze, welche man kopieren will, auf einen geeigneten weichen, die eingepresste Form festhaltenden Stoff, am besten mäßig erwärmten feinen Siegellack aufdrückt. Da man jedoch auf diese Weise ein verkehrtes Bild der Münze erhält und das Relief derselben im Abdruck vertieft erscheint, so ist das Verfahren nur ein sehr unvollkommenes, ganz abgesehen davon, daß Siegellackabdrücke vor Wärme und Nässe geschützt werden müssen. Bei sehr dünnen Münzen, namentlich Brakteaten (s. d.), ist es überhaupt nicht anwendbar. Zweckentsprechender sind die Abdrücke, welche dadurch gewonnen werden, daß man ein Stück Staniol auf die Münze legt und mit der Hand oder einem weichen Gegenstande gelinde auf dieselbe aufdrückt. Da das Staniol weich und dünn ist, so wird das Münzbild im Relief naturgetreu durchgedrückt, doch sind aus demselben Grunde die auf diese Weise gewonnenen Abdrücke gegen den geringsten Druck sehr empfindlich. Auch andere Verfahren, wie das Abdrücken von Münzen in feuchtes Papier, Blei usw. haben ihre großen Mängel, da durch die dabei erforderliche Pressung die Münzen leicht beschädigt werden und die Abdrücke, namentlich bei feinen Prägungen, unklar ausfallen. Die besten Kopien von Münzen erhält man ohne die geringste Beschädigung derselben im Wege des A b g u s s e s (s. d.).

Abendmahlspfennige waren Marken, welche von den Reformierten in der Schweiz, angeblich im Jahre 1561 von Calvin eingeführt wurden, um über die sich zum Abendmahl Meldenden eine Kontrolle auszuüben.

Abgüsse von Münzen werden hauptsächlich in Gips oder auf galvanoplastischem Wege oder durch Metallguß hergestellt. Das erstere Verfahren ist das einfachste und kann nach einiger Übung von jedermann leicht angewandt werden. Man drückt ein Blättchen Staniol von entsprechender Größe auf die Seite der Münze, welche man abformen will, und umgibt dasselbe, ehe man es abnimmt, mit einer Umhüllung von Wachs, Kitt oder ähnlichem Stoff, damit die auf diese Weise gewonnene Form die nötige Festigkeit erhält. Dann gießt man vorsichtig angerührten Gips — es darf nur solcher von bester Sorte verwandt werden — schnell in die Form und wartet mit dem Abnehmen derselben, bis der Gips erstarrt ist. Überstehende Ränder und die Rückseite des Gipsabgusses müssen mit dem Messer zurechtgeschnitten werden, um die Form des Originals möglichst zu wahren. Man kann sich auf diese Weise eine ganze Münzsammlung in Gipsabgüssen anlegen, doch gehören natürlich zu jedem Stück immer zwei Abgüsse. Auch zur Herstellung von Münzabbildungen im Wege des Lichtdrucks bedient man sich der Gipsabgüsse, da sich von den Originalen, namentlich von Kupfermünzen, gute und klare photographische Aufnahmen schwer erzielen lassen.

Galvanoplastische Abgüsse von Münzen werden in der Weise hergestellt, daß man zunächst von der abzugießenden Seite der Münze eine Guttaperchaform fertigt, dieselbe durch Bestreuen mit Graphitstaub leitend macht und dann so lange in den Apparat hängt, bis sich von dem gewünschten Metall, meist Kupfer, ein genügend starker Niederschlag gebildet hat. Dieses Verfahren hat, abgesehen von der absoluten Genauigkeit und größeren Haltbarkeit der Kopie, noch den Vorzug, daß man die von der Vorder- und von der Rückseite der Münze gewonnenen Galvanos mit Zinn oder Blei ausgießen und dann zusammenlöten kann, wodurch die Kopie an Naturtreue gewinnt.

Zu den im Wege des Gusses herzustellenden Münzkopien wird gewöhnlich Blei oder Zinn verwandt, da diese Metalle sich besonders dazu eignen und auch die billigsten sind. Man fertigt von beiden Seiten der abzugießenden Münze Formen aus feinem Formsand oder Ton, stellt dieselben mit den Seiten, in welche die Münze abgeformt ist, dicht aneinander und gießt in den dadurch gewonnenen leeren Raum durch eine am Rande gemachte Öffnung (Gußloch) das flüssige Metall. Dieses Verfahren hat zwar manche Mängel, wird aber, da bei gehörigem Geschick sehr gute Abgüsse gewonnen werden können, häufig zu Münzfälschungen (s. d.) benutzt.

Abkürzungen der Schrift auf Münzen kommen schon im Altertum vor. Sie wurden teils durch den Mangel an Platz auf dem Felde des Stempels, teils durch den Umstand bedingt, daß die Stempelschneider die Schwierigkeiten scheuten, welche die Fertigung vollständiger Aufschriften mit sich brachte. Auf alten griechischen Münzen ist der Stadtname, wenn er auf denselben überhaupt angegeben ist, meist nur durch einige Buchstaben, oft nur durch einen einzigen angedeutet, z. B. Ϙ (altertümliche Form des K) für Korinth, ΕΦ für Ephesus, ΑΘΕ für Athen. Auf den Münzen der Römer kommen zahlreiche und umfangreiche Abkürzungen von Namen und Titeln vor. Dies gilt insbesondere von den Münzen der Kaiser, welche es liebten, ihre sämtlichen Titel auf denselben anzubringen. So ist z. B. auf einem Sesterz des Kaisers Vespasianus die Aufschrift IMP CAES VESPASIAN AVG P M TR P PP COS III zu lesen *Imperator Caesar Vespasianus Augustus pontifex maximus tribunicia potestate pater patriae consul III.* Das letzte Wort und die Zahl III bedeuten, daß Vespasian, als die Münze geprägt wurde, zum dritten Male das Konsulat bekleidete.

Auf den Münzen des Mittelalters sind die Abkürzungen nicht weniger umfangreich. Namen und Titel der Münzherren sowie andere Worte werden oft nur durch einen oder wenige Buchstaben angedeutet, z. B. Ā = Albertus, Θ = Otto, **D** = *dux*, **RF** = *rex Francorum*, **DG** = *Dei gratia*, **IS XP** = Jesus Christus, ΘPS = *episcopus.* Bei anderen Abkürzungen und Wortzusammenziehungen half man sich durch besondere Zeichen; so ist z. B. DN̄S = *dominus*, SC̄S = *sanctus*, das durchstrichene S̶ (auf Cölner Denaren) = *sancta*, IMP' = *imperator*, PR' = *princeps.* Das einem Apostroph ähnliche Zeichen wird auch angewandt, um die Wortendungen *rum* und *orum* anzudeuten, das Zeichen 9 für *us*, das Zeichen ʒ für *et cetera.* Auf den Münzen des 16. bis 18. Jahrhunderts sind wegen der vielen und langen Titel der Münzherren die Abkürzungen am umfangreichsten. Brauchbare Handbücher für die Erklärung derselben sind Rentzmann, Numismatisches Legenden-Lexikon des Mittelalters und der Neuzeit, sowie Schlickeysen-Pallmann, Erklärung der Abkürzungen auf Münzen der neueren Zeit, des Mittelalters und des Altertums.

Abschläge von Münzen nennt man solche Prägungen, die nicht in dem zur Herstellung derselben bestimmten, sondern in einem anderen, sei es wertvolleren, sei es minderwertigen Metalle mit dem Originalstempel hergestellt sind. So gibt es Silberabschläge von Dukaten und anderen Goldmünzen, sowie Goldabschläge von Talerstempeln. Abschläge der letztgedachten Art wurden dann nach dem Feingehalt und Gewicht bewertet und kamen, obgleich sie ursprünglich nur zu Geschenken und ähnlichen Zwecken bestimmt gewesen sind, als Zahlungsmittel in den Verkehr, wie dies namentlich bei Goldabschlägen von Talerstempeln österreichischer Münzstätten der Fall gewesen ist. Wegen der zur Prüfung von Münzstempeln gefertigten Abschläge s. Probemünzen.

Abschnitt einer Münze, franz. und engl. *exergue*, nennt man den unter dem Münzbilde durch eine Linie oder Leiste abgetrennten Raum (Segment). Derselbe ist dazu bestimmt, einzelne Worte der Aufschrift, namentlich, wie bei den Münzen der späteren römischen Kaiserzeit der Fall gewesen ist, den Namen der Prägestätte, oder den Namen des Stempelschneiders, Münzmeisterzeichen, Münzbuchstaben oder die Jahreszahl aufzunehmen.

Absolutionstaler, eine silberne Schaumünze, welche Heinrich IV. von Frankreich auf seine Freisprechung vom Kirchenbann im Jahre 1595 hat prägen lassen. Sie trägt auf der Hauptseite das Bild des Papstes Clemens VIII, auf der Rückseite sein eigenes Brustbild.

Abt, lat. *abbas*, abgeleitet von dem syrischen, auch in der Bibel vorkommenden Worte *abba*, Vater, bezeichnet ebenso wie Prior, Guardian, Präpositus (Propst) den Vorsteher eines Klosters, insbesondere des Benediktinerordens. Die Benediktinerinnen hatten Äbtissinnen (*abbatissae*). Ein Kloster, dessen Vorsteher ein Abt oder eine Äbtissin ist, heißt Abtei. Die Abteien waren früher meist reich begütert und ihre Vorsteher förmliche kleine Monarchen, welche zum Teil auch in den Reichsfürstenstand gelangten und das Münzrecht ausübten, wie die Äbte von Fulda, Kempten, St. Gallen, Corvey, Walkenried und die Äbtissinnen von Gandersheim, Quedlinburg, Essen. Auch hatten die Äbte oft das Recht, die bischöfliche Inful (Mitra) zu tragen, und wir finden daher auf den Münzen derselben diese Kopfbedeckung häufig als Abzeichen ihrer Würde angebracht.

Abtreiben, s. Probieren.

Abundantia, römische Personifikation des Überflusses, oft auf Münzen der Kaiser dargestellt als weibliche Figur mit umgekehrtem Füllhorn. Als die Ziege Amalthea (Ἀμάλθεια), welche den kretischen Zeus nährte und zum Lohne dafür unter die Sterne versetzt wurde, sich einst an einem Baume ein Horn abstieß, nahm eine Nymphe dasselbe auf, füllte es mit Früchten und gab es dem Zeus. Dieser schenkte es den Nymphen, seinen Pflegerinnen, und verhieß ihnen, daß, was sie wünschen möchten, ihnen aus dem Horn emporquellen werde. Das Horn, welches die Abundantia trägt, ist daher das Horn des Überflusses, *cornu copiae*, ein Symbol der Fruchtbarkeit, der Fülle, des Überflusses, welchen Äcker, Gärten, Weinberge bringen. Die Darstellung der Abundantia auf den Münzen charakterisiert sich hiernach als eine Schmeichelei, durch welche angedeutet werden soll, daß die Regierung des betreffenden Kaisers dem Volke Überfluß an Gütern gebracht habe.

Achäischer Bund. Zu den ältesten Gemeinschaftsmünzen (s. d.) gehören diejenigen des achäischen Bundes. Derselbe bestand aus einer größeren Anzahl von Städten des Peloponnes, welche sich im Jahre 280 v. Chr. zum Schutze ihrer Freiheit zusammengeschlossen hatten und unter anderen gemeinsamen Einrichtungen auch ein einheitliches Münzwesen besaßen. Die Münzen des achäischen Bundes, von welchen bis jetzt solche von 45 Städten bekannt sind, tragen neben den charakteristischen Typen und den Namen der Münzstätten, von welchen sie ausgegangen sind, die gemeinschaftliche Bezeichnung AX(αίων). Mit der Eroberung Griechenlands durch die Römer im Jahre 146 v. Chr. erreichte die Münzprägung der Städte des achäischen Bundes wie überhaupt ganz Griechenlands ihre Endschaft.

Achtbrüdertaler werden herzoglich sachsen-weimarische Taler genannt, welche in den Jahren 1605—1619 geprägt worden sind und die Brustbilder der acht Söhne des Herzogs Johann Ernst tragen. Die Brustbilder sind auf den meisten dieser Taler zu vier auf jeder Seite gruppiert, doch gibt es auch solche, auf welchen alle acht Brustbilder auf ein und derselben Seite erscheinen. Schmieder nennt noch eine dritte Art Achtbrüdertaler aus der Zeit von 1620—1625, welche weder die Brustbilder noch die Namen der Herzöge tragen, sondern auf der Hauptseite eine Minerva mit Fahne und dem sächsischen Wappenschilde sowie die Umschrift MON. FRAT. DVC. SAX. LIN. VINAR. zeigen. Auch gibt es Halb- und Zweidritteltalerstücke sowie Goldgulden der acht herzoglichen Brüder von Sachsen-Weimar.

Achtehalber war in Ost- und Westpreußen die volkstümliche Benennung des früheren preußischen 2 Gute- oder $2^1/_2$ Silbergroschenstücks. Der Name ist darauf zurückzuführen, daß die im achtzehnten Jahrhundert in jenen Provinzen gangbare Scheidemünze, der Schilling, dem Werte von 4 Pfennigen entsprach, mithin das $2^1/_2$ Silbergroschenstück den $7^1/_2$fachen Wert desselben oder achtehalb Schilling darstellte.

Achteltaler waren halbe Orte oder Ortstaler (s. d.), also Dreigroschenstücke, welche früher in einigen deutschen Ländern, wie Sachsen, Braunschweig, Hessen, geprägt wurden.

Achter wurden früher die in Braunschweig, Hannover, Westfalen usw. geprägten Mariengroschen genannt, weil dieselben nicht wie andere Groschen 12. sondern 8 Pfennige enthielten, Auch sächsischen Achtpfennigstücken wurde diese Bezeichnung beigelegt.

Achtzehner, Achtzehngröscher wurden die im 17. und 18. Jahrhundert hauptsächlich für das Herzogtum Preußen geprägten

Fünfteltaler oder Tympfe (s. d.) genannt, weil sie 18 preußische Groschen galten und diese Wertzahl trugen. Auch nannte man in denjenigen Gegenden, in welchen Viertelorte im Umlauf waren, diese Münzen Achtzehner, da ihr Wert $\frac{288}{16}$, d. s. 18 Pfennige, betrug. Vgl. Ort.

A. D. Abkürzung von *anno Domini* (im Jahre des Herrn) s. Jahreszahlen auf Münzen.

Adelheidsmünzen oder Otto-Adelheidsmünzen sind Denare, welche die Hauptmasse der in den Funden aus der sächsischen Kaiserzeit vorkommenden Münzen bilden. Sie führen auf der Hauptseite ein Kreuz sowie den Namen und Titel des Königs Otto, auf der Rückseite ein Kirchengebäude mit der Umschrift ATЄAHLHT oder ähnlich und werden von Dannenberg Otto III. und seiner Großmutter, der berühmten Adelheid, Witwe Ottos I., welche in der Zeit von 991—995 Vormünderin ihres Enkels war, beigelegt, während sie von Menadier Otto I. zugewiesen werden. Daß der Name Adelheid auf den in Rede stehenden Münzen meist sehr entstellt vorkommt, darf uns bei der Unwissenheit der Stempelschneider damaliger Zeit, welche die Inschriften auf den Münzen gewöhnlich sehr fehlerhaft herstellten, sowie im Hinblick darauf nicht wundern, daß der Name auch in Urkunden auf die verschiedenste Weise geschrieben wird, z. B. Athelheidis, Adeleida, Adelas, Adelgid, Ethelgeid usw. Auch gibt es Münzen, auf welchen dieser Name ATALHEID und AHTALHET oder ATHALHET geschrieben, also nicht zweifelhaft ist. Da auf den Adelheidsdenaren der Name der Prägestätte nicht angegeben ist, so ist ihre Heimat nicht mit Sicherheit zu bestimmen, doch sind sie anscheinend in der Provinz Sachsen geschlagen.

Adler, lat. *aquila,* franz. *aigle,* engl. *eagle.* Derselbe war in der griechischen und römischen Mythologie wegen seines stolzen Aussehens und windschnellen Fluges der ständige Begleiter und der Blitzträger des Zeus, dann das Symbol des Mutes, der Kraft und der Herrschermajestät. Wir finden daher sehr häufig auf griechischen und römischen Münzen, welche das Bild des Zeus tragen, neben demselben den Adler dargestellt. Auch allein kommt der Adler als Sinnbild der Kraft und Stärke häufig auf antiken Münzen vor, z. B. auf denjenigen von Elis und Agrigent, der Ptolemäer usw.

Im römischen Kultus spielte der Adler ebenfalls eine wichtige Rolle, namentlich bei dem Augurium (s. Augur); auch wählten ihn die Römer als Feldzeichen ihrer Legionen (s. Legionsadler).

In der Heraldik ist der Adler das neben dem Löwen am häufigsten vorkommende Wappenbild. Der heraldische Adler ist stilisiert (ornamental) gezeichnet und wird immer auffliegend, von vorn dargestellt, den Kopf in der ältesten Zeit nach oben, später nach der Seite gewendet, die Fänge ausgespreizt und die Flügel mit wenigen, nach unten ab

Größe zunehmenden Federn in einem Halbkreis ausgebreitet. Er kommt in verschiedenen Farben, in Schwarz (Preußen, Deutsches Reich), Rot (Brandenburg, Tirol) und Weiß bzw. Silber (Polen) vor. Über den Leib und die Flügel läuft bisweilen eine goldene oder silberne, mit den Spitzen nach oben gekehrte Sichel oder ein Halbmond, wie beim schlesischen Adler, oder es sind in den Flügeln, wie beim preußischen Adler, die sogenannten Kleestengel angebracht. Die Waffen (Schnabel und Fänge) des heraldischen Adlers sind in der Regel von anderer Farbe als der Adler selbst, z. B. beim deutschen Reichsadler rot, beim preußischen Adler von Gold. Man nennt dies in der Heraldik rot- bzw. goldbewehrt.

Der Adler des römisch-deutschen Reichs war im Anfang einköpfig; um 1330 kommt er auf Münzen Ludwigs des Bayern, im Reichswappen regelmäßig erst seit Anfang des 15. Jahrhunderts zweiköpfig vor. Ob die Entstehung des zweiköpfigen Adlers, wie bisweilen angenommen wird, auf die Vereinigung zweier halber Adler zurückzuführen und mit dem abendländischen und morgenländischen Kaiserreich in Beziehung zu bringen ist, erscheint zweifelhaft, da der zweiköpfige Adler schon im frühesten Altertum (auf assyrischen und ägyptischen Denkmälern) vorkommt und auch bereits im 13. und 14. Jahrhundert von verschiedenen Herren (den Burggrafen von Würzburg, den Grafen von Savoyen, von Henneberg usw.) im Wappen geführt wurde. Die römischen Könige führten im Gegensatz zu dem kaiserlichen Doppeladler, wie auch die Münzen zeigen, häufig den einköpfigen Adler.

Aeginetischer Münzfuß, s. Griechische Münzfüße.

Aegis, Aigis (αἰγίς) ist der mit drohendem Schrecken bekränzte, unzerbrechliche, von Hephaistos (Vulkan) gefertigte Schild des Zeus, welchen er nach Homer mit der Linken schüttelt, sobald er mit der Rechten den Blitz schleudert. Auch die Tochter des Zeus Athene trägt die Aegis zum Schutze für sich und andere. Später verstand man unter der Aegis der Athene eine andere Schutzwaffe, nämlich das über Brust, Schultern und Rücken geworfene schuppige Fell oder den auf der Brust mit dem Gorgonenhaupt und an den Seiten mit Schlangen besetzten Schuppenpanzer, mit welchem gerüstet die Göttin oft dargestellt wird.

Älteste Münzen. Eine Frage, welche vom Laien an den Numismatiker leicht gestellt wird, die aber bis jetzt noch nicht mit unbedingter Sicherheit gelöst worden ist, lautet: Welches sind die ältesten Münzen? Die alten Ägypter, Babylonier, Assyrer haben, wie hoch auch die Kultur dieser Völker gewesen ist, nichts hinterlassen, was auf den Gebrauch eigentlicher Münzen schließen läßt.

Nach einer allgemein verbreiteten Ansicht sollen vielmehr die ersten Münzen unter dem Könige Pheidon von Argos (um 700 v. Chr.) auf der Insel Aegina, woselbst die Bearbeitung der Metalle schon früh ausgebildet war, geschlagen worden sein. Diese Ansicht beruht auf einer Inschrift der sogenannten parischen Chronik, welche lautet: ΑΦ . ΟΥ .Φ- ΔΩΝ . Ο . ΛΡΓΕΙΟΣ . . . ΕΣΚΕΥΑΣΕ . ΚΑΙ . ΝΟΜΙΣΜΛ . ΑΡΓΥΡΟΥΝ . ΕΝ.ΛΙΓΙΝΗ.ΕΠΟΙΗΣΕΝ.ΕΝΔΕΚΑΤΟΣ.ΩΝ .ΑΦ . ΗΡΑΚΛΕΟΥΣ. *(Ex quo Phidon Argivus . . . apparavit, et numum argenteum in Aegina signavit, undecimus ab Hercule.)* Da indessen die parische Chronik verhältnismäßig spät geschrieben ist und die ältesten äginetischen Münzen selbst keine Andeutung enthalten, welche mit einiger Sicherheit auf die Zeit ihres Entstehens schließen läßt, so wird vorstehende Nachricht, ebenso wie es mit vielen Zeugnissen der alten Schriftsteller, welche weit zurückliegende Zeiten behandeln, der Fall ist, mit Vorsicht aufzunehmen sein. In der Tat wird auch von Herodot, dem Vater der Geschichte, erzählt, daß nicht die Aegineten, sondern die Lydier die ersten Menschen gewesen seien, welche sich geprägter Gold- und Silbermünzen bedient hätten. Diese Annahme wird durch den Umstand unterstützt, daß in dem alten Lydien Münzen gefunden worden sind, welche alle Kennzeichen hohen Altertums tragen, doch dürften die Münzen einzelner Inseln des ägäischen Meeres nach den vorhandenen Merkmalen nicht minder alt sein, und es erscheint daher die Annahme nicht ungerechtfertigt, daß diese Inseln gleichsam eine Brücke zwischen Asien und Europa gebildet haben, und daß die Münzprägung auf Aegina, auf den Inseln des ägäischen Meeres und in Kleinasien, woselbst die Griechen bald nach dem trojanischen Kriege zahlreiche Niederlassungen gegründet und griechische Sprache und Kultur eingeführt hatten, um das Jahr 700 v. Chr. ziemlich gleichzeitig begonnen hat.

Im übrigen verbreitete sich die Kunst der Münzprägung in der alten Welt, namentlich in den Ländern und Städten, wohin griechische Kultur drang, sehr rasch. So wissen wir bestimmt, daß man sich in den unteritalischen Städten (Großgriechenland) schon sehr zeitig der Münzen bediente, denn es ist uns eine von den Städten Siris und Buxentum gemeinschaftlich geprägte Münze bekannt, welche, da die erstgenannte Stadt bereits 580 v. Chr. zerstört worden ist, vor diesem Jahre geschlagen sein muß. An der Hand dieses sichern Datums dürfen wir also als zweifellos annehmen, daß die Münzprägung mindestens schon drittehalb Jahrtausend alt ist.

Aeneas, *Aineias,* Αἰνείας, Sohn des Anchises und der Aphrodite (Venus), war einer der Helden des trojanischen Krieges, und zwar auf seiten der Troer. Bei der Zerstörung von Troja rettete er sich, seinen alten Vater, welchen er auf seinem Rücken trug, und seinen Sohn sowie das Palladium (s. d.) und die Penaten

(Bilder der Hausgötter) aus der brennenden Stadt, verlor aber sein Weib Kreüsa. Die römische Sage läßt ihn hierauf, gleichwie die griechiche den Odysseus, mit seinen Gefährten zahlreiche Irrfahrten bestehen, auf welchen er schließlich nach Latium in Italien gelangte, woselbst er eine troische Kolonie gründete. Sein Sohn Ascanius, von den Römern Julus genannt, erbaute später Alba Longa. Nach diesem kam hier sein jüngerer Bruder Silvius zur Herrschaft, der Stammvater des albanischen Königsgeschlechts, aus welchem Romulus und Remus stammten, die 300 Jahre nach der Erbauung von Alba Longa Rom gründeten.

Die Römer leiteten nach dieser Sage den Ursprung ihres Reiches gern von Aeneas ab, welchen sie wegen seiner kindlichen Liebe und weil er die Penaten aus dem brennenden Troja rettete, den Ehrenbeinamen pius gaben. Das julische Geschlecht, welchem Cäsar angehörte, rühmte sich sogar, von dem Sohne des Aeneas Julus, und auf diese Weise von der Venus abzustammen. Hierauf bezieht sich ein bekannter Denar Cäsars, auf dessen Hauptseite der Kopf der Venus dargestellt ist, während die Rückseite Aeneas, den Anchises und das Palladium tragend, zeigt.

Aequitas, römische Personifikation der Billigkeit und Gerechtigkeit, auf Münzen der Kaiser häufig dargestellt als stehende weibliche Figur, in der Rechten die Wage, in der Linken das Füllhorn haltend.

Ära, s. Jahreszahlen auf Münzen.

Aerugo nobilis, lat. = edler Rost, s. Patina.

Aes, Genitiv aeris, lat., bedeutet in erster Linie Kupfer, dann das mit einem anderen Metall, wie Zinn, Blei usw., gemischte Kupfer, also Bronze, Messing. Das Wort ist nach Grimm ebenso wie die deutschen Worte Erz und Eisen (keltisch *îsarn*, gotisch *eisarn*, althochdeutsch *îsarn* und *îsan*, mittelhochdeutsch *îsern* und *îsen*) auf die indogermanische Wurzel *ayas* zurückzuführen. Das reine Kupfer wurde von den Römern auch aes cyprium, später cuprum genannt (s. Kupfer), weil die griechische und römische Welt von der Insel Cypern aus vorzugsweise mit Kupfer versorgt wurde. Das mit Zink legierte Kupfer (Gelbkupfer, Messing, Tombak) hieß aes orichalcum, das Weißkupfer (Argentan) aes candidum und das vorzugsweise mit Zinn versetzte Kupfer (Bronze) schlechthin aes, von welchem wieder das aes corinthium das geschätzteste war. Im weiteren Sinne des Wortes verstand man bei den Römern unter aes alles, was aus Kupfer gemacht war, als Waffen, Statuen, Kessel und sonstige Geräte, sowie schließlich Münze und Geld im allgemeinen, da die ältesten Münzen der Römer aus Kupfer hergestellt wurden. Der Ausdruck aes für Geld (daher aestimare) blieb auch dann noch, als man neben der Kupferprägung längst zur Silber-

und Goldprägung übergegangen war. So hieß das Aktivvermögen aes suum im Gegensatz zu dem Passivvermögen aes alienum, und die dem Ritter zum Ankauf seines Pferdes verabreichte Summe aes equestre; es gab ferner eine Steuer, welche aes hordearium, und eine andere, welche aes uxorium (Junggesellensteuer) genannt wurde. Zur Zeit der Republik wurde das Kupfer rein oder wenigstens so rein vermünzt, wie man es haben konnte. Unter den Kaisern wurden die Münzen vom Sesterz (s. d.) abwärts vorzugsweise aus Bronze, daneben aber auch aus reinem Kupfer und aus dem aes orichalcum geprägt, welches sich durch schöne goldgelbe Farbe auszeichnete. Weiteres s. unter Aes rude und Aes grave.

Aes grave, Schwergeld. Mit diesem Namen bezeichnet man die ältesten Münzen der Römer und anderer italischer Völkerschaften, welche aus etwas Blei und Zinn enthaltendem Kupfer im Wege des Gusses hergestellt sind. Man nahm früher an, daß die ersten römischen Münzen dieser Art unter dem Könige Servius Tullius entstanden sind, da man die Überlieferungen der Schriftsteller, nach welchen dieser König der erste war, der die bisher als Zahlungsmittel dienenden Stücke rohen Kupfers mit Zeichen versehen ließ (*primus signavit aes*), auf die Herstellung förmlicher Münzen bezog. Dann gewann die Ansicht Geltung, daß man in Rom etwa zur Zeit der Decemvirn (452—450 v. Chr.) dazu übergegangen sei, an Stelle des bisher umlaufenden Barrengeldes und des *aes rude* (s. d.) eigentliche Münzen herzustellen. Mommsen legt den Beginn der Herstellung des römischen Schwergeldes ungefähr in dieselbe Zeit (zwischen 454 und 430 v. Chr.), indem er seine Ansicht darauf stützt, daß durch das julisch-papirische Gesetz im Jahre 430 v. Chr. die Ordnungsstrafen aus Vieh- in Geldbußen umgewandelt worden seien. Nach neueren Forschungen (Samver und M. Bahrfeldt „Geschichte des älteren römischen Münzwesens“ und E. J. Haeberlin, Jahrgang 26 und 27 der Berliner Münzblätter, welche beide, obgleich von verschiedenen Gesichtspunkten ausgehend, zu fast derselben Ansicht gelangen,) ist jedoch die Entstehung des römischen Schwergeldes weit später, nach Samver und Bahrfeldt in die Zeit von 400 bis 350 v. Chr., nach Haeberlin ungefähr auf das Jahr 335 v. Chr. zu legen.

Die Münzeinheit des Schwergeldes war der As (s. d.) im Gewicht eines römischen Pfundes = 12 Unzen. Teile des As waren der Semis (1/2 As = 6 Unzen), der Triens (1/3 As = 4 Unzen), der Quadrans (1/4 As = 3 Unzen), der Sextans (1/6 As = 2 Unzen) und die Unze (1/12 As.)

Die vorbezeichneten Münzen, neben welchen das viereckig gegossene Barrengeld noch längere Zeit im Umlauf geblieben ist, waren von runder Form und hatten ein hohes Relief. Ihr

Stil ist markig und nicht ohne Kunst. Sie wurden, weil ihre Größe die Prägung schwierig machte, gegossen und trugen sämtlich auf einer Seite, jedenfalls im Hinblick auf die im 4. Jahrhundert sich befestigende Seemacht Roms, das Bild einer Prora, d. i. des Vorderteils einer Galeere. Auf der anderen Seite waren verschiedene Götterköpfe dargestellt, und zwar: Janus auf dem As — *penes Janum prima* —, Jupiter auf dem Semis — *penes Jovem summa*, Minerva als Erfinderin der Zahlen auf dem Triens, Herkules als Wahrer und Mehrer des Vermögens auf dem Quadrans, Merkur als Beschützer des Handels auf dem Sextans und ein behelmter weiblicher Kopf, welchen einige wieder als den der Minerva betrachten, während andere ihn als den Kopf der Roma deuten, auf der Unze. Außer den eben beschriebenen Bildern finden sich auf dem As und seinen Teilstücken noch die Wertbezeichnungen: **I** für As, **S** für Semis und bei den kleineren Asteilen je nach der Zahl der Unzen, welche sie enthalten, eine entsprechende Anzahl von Kügelchen oder Punkten.

Abweichend von den feststehenden Typen des römischen Schwergeldes zeigt das Schwergeld der anderen italischen Städte sehr verschiedenartige Münzbilder, als Köpfe von Gottheiten, Rad, Pferdekopf, Hund, Delphin, Schildkröte, Dreizack, Muschel. Außerdem tragen einzelne dieser Stücke in abgekürzter Schrift den Namen der Stadt, in welcher sie hergestellt sind; der größte Teil ist indessen schriftlos, und ihr Ursprungsort ist daher schwer zu bestimmen. Im übrigen ist die Teilung des As und die Bezeichnung der Asteile dieselbe wie bei den Münzen der Römer, doch kommen beim italischen Schwergelde auch Vielfache des As vor, z. B. der Quincussis oder fünffache As, der allerdings wegen seiner besonderen Schwere nicht immer in runder Form hergestellt worden ist.

Aes rude, aes signatum. Das älteste allgemeine Tauschmittel der altitalischen Völkerschaften, also auch der Römer, war ebenso wie bei den Griechen im Zeitalter Homers das Herdenvieh, vorzugsweise das Rind und das Schaf, und zwar wurde, wie aus den späteren Umsetzungen der uralten, formell bis in die spätere Zeit beibehaltenen Viehbußen hervorgeht, ein Rind gleich zehn Schafen gerechnet. Als indessen das Bedürfnis des Verkehrs und das Beispiel anderer in der Kultur mehr vorgeschrittener Völker dahin führten, neben dem Vieh noch andere Wertmesser anzuwenden, wählte man dazu das gebräuchlichste Nutzmetall, aus welchem in Italien die ältesten Waffen und Ackergeräte hergestellt wurden, nämlich das Kupfer, aes. Man war jedoch noch weit davon entfernt, das Kupfer in die Form von Münzen zu bringen, sondern bediente sich desselben in formlosen unbearbeiteten Stücken von verschiedener Größe, die man nicht zählte, sondern einander zuwog. Dieses primitive Tauschmittel wird *aes rude* (unbearbeitetes Kupfer) genannt. In den älteren italischen Quellheiligtümern hat man zahlreiche Stücke dieses aes rude gefunden, welche als Weihgeschenke in das Wasser geworfen worden waren (zu vergleichen Mommsen, Geschichte des römischen Münzwesens S. 170 u. 171). Andere Funde haben Erzstücke zutage gefördert, welche in bestimmte viereckige Formen, Barren, gegossen waren und am häufigsten das Bild eines Rindes, dann aber auch andere Bilder, als Schweine, Hähne, Delphine, Dreizacke, Caduceen, Schilder, Schwerter, Dreifüße, Anker zeigen. Man nennt dieses gegossene und mit Bildern (Marken) versehene Barrengeld, dessen Einführung also einen weiteren Fortschritt in der Herstellung eines Umlaufsmittels bedeutete, *aes signatum*, gezeichnetes Geld. Da indessen unter den gefundenen Stücken immer nur die größeren und schwereren in Barren gegossen und mit Bildern versehen, die kleineren aber ohne bestimmte Form waren, so ergibt sich, daß neben dem *aes signatum* auch noch das *aes rude* im Umlauf war. In Rom war nach den Überlieferungen der Schriftsteller der König Servius Tullius (578 bis 535 v. Chr.) der erste, welcher das Kupfer mit Marken versehen ließ (*primus signavit aes*), also ein gesetzliches Zahlungsmittel herstellte. Die von ihm gemarkten bzw. mit Bildern versehenen Kupferbarren waren jedoch noch nicht auf ein bestimmtes Gewicht gegossen, sondern setzten den Gebrauch der Wage voraus, und die Marke war daher nach Mommsen nur zum Zeichen angebracht, daß die auf diese Weise kenntlich gemachten Stücke allgemeines gesetzliches Tauschmittel sein sollten.

Aeternitas, römische Personifikation der Ewigkeit. Sie ist auf Kaisermünzen häufig dargestellt als eine weibliche Figur mit verschiedenen Sinnbildern der Ewigkeit, z. B. dem aus der Asche emporfliegenden Phönix, mit Sonne und Mond, welche sie in den Händen trägt, ferner mit einer Kugel, auf der sie sitzt oder steht oder mit einem Ringe, beides Dinge, die weder Anfang noch Ende haben. Auch ist sie bisweilen auf einem von Elefanten gezogenen Wagen dargestellt, weil der Elefant wegen seiner langen Lebensdauer als Sinnbild der Ewigkeit galt.

Affinieren, s. Scheiden.

Agnel, Aignel, Agnelet, französische Goldmünze des 14. Jahrhunderts, welche auf einer Seite das Lamm Gottes (*Agnus Dei*, daher der Name) mit der Umschrift (abgekürzt) *agnus Dei, qui tollit peccata mundi miserere nobis* trägt. Ähnlich ist eine etwas später geprägte Goldmünze, welche, anscheinend weil sie schwerer ist, als der agnel, mouton (Hammel) genannt wurde. Der mouton d'or wurde auch in den Niederlanden viel nachgeprägt, woselbst er den Namen Güldenes Lamm, *goude lammen*, führte.

Agnus Dei, lat., das Lamm Gottes, Benennung Christi, welche auf dem Ausspruch Johannes des Täufers „Siehe das ist Gottes Lamm, welches der Welt Sünde trägt“ (Evang. Joh. I, 29) beruht. Das Bild des Gotteslamms kommt auf Münzen des Mittelalters und der neueren Zeit häufig vor. Insonderheit finden wir es auf den Münzen, welche in Nürnberg auf den Beginn des 18. Jahrhunderts geprägt wurden, sowie auf zahlreichen religiösen Medaillen. Es ist meist mit der Kreuzesfahne, den Kopf rückwärts wendend, dargestellt; auf den Goldgulden mit dem Bilde Johannes des Täufers wird es von demselben häufig auf dem Arm gehalten.

Albansgulden sind rheinische Goldgulden des Ritterstifts St. Alban in Mainz, welches im Jahre 1518 vom Kaiser Maximilian I. das Recht erhielt, alljährlich eine Anzahl Gulden prägen zu lassen, welche am St. Martinstage — daher auch Martinsgulden genannt — an die Mitglieder des Stifts ausgeteilt werden sollten. Sie zeigen auf der Hauptseite den heiligen Alban, als Zeichen seines Martyriums den Kopf in der Hand tragend, mit der Umschrift S. ALBAN. MARTYR, auf der Rückseite das Stiftswappen: einen Esel (vielleicht denjenigen Bileams) und die Umschrift REG(*nante*) D(*omino*) MAXIMILIANO CAESARE P(*io*) F(*elice*) AVG(*usto*).

Albertustaler, Burgundertaler, Kreuztaler. Diese Benennungen wurden zuerst den Talern beigelegt, welche vom Erzherzog Albert von Österreich (1598 bis 1621) für die Niederlande nach dem deutschen Reichsmünzfuße von 1559 ($8^2/_3$ auf die rauhe oder $9^3/_4$ Stück auf die feine Mark) geprägt wurden. Nach dem Namen des Erzherzogs, welcher sich nebst demjenigen seiner Gemahlin Elisabeth auf den Talern befindet, wurden dieselben Albertustaler, nach dem auf der Rückseite dargestellten liegenden burgundischen Kreuz aber auch Burgunder- oder Kreuztaler genannt. Nach dem Fuße der Albertustaler wurden später für den Handel mit Rußland und anderen Ländern des Ostens, woselbst sie Eingang gefunden hatten, auch in Braunschweig, Holstein, Kurland und Brandenburg-Preußen (unter dem Kurfürst Friedrich III. und den Königen Friedrich II. und Friedrich Wilhelm II.) Taler geprägt, welche eine hierauf bezügliche Aufschrift trugen und daher ebenfalls Albertus- oder Burgundertaler genannt wurden. Die unter Friedrich II. geprägten preußischen Albertustaler zeigen auf der Hauptseite das Brustbild des Königs mit der gewöhnlichen Umschrift, auf der Rückseite das große preußische Staatswappen mit dem (schräg) darüber gelegten burgundischen Kreuz, während die unter Friedrich Wilhelm II. 1797 geprägten Albertustaler auf der Hauptseite den preußischen Adlerschild, auf der Rückseite das Wappen für Preußen und Pommern mit dem kurbrandenburgischen Zepterschilde in der Mitte und als Schildhalter den wilden Mann mit der Keule sowie die Umschrift Ad normam talerorum Alberti tragen.

Albus oder Weißgroschen ist der Name einer groschenartigen Silbermünze, welche gegen Ausgang des Mittelalters im Westen Deutschlands, vornehmlich in den geistlichen Kurfürstentümern Cöln, Trier, Mainz, ferner in der Pfalz, in Frankfurt a. M. und in Hessen in Gebrauch kam und an die Stelle der früher dort gangbar gewesenen Turnosen und Groschen trat. Der Name (*numus* oder *grossus albus* d. i. weißer Groschen) wurde diesen Münzen beigelegt, weil sie sich ursprünglich durch ihre weiße Farbe, also durch bessern Gehalt vor anderen Münzen auszeichneten, doch führten sie später, wenn sie zuviel Kupferzusatz erhielten, ihren Namen oft mit Unrecht. Ihr Wert ward daher auch ein sehr schwankender und blieb hinter dem Werte des im Osten kursierenden Groschens stets erheblich zurück. Der Reichsalbus, so genannt, weil man ihn in der Pfalz, in Mainz, Frankfurt a. M. und Hanau der Reichswährung angepaßt hatte, galt 8 leichte Pfennige oder 2 Kreuzer oder $^{1}/_{2}$ Batzen. Neben dem einfachen Albus wurden auch zwei- und dreifache Stücke geprägt. Die von den rheinischen Kurfürsten auf Grund besonderer Verträge gemeinschaftlich geprägten und daher die Wappen derselben tragenden Albus wurden nach dem Wappen des Kurfürsten von Mainz, einem von einem Kreise umschlossenen Doppelkreuz, welches vom Volk als ein Rad angesehen wurde, Raderalbus oder auch bloß Rader genannt, ein Name, der dann auch auf die von anderen Münzherren geprägten Albus überging.

Alexander der Große (336 bis 323 v. Chr.) und seine Nachfolger haben uns zahlreiche Münzen hinterlassen. Alexander, König von Macedonien, schuf nach Besiegung der Perser und anderer Völkerschaften ein mächtiges Weltreich, welches sich von Macedonien bis zum Indus und vom Schwarzen Meer bis zur libyschen Wüste und Äthiopien erstreckte. Mit ihm verbreitete sich griechische Kultur in den Ländern, welche dieselbe noch nicht besaßen. Nach dem Tode Alexanders zerfiel sein Reich in verschiedene Staaten, von welchen die Reiche der Diadochen, nämlich Macedonien unter den Antigoniden, Syrien unter den Seleuciden und Ägypten unter den Ptolemäern die mächtigsten waren. Außerdem ging aus dem Reiche Alexanders in Kleinasien und den Nachbarländern eine Reihe kleinerer Königreiche hervor, deren Münzen unter Kleinasiatische Münzen kurz behandelt sind.

Das Münzwesen war unter Alexander nach griechischem Muster eingerichtet, seine Münzen sind meist sehr schön und künstlerisch ausgeführt. Sie tragen griechische Typen, doch tritt unter Alexander und seinen Nachfolgern an Stelle der Götterköpfe der Kopf des Königs mit der Königsbinde, oft auch mit Götterattributen. Die Silbermünzen Alexanders zeigen noch den mit dem Löwenfell bedeckten Kopf des jugendlichen Herakles, von dem die macedonischen Könige ihr Geschlecht herleiteten, doch will man in dem Kopf auch die idealisierten Züge Alexanders erkennen. Die Rückseite zeigt den thronenden Zeus mit Zepter und verschiedenen Beizeichen sowie die Aufschrift ΑΛΕΞΑΝΔΡΟΥ ΒΑΣΙΛΕΩΣ. Bei den Münzen der folgenden macedonischen Könige (der Antigoniden) tritt allmählich eine Veränderung der Typen und Verschlechterung des Stils ein. Im Jahre 168 v. Chr. kam Macedonien unter die Herrschaft der Römer, die das Land in vier Teile (Regionen) teilten, doch scheinen sie denselben das Recht der selbständigen Münzprägung vorläufig belassen zu haben, da es von ihnen noch Münzen gibt. Auch bei den Münzen der syrischen Könige (der Seleuciden) ist eine allmähliche Verschlechterung des Stils bemerkbar, doch zeichnen sie sich durch die charakteristische und lebenswahre Auffassung der Königsbilder aus. Dasselbe gilt von den Münzen der ägyptischen Könige, der Ptolemäer, deren Münzprägung in allen Metallen eine sehr umfangreiche war. In besonders großer Zahl sind die zum Teil sehr großen Kupfermünzen derselben erhalten, welche auf der Hauptseite den Kopf des Jupiter Ammon (mit Widderhörnern) und auf der Rückseite einen Adler zeigen. Auch nachdem das Land unter römische Botmäßigkeit gekommen war, wurde von den Kaisern in Ägypten nach dem bisherigen Fuße in außerordentlich starkem Umfange fortgemünzt, doch sank der Silbergehalt der Tetradrachmen allmählich so weit herab, daß sie schließlich fast kein Silber mehr enthielten.

Allegorie heißt in der bildenden Kunst (Bildhauerei, Malerei, Baukunst) die sinnbildliche Darstellung abstrakter Begriffe, z. B. der Frömmigkeit, Tugend, Gerechtigkeit, Tapferkeit, Weisheit usw. durch menschliche Personen, meist unter Zuhilfenahme von Attributen oder Symbolen (s. diese Wörter). Schon auf römischen Münzen finden wir allegorische Figuren, durch welche die Tugenden der Kaiser versinnbildlicht werden (Pietas, Virtus, Äquitas etc.). Auch auf den Münzen der neueren Zeit, namentlich auf Schaumünzen sind oft allegorische Figuren dargestellt, welche sich auf denjenigen, zu dessen Ehren, oder auf Begebenheiten, zu deren Erinnerung sie geschlagen sind, beziehen.

Allianzwappen, Heiratswappen sind zwei nebeneinandergestellte Wappen, von denen das erste, vom Standpunkte des Beschauers links, das des Mannes, das andere das der Frau ist. Auf Kurrentmünzen kommen dergleichen Wappen selten vor, während sie auf Denkmünzen und Medaillen häufig zu finden sind.

Al marco, ital., nach der Mark, heißt im Münzbetriebe im Gegensatz zu dem zeitraubenden Wiegen der einzelnen Münzen das Wiegen derselben in der Weise, daß mittels der Wage festgestellt wird, ob eine bestimmte Anzahl von Stücken zusammen auch derjenigen Zahl entspricht, welche nach den gesetzlichen usw. Bestimmungen aus einer Mark oder einer anderen vorgeschriebenen Menge des Münzmetalls ausgebracht werden soll. Von dieser Art des Wiegens wurde namentlich im Mittelalter bei den kleinen Denaren bzw. Pfennigen Gebrauch gemacht, und es ist daher begreiflich, daß dabei Gewichtsunterschiede zwischen den einzelnen Pfennigen unbemerkt blieben, da das Mindergewicht der zu klein bzw. zu leicht ausgefallenen Stücke durch das Mehrgewicht anderer Stücke, welche entsprechend schwerer waren, ausgeglichen wurde.

Aloëtaler. Den Herzögen Rudolph August und Anton Ulrich von Braunschweig-Wolfenbüttel, welche gemeinschaftlich prägten, gab 1701 das Blühen einer Aloë, einer damals in Deutschland noch seltenen Pflanze, Veranlassung zur Prägung einer Münze. Es ist dies der sogenannte Aloëtaler, welcher diese blühende Aloë mit einer bezüglichen Aufschrift und Beschreibung zeigt. Er ist ein sprechender Beweis dafür, wie in früheren Zeiten neben geschichtlich mehr oder minder wichtigen Ereignissen mitunter auch recht unbedeutende Begebenheiten den münzberechtigten Fürsten und Herren Anlaß boten, nicht bloß Medaillen, sondern auch Gedenktaler und andere kurrente Münzen mit auf diese Begebenheiten bezüglichen Inschriften und Darstellungen prägen zu lassen.

Altar, lat. *ara.* Derselbe ist eine auf Münzen des Altertums, namentlich der Römer ziemlich häufig vorkommende Darstellung. Zu jedem ihrer Tempel gehörten in der Regel zwei Altäre, ein kleinerer zum Beten und für das Rauchopfer im Innern des Tempels (der Cella) vor dem dort aufgestellten Götterbilde und ein größerer vor dem Tempel für die Brandopfer. Letzterer war aus Erde oder Steinen, meist aber aus Rasen hergestellt, während der kleinere Altar wohl gewöhnlich von Stein und bald rund (in Form einer abgestumpften Säule), bald eckig und mehr oder weniger verziert war. Seine Höhe war, wie uns die Darstellungen opfernder Kaiser auf römischen Münzen und die noch erhaltenen Reste von Altären erkennen lassen, ungefähr die eines Tisches. Man schmückte dieselben mit Laub, Blumen und wollenen Binden. Im übrigen standen die Altäre nicht bloß in Tempeln und vor denselben, sondern die römischen Großen hatten solche auch in ihren Wohnungen (Hausaltäre).

Alternativ- oder **Doppelwährung**, s. Währung.

Altin, Altyn, eine frühere russische Scheidemünze, anfänglich von Silber, später von

Kupfer, im Werte von 6 Denga oder 3 Kopeken. Auch eine türkische Goldmünze führte früher diesen Namen.

Ambrosīno, eine Silbermünze (*grosso*) der Stadt Mailand, welche in der Zeit von 1250 bis 1310 den unter den deutschen Kaisern bisher geschlagenen Denaren folgte und von dem auf einer Seite der Münze in sitzender Figur dargestellten Bilde des Schutzpatrons der Stadt, des heiligen Ambrosius, ihren Namen erhalten hat. Die andere Seite zeigt ein Kreuz mit der Umschrift MEDIOLANVM.

Ammon oder Hammon, Ἄμμων, ursprünglich ein in Libyen und Ägypten verehrter Gott, der von den späteren Griechen mit Zeus identifiziert und in ihren Kultus aufgenommen wurde. Sein hauptsächlichster Tempel nebst dem berühmten Orakel lag in der schönen Oase Ammonium in der libyschen Wüste. Er wurde verehrt in Gestalt eines Widders oder eines widderköpfigen Mannes. Zahlreiche Ptolemäermünzen tragen den Kopf des Zeus Ammon, bei welchem der bärtige, mit üppigem Haarwuchs versehene Kopf des griechischen Zeus mit den gewundenen Widderhörnern des libyschen Ammon versehen, mithin die Identifizierung beider Gottheiten zum Ausdruck gebracht ist.

Amphŏra, ein vasenartig geformtes, langgestrecktes, gewöhnlich irdenes Gefäß, oben mit zwei Henkeln versehen und in einen engen Hals, unten spitz auslaufend, welches bei den Völkern des Altertums namentlich zur Aufbewahrung von Wein, Öl usw. diente. Da die Amphoren keinen flachen Boden hatten, so bediente man sich zum Aufstellen derselben häufig der Dreifüße mit oben rundem Rahmen und anderer Vorrichtungen. In Pompeji kann man noch heut in dicken Mauern von Tischhöhe entsprechend geformte Löcher sehen, in welche die Wein, Öl und andere Flüssigkeiten verkaufenden Händler die Amphoren stellten. Auf den Münzen des Altertums, namentlich auf den griechischen, ist die Amphora ein häufig vorkommendes Bild, jedoch ist sie meist klein dargestellt, da sie nur als Münzzeichen diente.

Andreas-Taler, -Gulden, -Pfennige sind Münzen mit dem Bilde des das Kreuz tragenden heiligen Andreas. Die ältesten Andreastaler wurden in der ersten Hälfte des 16. Jahrhunderts von dem Grafen Ernst von Hohnstein geschlagen. Dann folgten die Herzöge von Braunschweig mit der Prägung solcher Taler (zuerst im Jahre 1666), und zwar gab hier die Veranlassung dazu das Bergwerk am Andreasberge im Harz, welches das erforderliche Metall lieferte. Auch für das Bistum Osnabrück wurden 1690 Silbermünzen mit dem gleichen Bilde geschlagen. Ferner gibt es einen russischen Andreasdukaten, welcher 1698 von Peter dem Großen auf den von ihm gestifteten Andreasorden geschlagen wurde und die Kette desselben trägt, daher von diesem Orden den Namen erhalten hat.

Ange oder **Ange d'or,** eine alte französische Goldmünze, welche zuerst unter Philipp VI. von Valois (1328—1350) geprägt worden ist und den Namen erhalten hat, weil sie auf der Hauptseite einen gekrönten Engel trägt. Derselbe steht unter einem Portal, mit den Füßen auf einem niedergestreckten Drachen und hält in der einen Hand ein langes Kreuz, in der anderen den französischen Lilienschild.

Angelot, Agnel oder Engellot, eine englische Goldmünze, welche zuerst von Eduard IV. (1461—1483) geprägt worden ist und ihren Namen erhalten hat, weil auf derselben der heilige Georg dargestellt ist, und zwar stehend, wie er den Drachen tötet. Die Rückseite zeigt die auch auf den englischen Nobeln (s. d.) übliche Darstellung eines Schiffes.

Angster, Benennung einer im vierzehnten Jahrhundert in der Schweiz entstandenen kleinen Münze, anscheinend eines Hohlpfennigs von geringem Wert. Geiler von Kaisersberg, geb. 1445 zu Schaffhausen, sagt in einer seiner Predigten (vgl. Grimm, deutsches Wörterbuch): *Du hast den Angster in dem Seckel stecken, das ist, es ist dir Angst.* Auch schweizer Chronisten erwähnen den Angster, so Stettler in seiner Schweizerchronik von 1633: *ein Bernangster zwen Pfennig, sonst zwen Angster drei Pfennig*, ferner Stumpf: *Anno 1424 schlugen Zürich, Schafhausen und Sanct Gallen Angsterpfennig, dreizehn Schilling für einen Gulden.* Nach einem Münzbuch vom Jahre 1530, gedruckt zu Nürnberg bei Georg Wachter, waren 4 Angster = 1 Kreuzer. Der Name wird abgeleitet von *numi angusti,* d. s. schmale, kleine Münzen, oder von *numi augusti,* weil auf ihnen das Bild der Kaiser sich befunden habe, daher *augustorum (effigies),* zusammengezogen *augster,* woraus *angster* entstanden sei. Endlich wird der Name auch auf die Ortschaft Augst bei Basel zurückgeführt, doch ist dem Verfasser unbekannt, mit welchem Recht.

Annengroschen sind Münzen, auf welchen die heilige Anna mit einem Kinde auf jedem Arm (Maria und Christus), und meist von einem Glorienschein umgeben, dargestellt ist. Dergleichen Groschen sind namentlich in Braunschweig, Hannover und Hildesheim zu Anfang des 16. Jahrhunderts geprägt worden. Auch gibt es einen kupfernen sächsischen Annenpfennig mit der Aufschrift HILF HEILIGE ANNA, welcher in Annaberg geschlagen ist, aber keine eigentliche Münze, sondern ein Kirchenpfennig (s. d.) gewesen ist.

Annona, abgeleitet von annus, Jahr, also eigentlich Jahresertrag, hieß bei den Römern das Getreide, das auf Staatskosten in Magazinen angesammelt und in Zeiten der Teuerung, später auch in regelmäßigen Zwischenräumen an die ärmeren Bürger zu niedrigen Preisen oder ganz unentgeltlich abgelassen wurde.

Personifiziert wurde die Annona dargestellt als stehende weibliche Figur mit dem Füllhorn in der Linken und mit Ähren in der Rechten, oder auch sitzend, zu ihren Füßen ein Kornmaß (modius) und ein Schiffsschnabel, durch welchen letzteren die Zufuhr des Getreides zur See angedeutet wird. In dieser Weise finden wir die Annona auf zahlreichen Münzen von Kaisern dargestellt, die sich durch reichliche Getreidespenden die Gunst des Volkes erworben hatten.

Antik, vom lat. antiquus, heißt alt. In der Kunst dient dieses Wort zur Bezeichnung von Werken aus der Zeit des frühesten Altertums bis zum Untergange des weströmischen Reiches (376 n. Chr.). Ganz unrichtigerweise wird dasselbe aber auch häufig bei allen kunstgewerblichen Arbeiten einer früheren Zeit unterschiedslos angewandt. So nennt man beispielsweise selbst aus der Barock- oder Rokokozeit herrührende geschnitzte Kommoden und Schränke fälschlicherweise antik geschnitzt.

In der Numismatik versteht man unter den antiken Münzen ebenfalls diejenigen, welche bis zum Untergange des weströmischen Reiches geprägt worden sind, zählt ihnen aber in der Regel noch die byzantinischen Münzen (die Münzen des oströmischen Reiches bis zum Untergange desselben 1492 n. Chr.) hinzu, um die Reihe der römischen Münzen nicht zu unterbrechen. Weiteres über die Einteilung der antiken Münzen s. unter Münzsammlungen.

Antoninianus, Argenteus Antoninianus oder Aurelianus war eine neue Silbermünze, welche von M. Aurelius Antoninus Caracalla (211—217 n. Chr.) im römischen Reiche eingeführt wurde und nach diesem Kaiser ihren Namen erhielt. Sie sollte ein Doppeldenar sein, im Gewichte von ungefähr 5 g ($\frac{1}{64}$ Pfund) und unterschied sich von dem alten Denar, nunmehr auch *argenteus* oder *denarius minutulus* genannt, dadurch, daß auf ihr der Kopf des Kaisers stets mit der Strahlenkrone geschmückt ist, während der Kopf der Kaiserin auf dem Halbmonde ruht. Der Antoninian bestand anfangs aus 8lötigem Silber, verschlechterte sich aber sehr bald in solchem Maße, daß er seit Gallienus eigentlich nur noch aus schwach versilbertem Kupfer bestand. Neben den Antoninianen wurden Denare und Quinare, jedoch nicht von allen Kaisern, noch längere Zeit fortgeprägt.

A-O, griech. A-Ω, α-ω, Alpha und Omega, der erste und der letzte Buchstabe des griechischen Alphabets, daher die Bedeutung Anfang und Ende. In der Offenbarung Johannis heißt es I, 8: Ich bin das **A** und das **O**, der Anfang und das Ende, spricht der Herr, der da ist, und der da war, und der da kommt, der Allmächtige; und ebendaselbst XXII, 13: Ich bin das **A** und das **O**, der Anfang und das Ende, der Erste und der Letzte.

Die ältesten Christen schrieben daher diese Buchstaben auf ihre Leichensteine und über die Türen ihrer Kirchen und Häuser. Auch auf den Münzen des Magnentius, des ersten römischen Kaisers, welcher das Monogramm Christi auf die Münzen brachte, finden wir neben demselben die Buchstaben α und ω. Ebenso kommen sie auf Münzen des Mittelalters und auf religiösen Medaillen neuerer Zeit vor.

Aphrodīte, Ἀφροδίτη, Tochter des Zeus und der Dione, nach Hesiod aus dem Schaume des Meeres entstiegen, daher auch die Schaumgeborne (Ἀναδυομένη) genannt, war die Göttin der Liebe und Schönheit sowie der Ehe, dann die personifizierte Zeugungskraft der Natur. Der Hauptsitz ihres Kultus war Cypern, wo sie nach der Sage an das Land gestiegen war. Der Aphrodite waren heilig als Sinnbilder der Liebe die Myrte, die Rose, der Apfel, als Sinnbilder der Fruchtbarkeit der Mohn, die Taube, der Hase und mit Bezug auf ihre Entstehung aus dem Meer der Delphin. Von den Griechen nahmen die Römer den Kultus der Aphrodite an, welche sie mit der Venus, ursprünglich der Göttin des Frühlings, identifizierten. Zu besonderem Ansehen gelangte letztere indessen bei den Römern erst seit Cäsar, welcher sie als Stammutter des römischen und insbesondere seines, des julischen Geschlechts betrachtete — daher Venus Genetrix (s. auch Aeneas). Sie hatte in Rom verschiedene Heiligtümer und wurde namentlich als Göttin ehelicher Liebe verehrt. Ihr Bild war daher auf den Münzen römischer Kaiserinnen sehr beliebt, und sie wird mit Bezug auf die alles bewältigende Liebe auf diesen Münzen auch häufig Venus Victrix (Siegerin) genannt.

Apis, Ἆπις, der von den Ägyptern verehrte heilige Stier zu Memphis, um welchen sich ein ausgedehnter Kultus bildete. Der Kaiser Julianus II (Apostata) 355—363 n. Chr., welcher vom christlichen Glauben zum Heidentum zurückkehrte, führte auch den unter seinen Vorgängern eingegangenen Apiskultus wieder ein, und es gibt sogar Münzen von ihm, auf welchen der Apis dargestellt ist.

Apollo, Ἀπόλλων, Sohn des Zeus und der Latona, nach dem griechischen Mythus zusammen mit der Artemis auf der Insel Delos geboren, war der Gott des Heils und der Ordnung, der Reine (Phoebus, Φοῖβος). Er führte den Willen des Zeus aus und strafte die, welche sich ihm widersetzten, indem er sie mit seinen Pfeilen tötete. Andererseits wehrte er dem Verderben und verlieh Kraft zum Siege. Er war ferner der Gott der Herden und der Weissagung. Seine vornehmsten Orakel waren in Delphi und in Pytho, woselbst er den Drachen Python getötet hatte. Am bekanntesten ist Apollo als der Gott des Gesanges, der Dichtkunst und des Saitenspiels, wie überhaupt als der Meister aller schönen

Künste, daher auch Führer der Musen, Musagetes (Μουσαγέτης). Auch wurde er mit dem griechischen Sonnengott Helios identifiziert (Phoebus Apollo). Geweiht waren ihm von Tieren der Schwan und der Wolf, von den Pflanzen der Ölbaum, der Lorbeer, die Palme. Die Lyra, welche er oft im Arm hält, bezeichnet ihn als Gott des Gesanges. Die Römer, auf deren Münzen Apollo häufig dargestellt ist, erhielten denselben, wie auch die meisten ihrer übrigen Götter, von den Griechen.

Apotheōse ist die Vergötterung ausgezeichneter Menschen. S. Consecrationsmünzen.

Arabische Münzen. Als die Araber in die Geschichte eintraten, prägten sie in den neu eroberten Gebieten zunächst Münzen nach dem Muster derjenigen, die bisher dort kursiert hatten. Erst der Kalif Abdulmelik führte im Jahre 696 rein arabische Münzen ein, die (da durch den Islam alle bildlichen Darstellungen verboten sind) Koransprüche tragen. Meist enthalten sie den Spruch: „Es gibt keinen Gott außer Gott allein und Muhammed ist der Gesandte Gottes." Außerdem nennt fast jede arabische Münze das Jahr ihrer Prägung nach der Hedschra und die Prägestätte, den Namen des Herrschers und oft noch den Namen des Münzbeamten. Der Name der Goldmünze der Araber ist auffallenderweise Dinar, das ist *denarius*, der der Silbermünze Dirhem, das ist *Drachme*, der des Kupferstücks Fuls, das ist *follis* — alle Namen sind also dem römischen und griechischen Münzwesen entlehnt.

Archäologie, vom griechischen ἀρχεῖος, alt, und λόγος in der Bedeutung von Geschichte, Erörterung, Untersuchung, ist die Altertumskunde, Altertumswissenschaft insoweit sie sich mit dem Studium der auf uns gekommenen Gegenstände des Altertums aus Stein, Erz und anderem festen Material beschäftigt, also mit den Überresten alter Bauten, Skulpturen, Reliefdarstellungen, kleineren Kunst- und Gebrauchsgegenständen als Vasen, Gemmen, Münzen usw. sowie mit den Inschriften, welche sich auf Bauten und Skulpturen befinden. Aufgabe der Archäologie ist, mit Hilfe dieser Gegenstände geschichtliche Tatsachen zu erforschen und über die Sitten und Gebräuche, sowie über die Entwicklung der Kultur, der Kunst, der Gewerbe usw. der Völker Licht zu verbreiten. Die antike Numismatik ist insofern, als gerade sie besonders geeignet ist, obigen Zwecken zu dienen, ein wichtiger Zweig der Archäologie, doch ist ihr Studium ein so umfangreiches, daß der Archäologe dasselbe gewöhnlich dem eigentlichen Numismatiker überläßt.

Archaisch, vom griechischen ἀρχεῖος, heißt alt, altertümlich und wird im allgemeinen zur Bezeichnung des Kunststils derjenigen Zeiten gebraucht, in welchen die Künstler ihre Bilder und Figuren noch steif und eckig darstellten, insbesondere die Freiheit und Lebendigkeit in der Darstellung des menschlichen Körpers noch vermissen ließen. Bei den griechischen Münzen des altertümlichen oder archaischen Stils ist der Ausdruck des Gesichts der auf denselben im Profil dargestellten Gottheiten regungslos, das Haar ist durch gerade, drahtartige Striche angedeutet, das Auge nicht immer im Profil, sondern von vorn gesehen dargestellt, während Stirn und Kinn zurückgezogen sind. Auf den athenischen Münzen zeigt der Mund der Pallas einen eigentümlichen, lächelnden Zug. Mit dem sich entwickelnden Kunstsinn entfalten sich aber allmählich die Köpfe sowie die übrigen Darstellungen, bis sie schließlich einen Grad künstlerischer Vollkommenheit erreichen, welcher noch heut unsere Bewunderung erweckt. Man vergleiche nur die zahlreich erhaltenen ältesten Tetradrachmen von Syrakus, auf welchen der Kopf der Arethusa steif und eckig und das im Schritt gehende Viergespann mit übermäßig langen Beinen dargestellt ist, mit den schönen und lebendigen Darstellungen auf den syrakusanischen Münzen des vollkommenen Stils.

Archaistisch oder archaisierend nennt man die absichtliche Nachahmung der Eigenheiten und Unbeholfenheiten des archaischen Stils, wie solche beispielsweise auf den Tetradrachmen von Athen zu bemerken ist. Denn obwohl gerade in diesem Staate die Künste sich zu besonders hoher Blüte entwickelten, blieb doch der auf jenen Münzen dargestellte Pallaskopf unförmig, namentlich das in das Profil nicht passende Auge jahrhundertelang unverändert, eine Erscheinung, welche sich nur dadurch erklären läßt, daß die athenischen Tetradrachmen als Handelsmünze weite Verbreitung hatten, und daß man, um den Umlauf derselben nicht zu beeinträchtigen, das Gepräge absichtlich so wenig wie möglich änderte.

Archidux, Titel der österreichischen Erzherzöge, zusammengesetzt aus dem griechischen Archos (ἀρχός), der Vornehmste, und dem lateinischen Dux, Herzog. In ähnlicher Weise sind die Titel Archiepiscopus, Archicamerarius usw. gebildet.

Archieps, Eps., auf Münzen des Mittelalters häufig vorkommende Abkürzung von Archiepiscopus, Episcopus. Weiteres s. unter Bischof.

Ares, Ἄρης, Sohn des Zeus und der Hera, war bei den Griechen der Gott des Krieges, insbesondere des wilden Kampfes, des männermordenden Streites, während Pallas, die Göttin der geordneten Schlacht, seine erbitterte Gegnerin war. Von den Römern wurde Ares mit dem Kriegsgott Mårs (*Mamers* — daher Mamertiner —, *Mavors*) identifiziert und besonders hoch verehrt. Er wird von denselben als kraftvoll und (im Gegensatz zu Herakles) zugleich geschmeidig gebauter Mann dargestellt und trägt gewöhnlich den Helm, der mit Greifen, Wolfshunden und hohem Helmbusch geziert ist, sowie Schild, Lanze und kurzes Schwert. Auf römischen Münzen, auf welchen Mars häufig vorkommt, werden ihm die Ehrenbeinamen Propugnator (Vorkämpfer), Ultor (Rächer) und Victor beigelegt.

Arethūsa, Ἀρέθουσα, Quelle auf der Insel Ortygia, einem Teile von Syrakus, die einen unterirdischen Zusammenhang mit dem Alpheios im Peloponnes haben sollte, sowie Name der Nymphe dieser Quelle. Nach dem griechischen Mythus badete sich die gedachte Nymphe im Alpheios, wobei sich der Gott dieses Flusses in dieselbe verliebte und sie verfolgte, bis Artemis die Erde öffnete und sie auf Ortygia als Quelle hervorsprudeln ließ. Es gibt syrakusanische Münzen aus der Blütezeit griechischer Prägekunst, welche den Kopf der Arethusa (von vorn gesehen) tragen und von unübertroffener Schönheit sind.

Argenteus minutulus, s. Antoninianus.

Arsaciden, Bezeichnung einer Dynastie, welche von 256 v. Chr. bis 226 n. Chr. das parthische Reich beherrscht und von ihrem Stifter, dem König Arsaces I, den Namen erhalten hat. Seine Nachfolger führten sämtlich neben ihrem eigenen Namen den Beinamen oder Titel Arsaces. Auf den Münzen der Arsaciden ist die Büste des Königs meist mit starkem Bart und breitem, reich verziertem Diadem dargestellt; die Aufschrift ist griechisch.

Artemis, Ἄρτεμις, Diana, die Tochter des Zeus und der Leto (Latona) und die keusche Schwester des Apollo. Sie war in vielen Stücken das weibliche Gegenbild ihres Bruders, gleich diesem Pfeil und Bogen handhabend und Göttin des Mondes, wie jener der Sonnengott war. Sie galt bei den Griechen als heilbringende Göttin, als Spenderin frischen, blühenden Naturlebens, Licht und Leben bringend, als Göttin der Geburten, als Beschützerin der Herden und des Wildes, welches letztere sie aber auch, mit ihren Nymphen durch Feld und Wald streifend, leidenschaftlich jagte. Die Artemis wurde gewöhnlich dargestellt mit jugendlich schönen Formen, in kurzgeschürztem Gewande, mit Bogen und Köcher, oft in Begleitung von Hunden oder eines Wildes. Als Mondgöttin trägt sie ein langes Gewand und einen Schleier, auf dem Kopfe den Halbmond und in den Händen Fackeln. Die Diana der Römer glich der griechischen Artemis. Sie war gleich dieser Göttin der Jagd, der Geburten und des Mondes. Als Geburtsgöttin hieß sie Lucina, die an's Licht bringende, als Göttin des Mondes Lucifera, die Licht bringende. Sie ist auf den römischen Münzen gewöhnlich mit einzelnen ihrer Attribute, als Köcher, Bogen, Mond, auf einem Denar der Republik sogar in einer von zwei Hirschen gezogenen Biga dargestellt.

Artig, Mehrzahl Artiger sind kleine 12 bis 14 mm im Durchmesser haltende Silbermünzen, welche neben Hohlpfennigen, Schillingen und Ferdingen im 14. und 15. Jahrhundert von den Bischöfen von Dorpat, den Erzbischöfen von Riga und dem Schwertbrüderorden in Livland geschlagen wurden. Sie sind Teile des Schillings und ein Mehrfaches des Pfennigs.

As, lat., anscheinend aus dem griechischen εἷς, eins, entstanden, bedeutet im allgemeinen die Einheit, das Ganze gegenüber seinen duodecimalen Teilen, insbesondere die römische Gewichtseinheit, das Pfund (*libra*) zu 327,453 Gramm. Da nun die älteste römische Münzeinheit ein gegossenes und mit gewissen Zeichen versehenes Kupferstück war, welches normalmäßig ein Pfund wiegen sollte, so wurde dieser Münze ebenfalls der Name As beigelegt. Nach anderen soll indessen *as* aus *aes* entstanden sein, da das Kupfer nicht rein ausgemünzt, sondern mit einem Zusatz von Zinn versehen war, welche Metallmischung (Bronze) bei den Römern *aes* genannt wurde. Nach Mommsen wurde der As, wie die Funde lehren, von Anfang an nicht im Gewichte von 327 Gramm, sondern im Durchschnittsgewichte von 273 Gramm ausgebracht, was einem Gewichte von 10 Unzen entsprechen würde. Nach Haeberlin (Berliner Münzblätter, Jahrgang XXIV) beruht indessen diese Erscheinung nicht, wie Mommsen annimmt, auf einer von vornherein absichtlich vorgenommenen Reduktion des Gewichts, sondern auf dem Umstande, daß dem gegossenen As nicht ein Pfund von 327 Gramm, sondern das leichtere oskisch-latinische Pfund von 272 Gramm zum Grunde gelegt wurde. Ersteres, das griechische Pfund, sei erst später, und zwar gleichzeitig mit der ersten Reduktion des Münzfußes von Rom übernommen worden. Tatsächlich schwankt das Gewicht des ältesten römischen As zwischen 230 und 310 Gramm, was sich dadurch erklären läßt, daß es bei der Schwierigkeit und Unvollkommenheit der Herstellungsweise nicht möglich war, die einzelnen Stücke in unbedingt gleichem Gewicht auszubringen.

Der älteste auf dem Pfunde (libra) beruhende Münzfuß wird Libralfuß genannt. Nach demselben zerfiel der As in 12 Unzen. Teilstücke desselben waren

der Semis = $^1/_2$ As oder 6 Unzen,
der Triens = $^1/_3$ As oder 4 Unzen,
der Quadrans = $^1/_4$ As oder 3 Unzen,
der Sextans = $^1/_6$ As oder 2 Unzen.
die Uncia = $^1/_{12}$ As oder 1 Unze und
die Semiuncia = $^1/_{24}$ As oder $^1/_2$ Unze.

Außerdem, jedoch nur ganz vereinzelt, kamen noch vor

der Dodrans = $^3/_4$ As oder 9 Unzen und
der Bes = $^2/_3$ As oder 8 Unzen,

sowie bei den übrigen italischen Völkerschaften

der Quincunx = $^5/_{12}$ As oder 5 Unzen und

der Decunx = $^{10}/_{12}$ As oder 10 Unzen.

Ferner gab es noch Mehrfache des As, welche jedoch gewöhnlich in Form von viereckigen Barren hergestellt wurden; nur bei dem fünffachen As, dem Quincussis, kommt auch die runde Form vor. Näheres über die Typen der nach dem Libralfuß hergestellten Münzen s. unter Aes grave. Wegen der wiederholten Reduktionen, welche der As im Laufe der Zeit erfuhr, s. Trientalfuß, Sextantarfuß, Uncialfuß und Semiuncialfuß.

Der reduzierte As wurde nicht mehr im Wege des Gusses hergestellt, sondern geprägt, doch blieben die Typen desselben zur Zeit der Republik unverändert, nämlich der Januskopf auf der Vorderseite und die Prora, zu welcher nur noch der Stadtname und später auch Münzmeisterzeichen hinzutraten, auf der Rückseite. Mit der Einführung der Silberprägung im Jahre 268 v. Chr. sank der As zur Scheidemünze (= $^{1}/_{10}$ des Denars) herab. Im Jahre 217 v. Chr., und zwar gleichzeitig mit der Einführung des Uncialfußes für das Kupfer wurde der Wert des As auf $^{1}/_{16}$ des Denars festgesetzt. Zur Kaiserzeit wurden als Mehrfache des As der Sesterz = 4 As, welcher die große Masse des Kupfergeldes bildete, und der Dupondius = 2 As, als Teilstücke der Semis = $^{1}/_{2}$ As und der Quadrans = $^{1}/_{4}$ As geprägt. Der As und seine Teile wurden in verhältnismäßig reinem Kupfer hergestellt, während zur Prägung des Sesterz Bronze und des Dupondius das höher geschätzte gelbe Erz (Orichalcum, s. d.), ein aus Kupfer und Zinn gemischtes Metall (Messing) verwandt wurde.

Seit dem Mittelalter war As in den Gewichtssystemen vieler europäischer Staaten die Bezeichnung für ein kleines Gold-, Silber- und Münzgewicht. In Deutschland wurde nach der Münzkonvention von 1857 das Goldpfund in 1000 As geteilt.

Asper, früher die kleinste türkische Scheidemünze von ganz schlechtem Silber. Die eine Seite zeigt die Thoghra (s. d.), die andere den Prägeort, meist Istambul. 3 Asper waren = 1 Para, 120 Para = 1 Piaster.

Assignaten, vom lat. *assignare,* anweisen, überweisen, heißen Geldanweisungen, insbesondere jenes berüchtigte französische Papiergeld, welches von der Nationalversammlung durch Gesetz vom 19. April 1790 geschaffen wurde und in Anweisungen auf die eingezogenen geistlichen, später auch auf die königlichen Güter und die Güter der Emigranten bestand. Die Assignaten wurden von der Republik in Stücken von 10000, 1000, 500 bis 5 Livres, sogar in Appoints bis zu 10 Sous, ohne ausreichende Deckung und in solchen Massen ausgegeben, daß sie bald bis auf $^{1}/_{6}$ ihres Nennwerts sanken und schließlich ganz wertlos wurden. Durch Beschluß des Direktoriums vom 30. Pluviose des Jahres IV (19. Februar 1795) wurden sie außer Kurs gesetzt und gegen ein anderes Papiergeld, die Mandate, eingelöst, welche ebenfalls bald wertlos wurden.

Astarte, phönizische Göttin, Gemahlin Baals (s. diesen). Beide waren ursprünglich Naturgottheiten, denn während man sich unter letzterem die Sonne, nach anderen den Planet Jupiter dachte, wurde in der Astarte der Mond bzw. der Venusstern verehrt. Namentlich blühte der Kultus der Astarte in Tyrus und Sidon. Auf den Münzen dieser Städte ist sie häufig im Brustbild mit einer Mauerkrone dargestellt oder in einem zweirädrigen Wagen stehend.

Attischer Münzfuß, s. Griechische Münzfüße.

Attribute sind Gegenstände, auch Tiere und Pflanzen, welche allegorischen Figuren, heidnischen Gottheiten, den Heiligen der christlichen Kirche sowie bestimmten Personen beigegeben werden und die sich auf ihre Eigenschaften, ihre Macht und Tätigkeit, ihre Würde, ihr Martyrium usw. beziehen. Dahin gehören die Wage und das Schwert der Justitia, die Eule der Minerva, der Donnerkeil des Jupiter, der Stab des Merkur, die Lilie der Jungfrau Maria, der Schlüssel des Petrus, der Rost des Laurentius usw. Auch die Krone des Königs, der Hut des Kurfürsten, das Zepter, die Mitra des Bischofs usw. können als Attribute angesehen werden, obgleich sie in Wappen und auf Münzen häufig für sich allein dargestellt sind.

Auferstehungs- oder **Triumphtaler** auch **Jesustaler** werden Taler genannt, welche von der Stadt Braunschweig in den Jahren 1538, 1545 und 1546 geprägt wurden und auf den Beitritt dieser Stadt zum schmalkaldischen Bunde Bezug haben sollen. Die Hauptseite zeigt den braunschweigschen Löwen mit der Umschrift MONETA · NOVA · BRVNSVICENSIS, die Rückseite den Heiland, mit der Siegesfahne dem Grabe entsteigend, unter seinen Füßen den Tod und die Umschrift VERBVM · DEI · (oder DO*mini*) MA(*net*) · IN · AE(*ternum*).

Augg. s. Augustus.

Augurn, augures. Dieselben bildeten ein vom römischen Staate eingesetztes Priesterkollegium von anfänglich 3 Mitgliedern, welche Zahl später bis auf 16 erhöht wurde. Seine Aufgabe war, den Willen der Gottheit nach gewissen Regeln zu erforschen, namentlich aus bestimmten Zeichen zu weissagen, ob ein beabsichtigtes Unternehmen einen günstigen Erfolg versprach. Es gab fünferlei Arten, auf welche die Augurn günstige oder ungünstige Zeichen deuteten, nämlich 1. aus den Blitzen und dem Wetterleuchten, 2. aus dem Fluge der Vögel, namentlich der Adler, 3. aus der Art und Weise, wie die Hühner das ihnen vorgeworfene Futter fraßen, 4. aus der zufälligen Begegnung mit vierfüßigen Tieren, 5. aus verschiedenen kleinen Widerwärtigkeiten, die jemanden trafen. Die bedeutsamsten Zeichen waren diejenigen, welche aus den Blitzen und aus dem Fluge der Vögel gewonnen wurden. Der Augur begab sich zu diesem Zwecke auf einen erhöhten Punkt mit freier Aussicht und begrenzte, unter bestimmten Zeremonien, mit dem Abzeichen seiner Würde, dem Krummstabe (*lituus*) das Gebiet (*templum*) am Himmel und auf der Erde, innerhalb dessen er seine Beobachtungen anstellen wollte. Bei dem Wert, welchen die Römer den Zeichendeutungen und Weissagungen beimaßen, ist es erklärlich, daß auch dem Auguramte eine große Bedeutung beigelegt wurde, und wir finden daher auf den römischen Familienmünzen nicht selten den Lituus oder andere Darstellungen, welche darauf hinweisen sollen, daß der betreffende Vorfahr die Augurwürde bekleidet hat. Auch auf den Kaisermünzen befindet sich unter verschiedenem Opfergerät bisweilen der *lituus.*

Augusta, Name vieler von den Römern gegründeter Städte bzw. Kolonien. Die bekanntesten sind Augusta Praetoria, jetzt Aosta, Augusta Eburonum, jetzt Lüttich, Augusta Rauracorum, jetzt Augst bei Basel, Augusta Suessionum, jetzt Soissons, Augusta Taurinorum, jetzt Turin, Augusta Trevirorum oder Treviris, jetzt Trier, Augusta Vindelicorum, jetzt Augsburg, Augusta Ubiorum, später Colonia Agrippina genannt, jetzt Cöln am Rhein. Mit diesen römischen Namen, zum Teil in abgekürzter Form, wurden die gedachten Städte während des Mittelalters und auch noch später häufig in Urkunden und auf Münzen bezeichnet.

Augustalen, (Augustales, ital. *Agostani*) sind Goldmünzen, welche Kaiser Friedrich II als König beider Sizilien in den Jahren 1197—1220 zu Brindisi hat prägen lassen. Sie tragen auf der Hauptseite das belorbeerte Brustbild des Kaisers in römischer Tracht, auf der Rückseite einen Adler mit ausgebreiteten Flügeln und, auf beide Seiten verteilt, die Umschrift IMP·ROM·CЄSAR·AVG—FRIDERICVS. Jedenfalls wegen dieser Umschrift und weil die gedachten Münzen, von welchen es auch Halbstücke gibt, in ihrem Typus ganz an die antiken römischen Kaisermünzen erinnern, haben sie den Namen Augustalis erhalten.

Augustdor, kurfürstlich, später königlich sächsische Goldmünze oder Pistole = 5 Taler Gold. Die Augustdore enthielten 21 Karat 8 Grän Feingold und wurden zu 35 Stück auf die rauhe Mark ausgebracht. Es gab halbe, ganze und doppelte Augustdore, der Wert war, je nach der Höhe des Agio, welches auf dieselben gezahlt wurde, schwankend und betrug bei dem 1753 nach dem Gödeckeschen Fuße in Leipzig geprägten Augustdor M. 16,76. Die sogenannten Kriegsaugustdore (Ephraimiten), welche Friedrich der Große im siebenjährigen Kriege 1758 in Leipzig mit den dort vorgefundenen Stempeln aus dem Jahre 1753 prägen ließ, enthielten nur 7 Karat 6 Grän fein Gold und hatten daher einen Wert von noch nicht 6 Mark. Eine andere Sorte von

Augustdoren, welche ebenfalls von preußischen Münzpächtern in Leipzig, jedoch mit Stempeln vom Jahre 1756 geprägt wurden und $15^1/_2$ Karat fein Gold enthielten, nannte man Mittelaugustdore.

Augustus, Titel der römischen Kaiser. Als das römische Staatswesen sich zur Kaiserherrschaft entwickelte, kam es darauf an, die alten Formen der Republik möglichst zu schonen. Namentlich vermied man sorgfältig, den neuen Machthaber König oder Dictator zu nennen. Um ihm indessen eine besondere Ehre zu erweisen, wurde dem Octavianus im Jahre 27 n. Chr. durch Senatsbeschluß der Name Augustus beigelegt, womit die Unverletzlichkeit und Unantastbarkeit seiner Person verbunden war. Seitdem führte Octavianus diesen Namen, welcher später auch auf seine Nachfolger überging, jedoch mit dem Unterschiede, daß er bei diesen nicht mehr wirklicher Name, sondern ein Ehrentitel war, welcher stets hinter den eigentlichen Namen gesetzt wurde, z. B. Vespasianus Augustus. Kein anderes Mitglied der kaiserlichen Familie durfte Augustus sein, es sei denn daß der Kaiser, wie es zuerst unter Marcus Aurelius bei Lucius Verus vorkam, einen Mitkaiser annahm, in welchem Falle derselbe mit ersterem gleiche Macht und gleiche Rechte erhielt, was dadurch zum äußerlichen Ausdruck kam, daß ihm ebenfalls der Titel Augustus beigelegt wurde. Auch die Gemahlinnen der Kaiser erhielten von denselben bzw. auf Senatsbeschluß die Bezeichnung Augusta, wodurch sie auf gleiche Höhe mit den Kaisern erhoben wurden. Sie führten diesen Ehrennamen ebenfalls hinter ihrem eigentlichen Namen z. B. Julia Augusta. Auf den Münzen ist Augustus ebenso wie Augusta gewöhnlich in AVG abgekürzt, während für den Nominativ und Genitiv Pluralis gewöhnlich die Abkürzung AVGG zur Anwendung kommt, z. B. CONCORDIA AVGG(*ustorum*). Der Name Augustus wird abgeleitet von *augēre*, mehren, vermehren. Die deutschen Kaiser, welche sich bekanntlich als die Nachfolger der römischen Kaiser betrachteten, nahmen ebenfalls diesen Titel an, welcher dann mit „Mehrer des Reichs", und als später das semper Augustus entstand, mit „allzeit Mehrer des Reichs" übersetzt wurde.

Aureus, abgekürzt für *denarius aureus*, ist der Name der römischen Goldmünze. Schon zur Zeit der Republik, und zwar um das Jahr 217 v. Chr. wurden Goldmünzen im Wertbetrage von 60, 40 und 20 Sesterzen geprägt. Sie tragen auf der Hauptseite den behelmten Marskopf und hinter demselben die Wertzeichen ↓X, XXXX und XX, auf der Rückseite einen Adler auf Blitz. Die Prägung dieser Goldmünzen war jedoch nur eine ausnahmsweise und vorübergehende. Eine umfangreichere Goldprägung fand erst unter Cäsar statt, welcher aurei im Gewichte von $^1/_{40}$ Pfund

= 8,18 g schlagen ließ. Dieselben galten also nach dem damaligen Wertverhältnis des Goldes zum Silber, welches ungefähr 1 : 12 war, 100 Sesterze oder 25 Denare. Unter Augustus und den folgenden Kaisern wurden zahlreiche Goldmünzen — unter Augustus auch *quaterniones* (vierfache aurei) — geschlagen, doch sank der Aureus unter Augustus schon auf $^1/_{42}$ Goldpfund = 7,80 g, unter M. Aurelius auf $^1/_{45}$ = 7,28 g, unter Caracalla auf $^1/_{50}$ Goldpfund = 6,55 g und unter den späteren Kaisern noch weiter herab, bis Konstantin der Große durch Prägung des Solidus im Gewichte von $^1/_{72}$ Pfund ein neues Goldnominal schuf.

Ausbeutemünzen. Ausbeute nennt man den Ertrag der Bergwerke. Die Münzherren, welche eigene Gold- und Silbergruben besaßen und das aus denselben gewonnene Metall zur Prägung von Münzen verwandten, ließen auf denselben oft bezügliche Aufschriften, Zeichen oder bildliche Darstellungen anbringen. Man nennt daher dergleichen Münzen Ausbeutemünzen. Es gibt Ausbeutemünzen von Gold, Ausbeutetaler, Gulden, Groschen usw. Der erste sächsische Ausbeutetaler ist von St. Katharinenberg aus dem Jahre 1505. Namentlich sind von den Herzögen von Braunschweig in früheren Jahrhunderten vielerlei Ausbeutetaler geprägt worden, so auf die Gruben des Harzes Lautenthaler Glück, Güte des Herrn, Segen Gottes, Weißer Schwan, Regenbogen, Cronenburgs Glück, Herzog August Friedrich Bleifeld, König Karl usw. Diese Taler, auch Bergsegenstaler genannt, zeigen auf der Rückseite entweder eine Landschaft mit der betreffenden Grube oder ein den Bergsegen andeutendes allegorisches Bild mit Umschriften, welche Wünsche für das Fortbestehen der Grube enthalten. Aus neuerer Zeit sind die ehemals preußischen und hannoverschen Taler mit der Aufschrift: Segen des Mansfelder Bergbaus bzw. Bergsegen des Harzes sowie die sächsischen Bergsegenstaler mit dem das Wappen haltenden Bergknappen und Hüttenmann allgemein bekannt. Ausbeutemünzen, deren Metall aus Privatbergwerken herrührt und die häufig unter die Gewerken bzw. Inhaber von Anteilscheinen, sogenannten Kuxen, verteilt wurden, sind Schaumünzen. Dagegen gehören Münzen, welche, wie die ehemaligen bayrischen Isar- und die Rheingolddukaten aus in Flüssen gefundenem Golde hergestellt worden sind, ebenfalls zu den Ausbeutemünzen.

Auswurfmünzen sind Münzen, welche bei Krönungen, Huldigungen und anderen öffentlichen Feierlichkeiten oder festlichen Gelegenheiten unter das Volk geworfen und eigens zu diesem Zwecke geprägt wurden. Schon bei den Römern bestand ein ähnlicher Gebrauch. Die Ädilen warfen an den Florealien Bohnen, Erbsen und andere Früchte unter das Volk. Zur Zeit der Kaiser wurden von diesen oder von den höheren

Magistraten an festlichen Tagen, im Zirkus oder Theater ebenfalls Geschenke, *missilia* genannt, unter das Volk geworfen, namentlich auch Anweisungen auf ein Geldgeschenk (*tesserae*). Ob die häufig vorkommenden, auf die Krönung der deutschen Kaiser und Könige bezüglichen Münzen wirklich Auswurfmünzen gewesen sind, oder zu den Medaillen und Jetons zu rechnen sind, ist zweifelhaft. Köhler, welcher im Band VII seiner historischen Münzbelustigungen 14 Stück solcher Münzen beschreibt, nennt sie selbst bald Auswurf-, bald Krönungsmünzen und spricht nur vermutungsweise aus, daß sie bei den Krönungen zum Ausstreuen unter das Volk gedient hätten, denn „man findet nichts von diesem Gebrauch bei den alten Teutschen Geschichtsschreibern aufgezeichnet. Daß es aber von Alters müsse herkommen sein, ist daraus abzunehmen, weil alles was bei unsern Teutschen Königl. Krönungen geschieht, als alte Gebräuche angegeben werden, die man eher ihrer Weitläufftigkeit halben vermindert, als mit neuen Cerimonien vermehret . . . Daß die alten Scribenten dabei aber nichts von Geld auswerffen gemeldet, mag um deswillen geschehen sein, weil dies keine Haupt-Verrichtung war, welche von einem Reichs Ertz-Beamten geschahe" usw. Auch dafür, daß er die an der Spitze seiner Abhandlung abgebildete Münze des Königs Rudolph von Habsburg für eine Krönungsmünze ansieht, weiß Köhler nichts weiter anzuführen, als daß der König — was übrigens auch auf anderen Münzen desselben der Fall ist, eine Krone trägt, und daß unter dem dreitürmigen Gebäude der Rückseite, welches Köhler als das Bild der Stadt Aachen ansieht, ebenfalls eine Krone dargestellt ist. Ebenso sind die bei der Krönung des Kaisers Karl V in Rom ausgeworfenen Münzen nach der eigenen Anführung Köhlers nicht besonders für diesen Zweck geprägte Stücke, sondern goldene und silberne Kurrentmünzen gewesen. Weiteres s. unter Krönungsmünzen.

Autonommünzen nennt man in der antiken Numismatik im allgemeinen solche Münzen, welche zur Zeit der Römer von den zu denselben in keinem Abhängigkeitsverhältnis stehenden Fürsten, Landschaften und Städten geprägt wurden. Unter den Kaisern wurde zwar vielen Städten in den der römischen Herrschaft unterworfenen Provinzen gestattet, fernerweit Geld zu münzen, doch beschränkte sich dieses Recht in der Regel auf die Kupferprägung; auch mußten die von diesen Städten geprägten Münzen das Bild des Kaisers oder eines Mitgliedes seiner Familie tragen. Die römischen Kolonien durften ebenfalls nur auf Grund besonderer Verleihung Münzen prägen, was auf denselben häufig durch bezügliche Inschriften, z. B. PERM(*issu*) AVG(*usti*) zum Ausdruck gebracht ist. Im dritten Jahrhundert begann die kommunale Prägung all mählich in die allgemeine Reichsprägung aufzugehen, bis sie schließlich unter Aurelian im ganzen Reiche, ausgenommen in Alexandria, welches erst einige Jahre später (295 n. Chr.) folgte, ganz aufgehoben wurde.

Avers, der, vom lat. *adversus*, zugekehrt, zugewandt, heißt die Vorderseite, Hauptseite, Bildseite im Gegensatz zum Revers d. i. die Rück- oder Kehrseite einer Münze oder Medaille. Bei manchen Münzen bleibt es unbestimmt, welche Seite derselben als Hauptseite und welche als Rückseite anzusehen ist. Trägt jedoch die Münze den Kopf oder das Brustbild des Münzherrn oder in Ermangelung desselben den Namenszug oder das Wappen desselben, so ist natürlich die Seite, auf welcher sich diese Darstellungen befinden, die Hauptseite. Auf von Ständen des ehemaligen Deutschen Reiches geprägten Münzen wird die Seite, welche den Reichsadler und Namen und Titel des Kaisers trägt, als Hauptseite zu gelten haben. Bei antiken Münzen, welche das Bild einer Gottheit tragen, ist die derselben gewidmete Seite die Hauptseite.

B.

Baal, der höchste Gott der Phönizier, dessen Bild einen menschlichen Körper mit Stierkopf zeigte. Sein Kultus war oft blutig, namentlich opferte man ihm Kinder, welche in die Arme des ehernen, glühend gemachten Götzenbildes gelegt wurden. Von Phönizien verbreitete sich der Baalkultus in anderen Ländern Vorderasiens, zeitweise auch in Judäa, sowie in den phönizischen Kolonien. Wir finden daher den Baal, welcher später mit dem Zeus der Griechen und dem Jupiter der Römer identifiziert wurde, nicht nur auf Münzen phönizischer, sondern auch kleinasiatischer Städte, z. B. von Tarsus in Cilicien, dargestellt. Als seine Gemahlin wurde die Astarte (s. d.) verehrt.

Bacchus, griech. Dionȳsos (Διόνυσος, Βάκχος), war bei den Griechen und Römern der Gott des Weines und des Weinbaues. Sein Kultus war sehr verbreitet. Die Kunst liebte es, ihn in Gesellschaft von Mänaden oder Bacchantinnen, von Satyrn und Silenen, welche den mit Reben und Efeu umwundenen Thyrsosstab schwingen, abzubilden. Auch auf den antiken, sowohl griechischen als römischen Münzen finden wir häufig den Bacchus dargestellt, teils in ganzer Figur, teils nur den mit Efeu oder mit Weinlaub bekränzten Kopf desselben. Heilig waren ihm der Panther, Luchs und Tiger, der Esel, der Delphin und der Bock, weshalb er häufig auf einem von diesen Tieren gezogenen Wagen oder in Begleitung derselben erscheint.

Bärtige Groschen, Bartgroschen, s. Judenkopfgroschen.

Bagattino, s. Piccolo.

Bajocco, Mehrz. Bajocchi, vormalige italienische, namentlich im Kirchenstaat gangbare Scheidemünze, welche anfänglich in geringem Silber, später ausschließlich in Kupfer ausgeprägt wurde und von der Farbe desselben braun, ital. *bajo*, den Namen erhalten hat. Die päpstlichen Bajocchi tragen gewönlich auf der Hauptseite den Namen und das Wappen des jeweiligen Papstes, letzteres gekrönt mit der Tiara, auf der Rückseite die Wertangabe in einem Kranz oder in einer Kartusche. 1 Bajocco = 5 Quatrini = $\frac{1}{10}$ Paolo = $\frac{1}{100}$ Scudo.

Bajoire, franz. Diese Bezeichnung wird Münzen beigelegt, auf welchen zwei oder auch mehr Bildnisse im Profil derart hintereinandergestellt sind, daß nur das erste vollständig sichtbar ist, während das zweite, dritte usw. durch dasselbe zum Teil verdeckt werden. Diese Darstellung kommt vornehmlich auf Vermählungs-Denkmünzen und Medaillen vor. Aus neuester Zeit sind zu erwähnen die auf die Erhebung Preußens zum Königreich im Jahre 1901 geprägten Fünf- und Zweimarkstücke, auf welchen das Profil Friedrichs I hinter demjenigen des Kaisers Wilhelm II. hervortritt.

Bank, Banco, Bankgeld, Bancotaler. Die Bank, althochdeutsch *panch*, mittelhochdeutsch *banc*, bedeutet eine Erhöhung zum Sitzen, Lehnen, Liegen oder Stellen. Bildlich spricht man von der Gerichtsbank, der Ministerbank usw. Dann ist mit der Vorstellung der Bank auch die des Tisches verbunden; Handwerker und Gewerbetreibende legen ihre Waren auf Bänken auf (Brotbänke, Fleischbänke, Wechslerbänke). Von der Bank oder dem Tisch des Wechslers schreibt sich der italienische Ausdruck *il banco* und der französische *la banque* her. Von dort ist der Ausdruck wieder zu uns zurückgekehrt und bedeutet ein zur Förderung des Geldumsatzes, zur Vermittlung von Anleihen usw. dienendes Geldinstitut mit dem Plural Banken, nicht Bänke. Bankgeld wird da gebraucht, wo die Banken eine von der Landesmünze verschiedene Rechnung haben. Insbesondere gab es in Hamburg vor Einführung der deutschen Reichswährung ein besonderes Rechnungsgeld, die Hamburger Bankwährung, welche dem dortigen Großhandel diente und darin beruhte, daß die Hamburger Bank, ein staatliches Institut, Einlagen annahm, welche in Barren Feinsilber bestehen mußten. Die Abrechnung mit den Kontoinhabern erfolgte in Bancotalern zu 9 bzw. 9¼ Stück auf die feine Mark, welche jedoch niemals ausgeprägt wurden, sowie in Mark Banco, von welchen 27 bzw. 27¾ Stück auf die cölnische Mark fein Silber gerechnet wurden. Neben dieser idealen Münze bestand in Hamburg für den Kleinverkehr noch eine Kurantwährung.

In Preußen wurden im Jahre 1765 Bancotaler geprägt, welche 1 Tlr. 7 Gr. 6 Pf. galten und die Aufschrift EIN BANCOTHALER statt EIN REICHSTHALER trugen, sonst aber von den gewöhnlichen Talern in ihrem Gepräge nicht abwichen. Sie wurden der damals neuerrichteten Berliner Bank für ihre Zwecke überwiesen, sollen aber nicht in den Verkehr gelangt sein.

Bankportugalöser heißen goldene Schaumünzen, welche 1667 auf die Errichtung der Bank in Hamburg geschlagen wurden und vom Senate dieser Stadt bis heutigen Tages auf wichtige Ereignisse zeitweise geprägt werden. Sie zeigen dementsprechend sehr verschiedenartige Stempelbilder; ihr Wert beträgt 10 Dukaten. Auch gibt es Halbe und Viertel-Bankportugalöser (s. Portugalöser).

Barbarische Münzen. Mit dem Namen βάρβαροι bezeichneten die Griechen ursprünglich alle eine fremde Sprache Redenden, dann überhaupt alle Völker, bei welchen nicht griechische Kultur und Sitte herrschten. Nach der Unterwerfung Griechenlands durch die Römer fand der Begriff insofern eine Erweiterung, als letztere unter *barbări* alles zusammenfaßten, was nicht griechisch oder römisch gebildet war. Ausgenommen hiervon wurden später allenfalls noch die Hispanier und Gallier, und man verstand dann unter Barbaren insbesondere die nordischen Völker und die Völkerschaften jenseits des Euphrat, welche sich der römischen und griechischen Kultur dauernd widersetzten. Dementsprechend nennt man in der antiken Numismatik die von diesen Völkern geprägten, meist sehr unvollkommenen Münzen, im Gegensatz zu den griechischen und römischen bzw. nicht unter dem Einfluß der Griechen und Römer geprägten Münzen barbarische. Es gehören also zu letzteren die älteren hispanischen und gallischen, die britannischen Münzen, die Münzen der Kelten usw. Die barbarischen Völker schlugen aber nicht immer Münzen mit charakteristischen, nur ihnen eigentümlichen Geprägen, sondern sie ahmten häufig die Typen der ihnen bekannten griechischen und römischen Münzen, allerdings in meist sehr unvollkommener Weise nach, und man nennt dieselben dann Münzen mit barbarischem Gepräge.

Barett, lat. *birretum,* abgeleitet von *birrus,* ein über die anderen Kleider geworfener Regenmantel, dann Name einer im 15. Jahrhundert aufgekommenen Kopfbedeckung der Männer und Frauen. Sie bestand in einer flachen, tellerartigen Mütze mit einem hutartigen Rande, der vielen Wandlungen unterworfen war. Bald war derselbe ringsum gleichmäßig gebogen, bald geschlitzt, gelappt, faltig und in auffallender Weise verziert. Die barocksten Formen zeigen die Baretts der Landsknechte des 16. Jahrhunderts, die einfachsten diejenigen der Gelehrten. Fürsten und Adel trugen das Barett häufig mit Federn und Agraffen verziert.

Auch auf den Münzen und Medaillons des 16. Jahrhunderts tragen die dargestellten Personen häufig das Barett. In der zweiten Hälfte des 16. Jahrhunderts wurde das Barett durch die spanischen Hüte verdrängt, und jetzt gehört es, allerdings in stark veränderter Form, nur noch zur Amtstracht der Geistlichen, Richter, Professoren usw.

Barock nennt man die etwa um das Jahr 1620 aus dem Stil der Renaissance sich entwickelnde Bauweise, welche sich durch willkürliche Behandlung der Formen, insbesondere des dekorativen Elements von jenem unterschied und gegen Anfang des 18. Jahrhunderts zum Rokoko ausartete. Auch in der Kleinkunst und im Kunstgewerbe äußerte sich der Barockstil, und wir finden denselben daher auch auf den Münzen und Medaillen der gedachten Periode vertreten, namentlich in der Form der Umrahmungen und der Wappenschilde, in welchen geschweifte und verzogene Linien sowie willkürliche Verzierungen oft hervortreten. Die Bezeichnung barock, franz. *baroque* schiefrund ist vom portugiesischen *barocco* = rohe Perle von unregelmäßiger Form, eigentlich unebener Fels, entlehnt.

Barre, Barrengeld. Unter Barren versteht man im allgemeinen Metall, welches in eine bestimmte, handliche Form, meistens in Stangen gegossen ist, um später bei eintretendem Bedarf zu diesem oder jenem Zweck verarbeitet zu werden. Schon im Altertum bediente man sich vor Einführung der Münzen solcher Barren als Zahlungsmittel. Das Herdenvieh, welches wegen seines allgemeinen Nutzens bei den meisten Völkern das älteste Tauschmittel war, konnte bei steigender Kultur und beim Wachsen des Verkehrs dem Bedürfnis nicht genügen. Man griff daher zu bequemeren Tauschmitteln und wählte hierzu Gebrauchs- und Schmuckgegenstände aus Metall. Aber auch diese waren ein höchst unvollkommenes Umlaufsmittel, denn wenn der Verkäufer für seine Ware goldene Armspangen oder eherne Dreifüße und Gefäße erhielt, so war er in der weiteren Verwendung derselben immer noch beschränkt, da es nicht jedem, bei dem er seinerseits Waren einkaufen wollte, paßte, jene Gegenstände in Zahlung anzunehmen. Man kam daher ganz naturgemäß auf den Gedanken, sich statt der Spangen, Dreifüße usw. des unverarbeiteten, rohen Metalls als Tauschmittel zu bedienen, da man dasselbe beliebig verbrauchen und, ohne seinen Wert zu verringern, auch beliebig teilen konnte. Aus diesem Grunde brachte man das Metall in für den Zweck geeignete Formen. Die ringförmig gebogenen Metalldrähte und die dickeren Metallstangen, deren sich die alten Ägypter neben in Form runder Kuchen gegossenen Metallstücken als Tauschmittel bedienten, waren daher nichts anderes als Barrengeld. Ebenso lassen die Stangen von Eisen oder Erz (ὀβελοῖ, ὀβελίσκοι), welche der König Pheidon von Argos nach Einführung der Silberprägung im Tempel der argivischen Hera als Weihgeschenk aufhängen ließ (Mommsen S. 169), sowie die Sage von dem Eisengelde der Spartaner den Schluß zu, daß auch die alten Griechen sich anfänglich der Barren als Tauschmittel bedienten. Da aber jedermann dergleichen Barren leicht herstellen kann, so erhalten dieselben erst dann den Charakter eines allgemeinen Zahlmittels, wenn sie von der Gemeinde, dem Staat gestempelt, d. h. mit gewissen Zeichen versehen werden, durch deren Anbringung derselbe die Gewähr dafür übernimmt, daß die von ihm gestempelten Barren von einem bestimmten Gewicht und Feingehalt sind oder wenigstens einer dieser beiden Forderungen genügen.

Die ältesten gegossenen und mit bestimmten Zeichen (meist Tierbildern) versehenen Barren, welche auf uns gekommen sind, waren die Kupferbarren der Römer, das *aes signatum* (s. d.). Auch nachdem man längst zur Silber- und Goldprägung übergegangen war, bedienten sich die Römer daneben noch der Silber- und Goldbarren. Namentlich wurden solche nach den Zeugnissen der Schriftsteller im Staatsschatz niedergelegt. Auch sind aus der späteren römischen Kaiserzeit noch Goldbarren erhalten. Ein sehr interessanter Fund solcher, mit Stempeln versehener Goldbarren (12 Stück) wurde im Jahre 1887 in Siebenbürgen gemacht. (Vgl. Kenner, Römische Goldbarren mit Stempeln, Wiener numismatische Zeitschrift).

Während des größten Teils des Mittelalters prägte man nur kleine Silbermünzen (Denare oder Pfennige). Man war daher gezwungen, im Großverkehr sich größerer Einheiten zu bedienen und wählte dazu das Pfund oder die Mark Pfennige. Da letztere jedoch von sehr verschiedenem Gehalt waren, so ging man schließlich — namentlich taten dies die größeren norddeutschen Handelsstädte, welche am meisten bemüht waren, Ordnung im Münzwesen herzustellen — dazu über, für den Handelsverkehr Silberbarren zu gießen. Diese Barren, welche zum Gewichte einer Mark ausgebracht waren, wurden mit Stempelzeichen versehen und geteknete (gezeichnete) Marken genannt. Sie wurden in Norddeutschland in Form runder Kuchen gegossen und unter der Bezeichnung Gußkönige in den Verkehr gebracht. Vgl. die Abbildungen bei Bode, das ältere Münzwesen der Staaten und Städte Niedersachsens. Weiteres über die Mark Silber in Barrenform s. unter Mark. Zum Barrengelde sind aus neuerer Zeit auch die schwedischen Kupferplatten zu rechnen, denn obwohl sie Daler (s. d.) genannt wurden, haben sie doch weniger die Eigenschaft von Münzen als von Barren, da sie nicht wie jene geprägt sind, sondern nur aus viereckigen, roh geschmiedeten und mit einigen Stempeln versehenen Platten bestehen. Nicht minder sind die früheren chinesischen Schwertmünzen (s. d.) zum Barrengelde zu rechnen.

Auch heutigen Tages bedient man sich im internationalen Großhandel, insbesondere zur Aufbewahrung als Bankdepositen, der auf ein bestimmtes Gewicht und einen bestimmten Feingehalt gegossenen Silber- und namentlich der Goldbarren.

Batzen, in der Einzahl richtiger Batz oder Batze, ist der Name einer groschenartigen Silbermünze, welche im 15. Jahrhundert zuerst in Bern geschlagen wurde und von dem ihr aufgeprägten Wappentier dieser Stadt, dem Bär, mittelhochdeutsch Betz, nachher Bätz, jetzt Petz genannt, den Namen erhielt. Die Münze wurde im 16. Jahrhundert in Süddeutschland viel nachgeprägt und behauptete, auch ohne daß der Berner Bär darauf abgebildet war, bis auf die neueste Zeit den ursprünglichen Namen. Die Batzen zirkulierten auch unter dem Namen Rollbatzen, eine Benennung, welche zunächst den von dem Bischof Hugo von Konstanz um das Jahr 1500 geprägten Batzen nach den in seinem Wappen befindlichen drei Ringen oder Rollen vom Volke beigelegt wurde. Nach einer anderen, jedoch wenig Beachtung verdienenden Erklärung rührt der Name daher, daß es früher üblich war, Silbermünzen — es konnten hierbei selbstverständlich nur solche von feinem weichen Silber in Betracht kommen — zusammenzurollen und auf eine Schnur zu reihen, welche man um den Arm trug oder an der Kleidung befestigte. Die solchergestalt aufbewahrten Münzen seien dann bei eintretendem Bedarf wieder aufgerollt, geglättet und in Gebrauch genommen worden. Ebenso unrichtig ist endlich die Annahme, daß die Batzen italienischen Ursprungs seien und der Name auf das italienische *Pezza,* Stück, zurückzuführen sei. Dieselben waren vielmehr rein deutschen Ursprungs und wurden wegen ihrer Beliebtheit im Anfang des 16. Jahrhunderts auch im Norden Italiens nachgeprägt, woselbst man sogar den deutschen Namen auf sie übertrug, indem man den Namen Rollbatzen in das italienische *Rolabassi* umwandelte.

Der Batzen galt ursprünglich 4 Kreuzer; es gingen also 18 Stück auf den Taler zu 72 Kreuzern; er scheint seinen Wert lange behalten zu haben, denn in Adam Bergs Münzbuch (1597) werden sogar nur 17 Batzen auf den Taler gerechnet. Von der Schweiz verbreitete sich die Batzenprägung, wie bereits erwähnt, nach Süddeutschland; namentlich wurden in Breisach, Freiburg, Isny, Nördlingen und zu Anfang des 16. Jahrhunderts in Augsburg viele Batzen geschlagen. Selbst bis zum Mittelrhein und bis Ansbach und Baireuth, Coburg, Meiningen drang der Batzen vor, wenn es sich auch hier mehr um den Namen als das eigentliche Nominal handelte. Man nannte nämlich die in den betreffenden

Ländern geprägten 4 Kreuzerstücke Batzen, 2 Kreuzerstücke und am Mittelrhein auch die 2 Albusstücke halbe Batzen, während andererseits größere Münzen, je nachdem sie in das Wertverhältnis paßten, Doppelbatzen, Dreibätzner usw. genannt wurden. Auf denselben Grund ist auch die später vorkommende Unterscheidung der leichten von den schweren Batzen zurückzuführen, da in denjenigen Ländern, in welchen der Kreuzer leichter ausgebracht wurde, naturgemäß auch der Batzen einen geringeren Wert hatte als in Ländern, in welchen der Kreuzer seinen ursprünglichen Wert behielt.

In der Schweiz blieb der Batzen mit seinen Teilstücken bis in die neueste Zeit, auch nachdem bereits die lateinische Münzwährung dort Eingang gefunden hatte, in vielen Kantonen, z. B. in Basel, St. Gallen, Neufchatel, Scheidemünze. In Deutschland erfreute er sich im Kleinverkehr ebenfalls großer Beliebtheit. Der Name ist hier, obschon längst andere Münzsorten in den Verkehr gelangt sind, noch nicht ausgestorben. Er ist volkstümlich und überhaupt ein Ausdruck für Geld geworden, namentlich für kleine Münze. So sagt man in Süddeutschland noch heut von einem Mann, der reich ist, er hat Batzen, und in einem bekannten Volksliede heißt es:

Ein Heller und ein Batzen,
Die waren beide mein;
Der Heller ward zu Wasser,
Der Batzen ward zu Wein,

Bauerngroschen, volkstümliche Benennung eines im 15. Jahrhundert in Goslar geschlagenen Groschens, auf welchem St. Judas und St. Simon stehend dargestellt sind, der eine einen Stab, der andere eine Säge haltend. Anscheinend hat die Vergleichung der ziemlich mangelhaft ausgeprägten Heiligenfiguren mit Bauern zu dem Namen Bauerngroschen die Veranlassung gegeben.

Beckersche Münzen, s. Münzfälschungen.

Begräbnismünzen, s. Denkmünzen.

Beichttaler werden von dem Kurfürst Johann Georg II von Sachsen im Jahre 1663 geprägte Medaillen genannt, auf deren einer Seite der Kurfürst im Kurornat, zwischen einer Säule und einem mit einer Decke überhangenen Tisch stehend dargestellt ist. Sie wurden in Silber als Doppeltaler und auch in Gold ausgemünzt und erhielten den Namen Beichttaler, weil der Kurfürst, wie Schmieder sagt, jedesmal wenn er zur Beichte ging, einen solchen opferte.

Beischläge, s. Nachahmung und Nachprägung von Münzen.

Bei- und Ehrennamen der Münzherren. Die Sitte, den Fürsten und Herren hochtönende Bei- und Ehrennamen beizulegen, durch welche ihre Taten, Herrschertugenden und sonstige Eigenschaften verherrlicht werden sollten, sowie der Gebrauch, diese Bei- und Ehrennamen auch auf die Münzen zu setzen, ist schon sehr alt. So findet sich auf Münzen syrischer und kleinasiatischer Könige der Beiname Nikator (der Sieger) und Nikephoros (der Siegbringende), ferner Epiphanes (der Erlauchte), Eupator (der Wohl- oder Edelgeborne), auf Münzen ägyptischer und baktrischer Könige der Beiname Soter (Erretter), auf Münzen pontischer und parthischer Könige der Beiname Euergetes (der Wohltäter) usw. Selbst den Namen Gott oder einer bestimmten Gottheit ließen sich manche griechische Könige beilegen. Nicht minder überschwänglich sind die Ehrennamen römischer Kaiser, welche auf den Münzen derselben vorkommen und bald ihre Herrschertugenden (ihre Frömmigkeit, Tapferkeit, Freigebigkeit, Gerechtigkeit etc.), bald ihre Siege verherrlichen, indem der Kaiser im allgemeinen Victor oder Invictus, oder mit Bezug auf die über bestimmte Völkerschaften, meist allerdings von den Feldherren erfochtenen Siege Armeniacus, Parthicus, Germanicus usw. genannt wird. Auch im Mittelalter kam es noch vor, daß einzelne Herrscher sich besondere Ehrentitel beilegten, doch hatten dieselben religiöse Bedeutung. So werden moslemitische Fürsten auf ihren Münzen als „Schwert der Religion", „Pfeiler der Religion" etc. bezeichnet, während christliche, namentlich spanische Fürsten auf ihren Münzen sich Christianus, Catholicus, andere servus Dei oder Christi nennen. Wegen der Ehrennamen, welche sich einzelne Städte beilegten, s. Städtenamen auf deutschen Münzen.

Belagerungsmünzen sind eine Art Notgeld (s. d.), welches in belagerten Plätzen bei Mangel an barem Gelde, insbesondere zur Löhnung der Truppen bald aus edlem, bald aus unedlem Metall, zum Teil auch aus anderen Stoffen hergestellt wurde. So gibt es z. B. eine Belagerungs-(Taler-) Klippe, welche die Stadt Münster während ihrer Belagerung durch den Bischof Christoph Bernhard von Galen im Jahre 1660 herstellen ließ und die Aufschrift MONAST : WESTPH : OBSESSVM . 1660 trägt. Eine andere Belagerungsklippe ließ der Herzog Karl Alexander von Württemberg während der Belagerung von Landau im Jahre 1713 aus silbernem Tafelgeschirr in einfachster Weise herstellen. Sie ist eine achteckige Platte, welche ihren Ursprung oft noch erkennen läßt und in der Mitte sowie in den Ecken mit kleinen Stempeln versehen ist. Ebenso gibt es von vielen anderen befestigten Plätzen Belagerungsmünzen, welche die Eile und den Mangel an Sorgfalt, mit der sie hergestellt sind, oft erkennen lassen. Aus neuerer Zeit ist das während der Belagerung von Kolberg ausgegebene Notgeld zu 8, 4 und 2 Groschen charakteristisch, welches aus einfachem Kartonpapier hergestellt und mit dem Gouvernementsstempel, sonst aber nur mit den nötigen handschriftlichen Angaben versehen ist.

Bellona, (von *bellum*, Krieg) eine altitalische Gottheit, welche von den Römern als die Göttin des Krieges verehrt wurde. Sie war die Schwester oder Gemahlin oder Tochter oder Amme des Mars und hatte auf dem Campus Martius einen Tempel.

Bergwerksmünzen. Unter diesem Namen versteht man im allgemeinen alle Münzen und Medaillen, welche auf den Bergbau geprägt sind und auf denselben bezügliche Darstellungen tragen. Zu den Bergwerksmünzen gehören daher auch die sogenannten Bergsegenstaler, da sie auf den Bergbau des betreffenden Landes oder auch auf bestimmte Gruben hinweisen, aus welchen das zur Prägung verwandte Silber gewonnen ist. Weiteres s. unter Ausbeutemünzen.

Berner oder **Perner** waren kleine, höchst geringhaltige tiroler Silbermünzen des 13. bis 15. Jahrhunderts, welche kleinen in Verona, deutsch Bern, geprägten Denaren nachgeahmt waren und daher ihren Namen erhalten haben. Sie waren mit den Kreuzern und Vierern (s. diese Wörter) die ältesten Münzen Tirols. 4 Berner waren = 1 Vierer, 5 Vierer = 1 Kreuzer. Das Pfund Berner galt in Tirol lange Zeit als Rechnungsmünze (s. Pfundner).

Bes, s. As.

Beschickung der Münzmetalle, s. Legieren.

Bestimmen der Münzen. Eine Münze bestimmen heißt derselben nach Ort und Zeit ihres Ursprungs den richtigen Platz unter anderen Münzen anweisen und feststellen, für welches Land oder Gebiet, von welchem Münzherrn, aus welcher Veranlassung sie geprägt ist usw. Ist die Münze mit einer auf diese Fragen bezüglichen ausreichenden Aufschrift und mit erläuternden Zeichen und Darstellungen versehen, so bietet das Bestimmen derselben selbst dem Laien keine Schwierigkeiten; ebensowenig ist dies der Fall, wenn der Sammler die Münze in den ihm zugänglichen numismatischen Werken und Katalogen beschrieben oder abgebildet findet. Anders verhält es sich, wenn die numismatischen Werke und Kataloge den Sammler im Stich lassen, oder wenn die Aufschrift, wie es auf den älteren antiken und mittelalterlichen Münzen unendlich oft vorkommt, mehr oder weniger abgekürzt ist oder bloß aus den betreffenden Anfangsbuchstaben besteht und wenn die bildlichen Darstellungen in Folge ihrer Eigenartigkeit oder mangelhaften Ausführung schwer zu deuten sind, oder wenn dieselben auf Münzen verschiedener Herren und verschiedener Zeiten gleichmäßig vorkommen. Bedenkt man endlich, daß bis Ausgang des Mittelalters der Gebrauch, die Münzen mit Jahreszahlen nach der christlichen Zeitrechnung zu versehen, nicht üblich war, daß die Namen zahlreicher Münzherren gleichlautend und, der damaligen Sitte entsprechend, durch Beisetzung des Titels, der Folgenummern und dergleichen nicht immer voneinander unterschieden sind, daß endlich eine große Menge von Münzen überhaupt ganz schriftlos (stumm) oder mangelhaft geprägt und von schlechter Erhaltung ist, so läßt sich begreifen, welche großen Schwierigkeiten das Bestimmen derselben dem Münzforscher oft verursacht. Es bietet sich demselben in solchen Fällen ein ebenso ausgedehntes als mühsames Feld der Tätigkeit, und es müssen dann oft weit auseinanderliegende und dem Laien ganz bedeutungslos erscheinende Umstände zusammenwirken und in Betracht gezogen werden, um den Forscher zum Ziele zu führen.

Die erste, nicht aber immer sicherste Quelle zum Bestimmen der Münzen der alten Zeit und des Mittelalters bieten die Zeugnisse der Schriftsteller und die auf uns gekommenen Urkunden, doch mangelt es oft an beiden. Dann sind es im Altertum bestimmte, von den Münzherren und münzberechtigten Städten angenommene, wappenähnliche Symbole, welche die Aufschrift zum Teil zu ersetzen vermögen, sobald sie aus anderen, mit erklärender Aufschrift bereits versehenen Münzen oder aus sonstigen Quellen schon bekannt sind. Bei den späteren Mittelaltermünzen unterstützen die auf den Münzen vorkommenden Wappen wesentlich die Arbeit des Forschers, und es ist daher die Heraldik eine der wichtigsten Hilfswissenschaften der Numismatik. Immerhin reicht erstere keineswegs aus, die zahlreichen schriftlosen oder mit mangelhafter Aufschrift versehenen Münzen des Mittelalters zu erklären, denn der Gebrauch, Wappen auf die Münzen zu setzen, kam erst verhältnismäßig spät auf, und dann sind die Wappen verschiedener Münzherren oft ganz gleich oder wenigstens einander so ähnlich, daß es bei mangelhafter Darstellung derselben und dem Fehlen der Tinkturen (s. d.) häufig ganz unmöglich ist, die betreffenden Münzen richtig zu bestimmen. So führen beispielsweise zahlreiche Fürsten und Herren wie Städte den Löwen im Wappen. Derselbe ist oft in dem einen Wappen genau wie in dem anderen dargestellt, oder nur durch kleine auf den Münzen nicht beachtete oder nicht erkennbare Beizeichen zu unterscheiden. Wem soll nun eine kleine, bloß den aufgerichteten Löwen tragende, schriftlose Münze beigelegt werden? Um zum Ziele zu gelangen, muß der Münzforscher in solchen Fällen zu weiteren Mitteln greifen. Er wird zunächst die Münze nicht nur nach ihrem Typus, ihrer Fabrik (s. d.), ihrem allgemeinen Charakter, sondern auch in bezug auf ihre Größe, ihr Gewicht, ihren Gehalt usw. mit anderen ihm bekannten Münzen vergleichen. Tatsächlich wird auch zu diesem Zweck das Gewicht von zahlreichen Münzen auf das sorgfältigste ermittelt, nicht selten werden größere und kleinere Mengen, lediglich um ihren Gehalt zu prüfen, eingeschmolzen. Dann wird der Münzforscher bei seiner Arbeit nach historischen

Quellen suchen — auch alte Urkunden, Kauf- und Pachtverträge etc. geben in dieser Beziehung oft höchst schätzenswertes Material — und hieraus sowie aus manchen anderen, anscheinend ganz fern liegenden Umständen seine Schlüsse ziehen. Es geht ihm in dieser Beziehung, wie dem Archäologen, denn es erfordert oft lange Zeit und das Zusammenwirken mehrerer Forscher, von denen der eine auf den Resultaten des anderen weiterbaut, um endlich zu dem gewünschten Ziele zu gelangen.

Die Hauptquellen, aus welchen der Münzforscher schöpft, sind die Münzfunde (s. d.), und es ist daher von großer Wichtigkeit, daß die Beschreibungen derselben möglichst genau und dem Forscher zugänglich sind. Für den Sammler geeignete Hilfsmittel sind Werke, welche Regententabellen und Stammtafeln, Verzeichnisse der Münzstätten, Erklärungen der auf Münzen vorkommenden Abkürzungen usw. enthalten. Es sei in dieser Beziehung auf die Stammtafeln von Grote sowie auf die neuerdings erschienenen Regenten-Tabellen von Wilberg, ferner auf Schlickeysen-Pallmann, Erklärung der Abkürzungen auf Münzen, und auf Rentzmann, Numismatisches Legenden-Lexikon, verwiesen, welchem letzteren auch Verzeichnisse der auf Münzen vorkommenden Heiligen und lateinischen Länder- und Städtenamen beigefügt sind.

Bettler- oder Martinstaler nennt man Taler, auf welchen der heilige Martin zu Pferde dargestellt ist, wie er nach der Legende mit dem Schwerte seinen Mantel für den am Wege sitzenden nackten Bettler zerteilt. Es gibt dergleichen Taler von dem Grafen von Horn, Philipp von Montmorancy (1568 von Alba hingerichtet), von mehreren Erzbischöfen von Mainz (Ende des 16. und Anfang des 17. Jahrhunderts), dem Grafen Günther von Schwarzburg (1606 und 1608) u. a.

Beutel, frühere türkische Rechnungsmünze. Der Beutel Silber wurde zu 500 Grusch oder Piastern, der Beutel Gold zu 30000 Piastern gerechnet. Die Rechnung nach Beuteln kommt schon in der späteren römischen Kaiserzeit vor (s. Follis) und ist auf die Sitte zurückzuführen, daß man die kleine Münze in verschlossenen Beuteln in den Verkehr brachte. In der Türkei bedient man sich heut bei Großzahlungen der Rechnung nach Pfunden.

Beutgroschen wurde nach Schmieder eine Silbermünze genannt, welche Kurfürst Johann Friedrich von Sachsen und Landgraf Philipp von Hessen im Jahre 1542 aus in Wolfenbüttel erbeutetem Silbergeschirr gemeinschaftlich hatten prägen lassen. Sie tragen auf der einen Seite den Kopf des Kurfürsten mit der Umschrift IO. FRI. ELECT. DVX SAX. BEVT G. V. WOLFB., auf der anderen den Kopf des Landgrafen mit der Umschrift PHIL. LAND. HASSIE. BEVT G. V. WOLFBVT. 42.

Beutpfennig ist keine Münzbenennung, sondern nur der bildliche Ausdruck für Beuteteil.

Biga, lat., das Zweigespann, insbesondere der niedrige, auf zwei kleinen Rädern ruhende, mit zwei Pferden bespannte Streitwagen mit vorn geschlossenem, hinten offenem Kasten, dessen sich die Helden Homers bei ihren Kämpfen vor Troja bedienten. Er bot nur Platz für den Krieger und den Rosselenker (*auriga*). Die Biga ist auch als Siegeswagen eine auf Münzen des Altertums, namentlich der Römer, häufig vorkommende Darstellung. In derselben steht, die galoppierenden oder auch im Schritt gehenden Rosse lenkend, Zeus (Jupiter), oder Mars (Ares) oder eine andere Gottheit, am häufigsten die Victoria (Nike). In der späteren Zeit der römischen Republik kommen auf den Münzen derselben auch Bigen vor, welche nicht mit Pferden, sondern mit anderen Tieren, insbesondere mit solchen bespannt sind, welche auf die betreffenden Gottheiten Bezug haben, z. B. Bigen mit der Diana von Hirschen, mit Neptun von Seepferden, mit der Cybele von Löwen, mit der Ceres von Schlangen gezogen.

Bigati (*denarii*), lat., volkstümliche Benennung der zu den ältesten Silbermünzen der römischen Republik gehörigen Denare, welche auf der Vorderseite den Kopf der Roma mit geflügeltem Helm, auf der Rückseite das Bild einer Biga (s. d.) tragen und hiernach obigen Namen erhalten haben. (Plinius, Hist. nat. L. XXXIII. C. 12: *Notae argenti fuerunt bigae atque quadrigae, et inde bigati quadrigatique dicti*). Sie waren von feinerem Gehalt als die Denare späterer Zeit und daher nicht nur bei den Römern, sondern auch im Auslande besonders beliebt. Selbst die alten Germanen, welche kein eigenes Geld besaßen, bei denen aber die römische Münze Eingang gefunden hatte, wußten die *bigati* nebst den *serrati* (s. d.) zu schätzen, wie uns Tacitus in seiner Germania berichtet, wo es im Cap. V heißt: *Pecuniam probant veterem et diu notam, serratos bigatosque.* (Sie schätzen die alten, ihnen längst vertrauten Geldstücke, die Serrati und Bigati.)

Bilingue Münzen, s. Zweisprachige Münzen.

Billon nennt man Silberlegierungen, welche unter 0,500 fein sind, also mehr unedles Metall als Silber enthalten. Es wurde früher zur Prägung von Scheidemünzen verwandt und deshalb auch Scheidemünzsilber genannt. Der Feingehalt der aus solchem Silber geprägten preußischen Zwölfteltalerstücke betrug 0,375, der ganzen und halben Silbergroschen 0,220. Vgl. auch Schwarzsilber, Weißkupfer.

Bimetallismus, s. Währung.

Bischof, althochd. *biscof*, mittelhochd. *bischof*, lat. *episcopus*, oberster Geistlicher eines bestimmten größeren Kirchenbezirks. Das Wort stammt von dem griechischen ἐπίσκοπος und heißt ursprünglich Aufseher.

In der Tat waren auch in frühchristlicher Zeit die Bischöfe nichts weiter als die Vorsteher der kleinen Christengemeinden. Sehr bald gelangten sie aber zu höherem Ansehen und zu einer größeren Macht, da sie sich den Königen anschlossen und in geistlichen, wie in weltlichen Dingen ihre Berater wurden. Die Könige belohnten daher die Bischöfe nicht nur mit Gütern, sondern verliehen ihnen auch fürstliche Rechte. Dies war namentlich in Deutschland der Fall, wo bereits von Karl dem Großen den Bischöfen ganze Grafschaften und die Einnahmen aus den königlichen Regalien, namentlich das Recht zur Erhebung von Zöllen, das Marktrecht und das Münzrecht verliehen wurden. Wir finden daher schon unter den Münzen des 9. Jahrhunderts zahlreiche bischöfliche Gepräge. Zur größten Macht gelangten die Bischöfe von Cöln, Mainz und Trier, welchen nicht nur das Pallium (Zeichen der erzbischöflichen Würde), sondern auch die Kurwürde verliehen wurde und die den Titel Erzbischof (*archiepiscopus*) führten, doch kommt im Mittelalter auf den Münzen dieser Kirchenfürsten bisweilen auch statt archiepiscopus der Titel episcopus vor. Auch die meisten übrigen Bischöfe und selbst viele Äbte wurden in den Reichsfürstenstand erhoben, d. h. sie waren reichsunmittelbare Fürsten, hatten also in weltlicher Beziehung niemanden als den Kaiser über sich und besaßen auf den Reichstagen Sitz und Stimme. Im Jahre 1648 gehörten von 240 Reichstagsstimmen den geistlichen Fürsten (die geistlichen Kurfürsten nicht mit eingerechnet) 69 und den nicht gefürsteten Prälaten zusammen 2 Stimmen. Auf den Münzen der Bischöfe usw. finden wir daher neben ihren Wappen und den geistlichen Insignien häufig auch die weltliche Würde derselben (Sacri Romani Imperii Princeps) in der Umschrift erwähnt.

Eigentümlich gestalteten sich die Verhältnisse nach Einführung der Reformation, infolge deren eine Reihe Bistümer teils dauernd, teils vorübergehend in die Hände evangelischer Fürsten gelangten. So trat Sigismund, Sohn des Kurfürsten Joachim von Brandenburg, seit 1552 Erzbischof von Magdeburg, mit dem ganzen Domkapitel zur lutherischen Kirche über. Seine Nachfolger Joachim Friedrich und dessen Sohn Christian Wilhelm waren ebenfalls evangelisch, führten aber auf ihren Münzen nicht wie Sigismund den Titel Archiepiscopus Magdeburgensis, sondern den Titel Administrator Magd. In Halberstadt wählte das Kapitel 1566 den minderjährigen Herzog Heinrich Julius von Braunschweig zum Bischof, welcher, nachdem er 1578 zur Regierung gelangt war, die katholischen Gebräuche abschaffte und sich auf seinen Münzen Postulatus Episcopus Halberstadensis nannte. Für das Bistum Osnabrück wurde im westfälischen Frieden sogar festgesetzt, daß dasselbe abwechselnd mit einem katholischen und einem evangelischen Fürstbischof, letzterer aus dem Hause Braunschweig-Lüneburg, besetzt werden sollte. Während der Regierung des evangelischen Bischofs sollte die Ausübung der geistlichen Gerechtsame jedesmal dem Kurfürsten von Cöln als Metropoliten übertragen werden.

Bischofsmütze, s. Mitra.

Bischofsstab, Hirtenstab, Krummstab, lat. *baculus episcopalis, virga pastoralis, pedum.* Derselbe ist ein wesentlicher Bestandteil der bischöflichen Amtstracht und besteht aus einem langen, oben mit einem Knopfe und darauf sitzender Krümmung, unten mit einem Stachel (*stimulus*) versehenen Stabe. Die Krümmung ist häufig von Elfenbein und mit Blätter- und Rankenwerk, nicht selten auch mit kunstvollen Figürchen verziert. Der Bischofsstab, welcher ursprünglich wohl dem Schäferstabe nachgebildet worden ist, scheint im 8. Jahrhundert aufgekommen zu sein und wurde im Laufe der Zeit ein Abzeichen der bischöflichen Macht und Würde. Wir finden denselben schon auf den frühesten mittelalterlichen, aus bischöflichen Münzstätten hervorgegangenen Denaren frei schwebend und auf zahlreichen späteren Münzen des Mittelalters, welche das Brustbild oder die ganze Figur des Bischofs zeigen, fast regelmäßig in der Hand desselben. Auch auf neueren Münzen bischöflicher Münzherren wird neben der Mitra der Bischofsstab selten fehlen, und zwar ist auf diesen Münzen, ähnlich wie bei weltlichen Fürsten und Herren der Helm, die Mitra über dem Wappen angebracht, während zwei kreuzweise übereinander gelegte Krummstäbe hinter demselben hervorragen. Auf den Münzen derjenigen geistlichen Fürsten, welche zugleich Reichsfürsten waren, ist der eine Krummstab durch das Schwert ersetzt.

Bistum, der Bezirk oder Sprengel, über welchen sich die kirchliche Amtsgewalt eines Bischofs erstreckt; im ehemaligen Deutschen Reich das Land, welches ein Bischof als Souverän beherrschte. Weiteres s. unter Bischof.

Blaffert, neulateinisch *blaffardus,* niederländisch *blafferd, blafaard,* hochdeutsch Blaphart, Plappart, Plappert, war eine im 15. Jahrhundert in der Schweiz aufgekommene und dann in Deutschland vielfach übliche Münzbenennung. Am Niederrhein belegte man das 3 Stüber- oder 4 Albusstück mit diesem Namen, während in Braunschweig sowie in Lübeck, Hamburg, Hannover und Lüneburg der Blaffert oder Plappart im 16. Jahrhundert nur 2 Pfennige wert war. In der Schweiz, wo sich der Plappart lange Zeit behauptete, hatte er einen Wert von nicht ganz 3 Kreuzern oder 6 Rappen. In Hannover hat sich der Name Blaffer zur Bezeichnung einer Kupferscheidemünze (des 2 Pfennigstücks) bis in die neueste Zeit im Volksmund erhalten.

Die Ableitung des Namens Blaffert usw. ist zweifelhaft. Von manchen wird angenommen, daß derselbe von dem französischen *blafard*, bleich, blaß, herzuleiten und der Münze beigelegt worden ist, weil sie ursprünglich von besserem Silber als andere Münzen, also von weißer Farbe, gewesen sei. Die Bezeichnung stammt aber schwerlich aus dem Französischen, denn das Wort *blafard* ist deutschen Ursprungs, entstanden aus blau oder blaß und Farbe, bedeutet also so viel wie blaßfarbig. Dies deckt sich allerdings mit der Bedeutung des französischen Wortes *blafard*. Da aber die zweite Silbe desselben *fard* Schminke, figürlich Verstellung, Gleisnerei und *farder* schminken, fig. einen falschen Anstrich geben bedeutet, so könnte, wenn man bei der französischen Ableitung des Namens der Münze bleibt, eher darauf geschlossen werden, daß sie von geringem Gehalt gewesen ist und etwa nur durch Weißsieden ein besseres Aussehen erhalten hat.

Blamüser, Blaumüser war der ziemlich sonderbar klingende, volkstümliche Name einer im Münsterschen, Clevischen und Lüttichschen früher gangbaren Silbermünze, deren Wert nach Schmieder, Handwörterbuch der gesamten Münzkunde, in Lüttich $^1/_2$ Schilling oder 2 Groschen Konventionsmünze, im Clevischen $3^1/_2$ Schilling oder 3 Groschen Konv.-M., im Münsterschen $4^1/_2$ Mariengroschen oder 42 leichte Pfennige = 3 Gr. Konv.-M. betragen hat. Erwähnt wird der Blamüser zuerst in einer Verordnung des Bischofs Christoph Bernhard von Münster vom 4. Mai 1658, nach welcher „ein brabandtisch Schilling oder Blaumüser“ zu 3 Schilling 5 Pf. angenommen werden soll, dann in einer Verordnung desselben Bischofs vom 12. Juli 1664, in welcher die Dortmunder und Lünenschen halben Blaumüser auf 16 Pf. gewertet werden. Der Name scheint hiernach im 17. Jahrhundert entstanden zu sein. Auch heut ist, wie dem Verfasser von befreundeter Seite aus Münster mitgeteilt worden ist, der Blaumüser älteren Leuten dort noch wohl bekannt, doch wird er zur Bezeichnung moderner Münzen nicht mehr gebraucht.

Die Ableitung des Namens ist sehr zweifelhaft. Daß er, wie Schmieder, allerdings mit Vorbehalt, annimmt, französischen Ursprungs sei, besitzt wenig Wahrscheinlichkeit. Dagegen weist die zweite Hälfte des Wortes „Müser“ auf den unter M behandelten Müter hin, und man hat das „Blâ, Blaw, Blau“ vielleicht vorangesetzt, um damit zum Unterschied von dem geringwertigen Müter, unter welchem man später eine Kupfermünze verstand, den wertvolleren silbernen, also silberfarbenen, blassen oder blauen Müter zu bezeichnen.

Noch mehr Berechtigung hat die Annahme, daß der Name

auf unsere Blaumeise zurückzuführen ist. Wenigstens wandte man in früherer Zeit den Namen dieses Tierchens spottweise zur Bezeichnung von etwas Blauem an, z. B. der Stadtsoldaten, welche blaue Röcke trugen, und noch heut ist der Blaurock eine volkstümliche Bezeichnung, welche man, wenn auch nicht immer spottweise, so doch scherzweise Soldaten und Polizisten beilegt. Mit der Farbe blau wird auch häufig der Begriff des Falschen, Zweifelhaften verbunden — daher die Redensarten blauer Dunst, so blau! — und es ist daher nicht unmöglich, daß es sich um einen Spottnamen handelt, welchen man der in Rede stehenden Münze, etwa wegen ihrer Geringhaltigkeit, beigelegt hat. Die süddeutsche Form des Münznamens war Blomüser, denn Grimmelshausen erzählt in seinem Simplicius Simplicissimus (1669) von einem sparsamen Hauptmann, welchem er diente: Einen jeden Blomeiser nähte er in seine Kleider. Daß das Wort hier in der zweiten Silbe mit „ei" geschrieben ist, spricht ebenfalls dafür, daß demselben die Meise zum Grunde liegt, da man schon im Mittelalter letzteren Namen in dieser Weise schrieb.

Blanc, Gros blanc, ist der Name einer Silbermünze, welche im 14. Jahrhundert neben dem Turnosgroschen in Frankreich geprägt wurde, letzteren aber lange Zeit überdauerte. Dieselbe war anfänglich von gutem Silber, woher sie gleich dem rheinischen Albus oder Weißgroschen zweifellos ihren Namen erhalten hat, doch wurde sie bald geringhaltiger ausgeprägt. Der Gros blanc wurde in Deniers geteilt, doch war die Zahl der Deniers, welche auf denselben gerechnet wurden, sehr schwankend. Der Typus der Gros blancs erinnert anfänglich noch an die Turnosgroschen, namentlich wurde auf einer Seite der Münzen das jenen eigentümliche gleichschenkelige Kreuz, der Kranz von Lilien und die Umschrift *Benedictum sit nomen Domini etc.* noch lange beibehalten. Später finden wir jedoch auf den Gros blancs neue charakteristische Bilder, nach welchen ihnen besondere zusätzliche Bezeichnungen beigelegt wurden, als gros blanc à la couronne (nach der ihnen aufgeprägten Krone), au lis oder aux fleurs de lis (nach der Lilie bzw. den Lilien, welche sie im Felde führten), au soleil (nach einer kleinen Sonne, welche sie im Stempelbilde zeigten), à la croisette (nach einem kleinen verzierten Kreuze), à la queue (nach einem langen, mit Fuß versehenen Kreuz), à l'étoile (nach einem kleinen Stern), à la salamandre (nach zwei kleinen Salamandern). Der von Karl VII. geprägte große gros blanc aux lis, welcher im Felde der einen Seite drei Lilien und in den Winkeln des auf der anderen Seite befindlichen Kreuzes die Buchstaben FRAC zeigt, ist auch unter dem Namen grande plaque und der Gros blanc desselben Königs, auf welchem über den drei Lilien eine Krone schwebt, unter dem Namen gros du roi bekannt.

Blei. Dieses Metall kommt in Münzen von Bronze, sei es, daß dasselbe dieser Metallmischung absichtlich zugesetzt oder aus dem dazu verwandten Zinn oder Zink unabsichtlich nicht ausgeschieden ist, häufig vor, ist aber wegen seiner Weichheit und geringen Widerstandsfähigkeit gegen Oxydation für sich allein zur Herstellung von Münzen nicht geeignet. Kurrentmünzen von Blei sind daher offiziell wohl niemals geprägt worden. Dagegen wird dasselbe von Münzfälschern und zur Herstellung geringwertiger Medaillen sowie von Kopien guter Münzen gern verwandt. Auch unter den antiken Münzen kommen Stücke von Blei vor, doch sind dieselben aus den angegebenen Gründen jedenfalls nicht zu den Kurrentmünzen zu zählen, sondern sie haben anderen Zwecken gedient.

Bockspfennige, Bockstaler werden Münzen von Schaffhausen genannt, welche das redende Wappen dieser Stadt tragen, nämlich einen schwarzen Widder in goldenem Felde, welcher aus einem Hause springt. Auch das Bistum Chur führte als Wappen einen stehenden schwarzen Steinbock in silbernem Felde, und es werden daher die mit diesem Wappen versehenen Taler ebenfalls Bockstaler genannt.

Böhmen wurden in Schlesien nach ihrem Ursprungsland zuerst die Prager Groschen genannt, welche sich bald nach dem Beginn ihrer Prägung um das Jahr 1300 in den benachbarten Ländern, namentlich auch in Schlesien, verbreiteten. Der Name wurde dort bei allen Wandlungen, welche der Groschen im Laufe der Zeit erfuhr, beibehalten und namentlich auch im 16., 17. und 18. Jahrhundert den, wie die Funde zeigen, in Schlesien stark kursierenden österreichischen Dreikreuzerstücken, welche nach dem ihnen aufgeprägten Brustbild des Kaisers auch Kaisergroschen genannt wurden, sowie den von schlesischen Herzögen nach demselben Fuß geprägten Dreikreuzerstücken beigelegt. Nach Einführung des preußischen Silbergroschens wurde diese Münze, weil sie an die Stelle der bisher gangbar gewesenen Dreikreuzerstücke trat und dem Wert derselben entsprach, sonst aber höchst ungerechtfertigter Weise vom Volk wieder Böhm, Böhme genannt, und noch heut rechnet man in Schlesien oft nach Böhmen. Der schlesische Bauer sagt sogar mit Vorliebe nicht etwa „es kostet 10 Silbergroschen oder 1 Taler“ und noch weniger „1 oder 3 Mark“, sondern „es kostet 10 bzw. 30 Böhmen“, oder in schlesischer Mundart „Biema“, da ihm noch nicht einmal die Rechnung nach Talern und Groschen, viel weniger aber diejenige nach Mark und Pfennigen bis jetzt zur Gewohnheit geworden ist.

Bogenschützen (τοξόται) war bei den Griechen eine volkstümliche Benennung der altpersischen Golddariken, weil auf denselben der König, den Bogen spannend oder in der Hand haltend, dargestellt ist. Agesilaos, König von Sparta, welcher 396 v. Chr. die Perser in Asien bekriegte, sagte daher, der Perserkönig habe ihn mit 80000 Bogenschützen aus Asien vertrieben, denn mit soviel Dariken waren die Böotier und Athener von ihm bestochen worden, um Krieg gegen Sparta zu beschließen, welches letztere sich dadurch genötigt sah, Agesilaos zur Rettung des Vaterlandes zurückberufen. Näheres über die Dariken s. dieses Wort.

Bolognino, eine anfänglich silberne Münze = $^1/_2$ *grosso*, später eine kupferne Scheidemünze, welche unter päpstlicher Herrschaft in Bologna geprägt wurde. Letztere entsprach ungefähr dem Werte des Bajocco (s. d.). Nach Schmieder wurde auch eine kleinere kupferne Scheidemünze, welche man in Lucca und Modena prägte, Bolognino genannt.

Botdraëger, volkstümliche Benennung einer breiten, groschenartigen Silbermünze (Doppelgroschens), welche im 14. Jahrhundert in Flandern geprägt wurde. Ihren Namen hat sie von dem mittelalterlichen Topfhelm erhalten, welchen der auf der Münze dargestellte Löwe trägt und den der gemeine Mann mit einem Topf verglich — daher Topf- oder Potträger, niederdeutsch Botdrager. Der französische Name der Münze war *lion heaumé* (behelmter Löwe).

Bourgeois s. Denier.

Brabanter Taler, Brabanter Kronentaler hießen die für die österreichischen Niederlande nach dem Fuße der Albertustaler (s. d.) geprägten Taler. Sie tragen ebenso wie diese das burgundische verzierte Kreuz, in dessen Winkeln sich je eine Krone und der Orden des goldenen Vließes befinden. S. Kronentaler.

Brabeon. Dieser Name wird Medaillen beigelegt, welche in der Schweiz als Prämien für Fleiß und Wohlverhalten an Schüler verteilt wurden. Nach Haller, Schweizer Münzen, wurden diese Prämienmedaillen zuerst von Grynaeus 1593 in Basel eingeführt. Die Sitte wurde später in anderen Ländern nachgeahmt. (S. auch Schulprämienmedaillen.)

Brakteaten, auch Blech-, Hohl- oder Schüsselmünzen, *numi cavi* usw. genannt, sind eine hauptsächlich in Deutschland vorkommende Gattung von Münzen des Mittelalters, welche aus dünnem Silberblech unter Anwendung nur eines Stempels geschlagen sind und bei welchen daher das Bild der Vorderseite auf der Rückseite vertieft erscheint. Sie sind wohl zu unterscheiden von den Hohlpfennigen der späteren Zeit, welche Teile des Groschens oder Schillings sind, während die Brakteaten nichts anderes als dünn ausgeprägte Denare waren.

Der Name Brakteat ist eine moderne, von dem lateinischen

Worte *bractea,* dünnes Blech, hergeleitete Bezeichnung, welche den gedachten Mittelaltermünzen in neuerer Zeit, d. h. im 18. Jahrhundert, beigelegt wurde. Zur Zeit ihres Umlaufs wurden sie wie andere Münzen Denare oder Pfennige genannt, da sie an die Stelle dieser Münzen traten und den Wert derselben darstellten. Daß sie tatsächlich Kurrentmünzen und nicht etwa, wie früher mitunter angenommen wurde, Gedächtnismünzen oder Schmuckstücke (s. Zierbrakteaten) waren, beweisen u. a. die auf einzelnen Brakteaten vorkommenden Aufschriften: *numus, moneta, denarius.*

Die Brakteatenprägung begann in der ersten Hälfte des 12. Jahrhunderts im Harz und in Thüringen und umfaßt einen Zeitraum von über zwei Jahrhunderten, reicht also bis tief in das 14. Jahrhundert, wo sie durch die Groschenprägung wieder verdrängt wurde. Von Thüringen verbreitete sich die Brakteatenprägung bald über die Markgrafschaft Meißen, die Lausitz, Anhalt, Brandenburg, Braunschweig und ganz Ober- und Niedersachsen, allmählich fast über das ganze heutige Deutschland, mit Ausnahme von Westfalen, Rheinland und des nördlichen und östlichen Bayerns. Außerhalb Deutschlands finden wir Brakteakten in der Schweiz, Ungarn, Böhmen, Polen und Skandinavien. Das Umlaufsgebiet der Brakteaten der verschiedenen Münzherren war infolge der im Mittelalter herrschenden Münzpolitik ein sehr beschränktes, d. h. der Pfennig galt nur da, wo er geschlagen wurde. Es gibt daher Brakteaten von feinem und von geringerem Silber, von sehr verschiedener Stärke und Größe. Letztere schwankt von 10 bis 50 Millimeter Durchmesser. Der Stempelschnitt ist bald in Linienmanier ausgeführt, bald zeigt er Reliefdarstellungen, oder das Bild ist in ganz roher Weise lediglich durch Punkte oder Striche dargestellt. Aufschriften enthält nur ein Teil der Brakteaten, ein Umstand, der das Bestimmen derselben oft sehr erschwert. Die Darstellungen auf den Brakteaten sind äußerst verschiedenartig, eine Erscheinung, die namentlich durch den Umstand begünstigt wurde, daß im Mittelalter vielfach der Gebrauch herrschte, die Münze nach kurzer Zeit zu verrufen, d. h. durch neue Münze zu ersetzen, und daß die Zerbrechlichkeit der Brakteaten denselben keine lange Lebensdauer gestattete. Im Großverkehr wurden sie zugewogen, wenn anders nicht die Zahlungen in ungemünztem Metall nach dem Gewicht geleistet wurden.

Im allgemeinen machen wir bei den Brakteaten die Wahrnehmung, daß die älteren derselben weit sorgfältiger und zierlicher ausgeführt sind als die Brakteaten, aus der zweiten Hälfte des 13. Jahrhunderts und aus dem 14. Jahrhundert. Diese Erscheinung dürfte darauf zurückzuführen sein, daß im Mittelalter zur Zeit der Hohenstaufen eine bemerkenswerte Entwicklung der Kunst eintrat, die sich auch in der Prägekunst äußerte und vielleicht dadurch begünstigt wurde, daß die Deutschen durch die Kreuzzüge morgenländische Kunst kennen lernten und sie auf die Heimat zu übertragen bemüht waren. Zu den schönsten Brakteaten gehören diejenigen von Kaiser Friedrich I. (1152 bis 1190) und Heinrich dem Löwen, einige Brakteaten der Markgrafen von Brandenburg, ferner die von Heinrich I., Erzbischof von Mainz, für Erfurt geschlagenen Brakteaten sowie die Brakteaten von Beatrix II., Äbtissin von Quedlinburg, Ulrich, Bischof von Halberstadt u. a. m. Gegenüber diesen schönen Brakteaten, welchen namentlich in Anbetracht der Zeit ihrer Prägung ein gewisser Kunstwert nicht abzusprechen ist, stehen die Brakteaten der späteren Zeit mit den auf denselben befindlichen plumpen Darstellungen, welche oft kaum zu deuten sind und eine große Nachlässigkeit und Roheit des Stempelschnitts zeigen, ungemein zurück. Besonders auffällige Beispiele des Verfalls der Münzkunst sind die zahlreichen Brakteaten der Markgrafen von Meißen. Auf denselben sind die Markgrafen in mehr kauernder als sitzender Figur dargestellt, die Augen bestehen in zwei großen, stark hervortretenden Punkten, das Haar ist ebenfalls meist durch Punkte oder durch einen sich über den Kopf ziehenden, an den Seiten mit Punkten versehenen, dicken Strich dargestellt, die Körperverhältnisse sind ganz unförmig. Noch unschöner sind die von dem Markgrafen Heinrich dem Erlauchten von Meißen geprägten sogenannten knopfförmigen Brakteaten aus der zweiten Hälfte des 13. Jahrhunderts, welche durch ihren breiten, tiefabfallenden und dann wieder umgebogenen Rand ein ganz eigentümliches Aussehen haben.

Was die Entstehung der Brakteatenprägung anlangt, so ist dieselbe, wie folgt, zu erklären. Mit Beginn der Kreuzzüge hatte sich der Verkehr in Deutschland wesentlich gehoben, und es war infolgedessen ein größerer Bedarf an Zahlmitteln eingetreten. Zugleich waren neue Silberquellen erschlossen worden, namentlich lieferten die Silbergruben des Harzes reichere Erträge. Die Münzmeister waren daher bei der höchst unvollkommenen Prägetechnik damaliger Zeit nicht mehr imstande, den erhöhten Anforderungen zu genügen, d. h. so viel Münzen zu schaffen als gebraucht wurden. Die schwierigste und zeitraubendste Manipulation beim Anfertigen der Münzen war aber das Ausstückeln der Schrötlinge, welche man mangels geeigneter mechanischer Hifsmittel aus den Metallplatten (Zainen) mühsam ausschnitt oder mittels Zangen und anderer Instrumente ausriß oder abkniff. Um nun diese Arbeit zu erleichtern, ging man dazu über, die Zaine immer dünner herzustellen. Die Verringerung der Dicke der Schrötlinge bedingte aber, daß man die bisherige Fabrikationsweise, nach welcher Vorder- und Rückseite der Münze gleichzeitig geprägt wurde, verließ und den Schrötling, indem man ihn auf eine verhältnismäßig weiche Unterlage, vielleicht eine Bleiplatte, legte, erst auf der einen, dann auf der anderen Seite mit dem Stempel versah. Selbstverständlich fiel bei diesem Verfahren die Prägung außerordentlich mangelhaft aus, denn nicht nur, daß infolge der geringen Stärke des Schrötlings das Gepräge der einen Seite auf der andern zum Teil durchgedrückt wurde, also vertieft erschien, wurde auch das der Münze zuerst aufgeprägte Bild durch die zweite Prägung teilweise wieder verwischt und so undeutlich, daß Typen und Aufschrift oft nicht zu erkennen und zu entziffern sind. Man nennt die solchergestalt geprägten häßlichen Münzen Halbbrakteaten. Dieselben hatten indessen nur eine kurze Lebensdauer, denn die Schrötlinge wurden schließlich so dünn hergestellt, daß sie einen zweiten Stempelabdruck absolut nicht mehr aufnehmen konnten. Man ließ daher denselben allmählich ganz weg oder kehrte, wie namentlich in Bayern, zur Denarprägung zurück. Diese Erklärung des Entstehens der Brakteaten schließt indessen nicht aus, daß man in manchen Gegenden von der Denarprägung unvermittelt zur Brakteatenprägung überging, namentlich wenn dieselbe in Nachbarländern bereits üblich war. Auch mag die Einführung der Brakteatenprägung oft durch den Umstand begünstigt worden sein, daß die Kosten sich erheblich niedriger stellten als bei der Denarprägung, da nicht nur die Schrötlinge jetzt mühelos aus den Zainen mit der Schere ausgeschnitten werden konnten, sondern die neue Fabrikationsweise auch weit weniger Stempel erforderte als früher.

Darüber, wie man das dünne Silberblech, aus welchem die Schrötlinge zu den Brakteaten geschnitten wurden, herstellte, fehlt es an Nachrichten. Da man im Mittelalter das Walzverfahren noch nicht kannte, so blieb nichts anderes übrig, als den im Wege des Gusses hergestellten Metallplatten durch fortgesetztes Hämmern derselben die nötige Dünne zu geben. Da aber, wenn man die Metallplatten unmittelbar mit dem Hammer bearbeitet hätte, eine glatte Fläche und gleichmäßige Stärke schwer zu erzielen gewesen wäre, so ist anzunehmen, daß man nach Art unserer heutigen Goldschläger verfuhr, indem man das Metall zwischen Leder legte und dann das Ganze so lange mit dem Hammer bearbeitete, bis das Silber die nötige Dünne und Gleichmäßigkeit der Stärke erlangt hatte.

Was die zur Brakteatenprägung verwandten Stempel anlangt, so dürften nur wenige erhalten geblieben sein, ein Umstand, der sich zum Teil dadurch erklären läßt, daß man die Stempel nach ihrer Außergebrauchsetzung oder Abnutzung zur Verhütung späteren Mißbrauchs absichtlich vernichtete. Sie waren teils von Eisen, teils von Bronze, letztere gegossen und nach Bedürfnis mit dem Grabstichel überarbeitet. Das weiche Metall genügte vollkommen dem Zweck, da die Brakteatenstempel bei weitem nicht so der Abnutzung unterworfen waren und so viel auszuhalten hatten wie die Stempel, welche zur zweiseitigen Prägung erforderlich sind. Luschin von Ebengreuth hat im Jahrgang 1881 der Wiener numismatischen Zeitschrift sechs Stempel genau beschrieben. Der erste, aus Bronze hergestellte Stempel hat zur Ausmünzung Königlich böhmischer Gepräge gedient und stammt wahrscheinlich aus der Zeit König Ottokars II., 1253—1287. Der zweite, ebenfalls aus Bronze, ist von so eigentümlicher Form — er besteht nur aus einem $2^1/_2$—3 mm starken elliptischen Plättchen, auf dessen beiden Seiten ein dem König Bela II von Ungarn 1173—1196 beigelegtes Münzbild eingraviert ist —, daß dem Verfasser selbst Zweifel darüber aufgestiegen sind, ob dieser Stempel überhaupt zu Zwecken der königlichen Münze oder nicht vielmehr einem Falschmünzer gedient haben möchte. Der dritte Stempel ist von Schmiedeeisen und zur Herstellung kleiner böhmischer Brakteaten mit dem doppelschwänzigen Löwen aus der Zeit König Ottokars († 1287) benutzt worden. Die übrigen drei Stempel, darunter einer von Greifswald, rühren, wie Luschin von Ebengreuth selbst sagt, aus dem 14. und 15. Jahrhundert her und haben zur Herstellung kleiner Hohlpfennige gedient, welche Teile des Denars, später des Groschens waren und nicht mehr zur Klasse der eigentlichen Brakteaten gehören.

Was das eigentliche Prägen der Brakteaten anlangt, so unterliegt es nach den Ergebnissen neuerer Forschungen keinem Zweifel, daß dieselben in der alten einfachen Manier wie die Denare hergestellt worden sind, indem man den Stempel auf den Schrötling fest aufsetzte und dann mittels eines entsprechend starken Hammerschlages demselben das Bild des Stempels einprägte. Diese Behauptung wird durch zweierlei unterstützt, nämlich durch verschiedene auf uns gekommene Abbildungen aus dem Mittelalter, auf welchen die Prozedur des Münzenprägens — richtiger Schlagens — ausschließlich in der eben beschriebenen Weise dargestellt wird, und sodann dadurch, daß die von Luschin von Ebengreuth beschriebenen Stempel, mochten sie auch nur zur Herstellung kleiner böhmischer und ungarischer Brakteaten oder zum Prägen der brakteatenähnlichen Hohlpfennige gedient haben, soweit sie vollständig erhalten sind, ordentliche Handgriffe besitzen und auf der der Prägefläche entgegengesetzten Seite zum Teil die Spuren von Hammerschlägen zeigen. Selbstverständlich mußte beim Prägen, da ein Gegenstempel nicht vorhanden war, der Schrötling auf eine weiche Unterlage gelegt werden, wozu nach den vom Verfasser dieses Buches selbst angestellten Versuchen jedenfalls starkes Wildleder benutzt wurde. Der umgebogene Rand, den die sogenannten knopfförmigen Brakteaten, namentlich die meißener Brakteaten von Heinrich dem Erlauchten zeigen, erklärt sich dadurch, daß der Schrötling etwas größer war, als die Fläche des Stempels und daß der das Münzbild umgebende Rand des Stempels mehr oder weniger rund gefeilt war, was zur Folge hatte, daß das feine weiche Silber, aus welchem diese Brakteaten bestanden, gezwungen wurde, sich bei der Prozedur des Prägens nach oben zu biegen. Unterstützt wird diese Erklärung durch den Umstand, daß bei denjenigen schüsselförmigen Brakteaten, welche einen besonders breiten Rand haben, häufig kleine Falten in demselben zu bemerken sind, da das Silber des Schrötlings, namentlich wenn es zu hart war, durch das Schlagen nicht genügend zusammengepreßt wurde und dem durch dasselbe ausgeübten Druck nicht anders auszuweichen vermochte. Neuerdings hat auch Verfasser im Königlichen Münzkabinett zu Dresden zwei Brakteatenstempel der beschriebenen Art gesehen, von welchen der eine unzweifelhaft zur Herstellung von Brakteaten Heinrichs des Erlauchten gedient hat. Beide Stempel sind von Bronze. Näheres über die Technik der Brakteatenprägung siehe den Aufsatz des Verfassers in Nr. 179, Jahrgang 1892 der Blätter für Münzfreunde.

Breite Groschen oder Breitgroschen (*grossi lati*). Mit diesem Namen wurden im 14. Jahrhundert im allgemeinen böhmische und meißner Groschen zur Unterscheidung von solchen Groschen bezeichnet, welche, wie es oft vorkam, beschnitten waren und daher schmale Groschen (*grossi praecisi*) genannt wurden. Im besondern wurde der Name breite Groschen, vielleicht im Gegensatz zu den späteren kleineren Groschen, mit welchen sie noch gleichzeitig kursierten, den ältesten markgräflich meißnischen Groschen beigelegt. Die meißnischen Breitgroschen wurden zuerst von Markgraf Friedrich dem Freidigen seit 1315 oder 1318 nach dem Muster der Prager Groschen geprägt. Sie waren von 15lötigem Silber und wurden zu 60 Stück auf die Mark fein ausgebracht. Auf der einen Seite führten sie den meißnischen Löwen mit der Umschrift GROSSVS ∘ MARCh ∘ MISNENSIS, auf der anderen ein großes, an den Enden mit Lilien verziertes Kreuz in einer vierbogigen Einfassung. In den Winkeln desselben befinden sich die Buchstaben C R V X und am Rande die Umschrift FRID ∘ DI ∘ GRA ∘ TVRING ∘ LANGRAV. Von den Nachfolgern

Friedrichs des Freidigen, Friedrich II, dem Ernsthaften (1324 bis 1349), Friedrich III, dem Strengen (1349—1381), und Balthasar († 1406) wurden diese Groschen mit geringen Variationen und unter Hinzufügung kleiner Beizeichen, als Kreuzchen, Ringel usw., noch längere Zeit fortgeprägt, doch blieb ihr Feingehalt nicht gleichmäßig.

Bremsentaler sind Lübecksche, im 16. Jahrhundert geprägte Taler, auf welchen in der Umschrift der Rückseite eine Bremse dargestellt ist. Letztere ist das redende Wappen des Bürgermeisters Nicolaus von Brömse, unter dessen Regierung die gedachten Taler geprägt worden sind.

Brillentaler werden die mit einem eigentümlichen Stempelbilde versehenen Taler genannt, welche der Herzog Julius von Braunschweig-Lüneburg in den Jahren 1586 und 1589 zu Goslar prägen ließ. Sie zeigen den braunschweigschen wilden Mann, welcher eine brennende Lampe in der Hand hält und an dessen Arm ein Totenkopf, eine Sanduhr und eine Brille — woher der Name — herabhängen. Auf den Talern von 1586 befindet sich neben dem wilden Mann noch das braunschweigsche (niedersächsische) springende Pferd. Außerdem tragen beide Taler übereinstimmend den Wahlspruch des Herzogs: Aliis inserviendo consumor und die Buchstaben W·H·D·A·L·V·B·D·S·S·N·H·V·K·W, welche nach Schmieder die Abkürzung des Sinnspruchs: „Was hilft dem Armen Licht und Brill', der sich selbst nicht helfen und kennen will" sein sollen. Diese Deutung hat viel für sich. Der Herzog Julius war nämlich nicht nur ein Fürst, der sich durch Gründung von Schulen, Eröffnung des Salzwerks Juliushall und andere nützliche Einrichtungen um sein Land verdient machte, sondern er war auch ein frommer Herr und namentlich strenggläubiger Protestant, welcher sich um die Aufrechthaltung des evangelischen Glaubens in seinen Landen eifrig bemühte. Es liegt daher nahe, daß er durch obigen Sinnspruch und durch die Symbole, welche er dem wilden Mann in die Hand gab, auf die Vergänglichkeit alles Irdischen hat hinweisen und zur Buße und Selbsterkenntnis im allgemeinen hat anmahnen wollen, oder daß er dabei im besondern die Gegner der streng lutherischen Kirchenordnung im Auge gehabt hat, welche er von dem Dr. Andreae und anderen hatte ausarbeiten lassen; denn es ist bekannt, daß bald nach Einführung der Reformation gerade unter den evangelischen Theologen die schärfsten Dogmenstreitigkeiten geführt wurden.

Briquet (franz.) heißt Feuerstahl. Die Kette zu dem vom Herzog Philipp dem Guten von Burgund im Jahre 1429 gestifteten Orden des Goldenen Vließes (s. d.) war aus Funken sprühenden Edelsteinen und goldenen Feuerstählen gebildet. Hierauf ist es zurückzuführen, daß auf burgundischen und brabanter Münzen des 15. Jahrhunderts oft ein Funken sprühender Feuerstahl erscheint, nach welchem die Münzen selbst Briquets genannt wurden.

Britanniametall, s. Zinn.

Bronze, (Erz, lat. *aes*) nennt man eine Mischung von Kupfer und Zinn, der auch oft etwas Zink zugesetzt wird. Durch den Zusatz von Zinn, welcher jedoch nicht mehr als 15 Prozent betragen darf, wird das Kupfer sehr hart, ohne indessen die Hämmerbarkeit zu verlieren, und erhält es ein schönes Aussehen. Man hat die Bronze daher schon im Altertum mit Vorliebe zur Prägung von Münzen und, Medaillen benutzt. Die Medaillenbronze enthät 2 bis 10 Prozent Zinn gegen 98 bis 90 Prozent Kupfer, wobei auch ein geringer Zusatz von Zink oder Blei nicht nachteilig ist. In Frankreich ist für die Medaillenbronze eine Mischung von 95 Prozent Kupfer, 4 Prozent Zinn und 1 Prozent Zink gesetzlich vorgeschrieben. Dieselbe Mischung wird seit 1850 in der Schweiz, seit 1852 in Frankreich, seit 1855 in Schweden, seit 1860 in England und seit 1861 in Belgien zur Prägung von Scheidemünzen verwandt. Diesem Beispiel ist seit 1873 auch Deutschland gefolgt.

Bronzen, römische. Unter dieser Bezeichnung versteht der Sammler die römischen Münzen, namentlich der Kaiserzeit, welche nicht aus Gold oder Silber, sondern aus Kupfer oder aus einer Mischung von Kupfer und Zinn odeı Zink (Bronze, Messing) hergestellt sind. Man unterscheidet Großbronzen (Sesterz), Mittelbronzen (Dupondius und As) und Kleinbronzen (Semis und Quadrans). Die Großbronzen, namentlich der ersten Kaiserzeit, gehören zu den schönsten Erzeugnissen römischer Prägekunst.

Brückenpfennige s. Landsberger Pfennige.

Brummer, eine kleine polnische Silberscheidemünze, welche unter Sigismund III (1587—1632) im ersten Viertel des 17. Jahrhunderts geprägt wurde. Sie trägt auf der Vorderseite den gekrönten fünffeldigen polnischen Wappenschild und darunter die Zahl 3, auf der Rückseite einen Reichsapfel mit der Zahl 24. Die erstgedachte Zahl zeigt, daß diese Münze, welche übrigens sehr geringhaltig ausgebracht wurde, ein Dreipölker (s. d.) ist, während der Reichsapfel und die Zahl 24 darauf schließen lassen, daß man dabei eine Nachahmung der deutschen Groschen, welche auf der Rückseite dasselbe Gepräge trugen, bzw. die Ausfuhr der Brummer nach Deutschland im Auge gehabt hat. Auch machte die Zahl 3 auf der Vorderseite den Brummer dem österreichischen Kaisergroschen (s. d.) ähnlich, da derselbe ebenfalls die Wertzahl 3 (d. h. 3 Kreuzer) trug. Den Namen hat die gedachte Münze von der Prägestätte Bromberg erhalten: Bromberger, abgekürzt Brummer. Ihre Einführung in Deutschland scheint, wie dieser Name zeigt, gelungen zu sein.

Bullen sind zweiseitige Metallsiegel und gleichen den heutigen, allerdings meist kleineren Plomben, welche dergestalt hergestellt werden, daß die beiden Enden der zum Verschließen einer Sendung dienenden Schnur zwischen die in die Backen der Plombierzange befindlichen Scheiben von Blei gelegt und letztere demnächst so ineinandergepreßt werden, daß sie sowohl sich und die dazwischen befindlichen Schnuren unlöslich miteinander verbinden, als auch gleichzeitig die auf den Boden der Backen eingravierten Bilder und Zeichen nach Art eines Gepräges aufnehmen. Derartige Bullen wurden bereits von den byzantinischen Kaisern und den Patriarchen von Konstantinopel, später vorzugsweise von den Päpsten, daneben auch von anderen geistlichen und weltlichen Fürsten statt der sonst üblichen Wachssiegel den von ihnen ausgegangenen Urkunden angehängt. Die päpstlichen Bullen trugen zuerst verschiedene Bilder, seit Innocenz II (1124—1130) aber Jahrhunderte hindurch ausschließlich auf der einen Seite die Köpfe der Apostel Petrus und Paulus, auf der anderen den Namen des betreffenden Papstes. Sie werden von den Münzhändlern gern in ihre Kataloge aufgenommen, obgleich sie mit Münzen, abgesehen von der äußeren Form, absolut nichts gemein haben.

Das Wort Bulle kommt von dem lateinischen *bulla* und bedeutet ursprünglich die Wasserblase, dann jede erhabene Rundung, insbesondere die Buckel an Türen und Gürteln, weiter einen Schmuck der römischen Triumphatoren und dann eine flache, goldene Kapsel, welche die freigeborenen römischen Kinder an einer Schnur um den Hals trugen, mit Eintritt der Mündigkeit aber ablegten. Der Name ist schließlich von dem zweiseitigen Bleisiegel der Kaiser und Päpste auf die von denselben ausgegangenen Urkunden, welchen sie angehängt waren, übergegangen. S. Goldene Bulle.

Bundesgenossenkrieg, s. Oskische Münzen.

Burgfriedbereitungsmünzen. Das Wort Burgfriede hatte früher die Bedeutung von Schutz, Schutzgebiet einer Burg. Als sich im Mittelalter aus vielen Burgen Städte entwickelten, ging die Bezeichnung auch auf das Gebiet, insbesondere den Gerichtsbezirk dieser Städte über. Das hier weiter in Betracht kommende Wort Rain bedeutet ursprünglich einen Grasstreifen zwischen zwei Äckern oder Fluren, dann eine Grenze; berainen heißt daher den Grund und Boden abgrenzen, mit Rainen oder Grenzsteinen einfassen. Die zahlreichen Durchkreuzungen und Verschiebungen der Grenzen machten aber in früheren Jahrhunderten von Zeit zu Zeit die Revision der bestehenden oder die Festsetzung neuer Grenzen erforderlich. Da die Grenzbesichtigungen „Burgfriedberainungen“ häufig in der Form eines Umritts stattfanden, so mag die Bezeichnung Berainungen in Bereitungen umgebildet worden sein. Diese Sitte und die damit verbundenen Feierlichkeiten haben in Deutschland und Österreich im 17. und 18. Jahrhundert auch zur Ausprägung von Gedenkpfennigen (meist in Klippenform) Anlaß gegeben, welche Burgfriedbereitungsmünzen oder Klippen genannt werden.

Burggraf, s. Graf.

Burgunder Taler, s. Albertustaler.

Burs, Burse, Bursarienzeichen. Das Wort Burs, Burse stammt von dem mittelalt. lat. *bursa*, welchem letzteren das griechische βύρσα zum Grunde liegt und bedeutet ursprünglich eine lederne Geldtasche (Börse), dann die Kasse, welche zum gemeinschaftlichen Unterhalte einer Genossenschaft, insbesondere in Kleriker- und Studentenkreisen diente. Dieser Begriff übertrug sich auf die Genossenschaft selbst, insbesondere auf die an Universitäten eingerichteten Wohn- und Kosthäuser für Studenten, welche Bursen genannt wurden, und es ist hieraus auch die studentische Bezeichnung Burs, Bursch, Bursche abzuleiten. Im weiteren hieß die Kasse des Domkapitels in Münster sowie in Paderborn *bursa* (*dominorum*), und der dieselbe verwaltende Domherr war der *bursarius*. Derselbe ließ zeitweise Kupferstücke schlagen, welche jedoch kein zum allgemeinen Verkehr bestimmtes Geld, sondern nur Marken waren, die zwischen dem Rendanten der Domherrenkasse, dem Bursarius, und den Kapitelsbeamten zirkulierten, um kleine laufende Forderungen der Empfangsberechtigten einstweilen zu bestreiten und später gegen gangbare Münze eingewechselt zu werden. Diese Marken, welche zugleich als Präsenzzeichen (s. d.) dienten und mit Beginn des 17. Jahrhunderts auch in den allgemeinen Verkehr drangen, werden Bursarienzeichen genannt. Die älteste der auf denselben vorkommenden Jahreszahlen ist 1543, die letzte 1633. Sie wurden zum Werte von 3 Schilling, 12, 6, 4, 3, 2, 1 Pfennig und 1 Heller ausgebracht und zeigen auf der einen Seite die Wertzahl, auf der anderen das Bild des heiligen Paulus zu Pferde oder auf dem Chorstuhl sitzend. Fast alle Bursarienzeichen tragen Nachstempel (Contremarken) mit dem Wappen und den Anfangsbuchstaben des Namens des Bursarius. Weiteres über die Bursarienzeichen siehe Weingärtner, Beschreibung der Kupfermünzen Westfalens.

Buschen, der, bis 1821, in welchem Jahre das preußische Münzsystem eingeführt wurde, Rechnungsmünze der ehemaligen Reichsstadt Aachen im Werte von ungefähr 3/4 Pfennig. Der Name wird auch den im 18. Jahrhundert dort in großen Mengen geprägten kupfernen 12- und 4-Hellerstücken beigelegt. Dieselben zeigen auf der Hauptseite den einköpfigen Adler, auf der Rückseite die Aufschrift XII bzw. IV HELLER REICHSSTADT ACHEN und darunter gewöhnlich eine Blumenverzierung, von der jener Name abgeleitet sein soll.

Bustrophēdon, griech. βουστροφηδόν, nach Art der pflügenden Ochsen. Mit diesem Worte wird die altertümlich orientalische und griechische, auch auf Münzen vorkommende Art des Schreibens bezeichnet, bei welcher man, ebenso wie die Ochsen beim Pflügen abwechselnd eine Furche von links nach rechts, die andere von rechts nach links ziehen, die untereinander gesetzten Zeilen zuerst von links nach rechts, dann von rechts nach links schrieb. S. auch Aufschriften auf Münzen.

Buzikan, Buzdowan, ungarisch Buzogany, ursprünglich türkischer Feldherrnstab, welcher oben mit einer metallenen Kugel besetzt war und zugleich als Waffe dienen konnte. Von den Türken entlehnten die Ungarn den Buzikan, und wir finden ihn dann gleich dem verzierten Streitkolben (s. d.) als Abzeichen der Feldherrnwürde in den Händen von auf Münzen dargestellten fürstlichen Personen.

Byzantinische Münzen. Byzantium war der ursprüngliche Name der an der Westküste des Bosporus gelegenen Stadt, welche nach der Verlegung der Residenz der römischen Kaiser dorthin (i. J. 330 n. Chr.) den Namen Constantinopolis erhielt und nach der Teilung des Reiches 395 n. Chr. die Hauptstadt des oströmischen Reiches blieb. Man nennt letzteres daher auch byzantinisches Reich und die von den Kaisern desselben geprägten Münzen byzantinische Münzen. Da das oströmische Reich bis zum Jahre 1492 bestand, mithin die byzantinischen Münzen einen Zeitraum von mehr als 1000 Jahren umfassen, so sind dieselben sehr zahlreich. Sie sind von Gold oder Kupfer, seltener von Silber und tragen auf der einen Seite meist das Bild des Kaisers mit Helm oder Perlendiadem, oft auch daneben das Brustbild seines Sohnes oder der Mutter Gottes. Auf der Rückseite befindet sich gewöhnlich das aus dem griechischen X und P zusammengesetzte Monogramm Christi, oder ein auf mehreren Stufen stehendes Kreuz, oder das Brustbild des Heilands mit dem Kreuznimbus, oder auch bloß eine Legende und die Wertbezeichnung, doch wird ein auf das herrschende Christentum bezügliches Beizeichen, namentlich das Kreuz, niemals fehlen. Die Aufschrift bestand in der ersten Zeit aus lateinischen Buchstaben, wurde aber bald mit griechischen Buchstaben gemischt. Im übrigen sind die Münzen der oströmischen Kaiser, welche unter einigen derselben auch schüsselförmig geprägt wurden, meist ohne allen künstlerischen Wert. Der Stempelschnitt ist flach, die Bildnisse der Kaiser sind steif und eckig und ohne jede Porträtähnlichkeit. Fast jeder Kopf gleicht dem anderen. Von besonderem Interesse sind indessen die byzantinischen Goldmünzen (*solidi*) insofern, als sie während des Mittelalters lange Zeit die einzigen Goldmünzen waren und unter dem Namen Byzantiner in der ganzen damals bekannten Welt als Handelsmünze allgemeine Verbreitung hatten. Der Solidus (Byzantiner), dessen Gehalt unter den verschiedenen Kaisern sehr verschieden war, trägt häufig auf der Rückseite im Abschnitt die Anfangsbuchstaben der Prägestätte CON(*stantinopolis*) und die griechischen Zahlenzeichen OB = 72 (1/72 des Goldpfundes), während auf den Kupfermünzen meist die Wertzeichen **I** oder **X**, **K** oder **XX**, **M** oder **XXXX** neben dem Regierungsjahre und der Prägestätte angegeben sind (s. auch Follis).

C.

Caduceati, s. Caduceus.

Caduceus, latinisiert aus dem griechischen Καρύκιον, ist ursprünglich der Stab, welchen der Herold (κήρυξ) führte, und man nannte daher bei den Römern die Herolde auch *caduceatores*. Der Caduceus (Heroldstab) war ferner ein Attribut des Hermes (Mercurius), welches demselben beigelegt wurde, weil ihn Zeus zum Sendboten der Götter gemacht hatte. Da ferner der Mercurius der Römer auch der Gott der Kaufleute war, mit dessen Namen die Wörter *merx* (Ware), *mercari* (kaufen, handeln), *mercator* (Kaufmann) zusammenhängen, so wird der Merkurstab noch heut als Symbol des Handels betrachtet. Er ist ein von zwei Schlangen umwundener und mit Flügeln versehener Stab und kommt auf römischen Münzen, namentlich auf Denaren, nicht selten vor. Man nannte daher Denare mit der Darstellung des caduceus auch (*numi*) *caduceati*.

Caesar war ursprünglich ein Cognomen (Beiname) der gens Julia. Auch Augustus Octavianus führte als Adoptivsohn des Julius Caesar diesen Namen und nannte sich auf seinen Münzen Caesar Augustus, oft auch bloß Caesar. Dann ging der Name auf die Prinzen des kaiserlichen Hauses über, sei es daß sie durch Geburt, sei es daß sie durch Adoption Aussicht auf dereinstige Nachfolge hatten. So werden z. B. Gaius und Lucius, Drusus, Germanicus, Tiberius auf Münzen der ersten Kaiserzeit als Cäsaren bezeichnet. Demnächst wurde der Name wieder ausschließlich kaiserlicher Titel und blieb es, wie die Münzen zeigen, bis in die spätere Kaiserzeit. Das deutsche Wort Kaiser, die Bezeichnung der höchsten Fürstenwürde, ist ein altes Lehnwort von Caesar (griech. Καῖσαρ), doch kommt auf den Münzen der deutschen Kaiser gewöhnlich der Titel Imperator, seltener Caesar vor.

Capeduncula, lat., Name eines Schälchens, welches bei den Opferhandlungen der Römer gebraucht wurde und neben anderen Opfergeräten auf den Münzen der Republik bisweilen dargestellt ist.

Capelle, richtiger Coupelle, franz. = Schälchen, wird der aus gepulverter Knochenasche gefertigte Tigel genannt, dessen man sich zum Untersuchen (Probieren) des Münzmetalls bedient. Beim Schmelzen desselben verbinden sich die unedlen Bestandteile mit dem Stoft des Tigels, und das reine Edelmetall bleibt übrig. Man nennt dieses Verfahren Capellenprobe. S. auch Coupellieren.

Carlino, eine von Carl II von Anjou (1285—1309) und seinem Nachfolger Robert für Neapel geschlagene groschenartige Münze, auf deren Hauptseite der König zwischen zwei Löwen thronend und in der einen Hand das Zepter, in der anderen den Reichsapfel haltend dargestellt ist. Die Umschrift nennt den Namen und Titel des Königs (Hierosolimae et Siciliae rex). Die Rückseite zeigt ein blumenverziertes Kreuz und die Umschrift honor regis judicium diligit. Carlinos, welche daneben den Namen Gigliato (s. d.) führten, wurden später auch in anderen italienischen Staaten, z. B. von den Päpsten und in Florenz, allerdings mit vollständig abweichenden Typen geprägt, und noch im 18. Jahrhundert wurden gewisse sardinische Goldmünzen (nach dem Namen des Münzherrn) Carlinos genannt.

Carolin, eine zuerst im Jahre 1732 vom Kurfürst Carl Philipp von der Pfalz geschlagene und dann in Deutschland, namentlich in Bayern, Württemberg, Baden, Hessen vielfach nachgeprägte Goldmünze, welche geringhaltiger, aber schwerer als der vorherrschende Dukaten ausgebracht wurde, und dessen Wert zwischen 21 und 27 Mark schwankte.

Carpentum hieß bei den Römern der zweirädrige, bedeckte Wagen, welcher zu Reisen und bei feierlichen Aufzügen benutzt wurde. Er ist bisweilen auf römischen Münzen dargestellt, z. B. auf einem Sesterz der Agrippina, Gemahlin des Germanicus und Enkelin des Augustus, ferner auf einem Sesterz der Livia, Gemahlin des Augustus, welche durch dessen Testament den Namen Julia Augusta erhielt. Veranlassung zur Prägung der letzteren Münze gab dem Senat im Jahre 22 n. Chr. die feierliche Anrufung der Götter für Errettung der Livia aus schwerer Krankheit. Der dabei benutzte, vom Senat und Volk ihr geweihte Festwagen wird ebenso wie das auf dem Sesterz der Agrippina dargestellte carpentum von zwei Maultieren gezogen. Die in letzterem erkennbaren Statuen von Gottheiten sowie die Aufschrift SPQR MEMORIAE AGRIPPINAE lassen darauf schließen, daß diese Münze ebenfalls aus Anlaß eines nach dem Tode der Agrippina veranstalteten feierlichen Aufzuges vom Senat geprägt worden ist.

Cartouche, le (franz.), die Kartusche, eigentlich eine Rolle, daher die in Gestalt von halbaufgerollten Blättern ausgeführten Titel von Landkarten und Büchern, dann die in der Barockzeit aufgekommene zierliche Einfassung, ein Rahmen, dessen Randverzierung aus umgebogenen und am freien Ende zusammengerollten Teilen des Randes, sogenanntem Rollwerk besteht, oft auch in Verbindung mit Blumen, Laubwerk u. dergl. Auf Münzen und Denkmünzen der neueren Zeit kommen Cartouchen zur Einfassung von Wappen, Hoheitszeichen, Wertangaben und Inschriften häufig vor.

Castoriati wurden die ältesten Denare der römischen Republik genannt, weil auf denselben Castor u. Pollux, die beiden Dioskuren, dargestellt sind, und zwar als reisige Götter auf galoppierenden Pferden, wie sie nach der Sage in der Schlacht am See Regillus erschienen und den Römern Beistand und Sieg brachten. Über den Köpfen der Dioskuren befindet sich häufig je ein Stern. Weiteres s. unter Dioskuren.

Cavalier oder *riyder* ist der Name einer Goldmünze, welche im 15. Jahrhundert vom Herzog Philipp dem Guten von Burgund für Flandern, Brabant, Geldern, Holland geprägt wurde und auch in den benachbarten Ländern Verbreitung hatte. Sie zeigt auf der Hauptseite einen den Münzherrn darstellenden Reiter mit erhobenem Schwert auf galoppierendem Pferde und hat hiervon ihren Namen erhalten.

Cavallo, eine in Neapel unter Ferdinand I. (1458—1479) zuerst hergestellte Bronze-Scheidemünze, welche von dem ihr aufgeprägten, anscheinend den früheren karthagisch-sizilischen Münzen entlehnten Bilde eines Pferdes (*cavallo*) den Namen erhalten hat. Derselbe blieb, auch nachdem das Pferd von der Münze verschwunden war und anderen Typen Platz gemacht hatte. Der Cavallo wurde in der Folge dem Soldo (s. d.) gleichgesetzt, später aber im Werte so weit verringert, daß er bis zu seiner im Jahre 1862 erfolgten Einziehung nur noch zu 3, 4 und 6 Cavalli ausgeprägt wurde. Man nannte ihn dann spottweise auch Cavalluccio, d. i. Mähre oder Cavalletto, Pferdchen. Etwas Ähnliches finden wir in Westfalen und den angrenzenden Landstrichen, wo die bis zur Einführung des Reichsmünzgesetzes in großen Massen umlaufenden braunschweig-lüneburgischen Zweigroschenstücke mit dem springenden Pferde im Volksmunde auch Pferdchen oder Perdchen genannt wurden.

Cent, Centime, Centesimo, Centimo, Centavo vom lat. *centum* = hundert, ist in verschiedenen Staaten (den Niederlanden, den Vereinigten Staaten von Nordamerika, ferner in Frankreich, der Schweiz, Italien, Spanien, Mexiko, sowie in Mittel- und Südamerikanischen Republiken), deren Münzteilung auf dem

Decimalsystem beruht, eine Scheidemünze, welche den hundertsten Teil der betreffenden Münzeinheit (Gulden, Frank, Lira, Peso, Peseta) darstellt.

Ceres, s. Demeter.

Chaise d'or ist der Name einer breiten und dünnen französischen Goldmünze des 13. und 14. Jahrhunderts, auf welcher der König auf einem gotischen Throne (*chaise*) sitzend dargestellt ist. Die gedachte Münze wurde auch in den Niederlanden unter dem Namen Klinkhaert (abgeleitet von *clinken* = klingen) sowie in Deutschland von Ludwig IV. 1314—1347 nachgeprägt.

Chalkus, griech. χαλκοῦς von χαλκός Erz, die altgriechische Kupferscheidemünze. Die ursprüngliche Währung der Griechen war die Silberwährung. Der Umstand indessen, daß man den Obolos = $^1/_6$ Drachme in sehr kleine Teilstücke, selbst bis zum Viertelobol, zerlegte, führte mit Notwendigkeit dazu, daß man so kleine Beträge nicht mehr in Silber darstellte, sondern sich zur Herstellung der bezüglichen Münzen eines geringeren Metalls, des Kupfers oder Erzes, bediente. Diese Kupfernominale, deren Prägung erst nach Alexander dem Großen dauernd stattfand, wurden in verschiedenen Größen angefertigt, doch ist der Wert derselben schwer festzustellen, zumal das Wertverhältnis des Kupfers zum Silber aus damaliger Zeit nicht bekannt ist.

Chimära, die (griech. χίμαιρα), nach altgriechischer Mythe ein Ungeheuer mit den Köpfen eines Löwen, einer Ziege und eines Drachen, welches von Bellerophontes getötet wurde. Sikyon im Peloponnes führte das Bild der Chimäre auf seinen Münzen.

Chinesische Medaillen. Zu denselben gehören in erster Linie die sogenannten Tempelmünzen, d. s. Medaillen, welche früher zu gottesdienstlichen Zeremonien der Chinesen dienten, dann Amulett- und Zaubermedaillen, zu deren Herstellung der unter den Chinesen herrschende Aberglaube reichen Anlaß bietet, endlich Glückwunschmedaillen, welche zu Geschenken benutzt werden. Sie tragen neben bezüglichen Aufschriften sehr verschiedenartige Zeichen und Bilder, namentlich solche von Drachen, Schlangen, Tigern, Hunden, Hirschen usw. Die gedachten Medaillen sind von Bronze oder Kupfer und haben gewöhnlich das den chinesischen Münzen eigentümliche Loch in der Mitte oder am Rande eine zum Anhängen dienende Vorrichtung.

Chiton, χιτών, der, war das Hauptkleidungsstück der Griechen, ähnlich der römischen Tunica, ein ärmelloses oder mit kurzen Ärmeln versehenes Hemd von verschiedenem Stoff, welches man meist gegürtet trug und über das von den Freien ein großes, viereckiges Tuch geworfen wurde, in welches man sich ganz einhüllen konnte.

Christfest- oder **Weihnachtstaler** werden im allgemeinen silberne Medaillen genannt, welche auf die Geburt Christi bezügliche Darstellungen tragen. Den gleichen Namen führen Dicktaler sowie halbe und Ortstaler, welche der Kurfürst Johann Georg I. von Sachsen im Jahre 1617 zu Ehren seiner Mutter hat prägen lassen und auf welchen der Kurfürst oder auch der König Salomo vor seiner Mutter stehend dargestellt ist. Ihren Namen haben diese Münzen jedenfalls erhalten, weil sie zu Weihnachtsgeschenken benutzt wurden.

Chronogramm, vom griech. χρόνος, Zeit und γράμμα, Buchstabe, Schrift, im besonderen Inschrift, Aufschrift, nennt man eine Inschrift in lateinischen Lettern, in welcher einzelne vor den übrigen Buchstaben durch ihre Größe sich hervorhebende, gleichzeitig als Zahlenzeichen dienende Buchstaben zusammenaddiert eine bestimmte, zu der Inschrift in Beziehung stehende Zahl, insbesondere eine Jahreszahl ergeben. Solche Chronogramme wurden namentlich im 17. und 18. Jahrhundert über den Portalen von Gebäuden, an Monumenten, auf Epitaphien und Denkmünzen, nicht selten auch auf Kurrentmünzen angebracht. So trägt ein im Jahre 1794 von dem Kurfürsten Clemens Wenzeslaus während der Besetzung Triers durch die Franzosen geprägter, sogenannter Kontributionstaler (s. d.) die Umschrift EX VASIS ARGENTEIS IN VSVM PATRIAE SINE CENSIBVS DATIS A CLERO ET PRIVATIS (aus silbernen ohne Zensus von der Geistlichkeit und Privatpersonen für das Vaterland hergegebenen Gefäßen). Addiert man die groß geschriebenen Zahlenbuchstaben wie folgt zusammen:

X =	10
V =	5
I =	1
I =	1
I =	1
V =	5
V =	5
M =	1000
I =	1
I =	1
C =	100
I =	1
V =	5
D =	500
I =	1
C =	100
L =	50
I =	1
V =	5
I =	1

so ergibt sich die Jahreszahl 1794.

Ein Chronogramm, welches in Versen besteht, nennt man *Chronostichon.*

Chronologie, griech. von χρόνος, die *Zeit* und λόγος, das *Wort,* die *Rede,* dann die *geschriebene Rede, Geschichte,* heißt *Zeitkunde, Zeitrechnung.* Man teilt die Chronologie in die *mathematische* oder *astronomische* und in die *historische* oder *technische* Chronologie, welch letztere sich mit der Zurückführung früherer Zeitrechnungen (nach Olympiaden, Ären und wichtigen historischen Ereignissen) auf die christliche Zeitrechnung beschäftigt. Im weiteren lehrt uns die historische

Chronologie die Zeitfolge, in welcher bestimmte geschichtliche Ereignisse eingetreten sind, und sie ist daher eine wichtige Hilfswissenschaft der Numismatik.

Cista mystica, s. Cistophorenwährung.

Cistophorenwährung. Nach der Zerstörung des persischen Reiches durch Alexander den Großen kam in Kleinasien, woselbst bisher die persische Münzwährung geherrscht hatte, die attische Währung zur Geltung. Das in letzterer hauptsächlich ausgeprägte silberne Großstück, das Tetadrachmon, wurde jedoch, da nach dem Zerfall des macedonischen Reiches von den aus demselben hervorgegangenen kleineren Staaten und zahlreichen Städten Kleinasiens das Münzrecht ganz selbständig ausgeübt wurde, so verschiedenartig und namentlich so geringhaltig ausgebracht, daß sich die Römer nach Unterwerfung Kleinasiens im Jahre 133 v. Chr. veranlaßt sahen, für diese Provinz eine neue Währung, die sogenannte Cistophorenwährung, einzuführen. Sie prägten in derselben ein silbernes Großstück, welches leichter war, als das attische Tetadrachmon im Normalgewichte von 17,46 g. Es wog nur 12,4 bis 12,6 g und war im Werte von 3 alten römischen Denaren. Ihren Namen hat die Münze von der bacchischen *cista mystica* mit der sich daraus hervorwindenden Schlange erhalten, welche das regelmäßige Gepräge der Vorderseite ist.

Coin, franz. und engl., heißt die Ecke, der Keil, dann der Stempel, insbesondere der Münzstempel, sowie das mit demselben Hergestellte, das Gepräge, die Prägung. Im Deutschen verbindet man mit letzterem Worte nicht allein den Begriff der Handlung des Prägens, sondern auch den der Erzeugnisse der Prägekunst im allgemeinen. Man spricht daher beispielsweise von den Prägungen der Griechen und Römer, von falschen Prägungen usw., während man unter Gepräge mehr die Ausführung versteht — Münzen von flachem, von schönem, von schlechtem Gepräge usw. Der französische Ausdruck *coin* hat dem deutschen ähnliche Bedeutungen; *fleur de coin*, wörtlich Stempel- oder Geprägeblume, ein in Münzkatalogen häufig vorkommender Ausdruck, bedeutet einen besonders guten oder frischen Stempelabdruck, welcher durch Zirkulation der Münze noch nicht gelitten hat, während mit dem englischen *coin* neben seiner ursprünglichen Bedeutung auch der Begriff der eigentlichen Münze verbunden ist; beispielsweise heißt daher *Catalogue of the Roman coins*: Katalog römischer Münzen. Im Französischen heißt die Münze *monnaie*, abgeleitet von dem lateinischen *moneta*, während im Englischen money die Bedeutung Geld hat.

Colonnato wurde eine spanische Silbermünze, der Piaster oder Peso, nach zwei auf demselben abgebildeten, im Meere stehenden, meist gekrönten Säulen (*columnae*) genannt, daher auch Säulentaler. Die Säulen bedeuten die Säulen des Herkules, wie die die Meerenge von Gibraltar begrenzenden Felsen (Almina auf der afrikanischen, Gibraltar auf der spanischen Seite) im Altertum genannt wurden. Die Säulen des Herkules galten den Griechen und Römern als die westlichen Grenzen der damals bekannten kultivierten Welt und wurden vom Kaiser Karl V. (als König von Spanien Karl I.) als Symbol dafür gewählt, daß seine Herrschaft sich über die Säulen des Herkules hinaus, d. i. über den Ozean und die Länder der neuen Welt, erstreckte. Dem entspricht die Devise *plus ultra* (darüber hinaus), welche sich häufig bei den Säulen befindet.

Comes, lat., heißt im allgemeinen Begleiter, Gefährte, in der Mehrzahl (comites) Gefolge, von welchem bei den Römern Magistrats- und vornehme Privatpersonen auf Reisen begleitet wurden, in der Kaiserzeit Gefolge des Kaisers. Seit Konstantin wurde comes der Titel für den Inhaber eines Hof- oder Staatsamtes und infolgedessen auch der von den deutschen Kaisern, welche sich als die Nachfolger der römischen Kaiser betrachteten, eingesetzte Graf lateinisch comes genannt.

Communionmünzen, s. Gemeinschaftsmünzen.

Concordia, Personifikation der Eintracht, gewöhnlich dargestellt als eine stehende weibliche Figur, in dem linken Arme ein Füllhorn, in der rechten Hand einen Ölzweig oder eine Opferschale haltend. Sie kommt häufig vor auf Münzen römischer Kaiser, welche Mitkaiser ernannt hatten, um die zwischen ihnen und den Mitkaisern, sowie auf Münzen römischer Kaiserinnen, um die zwischen diesen und ihren Gatten herrschende Eintracht hervorzuheben. Auch wurde die Eintracht durch zwei ineinandergeschlungene Hände auf Münzen versinnbildlicht.

CONOB sind Buchstaben, welche seit Konstantin im Abschnitt auf der Rückseite der römischen und byzantinischen Goldmünzen (*solidi*) bis gegen Ende des achten Jahrhunderts sehr häufig vorkommen. **CON** bedeutet die Prägestätte Constantinopel, während die Buchstaben **OB** griechische Zahlenzeichen sind: **O** = 70 und **B** = 2, also 72, d. i. $^1/_{72}$ des Goldpfundes, zu welchem Gewicht diese Goldmünzen damals ausgebracht wurden. Auf Goldmünzen, die in anderen Münzstätten geprägt waren, treten statt der Buchstaben CON die Anfangsbuchstaben dieser Münzstätten, z. B. ANOBS, TROBS, d. h. zweite Antiochenische bzw. Triersche Münzstätte. S. auch Solidus.

Consecrationsmünzen heißen die römischen Münzen, welche der Sitte, die Kaiser und auch Kaiserinnen nach dem Tode unter die Götter zu versetzen, ihre Entstehung verdanken und darauf bezügliche Darstellungen und Aufschriften tragen. Die

Vergötterung ausgezeichneter Menschen, Apotheose (ἀποθέωσις), war schon bei den Griechen üblich und verpflanzte sich von diesen auf die Römer. Der erste derselben, welcher dieser Ehre teilhaftig wurde, war Julius Cäsar, dem schon zu Lebzeiten göttliche Ehren erwiesen worden waren. Nach ihm bildete sich ein förmlicher Kaiserkultus aus. Die consecratio wurde auf Beschluß des Senats oder auch des Nachfolgers des betreffenden Kaisers vorgenommen. Nach Bestattung der Leiche wurde ein wächsernes Bild des Verstorbenen auf einer elfenbeinernen Bahre 7 Tage im Palast ausgestellt, dann von Rittern und Senatoren auf das Forum und von da auf das Marsfeld getragen. Hier wurde es, prächtig geschmückt und mit Räucherwerk umgeben, auf einen Scheiterhaufen gestellt, welcher von dem neuen Kaiser angezündet wurde. Von der Höhe des Gerüstes flog sodann ein Adler zum Himmel, welcher nach der Vorstellung des Volkes die Seele des Verstorbenen zu den Göttern trug. Von nun an wurden dem Kaiser göttliche Ehren erwiesen; man baute ihm Tempel, setzte für dieselben Priester ein und nannte ihn Divus. Auf den Consecrationsmünzen, welche also den Zweck hatten, den Akt der Vergötterung des Kaisers noch besonders zu feiern und zum Bewußtsein des Volkes zu bringen, ist daher stets dem Namen des verstorbenen Kaisers jenes Wort, oder wenn es eine Kaiserin war, das Prädikat Diva beigesetzt. Auf der Rückseite der Münzen befindet sich häufig die Aufschrift CONSECRATIO und eine bezügliche Darstellung, namentlich der die Seele des Verstorbenen zum Himmel tragende Adler, oder auch ein Pfau, welcher bei den Kaiserinnen diesen Dienst verrichtete. Auch die Söhne der Kaiser brachten häufig neben ihrem Namen den Namen des vergötterten Vaters mit dem Zusatz DIVI FILIVS auf ihre Münzen.

Consularmünzen, auch Familienmünzen nennt man die zur Zeit der römischen Republik mit Anspielung auf ihre Geschlechtsehren von den Münzmeistern geschlagenen Münzen. Die zu dieser Zeit geprägten Denare bieten bei der Mannigfaltigkeit der auf ihnen befindlichen Darstellungen viel Interessantes.

Contorniaten nennt man große römische Bronzemedaillen des vierten und fünften Jahrhunderts n. Chr., welche ein flaches Gepräge tragen und mit einem vertieften, zuweilen auch mit Silber ausgelegten Kreise (ital. *contorno*) versehen sind. Sie zeigen auf der Vorderseite den Kopf des herrschenden oder eines früheren Kaisers, bisweilen auch das Bildnis anderer berühmter Männer des Altertums, namentlich Alexanders des Großen, oder eines Heroen, während die Rückseite verschiedenen, meist auf die Rennbahn bezüglichen Darstellungen und Inschriften gewidmet ist. Sie dienten daher jedenfalls zu irgendwelchen Zwecken bei den circensischen Spielen (den im Circus stattfindenden Pferde- und Wagenrennen).

Contrefaitmünzen oder Medaillen, vom franz. *contrefait*, d. i. Abbildung, Bildnis, umgedeutscht Konterfei, daher Konterfeier oder Konterfetter = Maler und konterfeien = abmalen, porträtieren. Mit dem Ausdruck Contrefaitmünzen oder Medaillen bezeichnet man im allgemeinen alle Medaillen oder Schaumünzen, die das porträtähnliche Bildnis eines Fürsten oder einer anderen berühmten oder sonst hervorragenden Persönlichkeit tragen, also Porträtmedaillen. Insbesondere werden darunter Denkmünzen mit dem Bildnis eines Fürsten verstanden, welche von demselben als Gnadenbeweise verliehen wurden. Vgl. auch Medaillen, Gnadenpfennige.

Contremarken, s. Gegenstempel.

Cornabat, Name einer im 16. und 17. Jahrhundert in Oberitalien (Mantua, Montferrat, Savoyen) geprägten Silbermünze im Werte von 1/2 Testone oder 1/8 Tallero. Ableitung des Namens unbekannt; vielleicht ist derselbe auf das ital. *corno, corna,* Horn zurückzuführen.

Coronato, eine Silbermünze der Könige von Neapel Ferdinand I. (1458—1479) und Alfons II. (1494—1495), auf welcher der König dargestellt ist zwischen einem Bischof und einem Kardinal, welcher letztere ihm eine Krone auf das Haupt setzt. Die Münze hat von dem ersten Worte der Umschrift Coronatus, quia legitime certavit, d. i. Gekrönt, weil er rechtmäßig gekämpft hat, ähnlich wie der Dukat (s. d.) nach dem letzten Worte der Umschrift, welche er ursprünglich trug, den Namen erhalten. Auf dem von den oben genannten Königen geprägten Coronato del Angelo ist der Erzengel Michael, den Drachen tötend, dargestellt.

Coupellieren, s. Probieren.

Courant, Current, s. Kurant.

Couronne d'or, französische Goldmünze des 14. Jahrhunderts. Vgl. Ecu à la couronne.

Crista, lat., heißt das Federbüschel, welche manche Vögel auf dem Kopfe haben, sowie der Hahnenkamm. Die Römer nannten daher den Busch, mit welchem ihr Helm verziert wurde, ebenfalls Crista. Dieser Busch bestand entweder aus drei langen, gerade in die Höhe stehenden schwarzen oder roten Federn, oder ähnlich wie bei den französischen Kürassieren, aus nach hinten herabhängenden Roßhaaren (*crista equina*). Mit letzterem Schmuck sind auch auf den antiken Münzen die Helme der auf denselben dargestellten Gottheiten usw. häufig verziert.

Crown (sprich Kraun), Krone, ist eine englische große Silbermünze, welche in Nachahmung der deutschen Talerprägung gegen Mitte des 16. Jahrhunderts zuerst geprägt wurde und ihren Namen bis heutigen Tages behalten hat. Derselbe ist zweifellos auf die Krone zurückzuführen, mit welcher der Kopf des Königs auf den älteren Crowns geziert ist. Der Crown, welcher auch in Halbstücken ausgebracht wird, ist = 5 Schilling.

Cruzado, Crusado, Crusade ursprünglich portugiesische Goldmünze des 15. Jahrhunderts, welche von dem auf der Rückseite befindlichen Kreuz den Namen erhalten hat. Später wurde dieser Name auch den silbernen Großstücken (Talern), mit deren Prägung man wie in den meisten Ländern Europas, so auch in Portugal im 16. Jahrhundert begonnen hat, beigelegt.

Cyrillische Schrift wird die aus einem Gemisch lateinischer und griechischer Buchstaben sowie besonderer Zeichen bestehende Schrift genannt, welche in Rußland und den der griechischen Kirche angehörenden slavischen Ländern zur Anwendung kommt und als deren Erfinder St. Cyrillus, der Apostel der Slaven, bezeichnet wird.

D.

Daler, eine ehemals schwedische Silbermünze, welche zuerst vom König Gustav Wasa im Jahre 1528 nach dem Muster und nach dem Fuße des deutschen Reichstalers geprägt wurde, später aber weit unter den Wert des Reichstalers sank. Der Daler war = 4 Mark oder 32 Öre. Daneben hatte Schweden von 1650 bis 1770 eine Kupferwährung, nach welcher die Kupfermünze zur Silbermünze in das Verhältnis von 3 : 1 gesetzt wurde. Aus Kupfer wurden Stücke von $^1/_2$ bis zu 12 Dalern in Form von großen, viereckigen Platten hergestellt, welche in der Mitte mit dem Wertstempel, in den Ecken mit dem königlichen Namenszuge gestempelt und von beträchtlichem Gewicht waren. S. auch Notdaler, schwedische.

Dariken, Dareiken werden die Goldmünzen genannt, welche von den Königen des altpersischen Reichs geprägt wurden. Sie sind die Hälfte des Goldstater, der ältesten bekannten Münzeinheit, von fast reinem Golde und 8,385 g schwer. Auf der Hauptseite tragen die Dariken das Bild des Königs, welcher als gekrönter knieender Bogenschütze dargestellt ist, während die Rückseite kein Stempelbild, sondern nur den formlosen Abdruck des Gegenstempels oder der Oberfläche des Amboßes zeigt, auf welchen der Schrötling beim Prägen gelegt wurde.

Was die Entstehung des Namens anlangt, so dürfte die Annahme unrichtig sein, daß die gedachte Münze zuerst von Darius, des Hystaspes Sohn (521—485 v. Chr.), geprägt worden sei; denn es ist zweifellos, daß sie schon lange vor der Regierung desselben bestanden hat. Dagegen dürfte mit größerer Wahrscheinlichkeit anzunehmen sein, daß diese Münze unter

Darius den Griechen zuerst bekannt geworden ist und deshalb von diesem den Namen στατὴρ Δαρεικός erhalten hat, durch welchen sie zugleich von dem Ganzstück, dem Goldstater, in der Schwere von 16,77 g unterschieden wurde.

Auch die älteste persische Silbermünze, der medische Siglos (Sekel) im Gewichte von 5,57 g wurde Dareikos genannt, da er ebenso wie der Golddareikos das Bild des knieenden Bogenschützen zeigt. Die Golddariken müssen s. Z. in außerordentlicher Masse im Umlauf gewesen sein, da vor noch nicht langer Zeit im Xerxeskanal am Berge Athos deren allein gegen 3000 Stück gefunden worden sind. Sie führten im Volksmunde nach dem Stempelbilde auch den Namen Bogenschützen (τοξόται).

Davidstaler, s. Georgstaler.

Decussis, nach dem Trientalfuß hergestellte Kupfermünze der römischen Republik im Werte von 10 As.

Dei gratia, abgekürzt **DG, DI GRA** und ähnlich, von Gottes Gnaden, ist zwar schon von Pipin, König der Franken, seinem Titel hinzugefügt worden (Dei gratia rex Francorum), kommt aber auf seinen Münzen sowie auf den Münzen von Karl dem Großen und dessen Nachfolgern noch nicht vor. Auch auf den Münzen späterer Kaiser sowie auf den Münzen anderer geistlicher und weltlicher Fürsten erscheint das Dei gratia während des ganzen Mittelalters nur vereinzelt. Die Sitte, daß dasselbe als ein Zeichen des christlichen Sinnes der Fürsten den Titeln derselben auf den Münzen regelmäßig hinzugefügt wurde, kam erst mit Beginn der neueren Zeit allgemein in Gebrauch.

Dekadrachmen oder Zehndrachmenstücke sind von den alten Griechen nur ausnahmsweise, hauptsächlich aber in sizilischen Städten geprägt worden. Sie gehören zu den schönsten Erzeugnissen griechischer Stempelschneidekunst, namentlich diejenigen von Syrakus mit dem Kopf der Nymphe Arethusa auf der einen und dem Viergespann auf der anderen Seite.

Demēter, Δημήτηρ, war bei den Griechen die Göttin der Pflanzenwelt, namentlich des Getreides und der Fruchtbarkeit, eine milde, segenbringende Göttin und Ernährerin der Menschheit. Sie wird gewöhnlich dargestellt in langer Gewandung mit Zepter, ein Büschel Ähren oder einen Fruchtkorb oder ein Füllhorn mit Blumen und Früchten in der Hand haltend, das Haar mit Ähren durchflochten. Heilig war ihr besonders der Mohn, als Zeichen der Fruchtbarkeit. Die Römer identifizierten die Demeter mit der Ceres und verehrten sie ebenso wie die Griechen. Sie ist auf griechischen und römischen Münzen häufig dargestellt.

Denar, *denarius.* Im Jahre 268 v. Chr. prägten die Römer die ersten Silberstücke, womit sie von der bis dahin herrschenden Kupferwährung zur Silberwährung übergingen. In dem neuen Metall wurde ein Ganzstück hergestellt, welches dem Werte von 10 As, der bisherigen Münzeinheit, entsprach und daher (von *deni,* zehnmal) den Namen denarius erhielt. Teilstücke desselben waren das Halbstück, *quinarius* und das Viertel, *sestertius* genannt. (Vgl. Quinar und Sesterz.) Das Normalgewicht des Denars war $\frac{1}{72}$ des römischen Pfundes oder 4,55 g; als Wertbezeichnung trugen die älteren Denare die Zahl X oder auch ✱, d. h. 10 As, welche jedoch später in Wegfall kam. Im Laufe der Zeit erfuhr der Denar sowohl im Gepräge wie im Gehalt vielfache Wandlungen. Die ältesten Denare trugen auf der Vorderseite den Kopf der Roma mit dem geflügelten Helm, auf der Rückseite das Bild der auf Rossen einhersprengenden Dioskuren. An die Stelle der letzteren trat dann oft die Biga oder die Quadriga; in der späteren Zeit der Republik wechseln sowohl auf der Vorder- wie auf der Rückseite die mannigfachsten Darstellungen. Zur Kaiserzeit erscheint auf der Vorderseite der Kopf des Kaisers, der Kaiserin oder sonstiger Angehöriger des Kaiserhauses, während die Rückseite meist allegorischen Figuren und Darstellungen gewidmet ist, welche sich auf die Taten und Tugenden der auf der Vorderseite Dargestellten beziehen.

Im Jahre 217 v. Chr., während des zweiten punischen Krieges, wurde das Feingewicht des Denars auf $\frac{1}{84}$ Pfund = 3,90 g und unter Nero auf $\frac{1}{96}$ Pfund = 3,41 g herabgesetzt. Unter den späteren römischen Kaisern erfuhr der Denar noch manche Wandlungen, jedoch meist zu seinem Ungunsten. Er war Jahrhunderte lang die (auch in der Bibel wiederholt erwähnte) wichtigste Münze der alten Welt; auch nachdem er durch den Antoninian (s. d.) zum Teil verdrängt war, und selbst nach dem Untergange des weströmischen Reiches kursierte er noch lange als Handelsmünze. Namentlich war er bei den Franken zur Zeit der Merowinger in großen Mengen im Umlauf, und es ist daher erklärlich, daß, als Karl der Große für das von ihm gegründete mächtige Reich ein neues Münzsystem einführte, der durch dasselbe geschaffenen Münzeinheit ebenfalls der Name Denar beigelegt wurde.

Nach der karolingischen Münzordnung wurden aus dem Pfunde feinen Silbers zu 367,2 g 240 Denare geschlagen, welche also ein Normalgewicht von 1,53 g hatten. Die Prägung der mittelalterlichen Denare ist meist sehr roh und kunstlos. Die älteren derselben tragen auf der Vorderseite vorwiegend das Kreuz, auf der Rückseite den Namen des Münzherrn oder der Prägestätte oder ein Kirchengebäude und erst später die Bildnisse der Schutzheiligen und Münzherren. Im Laufe des späteren Mittelalters erfuhr der Denar, in Italien *denaro,* in Frankreich *denier* genannt, zahlreiche Wandlungen, doch blieb der Name Jahrhunderte lang nicht nur in dem ehemaligen Frankenreich und in Deutschland, wo daneben später der Name Pfennig für ihn aufkam, sondern auch in den übrigen Ländern Europas im Gebrauch, bis er in Deutschland durch den Groschen, in Großbritannien durch den Sterling, in Oberitalien durch den Matapan und den Grosso usw. verdrängt wurde. Selbst die Araber adoptierten den Namen, doch ist der Dinar derselben keine Silbermünze, sondern eine Goldmünze.

In neuerer Zeit, nachdem der Name Denar als Münzbenennung längst außer Gebrauch gekommen war, hat man noch einige Male vorübergehend auf denselben zurückgegriffen. So trägt ein im Jahre 1574 von der Stadt Riga geprägtes silbernes Großstück im Werte von 18 Ferding (s. d.) die Umschrift Denarius novus argenteus, während einer kleinen, im Jahre 1746 von Friedrich dem Großen für Oberschlesien geschlagenen kupfernen Scheidemünze die Bezeichnung I Denar aufgeprägt ist.

Denga, russisch, heißt im allgemeinen Geld, Geldstück, dann eine von den Großfürsten von Moskau und anderen russischen Fürsten sowie von den freien Städten Nowgorod und Pskow in der zweiten Hälfte des 14. Jahrhunderts zuerst geprägte Silbermünze. Die Dengas waren von sehr unregelmäßiger Gestalt und unvollkommener Prägung; sie trugen die verschiedenartigsten Bilder, am häufigsten den Kopf des Fürsten oder das Bild desselben zu Pferde. Teilmünzen waren die $\frac{1}{2}$ Dengastücke und die Poluschkas (s. d.). In späterer Zeit sank der Denga zu einer Scheidemünze von Kupfer herab im Werte von $\frac{1}{2}$ Kopeke, welche bis in die erste Hälfte des 18. Jahrhunderts geprägt wurde.

Denier wurde in Frankreich der karolingische Denar (s. d.) genannt. Derselbe war ebenso wie letzterer ursprünglich der zwölfte Teil des Solidus und nach dem Auftreten des Turnosgroschens, *gros tournois,* unter Ludwig IX. (1226—1270) der zwölfte Teil dieser Münze. Er trug dann gleich dem Turnosgroschen das Zeichen von Tours und wurde *denier tournois* genannt. Weitere kleine Münzen der folgenden Zeit bis zum Ausgang des Mittelalters waren in Frankreich der *double tournois* mit der Aufschrift MONETA DVPLEX, der *denier parisis,* welcher seinen Namen nach der Prägestätte Paris erhielt, mit der Aufschrift FRA-NCO im Feld, ferner der *royal parisis double* mit MONETA DVPLEX REGALIS, der *bourgeois fort* (d. i. schwerer bourgeois) mit BVRGENSIS FORTIS und der *bourgeois simple* mit BVRGENSIS NOVVS; endlich ein Teilstück des denier tournois und des bourgeois, *maille* genannt, sowie Teilstücke des gros tournois (*maille tierce* und *maille blanche*). Die vorerwähnten Münzen wurden meist in Billon ausgeprägt.

Denkmünzen oder **Gedächtnismünzen** sind Geldstücke, die zur Erinnerung an historische und andere wichtige Ereignisse, oder auch bloß zum Andenken an Begebenheiten hergestellt sind, welche für den Münzherrn von Interesse waren. In diesem Sinne könnte man schon einen großen Teil der antiken, namentlich der römischen Münzen zu den Gedächtnismünzen zählen, indem dieselben vielfach Darstellungen tragen, welche sich auf wichtige Staatsbegebenheiten oder auf Taten usw. der Vorfahren der Münzmeister und später der Kaiser beziehen. Da jedoch die Anwendung derartiger, fortwährend wechselnder Darstellungen lediglich darauf zurückzuführen ist, daß man im Altertum den heutigen Gebrauch, die Kurrentmünzen mit ein für allemal feststehenden Bildern zu versehen, nicht kannte, vielmehr absichtlich die Typen oft wechselte, so kann jenen antiken Münzen die Bedeutung der Gedächtnismünzen der neueren Zeit nicht beigelegt werden. Bei den Münzen des Mittelalters verbot sich die Herstellung von Gedächtnismünzen von selbst, da während desselben die Münzkunst auf eine ganz niedrige Stufe herabgesunken war. Immerhin kommen unter den Mittelaltermünzen einzelne Stücke vor, welche nach den auf ihnen befindlichen Darstellungen und Aufschriften den Charakter von Gedächtnismünzen tragen. Dagegen nimmt im 16. Jahrhundert mit dem Wiederaufblühen der Prägekunst in Deutschland die Anfertigung von Gedächtnismünzen einen erheblichen Aufschwung. Es seien hier nur die auf die Reformation bezüglichen Gedächtnismünzen, ferner diejenigen, welche auf die Belagerung und Eroberung fester Plätze geprägt wurden und die Vicariatsmünzen (s. d.) erwähnt. Diese Gedächtnismünzen gehören zu den wirklichen Münzen und sind wohl zu unterscheiden von den Medaillen (s. d.). Von neueren deutschen Denkmünzen seien erwähnt die bayrischen Geschichtstaler, die auf die Krönung und den Tod vieler Fürsten geprägten Münzen (Sterbe- und Begräbnismünzen) und die Siegestaler von 1871, welche nebst einem auf das goldene Ehejubilänm des sächsischen Königspaares Johann und Amalie im Jahre 1872 ausgegebenen Doppeltaler die letzten vor dem Erlaß des deutschen Reichsmünzgesetzes vom 9. Juli 1873 geprägten Denkmünzen waren. In diesem Gesetze wurde das den Münzen zu gebende Gepräge ein für allemal festgesetzt und damit die Befugnis der Landesfürsten und freien Städte zur Ausprägung von Denkmünzen aufgehoben. Durch das Gesetz vom 1. Juni 1900 wurde indessen hinsichtlich der Fünfmarkstücke und Zweimarkstücke diese Befugnis den Landesherren wieder zuerkannt Die zur Erinnerung an die zweihundertjährige Feier der Erhebung Preußens zum Königreich im Jahre 1901 geprägten Fünf- und Zweimarkstücke sind die ersten auf Grund des neuen Gesetzes hergestellten Denkmünzen.

Designatus. Dei gratia designatus Rex bzw. designata Regina nannten sich die Könige Karl IX. und Gustav Adolph sowie die Königin Christine von Schweden auf ihren Münzen vor erfolgter Krönung.

Despotes, ΔΕΣΠΟΤΗΣ, griech. = Beherrscher, Gebieter, ein Titel, welchen verschiedene oströmische Kaiser und auch serbische Fürsten auf ihren Münzen führten.

Deut, niederdeutsch Deut, niederländisch Duit, englisch *doit*, ist eine niederländische Kupfermünze, deren acht auf den Stüber (Stüver) gingen — 20 Stüber = 1 holländ. Gulden. Auch in Cleve und Geldern wurde diese Münze im 17. und 18. Jahrhundert geprägt. Heut wird das Wort, ähnlich wie Heller oder Pfennig, zur Bezeichnung für etwas gebraucht, das gar keinen oder einen ganz geringen Wert hat: ich gebe keinen Deut dafür, oder: ich bin dir keinen Deut schuldig.

Deutsche Münzgesetzgebung, s. Münzgesetze und Münzordnungen früherer Zeit und Münzgesetzgebung des Deutschen Reichs.

Devalvation, s. Valvation.

Devisen sind kurze Sinnsprüche, welche sich auf eine bestimmte Tat oder Begebenheit, auf das Vaterland, die Religion usw. beziehen, oder auch von bestimmten Personen gewählt worden sind, um ihr Denken und Handeln zu kennzeichnen. Man findet sie daher häufig auf den Wappen von Fürsten, Städten und Privatpersonen. Solche Devisen sind beispielsweise „*Suum cuique*" und „Gott mit uns" (Preußen), „*Providentiae memor*" (Sachsen), „*Dieu et mon droit*" (England) usw. Bei Wappenbildern werden die Devisen gewöhnlich auf einem unter dem Schilde befindlichen oder um denselben geschlungenen Bande angebracht. S. auch Religiöse Aufschriften auf Münzen.

Diadem, lat. diadēma, griech. διάδημα, uraltes, in einer schmalen, um den Kopf geschlungenen Binde bestehendes Zeichen der Fürstenwürde, welches von den kleinasiatischen, syrischen, indischen, baktrischen und ägyptischen Königen getragen wurde. Wir finden das Diadem daher auf den Münzen dieser Könige, welche den Kopf oder das Brustbild derselben zeigen, häufig dargestellt. Die römischen Kaiser enthielten sich zunächst dieses den Römern gehässigen Schmucks, Erst seit Diocletian wurde, wie seine Münzen zeigen, das Diadem gebräuchlich, und seit Konstantin wurde es der allgemein übliche Schmuck der römischen bzw. oströmischen Kaiser, welcher dann noch mit ein oder zwei Reihen Perlen und Edelsteinen besetzt und mit an beiden Seiten befindlichen Gehängen versehen war.

Diana, s. Artemis.

Dicken, Dickpfennige sind größere Silbermünzen, welche nach dem Muster der italienischen Testons gegen Ende des 15. Jahrhunderts zuerst in der Schweiz, sowie in Ulm, Über lingen, Ravensburg, Constanz, Freiburg und in Württemberg geprägt wurden. Sie erhielten ihren Namen zum Unterschiede von den bisher gangbar gewesenen kleinen und dünnen Denaren.

Dickmünzen, *numi grossi*, nannte man ursprünglich die im 13. Jahrhundert in Frankreich und etwas später in Böhmen und Deutschland geprägten Turnosen bzw. Groschen (s. d.) zum Unterschiede von den bis dahin gangbar gewesenen dünnen Denaren und Brakteaten. Später wurden alle Münzen (Taler, Groschen und Pfennige) mit diesem Namen belegt, welche dicker als die gewöhnlichen Münzen dieser Gattungen oder aus einem Schrötling hergestellt waren, der zwar einen geringeren Umfang als jene, dafür aber eine entsprechend größere Stärke hatte. So schlug man mit dem Viertel- oder Ortstalerstempel Taler und mit dem Talerstempel zweifache, dreifache und mehrfache Taler, was um so unbedenklicher geschehen konnte, als die Taler, Halbtaler und Vierteltaler in früheren Zeiten keine Wertangabe trugen, jedermann vielmehr aus der Größe und dem Gewicht ersah, was für ein Geldstück er in der Hand hatte. Die Dicktaler, Dickdoppeltaler usw. dürften s. Z., wenn sie auch umlaufsfähige Münzen waren, doch nicht für den allgemeinen Gebrauch geschlagen worden sein, sondern sie wurden jedenfalls zu bestimmten Zwecken, namentlich zu Geschenken geprägt, welche die betreffenden Münzherren machen wollten.

Didrachme, die, oder das Didrachmon ist das altgriechische Zweidrachmenstück. Dasselbe entsprach dem Silberstater der Perser, von welchen die Griechen ihr ältestes Münzsystem entlehnten, und bildete die ursprüngliche Münzeinheit desselben, bis die Hälfte des Stater oder die Drachme (s. d.) an deren Stelle trat. Besonders zahlreich wurden Didrachmen von Korinth und korinthischen Kolonien sowie von den Städten in Sizilien und Großgriechenland (Unteritalien) geprägt. Das Normalgewicht der nach attischem Fuße geprägten Didrachmen betrug nach Hultsch 8,73 g, der Normalwert derselben 1,57 Goldmark.

Dinar, s. Arabische Münzen.

Dionȳsos, s. Bacchus.

Dioskuren, Διόσκουροι, sind die beiden Heroen Castor und Pollux (Polydeukes), Söhne des Zeus und der Leda, welche viele Taten verrichteten und durch innige brüderliche Liebe miteinander verbunden waren. Als daher Castor, welcher sterblich war, im Kampfe gegen die Leukippiden fiel, bat Pollux, der unsterbliche Sohn des Zeus, seinen Vater, ihn auch sterben zu lassen. Letzterer gewährte ihm, mit seinem Bruder zusammen abwechselnd einen Tag im Olympos, den andern Tag im Hades zu weilen. Beide waren ursprünglich altpeloponnesische Lichtgottheiten, welche von den eingedrungenen Doriern als Heroen verehrt wurden. Von den Griechen entlehnten sie gleich anderen Göttern und Halbgöttern die Römer. Die Dioskuren sind eine nicht seltene Darstellung auf antiken Münzen. Über ihren Köpfen befindet sich häufig je ein Stern, welcher jedenfalls auf ihre vorerwähnte Eigenschaft als Lichtgottheiten zurückzuführen ist.

Dirhem, s. Arabische Münzen.

Divus, Divi filius, s. Consecrationsmünzen.

Dobra oder Dobrão, Name einer größeren portugiesischen Goldmünze, welche vom 18. bis Anfang des 19. Jahrhunderts hauptsächlich in Halbstücken geprägt wurde.

Dodrans, s. As.

Dölpeltaler werden in Adam Bergs Münzbuch Taler genannt, welche von König Philipp II. (1556—1598) für Spanien, Burgund und die spanischen Niederlande geprägt worden sind. Der Name (Dölpel dürfte gleichbedeutend sein mit Tölpel) ist ein Spottname, der nach Schmieder den Talern wegen ihrer Unförmigkeit und ungewöhnlichen Dicke beigelegt wurde.

Doge, ital., abgeleitet vom lateinischen dux (Herzog), war der Titel des Staatsoberhaupts in den ehemaligen Republiken Venedig und Genua.

Dolche hießen herzoglich lothringsche ganze und halbe Groschen des 15. und 16. Jahrhunderts, auf welchen ein Arm mit gezücktem Schwert (ganze Dolche), oder auch nur ein Schwert (halbe Dolche) dargestellt ist. Sie haben von diesem Schwert, welches wegen seiner Kürze wohl als Dolch angesehen wurde, den Namen erhalten.

Dominus, (lat.), heißt Herr und war ein Titel, der schon auf den Münzen der spätrömischen Kaiserzeit in Verbindung mit *noster* (unser), abgekürzt **D. N.** häufig vorkommt. Auch auf einigen Münzen von Königen und anderen Fürsten des Mittelalters ist er zu finden. In späterer Zeit nannten sich die Regierenden kleiner Gebiete (Herrschaften), welche nicht den Fürsten-, Grafen- oder einen anderen Titel führten, Dominus, auf Münzen häufig abgekürzt **DNS, DN'** oder auch bloß **D.**

Doppel, lat. *duplex,* ital. *doppio,* franz. und engl. *double,* ist ein Wort, welches als einfaches Wort im Deutschen wenig, in der Zusammensetzung mit anderen Wörtern aber häufig gebraucht wird. Die früher allgemein, in der Numismatik noch heut übliche Bezeichnung Doppeltaler, Doppelschilling, Doppelgroschen usw. wird Geldstücken vom zweifachen Werte des Talers, Schillings, Groschens usw. beigelegt.

Doppelschläge sind Fehler, welche bei der früheren, unvollkommenen Herstellungsweise der Münzen dadurch entstanden, daß der Schrötling auf dem Amboß bzw. Unterstempel nicht festlag und daher unter dem Schlage des Prägehammers rutschte, oder daß man, wenn die Prägung zu schwach ausgefallen war, zur Verstärkung derselben noch einen zweiten Schlag ausführte, ohne daß der Schrötling mit dem bereits vorhandenen zu schwachen Relief in die Stempel mit genügender Sorgfalt eingepaßt oder auch nur der Oberstempel auf denselben genau aufgesetzt war. Andere Fehler, sogenannte Fehlschläge entstanden und entstehen auch noch bei der heutigen Münzprägung dann, wenn ein fertiges Stück zwischen den Stempeln versehentlich liegen bleibt. Dasselbe tritt dann gewissermaßen an die Stelle des Unterstempels, hinterläßt aber auf dem nächsten zur Prägung gelangenden Schrötling natürlich ein vertieftes Bild.

Doppelwährung, s. Währung.

Doppia, vom ital. *doppio,* doppelt, frühere Goldmünze mehrerer italienischer Staaten. Sie war, wie der Name andeutet, ursprünglich das Doppelte der betreffenden einfachen Münze.

Double-tournois, s. Denier.

Drache, der, lat. *draco,* franz. *dragon,* ein in der Sagenwelt der meisten Völker vorkommendes Fabeltier von verschiedener Gestalt, meist dargestellt mit dem Leibe einer Schlange, dem Kopfe einer Rieseneidechse, aus dessen weit geöffnetem Rachen eine Feuer sprühende oder in eine Pfeilspitze endigende Zunge hervorragt, mit zwei oder mehr bald löwen-, bald vogel- oder eidechsenartig gebildeten Füßen und zwei fledermausartigen Flügeln. Wenn letztere fehlten, nannte man das Ungeheuer Lindwurm. Der Drache war schon ein Feldzeichen römischer Heeresabteilungen, welches auf einzelnen Münzen der Kaiser dargestellt ist. In frühchristlicher Zeit galt er als die Personifikation des Heidentums, über welches das Kreuz den Sieg errang, daher später Attribut verschiedener Heiligen und die Lindwurmsage. In der Heraldik ist der Drache eine häufig vorkommende Wappenfigur.

Drachme, δραχμή, Name einer weit verbreiteten altgriechischen Silbermünze, welche seit Solon (594 v. Chr.) auch die herrschende Münzeinheit der Griechen und anderer mit ihnen im Verkehr stehender Völker des Altertums war, bis sie durch den römischen Denar wieder verdrängt wurde. Die älteste Hauptmünze der Griechen war jedoch das Doppelte der Drachme, der von den Persern übernommene Silberstater oder das Didrachmon (s. d.). Στατήρ bedeutet ursprünglich Wage, während δραχμή, abgeleitet von δράττομαι, ich greife, faße, die Handvoll, d. i. so viel bedeutet, als man in die Hand nimmt, um es auf die Wagschale zu legen. Da nun, wenn auf die eine Wagschale ein Stater gelegt wurde, auf die andere zwei Drachmen gehörten, um die Wage ins Gleichgewicht zu bringen, so übertrug man den Begriff auf die die Hälfte des Staters darstellende Münze und nannte dieselbe ebenfalls δραχμή. Diese Ableitung des Namens wird von alten griechischen Schriftstellern gegeben und hat insofern manches für sich, als auch die Namen anderer Münzen, z. B. die Uncia und der Dupondius der Römer sowie in späterer Zeit das Pfund der Engländer auf das Abwägen und das Gewicht zurückzuführen sind. Immerhin erscheint die Ableitung gesucht, und es hat mehr für sich, daß Drachme in der ursprünglichen Bedeutung die Handvoll auf eine Handvoll Eisenstäbe oder Spieße, worin das frühere Barrengeld der Griechen bestand, zurückzuführen sein wird. Tatsächlich sind bei den Ausgrabungen des Heratempels in Argos solche Spieße gefunden worden, von welchen man sechs Stück mit der Hand bequem greifen konnte. Es ist daher eher anzunehmen, daß die Bezeichnung der neuen Silbermünze und die Sechsteilung derselben auf diesem Umstand beruht. (Vgl. auch Obol.) Als Teilstücke der Drachme wurden ausgeprägt Triobolen, d. s. Dreiobolenstücke, also Hälften der Drachme, Sechstel oder Obolen und Zwölftel oder Hemiobolen; außerdem noch andere Teilmünzen, nämlich Dritteldrachmen oder Diobolen, Vierteldrachmen oder Trihemiobolien und dazu als Hälften Tritemorien = $^3/_4$ Obolos. Ja noch weiter bis zum Viertel des Obolos, dem Tetartemorion, welches Aristoteles als die kleinste Münze bezeichnet, ging die Silberprägung herab. Seltener vorkommende Teilmünzen der Drachme waren das Tetrobolon = $^2/_3$ Drachme und das Pentobolon oder Fünfobolenstück. Als Mehrfaches der Drachme wurden ausgeprägt das Didrachmon oder Zweidrachmenstück, welches also dem Stater entsprach, das Tetradrachmon oder Vierdrachmenstück, welches seit Alexander das am weitesten verbreitete silberne Großstück der griechischen Welt war sowie das Oktodrachmon oder Achtdrachmenstück und das Dekadrachmon oder Zehndrachmenstück, beides Münzen, die nur selten ausgeprägt wurden. Das Normalgewicht der attischen Drachme war 4,367 g, der Wert derselben 0,78 Mark.

Auch im heutigen Griechenland bildet die Drachme seit 1843 die Münzeinheit. Sie zerfällt in 100 Lepta und ist seit dem Beitritt Griechenlands zum lateinischen Münzbunde dem französischen Frank gleichgesetzt.

Dreier, eine schon seit dem 16. Jahrhundert in Mitteldeutschland übliche Bezeichnung des Dreipfennigstücks. Dasselbe war ursprünglich von geringem Silber, später als die Pfennige in Kupfer ausgeprägt wurden, ebenfalls eine Kupferscheidemünze.

Dreigröscher waren dreifache Groschen, die im 16. Jahrhundert in Polen und Litauen sowie im Herzogtum Preußen, in Danzig und Elbing geprägt wurden. Auch im 17. Jahrhundert wurden von den Kurfürsten von Brandenburg für Preußen Dreigröscher geschlagen, die aber weit geringhaltiger waren als jene und dem Werte von 3 preußischen Groschen zu 4 Pfennigen entsprachen. Außerdem gab es für Preußen nach demselben Fuße ausgebrachte Sechsgröscher und Zwölfgröscher, die allerdings zur Kipperzeit von ganz schlechtem Gehalt waren.

Dreikaisertaler werden vom Kaiser Ferdinand I. (1556—1564) geprägte Taler genannt, welche auf der Hauptseite die gekrönten Brustbilder der Kaiser Maximilian I. und Karl V. sowie sein eigenes Brustbild in hintereinandergestellten Profilen (bajoire) zeigen. Sie kommen in mehreren Stempelverschiedenheiten vor und tragen keine Jahreszahl.

Dreiling war die früher in Norddeutschland, namentlich in Holstein, Lauenburg, Hamburg, Mecklenburg übliche Benennung des Dreifachen der in diesen Gebieten umlaufenden geringsten Scheidemünze.

Dreipaß, Vierpaß usw., s. Paß.

Dreipölker, Hälfte des Dreigröschers, welcher im 16. und 17. Jahrhundert in Polen und Preußen in großen Massen geprägt wurde. Der Name ist aus dem Polnischen und Deutschen zusammengesetzt. Das polnische Wort *pól* bedeutet nämlich halb; Dreipölker heißt also drei Halbgroschen oder halber Dreigröscher.

Dreizehner, s. Drüttainer.

Drudenfuß, auch Pentagramm oder Pentalpha genannt, ist eine aus fünf ineinander gelegten, zusammenhängenden spitzen Winkeln gebildete Figur, die als Symbol der fünf Sinne, bei den Israeliten auf die fünf Bücher Mosis, bei den Christen auf das alte Testament gedeutet wird und, auf Türschwellen oder über den Hauseingängen angebracht, als Schutzmittel gegen Hexen und Teufel galt. Auch auf Medaillen und Jetons findet sich der Drudenfuß.

Drüttainer, Dritteiner (Dreizehner) war in Münster eine volkstümliche Benennung des früheren preußischen 5-Silbergroschenstücks. Die $2^1/_2$-Silbergroschenstücke oder Kassen- oder Kastenmännchen (s. d.) wurden daher auch halbe Drüttainer genannt. Der Name war im südlichen Westfalen, im Sauerland, noch vor ungefähr 40 Jahren gebräuchlich und dürfte in erster Linie auf die vor mehreren Jahrhunderten von der Stadt Dortmund vorübergehend geprägten Silbermünzen mit der Wertzahl $13 = {}^1/_{13}$ Taler (Dreizehner) zurückzuführen sein. Die später von Friedrich dem Großen für Cleve und diejenigen Teile des preußischen Gebiets, in welchen im Kleinverkehr nach Stübern gerechnet wurde, geprägten Taler trugen neben der Aufschrift „ein Reichstaler" auch die Wertbezeichnung „60 Stüver". Hiernach war also der Stüber oder Stüver auf $\frac{288}{60} = 4^4/_5$ Pf. gewertet. Multipliziert man nun $4^4/_5$ Pf. mit 13, so gibt dies $62^2/_5$ Pf. oder wenig mehr als 5 Sgr. oder 60 Neupfennige, und es erscheint daher wahrscheinlich, daß man den altgewohnten Namen Dreizehner oder Drüttainer später auf das preußische 5-Silbergroschenstück übertragen hat. Da die Soldaten des in Münster in Garnison stehenden 13. Infanterieregiments ebenfalls Drüttainer genannt wurden, so gab dieses Zusammentreffen der Namen auch Veranlassung zu manchem Volkswitz. So soll ein alter Landwehrmann in Münster einen ungewöhnlich kleinen Fähnrich einmal „Kastenmännchen" genannt haben, da er nur als ein halber Drüttainer, d. i. so viel wie ein Kastenmännchen ($2^1/_2$-Silbergroschenstück) gelten könnte.

Drylander, Vierlander wurden Münzen genannt, deren durch Vertrag festgesetzter Umlaufbereich sich auf mehrere Länder erstreckte, und zwar Drylander die von Johann IV. von Brabant 1420 für Brabant, Hennegau und Holland, Vierlander die von Philipp dem Guten von Burgund in den Jahren 1430—1467 und von Karl dem Kühnen (1467 bis 1477) für Hennegau, Brabant, Flandern und Holland geschlagenen Doppelgroschen.

Dubeltje, Doppelchen, hieß das frühere holländische Zweistüberstück.

Dublone, Doblone, span., das Doppelte, war ursprünglich der Name eines zuerst von Karl V. in Spanien und für die spanischen Kolonien in Südamerika geprägten Goldstücks im Werte von 2 Kronen, doch wurde der Name im gewöhnlichen Verkehr auch anderen spanischen Goldmünzen beigelegt.

Ducati d'argento, Silberdukaten, werden verschiedene Silbermünzen genannt, welche schon vor dem Entstehen des Golddukaten (*ducato d'oro*) von mehreren Normannenkönigen in Sizilien und Unteritalien geschlagen wurden. Auch die in Savoyen, von dem Herzog Philibert I. (1497—1504) zuerst geprägten Taler hießen ducati d'argento, ebenso in späterer Zeit andere größere Silbermünzen verschiedener italienischer Staaten, namentlich der Republik Venedig, welche die Aufschrift DVCATVS · VENETVS · tragen.

Ducaton hieß der zuerst im Jahre 1598 in den spanischen Niederlanden neben dem Albertustaler geprägte Taler, welcher etwas schwerer als dieser ausgebracht wurde und auf der einen Seite statt des burgundischen Kreuzes den von zwei Löwen gehaltenen, bekrönten Wappenschild, auf der anderen die hintereinander gestellten Profilbrustbilder des Erzherzogs Albert und seiner Gemahlin Isabella trug, weshalb er auch Bajoire genannt wurde. Auch anderwärts, namentlich in Holland und in mehreren Staaten Italiens, in letzteren unter dem Namen Ducatone, wurde die Münze nach wenig abweichendem Fuße nachgeprägt.

Ducissa, s. Dux.

Dütchen oder **Düttchen** war in den Provinzen Ost- und Westpreußen der volkstümliche Name des früheren preußischen Silbergroschens, welcher auch heut noch dem an seine Stelle getretenen Zehnpfennigstück beigelegt wird. Es liegt nahe, diese

Bezeichnung als das Deminutivum von Deut, Duyt anzusehen, einer früheren, und zwar der kleinsten holländischen Kupferscheidemünze. Der Große Kurfürst, sowie die Könige Friedrich Wilhelm I. und Friedrich II. zogen, wie bekannt, zur Besiedelung der entvölkerten und unkultivierten Landstriche mit Vorliebe ausländische Kolonisten nach Preußen; es ist daher möglich, daß sich unter denselben auch Holländer befunden haben, welche den Namen Deut mitgebracht und unter Hinzufügung der Deminutivendung auf die von ihnen in Preußen vorgefundene verbreitetste Münze übertragen haben könnten. Dem steht aber entgegen, daß der holländische Deut (s. d.) eine Münze war von weit geringerem Wert als das preußische Dütchen, und daß er auch in Holland erst in der zweiten Hälfte des 18. Jahrhunderts als Münzbenennung vorkommt, während das Dütchen weit älter ist. In Adam Bergs Münzbuch wird nämlich den Danziger und Elbinger sowie den polnischen Silbermünzen des 16. Jahrhunderts, welche sonst unter dem Namen Dreigröscher bekannt sind, schon der Name „Düttchen" beigelegt. Es ist also ganz unrichtig, den Ursprung dieses Namens auf die holländische Münzbenennung Deut, Duyt zurückzuführen. Noch weniger aber kann der Name mit der Stadt Dokkum in Friesland, wo nach Schmieder die ersten Düttchen zum Vorschein gekommen sein sollen, in Zusammenhang gebracht werden. Der genannte Numismatiker ist hier in den Fehler vieler älterer Etymologen verfallen, von welchen bei der Erklärung der Ableitung von Wörtern oft recht willkürlich verfahren und viel gesündigt worden ist.

Von mancher Seite wird versucht, den Namen Düttchen auf das Wort Dutzend zurückzuführen, weil der frühere preußische Silbergroschen 12 Pfennige enthalten hat. Man bildet diese Ableitung fast nach Analogie des bekannten ἀλώπηξ, Fuchs, unter Anwendung der Deminutivform folgendermaßen: Dutzend, Dutzendchen, Dützendchen, Dützchen, Düttchen. Da jedoch, wie bereits oben erwähnt, der Name bis in das 16. Jahrhundert zurückreicht und das Düttchen = 6 Kreuzer oder Schillinge, 10 Düttchen aber = 1 Gulden waren, die Zahl 12 also bei der Wertbenennung gar nicht vorkam, so kann von der Ableitung von Dutzend nicht die Rede sein. Am meisten hat die Erklärung für sich, daß Düttchen auf Düte, Dütte, Dutte = Brustwarze, lat. *papilla* zurückzuführen ist; mittelhochdeutsch *tute, tutte,* althochdeutsch *tuta, tutta.* Aus der Kleinheit der Brustwarze ist es zu erklären, daß das Wort überhaupt zur Bezeichnung von etwas Kleinem diente. Luther braucht „der Tüttel" im Sinn von Punkt. In ähnlicher Weise wird das Wort zur Bezeichnung bestimmter kleiner Münzen Anwendung gefunden haben, und es gewinnt diese Erklärung um so mehr an Wahrscheinlichkeit, als das Wort Düttchen nicht bloß in Preußen, sondern auch in anderen Gegenden Norddeutschlands zur Bezeichnung gewisser kleiner Münzen beim Volk gebräuchlich gewesen und zum Teil noch gebräuchlich ist. Edw. Schröder nimmt in seiner im Niederdeutschen Jahrbuch Bd. XXXIII, 1907 erschienenen Abhandlung „Geschichte eines Münznamens" an, daß die Bezeichnung Düttchen von dem polnischen Wort *dudek*, Wiedehopf abzuleiten und allen oder bestimmten polnischen Münzen mit dem Bilde des vom Volke mit einem Wiedehopf verglichenen polnischen Adlers spottweise gegeben worden sei.

Dukat. Diese Goldmünze ist wenig jünger als der Floren oder Goldgulden. Sie wurde zuerst im Jahre 1284 in Venedig von dem Dogen Johannes Dandalo geschlagen und zeigte auf der Vorderseite den heiligen Marcus, welcher dem knienden Dogen die Fahne überreicht, sowie die Umschrift S · M · VENET und IO · DANDVL-DVX, auf der Rückseite den stehenden Heiland mit der Umschrift SIT · T · XPE · DAT · Q · TV · REGIS · ISTE · DVCAT (*sit tibi Christe datus, quem tu regis iste ducatus.* — Dieses Herzogtum, welches Du regierst, sei Dir, Christus, geweiht). Nach dem Schlußworte der Aufschrift erhielt die Münze den Namen *ducatus*, *ducato*, Dukat. Daneben führte sie auch den Namen *zecchino* (Zecchine) nach dem Hause in Venedig, *la Zecca*, in welchem sich die Münzstätte befand. Eine andere, früher verbreitet gewesene, jedoch irrige Ableitung des Namens Dukat ist die, daß die byzantinischen Kaiser Konstantin X. (1059—1067) und Michael (1071—1078) sich auf ihren stark im Umlauf befindlichen Goldmünzen (*solidi*) mit ihrem Familiennamen Ducas nannten, und daß man daher den Münzen derselben, wie auch in der Folge anderen Goldstücken, den vorgedachten Namen beigelegt habe.

Die Dukaten fanden ebenso wie die Florene bald über Italien hinaus Geltung und erhoben sich zur Bedeutung von Weltmünzen. Denn während der Feingehalt der Goldgulden sich allmählich verschlechterte und ihre Prägung im 17. Jahrhundert aufhörte, bewahrten die Dukaten ihren ursprünglichen Wert und Feingehalt und kursierten dieselben, auch in Ländern, in denen neue Goldprägungen wie der Friedrichsdor, Augustdor usw. aufkamen, noch lange als Handelsmünzen. Das letzte Land, welches bis auf die neueste Zeit Dukaten geprägt hat, ist Österreich.

Dupondius, der, war zur Zeit der römischen Republik eine nach dem Trientalfuß (s. d.) hergestellte Kupfermünze zu 2 As = $\frac{1}{5}$ Denar, während der Dupondius der Kaiserzeit zwar ebenfalls den Wert von 2 As hatte, jedoch da derselbe inzwischen auf $\frac{1}{16}$ Denar herabgesetzt worden war, zu letzterem nur im Wertverhältnis von 8 : 1 stand. Der Dupondius der ersten Kaiserzeit wurde zwar in ungefähr derselben Größe wie der As hergestellt, unterscheidet sich aber von letzterem dadurch, daß er aus dem höher als Kupfer geschätzten gelben Erz, Orichalcum (s. d.) bestand, während der As und seine Teile in Kupfer ausgeprägt wurden. Ein charakteristischer Unterschied war auch der, daß der Kaiser auf dem Dupondius eine Strahlenkrone, auf dem As einen Lorbeerkranz trägt.

Dux, (lat.), heißt im allgemeinen jeder Führer, Leiter, im besondern Feldherr, Heerführer, entspricht also dem deutschen Herzog (s. d.). Das Femininum von *dux* ist *ducissa,* Herzogin.

E.

Eagle=Adler ist eine Goldmünze der Vereinigten Staaten von Nordamerika im Werte von 10 Dollar, welche nach dem auf ihr befindlichen Bilde des auffliegenden Adlers den Namen erhalten hat. Der Eagle wurde früher auch in Doppel- und selbst fünffachen Stücken, dann in Teilstücken bis zu einem Dollar herab geprägt.

Écu, franz., der Schild, Wappenschild, vom lat. *scutum,* der große, länglich viereckige Schild der römischen Infanterie. Die Bezeichnung écu d'or wurde im Mittelalter einer großen Reihe französischer Goldmünzen nach dem auf denselben abgebildeten Wappenschilde beigelegt. In besonders großer Menge wurden die écus d'or von Philipp VI. von Valois (1328—1350) geprägt. Sie zeigen auf der Vorderseite den König auf einem gotischen Throne sitzend und den französischen Wappenschild neben sich haltend. In der Folge erhielt der écu nach den ihm aufgeprägten Bildern und Beizeichen noch besondere Benennungen, so unter Karl VI. (1380—1422) nach dem auf der Vorderseite befindlichen gekrönten Lilienschilde den Namen écu à la couronne, auch couronne d'or genannt und nach dem gekrönten Helme über dem Lilienwappen den Namen écu héaumé, während die unter Ludwig XI., Carl VIII., Ludwig XII. und Franz I. geprägten écus nach der über dem gekrönten Wappen befindlichen kleinen Sonne écus au soleil und die écus Ludwigs XII. nach den als Schildhalter dienenden beiden Stachelschweinen écus au porc épic genannt wurden. In lateinischen Urkunden des Mittelalters werden die écus, welche übrigens auch außerhalb Frankreichs kursierten, *aurei scutati,* mit Schilden versehene, schildige Goldmünzen genannt. Später, im 17. Jahrhundert wurde der Name écu dem silbernen Großstück, mit dessen Prägung in

Frankreich erst verhältnismäßig spät vorgegangen wurde, beigelegt. Dasselbe entsprach dem deutschen Taler und wurde, zum Unterschiede von dem seither nur in Gold ausgeprägten écu, zunächst écu blanc oder écu d'argent, im 18. Jahrhundert, nachdem sein Wert auf 6 Livres festgesetzt worden war, écu de six livres genannt.

Edelrost, s. Patina.

Ehrennamen, s. Bei- und Ehrennamen.

Ehrenplatz. Es ist ein Grundzug des germanischen Wesens, daß die Frau an den Ehren des Mannes voll und ganz teilnimmt. Der Frau gebührt daher der Titel und Rang des Mannes; treten aber beide Gatten neben einander auf, so nimmt der Mann die erste Stelle ein. Dies zeigt sich namentlich in fürstlichen Familien, bei Huldigungen, Trauungen usw. Der Ehrenplatz ist von alters her rechts; die Fürstin hat daher, wie zahlreiche Gemälde, Münzen und Medaillen zeigen, stets zur linken Seite des Fürsten ihren Platz. Im gewöhnlichen Leben weicht man zwar aus Courtoisie gegen die Damen von dieser altgermanischen Sitte ab und räumt der Frau den rechten Platz ein; in Fürstenhäusern wird aber an dieser Sitte noch streng festgehalten, und wenn beispielsweise auf Vermählungsmedaillen, welche der Privatindustrie ihre Entstehung verdanken, die Fürstin an der rechten Seite des Gatten erscheint, so ist dies ein Fehler.

Eintrachtstaler werden nach Schmieder und Leitzmann solche Taler genannt, welche zwei oder mehrere Fürsten zum Andenken ihrer gegenseitigen Freundschaft oder brüderlichen Liebe gemeinschaftlich haben prägen lassen. Wenngleich die Richtigkeit dieses Grundes nicht bestritten werden soll, so ist doch anzunehmen, daß dabei auch politische Motive mitgewirkt haben werden, daß insbesondere die betreffenden Fürsten durch Prägung solcher Taler zur allgemeinen Kenntnis, namentlich zum Bewußtsein ihrer Untertanen haben bringen wollen, daß zwischen ihnen in gewissen politischen Fragen von allgemeinem Interesse Einverständnis herrsche. Jedenfalls haben sie zu Zeiten, wo der gemeine Mann nur selten zu lesen verstand, ihre Absicht auf diese Weise besser erreicht, als durch Druckschriften. Schmieder führt in seinem Handwörterbuch der gesamten Münzkunde folgende Eintrachtstaler an: den badenschen der Markgrafen Bernhard u. Ernst vom Jahre 1533, den sächsischen der Herzöge Kasimir zu Gotha und Johann Ernst zu Eisenach von 1598 und drei braunschweigsche von 1599, 1617 und 1667. Sie tragen sämtlich die Brustbilder oder wenigstens die Namen der betreffenden Fürsten und auf die Einigkeit derselben bezügliche Aufschriften. Vgl. auch Gemeinschaftsmünzen.

Eisengeld. Die bekannte Sage von dem Eisengelde in Sparta ist darauf zurückzuführen, daß man sich dort wie auch in einigen anderen Ländern der alten Welt in frühester Zeit eiserner Barren als Tauschmittel bediente (s. auch älteste Münzen). Ob es überhaupt eigentliche, nur aus Eisen hergestellte Münzen jemals gegeben hat, erscheint zweifelhaft, da dieses Metall gegen Rost zu wenig widerstandsfähig und auch zur Herstellung von Münzen im Wege der Prägung wenig geeignet ist. Neuerdings sind zwar einige münzenähnliche Gebilde aus Eisen bekannt geworden, die in peloponnesischen Münzstätten hergestellt sind und aus dem 5. Jahrhundert herrühren, doch läßt schon dieses Zeitalter, in welchem Münzen aus Edelmetall längst im Gebrauch waren und in dem Münzen aus einem so geringwertigen Metall wie Eisen schwerlich daneben zur Geltung gekommen wären, daraufschließen, daß es sich bei diesen Stücken um Marken oder um Münzen handelt, die nach Art der römischen *subaerati* (s. d.) hergestellt waren, die also nur aus einem eisernen Kern mit einem später wieder verschwundenen Überzuge von Silber bestanden haben. Ob die fraglichen Stücke im Wege des Gusses oder im Wege der Prägung hergestellt worden sind, hat sich bei der mangelhaften Erhaltung derselben nicht erkennen lassen. Wenn letzteres der Fall gewesen ist, kann die Prägung der Schrötlinge nur in glühendem Zustande erfolgt sein.

In teils rohen, teils geschmiedeten Stücken (in Form von Stäben, Lanzenspitzen und Gebrauchsgegenständen) wird das Eisen von innerafrikanischen Völkerschaften noch heut als Tauschmittel benutzt. Auch wird dasselbe vereinzelt zur Herstellung von Gußmedaillen verwendet.

Eisenschneider, Eisengraber nannte man im späten Mittelalter die Münzarbeiter, welchen die Anfertigung der Münzstempel oblag.

Elector, s. Kurfürst.

Electus oder **Postulatus Episcopus,** d. i. erwählter bzw. berufener Bischof nannten sich die Bischöfe auf Münzen, die sie vor ihrer Bestätigung hatten prägen lassen. Nach derselben wurde dann das electus bzw. postulatus weggelassen, oder es trat ersterem die Bezeichnung et confirmatus hinzu. Wegen des Zusatzes electus zu den Titeln der deutschen Kaiser und Könige s. Kaiser.

Elektron, ἤλεκτρον, *electrum* hat eine doppelte Bedeutung, indem sowohl der Bernstein, welcher schon im frühen Altertum durch die Phönizier den Griechen bekannt geworden war, als auch eine Metallmischung von höchstens $^4/_5$ Gold und mindestens $^1/_5$ Silber nach Plinius mit diesem Namen belegt wurde. Ob diese Metallmischung künstlich war, oder ob das Elektron, so wie es vermünzt wurde, im Sande kleinasiatischer Flüsse, namentlich des Paktolus, gefunden wurde, ist ungewiß. Ebenso möge dahingestellt bleiben, ob das Elektron, wie von manchen Numismatikern angenommen wird, nach der hellgelben Farbe, welche der Bernstein zum Teil besitzt, oder umgekehrt, der Bernstein von ersterem den Namen erhalten hat. Bei den griechischen Schriftstellern wird der Name bald in der einen, bald in der anderen Bedeutung gebraucht. Wenn ferner von den älteren Geschichtsschreibern gesagt wird, daß das Elektron bei den Griechen und Römern — welche letztere zur Kaiserzeit den Bernstein zu Schmuckgegenständen und zum Räuchern in großen Mengen verbrauchten — dem Golde gleich geschätzt wurde, so ist unter diesem Namen jedenfalls nicht der Bernstein, sondern die Metallmischung zu verstehen. Einzelne Völker, insonderheit die an der Küste von Kleinasien angesiedelten Griechen und die Karthager in Afrika und Sizilien prägten vorübergehend auch Elektronmünzen, welche nicht $^1/_5$, sondern weit mehr Silber enthielten.

Eligius, St., geb. 588, gest. 659 als Bischof von Tournay und Noyon, war ursprünglich Goldschmied in Limoges und berühmt wegen seiner kunstvollen Arbeiten. Er war auch Münzmeister unter den Frankenkönigen Chlotar II. und Dagobert I. und zeichnete sich nicht nur durch seine Geschicklichkeit, sondern auch durch seine Redlichkeit derart aus, daß er später zum Bischof erhoben wurde. Eligius, welchem die Legende zahlreiche Wunder nachmrühmt, wurde nach seinem Tode heilig gesprochen und galt als Schutzpatron der Goldarbeiter, Schlosser und Schmiede. Auch von Münzsammlern wird er scherzweise als Schutzpatron betrachtet.

Engelsgroschen oder **Schrekkenberger.** Im Jahre 1490 wurden auf dem Schreckenberge im sächsischen Erzgebirge, in unmittelbarer Nähe der jetzigen Stadt Annaberg reiche Silbergruben entdeckt, welche 1492 in Betrieb genommen wurden. Dies führte 1496 zur Gründung von Annaberg und gab dem Kurfürst Friedrich III., dem Weisen (1486 bis 1525), Anlaß, in Gemeinschaft mit den Herzögen Albrecht und Johann, später Georg und Johann eine neue Gattung Groschen in großen Mengen zu prägen, welche von 14lötigem Silber und = 3 Zinsgroschen oder 6 halben Schwertgroschen (vgl. diese Wörter) waren, deren also 7 Stück auf den rheinischen Goldgulden gingen. Sie führen auf der Hauptseite einen Engel, welcher den Schild mit den Kurschwertern vor sich hält und als Umschrift die Namen der Münzherren, auf der Rückseite das fünffeldige sächsische Wappen mit der Umschrift GROSSVS : DVCVM : SAXONIAE :, das letztere Wort in verschiedener Abkürzung. Die älteste auf diesen Münzen vorkommende Jahreszahl ist 1498. Den Namen Engelsgroschen haben dieselben von dem auf der Hauptseite dargestellten Engel, den Namen Schreckenberger von dem oben gedachten Bergwerke, welches das Münzsilber lieferte. Sie wurden lange Zeit sowohl in den albertinischen wie in den ernestinischen Landen, allerdings mit verschiedenen Abweichungen, zum Teil als Doppelstücke, fortgeprägt und wegen ihrer Beliebtheit auch im Auslande, namentlich aber zur Kipperzeit viel nachgemünzt.

Englisch, s. Sterling.

Ephraimiten. Während der Drangsale des siebenjährigen Krieges war Friedrich der Große bekanntlich gezwungen, sehr geringhaltige Münzen schlagen zu lassen. Er übertrug ihre Prägung dem Kaufmann Itzig Ephraim, welcher namentlich mit den nach der Eroberung Sachsens in Leipzig vorgefundenen Stempeln vom Jahre 1753 große Mengen äußerst geringhaltiger Münzen herstellen ließ. Die Münzverschlechterung ging allmählich so weit, daß die Mark Silber statt zu 14 Talern schließlich bis zu 45 Talern ausgebracht wurde. Diese geringhaltigen, hauptsächlich in 8 und 4 Groschenstücken bestehenden Münzen erhielten den Spottnamen Ephraimiten, und die allezeit witzbereiten Berliner sagten (natürlich mit Bezug auf die auch mit preußischen Stempeln geprägten geringhaltigen Münzen dieser Art):

Von außen schön, von innen schlimm!
Von außen Fritz, von innen — Ephraim.

Auch unter anderen Stempeln, namentlich solchen von Schwedisch-Pommern, Mecklenburg-Strelitz, Anhalt-Bernburg, Anhalt-Zerbst, Sachsen-Hildburghausen wurden von preußischen Münzpächtern, welche darüber förmliche Verträge mit den betreffenden Münzherren abgeschlossen hatten, während des siebenjährigen Krieges ähnliche geringhaltige Münzen geprägt. Nach dem Hubertusburger Frieden wurde die schlechte Münze wieder eingezogen, und der schon vorher eingeführt gewesene Graumannsche Fuß in Preußen wiederhergestellt.

Episcopus, s. Bischof.

Erdichtete Münzen, s. Münzfälschungen.

Erz, s. Aes.

Erz-, abgeleitet vom griech. archi- (voranstehender, erster, oberster), ist eine Vorsilbe zu verschiedenen deutschen Wörtern mit dem Begriffe des Vorzüglichsten oder unter anderen Hervorragenden; daher Erzbischof *(archiepiscopus)*, erster, oberster Bischof eines bestimmten Gebietes; (s. auch Bischof); Erzherzog *(archidux)*, Herzog erster Ordnung, Titel der Prinzen im österreichischen Kaiserhause; Erzherzogtümer, Länder, welche von einem Erzherzoge regiert wurden (Steiermark, Kärnthen, Krain, Tirol); Erzämter (s. d.)

Erzämter. Dieselben waren ursprünglich Ämter, welche verschiedenen Fürsten und Herren am Hofe des römisch-deutschen Königs übertragen waren und in der Ausübung gewisser höfischer Formen und Verrichtungen, besonders bei Krönungs- und anderen Feierlichkeiten bestanden. Diese Ämter wurden später erblich, und die höchsten derselben gingen als besondere Würden auf die Kurfürsten über. Der Erzbischof von Mainz war des

Deutschen Reiches Erzkanzler (*archicancellarius*), der Erzbischof von Trier Erzkanzler von Burgund, der von Cöln Erzkanzler von Italien (Lombardien), der Herzog von Sachsen Erzmarschall (*archimarescallus*), der Markgraf von Brandenburg Erzkämmerer (*archicamerarius*), der Pfalzgraf bei Rhein Erztruchseß (*archidapifer*) und der König von Böhmen Erzschenk (*archipincerna*). Das Amt des Erztruchsesses ging später auf den Herzog von Bayern über und für die 8. und 9. Kur (s. Kurfürsten) wurde noch das Amt des Erzschatzmeisters bzw. das Erzpanieramt geschaffen. Die Würde des Erzamts wurde hochgeschätzt, und wir finden daher dieselbe auf den Münzen der Kurfürsten, soweit es der Raum gestattet, neben dem Titel Elector oder Kurfürst häufig angegeben.

Escalins wurden breite, hauptsächlich im 15. Jahrhundert von den Bischöfen von Lüttich geprägte Silbermünzen genannt. Ihr Name, welcher mit Schildling übersetzt werden kann, ist auf den Wappenschild zurückzuführen, welcher von einem Löwen oder Greifen gehalten wird. Nach letzterem wurde die Münze auch Griffon genannt. Denselben Namen hatten nach dem auf ihnen befindlichen Bilde eines Greifen auch brabanter Silbermünzen des 15. Jahrhunderts.

Escudo, span. Schild, Name früherer spanischer und portugiesischer Münzen, welcher denselben nach dem ihnen aufgeprägten Wappenschilde beigelegt wurde.

Eßlinger Münzordnung, s. Münzgesetze und Verordnungen.

Esterling, s. Sterling.

Etschkreuzer, s. Kreuzer.

Eulendukaten wurden nach Schmieder Dukaten genannt, welche Kaiser Karl VI. in den Jahren 1712 bis 1715 aus Gold prägen ließ, das aus dem Bergwerk Eule bei Prag gewonnen wurde. Sie zeigen mit Beziehung hierauf neben anderen Darstellungen das Bild einer Eule und gehören zu den Ausbeutemünzen (s. d.).

Ewiger Pfennig. Das im Mittelalter in Deutschland, namentlich in Niedersachsen, übliche periodische Verrufen der Münze (s. d.) seitens der Münzherren war für den Handel und Verkehr höchst verderblich. Die Städte, welche am meisten darunter litten, waren daher, je mehr sie zu Macht und Ansehen gelangten, auf das eifrigste bemüht, das Münzrecht an sich zu bringen oder wenigstens Einfluß auf dasselbe zu erlangen, was ihnen bei der häufigen Geldverlegenheit, in welcher sich die Münzherren befanden, meist durch Pacht oder Kauf gelang. Im Besitz des Münzrechts war dann in der Regel die erste Sorge der Städte, das periodische Verrufen der Münze zu beseitigen. Das Recht, Pfennige zu prägen, welche dem Verrufen bezw. der Herabsetzung ihres Wertes nicht weiter unterworfen waren, wurde der ewige Pfennig genannt.

So erwarb die Stadt Braunschweig im Jahre 1412 von den Herzögen Bernhard und Otto die ihr bereits früher verpfändete Münze für 3990 Mark braunschweigschen Silbers eigentümlich und damit das Recht, Pfennige zu schlagen, welche nicht mehr der jährlichen Herabsetzung unterworfen waren. (Bode, das ältere Münzwesen Niedersachsens S. 54). Ebenso benutzten die zum Münzyser (s. d.) Berlin gehörigen Städte im Jahre 1369 die Geldverlegenheit des Markgrafen Otto (des Faulen) und kauften von demselben das Münzrecht und damit auch das Recht des ewigen Pfennigs. Die darüber ausgefertigte Urkunde, welche gleichzeitig einen Einblick in die Münzverhältnisse der damaligen Zeit bietet und als Beispiel dafür dienen möge, mit welcher Umständlichkeit und Weitschweifigkeit man die Urkunden abzufassen pflegte, lautet (nach Riedel, Codex diplomaticus Brandenburgensis A. XII. 501 ff.) wie folgt:

In Gotes Namen Amen. Wir Otte, von Gotes Gnaden Marcgrave tzu Brandenborch, des heiligen Romischen Riches oberste Camerer, Pfalantzgrave bie Ryne und Hertzoge in Beygern, bekennen offentlich und beczugen met dessen Brive vor uns und unse Nakomelinge und darczu vor alle diegene, den das ymmer ewichlichen antreten oder anrüren mach, das wir merchlichen betracht haben mannichvalde Beswernisse, Nod, Schaden und Gebreche, damet unse Land, Lüte und Stete Berlin, Colen, Frankenvorde, Spandow, Bernow, Everswolde, Landesberg, Strußeberch, Monkeberch, Droßyn, Furstenwolde, Mittenwolde, Wriczen, und Vrienwolde und alle unse Land, die in das Muntzyser czu Berlin gehoren, von manchen vergangen czyten her wente an desse kegenwortige tzyd von der Muntze wegen doselwes besweret und bekummert geweset syn, und durch das sy dicke grocze nod und treflichen scaden genommen und gemeynlichen geleden haben. Dorumb habe wir dorch gemeynen Fromme, Nutze und Fruchte willen und beswerunge derselben unser Lande und Stete und Lüte gemeynlichen, armer und richer, geistlichen und wertlichen, met wohlbedachten Mute, met rate unser Radgeber und unser liben getruwen, met guten willen und friher Wilkor und met rechter wiczen begnadiget haben alle unse Man, Heren, Vrigen, Ritter, Knechte, Borger, Gebur und alle Lute, beide geistliche und werliche, und daczu alle unse libe getruwen Radmanne, Guldemeister, Werken und alle gemeyne, beide Man und Frouwen, di in dem ergenannten Muntzyser czu Berlin besessin sin und von Alder und von rechte darczu gehoret haben und noch gehoren, damit das die vorgenannten unse Stete und Man, Land und Lute Phennige haben sullen ewiglichen, dar sy met kophen und vorkofen sullen, und ein yslich, beide Man oder Frowen, geistlich oder werlich, dem andern dar met geweren sall. Ouch habe wir met wohlbedachten Mute, met Rate unser

Radgeben und unser liben getruwen, met guten willen und rechter Wicze vorlassen und vortzigen und auch vorlassen und vortzigen met dessem Brive vor uns und unse Erben und vor alle unse nakamlinge und vor alle di gene, den es ymmer ewichlichen in engen czukonften czyten antreten und anruren mach, alles eygenes, alles rechten, aller Friheit, Pflicht, Nutz, Frucht, aller Rente und aller Vare, und alle des, des alle unse vorfaren, beide Forsten und Forstynnen, und wir selber hatten, haben und gehat habin in der Müncze unser ehgenanten stete, Land und Lüte des Muntzysers czu Berlin, nummermer czu uns, unsen erben oder czu alle unse Nakomelingen weder czu koufyn, czu eischene, czu nemende ader neederzukomende ewichlichin in neynderleygewis, wie man das genennen wil. Und diselbe müncze habe wir met wolbedachten Mute, met Rate unser Radgeben und lieben getreuwen mit guten willen und rechter wiczen gegeben und gebin met dessen Brive in allerleyge wise, als vorgescreven steit, met allen eigen und met allen Lehn, met allen Rechte, mit Pflichte, met aller Friheit, met allen Fruchten, Nutzen, met allen Renten, mit aller Vare, mit allen Zuhoringen und met alledeme, das alle unse vorfaren, beide Fürsten und Furstynnen, und wir selber hatten, gehat haben und haben muchten in derselben Muntze, unsen liben Getruwen Radmannen, Guldemestere, Werken und gemeyne unser vorgenannten Stete und Land czu rechten eigenthum fredelichen czu haben und czy besitzen, ewichlichen by em czu blibene und nümmermer in neynerleyge wis von yn czu komme, und wir wollen und sullen vor uns, unse Erben und vor alle unser Nakomelinge den vorgenannten unsern Radmannen und gemeynen Borgeren unser vorgenanten Stete und unser Manne derselben Muntze in aller Wise, als vorgeschreben steit, eyn rechter were syn, sunder hynder, sunder allerleyge Ansprake und sunder allerleyge Argelist. Umme die Muntze soll man das halden in aller wise, alse hirna geschreben steit, also das die Radmanne unser Stete Berlin, Cölen, Frankenvorde, Spando, Bernow, Ebirswolde, Landesberge, Strußeberge, Monkeberge, Drossyn, Forstenwolde, Middenwolde, Wriczen und Frienwolde sullen des Macht haben ewichlichen und behalden, under sich czu setzenn eyn Muntze, die ihn und deme Lande nutze und bequeme ist, czu machende di Phennige nach Stendelschen Phenningen an Witte und an swere, und met eme Oberzeichen nach irem Wilkur, wenne und wy dicke sy wollen, also, alse in dunket, das is den steten und den lande bequeme ist. Were, das unser Man und Stete des egenannten Münzysers des eyndrechtig worden, das sy den Phenning und ewighe Müntze czu nutze und Fromme deme Lande bessern, hogin oder nedern (erhöhen oder erniedrigen) *wolden, des sullin sy, ire Erben und Nachkommen ewiglichen gantz und vul Macht haben zu tounde, wenne und wi dicke sye wollin, ane unser Erben und Nachkommen Wederrede. Ouch sullen und mogen sy Phenninge slan und machen, der man czwene vor eyne gebin sal, die dar geheisen seyn* Scherphennige, *und mit den Phenningen und Scherfin sall eyn yslich dem andern, beide Man und Frouwen, geistlichen und werlichen, bereiten, gelden und beczahlen. Ouch mogen sy Phenninge lassen slan und weder uphören, und aber wederum slan, wen in des nod ist, czu allen czyten, wene sy wollen. Wer* auch deme andern suluer oder Phenninge schuldig ist, der sall mit denselben nüven Phenningen bereiten und bezahlen, und sal derselben Phenninge also vor ader vor alde Phenninge gebin, alse des sülber und die alde Phennige den ghelden, also eyn gemein were ist. *Auch obergebe* (begeben) *wir uns des vor unsen Erben und allen unsen Nachkommlingen, das man nergend in unsern steten, off Slutzen* (Schlössern), *uf Vesten, in dörfern, in Velde, boven der Erden und under der Erden Penninghe machin noch slan sal, sunder in unsern vorgenanten Steten* Berlin *und ouch* Frankenvorde *alleyne. Und slüge ader makede sy ymand, sie weren, wi sy weren, uf den slach ander war, utz unsern ergenannten Stettin* Berlin *und* Frankenvorde, *wi das tete, di sollen unrecht syn, und unse Radmanne der vorgenannten Stete al met eynander sollen ober se richten alse ober unrechte Lüte, sunder allerleye gewer. Were ouch, das ymand die Phenninge velschete oder vorczoge, he were Criste oder Jude, der damit begriffen worde, des sullen ouch die Radmanne unser vorgenanten Stete richten, alse recht is sunder Var. Wie ouch Phenninge czins in steten, in dörffern, in wassern oder in walden oder anders war haben, den sall man geben achczeyn nuwe phennige vor eynen schilling aer alden Phenninge. Were aber, das unse Man und Stete des egenanten Muntzysers erkenten, das solche Werunge dem Lande czu swere weren,* so sullen und mogen sie des wandelen, bessern und anders setzen, *alse des ym und deme Lande nutze und bequeme ist. Hirvor haben unser ergenanten stete uns gegebin drittehalb tusend Marg Brandenborchs sulvers und gewichtes, und unser Land, di in demselben yser gelegen sint und darzu gehören, vir tusend March Brandenborchs sülvers und Gewichtes. Der söbende halb Dusent March haben sie gegeben vünf tusent March dem von Anhalt vor die Losunge unser Land und stete Brandenborch, beide stete, und Gorczik, und in der Uker Premslow und Templin und die Land, die darmet vorset waren, und die übergen anderthalb tusent March haben sie gegeben vor dem Eygentom und vor den Czins und vor die Jare derselbin Muntze, die darin gelegen waren. Alle diße vorgeschreven stücke mit eynander und eyn islich besunderen haben wir mit wohlbedachten mute, mit Rate unser Radgeben und liben getreuwen, mit guten willen und mit rechter Wisczen gelobet und geloben met dessen Brive vor uns und unsere Erben und vor alle unser Nachkomlingen und vor alle diegene, den is ymmermer ewiglichen antreten oder einigherleyghe wies anrüren mach, in guden truwen stete und gantz czu haldene ewiglichen, sundern allerleige Argelist. Des czu Urkunde haben wir yn dessen Brif gegeben, besegelt mit unseren Ingesiegel Darober sint geweset die erwurtigen Vatern in Gote Ern Peter, Bisschop tu Lebus, und Ern Dyderich, Bisschop tu Brandenborch, die edelen Menne Albrecht und Gunter, Greven czu Lyndow, und die vesten Lute Hans von Rochow, Hermann von Wulckkow, Lippold von Bredow, unser Marschallk, Geuehard von Alvensleven, unser Void, alle Riddere, Clawes von Bismark, unser Hovemeister, Guntzel von Bartensleven, Hinrich von der Schulenburch, Gevert von Alvensleben, Jan von Buyk, Otto Mörner, unse Hoverichter, und unser Manne ghemeynlichen, die in demselbe Müntzyser besessen syn, und die Radmanne von unsern Steten Berlin, Cöllen, Frankenvorde, Spandow, Bernow, Ewerswolde, Landesberghe, Strußeberg, Monkeberg, Droßyn, Forstenwolde, Middenwolde, Wriczen und auch Vrienwolde, und auch andere erbare Lute genug. Gegeben zum Berlin, nach Gottes gebort driczehenhundert Jare, darna in deme nun und sechzigesten Jare, an Sunte Johannis Baptisten taghe, als er geboren wart.*

Exergue, s. Abschnitt.

F.

Fabrik oder **Mache** ist ein in der Lehre von den Münzen vorkommender Kunstausdruck, welchen Dannenberg in seinen Grundzügen der Münzkunde folgendermaßen erläutert: Man versteht darunter die Summe der äußeren Eigenschaften, welche die einzelnen Münzklassen örtlich und zeitlich voneinander scheiden, und so spricht man von einer spanischen und kretensischen, von einer brandenburgischen, einer fränkischen Fabrik, ähnlich wie in der Malerei von der venezianischen, der römischen Schule usw. Luschin von Ebengreuth gibt in seiner Allgemeinen Münzkunde und Geldgeschichte folgende Definition: Die „Mache“, die sog. Fabrik der Münze ist die Ähnlichkeit verschiedener Stücke, soweit sie auf der Gleichförmigkeit der Herstellungsart beruht.

Fahne, wurzelverwandt mit dem lateinischen *pannus*, ein Stück Tuch, ist ein Zeichen, welches den Zweck hat, größere oder kleinere militärische Abteilungen zu unterscheiden und die taktische Ordnung derselben zu erleichtern. Schon die alten Ägypter und Perser bedienten sich auf ihren Kriegszügen der Feldzeichen, meist gewisser Tierbilder, welche auf Spieße gesteckt waren. Die Griechen führten

Feldzeichen mit Bildern, welche sich auf ihren Kultus oder charakteristische Merkmale des betreffenden Staates bezogen, z. B. Sparta Castor und Pollux oder Herkules, Athen die der Stadt geheiligte, auch auf Münzen so häufig vorkommende Eule, Theben eine Sphinx, Korinth einen halben Wolf. Die Römer führten anfänglich verschiedene Tierbilder als Feldzeichen: den Adler, die Wölfin, das Pferd, den Eber u. a. m., bis schließlich der Adler zum einzigen Heerzeichen einer Legion bestimmt wurde. Weiteres hierüber s. unter Feldzeichen der Römer.

Auch die alten Germanen hatten gewisse Tierbilder als Feldzeichen. Daneben erscheint aber schon zeitig das Banner (*paner*) oder die Fahne (*fano, vane*), ein an den Speerschaft gebundenes Stück Tuch, mit welchem das Zeichen zum Beginn des Kampfes gegeben wurde. Im Laufe der Zeit wurde das Tuch der Fahne mit bestimmten Bildern versehen, z. B. mit dem des heiligen Michael — daher der deutsche Michel — und sie diente nicht mehr bloß zu Kriegszwecken, sondern es wurde ihr auch eine symbolische Bedeutung beigelegt. In der Reichsfahne erhielt der anfangs einköpfige, später zweiköpfige Adler bleibend seine Stelle; die Blutfahne war das Symbol des Blutbannes, d. h. des Rechts über Leben und Tod; die Reichssturmfahne war das Zeichen der Vereinigung der Nation zum Kampfe unter dem Reichsoberhaupt.

Ferner war die Fahne ein Symbol der Belehnung. Bekanntlich ist das Lehnswesen eine charakteristische Eigentümlichkeit des Mittelalters, welche besonders in Deutschland entwickelt war. Die Herzöge, Markgrafen und sonstigen weltlichen wie geistlichen Fürsten und Herren erhielten nämlich für geleistete Dienste und mit der Verpflichtung, dem Kaiser auch ferner zu dienen, Länder, Städte und Burgen als Lehen, und wenngleich die weltlichen Lehen bald erblich wurden, so war doch beim Wechsel des Herrn oder des Belehnten stets eine neue Belehnung erforderlich. Dieselbe ging mit besonderer Feierlichkeit vor sich und bestand hauptsächlich darin, daß der Kaiser, nachdem er den Eid der Treue entgegengenommen hatte, den geistlichen Fürsten den Handschuh oder den Stab, in späterer Zeit das Zepter, den weltlichen Fürsten aber die Lanze mit der Fahne oder auch die Fahne allein als Symbol der Belehnung übergab. Hierauf ist es zurückzuführen, daß wir auf vielen Münzen des Mittelalters, namentlich auf Brakteaten, in der Hand des Münzherrn die Fahne sehen, durch welche nichts anderes angedeutet werden sollte, als daß derselbe rite belehnter Herr war. Zum Unterschiede von den geistlichen Lehen werden die weltlichen oder Kriegslehen auch Fahnenlehen genannt. Über die Form der Belehnung

„*Wie der Keiser pflît zu lîhende*" heißt es im Sachsenspiegel, Buch III Artikel 60: „*Der Keiser lîhet alle geistlîche vürstenlên* (Fürstenlehen) *mit dem zeptre, alle wertlîche vanlên* (Fahnenlehen) *lîhet her mit vanen. Nichein* (Kein) *vanlên mûz her ouch ledic habn jâr und tac.*"

Im übrigen war die Fahne nicht nur in Deutschland, sondern auch anderwärts ein Symbol der Belehnung. So schickte der Patriarch von Jerusalem Karl dem Großen die Schlüssel zum heiligen Grabe samt einer Fahne, und auf den venezianischen Matapanen des 13. und 14. Jahrhunderts sowie auf zahlreichen anderen Münzen von Venedig finden wir den Dogen dargestellt, wie er aus der Hand des heiligen Marcus eine Fahne empfängt, womit er in frommer Bescheidenheit offenbar darauf hindeuten will, daß er die ihm verliehene Würde als Geschenk des Heiligen betrachte.

Falkendukaten, Falkentaler sind nach Schmieder Münzen, welche der Markgraf Karl Wilhelm Friedrich von Ansbach um das Jahr 1750 prägen ließ und die auf die von ihm gepflegte Reiherbeize bezügliche Darstellungen zeigen.

Fallwerke, auch Klippwerke genannt, (franz. *mouton,* engl. *stamp*) sind Maschinen, bei welchen durch den Fall eines in einer Führung auf- und niedergehenden schweren Körpers (Eisenklotzes) eine regelmäßigere und kräftigere Wirkung hervorgebracht wird als mittels des gewöhnlichen Handhammers. Es liegt daher die Vermutung nahe, daß man sich derartiger Maschinen schon im Altertum zur Herstellung solcher Münzen bedient hat, deren Prägung mehrerer oder besonders kräftiger Schläge bedurfte. Man legte daher das Münzplättchen, den Schrötling, zwischen den Unter- und den Oberstempel und ließ auf letzteren den Fallhammer wirken, oder man ließ den Unterstempel in die Unterlage, den Amboß, ein, während der Fallhammer auf seiner untern Fläche den Oberstempel trug.

Falschmünzer, s. Münzfälschungen.

Familienmünzen, s. Consularmünzen.

Farthing, s. Penny.

Fecunditas, Personifikation der Fruchtbarkeit der Frauen, auf Münzen römischer Kaiserinnen häufig dargestellt als weibliche Figur mit einem Kinde im Arm oder zu Füßen.

Fehlschläge, s. Doppelschläge.

Feingehalt. Unter diesem Worte (im Mittelalter Witte, Brand, Gelöt) versteht man die Angabe des Verhältnisses, in welchem eine bestimmte Menge Edelmetall, also Gold oder Silber mit unedlem Metall gemischt ist. Natürlich kann dieses Verhältnis, auch Korn genannt, nur auf Grund des Gewichts der zu der Mischung verwandten Metalle festgestellt werden. In Deutschland war jahrhundertelang die Mark zu 16 Lot das übliche Münzgewicht, die Mark fein war also eine diesem Gewicht entsprechende Menge Gold oder Silber, welche keinen Zusatz von Kupfer enthielt oder wenigstens so rein war, wie man sie herzustellen vermochte. Man teilte die Mark Gold in 24 Karat zu 12 Grän und die Mark Silber in 16 Lot zu 18 Grän. Wenn nun die gemischte oder rauhe Mark 18 Karat reines Gold und 6 Karat Kupferzusatz enthielt, so hieß sie 18karatig, während die 4 Lot Kupferzusatz enthaltende Mark Silber 12lötig genannt wurde. In neuerer Zeit ist man in den meisten Ländern, im Deutschen Reiche seit Einführung des jetzigen Münzsystems dazu übergegangen, den Feingehalt der Edelmetalle nach Tausendteilen zu bestimmen. Nach dem Gesetz vom 4. Dezember 1871, betreffend die Ausprägung von Reichsgoldmünzen bzw. nach dem Münzgesetz vom 9. Juli 1873 ist das Mischungsverhältnis der Reichs- Gold- und Silbermünzen auf 900 Teile Gold bzw. Silber und 100 Teile Kupfer festgesetzt worden. Diese Mischung hat man hauptsächlich deshalb gewählt, weil sie den Münzen die nötige Härte gibt und ihre vorzeitige Abnutzung verhindert. Bessere Gold- und Silberwaren wurden früher meist 14karätig bzw. 12lötig hergestellt, ein Verhältnis, welches der heut üblichen Mischung von 585 Tausendteilen Gold bzw. 750 Tausendteilen Silber entspricht. Vgl. auch die Wörter Witte, Mark, Usualmark, Schrot, Korn, Münzfuß, Münzgewichte, Legieren.

Feld der Münze, s. Münzfeld.

Feldmünzen heißen im Gegensatz zu den Belagerungsmünzen, welche bei vorhandenem Mangel an barem Gelde in einem belagerten Orte hergestellt sind, solche Münzen, welche ein außerhalb des Landes oder der Hauptstadt stehender Heerführer für die Bedürfnisse des Heeres hat anfertigen lassen.

Feldzeichen der Römer. Das Hauptfeldzeichen der Römer bzw. das Feldzeichen für die taktische Einheit des Heeres derselben, die Legion, war seit Marius der Adler — Näheres s. unter Legionsadler — doch behielten einzelne Legionen auch ihre alten, in Tierbildern bestehenden Feldzeichen bei. Daneben gab es für die Unterabteilungen der Legionen noch andere Feldzeichen, und zwar für die Manipeln den Manipulus, ursprünglich ein auf einen Spieß gestecktes Bündel Heu oder Stroh, später gewöhnlich eine auf einem Spieße angebrachte aufrecht stehende Hand (*manus*) — daher der Name Manipel — mit darunter befindlichen Verzierungen. Die Einteilung der Legionen in Manipeln hörte später auf, und man führte für dieselben größere Unterabteilungen, die Cohorten, ein. Letztere führten als besondere Feldzeichen lange Stangen, an welchen allerhand Verzierungen von Metall, namentlich runde Scheiben mit bildlichen Darstellungen befestigt waren. Auch Medaillons (s. d.) scheinen, wie aus vorhandenen Spuren an erhaltenen Exemplaren zu schließen ist, zur Verzierung dieser Feldzeichen verwandt worden zu sein. Weitere Feldzeichen der Römer waren das Vexillum (s. d.), dann aus rotem Tuch gefertigte Drachen, welche ebenfalls auf einer verzierten Stange getragen wurden, die aber erst unter Aurelian in Gebrauch kamen. Auch das Labarum (s. d.) war ursprünglich ein Feldzeichen.

Auf den Münzen der Römer sind ebenso wie auf den uns erhaltenen Skulpturen die verschiedenen Feldzeichen derselben häufig dargestellt, sei es für sich allein, sei es in der Hand der Krieger oder neben denselben oder auch neben allegorischen Figuren.

Felicitas, eine auf Münzen römischer Kaiser häufig vorkommende allegorische Figur, Personifikation des Glücks, dargestellt mit Füllhorn, Modius und Caduceus (s. d.) oder wie Fortuna mit Füllhorn und Steuerruder.

Ferding, der, war eine von den Erzbischöfen von Riga, den Bischöfen von Dorpat und dem Schwertbrüderorden in Livland gegen Ausgang des Mittelalters geprägte Silbermünze. Von den Ferdingen wurden ursprünglich vier — daher der Name — auf die Mark gerechnet, doch wurden sie zuletzt derart im Werte herabgesetzt, daß vier Ferdinge auf die halbe Mark gingen.

Fettmännchen wurden im Volksmunde 8- und 6-Hellerstücke ($^{2}/_{3}$ Albus) genannt, welche Ende des 16. und in der ersten Hälfte des 17. Jahrhunderts am Niederrhein, insbesondere in Cöln, Jülich, Cleve und auch in Aachen geprägt wurden. Der Name wird auf das der Münze ursprünglich aufgeprägte, vielleicht etwas dick ausgefallene Bild eines Heiligen, von anderen darauf zurückgeführt, daß sie sich nach längerem Umlauf fettig anfühlte. Es mag dahingestellt bleiben, welche Erklärung mehr Wahrscheinlichkeit besitzt. Jedenfalls ist das Deminutivum „Männchen" eine im niederrheinischen Sprachgebrauch häufig vorkommende Form, welche wir auch beim Petermännchen und noch in neuerer Zeit beim Kassenmännchen wiederfinden (s. diese Wörter).

Fides, Personifikation der Treue im Halten von Versprechen und Eiden, ist auf Münzen der späteren Kaiserzeit oft mit Bezug auf die Treue des Heeres als Fides exercitus oder Fides militum zwischen Feldzeichen stehend oder sitzend dargestellt. Ihre Attribute und Symbole sind Ähren und Früchte, die Taube und zwei ineinandergeschlungene Hände, welche letztere oft auch auf Münzen zweier miteinander regierender Kaiser dargestellt sind und die Eintracht derselben versinnbildlichen sollen.

Finkenaugen, s. Vinkenaugen.

Fiorino, s. Floren.

Fledermaus war ein Spottname ehemals gräflich schauenburgischer Münzen. Er wurde denselben wegen der Ähnlichkeit beigelegt, welche das im Wappen befindliche Nesselblatt mit einer fliegenden Fledermaus hatte. Auch die früher für Schlesien geprägten österreichischen Gröschel ($= \frac{1}{4}$ des Kaisergroschens) und die gegen Ende des 18. und im Anfang des 19. Jahrhunderts für Schlesien geprägten geringhaltigen preußischen Scheidemünzen (Kreuzer und Dreikreuzerstücke) wurden in absichtlicher oder unabsichtlicher Auffassung des auf denselben abgebildeten Adlers Fledermäuse genannt.

Fleur de coin s. Coin.

Fleur de lis, s. Franc à pied.

Flitter waren kleine, im 17. Jahrhundert im Braunschweigischen und Mansfeldischen geprägte kupferne Scheidemünzen, deren Benennung von ihrer Kleinheit und der Geringfügigkeit ihres Wertes abzuleiten ist.

Floren, Gulden. Abgesehen von dem byzantinischen Reiche und dem arabischen Spanien, sowie von Unteritalien, wo vorübergehend eine Goldprägung stattfand, behalf man sich während des größten Teils des Mittelalters in Europa mit kleinen Silbermünzen, den Denaren oder Pfennigen. Dieselben konnten indessen dem wachsenden Verkehr nicht auf die Dauer genügen, und es machte sich daher das Bedürfnis nach einem Geldstück von größerem Wert immer mehr geltend. Da begann man im Jahre 1252 in Florenz eine Goldmünze zu prägen, welche auf der einen Seite das Wappen der Stadt, eine Lilie und die Umschrift FLORENTIA, auf der anderen Seite das stehende Bild Johannes des Täufers im zottigen Mantel, die Rechte segnend erhoben und in der Linken den Kreuzstab haltend, sowie die Umschrift S. IOANNES B(*aptista*) trug. Sie erhielt nach der Prägestätte oder nach dem auf der erstbeschriebenen Seite befindlichen Bilde — *a flore* (*lilii*) — sowie nach dem Metall, aus welchem sie hergestellt war, bzw. zum Unterschiede von dem *fiorino d'argento* den Namen *fiorino d'oro* und wurde in anderen Städten Italiens sowie in Spanien, in Frankreich (als Florin), in den Niederlanden, besonders aber in Deutschland und Ungarn bald in großem Umfange nachgeprägt. Diese Nachahmungen unterschieden sich von den Urstücken zunächst nur dadurch, daß der Umschrift S IOANNES B kleine Beizeichen, als Adler, Kronen, kleine Wappenschilder usw. hinzugefügt wurden, während die Umschrift FLORENTIA durch den Namen des Prägeherrn oder des Prägeorts ersetzt wurde. In Deutschland trat in der zweiten Hälfte des 14. Jahrhunderts an die Stelle der Lilie das Wappen des Münzherrn, während der heilige Johannes, meist das Gotteslamm im Arme tragend, noch lange Zeit als typisches Münzbild beibehalten, oder auch durch einen anderen Heiligen ersetzt wurde.

Die neue Goldmünze, mit deren Eindringen in Deutschland

sich der Übergang der Silberwährung zur Goldwährung vollzog, wurde zum Unterschiede von den bisher allein gangbar gewesenen silbernen Denaren oder Pfennigen Gülden Penning und unter Weglassung des Gattungsnamens auch bloß Gülden, dann Gulden, oder nach dem Namen des Urstücks Floren genannt. In der später auftretenden Bezeichnung Goldgulden liegt ein Pleonasmus, der sich durch die Entstehung des silbernen Guldengroschens oder Guldiners erklären läßt. Als nämlich in Deutschland teils in Folge Erschließung neuer Silbergruben, teils in Folge erhöhter Ausbeutung der bereits vorhandenen Gruben des sächsischen Erzgebirges eine so große Menge Silber produziert wurde, daß man es in den bisherigen kleinen Stücken nicht mehr zu vermünzen vermochte, begann man im 13. Jahrhundert die Groschen und gegen Ausgang des 15. Jahrhunderts ein noch größeres Silberstück zu prägen, welches, da es dem inzwischen geringhaltiger gewordenen Goldgulden im Werte vollständig gleich war und weil man sich an die Benennung Groschen gewöhnt hatte, Güldengroschen oder Güldiner (s. Taler) genannt wurde. Am verbreitetsten waren die Goldgulden im Westen Deutschlands, doch wurden sie teils aus falscher Münzpolitik, teils infolge der Gewinnsucht der Münzherren allmählich immer geringhaltiger ausgebracht, während der österreichische und ungarische Goldgulden im Werte unverändert blieb und zum Unterschiede von den rheinischen Goldgulden den Namen Dukaten (s. d.) erhielt. Die Prägung des Goldguldens währte in Deutschland bis in das 17. Jahrhundert, in welchem er durch den Dukaten überall verdrängt wurde.

Im Laufe des 16. Jahrhunderts kam in Deutschland ein zweites silbernes Großstück auf, nämlich der Guldentaler. Letzterer stand indessen keineswegs in dem Wertverhältnis des späteren Guldens zum Taler, sondern er verdankte seine Entstehung nur dem Umstande, daß die deutschen Münzherren sich über den Münzfuß nicht einigen konnten und neben dem alten Taler, welcher zu 72 Kreuzern gerechnet wurde, auch einen leichteren Taler zu 60 Kreuzern prägen ließen. Der Guldentaler stand also zu ersterem im Wertverhältnis von 5 : 6. Erst gegen Ende des 17. Jahrhunderts wurde der Gulden zu dem bekannten Werte von $^2/_3$ Talern oder $^1/_2$ Speciestaler ausgeprägt, und zwar in größerem Umfange auf Grund des zwischen den Kurfürsten von Brandenburg und Sachsen im Jahre 1667 zu Kloster Zinna abgeschlossenen Münzvertrages, welchem später auch Braunschweig beitrat. Dieser Gulden fand, allerdings mit vielen, durch die verschiedenen Münzfüße bedingten Modifikationen allgemeine Verbreitung und hat sich in Süddeutschland bis zur Einführung der Reichswährung, in

Österreich bis zur Einführung der Kronenwährung als Münzeinheit erhalten, doch rechnet man ebenso wie in Deutschland nach Talern, in Österreich noch heut gern nach Gulden.

Florin d'or, französische, den Florentiner Gulden nachgeprägte Goldmünze König Karls V. (1364—1380) mit dem Bilde Johannes des Täufers auf der Hauptseite und einer großen Lilie auf der Rückseite.

Flug nennt man in der Heraldik das als Helmzier häufig vorkommende Flügelpaar. Der Flug heißt offen bei nach vorn gekehrtem Helm, wenn also beide Flügel in die Erscheinung treten, geschlossen, wenn er von der Seite gesehen wird, also nur ein Flügel sichtbar ist. Die Flügel erscheinen anfänglich brettartig, aus Reihen steifer, gleich großer Federn bestehend, später mehr den natürlichen Federn nachgebildet. S. auch Wappenschild.

Follis, lat., Sack, Beutel. Diocletian (284—305) gehörte zu den wenigen römischen Kaisern, welche der im 3. Jahrhundert immer mehr um sich greifenden Münzverschlechterung Einhalt zu gebieten suchten. Er ließ wieder gute Denare schlagen und führte zwei neue Kupfernominale ein, ein größeres von ungefähr 10 g und ein kleineres von 2,5 bis 2 g. Unter Konstantin erlitt das größere Nominal auffallenderweise vorübergehend eine Gewichtsverminderung auf 8, später sogar auf 3 bis 2 g. Diese Kupfermünzen wurden auch zu Großzahlungen verwandt und zu diesem Behufe in Beutel (*folles*) von bestimmtem Gewicht verpackt. Ein solcher Beutel Kupfergeld wurde zum Gold und Silber in ein bestimmtes Wertverhältnis gesetzt und dadurch zur Rechnungsmünze. Später wurde die Benennung follis auch auf das größere der seit Diocletian eingeführten Kupfernominale übertragen. Dasselbe hieß zum Unterschiede von dem kleinen Kupferstücke auch *pecunia major* oder *majorina*, während letzteres *numus centenionalis* oder auch *communis* genannt wurde. Der byzantinische Follis war = 40 *numi*, die kleinste Münzeinheit, welche aber in Einzelstücken nicht ausgeprägt wurde. Dagegen gab es außer dem ganzen Follis Teilstücke bis zu $^1/_5$ desselben herab. Die Wertbezeichnungen waren nach dem griechischen Zahlenalphabet M = 1 Follis, Λ = $^3/_4$ Follis oder 30 Numi, K = $^1/_2$ Follis oder 20 Numi. I = $^1/_4$ Follis oder Dekanummion und E = $^1/_8$ Foll s oder Pentanummion, doch kommen daneben auch römische Zahlzeichen vor.

Form der Münzen. Die gewöhnliche Form der Münzen ist die einer flachen, kreisrunden Scheibe. Es gab jedoch und gibt auch heut noch Münzen, die diese Form nicht einhalten, wie die im Altertum aus gegossenen Schrötlingen hergestellten Münzen (s. Münzprägung), die sich der Kugelform nähern, und siamesische Münzen, welche eine fast kugelförmige Gestalt haben;

ferner die früher in China in Gestalt eines Schwertes (s. Schwertmünzen) und in Persien in Gestalt eines Dattelkerns angefertigten Münzen; die in Form eines Vierecks, auch in sechs- und achteckiger Form hergestellten Münzen, welche Klippen (s. d.) genannt werden; die im Mittelalter in der Schweiz und in Süddeutschland aus viereckig geschnittenen Schrötlingen hergestellten Denare und kleinen Brakteaten (s. Vierschlag), die man aber nicht zu den Klippen zählt; die schüsselförmigen Münzen, welche auf der einen Seite konvex, auf der anderen konkav sind (s. Scyphati und Regenbogenschüsselchen). Manche Münzen des frühen Altertums, namentlich kleinasiatische Münzen haben eine ovale oder ganz unregelmäßige Form, was auf die Unvollkommenheit der Münztechnik, namentlich auf die Schwierigkeit der Herstellung der Schrötlinge zurückzuführen ist. Dagegen kommen in Ostasien, namentlich bei den Chinesen noch heut absichtlich oval hergestellte Münzen und außerdem runde und ovale Münzen vor, welche in der Mitte mit einem viereckigen Loch versehen sind, um sie auf eine Schnur reihen zu können. Eine ganz eigentümliche Form haben siamesische Münzen früherer Jahrhunderte, welche aus einem zusammengebogenen dicken und mit kleinen Stempelzeichen versehenen Stück Silberdraht hergestellt sind. Ringgeld und Barren (s. d.) gehören nicht zu den eigentlichen Münzen. S. auch Größe der Münzen.

Fortuna, bei den Römern die Göttin des Glücks, welcher große Verehrung gezollt wurde und der viele Tempel geweiht waren. Sie ist mit ihren Attributen, meist Steuerruder und Füllhorn, auf Münzen der Kaiser häufig dargestellt.

Franc, Frank, französische Münzbenennung, welche sich vom Mittelalter bis auf den heutigen Tag erhalten hat und auf *Francia, Franci*, Gen. *Franciae, Francorum*, wobei *moneta* oder *rex* zu ergänzen ist, zurückgeführt werden darf. Schon auf Denaren Karls des Großen findet sich bei seinem Namen der Titel REX FR (*ancorum*). Auf den Münzen der nach ihm in Frankreich herrschenden Karolinger und auch unter den ersten Kapetingern steht bloß REX, während der Zusatz FRANCORUM fehlt, doch tritt derselbe auf den Münzen der letzten Kapetinger und der im Jahre 1328 folgenden Könige aus dem Hause Valois wieder auf und bleibt dann mit wenigen Ausnahmen auf allen Münzen der französischen Könige, soweit die Aufschrift lateinisch ist und den König nennt, bestehen (seit Heinrich IV. in der Erweiterung FRANCORVM ET NAVARAE REX). Auf das Wort *Francorum* ist es jedenfalls zurückzuführen, daß man in Frankreich schon im Mittelalter einzelnen Münzen den Namen Franc gab, so namentlich den Goldmünzen Johanns II., des Guten (1350 bis 1364) und Karls V., des Weisen

(1364—1380), auf welchen der König zu Pferde dargestellt ist, den Namen *Franc à cheval* und einer Goldmünze Karls, auf welcher derselbe unter einem Portal stehend dargestellt ist, zur Unterscheidung von ersteren den Namen *Franc à pied*. Auch die Taler, mit deren Prägung man in Frankreich erst Ende des 16. Jahrhunderts begann, kursierten unter dem Namen Frank.

Franc à cheval, s. Franc.

Franc à pied oder **Fleur de lis,** französische Goldmünze Karls V. (1364—1380), auf welcher der König, ähnlich wie auf dem Royal d'or, unter einem Portal stehend dargestellt ist; das Feld ist jedoch mit Lilien besät.

Frankenwährung. Wie in Deutschland, England, Italien rechnete man auch in Frankreich seit Karl dem Großen nach Pfunden (*livres*) zu 20 Schillingen (*sous*), zu 12 Denaren oder Pfennigen (*deniers*). Im Laufe der Jahrhunderte und infolge der stets fortschreitenden Verschlechterung der Silbermünzen war die Livre allmählich so weit im Werte herabgegangen, daß man die Einteilung derselben in 240 Deniers schlechterdings nicht mehr beibehalten konnte. Man teilte daher den Sou — die Prägung der Deniers hatte schon früher aufgehört — unter Franz I. (1540) in Viertel, Liards genannt, welche zwar zunächst noch in geringhaltigem Silber, seit Heinrich IV. aber in Kupfer ausgemünzt wurden. Die Livre (*livre tournois*) blieb Rechnungsmünze, sank aber natürlich ebenfalls entsprechend im Kurse und hatte schließlich gegen Ende des 18. Jahrhunderts nur noch einen Wert von $77,_{78}$ Pfennigen. Die Revolution schuf im Jahre 1795 eine neue Silbermünze und gab derselben, da sie alte Einrichtungen und historische Bezeichnungen gern wieder hervorsuchte, den Namen Franc. Durch Gesetz vom 28. März 1803 wurde u. a. bestimmt, daß der Frank im Gewichte von 5 g Silber von $^{900}/_{1000}$ Feinheit die Münzeinheit zu bilden hatte und daß Goldstücke zu 20 und 40 Franken geprägt werden sollten. Gleichzeitig wurde das Wertverhältnis des Silbers zum Golde auf $15^1/_2:1$ bestimmt und das Decimalsystem eingeführt.

Die Vorzüge der Frankenwährung haben ihr im Laufe der Zeit weite Verbreitung verschafft. Sie gilt gegenwärtig (mit verschiedener Benennung der Münzen) außer in Frankreich in Belgien, Bulgarien, Griechenland, Italien, Rumänien, der Schweiz, Serbien, Spanien, Tunis und Venezuela.

Im übrigen ist der Ausdruck Frankenwährung nicht genau, da durch die Währung nur das Metall bestimmt wird, aus welchem die Währungsmünzen geprägt werden sollen. Durch den Sprachgebrauch hat sich indessen die Bezeichnung der Währung nach den Hauptmünzen eingebürgert, und man spricht daher von Franken-, Taler-, Mark-, Gulden- und Kronenwährung.

Friedrichsdor, frühere preußische Goldmünze, welche in

den letzten Regierungsjahren des Königs Friedrich Wilhelm I. zuerst, dann aber unter Friedrich II. in größerem Umfange geprägt wurde und daher von diesem den Namen erhalten hat. Der Friedrichsdor sollte gleich der Pistole (s. d.) den Wert von 5 Talern in Gold darstellen, doch wurde, da sein Goldwert ein höherer war und zuletzt M. 16,829 betrug, ein nach dem Kurse schwankendes Agio auf ihn gezahlt. Seit dem 1. Januar 1832 wurde der Friedrichsdor, welcher auch in doppelten und Halbstücken ausgebracht wurde, von den preußischen Staatskassen zu $5^2/_3$ Talern angenommen. Diesen Wert behielt er bis zu seinen Ende, doch wurde beim Einwechseln bisweilen noch ein kleines Aufgeld auf ihn gezahlt.

Fünfer, nach Grimm, Deutsches Wörterbuch: eine Münze, welche die Geltung von fünf kleineren zusammen hat. *Auff ein halben denarium, welchen die Römer vom wert ein fünffer* (Quinarius), *darumb das er fünff as oder zweintzig vierer* (Quadrans) *galt* und *ein victoriatum oder sieggroschen hiessen.* Mathesius Sarepta (1562) 249 b; ferner *ein Kreutzer ist das achte theyl eines alten denarii, das vierdte theil eines fünffers oder ein halber sestertius.* Hier werden also der Quinarius und der Victoriatus identifiziert und beide Münzen Fünfer genannt. In neuerer Zeit hießen Fünfer:

a) im 16. Jahrhundert in der Schweiz eine fünf Heller geltende Münze. *Der fünffer, ein müntz gilt fünff haller.* Maaler 146 a. Später ein Fünfkreuzerstück.

b) in Süddeutschland eine Scheidemünze mit der Zahl 5, ein Fünfkreuzerstück.

c) der schwere Batzen, der in dem Bambergischen, dann im angrenzenden Franken und im Hennebergischen Lande gangbar war und 16 gute Pfennige oder „fünf Kreuzer" im Reiche galt.

d) in Riga, überhaupt in Livland das preußische oder sächsische Zwölftel oder Zwölfteltalerstück, weil dasselbe fünf Ferdinge ausmachte. Daher dort bildlich für etwas Unbedeutendes in seiner Geltung: das ist nicht einen Fünfer wert. Dann auch: blank wie ein Fünfer sein, kahl wie ein abgeschliffener Fünfer (ganz ohne Geld), welche Redensart daher rührt, daß die ehemals gangbaren Fünfer selten anders, als ganz abgeschliffen umliefen. Gutzeit 1, 301.

Fürst, entstanden aus der althochd. Wurzel *furi, furisto, fursto,* mittelhochd. *vürste,* bedeutet der Vorderste, Erste, Höchste im Range und ist eine frühe Übersetzung von *princeps* (s. d.). Mit letzterem Namen wurden schon im Frankenreich die höchsten Beamten und die Großen des Reichs bezeichnet. Später verstand man unter principes (Fürsten) im allgemeinen alle Lehnsherren (Herzöge, Pfalzgrafen, Markgrafen, usw.), die ein bestimmtes Gebiet regierten, noch später nur die Landesherren, welche im Range unter den

Herzögen, Pfalz-, Land-, und Markgrafen, aber über den Grafen und anderen Herren standen. Sie bildeten mit den geistlichen Fürsten (Bischöfen und Äbten) auf den Reichstagen die Fürstenbank. Die weltlichen Fürstenhäuser zerfielen in alte, d. s. diejenigen, welche vor dem Reichstage zu Augsburg 1582 auf der Fürstenbank Sitz und Stimme hatten, und neue, d. s. solche Dynastenfamilien, welchen erst später vom Kaiser der fürstliche Rang verliehen worden ist. Daneben gab es schon frühzeitig Titularfürsten, deren Ernennung ebenfalls ein Hoheitsrecht des Kaisers war. Es bestand daher ein Unterschied zwischen den Fürsten, welche die Landeshoheit besaßen und auf den Reichstagen Sitz und Stimme hatten, und den anderen Fürsten, welche diese Rechte nicht hatten. Erstere, welche auch das Münzregal besaßen, hießen Reichsfürsten und nannten sich auf ihren Münzen Sacri Romani Imperii Principes. Es kam auch vor, daß Grafen vom Kaiser in den Reichsfürstenstand erhoben wurden, und sie hießen dann gefürstete Grafen. S. auch Geistliche Fürsten.

Fürstengroschen sind markgräflich meißnische Groschen, welche gegen Ausgang des vierzehnten Jahrhunderts, und zwar zuerst von Balthasar († 1406) geprägt wurden. Sie sind ähnlich den Breitgroschen (s. d.) doch von weit geringerem Gehalt, als diese. Neben dem meißnischen Löwen tragen die Fürstengroschen meistens ein b, welches auf den Anfangsbuchstaben des Namens Balthasar gedeutet wird und unter den Nachfolgern desselben, obgleich ihr Name nicht mit B anfing, aus Gewohnheit beibehalten wurde. Auf den späteren, sogenannten neuen Fürstengroschen steht der Löwe nicht frei, sondern in einem Schilde. Auch ist bei manchen derselben auf das Kreuz der Hauptseite noch ein kleiner Schild mit dem meißnischen Löwen gelegt. Wegen der Beliebtheit und Verbreitung der Fürstengroschen wurden nach dem Muster derselben im 15. Jahrhundert auch anderwärts, namentlich in Hessen, Groschen geprägt.

Fürsten-, Kurfürstenhut, s. Krone.

Fuls, s. Arabische Münzen.

G.

Geburtstagstaler heißt ein $1\frac{1}{2}$ und mehrfacher Taler, welcher im Jahre 1666 auf den 88. Geburtstag des Herzogs August von Braunschweig-Wolfenbüttel geprägt wurde. Er zeigt auf der Hauptseite in einem Lorbeerkranze das Brustbild des Herzogs, welchem die rechts stehende Gerechtigkeit eine Krone und der links stehende Friede einen Lorbeerkranz auf das Haupt setzen;

darunter Name und Titel, Umschrift FAVSTVM · IVSTITIAE · ET · PACIS · CONSORTIVM. Auf der Rückseite befinden sich vierzehn um den braunschweigischen Helm in einen Kreis gestellte Wappen und die Umschrift ALLES · MIT · BEDACHT und AETAT · LXXXVIII · D · NAT · X · A(pril).

Gedächtnismünzen, s. Denkmünzen.

Gefütterte Münzen, s. Subaerati.

Gegenstempel, Kontermarken, Contremarken nennt man kleine Stempelabdrücke, mit welchen fremde oder ältere inländische Münzen früher versehen wurden, um sie umlaufsfähig zu machen bzw. zu tarifieren. Der Stempel enthielt ein bestimmtes Zeichen, meist das Wappen oder einen Wappenteil des Staates, in welchem die Münzen Geltung haben sollten, oder die Angabe des Wertes, welcher ihnen beigelegt wurde; bisweilen wurden auch Abdrücke von beiden Stempeln auf den Münzen angebracht. Von diesem Verfahren machten schon die Römer Gebrauch. Im Mittelalter wurden die schnell beliebt gewordenen böhmischen Groschen in anderen Ländern häufig mit Gegenstempeln versehen und dadurch als umlaufsfähige Münzen anerkannt. Ebenso behalf man sich in Rußland, ehe unter Peter dem Großen die regelmäßige Rubelprägung begann, damit, daß man in großem Umfange Taler der verschiedensten Herkunft mit kleinen Kopekenstempeln und Stempeln mit der Jahreszahl 1655 versah.

Gegossene Münzen. Schon die ältesten griechischen Münzen sind, wie ihr Äußeres erkennen läßt, im Wege der Prägung hergestellt worden. (S. Quadratum incusum, Münzprägung und Münzstempel.) Dagegen war bei den ältesten römischen Kupfermünzen, dem sogenannten aes grave (s. d.) infolge ihrer Größe die Prägung nicht gut anwendbar. Man goß daher die Münzen, wie an den noch vorhandenen Gußzapfen zu erkennen ist, und gebrauchte dazu Sand- oder Thonformen. An manchen der auf uns gekommenen Stücke dieser Art sind auch Spuren von zwei Gußzapfen bemerkbar, woraus zu schließen ist, daß man eine Reihe Formen durch Gußkanäle miteinander verband und auf diese Weise mehrere Münzen zugleich herstellte. Ebenso gibt es Stücke, bei deren Guß die Form der Hauptseite nicht genau über der Form der Rückseite gelegen haben mag, da der Rand der ersteren über den der letzteren etwas hervorragt, oder umgekehrt. Erst als das Kupfergeld reduziert wurde und die Silberwährung aufkam, ging man dazu über, die Münzen im Wege der Prägung herzustellen. In der späteren römischen Kaiserzeit kamen jedoch wieder Münzen vor, und zwar Silbermünzen von geringem Gehalt (Denare und Antoniniane), welche, wie der Augenschein lehrt, im Wege des Gußes hergestellt sind. Dies erklärt sich folgendermaßen. Im Laufe der Zeit vermochten die Münzstätten in Rom nicht mehr dem Bedarf zu genügen. Der immer wachsende Umfang des Reiches hatte vielmehr mit Notwendigkeit dazu geführt, in entfernten Provinzen, z. B. in Lyon, Trier, Tessalonich, Antiochia usw. Münzstätten einzurichten. Außerdem waren die Imperatoren, wenn sie sich mit ihren Heeren in entfernten Ländern und Provinzen befanden, kraft der ihnen übertragenen Amtsgewalt befugt, Münzen herstellen zu lassen, und es müssen ihnen zu diesem Zweck Münzbeamte gefolgt sein. Es ist erklärlich, daß letzteren die Gerätschaften zum Münzen, namentlich die Stempel mitunter gefehlt haben mögen. Man griff daher wohl oder übel zu dem Auskunftsmittel, nach vorhandenen Münzen Formen in gebranntem Thon herzustellen und mittels letzterer Münzen zu gießen. Wenn nun als Muster vielleicht eine in Sirmium oder Antiochia geprägte Münze gedient hatte, so trugen die nach derselben gegossenen Münzen natürlich die Münzbuchstaben von Sirmium bzw. Antiochia, mochte der Guß auch im fernen Westen, vielleicht in Gallien oder Britannien erfolgt sein. Aus demselben Grunde sowie aus dem Umstande, daß in der spätrömischen Zeit die Herrscher oft wechselten und die Nachricht davon erst spät in die entfernten Provinzen drang, ist es zu erklären, daß man in letzteren oft noch Münzen mit den Bildnissen von Kaisern nachgoß, die gar nicht mehr existierten. So wurden im Jahre 1829 oder 1830, wie Akermann in seiner Schrift *Coins of the Romans relating to Britain*, London 1844, in ausführlicher und sehr interessanter Weise beschreibt, in dem Parke des Schlosses Damery bei Epernay Ausgrabungen vorgenommen, bei welchen durch Feuer zerstörte Ruinen von Gebäuden aufgedekt wurden, die augenscheinlich als Bäder und als Münzstätten gedient hatten. In denselben wurden mehrere Gefäße mit Münzen gefunden, in einem gegen 2000, (darunter 1500 Stück von Posthumus, die übrigen von Philippus bis Posthumus), in einem anderen zahlreiche Münzen von Constans und von Constantius mit sehr verschiedenen Münzbuchstaben. Sämtliche Stücke waren zwar von schlechtem Silber, aber von so guter Erhaltung, daß sie gar nicht im Umlauf gewesen sein können. Daneben wurden Reste von eisernen Werkzeugen gefunden, welche offenbar zur Herstellung von Münzen gedient hatten, sowie mehrere Kollektionen von Münzformen, welche zum Teil noch gegossene Stücke oder Reste des Gusses enthielten. Die Formen bestanden aus runden, flachen Scheiben von Ton. Auf die eine Seite der Scheibe wurde der Avers, auf die andere der Revers einer Münze eingedrückt. Die Scheiben wurden dann, nachdem sie noch am Rande mit einem dreieckigen Einschnitt zum Eingießen des Metalls versehen worden waren, gebrannt und so aneinandergereiht, daß der Avers der einen neben dem Revers der andern lag und das Ganze eine zylindrische Form erhielt, wobei natürlich darauf geachtet werden mußte, daß Gußloch sich neben Gußloch befand. Schließlich stellte man, wie die in Damery noch vorgefundenen Gußzapfen beweisen, drei solche Formenzylinder derart zusammen, daß die Gußlöcher einen dreieckigen Gußkanal bildeten, und goß durch denselben das Metall in die Formen.

Ähnliche römische Gußformen wie bei Damery sind auch anderwärts, z.B. in Trier gefunden worden (Hettner, römische Münzformen gefunden in Trier. Jahrbücher des Vereins von Altertumsfreunden im Rheinlande Heft LXX). Hettner nimmt an, daß es sich bei diesem Funde um Produkte von Falschmünzern gehandelt hat. Es mag zugegeben werden, daß das beschriebene Verfahren zuerst von Falschmünzern geübt wurde. Aus dem großen Umfange der in Damery aufgedeckten Münzstätte und der großen Zahl gegossener Münzen, welche in der späteren Kaiserzeit kursierten, ist aber wohl mit Sicherheit zu schließen, daß das Verfahren später amtlich adoptiert wurde. Es verhält sich hier ähnlich wie mit den denarii subaerati, welche anfänglich zwar von Falschmünzern, später aber erwiesenermaßen offiziell geprägt wurden.

Im übrigen ist die Herstellung von Münzen im Wege des Gusses während des Mittelalters sowie in neuerer Zeit nicht wieder geübt worden. Wenn gleichwohl gegossene Münzen noch vorkommen, so sind sie zweifellos das Produkt von Falschmünzern.

Geistliche Fürsten. In Deutschland gehörten zahlreiche Bischöfe und Äbte dem Reichsfürstenstande an. Die von geistlichen Münzherren geprägten mittelalterlichen Münzen sind in der Regel dadurch erkennbar, daß auf denselben Abzeichen der geistlichen Würde, namentlich der Kreuz- oder der Krummstab angebracht sind, oder daß die geistlichen Herren, wenn sie auf den Münzen selbst dargestellt sind, diese und andere Abzeichen ihrer Würde in der Hand halten und auf dem Kopfe die Mitra (s. d.) tragen. Auf den Münzen geistlicher Herren der neueren Zeit ist in der Regel die Mitra oder der Kardinals- bzw. Bischofshut (s. Hüte) über dem Wappen und hinter dem Wappenschilde ein mit dem Krummstabe gekreuztes Schwert zum Zeichen, daß der Münzherr zum Reichsfürstenstande gehört, angebracht. Vergl. im übrigen das Wort Fürst.

Geistliche Wappen, s. Geistliche Fürsten.

Geld, lat. *pecunia* (vergl. dieses Wort), got. *gild*, bedeutet Steuer, Zins; altnord. *gjald* Zahlung, Abgabe; altengl. *gild* Ersatz, Opfer; althochd. und mittelhochd. *gelt* Vergeltung, Zahlung jeder Art, Entgelt, auch Einkommen. Heut versteht man unter Geld im weiteren Sinne des Wortes jeden Gegenstand, welcher als Wertmesser von Waren und Leistungen gilt und der eine mehr oder minder allgemeine

Tauschkraft besitzt, so daß man mittels desselben Waren und Leistungen eintauschen, d. i. bezahlen kann. In diesem Sinne sind also Sklaven, Rinder, Ringe, Tierfelle und andere Gegenstände, deren man sich im Altertum als Tauschmittel bediente, ebenso als Geld anzusehen, wie die noch heut in Hinterindien und in einzelnen Teilen Afrikas gebräuchlichen Kaurimuscheln und die Salztafeln und Zeugstoffe, welche bei einzelnen unkultivierten Stämmen Innerafrikas die Stelle des Geldes vertreten. Im Altertum wurden nach den vorangeführten Gegenständen Gold, Silber und Kupfer die hauptsächlichsten Tauschmittel, denn die erstgedachten beiden Metalle eigneten sich wegen ihrer Schönheit, Seltenheit, Dauerhaftigkeit und Teilbarkeit, das letztere wegen seiner Verwendbarkeit für das praktische Leben am besten zu allgemeinen Wertmessern. Die gedachten Metalle wurden von Käufer und Verkäufer einander zugewogen, bald wohl auch, um ihren Gebrauch als allgemeines Umlaufsmittel zu erleichtern, in Barren von gewisser Form und bestimmtem Gewicht gegossen. Um das Abwägen zu ersparen und dem Verkäufer gleichwohl eine Gewähr dafür zu bieten, daß das ihm zustehende Metall nicht nur von richtigem Gewicht, sondern auch von der nötigen Reinheit war, übernahm dann die Gemeinde, der Staat, die Aufsicht über die Herstellung der zum Umlauf dienenden Metallstücke oder Barren und versah dieselben zum Zeichen der Richtigkeit des Gewichts und des Gehalts mit bezüglichen Marken und Bildern. War man einmal so weit gelangt, so bedurfte es nur noch eines Schrittes bis zur eigentlichen Münzprägung. Man stellte die Metallstücke in verschiedenen, den Bedürfnissen des Verkehrs genügenden Größen und in handlicher Form her, und so entstand das Metallgeld, wie wir es noch heut besitzen, d. i. die Münze (s. d.). Auch die Verwendung der Metalle: Gold, Silber, Kupfer zur Münzprägung ist unverändert geblieben, nur ist denselben in neuerer Zeit noch ein weiteres Metall, das Nickel, hinzugetreten, welches namentlich zur Herstellung von Münzen geringeren Wertes benutzt wird (s. Münzmetalle).

Neben dem Metallgelde besitzen wir heut auch noch andere allgemeine Tauschmittel, welche wir im weiteren Sinne des Worts mit dem Namen Geld bezeichnen können. Die großen volkswirtschaftlichen, industriellen Anlagen und kommerziellen Unternehmungen, auch die Kriege der Neuzeit erfordern nämlich so ungeheure Geldmittel, daß die Vermehrung des gemünzten Geldes mit der Nachfrage nach Kapital nicht gleichen Schritt halten kann. Diesem Umstande verdanken wir die Entstehung des Kreditgeldes oder der Geldsurrogate, zu welchen die Anweisungen und Checks, die Wechsel sowie das Papiergeld und die Banknoten gehören.

Geldkunde, Geldlehre, s. Numismatik.

Geldsurrogate, s. Geld.

Gemeinschaftsmünzen, auch Kommunionmünzen genannt, sind Münzen, welche auf Grund besonderer Verträge und um ihnen in den Gebieten der vertragschließenden Teile gleiche Geltung zu verschaffen, von zwei oder mehreren Staaten bzw. Münzherren gemeinschaftlich geprägt und durch bezügliche Bilder oder Aufschriften als solche kenntlich gemacht werden. Schon aus dem Altertum sind uns Gemeinschaftsmünzen bekannt, wie z. B. das (incuse) Didrachmon von Siris und Pyxus, welches die Namen beider Städte trägt, ferner von Kroton und Metapontum, Kroton und Pandosia usw. In den während des Mittelalters und in der neueren Zeit abgeschlossenen Münzverträgen ist die Herstellung von Gemeinschaftsmünzen oft vereinbart worden. So schlossen Ende des 14. und Anfang des 15. Jahrhunderts die rheinischen Kurfürsten wiederholt Verträge ab, in welchen man sich nicht nur über einen gemeinschaftlichen Münzfuß, sondern auch über die Herstellung gemeinschaftlicher Münzen einigte und zugleich bestimmte, daß dieselben durch Aufnahme der Wappen der vertragschließenden Teile in das Gepräge als Gemeinschaftsmünzen kenntlich gemacht werden sollten. Die letzten Gemeinschaftsmünzen waren die deutschen Vereinstaler.

Außerdem gibt es noch eine andere Gattung Gemeinschaftsmünzen, nämlich Münzen, welche auf gemeinsame Rechnung mehrerer Münzherren von einem derselben geschlagen werden. Dieser Fall trat namentlich in den sächsischen Ländern ein, da die dort häufigen Erbteilungen sich nur auf die Landgebiete erstreckten, während die ertragreichen Bergwerke und die damit verbundenen Münzstätten des Erzgebirges zum Teil in gemeinschaftlicher Benutzung der betreffenden Kurfürsten und Herzöge verblieben. Hieraus erklärt es sich, daß bis zum Übergange der Kur an die Albertiner viele Groschen und Taler die Namen und Bildnisse nicht nur von Kurfürsten, sondern auch von Herzögen tragen. Auch bei den Herzögen von Braunschweig und den Grafen von Mansfeld kam es vor, daß Gebietsteilungen eintraten, die Bergwerke aber zum Teil im gemeinschaftlichen Besitz der betreffenden Fürsten blieben und daß dieser Umstand zur Prägung von Gemeinschaftsmünzen führte. Andere Münzen früherer Jahrhunderte, namentlich Taler, tragen zwar ebenfalls die Namen und auch die Bilder zweier oder mehrerer Fürsten, doch beruht dies darauf, daß der betreffende Münzherr einen oder mehrere Mitregenten hatte, oder daß, obgleich keine Erbteilung vorgenommen wurde, die Nachfolge nicht auf den ältesten Prinzen überging, sondern das betreffende Gebiet im gemeinschaftlichen Besitz der Söhne blieb. Diese Münzen sind daher nicht als Gemeinschaftsmünzen in dem oben erörterten Sinne anzusehen. Ebensowenig gehört zu denselben der sogen. Schmalkaldische Bundestaler (s. d.), da er lediglich aus Anlaß eines Bündnisses, also eines geschichtlichen Ereignisses geprägt worden ist und deshalb den Charakter einer Denkmünze (s. d.) trägt.

Genealogie, griech., Geschlechterkunde, d. i. die Lehre von dem Ursprung, der Fortpflanzung und Verbreitung der Familien und Geschlechter, ist eine wichtige Hilfswissenschaft der Numismatik. Insbesondere sind die genealogischen Stammtafeln, die von Grote, und die Regententabellen, welche neuerdings von M. Wilberg (Verlag von G. Harnecker & Comp. in Frankfurt a. d. Oder) herausgegeben worden sind, von großem Wert für die Münzforschung.

Generalreichsstatthalter, s. Locumtenenstaler.

Genius, lat., von *geno, gigno*, heißt eigentlich der Leben Erzeugende, dann der Schutzgeist. Bekanntlich liebten die Römer nicht nur, fremde Gottheiten in ihren Kultus aufzunehmen, sondern sie schufen auch fortwährend neue Gottheiten und zwischen diesen und der Menschheit, gewissermaßen als Übergänge, göttliche Persönlichkeiten, welchen man göttliche Verehrung zollte. Nach dem Glauben der Römer hatte jeder Mensch seinen Genius, der bei seiner Geburt mitwirkte, ihn als Schutzgeist durch das Leben begleitete, sein Schicksal bestimmte und selbst nach dem Tode des Menschen in dem Lar fortlebte und schützend fortwirken konnte. Ebenso wie der einzelne Mensch hatte auch jede Familie und Genossenschaft, jeder Ort, jede Gegend, jeder Staat seinen Genius, welcher mit der Existenz des Ortes usw. innig verbunden war. Es gab daher auch einen *genius populi Romani*, welchem auf den Münzen Diocletians und seiner Nachfolger bis Konstantin häufig die Rückseite der Münzen gewidmet ist. Der genius populi Romani ist auf denselben als ein nackter Jüngling dargestellt, oft auch mit um die Schulter geworfenem Mantel, welcher in der Linken ein Füllhorn, in der Rechten eine Schale hält.

Georgstaler. Mit diesem Namen bezeichnet man im allgemeien alle talerförmigen Silbermünzen, auf welchen der Ritter St. Georg im Kampf mit dem Lindwurm dargestellt ist. Am bekanntesten sind die mansfeldschen Georgstaler und von diesen die am meisten geschätzten die im Anfang des 17. Jahrhunderts geprägten Georgstaler mit der Aufschrift Bei Gott ist Raht und Thadt, welche nach dem in der Umschrift genannten Münzherrn auch Davidstaler heißen, sowie die etwas später geschlagenen ungarischen Georgstaler. Letztere zeigen auf der Vorderseite den heiligen Georg mit der Umschrift SAN. GEORGIUS EQUITUM PATRONUS und auf der Rückseite ein auf empörten Wellen treibendes Schiff, in welchem der schlafende Heiland von den Jüngern aufgeweckt wird. Die Georgstaler wurden früher als Amulette, welche gegen Verwundung schützen sollten, von Kriegsleuten viel getragen und sind noch heut, namentlich bei den Kavallerieoffizieren, als Schaumünzen sehr beliebt. Sie wurden aber wegen ihrer Beliebtheit schon von alters her vielfach nachgeprägt, und es ist daher schwer, die echten von den unechten zu unterscheiden. Von den mansfeldschen Georgstalern werden diejenigen aus den Jahren 1609, 1611 und 1613 von Liebhabern am meisten geschätzt.

Germania wurde von den Römern ursprünglich alles Land genannt, welches im Westen vom Rhein, im Süden von der Donau, im Osten von der Weichsel und im Norden von der Nord- und Ostsee begrenzt wurde, während man unter Gallia alle zwischen dem Rhein und den Pyrenäen gelegenen Gebiete verstand. Das Wort Germanen ist vermutlich keltischen Ursprungs und bedeutet wahrscheinlich die Nachbarn. Über das Land, die Sitten und Gewohnheiten der Germanen gibt uns der römische Geschichtsschreiber Tacitus in seiner 98 n. Chr. geschriebenen Germania die erste nähere Kunde. Gemünztes Geld fand zwar schon zur Römerzeit bei den Germanen Eingang, doch diente es nicht als Münze, sondern es wurde zum Schmuck und zur Anfertigung von Schmuckgegenständen, Waffen und Prunkgeräten benutzt. Besonders beliebt waren bei den Germanen, wie schon Tacitus hervorhebt, die Denare der römischen Republik mit gekerbtem Rande (*serrati*), von den Germanen „Sägen" (*saigae*) genannt, sowie die Denare mit dem Zweigespann (*bigati*), da sie wohl bemerkt haben mochten, daß diese Münzen von besserem Gehalt waren, als die späteren Kaiserdenare. Als Tauschmittel bedienten sich die Germanen in erster Linie des Vieh- oder Kuhgeldes. Die gesunde, sehende, gut gehörnte, überhaupt fehlerfreie Kuh von einem bestimmten Alter wurde gewissermaßen als Werteinheit betrachtet, nach welcher der Wert anderer Gegenstände berechnet wurde und aus der sich später der Schilling (s. d.) entwickelte. Weitere Tauschmittel waren Wollenzeuge, Leinwand, Waffen, Prunkgegenstände, Schmucksachen, namentlich Bein- und Armringe (s. Ringgeld). Im Osten Deutschlands wurde später wohl eingeschmolzenes und nach Bedarf zerteiltes Silber (s. Hacksilber) als eine Art Barrengeld benutzt, zur eigentlichen Münzprägung kam es jedoch erst unter Karl dem Großen. Die Regenbogenschüsselchen (s. d.), welche vorzugsweise im Süden Deutschlands gefunden werden, waren keine germanischen, sondern keltische Münzen.

Geschenkmünzen waren Abschläge von Taler-, Gulden- und Ortsstempeln, die man auf Schrötlingen von besonderer

Dicke fertigte und die daher das doppelte und dreifache Gewicht und einen entsprechend höheren Wert hatten als die gewöhnlichen Taler usw. Sie dienten den Münzherren zu Geschenken, denen man damit ein höheres Ansehen geben wollte. Dem gleichen Zweck dienten auch die Portugalöser (s. d.), die früher, namentlich in österreichischen Münzstätten gefertigten Goldabschläge von Talerstempeln, sowie die vier-, zehn- und selbst zwanzigfachen Dukaten. Vgl. auch Dickmünzen.

Geschichtstaler, bayrische, s. Taler.

Gestrahlter Rand nennt man die auf mittelalterlichen, namentlich brandenburgischen Hohlpfennigen häufig vorkommende strahlenartige Verzierung, von welcher das eigentliche Bild der Münze umgeben wird. Sie besteht aus kleinen Strichen, welche konzentrisch, mehr oder weniger dicht aneinandergestellt sind.

Geusenpfennig. Bekanntlich waren nach der Abdankung Karls V. die 17 niederländischen Provinzen an Spanien gefallen. Die Bestrebungen König Philipps II., die Privilegien dieser Provinzen zu beseitigen, die Bedrückungen der spanischen Besatzung, namentlich aber das grausame Vorgehen gegen die Protestanten und die Versuche zur Einführung der Inquisition veranlaßten den niederländischen Adel, sich zu einem Bunde (Kompromiß zu Breda) zusammenzuschließen, dem bald Tausende beitraten. Als im April 1566 mehrere hundert Edelleute in Brüssel einritten, um der Statthalterin Magarete von Parma zunächst eine bezügliche Bittschrift zu überreichen, und der Graf von Barlaimont dieselben bei dieser Gelegenheit verächtlich als einen „Haufen Bettler“ (*gueux*) bezeichnete, nahmen sie dieses Schimpfwort als Parteinamen an und nannten sich selbst Geusen. Man legte aus diesem Anlaß kleine Bettlerabzeichen an und prägte namentlich kleine ovale Medaillen, Geusenpfennige genannt, welche auf der Hauptseite noch den Kopf Philipps II. mit der Umschrift *en tout fidelles au roy*, auf der Rückseite zwei ineinander geschlungene Hände und den aus zwei Taschen gebildeten Bettelsack sowie die Umschrift *jusques à porter la besace* tragen. Der Name Geusen blieb dann während des folgenden langjährigen Unabhängigkeitskrieges der Niederlande Parteiname der Konföderierten.

Gewichtsmark, s. Mark.

Gigliato (spr. Dschiljato) heißt im Italienischen mit Lilien besät, geschmückt. Der Name wurde einer von den Königen von Neapel Carl II. von Anjou (1285—1309) und Robert (1309—1343) geprägten, 25 bis 27 cm im Durchmesser haltenden Silbermünze, auch Carlino genannt (s. d.), beigelegt, weil sie auf der Rückseite ein blumenverziertes Kreuz zeigt, in dessen vier Winkeln je eine Lilie angebracht ist. Die Umschrift lautet HONOR REGIS IUDICIU DILIGIT, ein Spruch, der später mit der Umänderung des REGIS in MAGISTRI auf die Münzen des Deutschen Ordens übergegangen ist. Auch die Florentiner Goldmünzen, die Fiorini d'oro (s. d.) mit dem Bilde der Lilie sollen in später Zeit Gigliati genannt worden sein.

Giulio, ital. (spr. Dschulio), Julius, auch Name einer päpstlichen groschenartigen Silbermünze, welche zuerst von Clemens V. (1305—1314) geschlagen und neben dem halben Grosso jahrhundertelang fortgeprägt wurde. Den Namen hat die Münze erst nach einem späteren Papst, jedenfalls Julius II. (1503—1513), erhalten.

Giustina ist der Name eines venezianischen silbernen Großstücks (Scudo) des 16. und 17. Jahrhunderts, auf welcher die heilige Justina stehend, mit dem Schwerte in der Brust und in der Rechten einen Palmenzweig haltend, dargestellt ist; im Hintergrunde Schiffe auf offener See; Umschrift: MEMOR·ERO·TVI. IVSTINA·VIRGO· und die Wertzahl 124 (Soldi). Die andere Seite zeigt den vor dem Marcuslöwen knienden Dogen und nennt in der Umschrift den Namen desselben. Die Münze, welche auch in Teilstücken ausgeprägt wurde, trägt das Bild der heiligen Justina, weil die Venezianer am Tage derselben im Jahre 1571 einen Sieg über die türkische Flotte erfochten hatten. Sie ist daher, wie Schmieder sagt und wie durch die erstgedachte Darstellung und Umschrift bestätigt wird, ein Siegestaler.

Glockentaler. Vom Herzog August von Braunschweig-Wolfenbüttel (jüngere Linie) wurde auf die im Jahre 1643 erfolgte Räumung Wolfenbüttels seitens der kaiserlichen Truppen, welche dasselbe lange Zeit besetzt hatten, eine Reihe von Talern (auch in halben und Viertelstücken) geschlagen, und zwar in 7 verschiedenen, auch in sich vielfach abweichenden Geprägen. Sämtliche Taler tragen aber bis auf einen, auf welchem nur der Klöppel dargestellt ist, als Symbol des Friedens das Bild einer Glocke und wurden hiernach Glockentaler genannt. Die sieben Gattungen der Glockentaler, welche nach eigenhändigen Entwürfen des Herzogs August hergestellt sein sollen, erklärt Schmieder mit den letzten sieben Tagen des Harrens, richtiger wohl mit dem langen Harren auf die Räumung Wolfenbüttels durch die Kaiserlichen, mit welcher der Wiener Hof trotz des unaufhörlichen Drängens des Herzogs aus Besorgnis, daß sich die Schweden der Stadt bemächtigen möchten, lange Zeit zögerte. Demgemäß tragen die ersten drei Glockentaler nur eine aufgehängte Glocke ohne Klöppel mit herabhängendem Läutestrang und mit verschiedenen auf das Warten bezüglichen Worten (Sic — Nisi — so könnte es [das Friedensgeläut] geschehen, wenn nicht der Klöppel fehlte oder die Kaiserlichen noch anwesend wären). Der vierte Glockentaler zeigt bloß einen Glockenklöppel, welcher die Aufschrift trägt

Apoc. 13. v. 10 (Hier ist Geduld und Glaube der Heiligen) und darunter das Wort Sed? (aber?) oder Hic-Sed, wodurch das immer ängstlicher werdende Warten auf Befreiung (der Klöppel ist nun da, aber die Kaiserlichen sind auch noch da) in naiver Weise angedeutet wird. Hoffnungsvoller sind die Bilder auf den fünften und sechsten, in sich wenig verschiedenen Talern, welche die Glocke bereits mit eingehängtem Klöppel und daneben das Wort Tandem (endlich!) zeigen. Der siebente Glockentaler meldet endlich die wirklich erfolgte Räumung Wolfenbüttels (13. September 1643), indem die über der Stadt hängende Glocke von drei Händen geläutet wird. Sie trägt die Inschrift NV(*ncius*) PAC(*is*) EX SO(*no*) EIVS. Die Umschrift lautet TANDEM • PATIENTIA • VICTRIX • ANO 1643.

Gloria, s. Heiligenschein.

Glückstaler. Schmieder führt in seinem Handwörterbuch der gesamten Münzkunde drei sogenannte Glückstaler an, einen braunschweigischen, einen mecklenburgischen und einen dänischen des Königs Christian IV., welche darin miteinander übereinstimmen, daß sie neben anderen Darstellungen sämtlich das Bild einer Fortuna zeigen. Von diesen Stücken sind die ersten beiden zweifellos nur Schaumünzen, während das dritte, wie die Aufschrift MONET · NO · CI · GLVCKSTADENSIS zeigt, ein Taler der Stadt Glückstadt ist. Die auf demselben dargestellte Fortuna ist das redende Wappen dieser Stadt.

Gnadenpfennige, s. Medaillen.

Gold, lat. *aurum,* griech. Chrysós (χρυσός), franz. *or,* ital. *oro,* engl. *gold,* ist wegen seines Wertes und seiner Schönheit das vornehmste und neben dem Silber das älteste Münzmetall. Es eignet sich auch ganz besonders dazu wegen seiner sonstigen Eigenschaften, nämlich wegen seiner großen Teilbarkeit und Unverwüstlichkeit. Schon die ältesten kleinasiatischen und persischen Münzen (s. Dariken) sind aus Gold hergestellt.

In der Bibel, im ersten Buche der Könige wird berichtet, daß Salomo im Verein mit dem König Hiram von Phönizien Schiffe nach Ophir sandte, welche große Mengen Gold von dort holten. Ophir ist also als das älteste Goldland anzusehen. Wo dasselbe zu suchen ist, war lange zweifelhaft. Neue Forschungen und Entdeckungen (Dr. C. Peters, Ophir das Goldland des Altertums) weisen indessen mit ziemlicher Sicherheit darauf hin, daß das Ophir der Alten in Ostafrika zwischen dem Zambesi und Sabi lag, wohin schon vor Jahrtausenden semitische Völkerstämme gedrungen waren. Unterstützt wird diese Annahme dadurch, daß in dem gedachten Gebiet neuerdings mächtige Ruinen gefunden worden sind, die auf eine uralte Kultur und die regelrechte Anlage von Minen hinweisen, ferner durch den Umstand, daß die Entstehung des Namens Afrika auf Ophir zurückzuführen sein wird. Denn *Fur, Fura,* arabisch *Afur,* bedeutet bei den Eingebornen noch heut ein Loch, eine Mine, das hieraus entstandene Wort *Aphir* oder *Ophir* bedeutete demnach soviel wie Minenland und ist als die Wurzel des später dem ganzen Erdteil beigelegten Namens Afrika anzusehen. Auch jetzt ist das südlich von dem ehemaligen Ophir gelegene Transvaal ein wichtiges Goldland. Außerdem produzieren Amerika, Australien und Rußland (das Uralgebiet) das meiste Gold. Dasselbe kommt zwar bisweilen gediegen vor, wird aber sonst in verschiedenen Formen gewonnen: in Bergwerken vermischt mit anderen Metallen, aus in Quarz oder anderes Gestein eingesprengten, Gold führenden Adern und in Körnern, welche sich im Sande der Flüsse finden.

Die alten Griechen bezogen ihr Gold aus den Minen von Tmolus und Sipylos sowie aus dem Sande der Flüsse, ferner aus Thrakien und zum Teil auch vom Ural, die Römer aus dem Gebiete der Taurisker und den Bergwerken von Moesien sowie aus den verschiedensten Teilen ihres weiten Weltreichs. Im übrigen wurden im Altertum die Goldmünzen, abgesehen von den Elektronmünzen (vgl. Dariken und den ältern römischen Aureus) aus möglichst reinem Golde hergestellt. Auch im Mittelalter war dies bei den älteren Florenen und bei den Dukaten der Fall. Im Laufe der Jahrhunderte verschlechterte sich jedoch in allen Staaten, wie die Geschichte des Münzwesens derselben lehrt, der Feingehalt — ausgenommen bei den Dukaten, die ihn bis in die neueste Zeit bewahrt haben — teils aus Gewinnsucht der Münzherren, teils aus anderen Gründen. Heutigen Tages, wo das Münzwesen in allen kultivierten Staaten gesetzlich geregelt ist, besteht zwar die Gewähr, daß die von denselben geprägten Goldmünzen die vorgeschriebene Menge Feingold wirklich enthalten, doch wird ihnen, um die Härte der Münzen zu erhöhen und sie vor Abnutzung zu schützen, ein bestimmter Zusatz von Silber oder Kupfer gegeben.

Goldene Bulle heißt das erste deutsche Reichsgrundgesetz, welches im Jahre 1355 auf dem Reichstage zu Nürnberg beraten und am 10. Januar 1356 daselbst feierlich verkündet wurde. Sie zerfällt in 23 Kapitel, welchen in demselben Jahre auf dem Reichstage zu Metz noch 3 Kapitel hinzugefügt wurden. Das Gesetz wurde in mehreren Exemplaren für die Kurfürsten und Stände des Reichs in lateinischer Sprache ausgefertigt und mit angehängtem, in einer goldenen Kapsel verschlossenem Siegel versehen, woher es den Namen goldene Bulle erhalten hat. Es enthält im wesentlichen Vorschriften über die Wahl des römischen Königs und über die Vorrechte der Kurfürsten, sowie einige Bestimmungen, welche sich auf den Landfrieden beziehen.

Für die Geschichte des deutschen Münzwesens im Mittelalter ist die goldene Bulle insofern von Wichtigkeit, als sie unter den den Kurfürsten zustehenden Regalien auch das Münzrecht behandelt. Die bezüglichen Bestimmungen lauten in deutscher Übersetzung nach einer Wittenberger Ausgabe des Gesetzes vom Jahre 1671, wie folgt.

„Von der Müntz.

Tit. 10.

Wir setzen auch ferner / daß ein König zu Böhem / unser Nachkommen / der zu den Zeiten seyn wird / wie von Altershero den Königen in Böhem unsern Vorfahren geziemet / Macht haben / und in ruhigem friedsamen Besitz nach beschriebenes Rechtens seyn sol / Güldene und Silberne Müntz / an allen Orten und Enden seines Königreichs / und deren darzu gehörigen Landschafften eigenes Willens und Gefallens zu schlagen / in aller Weiß / Maß / und Gestalt es im Königreich Böhem bis dahero gehalten worden. Vnd daß die zukünfftige Könige in Böhem vermög dieser unser Käyserlichen Ordnung / Gnad / und Befreyung / so zu ewigen Zeiten kräfftig sein und bleiben soll / von ieglichen Fürsten / Graffen / Herrn / und anderen Personen / Land / Burgfest / Besitzung und Güter erkauffen / oder aber zu einer Gab und Geschenck / aus erheblichen Vrsachen / oder wegen Pflicht und Verbündnüß annehmen und empfangen mögen / Jedoch nach Gewonheit solcher Land / Burgfest / und Besitzung / also daß die frey eigene Güter / als frey eigen / und die Lehen als Lehen zu erkauffen und an sich zu bringen: auch die Könige in Böhem von solchen Gütern / so sie überkommen / und zum Königreich Böhem ziehen / die vorige und gewöhnliche Rechtspflicht dem Heiligen Reich zu leisten verbunden seyn.

Wir wollen auch daneben / daß gegenwärtige Ordnung und Begnadigung / Krafft unsers Käyserlichen Rechtens / auf alle Churfürsten / sie seyen Geistlich oder Weltlich / so wol deren Nachfolgere / und rechte eheliche Erben / in voriger Maß / Weiß / und Ziel / erstreckt und gezogen werden sol.“

Daß in diese Bestimmungen über das Münzrecht auch Bestimmungen über den Erwerb von Grundstücken eingestreut sind, lag in dem Charakter der Zeit, welche eine durchweg logische und juristische Gliederung der verschiedenen Gesetzesstoffe noch nicht kannte. Auch berührt es eigentümlich, daß die Bestimmungen in erster Linie als für das Königreich Böhmen, also für die Erblande des Kaisers, getroffen hingestellt sind und dann erst in einem kurzen Satze auch auf die übrigen Kurfürsten ausgedehnt werden. Es erklärt sich dies daraus, daß Kaiser Karl IV., unter dem die goldene Bulle erlassen wurde, König von Böhmen war, daß Böhmen als die erste Kur galt und daß der Kaiser, obgleich die übrigen Kurfürsten bei den vorangegangenen Verhandlungen ihre Rechte wohl zu wahren verstanden, das Bestreben hatte, in erster Linie seine eigene Macht zu befestigen und zu vergrößern.

Goldgewicht, s. Mark, Karat, Feingehalt.

Goldmark, deutsche. Dieselbe ist eine ideale Münze, nämlich der 1395. Teil des Goldpfundes, und gelangt aus naheliegenden Gründen nicht zur Ausprägung. An ihre Stelle ist das silberne Markstück getreten, welches im deutschen Münzsystem zwar die Münzeinheit bildet, dessen wirklicher Wert aber hinter dem Werte eines in Gold hergestellten Markstücks erheblich zurückbleiben würde. Da nun Deutschland die Goldwährung besitzt, legt man bei der Vergleichung fremder Münzwerte mit deutschen Münzwerten letzteren die Goldmark zum Grunde, d. h. man setzt die Mark zu dem Werte an, den der 1395. Teil des Goldpfundes besitzt. S. auch Münzgesetzgebung des Deutschen Reiches.

Goldtaler, frühere bremische Rechnungsmünze. Sie war der 420. Teil eines Pfundes Feingold, entsprach also dem Werte von M. 3,33. Auf den Goldtaler wurden 72 Groten zu 5 Schwaren gerechnet. Im Jahre 1871 wurden nach obigem Fuße Siegestaler von der freien Stadt Bremen in Silber ausgeprägt.

Gotische Münzen. Dieselben sind zu trennen in die Münzen der Ostgoten und der Westgoten. Erstere fielen unter Theoderich dem Großen in Italien ein und gründeten dort 493 n. Chr. das Ostgotenreich, welches bis 553 Bestand hatte. Während ihrer Herrschaft in Italien prägten die ostgotischen Könige zahlreiche kleine Silber- und Kupfermünzen, welche anfänglich noch den Kopf und den Namen des oströmischen Kaisers sowie auf der Rückseite das Monogramm des Königs, später aber auf der Vorderseite das Bild und den Namen des Königs und auf der Rückseite verschiedene Darstellungen zeigen. Auch gestatteten die Ostgotenkönige der Stadt Rom, selbständig Kupfermünzen zu prägen, welche auf der Vorderseite den behelmten Kopf der Roma mit der Umschrift INVICTA ROMA tragen. Die Westgoten prägten während ihrer Herrschaft in Spanien von 507 bis 711, in welchem Jahre sie in der Schlacht bei Xeres de la Frontera den Arabern unterlagen, anfänglich nach den von ihnen vorgefundenen römischen Vorbildern, später selbständig ebenfalls zahlreiche Münzen in Gold und Silber, welche das Brustbild und den Namen des Königs sowie den Namen der Prägestätte tragen.

Gotischer Stil auf Münzen. Der gotische Stil kam zuerst (Mitte des 12. Jahrhunderts) in Frankreich auf und verbreitete sich von dort über Spanien, England, die Niederlande, Deutschland und andere Länder. In Deutschland hatte er seine

Blütezeit im 13. und 14. Jahrhundert, während das 15. Jahrhundert, mit dessen Ablauf der Renaissancestil an seine Stelle trat, einen Niedergang zeigt. Die Gotik beherrschte s. Z. nicht nur die Baukunst, sondern auch die Malerei und Bildnerei, sowie die Kleinkunst und das Kunstgewerbe. Demgemäß zeigen auch die Münzen als Gegenstände der kleinen Plastik zur Zeit der Gotik in ihrem Gepräge häufig gotischen Charakter. Dies gilt namentlich von den auf den schönen Goldmünzen der französischen Könige des 13. Jahrhunderts und den schönen mitteldeutschen Brakteaten aus der zweiten Hälfte des 12. Jahrhunderts dargestellten Gebäuden, Portalen, Thronsesseln und Verzierungen. Wegen der gotischen Schriftzeichen s. Schrift auf Münzen.

Grän, das, von *granum* das Getreidekorn, franz. *grain.* ital. *grano,* beim Gold-, Silber- und Juwelenhandel früher gebräuchliches kleines Gewicht, auch Münzgewicht. S. Karat und Mark.

Graf, althochd. *krâvio,* mittelhochd. *grâve,* lat. *comes,* war ursprünglich Titel eines Hausgenossen und Hofbeamten der fränkischen Könige. Unter den Karolingern waren die Grafen Beamte des Königs, welchen die Aufsicht über einen Gau: die Ausübung der militärischen Gewalt, die Erhebung der königlichen Einkünfte, die Handhabung der Polizei, der Gerichtsbarkeit usw. oblag, daher Gaugrafen genannt. Mit der Entwicklung des deutschen Lehnswesens wurden die Grafen Lehnsherren. Man unterschied zwischen Burggraf (mittelhochd. *burcgrâve,* lat. *burggravius*), welcher die gräflichen Rechte an einem befestigten Orte und in dessen Umgebung ausübte, Landgraf (*landgravius*), dessen Gewalt sich über ein größeres Landgebiet erstreckte, Pfalzgraf (*comes palatii* oder *comes palatinus*), ursprünglich Titel eines Grafen, welcher die Aufsicht über eine königliche Pfalz führte und Markgraf (*marchio*), welcher einen an der Grenze des Reichs gelegenen Landstrich, eine Mark, zu schützen hatte und an Ansehen und Bedeutung vor den übrigen Grafen hervorragte. Mit dem Aufhören der Lehnsverfassung wurden die Grafen selbständige Territorialherren.

Greif, der, franz. griffon, ein aus der asiatischen in die griechische Mythologie und aus dieser in den mittelalterlichen Aberglauben sowie in die Heraldik übergegangenes Fabeltier. Dasselbe erscheint im Altertum auf kyzikenischen Stateren und auf Münzen von Abdera, im Mittelalter auf zahlreichen norddeutschen und anderen Münzen sowie in den Wappen vieler Fürsten, Herren und Städte. Der Greif wird dargestellt mit dem Leibe und dem Schwanze eines Löwen, sowie mit Flügeln und Kopf und Krallen eines Vogels.

Graloßken waren ungarische Silbermünzen des 16. Jahrhunderts, welche auf einer Seite das fünffeldige ungarische Wappen, auf der anderen Seite die Jungfrau Maria, sitzend, mit dem Christuskinde im Arm, zeigen. Nach Adam Bergs Münzbuch gingen 100 Graloßken, welche auch in Halbstücken ausgeprägt wurden, auf den Taler.

Graumannscher Münzfuß, s. Mark.

Grenetis, franz., s. Perlenrand auf Münzen.

Griechische Münzen. Unter dieser Bezeichnung faßt man alle nichtrömischen Münzen des Altertums zusammen; es gehören also zu den griechischen Münzen nicht bloß die Münzen des eigentlichen Griechenlands und der griechischen Inseln und Kolonien, sondern auch die Münzen der macedonischen Könige und der Diadochen wie überhaupt aller Länder und Städte, in denen griechische Kultur herrschte. Auch werden die Münzen der Perser und Juden sowie anderer semitischer Völker zu den griechischen Münzen gerechnet. Die griechische Münzkunst entwickelte sich schnell zu hoher Blüte, und ihre Erzeugnisse gehören zu den schönsten Denkmälern des klassischen Altertums. Weiteres s. unter Älteste Münzen, Großgriechenland, Drachme usw.

Griechische Münzfüße. Im alten Griechenland und in seinen Kolonien gab es verschiedene Münzfüße, welche teils einander folgten, teils nebeneinander bestanden und deren genaue Kenntnis eingehende metrologische Studien erfordert. Die Währung war allgemein die Silberwährung, die herrschende Münzeinheit die Drachme (s. d.), welche sich aus dem kleinasiatischen Silberstater entwickelte und der Hälfte desselben entsprach. Die ältesten griechischen Münzfüße waren der äginetische und der aus dem euböischen Münzfuß hervorgegangene attische Münzfuß, weiter der von Solon eingeführte neuere attische und der korinthische. Später (zur Römerzeit) folgten in Kleinasien der Cistophorenfuß (s. d.) und in Ägypten der ptolemäische Fuß. Außerdem bestand in einem Teile der griechischen Kolonien auf Sizilien, woselbst sonst der attische Münzfuß vorherrschte, eine ganz besondere Rechnung. Es war dies die an die italische Kupferprägung, welche das Pfund (*libra*, λίτρα) zur Einheit hatte, sich anlehnende Rechnung nach der Litra, einer kleinen Silbermünze, welche dem fünften Teile der Drachme entsprach.

Griechische Zahlzeichen, in welchen namentlich die Regierungsjahre der Könige und Wertzahlen auf Münzen angegeben wurden, waren

Α	Β	Γ	Δ	Ε(Є)	Ϛ	Ζ	Η	Θ	Ι	Κ
1	2	3	4	5	6	7	8	9	10	20

Λ	Μ	Ν	u. s. f.
30	40	50	

Griffon, s. Greif und Escalin.

Groat, englische Silbermünze, welche zuerst unter Edward III. (1326—1377) in größerem Umfange den deutschen Groschen nachgeprägt wurde und von diesen auch den Namen erhalten hat. Der Groat, welcher auch in Halbstücken ausgebracht wurde, zerfiel in 4 Pennies oder Sterlinge (s. diese Wörter). Nach Einführung der Schillingprägung, welche unter Heinrich VII. (1485 bis 1509) stattfand, kam für den Groat die Bezeichnung Vierpenniestück (Vierpence) allmählich in Gebrauch.

Gröschel, Greschel, Deminutivum von Groschen, ist der Name, welcher zuerst von schlesischen Herzögen im 16. und 17. Jahrhundert geprägten kleinen Groschen oder Groschenteilen sowie den für Schlesien geprägten österreichischen Viertelkaisergroschen beigelegt wurde. Auch von den Königen Friedrich II., Friedrich Wilhelm II. und Friedrich Wilhelm III. von Preußen wurden für Schlesien in ziemlich großem Umfange Gröschel = $\frac{1}{4}$ des früheren Kaisergroschens (s. d.) sowie Doppelgröschel mit der Aufschrift 1 bzw. 2 Gröschel oder Greschel geprägt. Letztere tragen das Brustbild des Königs, während auf den einfachen Gröscheln sich nur die Namenschiffre desselben befindet.

Größe der Münzen. Dieselbe ist, wie die Form der Münzen (s. d.) von jeher eine sehr verschiedene gewesen und richtet sich naturgemäß nach dem Werte, welcher ihnen beigelegt wird, sowie nach dem Metall, aus welchem sie hergestellt sind. Die größten Münzen des Altertums von Bronze waren unstreitig die altitalischen Erzmünzen (s. aes grave), von welchen der As einen Durchmesser bis zu 73 mm hatte, sowie die Großbronzen der Ptolemäer (s. d.), ferner in Silber die griechischen Zehn- und Zwölfdrachmenstücke (33 bis 38 mm), während von Goldmünzen größeren Umfangs (bis 30 mm) nur wenige von den Königen von Syrien und Ägypten sowie von Tyrus und Karthago bekannt sind und ein Zwanzigstaterenstück des baktrischen Königs Eukratides mit 58 mm Durchmesser als größtes Goldstück des Altertums vereinzelt dasteht. Die römischen Medaillons in Silber und Gold (s. d.) erreichten ebenfalls einen über die gewöhnliche Größe der Kurrentmünzen erheblich hinausgehenden Umfang. Die kleinste Münze des Altertums war der Viertelobolos oder das Tetartemorion (s. d.) = $\frac{1}{24}$ Drachme, welches, wie die noch zahlreich erhaltenen Viertelobole von Tarent mit dem Bilde der Muschel zeigen, nur einen Durchmesser von 3,5 mm hatte.

Während des Mittelalters waren im allgemeinen nur kleine Münzen im Gebrauch. Eine Ausnahme machen die dünnen Brakteaten (s. d.), die zum Teil von größerem Umfange sind und, wie z. B. die Erfurter Brakteaten des Erzbischofs Heinrich I. von Mainz, einen Durchmesser bis zu 46 mm haben. Die neuere Zeit bringt mit Beginn der Talerprägung wieder die größten Unterschiede in dem Umfange nebeneinander bestehender Münzsorten, z. B. Vielfache des Talers von ganz erheblicher Größe, (wie die Juliuslöser [s. d.], welche bis zu 10 und selbst 16 Talern ausgebracht wurden), denen Silberpfennige von winziger Größe gegenüberstehen, ferner Zehndukatenstücke, die sogenannten Portugalöser (s. d.) und die Nürnberger Zweiunddreißigstel- oder Linsendukaten (s. d.), welche nur den Durchmesser einer Linse haben. Ungewöhnlich große Goldstücke wurden im 16. bzw. 17. und 18. Jahrhundert vereinzelt auch in Spanien (50 Realen), Siebenbürgen (100 Dukaten) und Venedig (100 Zechinen) geschlagen. Die größten Goldstücke der neuesten Zeit sind die Eagles (s. d.) der Vereinigten Staaten von Nordamerika im Werte von 10 Dollar, sowie die doppelten und die fünffachen Eagles, die kleinsten die nordamerikanischen Golddollars.

Gros blanc, s. Blanc.

Groschen. Die Entstehung dieser Münze ist darauf zurückzuführen, daß die während des größten Teils des Mittelalters gangbaren Denare oder Pfennige, Heller usw., namentlich da sie infolge der Gewinnsucht der Münzherren immer kleiner und schlechter ausgebracht wurden, einen zu geringen Wert darstellten, um dem steigenden Verkehrsbedürfnis zu genügen. Dazu kam, daß man in einem großen Teil Deutschlands, sowie in Böhmen, Ungarn, Skandinavien dazu übergegangen war, die Denare oder Pfennige mit einseitigem Gepräge aus ganz dünnem Silberblech — die sogenannten Brakteaten — herzustellen, eine Form, die sich wegen ihrer Unzweckmäßigkeit für das praktische Leben nicht lange halten konnte. Man kam daher darauf, eine größere und brauchbarere Silbermünze herzustellen, welche den Schilling des karolingischen Münzsystems, d. i. den Wert von 12 Denaren oder Pfennigen repräsentierte, und zwar war im Westen Europas Frankreich das erste Land, in welchem im 13. Jahrhundert eine solche Münze geschlagen wurde, nämlich der *(denarius) grossus,* nach der Prägestätte Tours auch *grossus turonensis, gros tournois* und am Rhein, wo diese Münze bald nachgeprägt wurde, Turnosgroschen, später Turnose genannt. Bald darauf folgte König Wenzel II. von Böhmen (1278 bis 1305) diesem Beispiel. Er ließ geschickte Stempelschneider aus Italien nach Prag kommen und eine bisher dort unbekannte Gattung Silbermünzen prägen, deren 60 auf die Mark fein gingen. Sie erhielten ebenso wie die vorgedachten Turnosen im Gegensatz zu den zuletzt in Böhmen gangbar gewesenen dünnen Brakteaten den Namen *numi grossi* (Dickmünzen) und wurden dann nach der Prägestätte, aus welcher sie hervorgegangen waren, *grossi pragenses* genannt, woraus später, unter Weglassung des den Ursprungsort bezeichnenden Wortes, das tschechische *grosz, groszi* und der Name Groschen, niederdeutsch Grote, entstanden. Die Prager Groschen trugen auf der Hauptseite eine Krone mit der zweizeiligen Umschrift WENCEZLAVS SECVNDVS DEI : GRA-

TIA : REX : BOEMIE, auf der Rückseite den böhmischen Löwen und um ihn die Aufschrift GROSSI : PRAGENSES. Sie wurden rasch sehr beliebt und mit entsprechend abgeänderten Typen in den Nachbarländern, zuerst in Sachsen, später, mit Ausnahme der Küstengebiete an der Nord- und Ostsee, wo der Schilling aufkam, in ganz Deutschland, dann auch in Preußen und Polen nachgeprägt. In Schlesien wurden die Groschen vom Volk nach ihrem Ursprungsland Böhmen genannt, eine Bezeichnung, die dem an seine Stelle getretenen 10-Pfennigstück bis in unsere Zeit geblieben ist. Als Teile der Groschen kursierten in Süddeutschland vorzugsweise Kreuzer, in Norddeutschland Hohlpfennige, welche nach Art der früher gangbar gewesenen Brakteaten, aber kleiner als diese hergestellt wurden, sowie ein- und zweiseitig geprägte Pfennige, von welchen in der Regel 12, bisweilen aber auch 8 oder 16 Stück auf den Groschen gerechnet wurden. Die ersten Prager Groschen, deren, wie bereits erwähnt, 60 auf die feine Mark gingen, waren ebenso wie die späteren Taler von 15-lötigem Silber. Im Laufe der Zeit verringerte sich indessen der Gehalt der Groschen um ein Beträchtliches. In Ost- und Westpreußen sank der Wert der schließlich nur in Kupfer geprägten Groschen bis auf 4 Pfennige und in Polen sogar auf 2 Pfennige.

Gleichzeitig mit der Einführung der Groschen bürgerte sich die Rechnung nach Schock Groschen ein, wobei man jedoch mit Rücksicht auf die Verschiedenheit ihres Gehalts die Gattung, z. B. böhmische, meißnische, brandenburgische Groschen usw., wohl unterschied. Weiteres über diese Rechnungsweise s. unter Schock Groschen. Auch gab man den Groschen außer nach dem Münzherrn oft nach der Münzstätte, dem Gepräge, dem Gehalt, der Größe usw. verschiedene zusätzliche Bezeichnungen. Die Aufschrift der Groschen war, wie bei allen Münzen des Mittelalters, lateinisch, die Schrift bis zum Beginn der Neuzeit gotisch (Mönchsschrift).

Gleichwie später der Taler, so verbreitete sich auch der Groschen bald in außerdeutschen Ländern. So begegnen wir ihm oder wenigstens Münzen, deren Name auf denselben Wortstamm zurückzuführen ist, in England als *groat*, in Frankreich als *gros*, in Italien als *grosso*, in Rußland als *grusch*, in Polen als *grosz*. Diese Erscheinung sowie der Umstand, daß Deutschland auf dem Gebiete des Münzwesens in den letzten Jahrhunderten des Mittelalters und im 16. Jahrhundert unter den anderen europäischen Staaten eine führende Stellung einnahm, erklärt sich daraus, daß Deutschland schon zu jener Zeit wegen seiner zentralen Lage und infolge des Unternehmungsgeistes seiner Kaufleute einen weit ausgebreiteten Handel hatte. Man denke nur an den mächtigen Hansabund, welcher selbst in England, Italien, Rußland Handelsniederlassungen besaß und an das großartige Handelshaus der Augsburger Fugger.

Grossetto, Deminutivum von Grosso, also so viel wie kleiner Groschen, welcher um die Wende des 14. Jahrhunderts in Venedig an die Stelle des bisher geprägten Matapans (s. d.), eines größeren, dicken Groschens trat.

Grosso, italienische Silbermünze, deren Name, gleich demjenigen des deutschen Groschens vom lateinischen *grossus* (dick) abgeleitet ist. Der Grosso, welcher einen etwas höheren Wert hatte, als der Denar, war im 13., 14. und 15. Jahrhundert in Ober- und Mittelitalien sehr verbreitet. Auch der venezianische Matapan (s. d.) war nichts anderes als ein Groschen oder Grosso und führte nur wegen seines charakteristischen Gepräges einen besonderen Namen. Teilstücke des Grosso waren der Mezzanino (s. d.), der Sesino und der Quattrino, welche letzteren beiden Münzen teils in Billon, teils in Bronze ausgeprägt wurden.

Großgriechenland, Graecia magna, bei den Römern gebräuchliche Bezeichnung Unteritaliens, soweit die betreffenden Städte von den Griechen gegründet waren. Dieselben führten in ihren Kolonien mit der griechischen Kunst und Kultur auch die griechische Münzprägung ein, welche, wie die Münzen von Tarent, Kroton, Kaulonia, Herakläa, Lokri, Rhegium und anderen Pflanzstädten zeigen, sich zu hoher Blüte entwickelte. Im Jahre 275 kam durch die Schlacht bei Benevent und die Eroberung von Tarent ganz Unteritalien unter die Herrschaft der Römer. Es blieb unter derselben bzw. unter der Herrschaft des oströmischen Reichs bis zur Gründung des Ostgotenreichs in Italien, welches von 493 bis 553 n. Chr. bestand. Während dieser Zeit prägten die Ostgotenkönige zahlreiche Silber- und Kupfermünzen, welche neben ihrem Namen oder Monogramm auch das Bild des oströmischen Kaisers zeigen, da sie die Oberhoheit desselben anerkannten. Nach der Zerstörung des Ostgotenreichs fiel zwar ganz Italien wieder an das oströmische Reich zurück, doch nur für kurze Zeit, da im Jahre 568 die Longobarden in Italien eindrangen und allmählich fast die ganze Halbinsel eroberten. Von denselben, namentlich von den Herzögen von Benevent wurden ebenfalls Münzen, vorzugsweise in Gold und Silber, weniger in Kupfer geschlagen. Mit dem Aufhören der Longobardenherrschaft in Italien verflicht sich die Geschichte Unteritaliens mit derjenigen Siziliens (s. Sizilische Münzen.)

Grosz, Mehrzahl *groszy*, abgeleitet von Grossus, Groschen, Name des früheren polnischen Groschens, ursprünglich von Silber, später von Kupfer.

Grot, Grote, Mehrzahl Groten, niederdeutsche Benennung des Groschens (s. d.)

Gülden Lamm's oder *Goude lammen* hießen Goldmünzen, welche im 14. Jahrhundert in den Niederlanden nach dem Muster der französischen Agnels (s. d.)

von mehreren Herren, namentlich den Herzögen von Brabant, sowie von den Grafen von Holland geschlagen wurden.

Guineadukaten werden Goldmünzen genannt, welche Friedrich Wilhelm von Brandenburg, der Große Kurfürst, in den Jahren 1682 bis 1687 prägen ließ, als er den Versuch machte, in Guinea Kolonien zu gründen. Sie zeigen auf der Hauptseite das Bild des Großen Kurfürsten, auf der Rückseite ein Schiff mit vollen Segeln und der Aufschrift DEO-DVCE. Auch in Dänemark wurden im 17. Jahrhundert für den überseeischen Handel ähnliche Goldmünzeu geschlagen.

Guinee, Guinea, frühere englische Goldmünze im Werte von M. 21,45, die zuerst im Jahre 1662 aus Gold von der Küste Guinea geprägt worden ist und davon ihren Namen erhalten hat.

Gulden s. Floren.

Guldengroschen, Guldentaler, s. Taler.

Guldiner, s. Taler.

Gußkönige, s. Barren.

H.

Hacksilber. Im Osten Deutschlands und in den angrenzenden Slavenländern, wo im 10. und 11. Jahrhuudert noch kein gemünztes Geld im Umlauf war, galt ungemünzte Silber als Tauschmittel. Man schmolz zu diesem Zwecke das vorhandene Silber, welches meist von Schmucksachen und von durch Händler in das Land gebrachten fremden Münzen verschiedensten Ursprungs herrührte, ein und goß das flüssige Silber in flache Kuchen oder Stangen, welche dann, wie die Funde lehren, in rohester Weise nach Bedarf in größere und kleinere Stücke zerhackt wurden. Bei diesem Hacksilber werden oft auch zerhackte Münzen und ganze Münzen mit unversehrtem Gepräge vorgefunden, die lediglich als noch nicht zu Hacksilber verarbeitetes Metall anzusehen sind und nicht als Geld, sondern als unverarbeitetes Metall eingeschätzt wurden. So wurde im Jahre 1901 auf der Feldmark des Ritterguts Alexanderhof bei Prenzlau in der Uckermark ein von E. Bahrfeld im Jahrgang 24 und 25 der Berliner Münzblätter beschriebener Hacksilberfund gemacht, welcher aus 308 g rohen Gußplattenstücken, 361 g gehackten Stücken, 690 g Schmucksachen und 1490 g teils ganzen, teils halben, teils zerbrochenen Münzen verschiedenster Herkunft bestand. Unter letzteren befanden sich arabische, byzantinische, italienische, englische, dänische und zahlreiche deutsche Münzen verschiedenster Prägung, sämtlich aus dem 10. und Anfang des 11. Jahrhunderts herrührend.

Hälbling, Helbling, mittelhochdeutsch *helbeling*, *helbling*, *helberling*, war, ebenso wie Pfennig der deutsche Name für den denarius war, die deutsche Benennung des obolus, der Hälfte desselben: *helbling obulus, dicitur dimidius denarius.* Er wurde in den ersten Jahrhunderten nach Einführung der karolingischen Münzordnung (s. d.) nur verhältnismäßig selten ausgeprägt. Später tritt er in Süd- und Mitteldeutschland sowie in Österreich als Heller, in Norddeutschland als Scherf häufig auf (s. diese Wörter).

Händelheller sind mittelalterliche, dünne Silbermünzen, welche um das Jahr 1300 zuerst in Schwäbisch Hall geprägt wurden. Sie sind aufschriftlos und tragen auf der einen Seite ein Kreuz, auf der anderen das angebliche Bild einer Hand, von welchem sie auch den Namen erhielten. Für die Richtigkeit dieser Ableitung spricht allerdings der Umstand, daß es in einem Münzgesetz des Königs Wenzel vom Jahre 1385 heißt: ... *setzen ... wir, daz in den vier steten Auchsbürg, Nüremberg, Ulm und Halle haller geslagen werden mit Kreutzen und henden, und niendert anderswo.* Auch kommt auf sonstigen Münzen des Mittelalters das Bild der Hand nicht selten vor. Sie ist dann als die Hand Gottes oder als die segnende Hand zu deuten, während die den Bischofstab oder andere geistliche Abzeichen haltende Hand als pars pro toto aufzufassen ist (vgl. das Wort Hand). Immerhin gibt die Ableitung des Namens Händelheller von dem der Münze aufgeprägten Bilde einer Hand zu Bedenken Anlaß. Einerseits war seit dem Entstehen der Händelheller bis zum Erlaß des Gesetzes König Wenzels bereits eine lange Reihe von Jahren verflossen, so daß die ursprüngliche Bedeutung des Münzbildes in Vergessenheit geraten sein konnte: andererseits kommt in Betracht, daß die Händelheller durchweg städtische Prägungen sind. Dabei spricht hauptsächlich folgendes für die Deutung daß das gedachte Münzbild einen Handschuh darstellen soll. Derselbe hatte im Mittelalter oft eine symbolische Bedeutung. Bekannt ist der Brauch, den Handschuh als Aufforderung zum Kampf hinzuwerfen sowie die symbolische Bedeutung des Fehdehandschuhs. Im weiteren galt die Übergabe des Handschuhs als Pfand für die Erfüllung von Pflichten, nicht minder aber auch als Zeichen einer gestatteten und angenommenen Vergünstigung, dessen sich auch der Kaiser bzw. König in gewissen Fällen bediente. Insbesondere heißt es im Sachsenspiegel (älteste Leipziger Handschrift, herausgegeben von Weiske, II. 26. 4.) ausdrücklich: *Nieman en mûz cheinen markt noch munze erheben* (aufrichten) *âne des richtêres willen, in des gerichte ez ligt. Ouch sal der kung sînen hantschû durch recht dar zû senden* (zu der Stätte, wo man münzt) *zû bewîsene, daz ez sîn wille sie.* Man wird daher nicht fehlgreifen, wenn man das mehrgedachte Bild als Handschuh auffaßt, welchen die betreffenden Städte auf den Münzen zum Zeichen dessen anbrachten, daß sie mit dem Recht, solche zu prägen, vom König beliehen worden waren. In der Folge wurden nämlich außer in Schwäbisch Hall auch in anderen Orten Schwabens sowie in Franken und Bayern, namentlich aber in Frankfurt a. Main Heller mit dem Bilde des Handschuhs geprägt. Zur Unterscheidung der Prägestätte setzte man dann auf oder neben den Handschuh ein besonderes Merkmal, meist den Anfangsbuchstaben des Prägeorts, so auf Heller von Dillingen ein D, von Öttingen ein O, von Frankfurt ein F. Auch gibt es Händelheller mit ausgeschriebenem Stadtnamen. (S. auch Heller).

Hahnreimünzen. Einen Hahnrei (hochdeutsches Wort) nennt man denjenigen, dessen Ehefrau ungetreu ist. Im 16. Jahrhundert bezeichnete man das innige Verbundensein innerhalb einer Genossenschaft unter dem Bilde eines Tanzes oder Reigens. (Auch verstand man unter Reigen, entstanden aus dem mittelhochdeutschen *reie*, einen feierlichen Zug — daher die Totenreigen oder Totentänze). Hahnreie, Hahnreiher ist daher nach Grimm der Mann, der einen Reigen der Hähne mitmacht, in die Genossenschaft der Hähne gehört. Der Hahn, als geiler Vogel, ist zwar zunächst Vorbild für einen unzüchtigen Menschen, aber wie der Kuckuck, der in andere Nester seine Eier legt, in Verwirrung des eigentlichen Begriffes auch das Bild abgibt für einen Menschen, dem eine eheliche Unbill widerfährt, muß auch der Hahn hier im gleichen Sinne genommen werden. Hierauf ist auch die sprichwörtliche Redensart: in eines anderen Hahns Nest seine Eier legen, zurückzuführen.

Der Spott, welchem die Entstehung vieler Schaumünzen zu verdanken ist, bemächtigte sich ebenfalls des Hahnrei, und man nennt daher Schaumünzen, auf welchen letzterer lächerlich gemacht ist, Hahnreimünzen. Die Darstellungen auf denselben sind sehr verschiedenartig, zum Teil obscön. Als Beispiel sei auf eine in dem an Medaillen fruchtbaren Nürnberg hervorgegangene Hahnreimünze hingewiesen, welche Schmieder, wohl weil sie in Silber und im Gewichte eines Guldens hergestellt war, in seinem Handwörterbuch der gesamten Münzkunde als Hahnreigulden bezeichnet. Dieselbe zeigt auf der Vorderseite eine mit einem Hirschgeweih gezierte Lade und die Aufschriften: Um manchen ist es ewig schade, daß er kommt in die Hahnreilade und die Lade führt die größte Zunft auf Erden; auf der Rückseite ist ein auf einem Hahn reitender Mann mit Hörnern auf dem Kopfe nebst vielen kleinen Hahnreitern dargestellt mit dem Schlußreim: Und wer noch keiner ist, der kann noch einer werden. Der Hörnerträger ist die alte spottende Bezeichnung des betrogenen Ehemanns, des Hahnrei, während der Umstand, daß man ihn auf einen Hahn gesetzt hat, auf die unrichtige Ableitung jenes Wortes von Hahnreiter schließen läßt.

Die einzige Hahnrei-Kurrentmünze dürfte ein Speciestaler sein, welchen ein in dänischen Diensten stehender Graf von Solms als Kommandant der von dem Herzog Friedrich Ulrich von Braunschweig den Dänen überlassenen Festung Wolfenbüttel 1627 aus dem in der Festung geborgenen Silbergeschirr schlagen ließ und den man aus Haß gegen den Grafen von Solms und in boshafter Auslegung eines Wortes der Aufschrift Hahnreitaler nannte. Näheres hierüber findet sich in Schmieders Handwörterbuch der gesamten Münzkunde, ferner in Madai, Talerkabinet Nr. 1908, und bei Kundmann, nummi singulares pag. 88.

Halbbrakteaten, s. Brakteaten.

Halbskoter ist der Name einer nach dem Muster der deutschen Groschen hergestellten Silbermünze des deutschen Ritterordens in Preußen, welche zuerst unter dem Hochmeister Winrich von Kniprode (1351—82) geprägt wurde. Sie trägt auf einer Seite den Hochmeisterschild mit der Umschrift MONETA DOMINORVM PRVSSIE, auf der anderen Seite ein verziertes Kreuz in bogiger Einfassung mit der Umschrift HONOR MAGRI IVDICIVM DILIGIT. Ganze Skoter wurden nicht geprägt, dagegen Teile des Halbskoters, Vierchen genannt, mit der Umschrift MAGISTER GENERALIS und dem Hochmeisterwappen auf der Hauptseite und DOMINORVM PRVSSIE auf der Rückseite. Weitere Ordensmünzen des 14. Jahrhunderts waren die Schillinge, welche auf der Hauptseite ebenfalls den Hochmeisterschild, auf der Rückseite den Ordensschild (mit einfachem Kreuz) zeigen und in der Umschrift den Hochmeister nennen. Der Skoter war nach Schmieder ursprünglich ein Silbergewicht, und zwar der 24. Teil der Mark; der Name des Gewichts würde daher, wie in zahlreichen ähnlichen Fällen auf die Münze übertragen worden sein, doch ist auch die Ableitung des Namens derselben vom lateinischen *scutum*, Schild, nicht von der Hand zu weisen.

Hamburger Bankwährung, s. Bank.

Hand. Dieselbe hat, als eins der wichtigsten Glieder des menschlichen Körpers von alters her eine symbolische Bedeutung. So werden beim Gebet die Hände zum Himmel gestreckt oder gefaltet, beim Eidschwur wird die Hand emporgehoben oder auf die Brust gelegt, der Handschlag dient zur Bekräftigung eines Versprechens, durch Handauflegen auf einen Gegenstand sicherte man sich den Besitz desselben usw. Auch auf mittelalterlichen Denaren begegnen wir dem Bilde der Hand, welche bald als Hand Gottes (*dextera Dei*), bald als segnende, bald als schwörende Hand zu deuten ist. Die auf den Mittelaltermünzen dargestellten Heiligen haben die Hände bald zum Beten, bald zum Segnen erhoben. Die einen Gegenstand haltende Hand ist nach Dannenberg gewissermaßen als *pars pro toto* anzusehen, wie z. B. die auf Trierschen Denaren befindliche, zwei Schlüssel haltende Hand als die von St. Petrus und die Hand auf Münzen von Chur, Quedlinburg, Metz, welche einen Bischofsstab hält, als diejenige des Bischofs. Dagegen ist die in Städtewappen (Schwäbisch Hall) und auf anderen Mittelaltermünzen (den sogenannten Händelhellern) vorkommende Darstellung nicht, wie irrtümlicherweise oft geschieht, als Hand, sondern als Handschuh anzusehen. Weiteres hierüber s. unter Händelheller. Das Abhauen der Hand, vorzugsweise der rechten, war im Mittelalter eine Leibesstrafe, mit welcher namentlich auch die Falschmünzer bestraft wurden. In der Magdeburger Blume heißt es darüber: *by wem man valsche pfenninge vint mê den einen schilling, man howt im dy hant ab.*

Handelsmünzen sind Münzen, welche in einem Lande nicht für den eigenen Bedarf desselben, sondern für den Handel mit anderen Ländern geprägt werden. Der Staat verbürgt sich zwar für einen bestimmten Metallinhalt dieser Münzen, verleiht denselben aber im eigenen Lande keinen Zwangskurs. Sie sind daher gewöhnlich nicht nach dem Münzfuße des prägenden Staates, sondern nach dem Fuße der Länder, in welchen sie als Zahlungsmittel dienen sollen, oder in einer Form hergestellt, welche dort besonders beliebt ist. Zu den Handelsmünzen rechnet man im weiteren auch die Münzen, welche ursprünglich zwar nur für das Inland geprägt sind, die aber auch im Auslande Verbreitung finden und gern in Zahlung genommen werden. In diesem Sinne sind schon die griechischen Tetradrachmen und die Denare der römischen Republik und der ersten Kaiserzeit, welche letztere, wie die Funde lehren, von den römischen Händlern bis an die Küsten der Ostsee gebracht wurden, als Handelsmünzen anzusehen. Später erlangten die oströmischen Goldsolidi (Byzantiner) den Charakter von Handelsmünzen. Dann folgten in Deutschland die englischen Sterlinge, die französischen Turnosen und die böhmischen und meißner Groschen, ferner die Dukaten, von welchen die Kremnitzer und holländischen noch heut den Charakter als Handelsmünzen bewahrt haben, sowie die Florene, letztere jedoch nur so lange, als sie den ursprünglichen Feingehalt bewahrten. Eigentliche Handelsmünzen in dem erstgedachten Sinne des Worts wurden in Deutschland und Österreich erst im 17. und 18. Jahrhundert geprägt. Zu denselben gehören die für den Handel mit der Levante geprägten Maria-Theresiataler und die für den gleichen Zweck unter Friedrich dem Großen geprägten Piaster sowie die Albertustaler (s. diese Wörter).

Handschuh. Symbolische Bedeutung desselben, s. Händelheller.

Harpyien, griech. Ἅρπυιαι, waren nach Homer und Hesiod Göttinnen der Sturmwinde und des schnellen Todes, jugendlich schöne Mädchengestalten mit Flügeln und Vogelkrallen. Später machte man sie zu mißgestalteten Vögeln mit Mädchengesicht, welche als Vertreterinnen des alles wegraffenden, schmutzigen Hungers galten. Im Mittelalter erscheinen Harpyien als Wappenbilder, z. B. von Ostfriesland und auf brandenburgischen Denaren. Sie sind dann als Adler mit ausgebreiteten Flügeln und statt des Kopfes mit der bekrönten Büste einer Jungfrau dargestellt.

Haupt- oder **Vorderseite,** franz. *avers*, ist die Seite einer Münze, auf welcher sich das Bild einer Gottheit (bei antiken Münzen) oder des Münzherrn, oder beim Fehlen eines solchen Bildes das Wappen, die Namenschiffre oder sonstige Hoheitszeichen befinden.

Hausknechttaler werden spottweise braunschweig-lüneburgische Wildemannstaler (s. d.) genannt, auf welchen der wilde Mann sein Attribut, den Tannenbaum, nicht, wie gewöhnlich, senkrecht neben ihm stehend mit einer Hand, sondern mit beiden Händen dergestalt quer vor sich hält, daß es den Anschein gewinnt, als ob er mit demselben auf jemanden losschlagen wollte.

Hebräer werden dänische Silbermünzen genannt, welche der König Christian IV. aus Anlaß der Vertreibung der in Dänemark eingefallenen Schweden (in den Jahren 1644 bis 1648) hat prägen lassen. Sie tragen im Revers die Aufschrift Justus Iudex und zwischen beiden Worten den Namen Jehovahs in hebräischer Schrift. Auch in Schweden wurden in den Jahren 1604 bis 1614 Münzen geprägt, welche den Namen Jehovah, umgeben von einem Flammen- und Strahlenkranze, in hebräischer Schrift zeigen, doch werden dieselben nicht zu den sogenannten Hebräern gerechnet.

Heckemünzen, Heckmünzen, Heckpfennige usw. wurden früher Münzen genannt, die nach dem Volksglauben andere hecken, d. h. das Geld vermehren sollten und die deshalb sorgfältig aufbewahrt wurden. Auch heut spricht man noch von Heckmünzen in scherzhaftem Sinne.

Sodann hat Heckemünze, Heckmünze die Bedeutung schlechter, geringhaltiger Münze, insbesondere solcher, die unter dem gesetzlichen Schrot und Korn ausgebracht und in Heckemünzen, d. i. in Hecken-Münzstätten (s. d.) geschlagen wurden.

Heckenmünzen, Heckenmünzstätten wurden in früherer Zeit solche Münzstätten genannt, in welchen Münzen unter dem reichsgesetzlichen Schrot und Korn geschlagen wurden. Gegen das Bestehen der Heckenmünzen wurde zwar in den Reichstagen viel geeifert. So heißt es in dem Reichstagsabschiede von Speyer vom Jahre 1570: *dieweil man mit groszen schaden erfahren,* *dasz die heckenmünzen hin und wider in den kreiszen auszgebreitet, gemeinem besten hoch schädlich usw.* Alle gegen die Heckenmünzen ergriffenen Maßnahmen hatten aber wenig Erfolg. Am meisten entwickelten die Heckenmünzstätten im dreißigjährigen Kriege, zur Zeit der Kipper und Wipper (s. diese) und auch noch lange nachher ihre verderbliche Tätigkeit. Gustav Freytag gibt im Band 3 seiner Bilder aus der deutschen Vergangenheit folgende Schilderung der Heckenmünzen: „Außer den approbierten Münzern aber gab es in den meisten der zehn Kreise noch andere von leichterem Gewissen und kühnerer Tätigkeit Nicht geradezu Falschmünzer in unserem Sinne, obgleich auch dergleichen Privatindustrie mit großer Rücksichtslosigkeit betrieben wurde. Es waren Münzer im Dienst eines Kreisstandes, welcher das Recht zu prägen hatte; dieser Standesherren und Städte waren aber zurzeit sehr viele, und allen lag ihr Münzrecht am Herzen, weil es Einnahme brachte. Deshalb wurde von ihnen auch gegen die Reichsbeschlüsse, welche die Pflicht auferlegten, das Geld in einer approbierten Kreismünze prägen zu lassen, auf ihrem eigenen Territorium kräftig gemünzt. Zuweilen verpachteten sie ihr Münzrecht gegen eine Jahresrente, ja sie verkauften ihre Münzstätte an andere Herren, sogar an Spekulanten. Dergleichen unregelmäßige Prägstellen wurden „Heckenmünzen" genannt. Und in ihnen fand eine systematische Korruption des Geldes statt, nach der Berechtigung des Münzers wurde nicht gefragt, wer mit Feuer und Eisen umzugehen wußte, verdang sich zu solchem Werk. Auf den vorgeschriebenen Feingehalt und das Gewicht des Geldes ward wenig Rücksicht genommen, es ward mit falschen Stempeln geprägt und auf leichte Münzen Bild des Landesherrn und Jahreszahl aus einer bessern Zeit geschlagen, ja es wurden in wirklicher Falschmünzerei die Stempel fremder Münzen nachgestochen. Den neugeprägten Münzen ward dann durch Weinstein oder Lötwasser der neue Glanz genommen. Alles unter dem Schutz des Landesherrn. Das Vertreiben des so geprägten Geldes erforderte alle Schlauheit und Vorsicht der Agenten, und es bildete sich hier eine Industrie, bei welcher, wie sich vermuten läßt, viele Zwischenträger beschäftigt waren. Auf Reichstagen und Kreisversammlungen hatte man seit siebenzig Jahren gegen die Heckenmünzen donnernde Dekrete erlassen, aber ohne Erfolg. Ja, seit Einführung des guten Reichsgeldes waren sie häufiger und arbeitsamer geworden, denn seit der Zeit lohnte ihre Arbeit besser."

Heilige, namentlich die Schutzpatrone der betreffenden weltlichen und geistlichen Gebiete sowie der münzberechtigten Städte sind auf Münzen des Mittelalters und auch der neueren Zeit sehr oft dargestellt. Die

Heiligen lassen sich, wenn ihre Namen nicht mit angegeben sind, häufig aus ihren Attributen erkennen und sind beim Fehlen des Namens des Münzherrn oder der Prägestätte ein wichtiges Hilfsmittel zum Bestimmen der Münzen. Ein Verzeichnis der Heiligen ist unter Angabe der Länder und Städte, auf deren Münzen sie erscheinen, zum Teil auch der Attribute, welche sie führen, dem numismatischen Legendenlexikon von Rentzmann beigegeben.

Heiligenschein heißt der Strahlenkranz oder Lichtschein, welcher das Haupt eines Heiligen oder den ganzen Körper umgibt und im ersteren Falle Nimbus, in letzterem Glorie oder Aureole, lat. *aureola*, franz. *auréole* genannt wird. Der Nimbus erscheint ursprünglich als eine runde, den Kopf senkrecht umgebende Scheibe, später als ein um denselben schwebender goldener Ring. Auch das Lamm Gottes, die Taube des heiligen Geistes, das die Dreieinigkeit versinnbildlichende Dreieck mit dem Auge Gottes sind oft von einem Nimbus umgeben dargestellt. Er wird Kreuznimbus genannt, wenn sich in ihm ein Kreuz befindet, dessen unterer Balken aber durch den Kopf des Dargestellten verdeckt wird. Die Glorie oder Aureole kommt nur den drei Personen der Gottheit und der heiligen Jungfrau, der Kreuznimbus, welchen wir namentlich bei den Darstellungen Christi auf byzantinischen Münzen antreffen, nur diesem zu.

Helios, s. Apollo.

Heller ist ursprünglich eine kleine Silbermünze, welche von der Reichsstadt Schwäbisch Hall, wo sie in der ersten Hälfte des 13. Jahrhunderts zuerst geprägt wurde, den Namen erhaten hat. Letzterer ist die umgelautete Form für Haller (wobei Pfennig zu ergänzen ist), welche sich immer mehr festgesetzt und auch die spätere Schreibweise Häller verdrängt hat. Die Heller wurden nach dem ihnen aufgeprägten Bild der Hand oder richtiger des Handschuhs, später auch Händelheller genannt. In lateinischen Urkunden des Mittelalters werden sie als (*denarii*) *hallenses* aufgeführt, wobei der Schwerpunkt indessen weniger auf *denarius*, die allgemein übliche Benennung der Münzeinheit des Mittelalters, als auf *hallensis* zu legen ist; denn der Heller entsprach nach Gehalt und Gewicht keineswegs dem ursprünglichen mittelalterlichen Denar, sondern er wurde von Anfang an leichter und geringhaltiger als dieser ausgebracht. Man nannte daher die in Rede stehenden Münzen zur Unterscheidung von den schwereren und besseren Denaren lediglich *hallenses*, Haller, Häller, Heller. Tatsächlich finden wir auch in lateinisch geschriebenen Urkunden des Mittelalters den Heller bald als *obolus* (halber Denar) bezeichnet. Er entsprach also der Hälfte des Denars oder Pfennigs, dem Hälbling, und hat, auch nachdem der Pfennig zur Kupfermünze herabgesunken war, bis in die neueste Zeit zu letzterem in diesem Wertverhältnis gestanden. Für die Geringwertigkeit des Hellers spricht endlich der Umstand, daß im Mittelalter nach Pfund Hellern gerechnet wurde. Gleichwohl verbreitete sich diese Münze nicht nur in Süddeutschland, sondern, zum Teil unter anderem Namen, auch über Norddeutschland. Namentlich wurden in Schlesien im 15. Jahrhundert zahlreiche Heller geschlagen. Ebenso waren die zu gleicher Zeit in Pommern gangbaren kleinen Scherfe nichts anderes als halbe Denare oder Heller.

In späterer Zeit finden wir für die immer geringwertiger werdenden und schließlich nur aus Kupfer geprägten Heller auch die Bezeichnung schwarze und rote Heller. Auf den Reichstaler zu 72 Kreuzern rechnete man 576 Heller. In Deutschland begegnen wir vor Einführung des Reichsmünzgesetzes dem Heller noch in Kurhessen, wo der Silbergroschen in 12 Heller geteilt wurde, letzterer also dem Pfennig gleichgesetzt war, sowie in Sachsen-Gotha, wo $1^1/_2$-Pfennigstücke = 3 Heller geprägt wurden. Neuerdings hat Österreich den Heller als kleinste Scheidemünze wieder in sein Münzsystem aufgenommen.

Bildlich dient der Heller schon von alters her, ebenso wie der Batzen, Kreuzer, Pfennig als Bezeichnung des Kleinen, Geringen oder auch Billigen. So heißt es im Simplicissimus III, 22: da hätte ich vor mein Leben keine drei Heller gegeben. Sehr gebräuchlich ist ferner die Redensart: er hat keinen Heller mehr in der Tasche, und in der Verstärkung die Wendung keinen roten Heller, weil von Kupfer geprägt, oder auch blutigen Heller. Bekannt ist endlich in Sachsen das in der Nähe von Dresden gelegene Wirtshaus „zum letzten Heller“.

Helm, franz. *heaume*, wichtige Schutzwaffe, welche den Kopf zu decken bestimmt und deren Anwendung uralt ist. Er war bald von Leder, bald von Metall. Von den Helmen der alten Griechen kommt auf den Münzen, namentlich als Kopfbedeckung der Pallas, der sogenannte korinthische Helm sehr häufig vor. Er war von Metall und bestand aus der den oberen Teil des Kopfes schützenden Kappe oder Haube, dem das Gesicht deckenden Teil mit Löchern für die Augen und einer Schiene für die Nase, sowie aus Nacken und Seitenplatten. Wenn das Gesicht nicht verdeckt werden sollte, wurde der Helm auf den Hinterkopf zurückgeschoben. Unter diesem Helm trug man eine Lederkappe mit einer Verlängerung nach hinten, welche zum Schutz des Nackens bestimmt war. Auf den korinthischen Münzen mit dem Kopfe der Pallas sind an den Schläfenteilen des Helms häufig Ösen zu bemerken, die zum Durchziehen eines Riemens bestimmt waren, mit welchem der Helm festgehalten wurde, sowie auf dem Oberteil desselben Haken zur Befestigung der Helmzierat, welche in einem Busch, gewöhnlich von Roßhaaren, bestand. Auf anderen griechischen Münzen, namentlich auf denjenigen von Athen, Großgriechenland und Sizilien fehlen häufig die das Gesicht und den unteren Teil des Kopfes deckenden Schienen und Platten, jedenfalls um für die Zeichnung des Gesichts freieren Spielraum zu lassen. Dagegen ist die Haube des Helms mit einem von vorn nach hinten verlaufenden Bügel versehen, an welchem eine Mähne von Roßhaar befestigt ist. Außerdem zeigen die Helme auf den Münzen des vollkommenen Stils allerlei Verzierungen.

Die Helme der Römer waren sehr verschiedenartig. Im allgemeinen sind zu unterscheiden der Helm von Leder (*galea*) und der metallene Helm (*cassis*). Letzterer ließ das Gesicht frei, war aber zum Schutz der Wangen mit ledernen, mit Metallschienen besetzten Spangen (*buccolae*) versehen, welche bis unter das Kinn reichten. Oben war der Helm mit einem Federbusch (*crista*) von 3 langen, gerade in die Höhe stehenden roten oder schwarzen Federn, oder auch sowohl zur Verzierung wie zum Schutze des Nackens mit einem nach hinten herabhängenden Roßhaarschweif (*juba*, *equina crista*) versehen. Der Helm, welchen der auf zahlreichen Denaren der Republik dargestellte Kopf der Roma trägt, ist, um sie als *victrix* zu bezeichnen, mit Flügeln verziert. Im übrigen lassen der zackige Helmbügel und der typisch mit drei Strichen gezeichnete, einem beweglichen Visier ähnliche Schirm des Helms erkennen, daß die Darstellung desselben auf den Münzen ideeller Natur ist.

Die Helme der Deutschen und Franken waren in der Form den Helmen der römischen Legionssoldaten ähnlich, doch fielen die Seitenspangen bald fort, so daß der Helm nur die Gestalt einer runden eisernen Haube hatte. Dagegen sehen wir später auf Abbildungen fränkischer und deutscher Krieger des 11. bis 13. Jahrhunderts den Helm noch mit einer Nasenschiene ausgestattet.

Für die Numismatik des Mittelalters und der Neuzeit ist der heraldische Helm von besonderer Wichtigkeit. Derselbe ist ein Hauptbestandteil des Wappens ritterlicher Geschlechter und ruht auf dem Oberrande des das Wappenbild tragenden Schildes. Man unterscheidet drei Hauptformen: den Topf- und den demselben ähnlichen, etwas später üblichen Kübelhelm, den Stechhelm und den Spangenhelm. Der Topfhelm kam gegen Ende des 12. Jahrhunderts in Gebrauch. Er bestand aus mehreren zusammengenieteten eisernen Platten und war einem zusammengenieteten, vorn mit Augenschlitzen und Luftlöchern versehenen eisernen Topfe ähnlich. Der Topfhelm war oben flach und wurde dergestalt über den Kopf gestülpt, daß er auf demselben aufsaß. Gegen Ende des 13. und Anfang des 14. Jahrhunderts ging dieser Helm in eine oben rund oder kegelförmig geschlossene Form über, während die unteren Platten dergestalt verlängert wurden, daß der Helm auf den Schultern aufsaß. Er wird mit dem Namen Kübelhelm bezeichnet und kommt auf den Münzen des späteren Mittelalters, z. B. auf den sogenannten Botdragern (s. d.) vor. Gegen Ende des 14. Jahrhunderts nimmt der Kübelhelm eine geschweifte, sich dem Kopf, Hals und den Schultern mehr anschließende, jedoch vorn, wo sich der Schlitz für die Augen befindet, spitz ausladende Form an. Dieser Helm, welcher beispielsweise auf den brandenburgischen, sogenannten Helmpfennigen vorkommt, wird, weil er vorzugsweise bei den Turnieren benutzt wurde, Stechhelm genannt. Der in der Heraldik und infolgedessen auch in der Numismatik am häufigsten vorkommende Helm ist der Spangenhelm, welcher Anfang des 15. Jahrhunderts in Gebrauch kam und sich von dem Stechhelm in der Hauptsache dadurch unterscheidet, daß er das Gesicht nur durch nach außen gewölbte Bügel oder Roste schützt und dem Auge einen freieren Ausblick gestattet. Die jüngsten der ritterlichen bzw. heraldischen Helme sind der Visier- oder Burgunderhelm, welcher mit einem Visier zum Aufschlagen versehen war und, da er einen kurzen, engen Hals hatte, an der Seite geöffnet werden mußte, sowie der goldene sogenannte Königshelm, welcher nur bei Zeremonien gebraucht wurde und auf den Wappen mit offenem Visier, nach vorn gekehrt und rot gefüttert dargestellt wird.

Helmdecken. Dieselben waren ursprünglich ein über den Helm gebreitetes, mantelartiges, später mehr oder weniger ausgeschnittenes Stück Zeug, welches teils zum Schmuck getragen wurde, teils zur Verdeckung der Stellen diente, an welchen die Kleinode mit dem Helm verbunden waren, vielleicht auch den Zweck hatte, die Hitze der auf den Eisenhelm brennenden Sonnenstrahlen zu mildern. Die Helmdecken wurden allmählich immer länger und immer tiefer und bizarrer ausgeschnitten, bis sie schließlich nicht mehr in dieser Form getragen werden konnten. Sie leben jedoch noch auf den Wappendarstellungen in den den Helm und den Schild umgebenden arabeskenartigen Verzierungen fort, welche die Farben des Schildes zeigen.

Helmkleinode werden heraldische Figuren genannt, welche auf den Helmen zur Zierde angebracht wurden und im 13. Jahrhundert in Gebrauch kamen. Sie geben gewöhnlich die Wappenfigur des Schildes, oder wenn dasselbe mehrere Figuren enthält, eine derselben vollständig oder auch nur zum Teil in plastischer Form wieder, oder bestehen, wenn das Wappen ein Heroldsbild, d. i. ein durch regelmäßige Linien in verschiedene

Farben geteiltes Bild ist, in anderen Gegenständen, als Hörnern, Flügeln, Hüten, Federn, Fahnen, menschlichen Figuren, Tieren, bisweilen auch bloß in einfachen Brettchen (Schirmbrettern), welche dieselben Farben wie das Heroldsbild zeigen.

Hemiobol, s. Drachme.

Hera, Ἥρα, Juno, Gemahlin des Zeus, war bei den Griechen und Römern die oberste und angesehenste der Göttinnen. Sie wird wegen ihrer Klugheit von Zeus selbst hoch geehrt, doch hindert dies nicht, daß sie wegen ihrer Streitsucht, ihres Starrsinns und ihrer Eifersucht häufig in Zerwürfnisse mit ihm gerät, die von Homer köstlich geschildert werden. Sie war die Beschützerin der Ehe und der Geburten und als solcher waren ihr heilig der Granatapfel als Symbol der Ehe und der Liebe sowie der Kuckuck als Verkünder des Frühlings, außerdem der Pfau und die Krähe. Die römische Juno ward gefeiert als Regina und als Capitolina, da sie auf dem Kapitol einen Tempel hatte, ferner als Juno Moneta (Beraterin, s. Moneta), Sospĭta (Erretterin), Virginalis und Matronalis (Schützerin der Frauen und Jungfrauen), Lucina (die ans Licht bringende, d. i. die Geburtsgöttin) usw. Die Kunst stellte die Hera bzw. Juno gewöhnlich dar als ein schönes Weib von hoher Gestalt in langer Gewandung mit edlem Gesichtsausdruck, das Haupt geschmückt mit einem Diadem, in der Rechten das Zepter, in der Linken den Granatapfel oder eine Opferschale haltend, zu ihren Füßen der Pfau. Von griechischen Münzen zeigen diejenigen von Samos und Elis zum Teil den Kopf der Göttin. Häufiger ist sie auf römischen Münzen, und zwar in ganzer Figur dargestellt, namentlich auf Münzen der Kaiserinnen.

Herakles, Ἡρακλῆς, lat. Hercules, Sohn des Amphitryon und der Alkmene, der Nationalheros der Griechen, das Ideal größter Heldenkraft und Stärke, verrichtete viele Heldentaten und befreite die Welt von zahlreichen Ungeheuern und anderen Übeln. Schon als Kind erwürgte er zwei große Schlangen, welche Hera, die ihn sein ganzes Leben hindurch haßte und verfolgte, zu seinem Verderben ausgesandt hatte. Von seinen Heldentaten sind die bekanntesten die zwölf Arbeiten, welche er für den König Eurystheus ausführte und die folgende waren: 1) die Erwürgung des nemeïschen Löwen, 2) die Vernichtung der lernäischen Hydra, 3) die Bezwingung des erymanthischen Ebers, 4) der Fang der kerynitischen Hirschkuh, 5) der Kampf mit den stymphalischen Vögeln, 6) der Raub des Gürtels der Amazonenkönigin Hippolyte, 7) die Reinigung des Rinderstalles des Augeias, 8) die Bändigung des kretischen Stiers, 9) die Bezwingung des Königs Diomedes mit seinen wilden Stuten, 10) die Fahrt nach der Insel Erytheia im Okeanos, um die Rinder des Geryones zu holen, wobei er an der Meerenge von Gibraltar die sogenannten Säulen des Hercules setzte, 11) die Fahrt nach dem äußersten Westen, um die goldenen Äpfel der Hesperiden zu holen, 12) die schwierigste aller Arbeiten, das Heraufholen des Kerberos (Cerberus) aus der Unterwelt. Nach seinem Tode wurde Hercules zu den Göttern erhoben und genoß er bei den Griechen göttliche Verehrung. Auch die Römer nahmen ihn wie andere griechische Gottheiten in ihren Kultus auf und weihten ihm viele Tempel und Heiligtümer. Er wird gewöhnlich als ein athletisch gebauter, bärtiger Mann mit Pfeil und Bogen, hauptsächaber mit einer Keule, welche ihm als Waffe, und mit der Haut des von ihm getöteten nemeïschen Löwen, welche ihm als Kleidung diente, abgebildet. Der um den Kopf gelegte Rachen der Löwenhaut war zugleich Helm.

Auf griechischen Münzen des besseren Stils ist Hercules mit seinen Heldentaten häufig dargestellt, z. B. auf einer Münze von Samos, wie er als Kind die beiden Schlangen erwürgt, auf einer Münze von Phästus, wie er die lernäische Hydra bekämpft, auf einer zu den schönsten Erzeugnissen griechischer Stempelschneidekunst gehörenden Münze von Heraclea in Lucanien, wie er den nemeïschen Löwen erwürgt. Zahlreiche Münzen der macedonischen Könige, welche ihre Abstammung auf Hercules zurückführten, namentlich Alexanders des Großen, zeigen nur den mit dem Löwenfell bedeckten Kopf des jugendlichen, unbärtigen Hercules. Auch auf den römischen Münzen finden wir häufig Darstellungen des Hercules, so auf dem Quadrans des aes grave (s. d.) den mit der Löwenhaut bedeckten Kopf desselben. Auf Münzen späterer Kaiser, wie Septimius Severus, Gordianus, Aemilianus, Maximianus (Herculeus) erscheint er in der Regel in ganzer Figur. Einzelne Kaiser, wie Postumus, welche sich gern mit Hercules verglichen, ließen sich sogar mit seinen Attributen, Keule und Löwenfell, im Brustbilde auf ihren Münzen darstellen.

Heraldik. Das Grundwort, von welchem Heraldik abgeleitet wird, ist Herold, spätmittelhochd. *heralt, érhalt, ehrholt, ehrenholt.* Dasselbe ist zunächst von dem französischen hérault, *héraut,* span. *haraldo, heraldo,* ital. *araldo,* mittellat. *haraldus, heraldus* abgeleitet, welche romanische Formen aber wieder auf ein althochdeutsches Wort *hariowalt,* Heerführer, höherer Heerbeamter, zurückzuführen sind. Diese Bedeutung des Wortes Herold ist früh verschwunden, dagegen wendete man dasselbe im Mittelalter auf einen Beamten an, der über den regelrechten Hergang bei Turnieren und die Ritterbürtigkeit der daran Teilnehmenden die Aufsicht zu führen hatte, nach Grimm freilich erst seit der Zeit, wo die Turniere zu Spielen wurden, bei denen es mehr auf Förmlichkeiten als auf kühnen Sinn ankam, und bei denen die

Ahnenprobe der Ritter, die Wappenprobe ihres Helmes und Schildes eine Hauptsache des Ritterspieles waren. Weiterhin erscheint das Wort als Bezeichnung für einen mit gewissen Diensten beauftragten, mit bestimmter Kleidung und vorgeschriebenen Attributen ausgerüsteten Beamten, welcher Kenner und Richter des Rittermäßigen auch außerhalb des Turniers ist. Dann ist der Herold auch ein als fürstlicher Bote, Verkündiger und Ausrufer, namentlich bei feierlichen Aufzügen sowie ein im Kriege verwendeter Bote. Von der edleren Beschäftigung der Herolde mit der Feststellung des Herkommens der Wappen und der Ritterbürtigkeit wird das noch mit der alten Form *herald* gebildete und mit fremder Endung auslautende Wort Heraldik abgeleitet. Man versteht darunter die Kunst der Herolde, nämlich die Wissenschaft von den Regeln und Gesetzen der Wappenanfertigung und Wappenführung sowie von der Entstehung und Bedeutung der Wappen und den mit der Führung desselben verbundenen Rechten.

Die Heraldik ist eine wichtige Hilfswissenschaft der Numismatik. Von den zahllosen aufschriftlosen Münzen des Mittelalters können viele nur mit Hilfe der Heraldik bestimmt, die im Laufe der Jahrhunderte vorkommenden Änderungen der auf den Münzen befindlichen Wappen können nur mit Hilfe dieser Wissenschaft erklärt werden. Von Nutzen für den Münzsammler ist besonders das numismatische Wappenlexikon von Rentzmann, in welchem Verfasser sich die Aufgabe gestellt hat, alle auf Münzen vorkommende Wappen bildlich wiederzugeben.

Weiteres über Heraldik siehe unter Wappen, Wappenschild, Helm, Helmkleinode usw.

Hermes, Ἑρμῆς, Mercurius, war bei den Griechen und Römern der Herold der Götter, der Bote des Zeus. Er war ein Gott von besonderer Gewandtheit, der die ihm erteilten Aufträge schnell sowie mit List und Geschicklichkeit erledigte. Er führte die Toten hinab zum Hades und galt auch als Erfinder mannigfacher Künste sowie als Gott der Gymnastik, der Herden und der Wege. Seine Altäre und Statuen waren daher vornehmlich am Eingange der Ringschulen, an Wegen und öffentlichen Plätzen aufgestellt. Er wird dargestellt als ein nackter schlanker Jüngling, als Zeichen der Schnelligkeit mit Flügeln an den Sohlen, auf dem Kopfe den flachen Reisehut, den man später auch mit Flügeln versah. Sein Attribut ist der Caduceus (s. d.); auch hält er auf späteren Darstellungen einen Geldbeutel in der Hand. Er war bei den Römern vornehmlich der Gott des Handels und des Gewinns, welcher besonders von den Kaufleuten verehrt wurde, daher sein Name Mercurius, abgeleitet von *merx*, die Ware, *mercari*, handeln, Handlung treiben. Auf Münzen der Griechen und Römer ist er häufig, bald in ganzer Figur, bald nur der Kopf des Gottes dargestellt.

Herodot, der berühmteste und älteste der bekannten griechischen Geschichtsschreiber, daher auch der Vater der Geschichte genannt, lebte zwischen 480 und 424 v. Chr. Er war geboren in Halicarnassus in Carien, weshalb auch auf einer von dieser Stadt unter Kaiser Hadrian geprägten Bronzemünze sein Kopf dargestellt ist.

Herzog, lat. *dux*, althochd. *herizogo*, *herzogo*, mittelhochd. *herzoge*, ein aus dem althochd. *heri* und dem althochd. Verbum *zoho*, *zogo*, ziehen zusammengesetztes Wort, bedeutet also ursprünglich ein mit dem Heere Ausziehender. Die alten Deutschen wählten für Zeiten des Krieges für mehrere Landschaften einen gemeinschaftlichen Heerführer, den Herzog. Im fränkischen Reiche waren die Herzöge Beamte des Königs, welche außer der Heerführung noch andere hohe Funktionen ausübten. Sie wurden bald selbständig und Häupter großer Stämme. Karl der Große brach die Macht der Herzöge, doch wurden nach dem Aussterben der Karolinger von den Kaisern wieder neue Herzöge eingesetzt. Dieselben standen über den in ihrem Gebiete befindlichen Bischöfen, Markgrafen, Grafen und Herren, erließen in Kriegszeiten das Aufgebot und rückten an der Spitze des Heeres ins Feld. Bei der immer mehr aufstrebenden Macht der Herzöge herrschten zwischen diesen und den Kaisern viel Streitigkeiten, welche damit endigten, daß die Herzöge schließlich erbliche Territorialherren wurden. Zur Zeit der Hohenstaufen gab es in Deutschland sechs Herzogtümer, nämlich Sachsen, Franken, Bayern, Schwaben, Ober- und Niederlothringen, welche jedoch bis auf Bayern allmählich eingingen. Dagegen entstanden durch Erbteilungen sowie durch Erhebung von Fürsten zu Herzögen wieder neue Herzogtümer. Der Stand der Herzöge ging damit in den Reichsfürstenstand auf, doch ragten sie durch ihren Rang und ihren Landbesitz vor den übrigen Reichsfürsten hervor. Das Haus Österreich nahm für seine Prinzen den Titel Erzherzog (*archidux*) in Anspruch. Zur napoleonischen Zeit wurden mehrere Herzogtümer zu Großherzogtümern erhoben.

Während in Deutschland, abgesehen von den Titularherzögen, die Herzöge bzw. Großherzöge bis heutigentags souveräne Fürsten geblieben sind, hatte in den außerdeutschen Ländern Europas der Kampf zwischen König- und Herzogtum ein entgegengesetztes Ergebnis, indem in diesen Ländern die Herzogswürde allmählich zu einem bald erblichen, bald nur persönlichen Titel des höheren Adels (in Frankreich *duc*, in Italien *duca*, in Spanien *duque*) herabsank.

Heymännchen ist ein Spottname, welcher den im Jahre 1761 in Aurich geprägten preußischen Mariengroschen beigelegt wurde. Sie waren sogenanntes Kriegsgeld (s. d.) und haben ihre Bezeichnung nach dem Namen eines Münzpächters erhalten.

Hilfswissenschaften und Quellen der Numismatik. Die wichtigsten Hilfswissenschaften der Numismatik bzw. die Wissenschaften, denen umgekehrt die Numismatik wieder als Hilfswissenschaft dient, sind folgende:

die allgemeine Geschichte und die besondere Geschichte der Staaten und Völker,

die Archäologie oder Altertumskunde (s. d.),

die Mythologie oder Lehre von den Göttern und Göttersagen des Altertums (s. d.),

die Chronologie (s. d.),

die Genealogie (s. d.),

die Heraldik (s. d.),

die Sphragistik (s. d.),

die Kultur- und Kunstgeschichte,

die Kostümkunde,

die Etymologie oder Lehre von der Ableitung der Wörter (s. Numismatische Etymologie),

die Paläographie oder Kenntnis von den Schriftzeichen und Schriftarten der alten Völker (s. d.),

die Ikonographie oder Lehre von den Bildnissen (s. d.),

die Sprachenkunde, namentlich Kenntnis der lateinischen und griechischen Sprache,

die Metrologie (s. d.),

die Geldlehre (s. Numismatik),

die politische Geographie der alten, mittleren und neueren Zeit.

Wichtige Quellen der Numismatik sind ferner Inschriften auf antiken Denkmälern und Denkmälern späterer Zeit, die Urkunden, namentlich solche über Münzvereinigungen und Pachtverträge sowie über Münzstätten, weiter die Chroniken, Münzmandate, Valvationstabellen (s. d.), Münztarife und ähnliche amtliche und nichtamtliche Schriften, endlich bildliche Darstellungen früherer Zeit, welche zur Erläuterung der auf den Münzen vorkommenden Figuren beitragen, sowie solche, durch welche die Vorgänge bei der Herstellung von Münzen veranschaulicht werden. Weiteres s. unter Bestimmen der Münzen, Münzfunde und Numismatische Literatur.

Hinkende Währung, s. Währung.

Hirschgulden werden württembergische Gulden ($^{2}/_{3}$ Taler) genannt nach den Hirschen, welche als Schildhalter des Wappens dienen. Hirschtaler heißen die Gräflich Stollbergschen Speciestaler, auf welchen das Wappentier dieses Geschlechts, ein an einer Säule stehender Hirsch, dargestellt ist.

Hirtenpfennig. Dieser Name wurde einer kleinen, von der Stadt Buchhorn einseitig geprägten Kupfermünze beigelegt, welche das redende Wappen dieser Stadt, eine Buche und ein Hifthorn, zeigt. Nach letzterem, welches wohl spottweise auch als Hirtenhorn bezeichnet wurde, wird die Münze den Namen erhalten haben.

Hochzeitsdukaten, s. Medaillen.

Hohlpfennige sind einseitige, nach Art der Brakteaten (s. d.) geprägte Münzen, von diesen jedoch wohl zu unterscheiden.

Während nämlich die viel älteren und meist größeren Brakteaten in den Ländern ihrer Prägung an die Stelle der vorher im Umlauf gewesenen Denare traten und eine Münzeinheit darstellten, waren die Hohlpfennige Teile des später aufgekommenen Groschens. Auch ist bei den Hohlpfennigen der Stempelschnitt von abweichendem, einer späteren Zeit angehörendem Charakter und das Silber meist geringhaltiger, als bei den Brakteaten. Die hauptsächlichste Heimat der Hohlpfennige ist der Norden Deutschlands, Brandenburg, Pommern, Mecklenburg, Lübeck, Hamburg usw. Von dort drangen dieselben unter dem Namen lübische Pfennige im 15. Jahrhundert auch nach dem Niederrhein. Die hier nach dem Muster derselben geprägten Hohlpfennige haben meist am Rande einen wulstartigen Ring, während bei den Hohlpfennigen der oben gedachten Länder der Rand in der Regel glatt oder gestrahlt ist.

Homer. Im Altertum stritten sich sieben griechische Städte um die Ehre, Homers, des Dichters der Ilias und der Odyssee, Geburtsort zu sein. Ein Epigramm des Aulus Gellius nennt sie: Smyrna, Rhodos, Kolophon, Salamin, Ios, Argos, Athenae. Zwei dieser Städte, Smyrna und Ios auf der Insel gleichen Namens, woselbst sich auch das Grab Homers befand, haben daher das Bildnis desselben auf ihre Münzen gebracht.

Honor, Honos, (männlich), war bei den Römern die Personifikation der Ehre und wird mit der Virtus, der Personifikation der Tapferkeit, in enge Verbindung gebracht. Auf einem Denar der Republik (des Mucius Cordus), welcher nach der siegreichen Beendigung des Bundesgenossenkrieges geprägt wurde, sind, wie aus der Aufschrift hervorgeht, die Köpfe beider dargestellt. Auf den Münzen der späteren Kaiserzeit, welche es bekanntlich liebte, die Tugenden der Kaiser auf denselben zu verherrlichen, erscheint die Virtus auch allein, dargestellt als weibliche Figur mit Zepter oder Speer, Lorbeerzweig und Trophäen, während auf anderen Münzen mit der Aufschrift VIRTVS oder VIRTVTI AVGVSTI die Tapferkeit des Kaisers durch die Darstellung des Mars oder Hercules versinnbildlicht wird. Manche Münzen rühmen durch die Aufschrift VIRTVS EXERCITVS auch die Tapferkeit des Heeres.

Horngroschen sind sächsische Groschen, welche von den Herzögen Ernst (1464—1486) und Albrecht dem Beherzten in Gemeinschaft mit ihrem Oheim Wilhelm geprägt wurden. Sie zeigen auf der Hauptseite den behelmten herzoglich sächsischen Schild, auf der Rückseite den thüringer Löwenschild, auf welchen der thüringer Helm mit den Büffelhörnern (vergl. thüringer Groschen) gestellt ist. Diese Hörner, welche mit belaubten Stäbchen versehen und von auffallender Zeichnung sind, haben den Groschen obigen volkstümlichen Namen gegeben. Dasselbe gilt von den gleichzeitig geprägten Hornpfennigen, welche über dem Wappen der Rückseite ebenfallls den thüringer Helm tragen.

Hubertustaler wird eine pfälzische Denk- oder Schaumünze aus dem Anfang des 17. Jahrhunderts genannt, auf welcher der heilige Hubertus, vor dem Hirsch kniend, dargestellt ist. Veranlassung zur Prägung dieser Münze hat die Erneuerung des ursprünglich vom Herzog Gerhard von Jülich gestifteten Hubertusordens durch den Pfalzgrafen bei Rhein Johann Wilhelm im Jahre 1709 gegeben.

Hüte, Kopfbedeckungen. Auf Münzen und Medaillen des 16. und 17. Jahrhunderts finden wir die dargestellten Köpfe (auch der Münzherren) nicht selten mit Hüten bedeckt, wie sie der Mode der Zeit entsprachen, in welcher die Stücke hergestellt wurden, z. B. auf den sogenannten Klappmützentalern (s. d.). Als Standesabzeichen im Wappen erscheint der Hut aber in ganz anderer Form, als er im gewöhnlichen Leben getragen wurde. Die Heraldik unterscheidet den Markgrafenhut, den Kurfürsten- und den Herzogshut (s. Krone), den Erzherzogshut und den Fürstenhut; ferner von geistlichen Hüten den Kardinalshut, rot mit 15 roten Quasten an jeder Seite, den Erzbischofshut grün mit je 10 Quasten, den Bischofshut ebenfalls grün mit je 6 Quasten und den Protonotarienhut schwarz mit je 3 violetten Quasten. Hierzu tritt noch die eigentümliche Kopfbedeckung (Mütze) des Dogen von Venedig. Wegen der Tiara und Mitra s. d.

Huldigungsmünzen, s. Krönungsmünzen.

Hußtaler werden Denk- oder Schaumünzen genannt, deren Hauptseite das Brustbild von Johann Huß trägt, während auf der Rückseite derselbe auf dem Scheiterhaufen stehend dargestellt ist. Nach der Umschrift sollen sie zwar aus Anlaß der hundertjährigen Wiederkehr des Jahres, in welchem Huß verbrannt worden ist (1415), geprägt worden sein, doch läßt der ganze Charakter des Gepräges darauf schließen, daß sie einer späteren Zeit angehören. Der Ort des Entstehens der Hußtaler, welche auch viel nachgegossen worden sind, ist unbekannt.

I.

Jahreszahlen erscheinen auf griechischen Münzen seit Alexander dem Großen, und zwar rechnete man nach einer bestimmten Aera, d. h. die Jahre wurden von einem Zeitpunkte ab gezählt, zu welchem sich ein wichtiges Ereignis zugetragen hatte. Die wichtigsten der für die antike Numismatik in Betracht kommenden Aeren sind die seleucidische, beginnend mit der Gründung des syrischen Reiches durch Seleucus Nicator im Jahre 312 v. Chr., dann die Zeitrechnung der Könige von Pontus und Bosporus vom Jahre 297 v. Chr., die pompejische von 64 v. Chr., die cäsarische von 48 v. Chr. und die actische von 31 v. Chr., so genannt nach der Schlacht bei Actium. Die auf griechischen Münzen vorkommenden Jahreszahlen sind in den dem griechischen Alphabet entnommenen Zahlenzeichen dargestellt. Nicht selten findet sich auch, namentlich auf den unter der Herrschaft der Römer geprägten alexandrinischen Münzen das Regierungsjahr des Herrschers angegeben, und zwar mit dem Zusatz ΕΤΟΥΣ (im Jahre) oder auch mit dem dieses Wort vertretenden Zeichen L. Ebenso sind auf den unter der Herrschaft der Makkabäer geprägten jüdischen Münzen, jedoch nur vorübergehend, die Regierungsjahre angegeben.

Die (übrigens erst von Augustus eingeführte) römische Zeitrechnung nach der Erbauung der Stadt Rom (*ab urbe condita*) ist bekannt, doch kommen Jahresangaben nach dieser Zeitrechnung auf römischen Münzen nur ausnahmsweise vor. Im öffentlichen Leben galt allein die Konsulara, d. h. die Jahre wurden nach den Namen der beiden jährlich neu gewählten Konsuln bezeichnet, deren Reihenfolge in besonderen Kalendern, den *fasti consulares*, verzeichnet wurde, ein Gebrauch, der auch unter den Kaisern beibehalten wurde. Auf den Münzen der Kaiser sind neben den Würden, welche sie auf sich vereinigten, sehr häufig Zahlen angegeben, welche andeuten, zum wievielten Male sie die tribunicische Gewalt, das Imperium, oder das Konsulat erhalten bzw. angenommen hatten, und durch die daher die Zeit, zu welcher die betreffende Münze geprägt worden ist, genauer bestimmt werden kann. Wenn es also z. B. auf einer Münze des Kaisers Commodus (180—192 n. Chr.) heißt: TR(*ibunicia*) P(*otestate*) VI IMP(*erator*) IIII COS(*consul*) III, so bedeutet dies, daß er zu der Zeit, zu welcher diese Münze geprägt wurde, zum sechstenmal die tribunicische Gewalt, zum viertenmal das Imperium und zum drittenmal das Konsulat bekleidete. Die Kaiser des oströmischen Reichs setzten zum Teil das Jahr ihrer Regierung auf die Münzen.

Die Mohammedaner beginnen bekanntlich ihre Zeitrechnung mit der Hegira (Hedschra), der Flucht Mohammeds von Mekka nach Medina, den 16. Juni 622 n. Chr. Im Jahre 76 der Hedschra gingen die Araber, nachdem sie sich bis dahin fremder Münzen oder nach dem Muster derselben hergestellter Münzen bedient hatten, zur Prägung eigener Nationalmünzen mit charakteristischen Typen über. Fast jede Münze der Araber sowie anderer Völker des Islams nennt neben gewissen Koransprüchen, dem Münzherrn und dem Ort der Prägung auch das Jahr derselben.

Die Rechnung nach Christi Geburt ist von dem römischen Abt Dionysius († 556) erfunden, doch ist letztere, wie durch neuere Forschungen, namentlich auch mit Hilfe gewisser, von dem Tetrarchen Herodes Antipas in Palästina geprägten Münzen nachgewiesen worden ist, fünf Jahre zu spät angesetzt. Der Gebrauch, die Münzen mit Jahreszahlen nach der christlichen Zeitrechnung zu versehen, ist verhältnismäßig späten Datums. Die erste bekannte Münze, welche eine solche Zahl trägt, ist, anscheinend in Nachahmung der auf den Münzen der Araber vorkommenden Jahreszahlen, 1166 n. Chr. in Spanien geprägt worden. Sie trägt aber die Jahreszahl MCCIIII, da man damals in Spanien noch nach einer besonderen Ära (der sapharischen) zählte. Ferner führt Mader einen dänischen Denar an, auf welchem die (allerdings mangelhaft erhaltene) Jahreszahl 1248 gelesen wird. In Deutschland kam der Gebrauch, die Münzen mit Jahreszahlen zu versehen, zuerst in den Rheinlanden auf, und zwar findet man auf Aachener Groschen von 1403 ab und wenig später auf Münzen der rheinischen Kurfürsten fortlaufende Reihen von Jahreszahlen. Zunächst waren dieselben, unter Voransetzung von *anno Domini*, mit lateinischen Zahlenbuchstaben geschrieben. Die älteste Münze, welche die Jahreszahl in arabischen Ziffern zeigt, ist im Jahre 1424 in St. Gallen geprägt. Von den arabischen Zahlenzeichen auf Mittelaltermünzen weichen von ihrer heutigen Gestalt ab 4 = ᛟ, 5 = ˥ und 7 = Λ. Bei den Talern finden wir die erste Jahreszahl (1484) auf denjenigen des Erzherzogs Sigismund von Tirol. Allgemeiner wurde der Gebrauch, Jahreszahlen auf die Münzen zu setzen, erst im 16. Jahrhundert.

Schließlich sei noch die Zeitrechnung der französischen Revolution erwähnt, nach welcher vom 6. Oktober 1793 ab in Frankreich gezählt wurde und die auch auf den bis 1806 dort geprägten Münzen erscheint. Die Legende Napoléon Empereur für Bonaparte Premier Consul erscheint, wie bei dieser Gelegenheit bemerkt sein mag, seit der Proklamierung Napoleons zum Kaiser der Franzosen auf den Münzen, während die Legende République Française auf der Rückseite derselben erst 1808 der Aufschrift Empire Français Platz macht. Diese scheinbaren Anomalien erklären sich dadurch, daß man unter Empereur ursprünglich nichts anderes als die Würde des Imperators der römischen Republik verstand, deren Einrichtungen von der französischen Republik vielfach kopiert wurden, und daß Napoleon den Republikanern aus Klugheit noch so lange Konzessionen machte, bis er das napoleonische Kaisertum für genügend gefestigt hielt.

Wegen der durch Chronogramme dargestellten Jahreszahlen s. dieses Wort.

Jakobstaler sind Ausbeutetaler, welche der Herzog Friedrich Ulrich von Braunschweig-Wolfenbüttel in den Jahren 1633 und 1634 aus dem in der Grube St. Jakob zu Lautental gewonnenen Silber prägen ließ. Sie zeigen auf der Rückseite den Schutzheiligen Jakob in Pilgerkleidung sowie die Stadt Lautenthal mit der St. Jakobszeche und wurden in doppelten, sechsfachen und selbst sechzehnfachen Stücken ausgeprägt.

Jeton, vom franz. *jeter,* werfen, hinwerfen, hinlegen. Da man sich im Mittelalter, als die Rechenkunst noch in den Windeln lag, vielfach der Rechenbretter bediente und sich das Rechnen dadurch erleichterte, daß man auf dieselben Marken legte, so hat das Wort *jeter* weiterhin die Bedeutung von rechnen und *jeton* (altfranz. *gectoir*) die Bedeutung von Rechenpfennig erhalten. Auf dieselbe Weise ist auch die holländische Bezeichnung *Legpenning* für Rechenpfennig zu erklären. Die Rechenpfennige, deren Gebrauch bis in das 13. Jahrhundert reicht und sich von Frankreich auch nach Deutschland verbreitete, wurden ursprünglich einfach und aus unedlem Metall hergestellt. Da es jedoch üblich wurde, dieselben zu Geschenken, in Frankreich zu Neujahrsgeschenken (*jetons d'étrennes*) zu verwenden, so wurden sie häufig auch aus edlem Metall gefertigt. Als sich mit der Zeit der Gebrauch der Rechenpfennige verloren hatte, übertrug man den Ausdruck Jeton auf kleinere münzenähnliche Stücke, die gleich den Medaillen als Erinnerungszeichen dienen, die man jedoch wegen ihrer geringen Größe sowie wegen ihres flachen und weniger künstlerischen Gepräges von diesen unterscheiden will. Eine scharfe Trennung zwischen den Begriffen Jeton und Medaille besteht allerdings nicht. Weiteres über den deutschen Rechenpfennig s. unter Rait- oder Rechenpfennige.

Ikonographie oder Ikonologie (vom griech. εἰκών, eikon, das Bild) ist die Lehre von den Bildnissen ausgezeichneter Personen des Altertums im allgemeinen; sie umfaßt also nicht bloß die bildliche Darstellung derselben auf Gemälden, Münzen und Gemmen, sondern auch ihre Bildsäulen und Büsten. Neuerdings versteht man darunter, insbesondere unter dem Begriff Ikonologie, die Lehre von den bildlichen Darstellungen aus der griechischen und römischen Mythologie und von christlichen Heiligen sowie die Kenntnis ihrer Attribute, Symbole usw. Die Ikonographie ist eine wichtige Hilfswissenschaft der Numismatik, da die Erklärung mancher auf Münzen vorkommender Bilder durch die Vergleichung derselben mit anderen Kunstgegenständen wesentlich gefördert wird.

Imperator war ursprünglich ein Titel, welcher zur Zeit der römischen Republik dem mit der Führung eines Heeres außerhalb der Hauptstadt betrauten Oberfeldherrn beigelegt oder auch nach einem großen Siege demselben zuerkannt wurde und den Anspruch auf einen Triumph begründete. Auch Caesar und Augustus wurde der Titel Imperator gleich anderen Ehrentiteln vom Senat verliehen, demnächst nahmen aber die Kaiser denselben aus eigener Machtbefugnis als einen erblichen Titel an und setzten ihn vor ihren Namen. Der Titel wurde damit zur Bezeichnung der höchsten Machtfülle, und als im Jahre 800 der Papst Leo König Karl den Großen als den Nachfolger der alten römischen Kaiser und den oströmischen Kaisern ebenbürtigen Herrscher zum Kaiser krönte, ging auch der Titel Imperator auf ihn und die späteren deutschen Könige über, doch nahmen ihn dieselben nicht eher an, als bis sie in Rom vom Papste zum Kaiser gekrönt waren. Aus diesem Verhältnis läßt sich daher das Alter mancher mittelalterlicher Münzen der deutschen Könige bzw. Kaiser bestimmen, da vor der Kaiserkrönung neben dem Namen des Königs nur das Wort Rex und erst nach der Krönung der Titel Imperator erscheint. Maximilian I. war der erste deutsche König, welcher den kaiserlichen Titel ohne vorherige Krönung durch den Papst annahm, und das deutsche Königtum ging nun allmählich in das Kaisertum auf. Die Kaiserkrönungen fanden dann meist in Frankfurt a. M. statt. S. auch die Wörter Caesar, Kaiser und König, Kurfürsten.

Imperialis (numus, denarius) heißt kaiserliche Münze. Der Name wurde, ähnlich wie Real (s. d.) aus numus regalis (königliche Münze) entstanden ist, im 12. und 13. Jahrhundert ursprünglich den in Oberitalien in kaiserlichen Münzstätten oder den von oberitalischen Städten mit Genehmigung des deutschen Kaisers geprägten oder den Namen und Titel desselben tragenden, später auch anderen Münzen, auf welche diese Voraussetzungen nicht zutrafen (dem *denaro piccolo* oder *mezzanino*) als Sammelname beigelegt. In neuerer Zeit führt eine russische, unter der Kaiserin Elisabeth im Jahre 1745 zuerst geprägte Goldmünze im Werte von 10 Rubel den Namen Imperial. Seit 1817 werden in Rußland nur halbe Imperials, schlechthin ebenfalls Imperials genannt, = 5 Rubel Gold oder 5 Rubel 15 Kopeken Silber, im Werte von M. 16,20 geschlagen.

Incuse Münzen, numi incusi (eingeschlagene Münzen) werden solche Münzen genannt, welche auf der einen Seite ein erhabenes, auf der anderen ein vertieftes Gepräge zeigen. Sie sind wohl zu unterscheiden von den Brakteaten des Mittelalters, welche nur mit einem Stempel unter Verwendung ganz dünner Schrötlinge dergestalt geprägt sind, daß das Bild der Vorderseite auf der Rückseite vertieft erscheint. Bei den incusen Münzen des Altertums ist zwar häufig das vertiefte Bild der Rückseite dem erhabenen Bilde der Vorderseite ebenfalls ähnlich. Da jedoch die Stärke des Schrötlings das Durchdrücken des Stempelbilds kaum gestattete und die Darstellung der Rückseite oft von derjenigen der Vorderseite in Kleinigkeiten abweicht, manche Stücke auch auf der Vorder- und auf der Rückseite ganz verschiedene Darstellungen zeigen, so erübrigt nur die Annahme, daß die incusen Münzen mit zwei verschiedenen Stempeln, einem vertieft und einem erhaben geschnittenen geprägt worden sind. Auf diese Weise sind namentlich die ältesten Münzen großgriechischer Städte hergestellt, so: die Didrachmen von Tarent mit der Ähre, von Sybaris mit dem den Kopf wendenden Stier und von Kroton mit dem Dreifuß.

Inful, s. Mitra.

Inkunabeln, abgeleitet vom lat. *incunabula,* die Wiege, nennt man die frühesten Erzeugnisse der Buchdruckerkunst, und zwar aus der Zeit von der Erfindung derselben bis gegen Anfang des 16. Jahrhunderts. Sie bedeuten also so viel wie Wiegendrucke. Der Name wird auch angewandt auf die ältesten Taler, insbesondere auf diejenigen, welche gotische oder Mönchsschrift tragen und die daher auch Mönchsschrifttaler genannt werden.

Interimstaler. Während des Reichstags zu Augsburg im Jahre 1548 ließ Kaiser Karl V. einen Vergleich ausarbeiten, welcher von den Ständen auch zum Gesetz erhoben wurde und den Zweck haben sollte, bis zur endgiltigen Regelung der Religionsfrage zwischen Katholiken und Protestanten Frieden zu stiften. Mit Rücksicht darauf, daß also dieses Gesetz nur ein einstweiliges, vorübergehendes sein sollte, wurde es das Augsburger Interim genannt. Da indessen die Forderungen der Protestanten durch das Interim nicht befriedigt wurden, so fand seine Einführung bei denselben zähen Widerstand, und es wurde auch durch zahlreiche Streitschriften der evangelischen Theologen sowie durch Spottbilder eifrig bekämpft. Die Stadt Magdeburg, welche namentlich der Sitz der Gegner des Interims war, ließ sogar im Jahre 1549 eine Spottmünze auf dasselbe schlagen, einen inzwischen sehr selten gewordenen Taler, auf dessen Hauptseite die Taufe Christi dargestellt ist mit der Umschrift: Dit * is * min * leve * Son * den * Solt * gi * horen. Die Rückseite zeigt den Heiland und ein drachenartiges Ungeheuer mit drei Köpfen, von welchen einer die päpstliche Tiara und der zweite eine Narrenkappe trägt, während der dritte ein Engelskopf ist. Die Umschrift lautet: Packe di Sathan du Interim. Die Darstellung des dreiköpfigen Ungeheuers ist zweifellos einem gleichzeitigen Spottbilde entnommen, auf welchem dieses Ungeheuer einem Mörser entsteigt, während die darum stehenden Personen, welche die Tracht katholischer Geistlicher, von Gelehrten und auch Narren tragen, nach den auf dem Bilde ebenfalls angebrachten Noten singen: Selig ist der Mann, der Gott vertrauen kann, und willigt nicht ins Interim, denn es hat den Schalk hinter ihm, Hinterim. Die drei Köpfe des Ungeheuers sollen sich jedenfalls auf die Verfasser des Interims beziehen, die katholischen Theologen Julius Pflug und Weihbischof Helding, sowie auf den protestantischen Hofprediger des Kurfürsten Joachim II. von Brandenburg Johann Agricola.

Joachimstaler, s. Taler.

Isardukaten, s. Ausbeutemünzen.

Italische Bundesgenossen, Münzen derselben, s. Oskische Münzen.

Judäische Münzen. Die Juden hatten lange Zeit keine eigenen Münzen; sie bedienten sich vielmehr der Reihe nach der Münzen desjenigen Staates, dem sie unterworfen waren oder zu dem sie in einem Abhängigkeitsverhältnis standen, also der persischen, griechischen, syrischen, später der römischen Münzen. Erst nachdem ihnen im Jahre 138 v. Chr. vom Könige Antiochus VII. von Syrien das Münzrecht erteilt worden war, prägten sie die ersten Silbermünzen, Sekel genannt (s. d.) sowie Kupfermünzen. Nachdem im Jahre 63 v. Chr. Palästina den Römern tributpflichtig geworden war, scheinen Silbermünzen nicht mehr geprägt worden zu sein, da die Römer das Ausmünzen der edlen Metalle in allen ihnen unterworfenen Ländern grundsätzlich untersagten. Auch sind uns von Herodes dem Großen (40 v. Chr. bis 4 oder 5 n. Chr.) und seinen Nachfolgern tatsächlich bloß Kupfermünzen bekannt. Nur zu Zeiten, in welchen sich die Juden im Aufstande gegen die Römer befanden, kommen jüdische Silbermünzen vorübergehend wieder vor. So sind solche vielleicht während des ersten Aufstandes, welcher 66 n. Chr. begann und im Jahre 70 mit der Zerstörung Jerusalems endigte, namentlich aber während des zweiten Aufstandes von 132 bis 135 geprägt worden. Demnächst wurde in Jerusalem, nachdem es von Hadrian unter dem Namen Aelia Capitolina wieder aufgebaut worden war, eine römische Münzstätte eingerichtet, in welcher man bis in das dritte Jahrhundert Bronzemünzen prägte. Auch die Araber haben dort später Münzen schlagen lassen.

Judenkopfgroschen oder Judenköpfe ist eine volkstümliche Benennung, welche einer gewissen Gattung meißner von Friedrich II., dem Sanftmütigen († 1464), und Wilhelm III. († 1482) geprägten Groschen beigelegt wurde. Ihren Namen haben sie erhalten, weil auf der Rückseite dieser Groschen ein Helm mit dem meißnischen Helmkleinode, einem bärtigen Kopf mit spitzem Hut und Pfauenwedel, dargestellt ist, welchen ersteren der gemeine Mann mit einem Judenkopf verglich, wobei dahingestellt bleiben mag, ob dieser Vergleich auf den Bart oder auf den eigentümlich geformten Hut zurückzuführen ist, welcher der Kopfbedeckung ähnlich war, die zu damaliger Zeit von den Juden als unterscheidendes Merkmal von den Christen getragen werden mußte. Es liegt nahe, daß auf jenes Helmkleinod auch der sprichwörtlich gewordene „dumme Junge von Meißen" zurückzuführen ist. Von dem Helmkleinode hatten die Judenkopfgroschen auch den Namen Bartgroschen, bärtige Groschen oder Judenhüte.

Judenmedaillen nennt man große, flache Medaillen von Silber, welche im Wege der Prägung hergestellt und zum Teil mit dem Grabstichel leicht überarbeitet sind. Sie zeigen die Bildnisse fürstlicher Personen des Mittelalters, z. B. Kaiser Albrechts und seiner Gemahlin, König Karls VI. von Frankreich, Kaiser Maximilians I. und seiner Gemahlin Maria von Burgund mit einer Aufschrift, durch welche letzterer als Gründer des Reichskammergerichts gefeiert wird. Obgleich diese Medaillen sämtlich Mönchsschrift haben, läßt doch der Stil derselben leicht erkennen, daß sie nicht dem Mittelalter, sondern einer späteren Zeit ihre Entstehung verdanken. Dies wird durch den Umstand bestätigt, daß zu ihnen eine ganz denselben Charakter tragende Medaille Kaiser Ferdinands II. (1619—1637) und seiner Gemahlin Eleonora gehört. Man nimmt daher an, daß die gedachten Medaillen in der ersten Hälfte des 17. Jahrhunderts entstanden und daß sie von jüdischen Goldarbeitern in Prag — daher der Name Judenmedaillen — angefertigt worden sind.

Juno, s. Hera.

Jupiter, s. Zeus.

Justieren, vom lat. justus, gerecht, richtig, recht, heißt in der Münztechnik das Berichtigen der Münzen auf das normalmäßige Gewicht. Da es nämlich nicht möglich ist, die Zaine und infolgedessen auch die Schrötlinge in der Stärke und Schwere herzustellen, daß alle aus denselben geprägten Münzen genau das vorgeschriebene Gewicht haben, so werden letztere vor der Prägung einer bezüglichen Prüfung unterworfen. Dies geschah früher entweder *al marco* (s. d.), oder in der Weise, daß man die Schrötlinge auf einer kleinen Wage (Justierwage) wog und die zu leicht befundenen Stücke zum Wiedereinschmelzen ausschied, bei den zu schweren aber durch Abschneiden oder mittels einer Feile das überflüssige Metall entfernte. Auf manchen in dieser Weise justierten Münzen früherer Jahrhunderte sind sogar, wenn die Feile zu grob war und die Prägung nicht scharf genug ausfiel, die Feilstriche noch zu erkennen. Heutigentags bedient man sich zu dem nach dem jetzigen Stande der Prägetechnik nur noch bei Münzen von höherem Wertbetrage erforderlichen Justieren derselben höchst kunstvoller Justierwagen, welche nicht allein die zu leichten

Stücke selbsttätig auswerfen, sondern auch die zu schweren Stücke gleich nach ihrem Mehrgewicht sortieren. Ebenso fehlt es nicht an Maschinen, welche bei den zu schwer befundenen Schrötlingen die Abnahme des überschüssigen Metalls auf das genaueste besorgen.

Justus יהוה Judex, s. Hebräer.

K.

Kaiser und König, Deutscher. Das Wort Kaiser, althochd. *cheisar*, *keisur*, mittelhochd. *keiser*, got. *kaisar*, ist dem Lateinischen entlehnt und auf I. Caesar zurückzuführen, dessen Namen seine Nachfolger als Ehrentitel annahmen bzw. dem jeweiligen Mitregenten und Thronfolger verliehen. Nach dem Untergange des weströmischen Reiches lehnten sich die römischen Bischöfe, späteren Päpste, noch an das oströmische Kaisertum; seitdem sie aber in kirchlichen und weltlichen Fragen mit diesem zerfielen, suchten und fanden sie Hilfe beim fränkischen Königtum, welches seinerseits wieder durch seine Verbindung mit Rom an Macht und Ansehen in der gesamten abendländischen Christenheit gewann. Namentlich hatte Karl der Große, der Begründer eines großen Weltreichs, sich den Papst verpflichtet, und es war daher ebensowohl ein Akt der Dankbarkeit wie staatsmännischer Klugheit, als letzterer am Weihnachtstage des Jahres 800 in der Peterskirche dem großen Frankenkönige die Krone aufs Haupt setzte und ihn als Kaiser begrüßte. Durch die vom Papste in Rom vollzogene Krönung des deutschen Königs zum römischen Kaiser übertrug sich auf denselben der Begriff der obersten und allgemeinsten Fürstengewalt nicht nur in den Augen Deutschlands, sondern auch der gesamten abendländischen Christenheit, sowie das Schirmherrnamt über die römische Kirche. Seitdem wurde es Sitte, daß die deutschen Könige nach Rom zogen, um sich dort zum Kaiser krönen zu lassen, und daß sie erst, nachdem dies geschehen war, den Kaisertitel annahmen, Wir können daher bei vielen Kaisermünzen des Mittelalters, je nachdem dieselben neben dem Namen den Titel REX oder IMPERATOR tragen, mit ziemlicher Sicherheit bestimmen, ob sie vor oder nach der Romfahrt des Königs geprägt worden sind, oder ob derselbe, wie z. B. Rudolf von Habsburg zum römischen Kaiser überhaupt nicht gekrönt worden ist. Die deutschen Könige nennen sich auf ihren Münzen ebenfalls REX ROM(*anus*) oder REX ROM(*anorum*), bisweilen auch in Verbindung mit ELECTVS, also erwählter römischer König. Der Titel Kaiser wird in Urkunden wie auf Münzen selten mit Cäsar, sondern gewöhnlich mit dem auch bei den römischen Kaisertiteln an erster Stelle stehenden und die höchste Würde richtiger bezeichnenden IMPERATOR übersetzt.

Mit Ausgang des 15. Jahrhunderts war die Romfahrt nicht mehr Bedingung zur Erlangung der Kaiserwürde, denn Maximilian I. nahm dieselbe an, ohne vom Papst gekrönt worden zu sein. Er nannte sich daher erwählter römischer Kaiser und daneben noch Rex Germaniae. Das deutsche Königtum ging allmählich in das Kaisertum auf, wozu der Umstand wesentlich beitrug, daß die deutsche Kaiserkrone, zwei geringe Ausnahmen abgerechnet, bis zum Jahre 1806 ununterbrochen bei dem Hause Habsburg verblieb. An die Stelle der früheren Königswahl und der gewöhnlich darauf folgenden Kaiserkrönung trat die Kaiserwahl, welche von den sieben Kurfürsten (s. d.) vollzogen wurde. Die Krönung fand in Aachen, später in Frankfurt am Main statt. Bei dem Gebrauche, erst nach vollzogener Krönung den Titel als römischer Kaiser zu führen, blieb man stehen, doch nannte sich das jedesmalige Reichsoberhaupt nunmehr erwählter römischer Kaiser, allzeit Mehrer des Reichs, in Germanien König (Electus Romanorum Imperator, Semper Augustus, Germaniae Rex). War die Krönung noch nicht erfolgt, so lautete der Titel nur: erwählter römischer König. Auch kam es vor, daß noch bei Lebzeiten des Kaisers der Nachfolger desselben gewählt wurde. Derselbe führte dann den Titel römischer König (Rex Romanus oder Romanorum). Auf den Münzen der Kaiser aus dem Hause Habsburg erscheinen neben den auf diese Würde bezüglichen Titeln, soweit der Platz reicht und je nach dem die Münze für ein bestimmtes Kronland geprägt war, in mehr oder minder abgekürzter Form noch die übrigen Titel desselben, z. B. Hispaniae Hungariae Bohemiae Rex, Archidux Austriae, Dux Burgundiae, Marchio Moraviae, Comes Tyrolis.

Kaisergroschen wurden die früher in Österreich für die einzelnen Kronländer geprägten silbernen Dreikreuzerstücke genannt, welche auf der Hauptseite das Bild des Kaisers tragen und von denen 30 auf den Reichstaler, 20 auf den Gulden gerechnet wurden.

Kalendertaler, ein vom Papst Gregor XIII. auf die Verbesserung des Kalenders geprägter Scudo mit der Aufschrift ANNO RESTITVTO MDLXXXII.

Kammerherrentaler werden preußische Taler vom Jahre 1816 genannt, auf welchen der Königstitel in K. V. PREUSS. abgekürzt ist. Diese Abkürzung wurde scherzweise auf einen Kammerherrn von Preuss bezogen, welcher sich damals am preußischen Hofe befunden haben soll.

Kapitelsmünzen, s. Sedisvacanzmünzen.

Karat, der, Lehnwort von dem gleichbedeutenden ital. *carato,* franz. *carat,* früher Gewicht für Gold und noch heut Gewicht für

Edelsteine. In Deutschland war der Karat schon im Mittelalter der Maßstab, nach welchem man die Feinheitsgrade des Goldes bestimmte. Die Mark ganz reines Gold wurde in 24 Karat zu 12 Korn oder Grän geteilt; 16 karätiges Gold war daher solches, welches zu 8 Teilen oder zu einem Drittel mit anderem, geringerem Metall legiert war. S. auch Feingehalt, Mark.

Kardinalshut, *pileus* oder *galĕrus ruber.* Er ist ein flacher Hut mit breiter gestreifter Krempe und von roter Farbe, welcher ein Abzeichen der Kardinalswürde ist, aber nicht bei gottesdienstlichen Handlungen getragen wird. Zu beiden Seiten des Hutes hängen Schnüre mit je 15 Quasten herab. Diejenigen geistlichen Fürsten, welche Kardinäle waren, pflegten auf den Münzen als Zeichen ihrer Würde auch den Kardinalshut über ihrem Wappen anzubringen. Die Heraldik kennt außerdem noch ähnliche Hüte, jedoch von grüner Farbe und mit je 10 Quasten an den Seiten für den Erzbischof und von ebenfalls grüner Farbe mit je 6 Quasten für den Bischof.

Karolin, eine im Jahre 1732 zuerst vom Kurfürst Karl Philipp von der Pfalz geschlagene Goldmünze, welche von ihm den Namen erhalten hat und einen Wert von ungefähr $6^1/_2$ Talern Konventionsmünze besaß. Die Karolins wurden von benachbarten deutschen Staaten, zum Teil nach etwas abweichendem Fuße vielfach nachgeprägt. Auch einer von den Königen Karl Gustav, Karl XI. und Karl XII. von Schweden geprägten Silbermünze wurde der Name Karolin gegeben.

Karolingische Münzordnung. Eine der wichtigsten Regierungshandlungen Karls des Großen war die Einführung eines einheitlichen, allgemein giltigen Münzsystems. Dasselbe beruhte auf der Silberwährung, der Münzfuß auf dem von Karl ebenfalls neu eingeführten Gewichtssystem. Das karolingische Pfund ging aus dem bei den Franken üblichen römischen Pfunde von 327,45 Gramm hervor und wurde ebenso wie dieses in 12 Unzen eingeteilt, doch wog das karolingische etwas mehr als das römische Pfund, nämlich 367,2 Gramm. Die Münzeinheit bildete das Pfund reinen, oder wenigstens so reinen Silbers, wie man es bei dem damaligen Stande der Scheidekunst zu liefern vermochte, und war, ebenso wie es bei der Einführung des ältesten römischen Kupfergeldes der Fall gewesen ist, identisch mit der Einheit und Einteilung des Gewichts, denn man rechnete, wie noch lange nachher, bei Großzahlungen nach Pfunden (später auch Talente genannt) und Unzen. Aus dem Pfunde wurden 240 Denare geschlagen, welche also ein Normalgewicht von 1,53 Gramm hatten. Eine Zwischenstufe bildete der Solidus oder Schilling zu 12 Denaren, doch war derselbe nur Rechnungsmünze. Der Denar wurde später auch in Halbstücken, Obole oder Hälblinge genannt, seltener in Viertelstücken ausgeprägt. Gold wurde von Karl dem Großen und seinen Nachfolgern nicht vermünzt. Vgl. auch Denar.

Karthagische Münzen. Die wichtigste Kolonie der Phönizier war das um das Jahr 850 v. Chr. von tyrischen Auswanderern gegründete Karthago. Münzen, welche dieser Stadt mit unbedingter Sicherheit zugeteilt werden könnten, besitzen wir nicht; jedenfalls sind von den Karthagern in ihrer Heimat nur äußerst wenige Münzen und zwar in verhältnismäßig später Zeit geprägt worden. Dagegen hat unter der Herrschaft der Karthager in Sizilien eine umfangreiche Geldprägung stattgefunden. Die betreffenden Münzen tragen auf der einen Seite meist die schönen einheimischen Typen, so namentlich den schön geschnittenen Kopf der Demeter oder Persephone, auf der anderen Seite einen fruchttragenden Palmbaum (φοῖνιξ, das redende Wappen der Phönizier) und ein stehendes Pferd oder einen Pferdekopf. Die Aufschriften bestehen aus punischen Schriftzeichen.

Kartusche, s. Cartouche und Wappenschild.

Kassenmännchen, Kastenmännchen oder auch Kastemännchen war vor Einführung der deutschen Reichswährung am Niederrhein und in Westfalen die volkstümliche Benennung des früheren 2 Gute- oder 2½ Silbergroschenstücks. Die erste Hälfte des Namens ist vielleicht darauf zurückzuführen, daß diese Münze in großen Massen im Umlauf war und deshalb viel zu kleinen Zahlungen, namentlich an öffentlichen Kassen, früher auch Kasten genannt (z. B. Stadtkasten), benutzt wurde, während das „Männchen" auf den dem 2 Gute- oder 2½ Silbergroschenstück aufgeprägten Kopf des Münzherrn zu beziehen ist. Der Ausdruck Männchen ist noch heut am Niederrhein beliebt und wird oft für Mann gebraucht, auch wenn der Begriff des Kleinen, Unbedeutenden nicht damit verbunden ist. Zieht man ferner die Analogie in der Entstehung des Namens der trierer Petermännchen (s. d.) und der cölner Fettmännchen in Betracht, so ist es erklärlich, wenn auch die Bezeichnung Kassenmännchen in den Mund des Volks gelangt ist. In der Folge wurde dieser Name sämtlichen, also auch solchen 2 Gutegroschenstücken beigelegt, welche, wie namentlich die früher in großen Mengen kursierenden braunschweig-lüneburgischen 2 Gutegroschenstücke (mit dem springenden Pferd — auch Pferdchen genannt) gar nicht das Bild des Münzherrn trugen. Immerhin wird diese Erklärung des Namens Kassenmännchen mit Vorbehalt gegeben, da gerade die Ableitung volkstümlicher Namen, selbst wenn die Entstehung derselben nicht in zu ferner Zeit liegt, oft mit Schwierigkeiten verbunden ist. Im übrigen dürfte die Anwendung des Namens Kassenmännchen im gewöhnlichen Verkehr heut verschwunden sein, da es eine Münze, welche an deren Stelle hätte treten können, nicht mehr gibt. Bei der Beratung des Reichsmünzgesetzes im Reichstage trat man zwar von verschiedenen Seiten für die Herstellung eines 25 Pfennigstücks ein, als Ersatz für das beliebte alte $2^1/_2$Silbergroschenstück, doch wurde damals zugunsten der strengen Durchführung des Decimalsystems hierauf nicht eingegangen. Neuerdings ist man jedoch anderer Ansicht geworden, und wenn dieses Buch erscheint, haben die Rheinländer und Westfalen wahrscheinlich schon die Wiederauferstehung des Kassenmännchens zu feiern.

Katharinengroschen werden Groschen genannt, welche von Katharina, der Witwe Friedrichs des Streitbaren, Markgrafen von Meißen — er erlangte 1423 das Herzogtum Sachsen mit der Kurwürde — als Vormünderin ihrer Söhne Friedrich II. und Wilhelm III. geprägt worden sind. Sie gehören zur Gattung der schildigen Groschen (s. d.) und sind nur dadurch erkennbar, daß sie in der Umschrift die Anfangsbuchstaben von Katharinas und ihrer Söhne Namen (K∘F∘W∘) zeigen.

Kattersinken. Mit diesem Namen werden in Adam Bergs Münzbuch kleine, zum Teil einseitig geprägte, geringhaltige böhmische Silbermünzen verschiedenen Gepräges aus dem 16. Jahrhundert bezeichnet, deren „6 ein Creutzer, 360 ein Gulden thun". Die Ableitung des Namens, der jedenfalls ein Spottname war, ist unbekannt.

Kaurimuscheln, s. Geld.

Kehlpfennig, Kelpenning ist eine Münzbenennung, die in brandenburgischen Urkunden des Mittelalters vereinzelt vorkommt. Was für eine Münzgattung unter diesem Namen zu verstehen ist, ist noch nicht genügend aufgeklärt. E. Schröder weist in seiner (wohl noch nicht vollständig erschienenen) Abhandlung „Zu den märkischen Münznamen" (Zeitschrift für Numismatik, Band XXVI) die Annahme zurück, daß die Kelpenninge mit den Okelpenningen identisch seien und daß der erstgedachte Name auf einem Schreibfehler in den Urkunden beruhe bzw. durch Weglassung des O entstanden sei. Er neigt vielmehr zu der Ansicht, daß man unter Kehlpfennigen „gekehlte Pfennige", also die Brakteaten oder späteren Hohlpfennige verstanden habe. Ebenso habe man zu einer Zeit, zu welcher die flachen, zweiseitigen (Denar-) Gepräge und die Brakteaten nebeneinander umliefen und sich ablösten, für beide Arten charakteristische Bezeichnungen gehabt: für die ersteren *slehte*, d. s. glatte, schlichte, für letztere *strûbe*, d. s. rauhe Penninge (Straube- oder Straubspfennige). Auf letztere Wurzel sind jedenfalls auch unsere jetzigen Ausdrücke struppig und struppiert zurückzuführen.

Keration, s. Miliarense und Siliqua.

Kerbrand, s. Rand der Münzen.

Kippe, die. Unter dieser Bezeichnung versteht man im Münzhandel eine Art Ring, zu welchem sich nicht gewissenhafte Münzhändler bei Auktionen zusammenschließen, um die Preise der zur Versteigerung gelangenden Münzen zu drücken. Bei den unter den Beteiligten hinterher abgehaltenen Nachauktionen versteigern sie dann die erworbenen Münzen untereinander zu Preisen, welche ihnen beim Wiederverkauf einen hohen Gewinn sichern. Dieses verwerfliche Verfahren scheint indessen, da der Münzhandel an Reellität allgemein gewonnen hat, heut nur noch selten vorzukommen.

Kipper und Wipper nannte man die Münzverfälscher, welche zu Anfang des 30jährigen Krieges ihr Unwesen in Deutschland trieben und dadurch viel Elend über das Volk brachten. Die Bezeichnung leitet man gewöhnlich ab von kippen in der Bedeutung abschneiden und von wippen, d. i. wägen, weil die Münzverfälscher zunächst das gute Geld beschnitten und bei ihren Manipulationen sich der Wage bedienten. Diese Ableitung ist indessen nur halb richtig. Das Wort kippen hat allerdings u. a. die Bedeutung von abhauen, abschneiden und man sagt in manchen Gegenden Deutschlands beispielsweise noch heut: ich werde die Bäume oder Sträucher kippen. Es hat aber immer die Bedeutung oben abhauen, abschneiden, bedeutet also, auf den Baum angewandt, den Wipfel entfernen. Denn das Hauptwort Kippe bedeutet in erster Linie ebenso wie das zu demselben im Ablautsverhältnis stehende Kuppe und Kappe (Mütze) eine Spitze, dann das, was auf der Spitze oder Kante steht und daher das Gleichgewicht zu verlieren und umzuschlagen, „umzukippen“ droht. Kippe hat daher gleich dem niederdeutschen Wippe auch die Bedeutung Schaukel, wie Kinder sich dieselbe in einfachster Weise dadurch herstellen, daß sie ein Brett auf einen spitzen oder schmalen Stützpunkt legen und, indem sie sich auf die Enden des Brettes setzen, demselben eine schaukelnde Bewegung geben. Von dieser schaukelnden, spielenden Bewegung, welcher ein an einen festen Stützpunkt in der Mitte angebrachter Gegenstand ausgesetzt ist, sobald derselbe an einer Seite beschwert oder angestoßen wird, hat Kippe daher endlich auch die Bedeutung Wagebalken und dann auch Wage erlangt. In dieser Bedeutung ist das Wort zwar weniger bekannt; es steht aber fest, daß den Kippern oder Kipperern, wie die Münzverfälscher genannt wurden, zunächst nicht das Beschneiden, sondern das Aufwechseln des guten Geldes zur Last gelegt wurde. Denn, wie es in Grimm, Deutsches Sprachwörterbuch, heißt, „bei der alten einfachen Art des Münzens fielen notwendig die einzelnen Stücke an Gehalt sehr ungleich aus, und es war längst ein einträgliches, für unredlich angesehenes Geschäft, die über den Nennwert haltenden Stücke auszuwägen und einzuschmelzen. Das wird in Stadtrechten oft verboten, z. B. in dem von Goslar: *we pennenge vorleset* (ausliest) *unde de swaren ut denne lichten tüdt* (zieht), *dat is duve* (*diube*, Diebstahl); die überwichtigen heißen niederdeutsch *utwippende*, die auf der Wage den Balken „auswippen" machen; wippen ist eigentlich das Schwanken, Schnellen des Wagebalkens wie kippen. Jene silbernen Pfennige von überwiegendem Gehalte können daher auch „auskippende" heißen, und das niederdeutsche *ûtkippen* genau besehen und aussuchen, auch bloß *kippen*, niederl. *uitkippen* stammt wohl daher, eig. aussuchen mit der Wage, wie das auch auswippen heißt, z. B. in einer kursächs. Münzverordnung Anfang des 17. Jahrh.: *das sich etliche betriegliche kramer . . . der probir- und windöfen zum granaliren auswippen, schmelzen und dergleichen münzverfälschungegebrauchen*, nachher wird es auch auswägen genannt."

Kippen und Wippen haben also die gleiche Bedeutung, nämlich des Wägens oder Wiegens, wie dies in einem der vielen in der Kipperzeit entstandenen Spottlieder aus dem Jahre 1622 deutlich hervortritt:

Sie mauscheln ja und wechseln ein
nichts darf sich blecken lan . . .
die kip die wip, die kip die wip!
sie lieferns in die Münz geschwind,
kippens nach der mark dahin
und nehmen zehenfachen gewinn
mit dem losen münzergsind.

Opel und Cohn, 30jähr. Krieg.

Ferner heißt es in einem anderen Liede aus derselben Zeit:

Hört zu, itzt wolln wir singen
ein neues liedelein
von kipp- und wippers-gesinde,
was das für vogel sein.
die kip die wip, die kip die wip
sie sind gar hoch geflogen usw.

Auffallend ist in diesen Liedern der Kehrreim *die kip die wip, die kip die wip.* Man glaubte nämlich in dem Rufe der Wachtel den Namen der „Kipper und Wipper" zu hören, und der Pöbel rief ihnen daher das *kippdiewipp* nach, wie er etwa noch heut hinter den Juden das „Hep Hep" und hinter dem Schneider „Mek Mek" herschreit. Eine das Kipperunwesen schildernde Flugschrift vom Jahre 1621 führt sogar den Titel: *Kippediwip oder Wachtelgesang, d. i. warhaftige . . namensabbildung, wie . . das schändliche heillose gesindlein der guten münzausspäher und verfälscher . . in dem wachtelschlag . . namhaft gemacht werden.* Weller S. XXVI.

Am meisten blühte das Unwesen der Kipper und Wipper in den Jahren 1621—1623, und man nennt daher diese Zeit die Kipperzeit, die in derselben geprägten, ganz geringhaltigen Münzen Kippermünzen. Die gedachte Münzverschlechterung, welche in der Geschichte kaum ihresgleichen besitzt, trat indessen nicht etwa ganz plötzlich ein, sondern ihre Vorläufer reichen

Jahrhunderte weit zurück (s. Schinderlinge); die Münzverschlechterung vollzog sich zur Kipperzeit nur so allgemein und in solchem Maße, wie nie zuvor. Der Grund der schon früher häufig bemerkbaren Münzverschlechterung ist in erster Linie darin zu finden, daß sich die Zahl der münzberechtigten Fürsten, Herren und Städte im Laufe der Zeit ungemein vermehrt hatte, daß die meisten derselben das Münzrecht als eine Einnahmequelle betrachteten, und daß es üblich wurde, die Ausübung desselben an Unternehmer zu hohen Preisen zu verpachten. Am meisten war die Scheidemünze dieser sich allmählich vollziehenden Verschlechterung ausgesetzt, da dieselbe in den einzelnen Gebieten Deutschlands nach den verschiedensten Systemen geschlagen wurde und am leichtesten in den Verkehr gebracht werden konnte, auch für die Münzherren und Münzmeister den meisten Gewinn abwarf. Aus dem Silber des Talers, der ursprünglich 24, später 36 Groschen galt, wurden daher zur Kipperzeit bis zu 360 Groschen gemünzt. Die Scheidemünze war schließlich in solcher, das Bedürfnis weit übersteigender Menge vorhanden, daß auch Großzahlungen in derselben geleistet werden mußten, während der Taler, welcher unter der allgemeinen Münzverschlechterung noch am wenigsten litt, soweit er nicht zum Zwecke der Umprägung in geringhaltige Scheidemünze zur Einschmelzung gelangte, vom Eigentümer zurückgehalten wurde und fast ganz aus dem Verkehr verschwand. Eine interessante, auf Flugblättern und Broschüren der Jahre 1620 bis 1624 sowie auch auf späteren Schriften des 17. Jahrhunderts über das Münzwesen beruhende Darstellung der Kipperzeit gibt Gustav Freytag im Band III seiner Bilder aus der deutschen Vergangenheit. S. auch Heckemünzen.

Kirchenpfennige sind Marken, deren Entstehung darauf zurückzuführen ist, daß in die Klingelbeutel häufig falsche oder ganz schlechte Münzen gelegt wurden. Um diesem Unfuge zu steuern, kam man im 17. Jahrhundert in einigen Kirchspielen Kursachsens und später auch in der Oberlausitz (Meffersdorf, Schwerta, Volkersdorf) auf den Gedanken, Marken von Kupfer oder Messing, sogenannte Kirchenpfennige herzustellen, welche bei den betreffenden Kirchen eingewechselt und anstatt baren Geldes in die Klingelbeutel gelegt wurden.

Klappmützentaler, s. Taler.

Kleinasien, im Westen vom Mittelländischen, im Norden vom Schwarzen Meere, östlich von Mesopotamien nud südlich von Syrien begrenzt, wurde im Altertum von verschiedenen Völkerschaften bewohnt und zerfiel in eine Reihe von Landschaften und Staaten, deren wichtigster Lydien war. An der Westküste und auf den derselben vorgelagerten Inseln hatten die Griechen schon frühzeitig zahlreiche Kolonien gegründet, welche schnell zu hoher Blüte gelangten. Über die ältesten kleinasiatischen Münzen s. Älteste Münzen. Mit der Zerstörung des lydischen Reiches 546 v. Chr. kam Kleinasien unter die Herrschaft der Perser, und nach Besiegung derselben durch Alexander den Großen (334—330 v. Chr.) wurde es mit Ausnahme einiger Landschaften am Schwarzen Meer dem Weltreiche desselben einverleibt. Nach dem Zerfall dieses Reiches beim Tode Alexanders 323 v. Chr. entstand in Kleinasien eine Reihe kleiner selbständiger Landschaften und Staaten, die zum Teil von Königen beherrscht wurden. Die wichtigsten waren Bithynien, Cappadocien, Pontus und Bosporus, Mysien, Pergamum, Galatien, Armenien, Parthien und im äußersten Osten Bactrien und Indien mit halbgriechischer Kultur. Die beiden letztgenannten Länder gehören zwar nicht mehr zu Kleinasien, mögen aber hier mit genannt sein. Außerdem gab es an der Küste des Mittelländischen und Schwarzen Meeres sowie im Innern Kleinasiens eine große Menge freier Städte, welche ebenso wie die Könige aller vorgenannten Länder zahlreiche Münzen nach griechischem Muster und meist auch mit griechischer Aufschrift geprägt haben.

Kleinod, mittelhochd. Kleinôt heißt ursprünglich kleines Ding, Kleinigkeit. So werden u. a. in vielen Gegenden Deutschlands bei den Fleischern die kleineren, sowie die inneren und geringeren Teile des Schlachtviehs, als Füße, Kaldaunen, Herz usw. noch heut Kleinot genannt. Auch für allerhand Kraut und Gemüse, geringes Hausgerät usw. wurde früher die Bezeichnung Kleinot oder Kleinet angewandt. In edlerem Sinne verstand man unter Kleinod allerhand feine und zierliche Kunstarbeiten, namentlich Goldschmiedearbeiten, Schmucksachen und Geschmeide, wie solche vom Hausherrn dem Gaste, von dem Ritter der Dame als Geschenk, oder vom Fürsten verdienten Männern als Ehrengabe zuteil wurden. Insbesondere war es im 16. und 17. Jahrhundert üblich, daß die Fürsten Männern, welche sie auszeichnen wollten, eigens für diesen Zweck hergestellte Medaillen, sogenannte Gnadenpfennige, verliehen, welche oft mit kunstvollen Einfassungen in Gold und Edelsteinen versehen waren und ähnlich wie unsere heutigen Orden an Ketten um den Hals getragen wurden. Auch die in früheren Jahrhunderten von Schützengilden zur Auszeichnung guter Schützen geprägten talerartigen Medaillen und Klippen wurden Kleinode genannt. Die Kleinode sind für den Numismatiker ebenfalls von Interesse und werden wegen ihrer Seltenheit, Schönheit und Kostbarkeit oft mit außerordentlich hohen Preisen bezahlt. S. auch Medaillen und Schießtaler.

Unter Helmkleinoden (s. d.) versteht man in der Heraldik Figuren (Hörner, Flügel, Schirmbretter, Hüte, Federn, Fahnen,

Menschen und Tiere), welche dem Wappen entnommen und zur Verzierung des Helms in plastischer Form auf demselben angebracht sind.

Klinkhaert, s. Chaise d'or.

Klippe nennt man in der Numismatik jede goldene, silberne oder auch in unedlem Metall hergestellte Münze oder Denkmünze, welche von der üblichen runden Form abweicht und die Gestalt einer viereckigen, manchmal auch einer drei-, sechs-, achteckigen Scheibe hat. Besonders häufig finden wir Not- und Belagerungsmünzen, welche in Klippenform hergestellt sind, was sich dadurch erklären läßt, daß die Anfertigung der Schrötlinge in eckiger Form weniger schwierig war, als die Anfertigung runder Schrötlinge. Die Not- und Belagerungsklippen bestehen daher auch oft nur aus roh hergestellten Metallstücken, auf deren einer Seite in der Mitte oder in den Ecken kleine Stempel eingeschlagen sind. Dagegen weisen die namentlich im 17. Jahrhundert in Deutschland hergestellten Gedächtnisklippen meist ein zweiseitiges und oft künstlerisch ausgeführtes Gepräge auf. Von Kurrentmünzen nähern sich manche deutsche Denare des Mittelalters, namentlich die bayrischen, der viereckigen Form, zu deren Herstellung offenbar die Schere angewandt wurde; auch in der Schweiz wurden eine Zeitlang viereckige Brakteaten geschlagen. In Deutschland kommen eigentliche Klippen erst seit dem 16. Jahrhundert vor.

Der Name wird häufig auf das Eckige des Felsens, der Klippe zurückgeführt, stammt aber von dem schwedischen Wort *Klippa*, d. i. mit der Schere schneiden, daher *Klipping*, die Münze. Tatsächlich kommen auch in Skandinavien die ältesten und meisten Münzen in der Form von Klippen vor. Zuerst wurden solche um das Jahr 1460 unter König Christian I., in besonders großem Umfange aber Anfang des 16. Jahrhunderts von Christian II. ausgegeben, welcher deswegen spottweise Kong Klipping genannt wurde. Von ganz ungewöhnlicher Größe und Schwere waren die im 17. und 18. Jahrhundert in Schweden in viereckiger Form hergestellten Kupferdaler (s. d.).

Klippwerke nennt man Vorrichtungen, welche früher bei der Münzprägung mit dem Hammer benutzt wurden, um auch bei Ausführung mehrerer Schläge einen möglichst deutlichen Abdruck zu erzielen, und die darin bestanden, daß man den Oberstempel in einer Führung schieberartig auf- und niedergehen ließ. Dadurch wurde zwar das Auftreffen des Oberstempels auf der alten Stelle bequemer und sicherer erreicht als beim Prägen aus ganz freier Hand, das Vorkommen von Fehlern aber nicht vollkommen verhindert.

Knackkuchen, Knapköken ist ein Spottname, welcher rheinischen und anderen Goldgulden in Friesland vom Volkswitz beigelegt wurde, weil der Dreipaß, in welchem sich das Wappen befindet, mit der Form eines dort üblichen, obigen Namen führenden Gebäcks Ähnlichkeit hatte.

Knäs = Herr, ein in den slavischen Sprachen vorkommendes Wort, dem wir zuerst als Titel auf den Münzen des Wendenfürsten Jakza begegnen. Auch auf Münzen serbischer Fürsten des Mittelalters kommt dieser Titel vor. Die russischen Fürsten nannten sich ebenfalls Knäs, die Großfürsten unter Hinzufügung des Wortes *weliki* (groß).

Knopfförmige Brakteaten, s. Brakteaten.

Knopfzwanziger, s. Zwanziger.

König, lat. *rex,* griech. βασιλεύς (Basileus), ital. *re,* span. *rey,* franz. *roi,* engl. *king,* war schon im frühesten Altertum der Titel eines Staatsoberhaupts. Das Wort König ist abgeleitet vom althochd. *kuning, chuning, kunig,* mittelhochd. *kuning, künic, künec.* Deutscher König s. Kaiser und König.

Körtling. Der Name ist jedenfalls von Groschen, niederdeutsch Grot, Deminutivum Grötling, woraus unter Umstellung des **r** dann Görtling und schließlich Körtling entstanden ist, abzuleiten. Er bedeutet also ein Gröschlein, Gröschel oder einen Groschenteil. Ein Analogon aus neuerer Zeit finden wir in dem schlesischen Gröschel oder Greschl (s. d.), welcher den vierten Teil des früheren böhmischen Kaisergroschens oder Dreikreuzerstücks darstellte. Die Schlußsilbe *ing* in Körtling ist die noch heut im Norden Deutschlands, namentlich in Mecklenburg gebräuchliche Deminutivendung für *chen* oder *el,* z. B. Kinding für Kindchen oder Kindel, Handing für Händchen oder Händel. Tatsächlich ist auch der Körtling ein im 16. Jahrhundert vorzugsweise in Norddeutschland üblicher Name für eine Münze, welche einen Groschenteil oder kleinen, geringeren Groschen darstellt. In Adam Bergs Münzbuch (1597) werden kleine Silbermünzen der Städte Eimbeck, Göttingen, Hameln, Nordheim, Hannover als Körtlinge zum Werte von drei Pfennigen oder als Münzen bezeichnet, deren „84 einen Gulden thun“. Auch kurmainzischen, magdeburgischen, halberstädter und kursächsischen Münzen, welche letztere sonst unter dem Namen Dreier bekannt sind, wird von dem Genannten die Bezeichnung Körtling beigelegt.

Kometentaler ist eine Münze, welche von der Stadt Straßburg aus Anlaß der Übergabe derselben an Frankreich im Jahre 1681 geprägt wurde. Sie trägt auf der einen Seite das Bild eines Kometen, welcher das Jahr vorher sich am Himmel gezeigt hatte und mit dessen Erscheinen, dem damaligen Aberglauben entsprechend, das darauf folgende Unglück der Stadt — am 30. September 1681 ward dieselbe von den Franzosen besetzt — in Zusammenhang gebracht wurde.

Konstantinische Münzordnung. Im Laufe des 3. Jahrhunderts n. Chr. war eine allmähliche Verschlechterung des römischen Münzwesens eingetreten. Namentlich war die Silbermünze immer geringhaltiger geworden und schließlich fast zur Kupfermünze herabgesunken. Die Kaiser Aurelian und Diocletian machten zwar den Versuch, die herrschenden Übelstände zu beseitigen, hatten jedoch keinen dauernden Erfolg. Dagegen erwarb sich Konstantin der Große (323—337) das Verdienst, daß er ein neues Goldstück einführte, welches Jahrhunderte lang die ganze kultivierte Welt beherrschte. Es war dies der Solidus (d. i. Ganzstück) im Gewichte von $^1/_{72}$ Pfund = 4,55 Gramm. Teilstücke des Solidus waren der Triens oder Tremissis von 1,52 Gramm und der Semis von 2,27 Gramm. Gleichzeitig wurde ein neues Silberstück geprägt, welches als $^1/_{1000}$ des Goldpfundes gelten sollte und daher den Namen Miliarense führte. Seit Constantius II. wurden nach Abschaffung des Antoninianus (s. d.), welcher bisher noch im Kurse gewesen war, die Siliqua oder $^1/_2$ Miliarense = $^1/_{24}$ des Solidus und die Halbsiliqua = $^1/_{48}$ Solidus Silberscheidemünzen. S. auch Miliarense, Triens, Siliqua.

Kontermarken, s. Gegenstempel.

Kontributionsmünzen nennt man solche Münzen, welche bei vorhandenem Mangel an barem Gelde von Städten und Landschaften eigens zu dem Zwecke geprägt wurden, um die ihnen vom Feinde auferlegten Kriegskontributionen zu zahlen. In der Not verwandte man oft das Silber der Bürger und selbst Kirchengefäße zur Herstellung dieser Münzen. Vergl. das Wort Chronogramm, unter welchem die Beschreibung eines Kontributionstalers gegeben ist.

Konventionsfuß, s. Münzkonventionen.

Kopeke, russ. Kopiejka, eine Scheidemünze, die in Rußland im 16. Jahrhundert anfänglich aus Silber in kunstlosester Weise hergestellt wurde, indem man auf kleine Silberklümpchen oder Tropfen den Stempel schlug. Dieselben dehnten sich unter der Wirkung des Hammerschlages zwar in die Breite aus, aber nicht weit genug, um das ganze Bild des Stempels (St. Georg) bzw. die Inschrift des Gegenstempels vollständig aufzunehmen. Die solchergestalt hergestellten Münzen werden auch Tropfkopeken genannt. Der Name Kopeke wird von *kopjó* d. i. Spieß, Lanze, abgeleitet, da diese Waffe von den einzelnen Teilen des den heiligen Georg darstellenden Münzbildes wohl am besten erkennbar war. Seit dem 17. Jahrhundert werden die Kopeken in Kupfer ausgeprägt (100 Kopeken = 1 Rubel).

Kopfstück ist eine volkstümliche Benennung, welche mehrfach Münzen beigelegt worden ist, die den Kopf oder das Brustbild des Münzherrn zeigen. Der Name findet sich häufig bei früheren Schriftstellern und wurde namentlich auf die nach dem

Konventionsfuß geprägten Stücke zu 20 Kreuzern = 5 Batzen angewandt. Auch die bremischen Sechsteltaler- oder 12 Grotestücke, sowie die dänischen 20 Schillingstücke wurden Kopfstücke genannt. Gleichbedeutend ist der Name *teston* (s. d.).

Korinthischer Münzfuß, s. Griechische Münzfüße.

Korn, früher das kleinste Goldarbeitergewicht, dem ein Getreidekorn (*granum*), insbesondere das Gerstenkorn zum Grunde lag. 12 Korn oder Grän (franz. *grain*) waren = 1 Karat, 24 Karat = 1 Mark oder 8 Unzen = 16 Lot. Auch das Gewicht der Münzen wurde in alten Zeiten nach Gerstenkörnern bestimmt. So heißt es im Basler Bischofsrecht (aus dem 13. Jahrhundert): *Zem viuve sol man ouch die pfenninge versüechen, unde üb* (ob, wenn) *man archwênich vint dâ amme schillinge gebresten unde abeganges zwei gerstenchorn, daz ist der valsch* (Falschmünzung), d. h. wenn man an einem Schilling, also bei 12 Pfennigen, ein Mindergewicht von 2 Gerstenkörnern feststellt, so soll dies nachgelassen, wenn das Mindergewicht aber mehr als 2 Gerstenkörner beträgt, so soll dies als Falschmünzung angesehen werden.

Später wurde das Korn ein vom Kaiser vorgeschriebenes Normalmünzgewicht, wie sich aus einer Urkunde des Kaisers Ludwig vom Jahre 1339 ergibt, durch welche er zwei Bürgern seine Frankfurter Münze für Heller überträgt: *nach dem korn, daz wir unsern amptlüten, schribern und den versuchern antwurten, darnach sie slahen süllen ... daz di münz der haller also bei irm rechten beleib ... und nach dem korn, als wir* (wie wir es) *in geantwurt haben.*

Noch später, jedenfalls in Folge des Legierens des Münzmetalls änderte sich der Begriff, und man verstand unter Korn nicht mehr ein Gewicht, sondern, wie noch heut, den Feingehalt der Münze. So heißt es im Münzvertrage von 1409 zwischen Baden, Pfalz, Speyer: *wenn die selb (silberin münz) durch gelegenheit der land und mancherlei sachen* (Ursachen) *nit auf ein gemein korn durch alle land zu bringen ist* usw. (Nach Grimm). S. auch die Wörter Schrot und Feingehalt.

Koselgulden werden Gulden Augusts des Starken, Königs von Polen und Kurfürsten von Sachsen aus den Jahren 1706 und 1707 genannt, auf deren Rückseite die seitlich eingebogenen Schilde mit dem polnischen und dem sächsischen Wappen dicht nebeneinandergestellt sind und die sich von anderen Gulden des genannten Fürsten nur dadurch unterscheiden, daß in den zwischen den Schilden entstandenen, sonst leeren Zwischenraum ein Punkt gesetzt ist. Man bringt diese Abweichung, die offenbar nur ein Münzzeichen oder bei Herstellung des Schrötlings entstanden ist, mit einem zweideutigen Scherz Augusts des Starken mit der Gräfin Kosel in Verbindung, der dazu beigetragen hat, manche Münzsammler, die auf oftmals ganz bedeutungslose Stempelverschiedenheiten Wert legen, zur Erwerbung von Koselgulden anzuregen.

Kreditmünzen sind Münzen, deren gesetzlicher oder Nennwert erheblich höher ist, als ihr Metallwert. Zu den Kreditmünzen gehören daher nicht nur die Scheidemünzen in Nickel und Kupfer, sondern zu denselben sind in den Ländern der Goldwährung auch diejenigen Teile der in denselben geltenden Einheitsgoldmünze zu rechnen, welche wegen ihres geringen Wertes nicht in Gold hergestellt werden. In diesem Sinne sind z. B. die deutschen 1-, 2-, 3- und 5-Markstücke sowie die 50-Pfennigstücke als Kreditmünzen anzusehen, da der Silberwert des Markstücks hinter dem Werte der Goldmark, d. i. des zehnten Teils des im Zehnmarkstück enthaltenen Goldes erheblich zurückbleibt. Der Staat gibt die Kreditmünzen mit Zwangskurs aus, d. h. er erzwingt die Annahme derselben zu dem ihnen beigelegten Nennwert, darf aber, wenn anders geordnete Münzverhältnisse erhalten werden sollen, dergleichen Münzen nicht in einer das Bedürfnis des Kleinverkehrs übersteigenden Menge prägen. Dieser Grundsatz ist leider infolge der Gewinnsucht der Münzherren in früheren Zeiten vielfach unbeachtet geblieben und hat dann oft zu einer vollständigen Zerrüttung des Münzwesens der betreffenden Staaten geführt. S. auch Scheidemünzen.

Kreiseinteilung Deutschlands. Schon die Kaiser Wenzel und Albrecht II. hatten den Versuch gemacht, das Reich in mehrere Kreise zu teilen, aber erst im Jahre 1500 auf dem Reichstage zu Cöln und 1512 auf dem Reichstage zu Worms gelang es dem Kaiser Maximilian I., die längst angestrebte Kreiseinteilung zu schaffen. Nach derselben zerfiel Deutschland bis zum Aufhören des römisch-deutschen Reiches in 10 Kreise, nämlich den österreichischen, burgundischen, niederrheinischen (Kurkreis), fränkischen, bayrischen, schwäbischen, oberrheinischen, westfälischen, obersächsischen und niedersächsischen Kreis. Nicht eingeschlossen in diese Teilung waren Böhmen, Schlesien, Mähren, die Lausitzen, das Land der Eidgenossen (Schweiz), die Grafschaft Mömpelgard und eine Anzahl kleine Gebiete sowie die unmittelbare Reichsritterschaft. Leider wurde bei dieser Reichseinteilung der Zusammengehörigkeit der einzelnen Volksstämme und der geographischen Lage der Länder und Gebiete nicht im geringsten Rechnung getragen, sondern man ließ dabei lediglich das dynastische Prinzip obwalten und wies sämtliche ein und demselben Reichsstande gehörigen Gebiete, gleichviel wo dieselben lagen, einem Kreise zu. So kam es, daß beispielsweise der burgundische Kreis durch das dazwischen liegende zum westfälischen Kreise gehörige Bistum Lüttich in zwei Teile gespalten wurde; Stadt und Gebiet Erfurt sowie das Eichsfeld wurden, weil zu Mainz gehörig, dem niederrheinischen Kreise zugewiesen, Pommern gehörte zum obersächsischen Kreise, während innerhalb des letzteren einzelne Teile des niedersächsischen Kreises z. B. Luckenwalde, der Saalkreis des Herzogtums Magdeburg, die Reichsstadt Nordhausen, das Amt Klötze und selbst einige mecklenburgische Dörfer als Enklaven lagen. Am meisten zerstreut waren die einzelnen Teile des niederrheinischen Kreises. Im wesentlichen gehörten

1. zum österreichischen Kreise: die Länder des Erzhauses Österreich, nämlich das Erzherzogtum Österreich, das Herzogtum Steiermark, das Herzogtum Kärnten, das Herzogtum Krain, der österreichische Anteil an der Markgrafschaft Histerreich (Istrien) das österreichische Friaul, das Küstenland (Litorale), die gefürstete Grafschaft Tirol, die vorarlbergischen Herrschaften und Vorderösterreich (das österreichische Breisgau und Schwäbisch-Österreich); ferner das Hochstift Trient, das Bistum Brixen, die dem Deutschen Orden gehörenden Balleien Österreich und Etsch am Gebirge in Tirol, sowie die Herrschaft Trasp.

2. Zum burgundischen Kreise gehörten ursprünglich nur diejenigen Teile der burgundischen Lande, welche der Erzherzog Maximilian von Österreich durch seine Verheiratung mit Karls des Kühnen Tochter Maria erwarb. Später kamen noch mehrere Gebiete hinzu, doch rissen sich die Provinzen Geldern, Holland, Seeland, Utrecht, Friesland Overyssel und Gromingen von der habsburgisch-spanischen Herrschaft los und gründeten die Republik der vereinigten Niederlande (die Generalstaaten), zu welchen dann noch Teile der Herzogtümer Brabant und Limburg, der Grafschaft Flandern und des Oberquartiers von Geldern sowie die Stadt Maastricht kamen. Auch im Südwesten gingen bedeutende Teile an Frankreich verloren, so daß der burgundische Kreis, welcher seit dem Rückfall seiner Länder von Spanien an das österreichische Haus gewöhnlich die österreichischen Niederlande genannt wurde, im achtzehnten Jahrhundert nur noch aus einem Teile des Herzogtums Brabant, der Herrschaft Mecheln, Teilen der Herzogtümer Limburg, Luxemburg und Geldern, einem Teile der Grafschaft Flandern und endlich aus Teilen der Grafschaften Hennegau und Namur bestand.

3. Der niederrheinische Kreis, auch Kurkreis genannt, weil zu ihm die Gebiete von vier Kürfürsten gehörten, umfaßte Kurmainz mit Stadt und Gebiet Erfurt sowie mehreren Herrschaften, Kurcöln mit der Grafschaft Recklinghausen und dem Herzogtum Westfalen, Kurtrier, Kurpfalz, das Fürstentum Aremberg, die Deutschordensballei Coblenz, die Herrschaft Beilstein, die Grafschaft Nieder-Isenburg und die Burggrafschaft Rheineck.

4. Der fränkische Kreis bestand aus den Bistümern Bamberg, Würzburg und Eichstedt, der Residenz Mergentheim nebst den dazu gehörigen Ämtern und der Ballei Franken des Deutschen Ordens, ferner aus den Fürstentümern Bayreuth und Ansbach, den gefürsteten Grafschaften Schwarzenberg und Henneberg, dem Fürstentum Hohenlohe, den Grafschaften Kastell, Werthheim, Rieneck und Erbach, den Herrschaften Limburg, Seinsheim, Reichelsberg, Wiesentheim, Welzheim und Hausen, sowie aus den Reichsstädten Nürnberg, Rothenburg a. d. Tauber, Windsheim, Schweinfurt und Weißenburg.

5. Zum bayrischen Kreise gehörten das Erzbistum Salzburg, die Hochstifte Freising, Regensburg und Passau, das Herzogtum Bayern nebst der Oberfalz, die Fürstentümer Neuburg und Sulzbach, die gefürstete Landgrafschaft Leuchtenberg, die gefürstete Grafschaft Sternstein, die gefürstete Propstei Berchtesgaden, drei in der Stadt Regensburg befindliche gefürstete Abteien, die Grafschaften Haag und Ortenburg, dieHerrschaften Ehrenfels, Sulzburg und Pyrbaum, Hohenwaldeck und Breiteneck sowie die freie Reichsstadt Regensburg.

6. Zum schwäbischen Kreise gehörten die Bistümer Konstanz und Augsburg, die gefürstete Propstei Ellwangen, die gefürstete Abtei Kempten, das Herzogtum Württemberg und Teck, die Markgrafschaft Baden, die fürstlich hohenzollernschen Lande, die gefürsteten Abteien Lindau und Buchau, die gefürstete Grafschaft Thengen, die Lande des fürstlichen und landgräflichen Hauses Fürstenberg, die Grafschaft Oettingen, die gefürstete Landgrafschaft Klettgau, das Fürstentum Liechtenstein, die gefürstete Grafschaft Friedberg-Scheer, die Abteien Salmansweiler, Weingarten, Ochsenhausen, Elchingen, Yrsen, Ursperg, Kaisersheim, Roggenburg, Roth, Weißenau, Schussenried, Marchthal, Petershausen, Wettenhausen, Zwiefalten, Gengenbach Heggbach, Gutenzell, Rottenmünster, Baindt und Neresheim, mehrere Kommenden der Deutschordensballei Elsaß und Burgund, die Herrschaften Wiesensteig, Tettnang und Urgen, die Graf- und Herrschaften der Truchsesse von Waldburg, die Lande der Grafen zu Königsegg, die Herrschaften Neindelheim und Schwabeck, die Grafschaften Eberstein, Hohenembs, Bonndorf und Hohengeroldseck, die schwäbischen Lande der Fürsten und Grafen Fugger, die Herrschaften Iustingen, Eglofs, Thannhausen und Eglingen sowie die Reichsstädte Augsburg, Ulm, Eßlingen, Reutlingen Nördlingen, Schwäbisch Hall, Überlingen, Rottweil, Heilbronn, Gemünd, Memmingen, Lindau, Dinkelsbühl, Biberach, Ravensburg, Kempten, Kaufbeuren, Weil, Wangen, Isny, Leutkirch, Wimpfen, Giengen, Pfullendorf, Bnchhorn, Aalen, Bopfingen, Buchau, Offenburg, Gengenbach und Zell am Hammersbach.

7. Der oberrheinische Kreis bestand aus den Hochstiften Worms, Speyer, Straßburg, Basel

und Fulda, dem dem Johanniterorden gehörigen Fürstentum Heitersheim, der gefürsteten Abtei Prüm, der Propstei Odenheim, den Fürstentümern Simmern, Lautern, Veldenz, Zweibrücken, Waldeck und Hersfeld, der Landgrafschaft Hessen, bestehend aus der eigentlichen Landgrafschaft Hessen und der Grafschaft Katzenellnbogen, der gefürsteten Grafschaft Salm, einem Teile der fürstlich nassauischen Lande, den Grafschaften Sponheim, Hanau-Münzenberg, Königstein, Ober-Isenburg, Wittgenstein, Falkenstein, Krichingen und Wartenberg, den Landen des fürstlichen und gräflichen Hauses Solms, der Wild- und Rheingrafen, der Fürsten und Grafen zu Leiningen, den Herrschaften Hanau-Lichtenberg, Reipoltskirchen, Bretzenheim, Dachstuhl, Ollbrück und Münzfelden, sowie aus den Reichsstädten Worms, Speyer, Frankfurt a. M., Friedberg und Wetzlar. Folgende Gebiete, welche ebenfalls zum oberrheinischen Kreise gehörten, fielen im Laufe der Zeit an Frankreich: der größte Teil des Bistums Straßburg, die Bistümer Metz, Toul und Verdun, die gefürstete Abtei Murbach, die Abtei Münster im Gregoriental, das Herzogtum Lothringen (welches übrigens später zum burgundischen Kreise gerechnet wurde) und Bar, die Grafschaft Bitsch, die österreichischen Besitzungen im Oberelsaß und verschiedene andere elsassische Herrschaften, die Landvogtei Hagenau mit den zehn ehemaligen Reichsstädten des Elsaß Hagenau, Rosheim, Oberehnheim, Landau, Weißenburg, Schlettstadt, Kolmar, Münster im Gregoriental, Kaisersberg und Türkheim, sowie die Reichsstädte Metz, Toul, Verdun und Straßburg.

8. Zum westfälischen Kreise gehörten die Hochstifte Münster, Paderborn, Lüttich und Osnabrück, die Herzogtümer Jülich, Cleve, Berg und Oldenburg, die Grafschaften Mark und Ravensberg, die Fürstentümer Minden, Verden, Mörs und Ostfriesland, die fürstlich nassauischen Lande des westfälischen Kreises, die Abteien Corvey, Stablo und Malmedy, Werden, Cornelismünster, Essen, Horn und Herford, die Grafschaften Wied, Sayn, Schaumburg, Lippe, Bentheim, Steinfurt, Tecklenburg, Lingen, Hoya, Virneburg, Diepholz, Spiegelberg, Rietberg, Pyrmont, Gronsfeld, Reckheim, Holzapfel, Blankenheim und Gerolstein, Kerpen und Lommersum, Schleiden, Hallermund und Fagnolles, die Herrschaften Anhalt, Winneburg und Beilstein, Wittem, Eiß und Schlenacken, Gehmen, Gimborn und Neustadt, Wickerath, Mylendonk und Reichenstein, sowie die Reichsstädte Cöln, Aachen und Dortmund.

9. Zum obersächsischen Kreise gehörten das Kurfürstentum Sachsen, die Mark Brandenburg, und zwar die Kurmark mit der Altmark, Priegnitz, Mittelmark und Ukermark sowie der Neumark mit dem Lande Sternberg, dem Herzogtum Crossen und den Herrschaften Cottbus

und Peiz, ferner die Lande der sachsen-ernestinischen Linie, die Lande der Fürsten von Hatzfeld (die niedere Grafschaft Gleichen, die niedere Herrschaft Kranichfeld und die Herrschaft Blankenhayn), die Fürstentümer Querfurt, Anhalt und Schwarzburg, die Abteien Quedlinburg und Gernrode, das Stift Walkenried, die Grafschaften Mansfeld, Stolberg und Wernigerode, Barby und Hohenstein, die Herrschaften der Fürsten und Grafen Reuß und der Fürsten und Grafen Schönburg sowie das Herzogtum Pommern.

10. Zum niedersächsischen Kreise gehörten die Erzbistümer, späteren Herzogtümer Magdeburg und Bremen, die Kurlande des Hauses Braunschweig-Lüneburg, bestehend aus den Fürstentümern Lüneburg oder Celle, Grubenhagen und Calenberg, ferner das Fürstentum, spätere Herzogtum Wolfenbüttel, die Bistümer, späteren Fürstentümer Halberstadt, Lübeck und Schwerin, die Herzogtümer Mecklenburg-Schwerin und Mecklenburg-Güstrow, Holstein und Sachsen-Lauenburg, das Bistum Hildesheim, die Fürstentümer Ratzeburg und Blankenburg, die Grafschaft Rantzau sowie die Reichsstädte Lübeck, Hamburg, Bremen, Goslar, Mühlhausen und Nordhausen.

Außer den oben angeführten Ländern und Gebieten, bei deren Aufzählung im wesentlichen Carl Wolff „Die unmittelbaren Teile des ehemaligen römisch-deutschen Kaiserreiches“ zugrunde gelegt ist, sowie neben der unmittelbaren Reichsritterschaft gab es noch viele kleine Herrschaften und Städte, selbst Dörfer und einzelne Bauernhöfe, welche unmittelbar unter Kaiser und Reich standen, in die Kreiseinteilung aber nicht eingeschlossen waren. Zieht man ferner in Betracht, daß die Gebiete der reichsfreien Fürsten und Herren infolge Erbteilung oft längere oder kürzere Zeit in mehrere Teile gespalten waren, so wird es nicht wundernehmen, daß Deutschland zur Zeit seiner größten Zerrissenheit in mehr als 1800 reichsunmittelbare Teile zerfiel. Die Zahl der Stände, welche auf den Reichstagen teils Virilstimmen, teils Anteil an Curiatstimmen hatten, betrug indessen nur 296.

Die Einteilung Deutschlands in 10 Kreise ist dem Bedürfnis entsprungen, die Verfassung des Reiches, welches durch innere Fehden zerrissen und von auswärtigen Feinden, namentlich den Türken, hart bedrängt wurde, zu reformieren. Zur Unterdrückung der Fehden wurde zunächst unter Maximilian der allgemeine Landfriede verkündet. Um aber denselben aufrechtzuerhalten bzw. Widerspenstige zu zähmen und das Reich nach außen stark zu machen, bedurfte es neben finanzieller auch militärischer Mittel. Die Schaffung der Kreiseinteilung hatte daher in erster Linie den Zweck, ein geregeltes Wehrsystem herzustellen und die Beschlüsse der Reichsgerichte zur Durchführung zu bringen. Jeder Kreis sollte seinen kreisausschreibenden Fürsten haben, welcher alle an den Kreis eingehende Sachen annahm, die Versammlung der Kreisstände (Kreistage) leitete usw., sowie seinen Kreisobersten, welcher den Befehl und die Oberaufsicht über die Kriegsmacht des Kreises führte. Die Kreistage wurden indessen nicht regelmäßig zusammenberufen und kamen in einzelnen Kreisen bald gänzlich ab. Auch zur Wahl der Kreisobersten kam es nicht überall. Von einzelnen der hierzu gewählten Fürsten scheint jedoch dieser Würde besonderer Wert beigelegt worden zu sein, denn sie haben sich auf ihren Münzen als Kreisobersten bezeichnet.

Für die Geschichte des deutschen Münzwesens ist die Kenntnis der Kreiseinteilung von Wichtigkeit, weil im Jahre 1571 die Aufsicht über dasselbe den Kreisen übertragen wurde. Näheres hierüber siehe unter Kreismünzstätten.

Auch für den Münzsammler ist die Kreiseinteilung insofern von Interesse, als durch dieselbe in manchen Fällen die Übereinstimmung bzw. Nichtübereinstimmung der in verschiedenen Gebieten herrschenden Münzsysteme erklärt wird und auch die Einteilung mancher Sammlungen und mancher wissenschaftlich geschriebener Münzkataloge, z. B. Thomsen, Band II, auf der ehemaligen Kreiseinteilung beruht.

Kreismünzstätten. Da die Reichstagsbeschlüsse, welche zur Beseitigung der im deutschen Münzwesen herrschenden Willkür und Unordnung erlassen wurden, keinen oder wenigstens keinen dauernden Erfolg hatten, so wurde im Jahre 1551 die Aufsicht über das Münzwesen den Kreisen überwiesen. Zu diesem Zwecke sollten Kreismünzstätten eingerichtet werden, in welchen die einzelnen Berechtigten ihr Münzmetall ausprägen lassen sollten. Auch wurden in einzelnen Kreisen Münz- und Probierordnungen erlassen, nach welchen letzteren auf sogenannten Probationstagen eine regelmäßig wiederkehrende Probation, d. h. Prüfung der Münzen dahin zu erfolgen hatte, ob sie von gesetzmäßigem Schrot und Korn waren. Man hatte jedoch von vornherein insofern einen großen Fehler begangen, als denjenigen Münzherren, welche eigene Bergwerke besaßen, gestattet wurde, das aus denselben gewonnene Metall nach wie vor in ihren eigenen Münzstätten auszuprägen. Der Erfolg, welcher von der Überweisung der Aufsicht über das Münzwesen an die Kreise erwartet wurde, blieb daher ebenfalls aus, zumal auch solche münzberechtigte Reichsstände, welche nur gekauftes Metall oder sogenanntes Pagament (s. d.) vermünzen lassen konnten, die bezüglichen Kreistagsbeschlüsse wenig beachteten und die strenge Durchführung der letzteren infolge der Uneinigkeit der Kreisstände und wegen Mangels an Exekutionsmitteln in der Regel unterblieb. Immerhin traten einige Kreismünzstätten wirklich in Tätigkeit.

Kreuz, lat. *crux*. Dasselbe war bei den Völkern des Altertums, insbesondere bei den Persern, Griechen, Römern und Karthagern ein Werkzeug zur Vollstreckung einer grausamen Todesstrafe, welche nicht bloß über Verbrecher, sondern auch über Kriegsgefangene verhängt wurde. So ließ Alexander der Große nach der Eroberung von Tyrus Tausende von Bewohnern dieser Stadt kreuzigen. Anfangs bestand das Kreuz aus einem einzigen Balken, an welchem der Verbrecher befestigt wurde; dann wurde an dem obersten Ende ein Querbalken angebracht und, als es später Sitte wurde, das Vergehen des Verbrechers oder dessen Name, Geburtsort usw. über seinem Kopfe zu vermerken, wurde der senkrecht stehende Pfahl über den Querbalken hinaus verlängert, so daß das Kreuz nunmehr die Form erhielt, unter welcher wir uns dasselbe gewöhnlich vorstellen.

Nachdem Christus den Kreuzestod gestorben war, wurde das Kreuz zu einem heiligen Zeichen erhoben. Konstantin der Große, welcher nach Besiegung des Maxentius zum Christentum übertrat, nahm das Kreuz in das Labarum (s. d.) auf. Seitdem ist das Kreuz das Symbol des Christentums geblieben, und es wurde solches auf Gräbern, an Kirchen, Häusern, Straßen usw. häufig angebracht. Auch auf den Münzen der oströmischen Kaiser finden wir fast immer das Kreuz, und es ist dann während des ganzen Mittelalters die auf den Münzen der christlichen Staaten am häufigsten vorkommende Darstellung geblieben — eine Sitte, die den auf das Religiöse gerichteten Sinn der Münzherren wie des Volkes damaliger Zeit charakterisiert. Auch auf späteren Münzen kommt das Kreuz noch oft vor. Die Form desselben wurde allmählich eine sehr verschiedene; auf Mittelaltermünzen finden wir auch oft in den Winkeln des Kreuzes die Buchstaben C-R-V-X oder P-A-X oder andere Buchstaben und Zeichen, als Sternchen, Punkte, kleine Kreuzchen usw. Weiteres s. unter Kreuzformen.

Kreuzer, böhm. *Krejcar*, slavon. *Krajcar*, ungar. *Krajczár*, ist ursprünglich eine kleine Silbermünze, welche von dem ihr aufgeprägten Kreuz den Namen erhalten hat. Auch ist die noch übliche abgekürzte Schreibweise xr auf das Kreuz zurückzuführen. In lateinisch geschriebenen Urkunden des Mittelalters wird der Kreuzer *cruciger*, *crucifer*, *cruciatus* genannt, wobei *denarius* zu ergänzen ist. Die Zeit der Entstehung des Kreuzers ist das 13. Jahrhundert, sein Vaterland Tirol, nach welchem die ältesten Kreuzer (mit zwei Kreuzen, welche dergestalt übereinandergelegt sind, daß die Balken des oberen Kreuzes in die Winkel des unteren fallen) auch den Namen Etschkreuzer oder Meraner Kreuzer erhielten. Der Kreuzer fand namentlich in Süddeutschland und in Österreich-Ungarn allgemeine Verbreitung und war im Verein mit dem Pfennig und

Heller die wichtigste deutsche Scheidemünze. Die gedachten drei Münzen standen zueinander im allgemeinen im Wertverhältnis von 1:4:8.

Kreuzfahrermünzen. Bekanntlich wurden von den Kreuzfahrern nach der Eroberung des heiligen Landes im Jahre 1099 mehrere Reiche: das Königreich Jerusalem, die Grafschaften Tripolis und Edessa, das Fürstentum Antiochia, sowie später das Königreich Cypern gegründet. In allen diesen Reichen, welche allerdings zum Teil nur kurzen Bestand hatten, prägten die betreffenden Fürsten Münzen in verschiedenen Metallen nach dem Muster ihres Heimatlandes, welche den oben gedachten Namen erhalten haben.

Kreuzformen. Die Formen des Kreuzes, welche auf Münzen und in den auf denselben befindlichen Wappen vorkommen, sind sehr mannigfaltig. Die gleichschenkeligen Kreuze teilt man im allgemeinen in anstehende, d. s. solche Kreuze, bei welchen die Arme den Schildesrand oder den Rand der Münze berühren und in schwebende oder abgeledigte Kreuze, d. s. solche, bei denen dies nicht der Fall ist. Die wichtigsten Kreuzformen sind folgende:

Lateinisches oder Passions-Kreuz. Der Querbalken ist kürzer als der Längsbalken und im oberen Teile desselben angebracht.

Griechisches Kreuz mit vier gleich langen, sich rechtwinkelig durchschneidenden Armen.

Antonius- oder ägyptisches, auch alttestamentliches Kreuz oder vom griechischen T Taukreuz genannt, gleicht dem lateinischen Kreuz, bei welchem der obere Arm fehlt.

Andreaskreuz ist ein liegendes Kreuz, dessen gleich lange Arme zwei spitze und zwei stumpfe Winkel bilden, es hat also die Form eines X.

Schächer- oder Gabelkreuz mit zwei nach oben stehenden Querbalken, hat die Form eines Y.

Krückenkreuz, gleichschenkeliges Kreuz mit kurzen, krückenähnlichen Balken an den vier Armen.

Wiederkreuz, gleichschenkelig; die Arme laufen in kleine Kreuze aus.

Jerusalemskreuz ist ein Krückenkreuz, in dessen Winkeln sich je ein kleines Kreuzchen befindet.

Patriarchen- oder erzbischöfliches Kreuz hat zwei Querbalken, von welchen der untere länger ist als der obere. Es ist also ein Doppelkreuz.

Päpstliches Kreuz hat drei Querbalken, die von oben nach unten in der Länge zunehmen.

Burgundisches Kreuz gleicht dem Andreaskreuz.

Kleeblattkreuz. Die Arme laufen in Kleeblätter aus.

Ankerkreuz. Die Enden der Arme teilen sich ankerförmig in zwei Spitzen.

Hakenkreuz. An die Balkenenden ist rechtwinkelig je ein kurzer Balken gelegt.

Peterskreuz hat die Form eines umgekehrten lateinischen

Kreuzes und den Namen von dem heiligen Petrus, welcher der Legende nach bei seinem Martyrium bat, daß er nicht wie der Heiland, sondern mit dem Kopfe nach unten gekreuzigt würde.

Faden- oder Zwillingsfadenkreuz, aus vier rechten Winkeln, mit parallel laufenden dünnen Schenkeln zusammengesetzt.

Portugiesisches Kreuz. An den Balkenenden befinden sich mehrere kurze Balken von zunehmender Länge oder je ein abgeschrägter Fuß.

Malteserkreuz, achtspitzig, Abzeichen der Ritter des Johanniter- bzw. Malteserordens. Dieselben trugen dieses Kreuz Weiß auf Schwarz, die Tempelherren Rot auf Weiß und die Deutschordensritter Schwarz auf weißem Mantel.

Deutschordenskreuz, schwarzes Kreuz auf weißem Felde, dasjenige der Hochmeister dieses Ordens, belegt mit einem silbernen Blumenkreuz und dieses wieder belegt mit dem preußischen Adlerschilde.

Außerdem kommen noch verschiedene Kreuze vor, deren Form sich durch den Namen erklärt, z. B. das Astkreuz, aus knorrigen Baumstämmen gebildet, das Lilienkreuz, dessen Balken in Lilien enden, das Blumenkreuz, dessen Balken mit Blumen und Blättern verziert sind, das Steckkreuz mit zugespitztem unteren Ende, das Hermelinkreuz, aus vier Hermelinschwänzen bestehend, das Stufenkreuz, dessen Arme stufenartige Ansätze haben, das Nagelspitzkreuz, welches an einem Balkenende einen kleinen dreieckigen Ansatz hat, ferner das Genfer Kreuz (rot in weißem Felde) und die Kreuze, deren Balken teils in geraden, teils in geschweiften Linien breit auslaufend, namentlich bei Ordensdekorationen vielfach Anwendung finden. Auch Rauten, Wecken, Kugeln werden mitunter in Kreuzform gestellt.

Erwähnt seien auch noch die zuerst auf den Tiroler Kreuzern (Etschkreuzern) vorkommenden übereinandergelegten oder Doppelkreuze, von welchen das eine so auf dem anderen angebracht ist, daß die Balken des oberen mitten in die Winkel des unteren Kreuzes fallen. Auch das Wappen von Kurmainz, das achtspeichige Rad, ist ursprünglich nichts anderes als ein Doppelkreuz, um welches später ein Ring (Glorienschein) gelegt worden ist, ebenso der Karfunkel, das Clevesche Wappen, doch hat letzteres später die Form eines Sterns erhalten, da bei ihm die Balken der übereinandergelegten Kreuze nicht verbunden, sondern an den Enden mit Lilien besetzt worden sind.

Kreuzgroschen werden markgräflich meißnische Groschen genannt, welche von Friedrich dem Streitbaren geprägt wurden und sich von den späteren Fürstengroschen (s. d.) nur dadurch unterscheiden, daß sich über dem Löwenschilde ein kleines Kreuz befindet. Zu bemerken ist hierbei, daß, obgleich Friedrich bereits im Jahre 1423 vom König Sigismund das Herzogtum Sachsen und die Kurwürde erhielt, weder auf seinen noch auf den Münzen seiner Nachfolger hierauf Bezug genommen wird. Der Titel DVX SAXONIAE erscheint vielmehr erst seit Wilhelm III. († 1482) und der Titel ELECTOR noch später auf den Münzen der Herzöge von Sachsen.

Den Namen Kreuzgroschen führen auch die im 14. und 15. Jahrhundert von dem Deutschen Ritterorden in Preußen in großen Mengen geprägten Silbermünzen, welche auf der einen Seite das Ordenskreuz, auf der andern Seite das Hochmeisterkreuz (s. Kreuzformen) tragen.

Kreuztaler, s. Albertustaler.

Kriegsaugustdor, s. Augustdor.

Kriegsmünzen. Während heutigen Tages dem Staate beim Mangel an barem Gelde, namentlich während wirtschaftlicher Krisen oder zu Kriegszeiten, oder auch zur Durchführung großer wirtschaftlicher Unternehmungen und von Kriegsrüstungen, in der Ausbildung der Steuern und des Anleihewesens, namentlich aber in der Ausgabe von Staatsnoten bequeme Behelfe zur Verfügung stehen, um sich die erforderlichen Zahlungsmittel zu verschaffen, griff man früher in Kriegszeiten zu dem bedenklichen Auswege, daß man den Fuß der eigenen Münze verschlechterte oder gar die Münzen fremder Staaten unter Herabsetzung ihres Gehalts nachprägte. Man nennt die aus solchem Anlaß hergestellten Münzen Kriegsmünzen. Das bekannteste Beispiel sind die sogenannten Ephraimiten (s. d.).

Krönungs- und Huldigungsmünzen sind Denkmünzen, welche auf die Krönung bzw. Huldigung eines Herrschers geprägt sind. Sie gehören zu den kurrenten Münzen und unterscheiden sich von diesen nur dadurch, daß sie auf die Krönung oder Huldigung bezügliche Darstellungen und Aufschriften tragen. Im weiteren versteht man unter Krönungsmünzen jetonartige, aus gleichen Anlässen hergestellte Stücke von Silber, die nach uralter Sitte unter das Volk gestreut und daher auch Auswurfmünzen, *missilia* (s. d.), genannt wurden.

Krone, franz. *couronne,* engl. *crown,* vom lat. *corona,* Kranz, abgeleitet. Derselbe galt schon im frühen Altertum als eine Belohnung für hervorragende Leistungen und Verdienste. Bekannt ist, daß bei den Griechen die olympischen Sieger mit einem Kranz von Zweigen des heiligen Ölbaums ausgezeichnet wurden. Auch bei den Römern gehörten Kränze zu den militärischen Auszeichnungen, und zwar wurde die vornehmste derselben, die *corona triumphalis,* ein Lorbeerkranz, anfänglich aus einfachen Lorbeerblättern, später aus solchen von Gold bestehend, dem siegreichen Feldherrn, welchem ein Triumph bewilligt worden war, verliehen. Andere Kronen waren die Mauerkrone, *corona muralis,* welche ebenfalls von Gold war und demjenigen verliehen wurde, welcher zuerst die Mauern einer belagerten Stadt erstieg; sie hatte daher die Gestalt von Mauerzinnen. Ähnlich waren die *corona castrensis* oder *vallensis* für denjenigen, welcher zuerst den Wall eines feindlichen Lagers betrat, und die mit Schiffsschnäbeln besetzte *corona navalis* für denjenigen, welcher in der Seeschlacht zuerst ein feindliches Schiff erstieg. Die aus Gras bestehende *corona obsidionalis* wurde dem Feldherrn von einer belagerten Stadt überreicht, die er entsetzt hatte. Endlich ist noch die *corona civica* (Bürgerkrone) aus Eichenlaub zu erwähnen, welche für die Rettung eines Bürgers bewilligt wurde und daher die Inschrift *ob civem servatum* trug. Diesen Kranz mit der abgeänderten Inschrift *ob cives servatos* finden wir auch wiederholt auf Münzen der ersten römischen Kaiser, womit der Senat bzw. die betreffenden Münzmeister denselben offenbar haben schmeicheln wollen. Cäsar und die ihm folgenden Kaiser nahmen als Abzeichen ihrer Würde dauernd den Lorbeerkranz an, und wir finden daher den Kopf dieser Kaiser auf den Münzen sehr häufig mit dem Lorbeerkranze geziert. Daneben erscheint auf den Dupondien (s. d.) der Kaiserzeit und auch auf den Antoninianen (s. d.) die S t r a h l e n k r o n e, ein mit langen, nach oben stehenden Spitzen besetzter Reif.

Die Krone der fränkischen und germanischen Könige bestand ursprünglich nur aus einem goldenen Reif. Später wurde derselbe mit Edelsteinen besetzt und in Anlehnung an das Vorbild des Kranzes mit aufgesetzten Blättern oder auch mit Kreuzen verziert. Die jetzigen Kronen bestehen aus dem Reif und den über denselben sich erhebenden Bügeln oder Zierraten: Zinken mit Perlen, Blättern, Lilien, Kreuzen.

In der Heraldik spielen die Kronen eine wichtige Rolle. In derselben sind die Helmkronen, welche nur zur Verbindung des Kleinods (s. d.) mit dem Helm dienten, sowie die Kronen, welche die Schild- und Kleinodfiguren häufig tragen, wohl zu unterscheiden von den R a n g k r o n e n. Letztere stehen auf dem Schilde an Stelle des Helms und haben den Zweck, die Würde des Wappeninhabers anzudeuten. Man unterscheidet K a i s e r- und K ö n i g s k r o n e n, G r a f e n-, F r e i h e r r e n- und g e w ö h n l i c h e A d e l s k r o n e n.

Die Krone des ehemaligen r ö m i s c h - d e u t s c h e n K a i s e r r e i c h s besteht aus 8, oben abgerundeten, abwechselnd mit Perlen und Edelsteinen besetzten bzw. mit Emailbildern verzierten Schildchen, deren vorderstes ein ebenfalls mit Edelsteinen besetztes Kreuz trägt. Von vorn nach hinten verläuft ein perlenbesetzter Bügel, welcher aber erst im 13. Jahrhundert hinzugekommen ist. Die Krone selbst, welche mit den anderen Reichskleinodien in der kaiserlichen Schatzkammer zu Wien aufbewahrt wird, soll von Karl dem Großen herrühren, ist aber in Wirklichkeit erst im 11. Jahrhundert in Sizilien angefertigt worden. Auf den Wappen erscheint diese Krone nicht, sondern die sogenannte Hauskrone, ein edelsteinbesetzter, mit Blättern und Zinken verzierter Reif, über den sich drei Bügel von vorn nach hinten hinziehen. Der mittlere trägt den Reichsapfel, während die anderen beiden derart ausgefüllt und mit dem Reif in Verbindung gebracht sind, daß das Ganze eine mützenartige Form erhält. Ähnlich ist die österreichische Kaiserkrone. Die jetzige deutsche Kaiserkrone ist der Krone des ehemaligen Deutschen Reiches ähnlich, unterscheidet sich jedoch von letzterer dadurch, daß sie über den Schildchen vier in der Mitte zusammenlaufende Bügel hat, welche den Reichsapfel tragen.

Die Königskronen, welche auch Großherzoge, Erzherzoge und Herzoge, zuweilen selbst Füısten führen, bestehen meist aus einem mit Edelsteinen und acht Blättern verzierten goldenen Reif, aus welchem acht perlenbesetzte Bügel oder Spangen, von denen in der Abbildung fünf sichtbar sind, nach oben zusammenlaufen und den Reichsapfel tragen. Von ganz abweichender Form sind die ungarische Krone, welche nur 2 niedrige Bügel hat und aus einem mit niedrigen, teils halbrunden, teils dreieckigen Schildchen besetzten Stirnreif besteht, aus welchem goldene Ketten mit kleeblattartig gefaßten Edelsteinen herabhängen, ferner die böhmische Krone, welche ebenfalls zwei niedrige Bügel und vier über dieselben hinausragende große Lilien hat, endlich die lombardische oder sogenannte eiserne Krone, welche nur in einem einfachen breiten, mit Emailblumen verzierten goldenen Reif besteht und den letztgedachten Namen davon erhalten hat, daß sich in der innern Seite desselben ein eiserner, aus einem Nagel vom Kreuze Christi geschmiedeter Reif befindet.

Im übrigen sind die Formen der Königskronen auf den Wappen nicht feststehend, sondern sie werden oft willkürlich abgeändert und mehr oder weniger ornamental behandelt. Dies gilt auch von den Adelskronen. Im allgemeinen hat sich jedoch in Deutschland folgendes eingebürgert. Die Grafen führen eine Krone mit sechzehn Kugeln oder Perlen, von denen neun, die Freiherren eine solche mit zwölf Perlen, von denen sieben, und die Ritter und andern Edelleute eine solche mit acht Perlen, von denen fünf sichtbar sind.

Zu den kronenartigen Kopfbedeckungen bzw. Abzeichen der Würde ihres Trägers gehören auch die Kurfürsten-, Herzogs- und Fürstenhüte. Dieselben waren ursprünglich purpurne Mützen mit einem oben meist bogenförmig ausgeschnittenen Besatz (Aufschlag) von Hermelin, welches Pelzwerk früher das am meisten geschätzte war. Später überwölbte man diese Mützen mit perlenbesetzten Bügeln, welche durch einen Reichsapfel geschlossen wurden. Die Zahl der Bügel war verschieden. Der Kurfürstenhut hatte anfänglich einen, später fünf, der Fürstenhut drei vorn sichtbare Bügel. Wegen der päpstlichen dreifachen Krone und der Bischofsmützen s. Tiara, Mitra.

Krone, eine in Frankreich, England (vgl. Couronne und Crown) sowie in Dänemark schon früher vorkommende Münzbenennung. Auch in den Ländern des ehemaligen deutschen Münzvereins gab es eine Münze, Krone genannt, welche 10 Gramm feines Gold enthielt und einen Wert von M. 27,90 hatte. Sie paßte daher nicht in das herrschende Münzsystem und war eine bloße Handelsmünze, die bald wieder verschwunden ist. Heut wird die Benennung Krone verschiedenen Gold- bzw. Silbermünzen beigelegt in Deutschland, Österreich, in den Ländern der skandinavischen Münzkonvention sowie in Großbritannien (*Crown*) und Portugal (*Corôa*).

Kronentaler wurden in der zweiten Hälfte des 18. Jahrhunderts für die österreichischen Niederlande geschlagen. Sie tragen auf der Rückseite ein verziertes Andreaskreuz, in dessen drei oberen Winkeln je eine Krone angebracht ist, während in dem vierten, unteren Winkel sich der Orden des goldenen Vließes befindet. Außerdem gab es französische und andere Kronentaler, welche entweder nach dem ihnen aufgeprägten Bilde einer Krone oder weil sie nach dem Fuße der österreichischen Kronentaler (Brabanter Kronentaler) geprägt waren, ihren Namen erhielten.

Kronigte, Crönichte Groschen sind den Kreuzgroschen (s. d.) ähnliche Groschen des Markgrafen Friedrich II. (des Sanftmütigen) von Meißen aus der Mitte des 15. Jahrhunderts, welche sich von letzteren nur dadurch unterscheiden, daß sich über dem Löwenschilde statt des Kreuzchens eine Krone befindet. Wagner (Gründliche Nachricht von Ankunfft, Gepräge, Gewicht und Werth Derer in Sachsen, Thüringen und Meissen Gemünzten Groschen etc.) kennt keinen sächsischen crönichten Groschen, bildet aber einen hessischen Groschen dieser Art ab, da zwischen Sachsen und der Landgrafschaft Hessen zu damaliger Zeit eine gemeinschaftliche Münzordnung bestand.

Krumsteert, Cromstaert (Krummschwanz), war im 15. Jahrhundert in den Niederlanden die volkstümliche Benennung groschenartiger Münzen. Die Ableitung des Namens ist unbekannt, doch ist derselbe anscheinend auf den gebogenen Schweif des den Münzen ursprünglich aufgeprägten Löwen zurückzuführen und dann beibehalten worden, auch nachdem die Typen längst geändert waren.

Kufische Münzen nennt man gewöhnlich die älteren arabischen Münzen, welche kufische Aufschrift tragen. Die mittelalterliche kufische Schrift hat ihren Namen von der Stadt Kufa (Provinz Irak Arabi), wo die meisten Abschreiber waren, und unterscheidet sich von der neueren arabischen Schrift durch grobe, dicke, meist aneinanderhängende Züge.

Kupfer, Name des bekannten unedlen, zur Prägung von Scheidemünzen vielfach benutzten Metalls, welcher auf den Namen der Insel Cypern zurückzuführen ist. Von dort wurde die griechische und römische Welt anfangs zumeist mit Kupfer versorgt, daher dasselbe noch bei Plinius und Vitruv *cyprium,* eigentlich *aes cyprium,* Erz von Cypern, später *cuprum* genannt wurde; althochd. *kuphar, chuphar, chupher,* franz. *cuivre,* engl. *copper.*

Kupferdaler, Schwedischer, s. Daler.

Kupfermünzen. Schon im Altertum fand bald nach Einführung der Gold- und Silberprägung auch eine ausgedehnte Kupferprägung statt. Die Römer bedienten sich sogar anfangs nur der Kupfermünzen. Während des Mittelalters ruhte, wenn man die byzantinischen Münzen als nicht zu demselben gehörig betrachtet, die Kupferprägung fast ganz. Nur in Unteritalien, Northumberland, Spanien und Portugal, sowie vorübergehend in Ungarn wurden Kupfermünzen geschlagen. Gegen Ende des 15. Jahrhunderts kamen dieselben in den Niederlanden und erst gegen Mitte des 16. Jahrhunderts in Deutschland auf, wo die älteste bekannte Kupfermünze 1543 in Münster i. W. geprägt worden ist. Ursprünglich hatten jedoch die in Westfalen geschlagenen Kupferstücke nicht die Bedeutung eigentlicher Münzen, sondern sie sind als eine Art Kreditgeld oder als Marken zu betrachten, welche namentlich von dem Domkapitel in Münster geprägt und zum Ausgleich kleiner Rechnungen benutzt, bzw. später gegen Kurrentgeld wieder eingelöst wurden (s. Bursarienzeichen). Man gewöhnte sich aber bald daran, diese Marken als ein vollgültiges Umlaufsmittel zu betrachten, und da dieselben für den Kleinverkehr nicht in genügender Menge vorhanden waren, so gingen zunächst die Städte, zuerst Münster i. J. 1560, teils mit, teils ohne Genehmigung des Landesherrn dazu über, selbständig Kupfermünzen zu schlagen. Andere folgten, und die Kupferprägung gewann bald in Westfalen eine solche Ausdehnung wie in keinem anderen Teile Deutschlands. Vgl. Weingärtner, Beschreibung der Kupfermünzen Westfalens. In Kursachsen wurden die ersten Kupferpfennige im Jahre 1721, in Preußen im Jahre 1751 geprägt.

Kurant, vom lat. *currĕre,* franz. *courir,* laufen, ist die wirklich umlaufende Münze, auch Kurrentmünze oder Kurrentgeld genannt, im Gegensatz zum

Papiergeld; daher auch die Ausdrücke klingend Kurant oder Hartkurant und Grobkurant, d. i. grobe Silbermünze im Gegensatz zur Scheidemünze (Kleinkurant). Im engeren Sinne versteht man unter Kurant die eigentlichen Währungsmünzen, d. s. die Münzen, deren Metallwert dem vom Staate verbürgten Nennwert entspricht, also in Ländern der Goldwährung die Goldmünzen, in Ländern der Silberwährung die zum normalmäßigen Feingehalt ausgebrachten Silbermünzen oder die ein Mehrfaches derselben darstellenden Goldmünzen. Im ersteren Falle sind dann sämtliche Silbermünzen, im letzteren nur die unter dem normalen Feingehalt ausgebrachten kleinen Silbermünzen zur Scheidemünze zu rechnen.

Kurfürsten, abgeleitet vom altdeutschen küren, wählen, lat. *electōres,* waren diejenigen Fürsten des ehemaligen Deutschen Reiches, welchen die Wahl des Deutschen Königs bzw. Kaisers oblag. Nach dem Aussterben der Karolinger wurde Deutschland ein Wahlreich. Die Wahl des Königs lag ursprünglich beim Volke bzw. bei den dasselbe vertretenden Fürsten und Großen des Reichs. Später ging das Wahlrecht auf die Inhaber der 7 Erzämter (s. d.) über, welche nunmehr Kurfürsten genannt wurden. Endgiltig geregelt wurde dasselbe durch die goldene Bulle (s. d.) im Jahre 1356. Danach lag die Kur- oder die Kaiser- bzw. Königswahl bei den drei geistlichen Fürsten, den Erzbischöfen von Mainz, Trier, Cöln und den vier weltlichen Fürsten, nämlich dem Pfalzgrafen bei Rhein, dem Herzog von Sachsen-Wittenberg, dem Markgrafen von Brandenburg und dem König von Böhmen. Später ging die Kurwürde von Sachsen-Wittenberg auf den Markgrafen von Meißen und die Kurwürde des Pfalzgrafen, nachdem dieser wegen seiner Annahme der Wahl zum König von Böhmen in die Reichsacht erklärt worden war, im Jahre 1623 auf den Herzog von Bayern über. Nach Wiedereinsetzung des Pfälzischen Hauses wurde demselben im Jahre 1648 die Kurwürde als achte wieder übertragen. Als neunte Kurwürde trat im Jahre 1692 die des Hauses Braunschweig-Lüneburg (für Hannover) hinzu, doch sank die Zahl der Kurfürsten, als 1779 Bayern und die Pfalz vereinigt wurden, wieder auf acht. 1803 wurden durch den Reichsdeputationshauptschluß zu Regensburg die Kurfürstentümer Trier und Cöln eingezogen, dagegen vier neue Kurfürstentümer: Hessen-Kassel, Baden, Württemberg und Salzburg geschaffen.

Der volle Titel der Kurfürsten lautete Sacri Romani Imperii Elector (abgekürzt S.R.I.E.), des Heiligen Römischen Reiches Kurfürst. Diesem Titel tritt auf Münzen häufig noch die Bezeichnung des Erzamtes, welches der Kurfürst bekleidete, hinzu (s. Erzämter). Als Zeichen dieser Würde führten die Kurfürsten von Sachsen das Schwert (daher die beiden gekreuzten Schwerter im Wappen), die Kurfürsten von Brandenburg das Zepter, welches auf vielen Münzen derselben als einziges Wappenbild erscheint, die Kurfürsten von der Pfalz und die Kurfürsten von Bayern den Reichsapfel, sowie später die Kurfürsten von Württemberg wegen das Erbpannerherrenamtes die Reichssturmfahne. Die ältesten Münzen, auf welchen der Titel Elector zu finden ist, sind nach Mader diejenigen des Kurfürsten Friedrich I. von Brandenburg.

Kurfürstlicher Ornat. Derselbe bestand in einem langen, bis auf den Boden herabreichenden Rock, bei den geistlichen Kurfürsten aus scharlachrotem Tuch, bei den weltlichen von rotem Samt, mit einem Kragen von Hermelin sowie mit Hermelinbesatz an den Ärmeln. Außerdem trugen die weltlichen Kurfürsten ein rotsamtenes rundes, die geistlichen ein viereckiges Barett mit Hermelinbesatz. Auf Münzen der Kurfürsten sind dieselben häufig im Kurornat dargestellt, während sich über dem Wappen der Kurhut befindet. Weiteres über Abzeichen der Kurwürde s. unter Krone und Kurfürsten.

Kwartnik, Name der Hälfte des mittelalterlichen polnischen Groschens.

Kyzikenische Statere oder **Kyzikener** werden Münzen kleinasiatischer Städte genannt, welche meist aus stark mit Silber gemischtem Golde (Elektrum) geprägt sind. Sie sind 15,9 bis 16,5 g schwer und haben auf der Rückseite das quadratum incusum (s. d.) gemein, während die Vorderseite die verschiedenartigsten Bilder, Götter und Menschen, Tiere (Löwe, Greif, Pegasus, Sphinx, Chimära usw.) sowie andere Darstellungen zeigt. Da jedoch Städtenamen gänzlich fehlen, so ist schwer zu bestimmen, welchen Städten sie angehören. Nur die von Kyzikus selbst ausgegangenen Münzen unterscheiden sich von denjenigen anderer kleinasiatischer Städte durch das Beizeichen des Thunfisches. Man hat jedoch den gedachten Münzen allgemein den obigen Namen wahrscheinlich deshalb beigelegt, weil Kyzikus in Mysien eine der bedeutendsten Städte des Altertums war und in Ruinen dieser Stadt Münzen obiger Art vielleicht in größerer Menge gefunden worden sind. Dieselben sind übrigens selten. Weit häufiger sind die Sechstel, ἕκται (s. d.), im Gewichte von 2,56 bis 2,58 g.

L.

Labärum, das, war ursprünglich ein römisches Feldzeichen. Dasselbe bestand aus einem viereckigen Stück Tuch, welches nach Art der Kirchenfahnen an einem Spieß oder an einer Stange befestigt war. Zur Zeit Konstantins erhielt das Labarum den Charakter einer Reichsfahne, welche wir auf seinen und auf den Münzen seiner Nachfolger oft in der Hand des Kaisers sehen, und zwar mit dem auf dem Fahnentuche angebrachten Monogramm Christi ☧.

Landesmünze, Landmünze. Der größte Übelstand im deutschen Münzwesen lag während des Mittelalters weniger in der großen Zahl der münzberechtigten Fürsten, Herren und Städte, als darin, daß jeder Münzberechtigte befugt war, für sein Gebiet Münzen nach eigenem Fuße herzustellen, und daß man von diesem Rechte in ausgibigster Weise Gebrauch machte. Dies führte zu einer ungemein großen Erschwerung des Verkehrs, da die Gepräge jedes Münzherrn nur in seinem Gebiete Geltung hatten. „Der Heller galt nur dort, wo er geschlagen war“ und es kam sogar vor, daß, wenn ein Münzherr mehrere Münzstätten besaß, er jeder derselben einen bestimmten Bezirk zuwies, in welchem nur die in dieser Münzstätte geprägten Münzen gesetzliches Zahlungsmittel sein sollten (s. Münzyser). Selbst auf kurzen Reisen war man gezwungen, sein Geld häufig umzuwechseln, oder man nahm gleich ungemünztes Edelmetall mit, welches man nach Bedarf gegen die landesüblichen Münzen eintauschte, oder man bediente sich fremder Münzen, namentlich Goldmünzen, die den Charakter von Handelsmünzen (s. d.) hatten, und wechselte sie gegen Landesmünze ein. Durch die Eßlinger Münzordnung und die darauf folgenden Münzordnungen des 16. Jahrhunderts (s. Münzgesetze und Münzordnungen früherer Zeit) wurde den bestehenden Übelständen unter Schaffung eines Reichsmünzfußes, nach welchem in allen Gebieten des Deutschen Reiches gemünzt werden sollte, nicht in ausreichender Weise abgeholfen, einerseits weil die Bestimmungen der gedachten Münzordnungen bei den Reichsständennicht genügend Beachtung fanden andererseits weil denselben das Recht verblieb, für die Bedürfnisse des eigenen Gebiets kleinere Münzen nach abweichendem, geringerem Fuße fortzuprägen. Diese Münzen wurden im Gegensatz zu den Reichsmünzen und weil sie nur in dem betreffenden Lande Geltung hatten, „Landtmünzen“ genannt. Auch später, als an Stelle des Reichsmünzfußes der Konventionsfuß (s. Münzkonventionen) getreten war, wurde diese Bezeichnung für die nach abweichendem Fuße ausgebrachten, nur in dem betreffenden

Lande giltigen Scheidemünzen beibehalten und denselben, meist unter der Abkürzung **L. M.**, aufgeprägt.

Landgraf, s. Graf.

Landsberger Pfennige heißen brakteatenförmige, von dem Markgrafen von Meißen Friedrich II. dem Sanftmütigen (1428—1464) nach 1444 geprägte Münzen, welche Teile des Groschens waren und den landsberger Schild mit den senkrecht stehenden Pfählen sowie die Umschrift LAND tragen. Sie werden auch Brückenpfennige genannt, da einer älteren Chronik zufolge die beim Bau der Dresdener Elbbrücke (Augustusbrücke) beschäftigten Arbeiter mit diesen Pfennigen gelohnt worden sein sollen, doch können dieselben diesen Namen auch davon erhalten haben, daß sie hauptsächlich zur Entrichtung von Brückenzoll dienten.

Lateinischer Münzbund. Durch Vertrag vom 23. Dezember 1865 schlossen Frankreich, Belgien, Italien und die Schweiz einen völkerrechtlichen Verein, den lateinischen Münzbund (*Union monétaire latine*), dem im Jahre 1868 auch Griechenland beitrat. Dem Vertrage, welcher zunächst bis zum 1. Januar 1880 geschlossen war und der von 15 zu 15 Jahren weiterlaufen soll, falls er nicht ein Jahr vor Ablauf der betreffenden Periode gekündigt wird, liegt die französische Frankenrechnung zum Grunde. Er trifft gemeinsame Bestimmungen in Bezug auf Gewicht, Gehalt, Größe und Kurs der von den Vertragsstaaten zu prägenden Gold- und Silbermünzen und beruht, wie das französische Münzsystem, nach welchem das Wertverhältnis des Goldes zum Silber auf 1:15,5 festgesetzt war, auf der Doppelwährung. Das Gewicht des 20 Frankstücks ist auf 6,45161 g $^{900}/_{1000}$ fein, das der anderen Goldmünzen im gleichen Verhältnis, das Gewicht des silbernen Fünffrankstücks, dessen Prägung inzwischen eingestellt ist, auf 25 g $^{900}/_{1000}$ fein festgesetzt. Die einzelnen Münzsorten haben in Italien und Griechenland von den französischen Münzbenennungen abweichende Namen (statt Franc und Centime Lira und Centesimo bzw. Drachme und Lepta). In den achtziger Jahren des vorigen Jahrhunderts stieß das Fortbestehen des lateinischen Münzbundes auf Schwierigkeiten, die hauptsächlich in der Doppelwährung beruhten. Nachdem indessen alle beteiligte Staaten zur Goldwährung übergegangen sind — die allerdings wegen der übergroßen Menge der vorhandenen Silbermünzen noch eine hinkende ist —, dürfte das Fortbestehen des Münzbundes nunmehr gesichert sein.

Laubtaler werden Silbermünzen genannt, welche im 18. Jahrhundert in Frankreich geprägt wurden und früher auch im westlichen Deutschland im Umlauf waren. Sie haben ihren Namen von den Lorbeerzweigen erhalten, mit welchen der Lilienschild umgeben ist. Der Laubtaler, in Frankreich *écu de six livres,* auch *grand écu* genannt, war = 6 Livres, später = 5 Francs 92 Centimes.

Laurentiusgulden sind zahlreich vorkommende Goldgulden der Stadt Nürnberg des 15. bis 17. Jahrhunderts, auf welchen der heilige Laurentius mit dem Zeichen seiner Marter, dem Rost, dargestellt ist.

Ledergeld. Eigentliche Münzen von Leder hat es niemals gegeben. Dagegen sind zu verschiedenen Zeiten und an verschiedenen Orten Anweisungen auf künftige Zahlungen in klingender Münze ausgegeben worden, welche aus Leder hergestellt waren, z. B. von Venedig während der Kriege von 1122—1126, von Kaiser Friedrich II. während der Belagerung von Fuenza 1240 sowie von den Königen Johann von England und Ludwig IX. von Frankreich. Dieses Ledergeld trug den Charakter von Notmünzen (s. d.) und sollte später gegen gutes Geld wieder eingelöst werden.

Legende, vom lat. *legĕre*, nennt man in der Numismatik die Aufschrift einer Münze.

Legieren, beschicken, *immiscere liquefacto metallo*, heißt ein Metall in flüssigem, geschmolzenen Zustande mit einem anderen Metalle, insbesondere ein edles Metall mit einem unedlen Metall mischen, versetzen. Im Altertum ging man davon aus, die edlen Metalle rein und unvermischt zu vermünzen. So wurden die kleinasiatischen Goldmünzen und die griechischen Silbermünzen ursprünglich aus reinem oder wenigstens so reinem Gold bzw. Silber geprägt, wie man es bei dem damaligen Stande der Scheidekunst herzustellen vermochte. Ebenso sind die ältesten römischen Denare, die ersten Goldmünzen der römischen Kaiserzeit, ferner die ersten Münzen späterer Münzsysteme: der Solidus Konstantins, der Denar Karls des Großen, der Floren des 13. Jahrhunderts usw. aus möglichst reinem und unvermischtem Metall hergestellt. Wenn man später von diesem Prinzip abwich und dazu überging, die Münzen allmählich immer geringhaltiger auszubringen, so war dies lediglich eine Folge schlechter Finanzpolitik, oder der Grund lag, wie dies namentlich in den letzten Jahrhunderten des Mittelalters und auch später der Fall war, in der Gewinnsucht der Münzherren, welche das Münzregal lediglich als eine ergibige Einnahmequelle betrachteten. Es unterliegt keinem Zweifel, daß heutzutage, wo das Münzwesen in allen Staaten gesetzlich geregelt ist, derartige Mißstände nicht mehr vorkommen können. Wenn gleichwohl das Währungsmetall, Gold oder Silber, überall noch mit einem mehr oder minder großen Zusatz von unedlem Metall vermischt wird, so geschieht dies, weil bis zu einem gewissen Grade legiertes Gold und Silber eine größere Härte besitzen, als das reine Edelmetall und daher weniger der Abnutzung ausgesetzt sind, als jenes. Letztere Ansicht wird zwar von manchen Numismatikern bestritten. Namentlich behauptet

Grote (Münzstudien I S. 451 und f.), daß sich bei Münzen, welche aus reinem Gold hergestellt werden, das Gepräge nicht abreibt, sondern nur niederdrückt, daß dieselben also weniger einer Wertverminderung durch den Gebrauch unterworfen sind, als Münzen aus legiertem Golde. Auch sei es wegen des größeren spezifischen Gewichts der Edelmetalle schwierig, dieselben mit einem unedlen Metall so innig zu vermischen, daß jedes aus ein und demselben Zaine hergestellte Münzstück genau so viel Gold bzw. Silber enthalte, wie das andere. Für die erstangeführte Ansicht beruft sich Grote auf eine Schrift von Karmarsch „Beitrag zur Technik des Münzwesens, 1856“, doch sagt dieser Gewährsmann Grotes in seinem Handbuch der mechanischen Technologie, Hannover 1866, S. 74 „das Gold wird, mit noch viel mehr Grund als Silber, fast nie rein verarbeitet, sowohl weil es sehr weich und der Abnutzung unterworfen ist, als wegen seiner Kostspieligkeit“. Jedenfalls sprechen die in neuerer Zeit gemachten Fortschritte in der Technik der Münzprägung, sowie der Umstand, daß in allen Münzsystemen der Neuzeit, namentlich auch in den Münzgesetzen des Deutschen Reiches die Legierung der Währungsmetalle beibehalten ist, für die Zweckmäßigkeit dieses Verfahrens.

Gewöhnlich wird Gold mit einem bestimmten Zusatz von Silber oder Kupfer, Silber mit Kupfer gemischt. Die beschickte oder legierte Metallmenge heißt rauhes, das reine Edelmetall feines Metall. Das Mischungsverhältnis der Münzmetalle wurde früher in Deutschland unter Zugrundelegung der Mark als Hauptmünzgewicht beim Golde nach Karaten und Grän, beim Silber nach Lot und Grän bestimmt. Weiteres hierüber s. unter Mark, Feingehalt, Münzfuß.

Gegenwärtig wird der Feingehalt der Münzen, insbesondere in Staaten, welche das metrische System angenommen haben, fast allgemein nach Tausendteilen angegeben. Auch herrschen in den Kulturstaaten für Goldmünzen fast ausschließlich nur zwei Mischungsverhältnisse: das eine, nach welchem die Münzen 0,900 oder $^{9}/_{10}$ Gold und $^{1}/_{10}$ Zusatz von anderem Metall enthalten, in Deutschland, in den Ländern der lateinischen Münzkonvention, in den Vereinigten Staaten von Nordamerika, Skandinavien und Rußland; das andere, nach welchem das Mischungsverhältnis des Goldes zum unedlen Metall $= {}^{11}/_{12} : {}^{1}/_{12}$ ist, in England. Für die Silbermünzen hat Deutschland ebenfalls die Legierung von 0,900 angenommen, während in anderen Ländern abweichende, zum Teil feinere, zum Teil weniger feine Mischungsverhältnisse bestehen. Wegen der gerechtfertigten Legierung der Silberscheidemünzen auf ein den reellen Wert derselben übersteigendes Maß s. Scheidemünzen.

Legionsadler. Derselbe, von den Römern schlechthin *aquila*

(Adler) genannt, war seit Marius das Feldzeichen der gesamten römischen Legionen. Er bestand in einem silbernen Adler mit ausgebreiteten Flügeln, welcher von dem Träger (*aquilifer*) auf einer hohen Stange in der Schlacht getragen wurde. Die Verteidigung des Adlers war heiligste Pflicht der Soldaten, sein Verlust schimpflich. Er ist auf römischen Münzen häufig dargestellt und ein stehender Typus auf den sogenannten Legionsmünzen (s. d).

Legionsmünzen werden römische Münzen genannt, welche von M. Antonius als Triumvir zu Ehren der Truppen seiner See- und Landmacht geprägt sind. Sie sind überwiegend von stark legiertem Silber, sehr selten von Gold und tragen auf der Hauptseite das Bild eines Kriegsschiffs, der Galeere, mit der Umschrift ANT · AVG · III · VIR · R · P · C, auf der Rückseite einen Legionsadler zwischen zwei anderen Feldzeichen und darunter die Aufschrift LEG mit der Nummer der Legion, auf welche sie geprägt sind.

Legpenning, s. Jeton.

Leitmünzen, s. Münzfunde.

Léopard, eine während der Herrschaft der Engländer in Frankreich von Eduard III. (1317 bis 1355) geprägte große Goldmünze, welche von der auf ihr dargestellten englischen Wappenfigur, dem Leoparden, den Namen erhalten hat. Wegen des heraldischen Leoparden s. Löwe.

Levantetaler, Levantiner Taler sind Münzen, welche für den Handel europäischer Staaten mit der Levante geprägt worden sind. S. Handelsmünzen.

Liard, frühere französische Münze. Weiteres s. unter Frankenwährung.

Liberalitas, römische Personifikation der Freigebigkeit, auf Münzen der Kaiser dargestellt als stehende weibliche Figur mit Füllhorn und Tessera, als Zeichen der kaiserlichen Spenden.

Libra, die, hieß das römische Pfund, insbesondere das Münzpfund, welches ursprünglich ein Normalgewicht von 327,5 g. hatte. Weiteres s. unter As und Libralfuß.

Libralfuß wird der in der ersten Zeit der römischen Republik bestehende, auf der Kupferwährung beruhende Münzfuß genannt, nach welchem die Einheit desselben, der As, dem Pfunde Kupfer, der libra, entsprach. Der As sollte hiernach ein Pfund Kupfer enthalten, doch wurde er, ganz abgesehen von den später von Staats wegen angeordneten Reduktionen, schon von Anfang an etwas leichter ausgebracht.

Lichttaler werden die Taler genannt, welche Julius, Herzog von Braunschweig-Lüneburg (ältere Linie) 1568—1589 prägen ließ und auf welchen der Schildhalter des braunschweig-lüneburgischen Wappens, der wilde Mann, ein brennendes Licht haltend, dargestellt ist. Sie tragen den Wahlspruch dieses Fürsten: Aliis inserviendo consumor; auch finden sich auf manchen dieser Taler noch die Buchstaben G ·

V · M · G ·, welche Abkürzungen für Gott und mein Glück oder Gottes Vorsehen muß geschehen, Gott verleihe mir Gnade zu lesen sind. Die Bedeutung des brennenden Lichts welches der wilde Mann in der Hand hält, ist nicht sicher; möglich, daß es das Licht des Evangeliums versinnbildlichen soll, da Julius ein eifriger Protestant war und die Einführung des evangelischen Glaubens im Herzogtum förderte, doch liegt die Erklärung näher, daß das brennende Licht weiter nichts ist, als eine Illustration obigen Wahlspruchs: Ich verzehre mich, indem ich anderen diene, d. h. wie das Licht, welches dadurch, daß es leuchtet, also den Menschen dient, sich allmählich verzehrt, so verzehre auch ich mich im Dienst für andere.

Ligaturen, d. s. Buchstabenzusammenziehungen, kommen zur Raumersparnis im Stempelfelde schon auf Münzen der römischen Republik häufig vor, z. B. Æ = AE, V͡R = VR. Auch auf Münzen des Mittelalters und der neueren Zeit sind Ligaturen zu finden. Beim Buchdruck hilft man sich oft damit, daß über die betreffenden Buchstaben ein Bogen gesetzt wird. So bedeutet z. B. in dem Worte $\overset{\frown}{\text{ANT}}$ONIVS der über den drei ersten Buchstaben befindliche Bogen, daß dieselben auf der Münze in ein Buchstabenbild zusammengezogen sind.

Linsendukaten. Im 17. und 18. Jahrhundert schlug man nicht nur einfache Dukaten, sondern man prägte sie auch im Mehrfachen aus. Es gab Doppeldukaten, $1\frac{1}{2}$fache, dreifache, vierfache und selbst zehnfache Dukaten. Andererseits wurden auch Teile des Dukatens, namentlich halbe und Vierteldukaten häufig in Gold ausgemünzt. In der freien Reichsstadt Nürnberg ging man sogar noch weiter und prägte auch Achtel-, Sechzehntel-, selbst Zweiunddreißigstel-Dukatenstücke, welche letztere also nur den Wert von etwa 30 Pfennigen hatten. Da diese Teilstücke ebenso wie die Ganzstücke von gutem Golde waren, so mußten sie natürlich äußerst klein ausfallen, und es erhielten deswegen die Zweiunddreißigsteldukaten, welche einen Durchmesser von nur 5 Millimetern, also kaum den Durchmesser einer Linse haben, im Volksmunde den Namen Linsendukaten. Dieselben wurden, zugleich mit größeren Teilstücken und ganzen Dukaten im Jahre 1700, auf den Beginn des neuen Jahrhunderts in ziemlicher Menge geprägt. Man ist im Zweifel, was man bei den Linsendukaten mehr bewundern soll: die Zierlichkeit des Stempelschnitts oder die gute Prägung, welche bei der Kleinheit und Dünne des Schrötlings sehr schwierig gewesen sein muß, oder überhaupt den Gedanken, so kleine Münzen herzustellen; denn für den Verkehr waren die Linsendukaten absolut unbrauchbar, und es erübrigt daher nur die Annahme, daß sie, wenn nicht aus Spielerei, lediglich als Probe der Geschicklichkeit der Münzer und Stempelschneider oder von Medaillenmünzern bloß aus Spekulation hergestellt und von den Käufern zu Geschenken benutzt worden sind. Auch heut ist Nürnberg bekanntlich noch ein Hauptort für die Herstellung sowohl von Kunstmedaillen wie von Jetons und Rechenpfennigen.

Lion à la haie (Tuins) hießen niederländische Silbermünzen des 14. Jahrhunderts mit dem Bilde eines in einer Umzäunung (*haie*) aufrecht stehenden Löwen.

Lion d'or. Derselbe gehört zu der Reihe schöner Goldmünzen, welche die französischen Könige im 14. und 15. Jahrhundert schlagen ließen. Er wurde von Philipp von Valois 1328—1350 geprägt und gleicht dem Chaise d'or, nur befindet sich unter den Füßen des auf dem Throne sitzenden Königs ein ruhender Löwe, auf welchen derselbe seine Füße stützt.

Lion heaumé, s. Botdraeger.

Lira, Mehrzahl Lire, vom lateinischen *libra*, Pfund, abgeleitet, war ursprünglich eine venezianische Rechnungsmünze. Man rechnete im Großverkehr, ähnlich wie in Deutschland nach Pfund oder Mark Pfennigen, nach der Lira di grossi, die also nicht eine bestimmte Anzahl grossi enthielt, sondern eine bestimmte Silbermenge darstellte; die Zahlung wurde zwar in grossi geleistet, doch kam es dabei nicht auf die Zahl, sondern auf das Gesamtgewicht derselben an. Von dem Dogen Nicolaus Tron (1471—1473) wurde die Lira in einer Münze, der sogenannten Lira Tron zu 20 solidi à 12 denari verkörpert. Auch von mehreren seiner Nachfolger und in einigen anderen italienischen Staaten wurde die Lira, von letzteren in verschiedenen Werten, fortgeprägt. Seit dem Beitritt des Königreichs Italien zum lateinischen Münzbunde ist sie die Münzeinheit desselben im Werte von 1 Franc.

Literatur der Numismatik. Die numismatische Literatur ist eine sehr reiche. Schon im Mittelalter haben sich einzelne Gelehrte mit numismatischen Fragen beschäftigt, doch sind die bezüglichen Abhandlungen meist in ihren theologischen, juristischen und sonstigen gelehrten Schriften zerstreut. Um die Wende des 15. Jahrhunderts, nach Erfindung der Buchdruckerkunst, begann man mit der Herstellung von Flugschriften und anderen Druckwerken, welche sich auf die umlaufenden Münzen bezogen (Münzmandate, Valvationstabellen, Münztarife usw.) und die zum Teil auch mit Abbildungen von Münzen versehen sind. Eine eigentliche, auf wissenschaftlicher Grundlage beruhende Literatur der Numismatik entstand erst im 16. Jahrhundert, doch wandte sich dieselbe, dem Zeitalter der Renaissance entsprechend, zunächst den Münzen der antiken Welt mit Vorliebe zu. Ein berühmter Sammler antiker Münzen war Hubertus Goltzius, geb. 1526, gest. 1583, welcher seine Forschungen, denen allerdings vielfache Irrtümer unterlaufen sind, in einem umfangreichen Werke *de re numaria* niederlegte. Nach Goltzius wurde die antike Numismatik von zahlreichen Gelehrten zum Gegenstande eingehender Forschungen gemacht, so namentlich von Vaillant, Pellerin, Spanheim, Bandurius und anderen. Die umfangreichste und wissenschaftlichste Bearbeitung fand die antike Numismatik indessen gegen Ende des 18. Jahrhunderts durch den Abbé Josef Eckhel in Wien. Demselben gebührt das Verdienst, daß er durch kritische Sichtung das Echte vom Unechten schied und daß er die gesamte antike Numismatik in ein wissenschaftlich geordnetes System brachte, welches noch heut allseitig als mustergiltig betrachtet wird. Sein Hauptwerk ist die *doctrina numorum veterum* mit der zu derselben gehörigen Einleitung *elementa rei numariae veterum sive prolegomena doctrinae numorum.* Dasselbe steht auch jetzt in fast allen Teilen unübertroffen da und bildet die Grundlage der neueren Handbücher über antike Numismatik.

Die mittelalterliche und die neuere Münzkunde wurden erst verhältnismäßig spät zum Gegenstande wissenschaftlicher Forschungen gemacht. Wir besitzen zwar schon aus dem 16. und 17. Jahrhundert mehrere bezügliche Handbücher, doch sind dieselben offenbar nur zum Gebrauch für Kaufleute, Geldwechsler usw. bestimmt gewesen. Trotzdem sind diese Münzbücher nicht ohne Wert für die Münzkunde, da in denselben die Abbildungen mancher im Original nicht mehr vorkommender Münzen enthalten sind. Auch die häufig mit Münzabbildungen versehenen Valvationstabellen früherer Jahrhunderte, d. s. amtliche Verordnungen, durch welche das Wertverhältnis älterer und fremder Münzen zur gesetzlichen Landesmünze festgelegt wurde, bieten dem Münzsammler nicht zu unterschätzendes Material. Das 17. Jahrhundert hat ebensowenig wie für die antike Numismatik, auf dem Gebiete der mittelalterlichen und neueren Münzkunde besondere Literaturerzeugnisse gebracht. Bemerkenswert sind nur die zahlreichen in der Kipper- und Wipperzeit (1621 und 1622) erschienenen, das Unwesen derselben teils vom theologischen, teils vom juristischen Standpunkte geißelnden Flugschriften sowie andere Druckschriften, welche sich gegen die bis in die zweite Hälfte des 17. Jahrhunderts währende allgemeine Verwirrung des deutschen Münzwesens richteten.

Gegen Anfang des achtzehnten Jahrhunderts erwachte in Deutschland das Interesse für mittelalterliche und neuere Münzkunde, und es beginnt daher erst mit diesem Zeitpunkte die auf die gedachten Zweige der Numismatik bezügliche Literatur. Von den in Betracht kommenden Schriftstellern des gedachten Jahrhunderts seien hier nur Olearius, Leuckfeld, von Ludewig. Köhler und Joachim erwähnt,

Obgleich außer den genannten auch noch andere ihrer Zeitgenossen uns zahlreiche Werke hinterlassen haben, so blieb doch die Kenntnis der neueren, namentlich aber der mittelalterlichen Münzkunde bis gegen Anfang des 18. Jahrhunderts noch sehr mangelhaft. Letztere erfuhr erst durch Mader (gestorben 1815) eine wertvolle Bereicherung. Seine Kritischen Beiträge zur Münzkunde des Mittelalters, in welchen er zahlreiche Irrtümer älterer Schriftsteller aufdeckt, sind geradezu bahnbrechend für die Münzkunde des Mittelalters geworden. Seitdem hat dieselbe ebenso wie die antike und die neuere Numismatik zahlreiche vortreffliche Bearbeiter gefunden, und wir besitzen jetzt eine in jeder Beziehung so reiche numismatische Literatur, wie sie kaum eine andere Hilfswissenschaft der Geschichte aufzuweisen hat. Von numismatischen Werken der Neuzeit seien hier aufgeführt:

a) die Münzkunde im allgemeinen betreffende Handbücher. Ambrosoli, *Manuale de numismatica*; Dannenberg, Grundzüge der Münzkunde, 2. Aufl.; Grote, Münzstudien; Halke, Einleitung in das Studium der Numismatik, 3. Aufl.; Stückelberg, der Münzsammler; Schmieder, Handwörterbuch der gesamten Münzkunde.

b) über antike Münzen. Mionnet, über griechische und römische Münzen; Cohen, *description générale de monnaies de la république romaine* und *description historique des monnaies frappées sous l'empire romaine;* Babelon, *description historiqe et chronologique des monnaies de la république romaine* und *traité des monnaies grecques*; Head, *historia numorum*; Hill, *handbook of Greck and Roman coins;* Th. Mommsen, Geschichte des römischen Münzwesens; Hultsch, griechische und römische Metrologie.

c) über mittelalterliche und neuere Münzen. Engel und Serrure, *traité de numismatique du moyen-âge* und *numismatique moderne et contemporaine* (unvollendet); Lelewel, *numismatique du moyen-âge*; Dannenberg, die deutschen Münzen der sächsischen und fränkischen Kaiserzeit; Schlumberger, *des bractéates d'Allemagne;* Bode, das ältere Münzwesen der Staaten und Städte Niedersachsens; Luschin von Ebengreuth, allgemeine Münzkunde und Geldgeschichte des Mittelalters und der neueren Zeit, sowie die zahlreichen Schriften verdienter Numismatiker über einzelne räumlich oder historisch begrenzte Teile der Münzkunde, namentlich über die Münzen einzelner Länder, Städte und Fürsten (Monographien), welche hier nicht aufgeführt werden können, über die aber das Numismatische Literaturblatt von M. Bahrfeldt in Rastenburg ausführliche Auskunft gibt.

Hierzu treten die noch erscheinenden Verzeichnisse des British Museum und des Königlichen Münzkabinetts in Berlin; ferner die sogenannten Kabinette, welche einzelne Gattungen von Münzen behandeln, wie Köhlers Dukatenkabinett, die Groschenkabinette von Götz und Böhme, Neumanns Beschreibung der bekanntesten Kupfermünzen, endlich die Talerkabinette von Madai und von Schultheß-Rechberg. Auch viele Kataloge beschreibenden Inhalts sind für den Münzsammler von bleibendem Wert, wie namentlich die Kataloge von Thomsen über mittelalterliche Münzen, von Wellenheim über antike, mittelalterliche und neuere Münzen, ferner der zu den besten gehörende Katalog der Schultheß-Rechbergschen Sammlung von J. und A. Erbstein, die Kataloge der Reichelschen Sammlung von B. v. Köhne, der Sammlungen brandenburg-preußischer Münzen von Henckel und von Killisch von Horn, der Münzen- und Medaillensammlungen von Garthe, der Dubletten des Königlichen Münzkabinetts zu Dresden von J. und A. Erbstein, sowie das unter dem Titel Erörterungen auf dem Gebiete der Sächsischen Münz- und Medaillengeschichte erschienene Verzeichnis der Engelhardtschen Sammlung von den nämlichen Verfassern, in welchem dieselben ihre Forschungen über Münzen und Medaillen der sächsischen Fürsten Albertinischer Linie aus der Zeit von 1485 bis 1591 niedergelegt haben. Für den Münzsammler sind Rentzmanns numismatisches Legendenlexikon und Schlickeisens Erklärung der Abkürzungen auf Münzen brauchbare Hilfsbücher.

Auch ist die numismatische Literatur reich an Zeitschriften, von welchen nur die nachfolgenden, in Deutschland bzw. Wien gegenwärtig erscheinenden erwähnt sein mögen: Zeitschrift für Numismatik, begründet von A. v. Sallet, herausgegeben von H. Dressel und J. Menadier,; Numismatische Zeitschrift, herausgegeben von der numismatischen Gesellschaft in Wien; Berliner Münzblätter, neue Folge, herausgegeben von E. Bahrfeldt in Berlin; Blätter für Münzfreunde (H. Buchenau), Frankfurter Münzzeitung (P. Joseph), Monatsblatt der numismatischen Gesellschaft in Wien; Mitteilungen der bayerischen numismatischen Gesellschaft in München; Numismatische Mitteilungen, Organ des Vereins für Münzkunde in Nürnberg, Herausgeber C. F. Gebert; Mitteilungen der österreichischen Gesellschaft für Münz- und Medaillenkunde in Wien, Herausgeber V. von Renner und Zeitschrift für Münz- und Medaillenkunde, herausgegeben von der österreichischen Gesellschaft für Münz- und Medaillenkunde in Wien.

Litra, griech. λίτρα, war im Norden Siziliens das Silbernominal, welches der römischen Libra, d. i. dem Pfunde Kupfer entsprach. S. Griechische Münzfüße.

Lituus, ein oben gekrümmter Stab, mit welchem die römischen Augurn den Himmelskreis umschrieben, innerhalb dessen sie aus dem Fluge der Vögel weissagten. Der Lituus kommt auf Münzen römischer Cäsaren vor, um damit anzudeuten, daß sie die Augurwürde bekleideten.

Livre (f.), durch den Artikel zu unterscheiden von *livre* (m.) das Buch, frühere französische Rechnungsmünze. Weiteres s. unter Frankenwährung.

Locumtenenstaler werden Taler und Medaillen (Schautaler) des Kurfürsten Friedrichs III. des (Weisen) von Sachsen genannt, auf welchen er als *locumtenens generalis imperii* d. i. General-Reichsstatthalter bezeichnet ist, eine Würde, die ihm vom Kaiser Maximilian I. verliehen wurde.

Löser-Taler oder **Juliuslöser** sind von dem Herzog Julius von Braunschweig-Lüneburg in den Jahren 1574 bis 1588 geprägte Silbermünzen im Werte von 2 bis 10 und selbst 16 Speciestalern. Über dieselben berichtet Leitzmann, numismatische Zeitung Nr. 26, Jahrgang 1859, folgendes: „Diese Münzen verdanken ihre Entstehung einer Anordnung des Herzogs, er wollte nämlich, daß jeder seiner Untertanen einen Notpfennig haben sollte, er ließ daher von der großen Ausbeute seiner Silbergruben dieselben prägen und befahl, daß ein jeder Hauseigentümer nach seinem Stande und Vermögen einen solchen einlösen mußte, daher der Name Löser. Auf Verlangen mußte jeder ihn vorzeigen, den er wohl im Notfalle versetzen, aber nicht verkaufen durfte. Dadurch sah sich der Herzog in den Stand gesetzt, immer zu wissen, wieviel baares Geld im Lande sei, welches er zur Zeit der Not einfordern konnte. Letzteres ist nicht geschehen, und doch sind gegenwärtig diese Münzstücke selten, obwohl deren viele ausgeprägt wurden. Hauptseite: Innerhalb vier Kreisen das Brustbild des Herzogs, im innersten befinden sich die sieben Planeten, im zweiten die 12 Zeichen des Tierkreises, im dritten: O Her behut mir nit mer den Seel Leib undt Ehr, der äußerste: Von G. G. Julius Hertz. z. Brunswig v. Luneburg. Gottes Vorsehn mus geschehn. Rückseite: Das herzogliche Wappen, von zwei wilden Männern gehalten, von denen einer einen Reichsapfel, der andere einen Leuchter hält. Auch hier sind vier Umkreise, allein auf den Geprägen von 1583 bis 1588 fehlen die beiden mittleren, im ersten und zweiten wie vorher im dritten: Genandt Braunschweigs Julius Loeser am Wert (welcher vertieft eingeschlagen ist) Thaler. Aliis inserviendo consumor; im äußersten: Newe Munzgeprege zu Heinrichstadt nach des Reichs Schrot und Korn. Madai No. 1106, 3578."

Löwe, lat. *leo,* ital. *leone,* franz. und engl. *lion.* Derselbe war von jeher das Sinnbild der Kraft und Stärke. Er kommt daher schon im Altertum nicht bloß in Skulpturen, sondern auch auf griechischen und römischen Münzen häufig vor, ebenso in der Bibel (Löwe des Simson, des heiligen Marcus) und in frühchristlichen Skulpturen über den Kirchentüren oder unter den Säulen des Portals als Wächter des Gotteshauses. Ferner erscheint er im Mittelalter häufig liegend an den Thronsesseln der Könige oder unter den Füßen der auf Grabsteinen dargestellten Fürsten und Herren. In der Heraldik ist der Löwe die neben dem Adler am häufigsten vorkommende Wappenfigur; er erscheint daher auf zahlreichen Münzen des Mittelalters wie der neueren Zeit, und zwar gewöhnlich in ornamentaler (stilisierter) Darstellung. Der Körper ist schlank, nach unten sehr mager gezeichnet, der Rachen geöffnet mit weit heraushängender Zunge, die Mähne stark geringelt, der Schweif rückwärts aufgebogen und mit mehreren Büscheln besetzt, oft auch als Doppelschweif ausgebildet, die Beine sind zottig, die Pranken (Tatzen) mit großen, in der Heraldik Waffen genannten Krallen versehen. Der aufgerichtete, auf den Hinterbeinen stehende Löwe (die gewöhnlichste Darstellung desselben) wird steigend oder aufrecht, auch zum Angriff geschickt, kämpfend genannt; er heißt schreitend, wenn er auf allen Vieren gehend dargestellt ist, laufend und springend, wenn er, mit den Vorderfüßen gleichmäßig ausgreifend, zum Sprunge ansetzt. Ist der Löwe schreitend dargestellt, den Kopf seitwärts gerichtet, wie im englischen Wappen, so heißt er leopardiert oder Leopard. Nach dem ihnen aufgeprägten Bilde des Löwen haben auch viele Münzen ihren Namen erhalten. S. Löwenpfennige, Löwenheller, Lion d'or, Lion heaumé usw.

Löwenpfennige bzw. Löwenheller sind kleine, einseitig geprägte meißnische Münzen oder Hohlpfennige (Groschenteile) des 15. Jahrhunderts, welche ein Schild mit dem meißnischen (streitenden) Löwen, oft auch in Verbindung mit den Landsberger Pfählen, zeigen. Ebenso werden die um die Wende des 14. Jahrhunderts geprägten schriftlosen Brakteaten der Stadt Braunschweig mit dem schreitenden Löwen Löwenpfennige genannt. Letztere tragen bis zum Jahre 1411 neben dem Bilde des Löwen zur Unterscheidung des Jahrgangs noch verschiedene Beizeichen. Weiteres über die Braunschweiger Löwenpfennige s. unter Verrufen der Münzen.

Longobardenmünzen. Die Longobarden bemächtigten sich bald nach dem Untergange des ostgotischen Reiches (553 n. Chr.) Italiens. Die longobardischen Könige scheinen nur in geringem Umfange gemünzt zu haben, denn es sind nur wenige unansehnliche Gold- und Silbermünzen von ihnen erhalten. Dagegen haben die mächtigen Longobardenherzöge von Benevent solche Münzen in größerem Umfange geprägt.

Lorbeerkranz, s. Krone.

Louis de cinq sous wurde eine unter den Königen Ludwig XIII. und Ludwig XIV. von Frankreich im 17. Jahrhundert geprägte Silbermünze genannt, welche = 1/4 Livre oder 5 Sous war. Sie gewann als Handelsmünze im Orient Beliebtheit und wurde deshalb von Unberechtigten in großen Mengen nachgeprägt.

Louisdor, Name einer französischen Goldmünze, welche zuerst unter Ludwig XIII. 1640 geschlagen und dann unter seinen Nachfolgern, den Königen Ludwig XIV., XV. und XVI. fortgeprägt wurde, bis das 20-Frankstück an ihre Stelle trat. Ihr Wert war ursprünglich 10 Livres, doch war derselbe sehr dem Kurs unterworfen. In der letzten Zeit wurden 14 Livres auf den Louisdor gerechnet und da sein Wert demjenigen der seit dem 18. Jahrhundert in Deutschland geprägten Pistolen (s. d.) ungefähr entsprach, so bürgerte sich hier die Sitte ein, daß man letztere auch häufig Louisdore nannte. Ferner wurden verschiedene unter den Königen mit dem Namen Louis geprägte Silbermünzen nach diesen benannt, so der Louis blanc, der Louis d'argent, der Louis de cinq sous (s. d.).

Ludi saeculares waren Jahrhundertfeiern des Bestehens des römischen Reiches. Einen Hauptteil der Festlichkeiten bildeten dabei die Tierkämpfe, und dies gab Veranlassung, daß auf Münzen der Kaiser und Kaiserinnen, unter welchen die ludi saeculares stattfanden, die verschiedenartigsten, in der Arena gebrauchten wilden Tiere dargestellt sind.

Lügentaler, Name eines vom Herzog Heinrich Julius von Braunschweig-Lüneburg (1589 bis 1613) in den Jahren 1596 und 1597 geprägten Talers. Derselbe zeigt auf der Hauptseite das herzogliche Wappen mit der Umschrift HENR · IVLI · D · G usw., auf der Rückseite einen liegenden Löwen, über welchem ein Engel mit einem Kranze schwebt. Der Löwe hält einen Steinbock in den Vordertatzen, neben ihm befinden sich ein dürrer Stamm oder Stock und eine Rose. Innere Umschrift: Tandem bona causa triumphat, äußere: Hüte Dich für der Tadt, den Lügen wirdt wol Radt. Diese Darstellung erklärt Schmieder, welcher aus Madais Talerkabinett und aus Köhlers historischen Münzbelustigungen geschöpft hat, wie folgt. „Der Herzog war von mehreren seiner Vasallen beim Reichshofrat verklagt worden, und der Revers zielt auf die Hauptgegner, indem der Steinbock das Wappen der Herren von Steinberg, der dürre Stock die Familie Stockheim und die Rose das Haus von Saldern andeutet.“ Hiernach ist also der Herzog aus dem Streit mit jenen Vasallen als Sieger hervorgegangen und der Taler zu dem Zwecke von ihm geprägt worden, seinen Sieg zu feiern und denselben zur allgemeinen Kenntnis zu bringen.

Luftpumpentaler wird ein mit den Namen der Herzöge Rudolph August und Anton Ulrich von Braunschweig versehener, im Jahre 1702 geprägter Taler genannt, auf dessen einer Seite dargestellt ist, wie sich zwei Pferde vergeblich bemühen, die beiden aneinander haftenden Guerickeschen Halbkugeln, deren Hohlraum mittels der Luftpumpe luftleer gemacht worden ist, voneinander zu reißen, während auf der anderen Seite eine Hand das Ventil öffnet, was zur Folge hat, daß die beiden Halbkugeln auseinanderfallen. Nach Schmieder und Leitzmann sollen diese Taler zur Erinnerung an die anfängliche Einigkeit und die spätere Trennung der genannten beiden Herzöge geprägt worden sein, welche durch die Gemahlin Anton Ulrichs herbeigeführt worden sein soll. Daß letztere, eine geborne Prinzessin von Holstein, durch ihre Ränke den Bruderzwist herbeigeführt haben soll, wird dadurch angedeutet, daß an der das Ventil aufdrehenden und infolgedessen die beiden Halbkugeln mit leichter Mühe trennenden Hand sich ein Armband mit der holsteinschen Nessel befindet.

Luthertaler werden gewöhnlich im Jahre 1661 in Eisleben und im Jahre 1717 auf das 200jährige Reformationsjubiläum in Wittenberg geprägte Medaillen genannt, welche auf der Hauptseite das Brustbild Luthers, auf der Kehrseite die Ansicht von Eisleben (mit dem darunter befindlichen mansfeldschen Wappen) bzw. von Wittenberg tragen. Sie sind ebensowenig wie die Hußtaler (s. d.) zu den eigentlichen Gedächtnis m ü n z e n oder Talern zu rechnen.

M.

M, eine auf großen byzantinischen Kupfermünzen vorkommende Wertbezeichnung (s. Follis).

Magister generalis war der Titel, welchen die Hochmeister des Deutschen Ritterordens auf ihren Münzen führten.

Maille, f. franz. heißt die Masche, das Panzerringelchen. Auf diese Bedeutung ist es zurückzuführen, daß den unter Philipp dem Schönen von Frankreich (1285-1314) geprägten kleinen Silbermünzen, welche Teilstücke des denier oder des gros tournois waren, der Name *maille* beigelegt wurde (*maille bourgeoise, maille tournoise, maille tierce*). Auch die in den südlichen Provinzen der Niederlande geprägten kleinen Denare wurden *mailles* genannt.

Majorina pecunia, s. Follis.

Malkontentengulden. Während des spanischen Erbfolgekrieges im Jahre 1703 empörten sich die Ungarn wegen der ihnen widerfahrenen Bedrückungen unter Franz Rakoczy gegen das Kaiserhaus Österreich. Erst im

Jahre 1711 gelang es, den Aufstand vollständig zu dämpfen. Während desselben, in den Jahren 1704 bis 1706, hat Rakoczy eigene Münzen, die sogenannten Malkontentengulden und kupferne Notmünzen schlagen lassen, welche die Aufschrift *pro libertate* und die Wertzahlen XX oder X (Poltura) tragen. Da die Poltura (s. d.) = $1^1/_2$ Kreuzer war, so entsprachen diese Notmünzen dem Halb- bzw. Viertelgulden.

Maly-Groszy oder *Maley-groschen* (mały, tschechisch und polnisch klein) wurden kleine Groschen genannt, welche auf Grund der Esslinger Münzordnung zu 84 Stück auf den Guldiner und 8 Lot fein im 16. Jahrhundert in Böhmen geprägt wurden.

Maravedi war eine in Spanien und Portugal durch viele Jahrhunderte übliche Münzbenennung, welche ursprünglich den dort geprägten Goldstücken beigelegt wurde. Später wurde diese Bezeichnung in Spanien auf die Kupfermünzen übertragen, deren 34 auf den Real gingen. Der Name stammt aus dem Arabischen. und zwar von den maurischen Königen aus der Dynastie der Al-Moraviden, von welchen das christliche Spanien in der Hauptsache sein Münzsystem entlehnte.

Marca usualis argenti, s. Mark und Usualmark.

Marcella, eine größere venezianische Silbermünze von 25 bis 26 mm. Durchmesser aus der Zeit von Ende des 15. bis Anfang des 16. Jahrhunderts, zeigt auf der Hauptseite das Bild des stehenden oder thronenden Christus, auf der anderen Seite den vor dem heiligen Marcus knieenden Dogen, aus der Hand desselben die Fahne empfangend. Sie wurde zuerst unter dem Dogen Nicolas Marcello (1473—1474) geprägt und hat jedenfalls nach diesem ihren Namen erhalten.

Marchio, s. Graf.

Margaretengroschen werden markgräflich meißnische Groschen (Schwertgroschen, s. d.) des 15. Jahrhunderts genannt, auf welchen Margaretha, die Gemahlin Friedrichs II., des Sanftmütigen, allerdings nur mit dem Anfangsbuchstaben ihres Namens M, aber vor dem Anfangsbuchstaben F des Namens ihres Gatten, als Münzherrin bezeichnet ist.

Maria-Theresiataler (Levantiner Taler) heißen diejenigen Speciestaler, welche zuerst von der Kaiserin Maria Theresia von Österreich nach dem Konventionsfuße geprägt wurden und auf der Vorderseite das Brustbild derselben, auf der Rückseite den zweiköpfigen österreichischen Adler mit dem Wappenschilde auf der Brust tragen. Sie erlangten als Handelsmünze in der Levante und im nordöstlichen Afrika, woselbst sie noch heut als Zahlungsmittel dienen, weite Verbreitung und sind daher nach dem Tode der Kaiserin in Österreich noch vielfach nachgeprägt worden. Im Hauptmünzamte zu Wien werden noch jetzt derartige Taler mit ganz unveränderten Typen für Privatrechnung hergestellt. Auch König Friedrich II. von Preußen ließ im Jahre 1766 für den

Handel in der Levante Taler nach dem Muster der Maria-Theresiataler, jedoch mit seinem eigenen Brustbilde und mit dem einköpfigen statt des zweiköpfigen Adlers schlagen.

Mariengroschen. Im Jahr 1505 wurde von der Stadt Goslar, welche schon sehr früh das Münzrecht erlangt hatte und, im Besitz des Rammelsberges, dasselbe in sehr ausgibiger Weise ausübte eine neue Gattung Groschen geprägt, welche zu 80 Stück auf die feine Mark, also geringhaltiger ausgebracht wurden, als die alten böhmischen Groschen, deren 60 auf die feine Mark gingen. Sie trugen auf der einen Seite den goslarischen Adler, auf der anderen Seite das Bild der Jungfrau Maria mit dem Christuskinde im Arm und wurden deswegen Mariengroschen genannt. Sie wurden in der Nachbarschaft, zunächst in Hildesheim, dann in Braunschweig-Lüneburg, Hannover, Paderborn, Corvey, Lippe, Ravensberg und in anderen Teilen Westfalens vielfach, meist aber geringhaltiger nachgeprägt. In Adam Bergs „New Müntz Buch, München 1597" ist der goslarische und hildesheimische Mariengroschen — dort Margengroschen genannt — noch zu 10 weißen Pfennigen angesetzt. Später kam der Mariengroschen in ein festes Wertverhältnis zur Reichsmünze. Während nämlich auf den Reichstaler 24 Groschen zu 12 Pfennigen gingen, wurde der Wert des Mariengroschens auf 8 Pfennige festgesetzt, so daß also 36 Mariengroschen = 1 Taler waren. In diesem Wertverhältnis wurde derselbe im 17. und 18. Jahrhundert besonders in Braunschweig-Lüneburg und in Hannover, und zwar in Stücken zu 12 Mariengroschen = 8 Groschen Reichsmünze und zu 24 Mariengroschen = 16 Groschen oder 1 Gulden in großem Umfang ausgeprägt. Der Name blieb, auch nachdem das Bild, welches zur Bezeichnung der Münze Veranlassung gegeben hatte, längst verschwunden und durch andere Darstellungen ersetzt war. Noch im Jahr 1820 prägte man in Hannover Stücke zu 3 Mariengroschen = $^1/_{12}$ Taler (mit dem bekannten springenden Pferde), welche erst bei Einführung der jetzigen Reichsmünze zur Einziehung gelangten.

Marientaler wurden im allgemeinen alle Taler genannt, welche auf der einen Seite das Bild der Jungfrau Maria mit dem Christuskind, meist von einem Glorienschein umgeben und auf dem Halbmond stehend, oder auch auf Wolken thronend, zeigen. Die ältesten Marientaler dürften diejenigen von Hamburg sowie von Goslar und Hildesheim sein, welche letzteren beiden Städte auch die ersten Mariengroschen prägten. In der Folge war die Darstellung der heiligen Jungfrau in Deutschland namentlich beliebt auf den Talern der münzberechtigten geistlichen Fürsten, z. B. auf Talern von Kurmainz, Kurtrier, der Bischöfe von Bamberg, Würzburg, Olmütz, Eichstädt usw., sowie außerhalb Deutschlands auf päpstlichen Scudis und auf ungarischen Speciestalern des 17. und 18. Jahrhunderts mit der Umschrift PATRONA HVNGARIE. Die Aufschrift PATRONA BAVARIAE trugen die bairischen Marientaler, von welchen der letzte im Jahre 1871 geprägt worden ist. Sie werden noch heut vom Volk gesucht und von Frauen gern als Halsschmuck getragen.

Mark, ein gemeingermanisches Wort, gotisch *marka,* altnordisch *mörk,* altenglisch *mearc,* altsächsisch *marka,* althochdeutsch *marcha, marka,* mittelhochdeutsch *marke* und *marc* (vgl. Grimm, deutsches Wörterbuch) hat in erster Linie die Bedeutung Gebiet, Grenze. Die den Heiden entrissenen, christianisierten Landstriche im Norden und Osten Deutschlands wurden daher Marken genannt. Im weiteren hat das Wort die Bedeutung der durch Zeichen abgegrenzten Flur, der Landesgrenze, welche obrigkeitlich festgesetzt wird. Dieser Begriff wurde dann auf das obrigkeitlich festgesetzte und gezeichnete Gewichts- und in der Folge auf das Geldstück übertragen. Die Entwicklung des Begriffs Mark ist eine ganz ähnliche wie diejenige von νόμισμα aus νομός. Denn wie hier bezeichnete das griechische Wort νομός ursprünglich ebenfalls einen abgegrenzten Landesteil — es sei dabei nur an die nach den Zeugnissen griechischer Schriftsteller unter den Pharaonen bewirkte Einteilung des alten Ägyptens in eine Anzahl Gaue, Nomen genannt, erinnert — dann das gesetzlich Festgesetzte, woraus später der Begriff νόμισμα, Münze, entstanden ist.

Die Mark als Gold- und Silbergewicht sowie als Rechnungsmünze kommt in Deutschland schon im 11. Jahrhundert vor. „Im Guten Gerhard" (Dichtung von Rudolph von Ems aus dem Jahr 1177) heißt es: *silbers . . . . daz fünfzic tûsent marke wac* und im Nibelungenlied, entstanden zwischen 1180 und 1190: *zehen marc von golde.* Die Gewichtsmark ist entstanden aus dem karolingischen Pfund. Sie hatte aber nicht wie jenes 12, sondern nur 8 Unzen, war also ursprünglich $^2/_3$ des karolingischen Pfundes. Letzteres wurde später auf 16 Unzen oder 32 Lot gebracht, und die Mark entsprach daher nunmehr der Hälfte des Pfundes. Diese Mark im Gewicht von ursprünglich 233,812 g kam zuerst in Cöln, welches im 12. und 13. Jahrhundert einer der wichtigsten Handelsplätze Deutschlands war und unter den zum Hansabund gehörenden Städten eine führende Stellung einnahm, in Gebrauch und wurde unter dem Namen cölnische Mark nicht nur in Deutschland, sondern auch in den angrenzenden Ländern das gangbarste Normalmünzgewicht. Die gewöhnlichen Unterabteilungen der Mark waren das Vierdung, der 4. Teil der Mark = 4 Lot, das Lot der 16. und das Quentin oder Quentchen der 64. Teil der Mark. Daneben gab es auch auf der Halbteilung beruhende Zwischenstufen, nämlich die Unze $= \frac{1}{2}$ Vierdung und das Settin $= \frac{1}{2}$ Lot, sowie das Viertel des Quentchens, den Pfennig oder Richtpfennig, welcher wieder in 2 Heller zerfiel. Man hatte also für gewisse Münzen und deren Gewicht dieselben Bezeichnungen, eine Erscheinung, die sich in der Geschichte des Münzwesens, wie z. B. beim römischen As, mehrfach wiederholt. Später, namentlich als sich infolge der Einführung der Goldprägung ein genaueres Wiegen des Münzmetalls notwendig machte, teilte man die cölnische Mark in 4020 As, ferner in die noch kleineren Eschen und Richtpfennigteile. In den Staaten des Deutschen Zollvereins war die von Preußen übernommene Mark zu 233,855 g von 1837 bis 1857 als Münzgewicht im Gebrauch. Sie zerfiel in 288 Grän zu 16 As, war also = 4608 As.

Die Mark war von Anfang in Deutschland nicht bloß Münzgewicht, sondern auch Rechnungsgeld, da man bei Großzahlungen die Denare oder Pfennige, die während eines großen Teils des Mittelalters fast die einzigen Kurrentmünzen Deutschlands waren, einander zuwog. Man rechnete also ebenso wie nach Pfunden, auch nach Mark Pfennigen, was jedenfalls vor dem Zählen den Vorzug verdiente, da die Pfennige oft von sehr verschiedenem Gewicht waren, und da es beim Wiegen gleichgiltig war, wieviel Stück auf die Mark gingen, wenn anders sie nur das richtige Korn hatten. Man verfuhr aber auch noch einfacher, indem man das Silber, dessen man sich bei Großzahlungen bediente, in Barren goß und einander zuwog. Dies führte zum Gebrauch von Barren im Gewicht von einer Mark und von bestimmtem Feingehalt. Da aber der Feingehalt des Silbers sehr verschieden sein konnte, auch das Gewicht der cölnischen Mark nicht überall genau übereinstimmte, so mußte ausdrücklich ausbedungen werden, von welchem Gewicht und Feingehalt die Mark sein sollte. Dies führte zu dem Auskunftsmittel der Usualmark oder *marca usualis argenti*, d. h. der in einem Orte, dessen Name hinzugefügt wurde, gebräuchlichen Silbermark. Dann ging man zur Erleichterung des Verkehrs dazu über, die Mark Silber mit einem Stempel zu versehen, durch welchen die Richtigkeit des in dem betreffenden Orte gebräuchlichen Gewichts und Feingehalts beglaubigt wurde. Es war dies die *marca usualis signata* oder *geteknete* Mark. Ferner unterschied man auch die Mark ganz feines Silber (*marca usualis argenti pura*) und die Mark gemischtes oder lötiges Silber, im Süden *wêrsilber* genannt. Weiteres s. unter Usualmark.

Die Mark fein sollte 16 Lot unvermischtes Silber enthalten, während die Mark mit unedlem Metall gemischtes Silber, später rauhe Mark genannt, nach der Zahl der darin enthaltenen Lot reinen Silbers 8, 12 usw. lötig hieß. Um nun Schrot (das Gewicht) und Korn (den Feingehalt) der Kurrentmünzen zu bestimmen, wurde vom Münzherrn festgesetzt, wieviel Stück der betreffenden Münzgattung aus der feinen oder rauhen bzw. lötigen Mark Silber geprägt werden sollten. Aus Gewinnsucht verfuhren aber die Münzherren auch umgekehrt, indem sie die aus einer Gewichtsmark von bestimmter Feinheit geprägten Münzen einzogen (verriefen) und dafür andere Münzen derselben Gattung, aber von geringerem Gehalt ausgehen ließen, von welchen die gleiche Anzahl wie früher den Wert einer Mark haben sollte. Da derartige Manipulationen aber bald bemerkt werden mußten, so entstand neben der Gewichtsmark eine Zählmark, d. h. eine Rechnungsmünze, welche die gleiche Anzahl Pfennige usw. enthielt wie jene, die aber wegen des geringeren Gehalts der einzelnen Stücke einen niedrigeren Kurs haben mußte, als die Gewichtsmark.

1524 wurde die cölnische Mark durch die Reichsmünzordnung von Eßlingen als das allgemeine deutsche Münzgewicht, sowie als Einheit des deutschen Gold- und Silbergewichts festgesetzt, und seitdem ist sie unter der Bezeichnung „Cölnische Mark" bis auf die neueste Zeit (bis zur Einführung des auf dem Zollpfund beruhenden Münzsystems, Wiener Münzvertrag vom 24. Januar 1857) in Deutschland das Normalmünzgewicht geblieben. Der bekannteste der späteren, auf dem Markgewicht beruhenden Münzfüße ist der im Jahre 1750 von Friedrich dem Großen eingefürte 14 Taler- oder Graumannsche Fuß, welcher seinerzeit auch von den meisten übrigen deutschen Staaten angenommen wurde. Nach ihm wurden aus der Mark feinen Silbers 14 Taler geprägt.

Als mit Beginn des 16. Jahrhunderts die Prägung des Talers in Deutschland allgemeiner wurde, begann man auch im Norden, und zwar in Livland, Skandinavien, ferner in Holstein, Hamburg, Lübeck, Lüneburg, Mecklenburg, Pommern, ein silbernes Großstück zu prägen, welches den Namen „Mark" erhielt. Es kam dem Halbtaler ziemlich nahe, weshalb die Doppelmarkstücke auch als Taler, die Markstücke als halbe und die $^{1}/_{2}$-Markstücke als Vierteltaler kursierten. Die Markprägung in den vorgedachten Ländern und Städten hat sich bald wieder verloren; dagegen hat die aus der Zählmark entsprungene Rechnung nach Mark Banco in Hamburg (s. Bank) bis zur Einführung des Reichsmünzgesetzes fortbestanden. Letzteres hat der von ihm eingeführten Münzeinheit wieder den Namen Mark beigelegt.

Markgraf, s. Graf.

Mars, s. Ares.

Martinstaler, s. Bettlertaler.

Masse, f, franz. hat u. a. die Bedeutung der Stab, das Zepter, insbesondere das Abzeichen der Würde des Großkanzlers von Frankreich. Auch die Könige von Frankreich führten neben dem Schwert oder gewöhnlichen Zepter ein zweites, an der Spitze mit einer Hand endigendes Zepter, *masse* genannt, und es wird daher einer Goldmünze Philipps III. (1270—1285) und Philipps IV. (1285—1314), auf welcher der König thronend und beide Zepter in der rechten Hand haltend dargestellt ist, der Name Masse beigelegt.

Matapan ist der Name einer mittelalterlichen Dickmünze (Grossus), welche zuerst von dem Dogen Enrico Dandalo von Venedig (1192—1205) geprägt wurde. Sie hat einen Durchmesser von etwa 20 mm. und zeigt auf der einen Seite den stehenden Dogen, welcher von dem heiligen Marcus die Fahne der Belehnung empfängt, auf der anderen Seite den Heiland auf einem Throne sitzend. Die Matapane wurden bis um das Jahr 1400 in großem Umfange geprägt und fanden auch außerhalb des Gebietes der Republik weite Verbreitung. Besonders wurden sie in den nördlichen Balkanstaaten Bulgarien und Serbien nachgeprägt. Die Entstehung des Namens ist zweifelhaft. Bekanntlich beteiligten sich die Venezianer unter Dandalo an dem vierten Kreuzzuge (1204), welcher zur Gründung des lateinischen Kaisertums sowie verschiedener kleiner Fürstentümer führte und wobei auch den Venezianern mehrere Inseln und Küstengebiete des ägäischen Meeres, namentlich von Morea, zufielen. Während aber das lateinische Kaisertum und die übrigen Fürstentümer nur kurzen Bestand hatten, behaupteten sich die Venezianer lange im Besitz der erworbenen Gebiete, und es ist daher leicht möglich, daß der Name unserer Münze mit dem bekannten Kap Matapan auf Morea in Verbindung zu bringen ist.

Matthiasgroschen, Matthiaspfennige, Matthier, Matier. Die Matthiasgroschen waren eine Gattung kleiner Groschen, welche gegen Ende des 15. Jahrhunderts zuerst in Goslar geschlagen wurden. Sie zeigen auf der einen Seite den goslarischen Adler mit der Umschrift SANCTVS MATHIAS, auf der anderen den Schutzpatron der Stadt, den heiligen Matthias — woher der Name — in ganzer Figur mit dem Evangelienbuch in der Hand und der Axt, dem Zeichen seines Martyriums, über der Schulter, sowie die Umschrift * MONETA * NOVA * GOSLARIE. Daneben wurden auch Matthiaspfennige geschlagen, kleine brakteatenförmige Münzen von sehr geringem Gehalt, welche ebenfalls den heiligen Matthias zeigen, jedoch nur im Brustbilde. Von diesen Pfennigen wurden sechs auf den Matthiasgroschen gerechnet, weshalb letztere auch Sechspfenniggroschen genannt wurden. Halbe Matthiasgroschen gab es nicht.

Die Matthiasgroschen waren eine nicht nur in Goslar, sondern auch in Hildesheim, Hannover, Lippe und weiter verbreitete Münze, jedoch von sehr schwankendem Wert, da sie nicht in das Wertverhältnis der großen Groschen paßten. Gleichwohl wurden sie auch anderwärts, zwar mit veränderten Typen, jedoch unter dem Namen Matthier, Mattier, Matier nachgemünzt. Diese Bezeichnung wurde zuweilen auch den Münzen aufgeprägt, wie dies z. B. bei den Matthiern der Fall ist, welche unter Kurfürst Friedrich Wilhelm von Brandenburg für Ravensberg geschlagen wurden. Der Wert der Matthier, welcher Name in einzelnen Gegenden ihres früheren Umlaufsgebietes noch heut nicht ausgestorben ist, betrug zuletzt 4 Pfennige = $\frac{1}{2}$ Mariengroschen. Der Name des an der Eisenbahnlinie Schöningen-Börssum im Herzogtum Braunschweig gelegenen, nicht unbedeutenden Orts Mattierzoll ist zweifellos darauf zurückzuführen, daß dort früher ein Zoll erhoben wurde, welchen man vorzugsweise in Mattiern entrichtete.

Medaillen sind flache, meist kreisrunde Metallstücke, welche zur Erinnerung an bestimmte Begebenheiten oder zu Ehren von Personen im Wege des Gusses oder der Prägung hergestellt und daher oft von historischem und als Gegenstände der kleinen Plastik von kunsthistorischem Wert sind. Die Medaillen, auch Schaumünzen genannt, unterscheiden sich von den eigentlichen Münzen meist durch ihr höheres Relief und, soweit sie von Silber sind, durch höheren Feingehalt. Sie sind nicht wie die Münzen dazu bestimmt, dem Verkehr zu dienen und daher wohl zu unterscheiden von den Denkmünzen (s. d.). Auch gehören zu ihnen nicht die Plaketten, Jetons, Raitpfennige und sonstige Marken (s. diese Wörter). Das Wort Medaille stammt aus dem Italienischen. Nach Luschin von Ebengreuth (Allgemeine Münzkunde und Geldgeschichte des Mittelalters und der neueren Zeit, S. 24) nannte man nämlich im 14. Jahrhundert in Florenz eine kleine Münze im Werte eines halben Pfennigs eine *medalia*, später bezeichnete man mit diesem Worte überhaupt alte, außer Verkehr gesetzte und namentlich römische Münzen, die man seit Petrarca eifrig sammelte. So liegt also im Ausdrucke einerseits die Erinnerung, daß das Schaugepräge kunstgeschichtlich an die antike Münze anknüpft, andererseits der Begriff mangelnder Umlaufsfähigkeit.

Schon die Münzen der römischen Republik, deren Typen und Aufschriften zahlreiche historische und andere Beziehungen enthalten, fast noch mehr aber die schönen großen Bronzemünzen der ersten Kaiserzeit haben einen medaillenartigen Charakter. Die römischen Münzen werden daher, zumal sie sich durch ihre größere Dicke und ihr hohes Relief vor den kleinen mittelalterlichen Münzen auszeichnen, von den Franzosen nicht *monnaies*, sondern *médailles romaines* genannt.

Während des Mittelalters wurden die ersten großen Medaillen in Italien angefertigt, denn dort war es, wo nach langem Darniederliegen die Künste an den antiken Vorbildern sich am raschesten wieder erholten. Gegen Mitte des 15. Jahrhunderts erreichte die italienische Medaillenkunst, welche hauptsächlich von Malern ausgeübt wurde, ihre höchste Blüte. Die Medaillen, meist von Kupfer, wurden nach einem in Wachs oder dergleichen hergestellten Modell gegossen und dann in der Regel mit dem Griffel leicht überarbeitet. Die berühmtesten Künstler der italienischen Renaissance, von welchen Medaillen auf uns gelangt sind, waren Vittore Pisano, Matthaeus de Pastis, Sperandeo, Andreas Guazalotti, Johannes Boldu, Marescotto usw.

In Deutschland entwickelte sich die Medaillenkunst erst mit Beginn der deutschen Renaissance, also ein Jahrhundert später als in Italien; namentlich waren es bei uns die Goldschmiede, welche diese Kunst ausübten. Die Herstellung der deutschen Medaillen dieser Zeit erfolgte ebenfalls durch Guß, und zwar schnitt man zu diesem Zweck Modelle aus Speckstein, Holz oder anderem weichen Material. Dann fertigte man nach diesen Modellen Formen an, goß in dieselben Metall und unterwarf schließlich die solchergestalt gewonnenen Abgüsse einer leichten Ziselierung. Die deutschen Medaillen der Renaissancezeit sind größtenteils Porträtmedaillen, auch Contrefaitmedaillen (s. d.) genannt, und erregen durch die lebenswahre und charakteristische Auffassung der Bildnisse, zierliche Ausführung und sinnige Darstellung der Kehrseite noch heut unsere Bewunderung. Sie wurden in edlen wie unedlen Metallen, aber immer gleich schön hergestellt und dienten vornehmlich zu Geschenken; die von geringerem Metall widmete man sich gegenseitig zur Erinnerung, etwa wie heutzutage die Photographien; die von edlem Metall dienten als Angebinde bei Geburtstagen, Hochzeitsfeiern usw. oder wurden von den Fürsten als „Gnadenpfennige" verliehen und, oft in reicher, künstlerischer Einfassung, an goldenen Ketten auf der Brust, am Barett oder auf andere Art als Schmuck getragen.

In Deutschland fand die Medaillenkunst vorzugsweise in den freien Reichsstädten ihre Heimstätte, wo sie von den reichen Patriziern gepflegt wurde. Aber auch von manchen kunstsinnigen deutschen Fürsten besitzen wir aus der Renaissancezeit höchst kunstvolle Bildnismedaillen, so namentlich von Albrecht von Brandenburg, Kardinal und Kurfürst von Mainz, ferner von den Pfalzgrafen in Heidelberg und von den sächsischen Fürsten. Unter den Städten sind es besonders Augsburg und Nürnberg, welche die ausgezeichnetsten Medailleure besaßen.

Auch von Albrecht Dürer († 1528), welcher bekanntlich auf verschiedenen Gebieten der Kunst gleich Vortreffliches leistete, gibt es einige (einseitige) Medaillen von hohem Kunstwert. Weitere Medailleure ersten Ranges des 16. Jahrhunderts waren die Nürnberger Peter Vischer der Jüngere und Hans Schwarz, ferner Hans Daucher, Friedrich Hagenauer, welcher in Augsburg, später in Cöln tätig war, Jacob Stampfer aus Zürich, Hans Reinhard der Ältere, ein berühmter sächsischer Künstler, Jakob Binck, Valentin Maler und Tobias Wolff. Im allgemeinen begann jedoch die Modellierkunst gegen Ende des 16. Jahrhunderts allmählich zu sinken. Gleichzeitig ging man dazu über, immer mehr von der Prägung der Medaillen Gebrauch zu machen, bis schließlich mit Beginn des 17. Jahrhunderts die Sitte, die Medaillen im Wege des Gusses und der Zieselierung herzustellen, fast ganz verschwand und damit auch die frühere Eigenartigkeit und Freiheit der Kunst verloren ging. Unter den demnächst geprägten deutschen Medaillen sind zwar noch viele, wie namentlich diejenigen von Dadler, Wermuth, J. Höhn, den Fortschritten der Gravier- und Prägekunst entsprechend, von recht guter Arbeit, doch stehen sie vom künstlerischen Standpunkt aus den Erzeugnissen der Renaissancezeit nach. Im übrigen verbreitete sich, während von den Künstlern der früheren Zeit vorzugsweise Bildnismedaillen gefertigt wurden, im 17. Jahrhundert immer mehr der Gebrauch, Medaillen auf geschichtliche und sonstige merkwürdige Ereignisse, als: Pestilenzen, Brände, teure Zeiten usw. zu prägen. Namentlich führte der religiöse Sinn der Deutschen zu der Sitte, allegorische Darstellungen und solche aus der biblischen Geschichte vielfach auf die Medaillen zu bringen. Es entstanden daraus die sogenannten Tauf-, Hochzeits-, Abendmahls-, Christfest- usw. Medaillen, mit welchen man sich an den betreffenden Tagen beschenkte. Da ferner derartige Medaillen, auch wenn sie von Privatpersonen herrührten, häufig nach dem Schrot und Korn der Kurrentmünzen geprägt wurden, so kamen sie gleich letzteren häufig in Umlauf und wurden dann je nach dem Metalle, aus welchem sie hergestellt waren, Tauftaler, Hochzeitsdukaten usw. genannt. Erwähnt seien noch die sogenannten Judenmedaillen, große, flache, in mittelalterlichem Stil gehaltene und mit Mönchsschrift versehene Medaillen von Silber, welche zwar die Bildnisse von fürstlichen Personen des Mittelalters tragen, aber in weit späterer Zeit von Prager Juden angefertigt sind und deshalb obigen Namen erhalten haben. Weiteres über dieselben s. unter Judenmedaillen.

Die Medaillen des 18. Jahrhunderts, insbesondere diejenigen der Zopfzeit, sind meist schlecht und geschmacklos ausgeführt und nur noch durch die auf denselben dargestellten Personen und Ereignisse von einigem Interesse. Ersteres gilt namentlich von vielen auf Friedrich den Großen geschlagenen Medaillen, sowie von den zahlreichen Spottmedaillen dieser Zeit. Seit Anfang vorigen Jahrhunderts hat die Medaillenkunst wieder einen bemerkenswerten Aufschwung genommen.

Wichtige Werke über Medaillenkunde sind Heraeus, Bildnisse der regierenden Fürsten und berühmten Männer vom 14. bis 18. Jahrhundert in einer Folgereihe von Schaumünzen, Wien 1826, sowie die Prachtwerke von J. Friedländer, Die italienischen Schaumünzen des 15. Jahrhunderts, und Aloïs Heiß: *Les médailleurs de la renaissance*. Auch befindet sich im Band VII der Zeitschrift für Numismatik von A. von Sallet ein größerer interessanter Aufsatz über die deutschen Medailleure des 16. und 17. Jahrhunderts von Adolf Ermann. Spottmünzen s. dieses Wort.

Medaillon, das, (franz.), heißt im allgemeinen jedes gemalte oder plastische Bild, welches in eine kreisrunde oder ovale Form gebracht ist. In der Numismatik werden mit dem Namen Medaillons in der Regel die unter verschiedenen römischen Kaisern geprägten Stücke bezeichnet, welche nicht eigentliche Wertmünzen, sondern Schaumünzen waren und vermutlich zu Geschenken dienten. Sie wurden in Gold, Silber und Kupfer hergestellt und zeichnen sich vor den Kurrentmünzen meist durch größeren Umfang, besonders aber durch ihr höheres Relief sowie durch kunstvolleren Stempelschnitt und edleren Stil aus. Goldmedaillons wurden zuerst unter Augustus und dann wieder unter Domitian und den späteren Kaisern, Silbermedaillons ebenfalls zuerst unter Domitian und Bronzemedaillons zuerst unter Trajan geprägt. Besonders schöne und interessante Medaillons sind uns erhalten aus der Zeit der Kaiser Hadrian und Antoninus Pius. Von den Medaillons des letztgenannten Kaisers sagt Dannenberg in seinen „Grundzüge der Münzkunde", 2. Aufl. S. 158: „Desto mehr Interesse (als die Kurrentmünzen) erregen seine Medaillons, da der Kaiser den 900jährigen Geburtstag der Stadt benutzte, um die Urgeschichte Roms in Erinnerung zu bringen. Auf ihnen erblicken wir Aeneas den Anchises rettend, den Sohn in der Hand; wir sehen ihn mit Ascanius landen und die Sau mit dreißig Ferkeln finden usw., ferner Attius Navius, wie er vor den Augen des erstaunten Königs den Stein zerschneidet, Cocles den Tiber durchschwimmend, während seine Leute den *pons Sublicius* abbrechen usw. Auch der Kreis der sonstigen Bilder auf diesen Medaillons ist sehr groß und reich, doch indem wir Bacchus und Herkules in den verschiedensten Darstellungen sowie Vulkan bei der Arbeit leicht berühren, wollen wir nur noch als eines der anmutigsten Prometheus als Menschenbildner erwähnen."

Unter den Medaillons der späteren Kaiser finden wir, obgleich die eigentliche Münzkunst tief gesunken war, ebenfalls noch viele schöne und interessante Stücke. Auch kommen unter denselben verhältnismäßig häufiger, als in der ersten Kaiserzeit, Gold- und Silbermedaillons vor, welche wohl als Ehrenzeichen verteilt und an Ketten getragen wurden, wie aus den an denselben zum Teil befindlichen Ösen zu schließen ist. Eine eigentümliche Art sind endlich die *médaillons de deux cuivres,* d. s. Medaillons, welche aus zwei Stücken, nämlich einem Mittelstück aus Kupfer und einem vor dem Prägen um dasselbe gelegten Messingrand bestehen.

Ferner werden unter Medaillons auch Kunst-, namentlich Porträtmedaillen des 16. und 17. Jahrhunderts verstanden, welche von deutschen Fürsten hervorragenden Personen als Auszeichnung verliehen wurden und zum Tragen an einer Kette eingerichtet waren. Sie waren zu diesem Zwecke mit einem Henkel und oft auch mit einer kostbaren, künstlerischen Einfassung versehen.

Mercurius, s. Hermes.

Méreau ist die französische Bezeichnung für münzenähnliche Marken, welche als Anweisungen auf Geldzahlungen oder Naturalleistungen dienten. Zu den Méreaux gehören daher auch die Präsenzzeichen, welche von Kapiteln und Ratskollegien an die Mitglieder ausgegeben wurden, z. B. in Cöln, wo die bei der Sitzung anwesend gewesenen Ratsmitglieder eine Marke (*signum senatorium*) erhielten, gegen deren Rückgabe ihnen, wie durch das der Marke aufgeprägte Bild eines Römerglases angedeutet wird, ein bestimmtes Quantum Wein verabfolgt wurde.

Merowingermünzen. Im Jahre 486 n. Chr. besiegte Chlodwig, König der salischen Franken aus dem Geschlechte der Merowinger, den römischen Statthalter Syagrius in der Schlacht bei Soissons und vernichtete damit den letzten Rest der Römerherrschaft in Gallien. Die Merowinger schlugen zunächst keine eigenen Münzen, sondern bedienten sich der noch im Lande umlaufenden römischen Münzen. Als die Nachfolger Chlodwigs mit der Prägung von Münzen begannen, waren dieselben zunächst einfache Nachahmungen römischer Münzen und sie setzten auf die ihrigen anfänglich sogar auch das Brustbild des Kaisers. Erst seit Mitte des 6. Jahrhunderts finden wir das Brustbild und um dasselbe den Namen merowingischer Könige auf ihren Münzen; dann tritt an die Stelle des Namens des Königs der Name der Münzstätten, deren es unglaublich viele gab, während auf der Rückseite meist ein Kreuz sowie der Name des Münzmeisters erscheint. Das Münzsystem der Merowinger beruhte auf der römischen Goldwährung, die von ihnen geprägten Münzen waren hauptsächlich Drittelsoliden, *trientes* oder *tremisses* (s. d.), während der Solidus eigentlich nur Rechnungsmünze war. Die merowingischen Trienten waren jedoch weit geringhaltiger als die römischen und ihr Gepräge wurde mit der Zeit immer roher und kunstloser, so daß sie in nichts mehr an die römischen Vorbilder erinnern. Namentlich sind die Aufschriften mangelhaft, oft ganz sinnlos, die Figuren häufig kaum zu erklären. Silbermünzen wurden unter den Merowingern erst in der letzten Zeit ihrer Herrschaft geprägt.

Metrologie, zusammengesetzt aus dem griech. μέτρον, das Maß, und λόγος in der Bedeutung von Abhandlung, Untersuchung, System, heißt Maßkunde, d. i. die Lehre von den Längen- und Flächen-, Hohlkörper- und Gewichtsmaßen. Auch die Münze gehört insofern hierher, als sie Maß für alle Schätzungen des Wertes ist, und nur mit Hilfe der numismatischen Metrologie ist es möglich, aus dem Feingehalt und Gewicht der Münze den Fuß zu bestimmen, nach welchem sie geprägt ist und welchen Wert sie besitzt. Ein sehr gutes Handbuch ist die griechische und römische Metrologie von Hultsch; ein Werk über die mittelalterliche Metrologie fehlt bis jetzt.

Mezzanino, vom ital. *mezzo*, halb, bedeutet so viel wie halbes Stückchen, Halbstück und war im 14. und 15. Jahrhundert in Venedig die Bezeichnung des halben Matapan oder Grosso.

Miliarense, das, griech. Miliaresion (μιλιαρήσιον), ist der Name einer von Konstantin dem Großen eingeführten Silbermünze. Sie war das dem Solidus von Gold entsprechende Silberstück, wog also gleich jenem $\frac{1}{72}$ Pfund und sollte $\frac{1}{1000}$ des Goldpfundes gelten (daher der Name). Hieraus ist zu schließen, daß das Wertverhältnis des Goldes zum Silber zu damaliger Zeit ungefähr = 1 : 14 war. Das Miliarense war also, da das Konstantinische Münzsystem auf der Goldwährung beruhte, dessen Einheit der Solidus war, $= \frac{1}{14}$ Solidus. Das Miliarense wurde indessen wenig ausgeprägt, dafür häufiger die Hälfte desselben, die Siliqua, welche also $= \frac{1}{28}$ Solidus oder $\frac{1}{144}$ Pfund Silber war. Diese Siliqua sollte also der wegen seiner Kleinheit nicht darstellbare 2000. Teil des Goldpfundes sein und hieß daher auch *siliqua auri*. In Wirklichkeit wurde indessen die Siliqua auf $\frac{1}{1728}$ Goldpfund oder $\frac{1}{24}$ Solidus und das Miliarense auf $\frac{1}{12}$ Solidus gesetzt. Später wurde die Siliqua, zu welcher noch ein Halbstück trat, in stetig sinkendem Gewicht ausgeprägt, doch blieb sie bis Heraclius (610—641) die Hauptsilbermünze des oströmischen Reiches, während die siliqua auri oder das Keration neben dem Solidus stehende Rechnungsmünze war.

Milreïs, portugiesisches und brasilianisches Rechnungsgeld. Das Wort ist entstanden aus *mille, mil* = 1000 und *real, rey*

= König. Der Reï war unter dem König Emanuel von Portugal eine kleine Kupfermünze von ganz geringem Wert, deren Prägung wegen ihrer Kleinheit eingestellt wurde. Er ist aber bis heut die portugiesische Münzeinheit geblieben; 1000 Reïs heißen Milreïs und 1000000 Reïs sind ein Conto. Es werden ausgeprägt in Gold Stücke zu 10, 5, 2 und 1 Milreïs, die daneben die noch für die früheren Goldstücke gebräuchlichen Namen Corõa bzw. 5/10, 2/10 und 1/10 Corõas führen, in Silber Stücke zu 100 Milreïs (Testaos) sowie halbe Testaos und Mehrfache desselben, in Kupfer Sücke zu 50, 10 und 5 Reïs.

Mimigardeforddenare werden münstersche Denare genannt, welche gegen Ende des 11. und im 12. Jahrhundert geprägt worden sind. Mimigardeford war nämlich, wie Grote in Band I S. 219 seiner Münzstudien sagt, „der uralte Name des Orts, an welchem 803 von Karl dem Großen das Bistum gestiftet wurde, „„was den Namen des Halbgottes *Mîmi* zurückruft, aber den Mythus eines von ihm durchschrittenen Flusses oder Wassers voraussetzt; der Fluß bei Münster führt den Namen Aa, Aha (Jac. Grimms Geschichte der deutschen Sprache 656)““. Das Monasterium (Kloster), nach welchem der Ort nachher benannt wurde, ist 1041 eingeweiht“. Gleichwohl blieb der Name *Mimigardefordi* neben dem neuen Monasterium noch längere Zeit bestehen, denn der Bischof Erfo nannte sich zwar bereits 1092 Episcopus Monasteriensis, während der Bischof Werner sich noch 1137 Mimigardefordensis ecclesiae episcopus schreibt.

Die Mimigardeforddenare tragen auf der Vorderseite ein dreitürmiges Kirchengebäude und die Umschrift +MIMIGARDEFORD, auf der Rückseite ein Kreuz und gewöhnlich die Umschrift +ODDO+, worauf eine quadratische Figur und mehrere Striche sowie mehr oder minder lesbare Zeichen folgen, welche letztere eine Entstellung des IMP*(erator)* AVG*(ustus)* und dadurch entstanden sind, daß die Stempelschneider des Mittelalters bekannte Münztypen und Münzaufschriften, selbst ohne den Sinn derselben zu verstehen, sklavisch nachahmten. Auf diesen Umstand ist namentlich auch auf den in ganz Rheinland und Westfalen in großem Umfange nachgeprägten Cölner Denaren die häufige Verzerrung in der Aufschrift Sancta Colonia zurückzuführen. Daß der Name Otto auf den Mimigardeforddenaren noch zu Ende des 11. und im 12. Jahrhundert erscheint, ist, wie Grote und mit ihm Dannenberg annimmt, damit zu erklären, daß die Bischöfe von Münster ihr Münzrecht — Urkunden über die Verleihung desselben fehlen — wahrscheinlich auf einen der Ottone zurückführten und den Namen Otto deshalb auf ihre Münzen setzten, um damit auf das ihnen verliehene Münzrecht hinzuweisen. Ähnliches finden wir noch bei Münzen viel späterer Zeit z. B.

bei denjenigen der Stadt Besançon, welche in Erinnerung des ihr vom Kaiser Karl V. verliehenen Münzrechts den Namen und das Bild dieses Kaisers auch nach dem Tode desselben ihren Münzen aufprägte.

Mine, griech. μνᾶ, ist ebenso wie Talent (τάλαντον) eine Gewichtsbezeichnung, dann eine Rechnungsmünze $= \frac{1}{60}$ des Talents = 100 Drachmen (s. Talent). Der Name ist nach Hultsch aus dem Semitischen, vielleicht noch weiter aus dem Ägyptischen entlehnt und scheint ursprünglich die Zahl, die Summe bedeutet zu haben und erst später auf das Gewicht übertragen worden zu sein.

Minerva, s. Pallas Athene.

Minutulus (denarius), s. Antoninianus.

Missilia, s. Auswurfmünzen.

Mitra, lat., ursprünglich Name einer römischen Frauenhaube oder -mütze, welche mit Bändern unter dem Kinn zusammengebunden wurde. Später wurde dieser Name der seit dem 11. Jahrhundert zur Amtstracht des Bischofs gehörigen Bischofsmütze beigelegt, welche die priesterliche Stirnbinde der Völker des Altertums und die aus dem Orient stammende spitze Mütze in sich vereinigt. Die Mitra besteht in der Hauptsache aus dem unteren runden Teil, welcher sich oben spaltet und in zwei Spitzen *(cornua)* ausläuft sowie aus dem Stirnbande, welches hinten in zwei langen Enden *(infulae,* weshalb auch die ganze Mütze Inful genannt wird), herabfällt.

Wie es bei allen Trachten der Fall ist, war auch die Bischofsmütze der Mode unterworfen. Anfänglich waren die Cornua stumpf und niedrig und die Mütze wurde dergestalt getragen, daß der Spalt zwischen den beiden Spitzen sich von der Stirn nach dem Hinterkopf zog, daß also die Mitra, von vorn gesehen, als eine Doppelmütze erschien. In dieser Form erscheint sie daher auch auf den bischöflichen Münzen des Mittelalters. Gegen Ausgang desselben wurden indessen die Cornua höher und spitzer, und man setzte, wie noch heut geschieht, die Mitra dergestalt auf, daß die Einsenkung zwischen den Spitzen quer über den Kopf lief. Es erging in dieser Beziehung, wie Grote sagt, der Mitra ähnlich wie dem dreieckigen Hut (Dreimaster), welchen man früher quer über den Kopf setzte, während er später so getragen wurde, daß die eine Spitze nach vorn, die andere nach hinten zeigte. Die Mitra stimmte in der Grundfarbe mit den Meßgewändern überein und wurde von jeher reich gestickt, oft auch mit Perlen und Edelsteinen besetzt. Obgleich sie eigentlich nur zum Ornat der Bischöfe gehörte, wurde doch das Recht, die Mitra zu tragen, vom Papste auch manchen Äbten verliehen, und dieselben säumten dann nicht, sofern sie münzberechtigt waren, die Mitra auf ihren Münzen bzw. über ihren Wappen anzubringen.

Modius, der, war bei den Römern ein Maß für trockene

Gegenstände, insbesondere für Getreide. Er ist auf Münzen römischer Kaiser oft dargestellt, insbesondere als Attribut der Annona (s. d.).

Möhrchen, Mürchen wurden kleine, einseitig geprägte Heller genannt, welche im 15. und 16. Jahrhundert am Niederrhein im Umlauf waren und von denen 12 auf einen Albus oder Weißgroschen (s. d.) gerechnet wurden. Sie wurden nach dem Vorbilde der norddeutschen (lübischen) Hohlpfennige von den rheinischen Kurfürsten und den Herzögen von Jülich, Cleve, Berg sowie von der Stadt Cöln, und zwar teils von jedem dieser Münzherren für sich, teils von zweien oder mehreren derselben auf Grund besonderer Verträge gemeinschaftlich geschlagen und tragen in letzterem Falle auch ihre gemeinschaftlichen Wappen. Der Name Möhrchen scheint ursprünglich ein Spottname gewesen zu sein, welcher den Münzen beigelegt wurde, weil sie wegen ihres geringen Silbergehalts bald eine dunkle Farbe annahmen.

Mönchsschrifttaler, s. Inkunabeln.

Monēta, lat. Dieses Wort hat verschiedene Bedeutungen. Bei den Römern hieß es ursprünglich so viel wie Beraterin, als Beiname der Juno, dann Münze (s. d.) und Münzstätte. In späterer Zeit verstand man unter Moneta auch die Personifikation der Münzkunst. So sind auf Medaillons der Kaiser Gallienus, Probus, Diocletian und Maximian drei weibliche Figuren als Monetae dargestellt, zu deren Füßen Geldhaufen liegen und deren jede eine Wage und ein Füllhorn in den Händen hält. Die Dreizahl bezieht sich zweifellos auf die drei Münzmetalle Gold, Silber und Kupfer. Dagegen zeigen zahlreiche Kupfermünzen Diocletians und anderer spätrömischer Kaiser nur eine Moneta, wahrscheinlich weil nur ein Metall in Frage kommt und daneben die Aufschrift Sacra Moneta Aug. usw., womit wohl aut das Göttliche, was in der Münzkunst liegt, hat hingewiesen werden sollen. Im Mittelalter verstand man unter dem Wort moneta nicht bloß die Münze oder die Münzstätte, sondern man verband mit demselben, wie zahlreiche lateinisch geschriebene Urkunden über Verleihung des Münzrechts lehren, auch den Begriff der Berechtigung zur Münzprägung.

Monetarius, s. Münzmeister.

Monogramm, zusammengesetzt aus dem griechischen μόνος, allein, einzig und γράμμα, Buchstabe, heißt eigentlich ein einziger Buchstabe oder Schriftzug, hat aber die Bedeutung einer Figur gewonnen, welche aus mehreren zusammengezogenen oder ineinander verschlungenen Buchstaben gebildet ist und einen bestimmten Namen bezeichnen soll. Schon auf den antiken griechischen Münzen, namentlich auf denjenigen Alexanders des Großen sowie der syrischen und kleinasiatischen Könige kommen Monogramme vor, doch ist ihre

Deutung schwierig. Auch auf römischen Münzen finden sich Zusammenziehungen von Buchstaben, dieselben tragen aber weniger den Charakter eigentlicher Monogramme, sondern sie sind offenbar der Raumersparnis wegen angebracht oder dem Bedürfnis entsprungen, die Schwierigkeit des Gravierens größerer Inschriften auf den Münzstempeln möglichst zu verringern.

Das Mittelalter mit der ihm eigentümlichen Neigung zum Mystischen führte zur ausgedehnteren Anwendung der Monogramme. Wir finden solche schon auf den Münzen der Ost- und Westgoten sowie der Vandalen; auch auf Münzen byzantinischer Kaiser kommen sie vereinzelt vor, sehr häufig dagegen auf den Münzen Karls des Großen. Zu jener Zeit, zu welcher die Kunst des Lesens und Schreibens nur ein Vorrecht weniger war und selbst Fürsten noch zu den Analphabeten gehörten, bedienten sich dieselben ihrer in Holz geschnittenen Monogramme statt der eigenhändigen Unterschrift. Es mag daher zum Teil auf diese Gewohnheit zurückzuführen sein, daß man das Monogramm des Münzherrn auf die von demselben geprägten Münzen übertrug.

Nach Karl dem Großen verschwinden die Monogramme auf deutschen Münzen und auch auf den Münzen anderer Länder kommen sie während des Mittelalters nur noch vereinzelt vor. Man behalf sich damit, daß man die Aufschriften auf ein Minimum beschränkte und später, als dieselben umfangreicher wurden, sich vieler, oft sehr willkürlicher Abkürzungen bediente.

Nachdem es seit dem 15. Jahrhundert üblich geworden war, daß die Künstler sich der Monogramme bedienten, um ihre Werke — Holzschnitte, Kupferstiche, Gemälde, Erzgüsse — als von ihnen herrührend zu kennzeichnen, taten dasselbe bisweilen auch die Münzmeister und Stempelschneider; gewöhnlich sind aber, wenn sich letztere überhaupt nannten, die Anfangsbuchstaben ihres Namens, oder es ist der letztere vollständig angegeben.

Endlich kam seit dem 17. Jahrhundert der Gebrauch auf, daß die Münzherren auf die von ihnen geprägten Münzen, namentlich auf solche von geringerem Wert, statt ihres Bildes oder Wappens bisweilen die Anfangsbuchstaben ihres Namens setzten. Dieselben sind bald ineinander gestellt, bald miteinander verschlungen, mitunter auch mit einem R = REX, oder K = Kurfürst usw. verbunden.

Monogramme Christi. Für den Namen Christus wurde das Monogramm aus dem griechischen X und P (= dem lateinischen Ch bzw. R), den Anfangsbuchstaben des Namens ΧΡιστός, gebildet, indem man das P entweder in das liegende oder in das stehende X hineinsetzte. Das Monogramm erhielt hiernach folgende Form: ⳨ oder ☧. Letztere, welche sich übrigens auffallender Weise schon auf ägyptischen Münzen vorchristlicher Zeit findet, war häufig von dem α und ω (dem Alpha und Omega = Α und Ω) zu beiden Seiten begleitet und ist die gebräuchlichere. Konstantin der Große nahm dieses Monogramm, dessen man sich schon früher als christliches Zeichen auf Grabdenkmälern, Sarkophagen usw. bedient hatte, nach seinem Siege über Maxentius i. J. 312 und nachdem er selbst zum Christentum übergetreten war, in das Labarum, die kaiserliche Standarte, auf und ließ es auch auf die Schilde der Soldaten setzen. Der erste oströmische Kaiser, welcher das Monogramm auf die Münzen brachte, war Magnentius (350—353). Seitdem erscheint es sehr häufig auf den Münzen seiner Nachfolger.

Das Monogramm für den Namen Jesus, aus den ersten Buchstaben des griechischen 'ΙΗσοῦς ('Ιησοῦς) gebildet, ist $\overline{\mathrm{IH}}$ und, nachdem ihm später im Abendlande ein lateinisches S hinzugefügt worden war, IHS. Letztere Form fand seit Ausgang des Mittelalters allgemeine Verbreitung und wurde auch das Zeichen der Jesuiten. Es wurde aber, weil die ersten Buchstaben lateinisch gelesen wurden, vielfach unrichtig gedeutet, und zwar mit Bezug auf die Kreuzeserscheinung, welche Konstantin dem Großen vor der Schlacht an der Milvischen Brücke begegnete, In Hoc Signo (*vinces*), oder Iesus Hominum Salvator, oder sogar Iesus, Heiland, Seligmacher.

Für die Namen Jesus Christus heißt das Monogramm im Griechischen $\overline{\mathrm{IC}}$ $\overline{\mathrm{XC}}$ (C ist die spätere Form für Σ), im Lateinischen $\overline{\mathrm{IHS}}$ $\overline{\mathrm{XPS}}$, wobei die ersten beiden Buchstaben dem griechischen Alphabet entnommen sind, während der dritte dem lateinischen Alphabet angehört. Die letztgedachten Monogramme kommen — auch in den gotischen Minuskeln ihs̄ und xps — in Verbindung mit lateinischen Sprüchen auf zahlreichen Münzen das Mittelalters vor.

Moritzpfennige nennt man im allgemeinen die zahlreichen vom 12. bis in das 14. Jahrhundert von den Erzbischöfen in Magdeburg geprägten Brakteaten mit dem Bilde des Schutzheiligen St. Mauritius. Sie sind teils mit Schrift versehen, teils stumm und von sehr verschiedener Größe; der Heilige ist bald im Brustbilde, bald in ganzer Figur, auch von anderen Figuren und zierlichem Beiwerk umgeben dargestellt. Die schönsten und größten Moritzpfennige sind die des Erzbischofs Wichmann (1152—1192).

Mouton d'or, s. Agnel.

Münzbenennungen, s. Numismatische Etymologie und Volkstümliche Münzbenennungen.

Münzbeschreibung. Dieselbe soll ein möglichst genaues Bild der Münze liefern und hat sich daher zu erstrecken: 1. auf den Namen der Gattung, welcher dieselbe angehört, ob Drachme, Denar, Brakteat, Groschen, Taler usw., 2. das Metall, soweit dasselbe nicht aus dem Namen der Münze von selbst hervorgeht und seine Angabe daher entbehrlich erscheint, 3. die Größe nach Millimetern des größten Durchmessers, 4. die Aufschrift und die bildlichen Darstellungen und Zeichen, getrennt nach beiden Seiten der Münze. Hierzu können noch Angaben über das Gewicht und den Feingehalt der Münze treten, ferner über die Herkunft derselben, d. i. über den Fundort oder über die Sammlung, aus welcher sie stammt sowie über den Grad der Erhaltung und der Seltenheit. Zur Vereinfachung der Münzbeschreibungen haben sich gewisse Abkürzungen und Fachausdrücke eingebürgert, von denen die wichtigsten sind G, franz. *Or*, lat. AV für Gold; S, lat. und franz. AR für Silber; Br., franz. *Br.*, lat. Æ für Bronze; Bill. und Bl. für Billon. Die römischen Bronzemünzen trennt man nach der Größe im allgemeinen in Großbronzen (GB), Mittelbronzen (MB) und Kleinbronzen (KB franz. PB). Die Abkürzungen für die Haupt- oder Vorderseite der Münze sind Hs. bzw. Vs., franz. Av. *(avers)*, für die Rückseite Rs., franz. Rv. *(revers)*. Die Beschreibung der Münzbilder muß möglichst genau sein. Dabei ist auf die richtige Anwendung der Begriffe rechts und links besonderer Wert zu legen. Näheres hierüber s. unter den gedachten Wörtern. Für den Grad des Erhaltungszustandes kommen sehr verschiedenartige Abkürzungen zur Anwendung, die in Münzkatalogen gewöhnlich besonders erläutert sind. Allgemein gebräuchlich sind die Abkürzungen Stplgl., franz. fl. d. c. *(fleur de coin)* für Stempelglanz, d. i. der vollkommenste Grad der Erhaltung einer Münze.

Münzbesuchstaler. In früheren Zeiten war es üblich, daß man, wenn der Münzherr oder eine fürstliche Person die Münzstätte besuchte, in seiner Gegenwart eine Münze, meist einen Taler oder ein anderes größeres Geldstück prägte, auf dessen Rückseite statt des gewöhnlichen Bildes eine auf den Besuch bezügliche Inschrift gesetzt wurde. Der Gebrauch findet auch heut noch statt, nur mit dem Unterschiede, daß in Deutschland statt des früheren Talers jetzt ein Fünf- oder ein Zweimarkstück dem gedachten Zwecke dient. So ist auf den Besuch der Münzstätte in Muldenhütten seitens des Königs Friedrich August von Sachsen im Jahre 1905 ein Zweimarkstück geprägt worden. Auch gibt es ein Fünffrankstück, welches während der Besetzung von Paris durch die Verbündeten, aus Anlaß des Besuchs der dortigen Münze seitens des Königs Friedrich Wilhelm von Preußen im Jahre 1814 geprägt worden ist.

Münze bedeutet ein im Weg des Gusses oder der Prägung hergestelltes, handlich geformtes Metallstück, welches als allgemeines Zahlungsmittel dient. Der Name ist entstanden aus dem lateinischen *monēta*, welches Wort ursprünglich ein Beiname der

Juno war und von *monēre*, raten, beraten, abzuleiten, also mit Ratgeberin, Beraterin zu übersetzen ist und der Göttin von den Römern gegeben wurde, weil sie ihnen gute Ratschläge erteilt hatte. So habe man bei einem Erdbeben aus dem Tempel der Juno, welcher sich auf dem Capitol befand, die Mahnung gehört, die Römer sollten der Göttin ein trächtiges Schwein opfern, und im Kriege gegen Pyrrhus habe, als Geldmangel eintrat, Juno auf Befragen geantwortet, die Römer sollten die Waffen mit Gerechtigkeit führen, dann werde ihnen das Geld nicht fehlen. Im Tempel der Juno Moneta befand sich auch zur Zeit der Republik die Münzstätte, und es erklärt sich hieraus, daß die Münze selbst den Namen *moneta* erhielt. Auf den älteren römischen Münzen kommt dieses Wort nicht vor. Dagegen finden wir auf den Münzen Diocletians und seiner Nachfolger häufig die Aufschrift *Sacra moneta Augg.* usw., sowie abgekürzt *S. M.* und daneben einen dritten Buchstaben *T, A, N,* usw. (Abkürzungen für *Treverica, Antiochena, Nicomedensis*). Das Wort hat also hier, ebenso wie es auch bei uns der Fall ist, die weitere Bedeutung von *officina*, Prägestätte, Münzstätte, und *MT, MA, MN* bezeichnet die Münzstätte Trier, Antiochia, Nicomedia.

Das lateinische *moneta*, in der Bedeutung Geldstück, wurde später auf die von den Merowingern, ferner auf die in Deutschland, England und in den übrigen christlichen Staaten des Mittelalters geprägten Münzen, welche sämtlich mit lateinischen Aufschriften versehen sind, übertragen, und zwar je nach dem Metall, aus welchem sie hergestellt waren, häufig mit dem Zusatz *aurea* oder *argentea*. Seit dem 15. Jahrhundert tritt zu der Aufschrift *moneta* häufig auch der Zusatz *nova*, welcher sich dann auf eine vorausgegangene Änderung des Münzfußes oder auch nur auf die Währungseigenschaft des neu ausgegebenen Gepräges bezieht. Auf Grund der germanischen Betonung wurde das Wort umgedeutscht in *móneta, mónita, munita*, altniederd. *munita*, althochd. *muniza*, altengl. *mynet*, fries. *menote, mente, monte, munte*, mittelhochd. *munze, münze*.

In neuerer Zeit hat das Wort neben der Bedeutung Geldstück im allgemeinen und Münzstätte eine dritte Bedeutung erhalten, nämlich Scheidemünze, kleines Geld.

Münzer - Hausgenossenschaften. In Deutschland stand das Münzrecht von Anfang an den Kaisern zu, daneben kraft der ihnen verliehenen Amtsgewalt den Herzögen und Gaugrafen. Im Laufe der Zeit wurde aber das Münzrecht von den Kaisern auch vielen anderen weltlichen und geistlichen Fürsten und Herren verliehen. Die Städte erwarben dasselbe erst seit dem 13. Jahrhundert. Die kaiserlichen und fürstlichen Münzstätten, Münzschmieden genannt, wurden von Münzmeistern und deren Gehilfen und Dienern verwaltet.

Die zu einer Münzstätte gehörenden Münzer schlossen sich, dem Zuge der Zeit folgend, zu förmlichen Genossenschaften zusammen, an deren Spitze der Münzmeister stand, und wurden, da die fürstliche Münzstätte ursprünglich im Hause des Fürsten selbst war, Hausgenossen genannt. So heißt es in einer oehringer Urkunde vom Jahre 1253: *der voit sol auch haben alleine die juden, und die munze, und sol setzen zwelf munzere, die heizent husgenozzen;* ferner in einer mainzer Urkunde des 15. Jahrhunderts: *wan ein camerer stirbt, so sollen in die husgenossen die uf die munz gehoren zu grab tragen.* Die Gesamtheit der Münzer wurde Hausgenossenschaft, 13. Jahrh. *hûsgenôzschaf*, genannt.

Die Münzer-Hausgenossenschaften, welche sich namentlich in größeren Städten Süddeutschlands und Österreichs entwickelten und bis Ende des 15. Jahrhunderts bestanden, wußten sich in den Besitz mancher Gerechtsame zu setzen, zu welchen namentlich die Exemtion von der ordentlichen Gerichtsbarkeit, die Befugnis der Münzmeister, über Vergehen ihrer Untergebenen selbst zu richten, und das Recht gehörte, die Münzschmiede als besonders befriedeten Ort jedem nicht amtlich Beteiligten unzugänglich zu machen (Bode, das ältere Münzwesen Niedersachsens). Infolge dieser Freiheiten und Gerechtsame und nachdem mit der Zeit auch die Beschaffung des Münzmetalls auf die Münzer-Hausgenossenschaften übergegangen war, wohl auch wegen des damit verbundenen Gewinns, traten vermögende und angesehene Personen denselben bei. Die Tätigkeit der Hausgenossen beschränkte sich dann auf die kaufmännische Leitung, während die technischen Arbeiten von handwerksmäßig ausgebildeten Gehilfen, den Eisengrabern (Stempelschneidern), Gießern, Zainmeistern, Schrotmeistern, Brennern usw. sowie deren Knechten, welche sämtlich Lohnarbeiter waren, ausgeführt wurden.

Münzfälschungen. So lange es Münzen gibt, hat es auch falsche Münzen gegeben; denn der Wert, welchen die Münzen besitzen, hat von jeher die Gewinnsucht gereizt und die Menschen dazu verleitet, Stücke herzustellen und unter Täuschung anderer zu verausgaben, welche zwar den echten Münzen mehr oder weniger ähnlich, aber von geringerem Werte sind als diese. Die Verführung zur Falschmünzerei ist um so größer, je größer der Gewinn ist, welcher durch dieselbe erzielt wird und je geringer die Mühe ist, mit welcher den echten Münzen ähnliche Stücke hergestellt werden können. Das Vergehen des Münzfälschers ist aber ein doppeltes, denn er macht sich nicht nur des Betruges gegen das Publikum, sondern auch eines Eingriffs in die Rechte des das Münzregal Ausübenden schuldig.

Wie alt die Münzfälschungen sind, beweist der Umstand, daß

schon die Solonische Gesetzgebung den Münzfälscher mit dem Tode bedrohte. Bekannt sind aus dem Altertum die Fälschungen, welche darin bestanden, daß man Münzen herstellte, welche einen Kern aus unedlem Metall hatten und nur mit einem dünnen Überzuge von Silber oder auch Gold versehen waren. Dergleichen Stücke finden wir nicht selten unter den Münzen Großgriechenlands, am häufigsten aber unter den römischen Denaren. Näheres hierüber siehe unter Subaerati. Ferner kommen in der späteren römischen Kaiserzeit Silbermünzen vor, welche nicht geprägt, sondern gegossen und von so schlechtem Gehalt sind, daß sie der Vermutung Raum geben, aus Falschmünzerwerkstätten hervorgegangen zu sein. Neuere Funde haben indessen ergeben, daß solche Münzen auch von den Prätoren usw. in der Provinz hergestellt worden sind, wodurch freilich nicht ausgeschlossen wird, daß Falschmünzer die kunstlose Anfertigung derselben sich zunutze gemacht haben.

Aus dem Mittelalter ist uns über Münzfälschungen nicht viel bekannt. Daß sie aber auch damals vorgekommen sind, beweisen die harten, oft grausamen Strafen, welche auf Münzverbrechen gesetzt waren. Unter Justinian wurde die Fälschung silberner Münzen mit Konfiskation und Verbannung, der goldenen mit dem Tode bestraft. Die Gesetze der Westgoten verfolgten die Münzfälscher mit Geldstrafen und Verlust der Ingenuität (persönlichen Freiheit). Der Sachsenspiegel und der Schwabenspiegel (s. diese Wörter) bedrohten dieselben, je nach der Schwere des Vergehens, mit dem Tode oder mit der Strafe des Handabhauens.

Auch im 16. und 17. Jahrhundert waren die anf Münzverbrechen gesetzten Strafen noch sehr hart. Die bezüglichen Bestimmungen der Carolina, der peinlichen Halsgerichtsordnung Kaiser Karls V., welche im Jahre 1532 auf dem Reichstage zu Regensburg zur Verabschiedung gelangte und als das erste deutsche, gleich mit einer Strafprozeßordnung vereinigte Strafgesetzbuch anzusehen ist, lauteten folgendermaßen.

Straff der Müntzfälscher / vnd auch der so ohn habend Freyheit müntzen.

In dreierley weiß wirt die Müntz gefälscht / Erstlich / wann einer betrieglicher weiß eines andern zeichen darauff schlegt. Zum andern / wann einer vnrecht Metall dar zu setzt. Zum dritten / so einer der Müntz jhre rechte schwere gefehrlich benimpt / solche Müntzfälscher sollen nachfolgender maßen gestrafft werden. Nemlich / welche falsche Müntz machen / zeigen / oder dieselbige falsche Müntz außwechseln / oder sonst zu sich bringen / vnd widerumb gefehrlich vnd boßhafftiglich dem Nechsten zu nachtheil wissentlich außgeben / die sollen nach gewonheit / auch satzung der Recht / mit dem Fewer vom leben zum todt ge-

strafft werden / die jre Heuser darzu wissentlich leihen / dieselben Heuser sollen sie damit verwirckt haben. Welcher aber der Müntz jre rechte schwere / gefehrlicher weiß benimpt / oder auch one habende freyheit müntzte / der sol gefencklich eyngelegt / vnd nach raht am Leib oder Gut / nach gestalt der sachen gestrafft werden. Wo aber jrgend einer eins andern Müntz vmbbreget (umprägt) / oder widerumb in Tigel brecht / vn geringe Müntz darauß macht / der sol an Leib vnd Gut nach gestalt der sachen gestrafft werden. So aber mit der Herrschafft willen vnd wissen das geschehe / so sol dieselbige Herrschafft jre Müntzfreyheit verwirckt vnd verloren haben.
(Ausgabe von Sigismud Feyrabend in Frankfurt a. M. vom Jahre 1571.)

Ähnliche Strafbestimmungen enthielten die bamberger und die brandenburgische Halsgerichtsordnung vom Jahre 1507 bzw. 1516, welche der Reichs-Halsgerichtsordnung zum Grunde gelegt worden waren. Die auf Münzverbrechen gesetzten Strafen waren hauptsächlich deswegen so streng, weil man in früherer Zeit von der Ansicht ausging, daß Münzverbrechen als Majestätsverbrechen anzusehen seien. Erst in neuerer Zeit gelangte eine mildere Auffassung zur Geltung, und man setzte auf Münzverbrechen, ausgenommen in England, wo dieselben noch heut mit dem Tode bedroht sind, nur zeitliche Freiheitsstrafen. Das Strafgesetzbuch des Deutschen Reiches bedroht denjenigen, welcher inländisches oder ausländisches Metallgeld oder Papiergeld, um es als echtes Geld zu gebrauchen, nachmacht, sowie denjenigen, welcher nachgemachtes oder verfälschtes Geld sich verschafft und in Verkehr bringt, mit Zuchthaus nicht unter zwei Jahren, während derjenige, welcher echte, zum Umlauf bestimmte Metallgeldstücke durch Beschneiden, Abfeilen oder auf andere Art verringert und als vollgiltig in Verkehr bringt, mit Gefängnis bestraft wird, neben welchem auf Geldstrafe bis zu 3000 Mark, sowie auf Verlust der bürgerlichen Ehrenrechte erkannt werden kann.

Die am häufigsten vorkommende Art der Fälschung von Metallgeld besteht darin, daß dasselbe im Wege des Gusses und unter Anwendung von Formen, die von echten Münzen genommen worden sind, aus einer Komposition von unedlen Metallen hergestellt wird, deren Farbe derjenigen der echten Münzen ähnlich ist. Derartige Stücke sind indessen durch die mangelhafte Schärfe der Aufschriften und Münzbilder, durch ihre Farbe, durch die Abweichung des Gewichts, dumpfen Klang usw. von den echten Münzen in der Regel leicht zu unterscheiden. Schwieriger wird das Erkennen derartiger Falschstücke, wenn dieselben nach dem Guß noch versilbert bzw. vergoldet worden sind. Seltener, weil das Verfahren schwieriger und kostspieliger ist, bedienen sich die Falschmünzer des Prägeverfahrens, doch ist dasselbe besonders gefährlich, da die im Wege desselben hergestellten Falsifikate nur unter Anwendung besonderer Aufmerksamkeit von den echten Münzen zu unterscheiden sind.

Erfahrungsmäßig und aus naheliegenden Gründen befassen sich die Münzfälscher am liebsten mit der Nachahmung von Gold- und größeren Silbermünzen, doch kommt es auch vor, und namentlich war es früher häufig der Fall, daß geringhaltige Scheidemünzen von Unberechtigten nachgeprägt worden sind, wobei dann der Vorteil in der Massenfabrikation liegt. So wurden Ende des 18. und Anfang des 19. Jahrhunderts große Mengen falscher preußischer Groschen von England aus in den Verkehr gebracht, welche bloß aus Kupfer oder Messing bestanden und nur in Silber weiß gesotten waren. Der preußischen Regierung blieb schließlich nichts anderes übrig, als den Wert der Groschen wiederholt erheblich herabzusetzen und dieselben schließlich ganz einzuziehen.

Zu den Falschmünzen im weiteren Sinne des Worts gehören auch solche, welche zwar im Schrot und Korn den echten Münzen gleich sind, aber von Unberechtigten geprägt werden. In dieser Art Falschmünzerei, welche man in der Numismatik Nachmünzung oder Nachprägung nennt (s. d.) ist dann weniger ein Betrug gegen das Publikum, als eine Benachteiligung des das Münzregal Ausübenden zu erblicken. Dieselbe wird in der Regel nur dann mit Gewinn ausgeübt werden, wenn ein erheblicher Rückgang des Preises des betreffenden Münzmetalls eintritt. Dies ist gegenwärtig beim Silber der Fall, und es liegt daher die Gefahr nahe, daß jetzt die deutschen Silbermünzen nachgeprägt werden, da der wirkliche Wert derselben ungefähr um die Hälfte niedriger ist als der Nominalwert, mithin dem Münzfälscher ein ganz erheblicher Nutzen verbleibt. Gegen diese Art der Falschmünzerei oder Nachprägung schützt nur möglichste Vollkommenheit der Prägung; denn es wird dem gewöhnlichen Münzfälscher nicht leicht fallen, unbemerkt alle Maschinen und den ganzen Apparat zu beschaffen, welcher zur Herstellung vollkommener Prägungen erforderlich ist.

Eine andere, sehr gefährliche Art der Münzfälschung, welche man auch Münzverfälschung nennen kann, besteht darin, daß echte Münzen in ihrem Werte verringert werden. Das zu diesem Zwecke früher häufig angewandte Beschneiden ist, seitdem die Münzen im Ringe geprägt und gerändelt werden, nicht mehr anwendbar, da es jedermann sofort bemerken würde, wenn ein noch so kleines Stück vom Rande fehlte. Dagegen ist es heut ein beliebtes Verfahren der Münzverfälscher, daß sie durch Behandlung der Goldmünzen mit Säuren denselben einen Teil des Goldes entziehen. Da sich hierbei, namentlich wenn die Münzen der Wirkung der Säure nicht zu lange ausgesetzt werden, die Oberfläche für das bloße Auge kaum merklich verändert und nicht jedes Goldstück bei Empfangnahme nachgewogen werden kann, so können Goldmünzen, welche auf die gedachte Weise behandelt worden sind, sehr leicht in Umlauf gebracht werden. Auch dadurch, daß man das Innere der Münzen mittels feiner Raspelmaschinen ausgehöhlt, den dadurch gewonnenen hohlen Raum mit unedlem Metall ausgefüllt und die durch die vorgedachte Prozedur entstandene kleine Öffnung wieder sorgfältig verschlossen hat, sind schon viele Münzen verfälscht worden.

Während die vorstehend beschriebenen Arten der Münzfälschung oder Münzverfälschung zur Folge haben, daß das große Publikum und die das Münzregal Ausübenden betrogen werden, gibt es noch eine besondere Art der Münzfälschung, welche ihre Spitze gegen den Münzsammler richtet. Zum Unterschiede von den Produkten der Falschmünzer nennt man die Erzeugnisse derjenigen, welche den Sammler zu betrügen suchen, unechte oder gefälschte Münzen. Die Zunft dieser Art von Fälschern ist schon sehr alt, da dieselben sich natürlicherweise mit Vorliebe auf besonders seltene Stücke verlegen und dadurch einen hohen Gewinn erzielen können. Zuerst kam man, als das Interesse für die Münzkunde erwachte und man besonders in Italien mit dem Sammeln antiker römischer Münzen begann, um der Nachfrage nach seltenen Stücken zu genügen, auf den Gedanken, Nachahmungen von denselben anzufertigen. Es geschah dies namentlich in Padua, wo zuerst Cavino um 1550 nach echten antiken Münzen, vorzugsweise nach Großbronzen römischer Kaiser neue Stempel schnitt und mittels derselben Kopien herstellte. Man nennt diese Nachahmungen, welche insofern künstlerischen Wert besitzen, als sie nicht von den Originalen abgegossen, sondern mittels eigens zu diesem Zweck gefertigter, von tüchtigen Künstlern geschnittenen Stempeln geprägt sind, nach dem Orte ihres Entstehens Paduaner. Es ist jedoch anzunehmen, daß Cavino seine Arbeiten keineswegs verleugnete oder eine Täuschung mit denselben beabsichtigte. Bald ahmten ihm indessen andere in betrügerischer Absicht nach und verbreiteten ihre mehr oder minder täuschend hergestellten Produkte als echte Antiken. Man ging sogar so weit, daß man, um das Interesse der Münzsammler zu erregen, neue Stempel erfand oder Gepräge herstellte, deren Vorder- und Rückseite nicht zusammengehörten und verschiedenen Münzen nachgeahmt waren. Durch diese Nachprägungen sind früher, namentlich wenn man den Münzen auch noch künstlich ein altertümliches Ansehen gegeben hatte, viel Irrtümer veranlaßt worden. Es ist jedoch im Laufe der Zeit gelungen, dieselben aufzuklären, und kein Kenner wird sich heut noch durch diese Fälschungen täuschen lassen.

Der größte Münzfälscher der Neuzeit, welcher es zu einer traurigen Berühmtheit gebracht hat, war Karl Wilhelm Becker in Offenbach, gestorben 1830. Das Gefährliche seines Verfahrens bestand darin, daß er die Falschstücke nicht, wie es bei den meisten modernen Fälschern üblich ist, im Wege des Gusses herstellte, sondern mit nach echten Stücken eigens von ihm geschnittenen Stempeln prägte, wobei er, um die Täuschung möglichst vollständig zu machen, häufiger vorkommende antike Gold- und Silbermünzen als Schrötlinge benutzte und noch weitere Mittel anwandte, um seinen Erzeugnissen ein möglichst altes Ansehen zu geben. Da Becker selbst ein tüchtiger Münzkenner und außerdem ein äußerst geschickter Stempelschneider war, so wurde sein Betrug lange Zeit hindurch nicht entdeckt. Allmählich wurde man jedoch auf Becker aufmerksam, und es gelang, ihm eine große Reihe von Fälschungen nachzuweisen. In Pinder, Die Beckerschen falschen Münzen, Berlin 1843, sind nicht weniger als 331 verschiedene, größtenteils antike Münzen aufgeführt, welche von Becker gefälscht sind. Ein sehr geschickter Fälscher war ferner Nikolaus Seeländer, welcher zur Herstellung seiner Falsifikate ebenfalls eigens geschnittene Stempel verwandte, sich aber nur auf die verhältnismäßig leicht anzufertigenden Brakteaten beschränkte.

Zu den gefälschten Münzen gehören auch die erdichteten Münzen, d. s. Münzen von Herrschern, die nicht gemünzt, oder von Staaten und Städten, die das Münzrecht überhaupt niemals besessen haben. Glücklicherweise sind nicht alle Fälscher Numismatiker und solche der freien Phantasie entsprungene Stücke, wie z. B. eine angebliche, hin und wieder noch vorkommende Münze von Attila, als Falschstücke leicht zu erkennen. Ein interessanter Aufsatz über erdichtete Medaillen von F. Friedensburg befindet sich im Jahrgang 24 der Berliner Münzblätter.

Die gewöhnlichste Art der Fälschung ist heut diejenige, welche im Wege des Gusses erfolgt. Die auf diese Weise hergestellten Stücke sind weit leichter als die geprägten Falschstücke von den echten Münzen zu unterscheiden. Während nämlich zur Feststellung der Fälschungen letzterer Art umfassendere numismatische Kenntnisse, namentlich genaue Bekanntschaft mit den Eigentümlichkeiten des Stempelschnitts der betreffenden Künstler und dem Charakter der auf den Münzen vorkommenden Schrift, vor allem aber ein geübtes Auge gehören, um ohne Zuhilfenahme eines echten Stückes die manchmal äußerst geringfügigen Abweichungen zu erkennen, welche auf den mit nachgravierten Stempeln geprägten Münzen vorkommen, verraten sich die durch Guß hergestellten Nachahmungen von im Wege der Prägung gefertigten Stücken auch dem Auge des weniger Geübten durch leichter erkennbare Merkmale. So ist namentlich die Oberfläche gegossener Münzen meist rauh und körnig, ein Mangel, den der Fälscher durch Überarbeitung mit dem Polierstahl, durch Beizen, oder bei antiken Bronzemünzen auch durch einen Überzug von Lack oder dergl. bisweilen zu verbergen sucht; die Bilder, besonders aber die Schrift zeigen stumpfe Umrisse und geben dem ganzen Gepräge ein weniger scharfes Aussehen; auf der Oberfläche befinden sich Schwindstellen und Gußbläschen. Letztere sind die am meisten in die Augen fallenden charakteristischen Merkmale des Gusses, welche auch durch künstliche Mittel kaum entfernt werden können. Die meisten, wenn auch plumpesten Fälschungen antiker Münzen dürften heut im Orient vorkommen, wo dieselben bei Reisenden, welche keine numismatischen Kenntnisse besitzen, am leichtesten Absatz finden.

Unter den neueren Münzen sind die seltenen alten Taler und Medaillen am meisten der Fälschung durch Guß ausgesetzt. Dieselbe wird um so gefährlicher, wenn den Unebenheiten des Gusses nachträglich durch geschickte Ziselierung abgeholfen wird. Dies gilt namentlich von den Medaillen der Renaissancezeit, welche ohnehin im Wege des Gusses hergestellt und dann vom Künstler mit dem Grabstichel überarbeitet wurden. Die Unterscheidung des Echten vom Falschen ist daher oft sehr schwierig.

Eine beliebte Art der Fälschungen neuerer Zeit erfolgt im Wege der Galvanoplastik. Da jedoch hierbei Vorder- und Rückseite der Münze oder Medaille zusammengelötet werden müssen und die Lötmasse keine Versilberung oder Vergoldung annimmt, so ist die Verlötung am Rande des Stückes sehr leicht zu erkennen, es sei denn, daß demselben ein künstlicher Rand angefügt worden ist, der aber ebenfalls unschwer zu erkennen ist.

Endlich sei noch eine besondere Art der Münzverfälschungen erwähnt, welche darin besteht, daß man die Vorder- oder Rückseite einer echten Münze fein absägt und dieselbe einem anderen Stücke nach Entfernung der betreffenden Seite auflötet. Auf diese Weise sind namentlich die in letzter Zeit sehr unverdienterweise beliebt gewordenen Taler Friedrich Wilhelms IV. vom Jahre 1861, die sogenannten Sterbetaler, verfälscht worden, indem man die Rückseite eines Talers dieses Königs vom Jahre 1860 durch die Rückseite eines Talers Königs Wilhelm I. vom Jahre 1861 ersetzte. Auch auf Umänderung der Jahreszahlen in solche seltener Jahrgänge verstehen sich geschickte Graveure.

Allgemeine Regeln, um geschickt gefälschte oder verfälschte Münzen unbedingt als solche zu erkennen, lassen sich nicht aufstellen. Wo die Unechtheit sich durch die vorbeschriebenen Merkmale nicht von selbst ergibt, müssen gediegene numismatische Kenntnisse, Übung und jahrelange Beschäftigung mit Münzen die Hauptsache tun.

Münzfeld. Das Feld einer Münze nennt man den inneren, glatten Teil der Vorder- oder Rückseite, von welchem sich das Münzbild oder die Aufschrift reliefartig abhebt. Auf demselben werden häufig noch kleinere Beizeichen, Jahreszahlen, Münzmeisternamen usw. angebracht.

Münzfunde. Zu den wichtigsten Quellen, aus welcher der Münzforscher schöpft, gehören die Münzfunde. Besteht der Fund aus einer größeren Zahl von Stücken, die sich noch in der ursprünglichen Menge und Art der Aufbewahrung am Fundorte befinden, so spricht man von einem Münzschatz. Nach Luschin von Ebengreuth unterscheidet man Massenfunde, d. s. Funde, die wenige verschiedene Gepräge, jedoch in vielen Stücken aufweisen, und Mischfunde, bei welchen das umgekehrte Verhältnis obwaltet, also viele verschiedene Gepräge in verhältnismäßig wenig Stücken vorhanden sind. Massen- und Mischfunde können wieder Lokalfunde sein, d. s. Funde von Münzen, welche aus der Nähe der Fundstelle stammen, oder Auslandsfunde, deren Inhalt aus fremden Münzen besteht. Außerdem kommen Funde von Hacksilber (s. d.) vor, welches teils mit zerschnittenen, teils mit unversehrten Münzen der verschiedensten Länder gemischt ist. Massenfunde mit lokalem Charakter lassen nicht nur auf den Ursprungsort oder das Ursprungsland der betreffenden Münzen, sondern überhaupt auf die Münzzustände schließen, welche in der Umgebung des Fundorts geherrscht haben. Dies gilt namentlich von den deutschen Mittelaltermünzen, welche meist nur ein beschränktes Umlaufsgebiet hatten und auf die das Sprüchwort zutrifft: Der Heller gilt nur da, wo er geschlagen ist. Auslandsfunde, wie z. B. die Funde von römischen, angelsächsischen und selbst arabischen Münzen, welche an den Küsten der Ostsee und in Rußland vorkommen, geben uns wichtige Aufschlüsse darüber, welche Wege der Handel vor Jahrhunderten genommen hat.

Bei allen Münzfunden bieten die Zahl der in denselben vertretenen verschiedenen Münzgattungen, die Zahl der Stücke, aus welchen jede Gattung besteht das Gewicht und der Feingehalt derselben, die einzelnen Stempelverschiedenheiten, namentlich aber die im Funde etwa vorhandenen Leitmünzen d. s. die bereits bekannten oder mit zweifelloser Aufschrift versehenen Münzen ein schätzbares Material, die noch unbekannten Stücke und auch stumme Münzen zu bestimmen. „So bedarf es, wie Dannenberg in ‚Die deutschen Münzen der sächsischen und fränkischen Kaiserzeit', Seite 40, hervorhebt, keines Beweises, daß, wenn unter Tausenden von Münzen sich keine einzige befindet, welche eine bestimmte Zeitgrenze überschreitet, man auch von den chronologisch zweifelhaften annehmen darf, daß sie dasselbe Jahr einhalten; daß also, wenn z. B. unter einer so großen Zahl sich keine Münze befindet, welche über Konrads II. Todesjahr (1039) hinausfällt, alsdann auch mit Grund zu glauben ist, daß Münzen mit dem Namen Heinrich nur von seinem Vorgänger Heinrich II., nicht von seinem Nachfolger Heinrich III. ausgegangen sind; daß ein größerer Fund, in welchem Konrad II. und seine Zeitgenossen gar nicht vertreten sind, uns nötigt, alle in ihm enthaltenen Kaisermünzen von Heinrich dem zweiten dieses Namens zuzuschreiben, und daß namentlich mehrfache solcher gleichartiger Funde, wie wir deren gerade aus der hier beispielsweise angeführten Zeit Konrads II. und Heinrichs II. besitzen, schließlich zu einer unumstößlichen Gewißheit führen." Est ist daher von der größten Wichtigkeit, daß Funde unbekannter oder zweifelhafter Münzen, wie solche noch heut verhältnismäßig oft vorkommen, nicht zerstreut oder gar eingeschmolzen, sondern in ihrer Gesamtheit und unter genauer Angabe des Fundortes zunächst Sachverständigen zur Prüfung vorgelegt werden, da sie nur in diesem Falle der Münzforschung in dem wünschenswerten Maße dienen können. Aber auch Funde von älteren bekannten, namentlich gut erhaltenen Münzen sind oft geeignet, eine wünschenswerte Bestätigung bereits vorhandener Ansichten zu geben oder etwa noch vorhandene Zweifel zu lösen, wenn sie dem Münzforscher zum Zwecke seiner Studien in ihrem ganzen Umfange zugänglich gemacht werden. Aus denselben Gründen sind die mit einer für den Laien oft schwer verständlichen Sorgfalt und Genauigkeit angefertigten Beschreibungen von dergleichen Funden von um so größerem Wert für die Münzforschung, als unsere Kenntnis in vielen Zweigen der Numismatik zurzeit noch eine mehr oder weniger unvollkommene ist und jeder Münzfund wesentlich dazu beitragen kann, dieselbe zu erweitern. Daß die Erde, wie die fortwährenden und oft wichtigen Funde beweisen, noch zahlreiche numismatische Schätze birgt, danken wir der Sitte unserer Vorfahren, ihr Vermögen, zu dessen anderweiter sicherer Unterbringung ihnen die Gelegenheit fehlte, zu Zeiten des Krieges und der gemeinen Gefahr, vor Antritt von Reisen usw. der Erde anzuvertrauen. Letztere bewahrt aber, wenn der Eigentümer in den wilden Kriegsläufen oder sonst seinen Tod fand, diese Schätze treulich auf, bis oft der Zufall sie wieder zu Tage fördert. Wertvolle Ratschläge für die Behandlung von Münzfunden gibt Luschin von Ebengreuth im § 14 seiner Allgemeinen Münzkunde und Geldgeschichte.

Bei der großen Wichtigkeit, von welcher die Münzfunde für die Wissenschaft sind, wäre es in hohem Maße wünschenswert, wenn ein gesetzlicher Schutz dafür bestünde, daß dergleichen Funde in ihrer Gesamtheit den zuständigen Behörden vorgelegt würden, oder daß der Finder wenigstens verpflichtet wäre, denselben von dem Vorkommen solcher Funde rechtzeitig, d. i. ehe sie zerstreut werden, zu dem Zwecke Anzeige zu erstatten. damit von berufener Stelle geprüft werden kann, welchen Wert sie in wissenschaftlicher Beziehung besitzen. In Württemberg sowie im ehemaligen Kurfürstentum Hessen bestanden früher besondere Verordnungen, durch welche die Ablieferung von Funden alter Münzen und sonstiger Altertümer an öffentliche Behörden gegen Wertersatz vorgeschrieben war. Das preußische Landrecht, das sächsische bürgerliche Gesetzbuch, das bayrische Landrecht und auch nicht deutsche Gesetzbücher, wie der Code civil, das österreichische, das italienische und das züricher Recht kannten bzw. kennen aber dergleichen Vorschriften nicht, sondern stimmen in bezug auf die Findung eines Schatzes mit dem auf dem römischen Recht basierenden gemeinen Recht überein, welches sich auf die Bestimmung beschränkt, daß der Finder und der Besitzer des Grundstücks, auf welchem der Schatz gefunden wird, das Eigentumsrecht an demselben zu gleichen Teilen erwerben. Auch in das bürgerliche Gesetzbuch für das Deutsche Reich sind keine Vorschriften zum Schutze der Münzfunde aufgenommen worden. Dasselbe enthält nur folgende Bestimmung über den Schatz:

§ 984. Wird eine Sache, die so lange verborgen gelegen hat, daß der Eigentümer nicht mehr zu ermitteln ist (Schatz), entdeckt und infolge der Entdeckung in Besitz genommen, so wird das Eigentum zur Hälfte von dem Entdecker, zur Hälfte von dem Eigentümer der Sache erworben, in welcher der Schatz verborgen war.

Münzfuß ist das gesetzlich festgestellte Verhältnis, in welchem ein Staat aus einer bestimmten Menge des von ihm angenommenen Währungsmetalls die als Einheit festgesetzten Münzstücke herstellen läßt. Durch den Münzfuß werden also Schrot und Korn (s. d.) einer Münzgattung bestimmt. Da ferner das Währungsmetall stets eins der beiden Edelmetalle Gold oder Silber sein wird — nur bei der Doppelwährung kommen diese beiden Metalle gleichzeitig in Betracht — und da die betreffenden Einheitsmünzen aus Gründen der Zweckmäßigkeit in der Regel nicht aus reinem Gold oder Silber hergestellt werden, so wird durch die den Münzfuß regelnden Gesetze und Verträge gleichzeitig das Verhältnis festgesetzt, in welchem das Münzmetall mit unedlem Metall zu versetzen (legieren, beschicken s. d.) ist. So galt in Preußen, Sachsen usw. früher der 14- Talerfuß, d. h. in diesen Ländern, welche damals Silberwährung hatten, wurden aus der als Münzgewicht geltenden feinen, d. i. unvermischten cölnischen Mark 14 Taler hergestellt, bzw. mußten 14 Taler zusammen eine Mark oder 16 Lot Feinsilber enthalten. Da aber zur Prägung der Taler Silber verwandt wurde, welches einen Zusatz von 25 Prozent Kupfer enthielt, so konnten aus der rauhen (mit Kupfer versetzten oder beschickten) Mark nur $\frac{3 \cdot 14}{4} = 10\frac{1}{2}$ Taler geprägt werden, und es wog daher das Stück $^4/_{42}$ Mark, während das darin enthaltene Silber $= {}^3/_{42}$ oder $\frac{1}{14}$ Mark war. Oder: Nach dem durch den Wiener Münzvertrag vom 24. Januar 1857 eingeführten 30- Talerfuß wurde das metrische Pfund Silber zu 500 g als Münzgewicht angenommen, und es wurden aus demselben 30 Taler geprägt. Gleichzeitig wurde bestimmt, daß das zu vermünzende Silber einen Zusatz von 10 Prozent Kupfer erhalten sollte. Das Talerstück wog daher nicht $\frac{500}{30} = 16{,}666$ g, sondern $\frac{500}{(30 - 3 =)27} = 18{,}518$ g.

Nach dem auf der Goldwährung beruhenden Münzfuß des Deutschen Reichs (s. Reichsmünzgesetze) ist der 1395. Teil des Goldpfundes die Münzeinheit, Mark genannt. Da jedoch die Mark wegen ihres geringen Wertes in Gold nicht gut würde hergestellt werden können, so werden 10- und 20- Markstücke aus diesem Metall gemünzt. Da ferner nach dem Gesetz vom 4. Dezember 1871, betreffend die Ausprägung von Reichsgoldmünzen das Mischungsverhältnis derselben auf 900 Tausendteile Gold und 100 Tausendteile Kupfer festgesetzt ist, so wiegt das gemünzte 10- Markstück nicht

$$10 \cdot \frac{500}{1395} = 3{,}5842 \text{ g, sondern}$$

$$\frac{500}{(139{,}50 - 13{,}95 =)\,125{,}55} = 3{,}9825 \text{ g}$$

und das 20- Markstück das Doppelte, also 7,9650 g.

Ist der Feingehalt des Münzmetalls, also des zur Ausprägung von Münzen zugerichteten, gemischten Metalls ein hoher, d. h. die Menge des in demselben enthaltenden Edelmetalls ein verhältnismäßig großer, so spricht man von einem schweren, ist er geringer, von einem leichten Münzfuß. Verschlechtert sich allmählich die Münze, so wird, wie man sagt, der Münzfuß leichter. So wurde beispielsweise der Fuß des römischen Denars, dessen Feingewicht ursprünglich $^1/_{72}$ Pfund betrug, allmählich immer leichter, indem dasselbe während des ersten punischen Krieges auf $^1/_{84}$ Pfund, unter Nero auf $^1/_{96}$ Pfund und später noch weiter herabgesetzt wurde.

Ähnliche Verschlechterungen des Münzfußes sind, hauptsächlich infolge der Gewinnsucht der Münzherren, im Mittelalter wie in der neueren Zeit, z. B. bei den Pfennigen, die man deshalb häufig in schwere und leichte Pfennige unterschied, ferner beim Gulden, Taler, Groschen (s. diese Wörter) ungemein oft vorgekommen.

Münzgesetze und Münzordnungen früherer Zeit. Ebenso wie ein geordnetes Münzwesen kaum denkbar ist, wenn das Münzrecht nicht vom Staate ausgeübt, oder wenigstens unter die Aufsicht des Staates gestellt wird, ist es auch unbedingtes Erfordernis, daß letzterer die Währung, den Fuß, nach welchem die Münzen zu prägen sind, und die Zählweise sowie die grundsätzlichen Bestimmungen über den Gebrauch der Münzen im Wege der Gesetzgebung feststellt. Schon die alten Römer, welche bekanntlich im Besitz eines hoch entwickelten Verfassungs- und Verwaltungsrechts waren, haben von jeher der Münzgesetzgebung besondere Aufmerksamkeit gewidmet. Über die älteste Münzgesetzgebung derselben, wie die Einführung des Libralasses und des Trientalfußes um 486 d. St., sind zwar genaue schriftliche Überlieferungen nicht vorhanden. Dagegen sind uns aus der späteren Zeit der Republik verschiedene auf das Münzwesen bezügliche Gesetze bekannt, z. B. die *lex Flaminia minus solvendi*, durch welche 217 v. Chr. der Unzialfuß eingeführt und die Ausprägung der Silber- und Goldmünzen geregelt wurde, die *lex Livia de octava parte aeris argento miscenda* vom Jahre 91 v. Chr., durch welche eine allerdings nachteilige Maßregel getroffen wurde, nämlich die Emission eines plattierten auf sieben Silberdenare, die *lex Papiria de asse semiunciali*, etwa 90 v. Chr., durch welche der Halbunzenfuß eingeführt und das gesetzliche Verhältnis der Münzeinheit in Kupfer zur Münzeinheit in Silber geregelt wurde.

In Deutschland entwickelte sich infolge der ungünstigen Territorialverhältnisse eine geordnete Münzgesetzgebung sehr spät. Karl der Große erließ zwar die bekannte Münzordnung, nach welcher aus dem Pfunde Silber von 367,2g 240 Denare oder Pfennige geschlagen werden sollten. Je weiter sich aber die Zahl der münzberechtigten Fürsten und Herren vermehrte, desto mehr wurde von dieser Norm abgewichen, und jeder Münzherr erließ auf seine Faust Bestimmungen über den Feingehalt und die Ausprägung seiner Münzen, oder er ließ dieselben auch ohne Erlaß einer öffentlichen Verordnung nach seinem Gutdünken und wie es die politischen und kommerziellen Verhältnisse mit sich brachten, herstellen. Auf ganz Deutschland oder einen größeren Teil desselben bezügliche Bestimmungen finden wir während des Mittelalters nur in einzelnen Rechtsbüchern und allgemeinen Reichsgesetzen zerstreut, so im Sachsenspiegel (s. d.), einer zwischen 1226 und 1238 entstandenen Sammlung allgemeiner Rechtsgrundsätze, welche zwar nur einen privaten Charakter hatte, aber weite Verbreitung fand und bei den Gerichten als Gesetzbuch galt; ferner in der Goldenen Bulle (s. d.) vom Jahre 1356 sowie in verschiedenen Reichstagsbeschlüssen und in den von den Kaisern gegen die zunehmende Münzverschlechterung erlassenen Verordnungen. Erst seit dem 16. Jahrhundert wurden allgemeine Reichsmünzordnungen erlassen. Die erste derselben ist die vom Jahre 1524, nach dem Orte ihres Entstehens die Eßlinger Münzordnung genannt. In derselben wurde die cölnische Mark für das allgemeine deutsche Münzgewicht erklärt und bestimmt, daß als silbernes Großstück der Taler, genannt Guldengroschen, welcher dem Goldgulden im Wert gleichgesetzt wurde und aus diesem Grunde auch den Namen Güldiner erhielt, zu 15 Lot fein und 8 Stück auf die rauhe Mark, im gleichen Verhältnis halbe Guldengroschen, Viertel (Orte genannt) und Zehner ausgeprägt werden sollten; ferner ganze und halbe Groschen, von welchen ersteren 21 auf den Güldiner gehen und 12 Lot fein sein sollten; endlich kleine Groschen zu 84 Stück auf den Güldiner und 8 Lot fein. Der Goldgulden, deren 89 Stück aus der rauhen Mark geprägt werden sollten, wurde zu 22 Karat fein festgesetzt. Auch wurde bestimmt, daß mit Ausnahme von Pfennigen und Hellern andere als die vorbezeichneten Münzsorten bei Strafe nicht geprägt werden durften. Die Eßlinger Münzordnung führte indessen nicht zu dem gewünschten Ziele, da sie von den Reichsständen nicht lange oder auch gar nicht beachtet wurde. Das gleiche Schicksal hatte die auf dem Reichstage zu Regensburg beschlossene Reichsmünzordnung vom Jahre 1551, nach welcher der Güldiner zu $7\frac{1}{2}$ Stück aus der 14 Lot 2 Grän fein Silber enthaltenden Mark ausgebracht und in demselben Mischungsverhältnis 36-, 20-, 12-, 10-, und 6-Kreuzerstücke geprägt werden sollten; ferner $94\frac{1}{2}$ Groschen (24 Stück = 1 Güldiner) aus der 7 Lot 5 Grän feines Silber enthaltenden Mark und 237 Kreuzer (72 Stück = 1 Güldiner) aus der 6 Lot 1 Grän feines Silber enthaltenden Mark. Ebensowenig Erfolg hatte die im Jahre 1559 vom Kaiser Ferdinand I. dem Reichstage zu Augsburg vorgelegte Münzordnung, nach welcher neben dem bisherigen Güldiner oder Taler ein leichterer Güldiner, der Guldentaler ($9\frac{1}{2}$ Stück zu 60 Kreuzern) aus der rauhen, 14 Lot 16 Grän fein Silber enthaltenden Mark und in demselben Verhältnis 30-, 10- und 5- Kreuzerstücke, ferner $155\frac{1}{2}$ Zweikreuzerstücke (30 Stück = 1 Güldiner) und $108\frac{1}{2}$ Reichsgroschen (21 Stück = 1 Güldiner) aus der 8lötigen sowie $243\frac{1}{2}$ Kreuzer (60 Stück = 1 Güldiner) aus der 6 Lot 4 Grän fein Silber enthaltenden Mark geprägt werden sollten. Die letztgedachte Münzordnung ist indessen dadurch bemerkenswert, daß in derselben angeordnet wurde, daß fortan der einen Seite der groben Münzen bis zu den Orten herab allgemein der (zweiköpfige) Reichsadler mit dem Reichsapfel auf der Brust und in letzterem die Wertzahl in Kreuzern, den geringeren Sorten aber nur der Reichsapfel mit der Wertzahl aufgeprägt werden sollte, während die andere Seite sowohl bei den groben wie bei den kleinen Münzen für das Wappen des Münzherrn vorbehalten war. Die letztgedachten Bestimmungen wurden aber von den Münzherren ebenfalls nicht lange beachtet. Im Jahre 1566 wurde endlich auf dem Reichstage zu Augsburg der Beschluß gefaßt, 8 Stück Taler zu 66 Kreuzern aus der 14,4 lötigen oder 9 Stück aus der feinen Mark zu prägen. Dieser Beschluß blieb lange Zeit in Geltung, wurde aber ebenso wie die früheren Beschlüsse wenig befolgt. Im Jahre 1571 überwies man, um der in der Münzprägung herrschenden Willkür und Unordnung zu begegnen, die Aufsicht über das Münzwesen den Kreisen, und zwar sollten zu diesem Zwecke Kreismünzstätten (s. d.) eingerichtet werden, in welchen die einzelnen Berechtigten ihr Münzmetall ausprägen lassen sollten. Da indessen diejenigen Münzherren, welche eigene Bergwerke besaßen, das aus denselben gewonnene Metall nach wie vor in ihren eigenen Münzstätten ausprägen lassen konnten und die neue Anordnung auch von anderen Münzherren nicht beachtet wurde, so hatte sie ebenfalls keinen Erfolg. Die münzberechtigten Fürsten und Städte halfen sich daher durch eigene Münzordnungen. So hatte der Kurfürst Moritz von Sachsen bereits im Jahre 1542 eine von der Reichsmünzordnung abweichende Münzordnung erlassen, welche vom Kurfürst August im Jahre 1558 erneuert wurde. Durch die Verschiedenartigkeit der Münzfüße, welche in Deutschland Geltung hatten, entstand natürlich viel Verwirrung, welche zur Kipperzeit (s. d.) ihren Höhepunkt erreichte. Unter den in dieser Periode in bezug auf das Münzwesen von seiten des Reichs getroffenen Anordnungen ist nur diejenige vom Jahre 1623 von Wichtigkeit. Durch dieselbe wurde der alte Reichstaler auf 90 Kreuzer oder $1^1/_2$ Gulden festgesetzt, welche Einteilung für die Folge beibehalten wurde. Da jedoch die Einführung eines allgemein giltigen Reichsmünzfußes auch jetzt nicht gelang, so suchten die einzelnen Staaten durch Verträge untereinander gegen die eigenmächtige Herabsetzung des Münzfußes sich zu sichern. Näheres hierüber s. unter Münzkonventionen und Münzverträge. Preußen ging seinen eigenen Weg und führte 1750 den 14-Talerfuß, den sogenannten Graumannschen Münzfuß ein, welchen nach und nach auch die meisten übrigen norddeutschen Staaten annahmen. Das 19. Jahrhundert brachte demnächst mehrere Konventionen, durch welche eine größere Einheit im deutschen Münzwesen angestrebt wurde, doch blieben auch diese Maßregeln, wenngleich durch dieselben den früheren Zuständen gegenüber eine wesentliche Besserung erzielt wurde, immer noch unvollkommen. Erst dem neuen Deutschen Reiche war es vorbehalten, eine gründliche Besserung der deutschen Münzverhältnisse und neben vielen anderen gemeinsamen Einrichtungen dem Vaterlande auch die Segnungen eines einheitlichen Münzwesens zu gewähren. In richtiger Erkenntnis der großen Wichtigkeit desselben war es eine der ersten Sorgen der gesetzgebenden Faktoren, die bezüglichen Anordnungen zu treffen. Schon in die Verfassung des Deutschen Reiches war unter Artikel 4 die Bestimmung aufgenommen: Der Beaufsichtigung seitens des Reichs und der Gesetzgebung desselben unterliegt u. a. die Ordnung des Maß-, Münz- und Gewichtssystems. In Ausführung dieser Bestimmung wurde daher zunächst das die neue Münzgesetzgebung vorbereitende Gesetz vom 4. Dezember 1871, betreffend die Ausprägung von Reichsgoldmünzen, und dann unterm 9. Juli 1873 das eigentliche Reichmünzgesetz erlassen. Näheres s. unter Münzgesetzgebung des Deutschen Reichs.

Münzgesetzgebung des Deutschen Reichs. In Deutschland bestanden infolge seiner politischen Zerrissenheit in früherer Zeit zahlreiche verschiedenartige Münzsysteme. Die wiederholt unternommenen Versuche, das Münzwesen durch Verträge zwischen den einzelnen Bundesstaaten einheitlich zu gestalten (s. Münzkonventionen) hatten weder durchgreifenden noch dauernden Erfolg. Erst dem im Jahre 1871 neu erstandenen Deutschen Reiche blieb es vorbehalten, hierin Wandel zu schaffen.

Schon im Artikel 4 der Verfassung des Norddeutschen Bundes vom 26. Juli 1867 war unter den der Beaufsichtigung und der Gesetzgebung des Bundes unterliegenden Angelegenheiten die Ordnung des Maß-, Münz- und Gewichtssystems aufgeführt. Der Bund unternahm auch alsbald die einleitenden Schritte zu einer Münzreform, doch wurde seine Tätigkeit durch die kriegerischen Ereignisse der Jahre 1870 und 1871 unterbrochen. Nach Neubegründung des Deutschen Reichs und nachdem obige Bestimmung auch in die Verfassung desselben vom 16. April 1871 übergegangen war, war es daher eine der ersten Sorgen der gesetzgebenden Faktoren des Reichs, die Ordnung des Münzwesens energisch in die Hand zu nehmen. Schon unterm 4. Dezember 1871 erschien das Gesetz, betreffend die Ausprägung von Reichsgoldmünzen, durch welches die Einführung eines neuen Münzsystems vorbereitet wurde. Das Gesetz bestimmte, daß eine Reichsgoldmünze ausgeprägt werden soll, von welcher aus einem Pfunde feinen Goldes $139\frac{1}{2}$ Stück ausgebracht werden. Zur Münzeinheit wurde der zehnte Teil dieser Goldmünze die Mark (= 100 Pfennige) bestimmt. Außer den Reichsgoldmünzen zu 10 Mark werden ferner solche zu 20 Mark geprägt. Ersteren wurde später die Benennung Krone, letzteren die Benennung Doppelkrone beigelegt. Das Mischungsverhältnis wurde auf 900 Tausendteile Gold und 100 Tausendteile Kupfer festgesetzt; das Gewicht der Krone beträgt also

$$\frac{500}{(139{,}50 - 13{,}95 =)\ 125{,}55} = 3{,}98 \text{ g}$$

und der Doppelkrone 7,96 g. Im weiteren enthält das Gesetz Bestimmungen über das Gepräge der neuen Goldmünzen, über das Passiergewicht derselben sowie über ihr Wertverhältnis zu den umlaufenden groben Silbermünzen ($1 : 15\frac{1}{2}$). Schließlich wird in dem Gesetze die weitere Ausprägung von anderen, als durch dasselbe eingeführten Goldmünzen und von groben Silbermünzen untersagt sowie die spätere Einziehung der umlaufenden Goldmünzen und der bisherigen groben Silbermünzen vorgesehen. Hiermit war der entscheidende Schritt zur Einführung der Goldwährung im Deutschen Reiche getan. Endgiltig beschlossen wurde dieselbe durch das Reichsmünzgesetz vom 9. Juli 1873, in dessen Artikel 1 es heißt: An Stelle der in Deutschland geltenden Landeswährungen tritt die Reichsgoldwährung, ihre Rechnungseinheit bildet die Mark. Ferner wurde im Artikel 2 noch die Ausprägung eines goldenen Fünfmarkstücks angeordnet, doch war demselben keine lange Lebensdauer beschieden, da es sich nicht bewährte und seine Ausprägung deshalb bald wieder eingestellt wurde. Im übrigen hatte das Münzgesetz vom 9. Juli 1873, wie es in den Motiven zu demselben heißt, den Zweck, „im Anschlusse an das Gesetz vom 4. Dezember 1871 die Ausprägung der nicht in Gold herzustellenden Münzen des Marksystems anzuordnen und die gesamte künftige Münzverfassung Deutschlands auf der Grundlage der Reichsgoldwährung und Markrechnung definitiv zu regeln, auch den Übergang so zu ordnen, daß das neue Münzsystem so bald als irgend möglich ins Leben treten könne.“ Es wurde daher angeordnet, daß außer den Reichsgoldmünzen noch Silbermünzen zu 5, 2 und 1 Mark sowie zu 50 und 20 Pfennig, Nickelmünzen zu 10 und 5 Pfennig, zu welchen nach dem Gesetz vom 1. April 1886 noch eine Nickelmünze zu 20 Pfennig trat, und Kupfermünzen zu 2 und 1 Pfennig ausgeprägt werden. Alle diese Münzen — die Ausprägung des Zwanzigpfennigstücks sowohl aus Silber wie aus Nickel wurde (Gesetz, betreffend einige Änderungen im Münzwesen, vom 1. Juni 1900) ebenso wie die Ausprägung des goldenen Fünfmarkstücks bald wieder eingestellt — sind also, da das Reich die Goldwährung angenommen hat, Scheidemünzen.

Was das Mischungsverhältnis der Silbermünzen anlangt, so soll dasselbe nach dem Reichsmünzgesetz bei Ausprägung sämtlicher Silbermünzen 900 Teile Silber und 100 Teile Kupfer betragen, so daß 90 Mark Silbermünzen 1 Pfund wiegen. Im weiteren traf das Reichsmünzgesetz Bestimmungen über die Art und Weise der Ausprägung der Silber-, Nickel- und Kupfermünzen, über die Außerkurssetzung der früheren Landesmünzen und ihre Umrechnung in Reichsmünzen, ferner über die Ausprägung von Reichsgoldmünzen auf Privatrechnung, über die Einziehung von beschädigten und durch Abnutzung an Gewicht verringerten Münzen usw.

Was die Außerkurssetzung der Landesgoldmünzen anlangt, so ging dieselbe sehr schnell von statten. Dagegen waren im Jahre 1873 noch 92, nach 9 verschiedenen Münzsystemen geprägte Gattungen von Landes-Silber- und Kupfermünzen im Umlauf, deren Einziehung natürlich einen größeren Zeitraum erforderte. Namentlich stieß die Einziehung des in gewaltigen Mengen umlaufenden Talers wegen des inzwischen eingetretenen außerordentlichen Sinkens des Silberpreises, der sich erst neuerdings wieder etwas gehoben hat, auf unerwartete Schwierigkeiten, und es blieb schließlich nichts anderes übrig, als die Einziehung des Talers vorübergehend zu sistieren. Nachdem indessen durch das Gesetz vom 1. Juni 1900 die Quote der zu prägenden Reichssilbermünzen von 10 auf 15 Mark für den Kopf der Bevölkerung erhöht und zugleich bestimmt worden war, daß zu den durch die Erhöhung der Kopfquote vermehrten Neuprägungen nur Landessilbermünzen, also Taler, verwandt werden sollten, konnte mit der Einziehung derselben wieder schneller vorgegangen und schließlich die endgiltige Außerkurssetzung des Talers auf den 30. September 1907, die Frist, bis zu welcher derselbe noch bei den Reichs- und Landeskassen eingelöst wurde, auf den 30. September 1908 anberaumt werden. Bis zum erstgedachten Tage galt der Taler, dessen Wert nach Art. 15 des Reichsmünzgesetzes vom 9. Juli 1873 bis zu seiner Außerkurssetzung 3 Mark betrug, noch als gesetzliches Zahlungsmittel; Deutschland hatte also bis vor kurzem noch eine sogenannte hinkende Währung und erfreut sich erst seit dem 1. Oktober 1907 der reinen Goldwährung.

Die letzte Abänderung des Gesetzes vom 9. Juli 1873 ist durch das Gesetz vom 19. Mai 1908 erfolgt. Durch dasselbe ist die Quote der auf den Kopf der Bevölkerung zu prägenden Silbermünzen abermals, und zwar von 15 auf 20 Mark erhöht und zugleich bestimmt worden, daß neben den bisherigen Silbermünzen noch Dreimarkstücke und Fünfundzwanzigpfennigstücke geprägt werden sollen. Man hat also damit den nicht nur im Münz-, sondern auch im Maß- und Gewichtssystem bisher streng durchgeführten Grundsatz der Decimalteilung verlassen und dem Kleinverkehr, welcher namentlich das Fünfundzwanzigpfennigstück nicht glaubt entbehren zu können, Konzessionen gemacht. Die nächste Folge wird vielleicht sein, daß man auch Achtelkilogramm- oder Viertelpfundgewichte wieder einführt. Gegen die starre Durchführung des Decimalsystems im Münzwesen spricht allerdings der Umstand, daß jedes System in erster Linie den Bedürfnissen des Verkehrs Rechnung zu tragen hat, und daß die Halb- und Viertelteilung die natürlichere und bequemere ist. Auch Frankreich hatte früher ein Viertelfrankstück, und in Rußland werden trotz der im Münzwesen eingeführten decimalen Zählweise Viertelrubel- sowie Zwei- und Einviertelkopekenstücke ausgeprägt. Eine weitere Folge der Ausprägung von Dreimark- und Fünfundzwanzigpfennigstücken wird die sein, daß mit denselben alte und im Volke beliebt gewordene Münzbenennungen wieder auftauchen werden. Das Dreimarkstück wird sicher überall „Taler“ genannt werden, und das Fünfundzwanzigpfennigstück wird im Westen vielleicht als „Kassenmännchen“ (s. d.), im Osten als „Achtehalber“ (s. d.) wieder auferstehen.

Außer den oben bereits erwähnten Bestimmungen enthält das Gesetz vom 1. Juni 1900 noch eine weitere, besonders für den Münzsammler wichtige Bestimmung. Durch Artikel 3 § 2 und 3 des Reichsmünzgesetzes vom 9. Juli 1873 war nämlich ein für allemal angeordnet worden, daß die Silbermünzen über eine Mark auf der einen Seite den Reichsadler mit der Inschrift „Deutsches Reich“ und mit der Angabe des Wertes in Mark sowie mit der Jahreszahl der Ausprägung, auf der anderen Seite das Bildnis des Landesherrn bzw. das Hoheitszeichen der freien Städte mit einer entsprechenden Umschrift und dem Münzzeichen, die übrigen Silbermünzen aber, sowie die Nickel- und Kupfermünzen auf der einen Seite die Wertangabe, die Jahreszahl und die Inschrift „Deutsches Reich“, auf der anderen Seite den Reichsadler und das Münzzeichen tragen sollen. Durch diese Vorschriften war mit der schönen, Jahrhunderte alten Sitte der Prägung von Denkmünzen gebrochen worden, bis sie durch das Gesetz vom 1. Juni 1900 wiederhergestellt worden ist. Durch Artikel 5 dieses Gesetzes wurde nämlich dem Artikel 3 § 2 des Gesetzes vom 9. Juli 1873 folgender Absatz beigefügt: „Der Bundesrat wird ermächtigt, Fünfmarkstücke und Zweimarkstücke als Denkmünzen in anderer Prägung herstellen zu lassen.“ Die ersten auf Grund dieser Bestimmung geprägten Denkmünzen waren die zur 200 jährigen Erinnerung an die Erhebung Preußens zum Königreich im

Jahre 1901 hergestellten Fünf- und Zweimarkstücke.

Dem Vernehmen nach liegt es in der Absicht der Regierung, das Reichsmünzgesetz, unter Berücksichtigung der seit Erlaß desselben eingetretenen zahlreichen Änderungen, neu zu redigieren.

Münzgewichte. Da es im Münzbetriebe oft auf die genaueste Feststellung des Gewichts sehr kleiner Stücke aus Edelmetall ankommt, so reichen zum Abwägen derselben die gewöhnlichen Handelsgewichte nicht aus. Man schuf daher besondere Münzgewichte mit sehr kleinen, von den Handelsgewichten oft abweichenden Teilgewichten. In Deutschland war jahrhundertelang die Mark mit ihren Teilstücken das übliche Münzgewicht, bis im Jahre 1857 das Zollpfund zu 500 g an dessen Stelle trat. Seit der Einbürgerung des metrischen Gewichts wird die Schwere und der Feingehalt der Münzen fast in allen Staaten nach Grammen und Bruchteilen des Gramms bestimmt. Eine Ausnahme macht England, wo das Troy-Pfund zu 12 Unzen zu 24 Grän das Münzgewicht ist. Weiteres s. unter Mark, Karat, Feingehalt.

Münzherr nennt man den Inhaber der Münzhoheit. Es kann also ein Staat, eine Stadt, eine Korporation oder eine andere juristische Person, welche dieses Recht besitzt, ebensogut Münzherr sein, wie ein weltlicher oder geistlicher Fürst.

Münzhoheit, Münzregal, s. Münzrecht.

Münzkonventionen, Münzverträge sind Übereinkommen zweier oder mehrerer Staaten, durch welche sich dieselben verpflichten, ihre Münzen oder einzelne Sorten derselben nach einem bestimmten Fuße herzustellen und gegenseitig als ein in den beteiligten Gebieten giltiges Zahlungsmittel anzuerkennen. Derartige Münzverträge haben schon im Altertum bestanden, wie aus gemeinsamen Bildern und Zeichen, welche die Münzen verschiedener Städte neben den ihnen allein eigentümlichen Bildern und Zeichen tragen, zu schließen ist. So hatten im 3. Jahrhundert v. Chr. die Städte des achäischen Bundes, deren Zahl bis auf 43 stieg, gemeinsame Münzen, die durch das Zeichen AX(αίων) als solche gekennzeichnet waren. Die unteritalischen Städte Syris und Pyxus prägten sogar schon im 6. Jahrhundert v. Chr. Münzen, auf welchen neben dem gemeinsamen Bilde des sich umblickenden Stieres der Name beider Städte ausdrücklich genannt ist.

In Deutschland, wo das Münzrecht ursprünglich nur dem Kaiser zustand, sehr bald aber vielen Fürsten, Herren und Städten verliehen, oder auch ohne solche Verleihung von denselben ausgeübt wurde, stellte sich infolge der hieraus entsprungenen Verschiedenheit des Münzfußes ebenfalls sehr bald das Bedürfnis heraus, wenigstens zwischen benachbarten und in kommerzieller

Beziehung einander nahestehenden Gebieten durch Abschluß von Verträgen den bestehenden Münzwirren so viel wie möglich zu begegnen. So schlossen die rheinischen Kurfürsten (von Cöln, Trier, Mainz und der Pfalz) im 14. und 15. Jahrhundert wiederholt Verträge miteinander ab, welche die Ausmünzung des Florens (Goldguldens) nach einem einheitlichen Fuß zum Zwecke hatten. Dieser Goldgulden fand unter dem Namen rheinischer Gulden auch im übrigen Deutschland Verbreitung und war lange Zeit, allerdings unter häufiger Änderung, namentlich Herabsetzung seines Gehalts, das Vorbild für die gesamte deutsche Goldprägung. Außer den rheinischen Kurfürsten traten andere Fürsten und namentlich die im Besitz des Münzrechts befindlichen Städte oft zu Münzvereinigungen zusammen, doch waren letztere in der Regel nicht von langer Dauer. Im 16. Jahrhundert wurde zwar durch den Erlaß verschiedener Münzordnungen von Reichs wegen der Versuch gemacht, ein einheitliches Münzsystem zu schaffen, doch hatten die desfallsigen Bemühungen ebenfalls keinen dauernden oder überhaupt keinen Erfolg. Auch nachdem die traurige Kipperzeit überwunden war, blieb es beim alten, und die einzelnen Staaten halfen sich daher dadurch, daß sie eigene Münzordnungen erließen oder Münzkonventionen miteinander schlossen. Von letzteren sind die nachstehenden die wichtigsten:

1. Der Münzvertrag, welchen die Kurfürsten von Brandenburg und Sachsen im Jahre 1667 zu Kloster Zinna schlossen und dem später auch Braunschweig beitrat. Dieser Vertrag, durch welchen bestimmt wurde, daß $10\frac{1}{2}$ Taler oder $15\frac{3}{4}$ Gulden aus der feinen Mark geschlagen werden sollten, war auch insofern von Wichtigkeit, als durch ihn die nach dem neuen Fuße geprägten Gulden längere Zeit allgemeine Verbreitung fanden.

2. Der zwischen denselben Staaten im Jahre 1690 zu Leipzig abgeschlossene Vertrag, nach welchem die feine Mark zu 12 Talern ausgebracht und daneben ein Gulden geprägt werden sollte, der $= \frac{1}{2}$ Species- oder $\frac{2}{3}$ Zähltaler war. Dieser Fuß, der Leipziger oder nach dem Orte seiner Publikation auch Torgauer Münzfuß genannt, wurde später von anderen deutschen Staaten ebenfalls angenommen und 1738 sogar zum Reichsmünzfuß erhoben, gelangte aber doch nicht zur allgemeinen Geltung.

3. Die Konvention vom Jahre 1753, durch welche Bayern dem im Jahre 1748 in Österreich eingeführten 20-Guldenfuß beitrat und infolge deren dieser Fuß, welchen später noch mehrere süddeutsche Staaten sowie der Kurfürst und die Herzöge von Sachsen annahmen, auch den Namen Konventionsfuß erhielt. Nach demselben wurden 10 Taler, Speciestaler genannt, oder 20 Halbstücke oder Gulden aus der feinen Mark geprägt.

4. Die im Jahre 1837 zu München abgeschlossene Münzkonvention, nach welcher die süddeutschen Zollvereinsstaaten den $24\frac{1}{2}$ Guldenfuß annahmen.

5. Die Dresdener Münzkonvention vom Jahre 1838, infolge deren der größte Teil der norddeutschen Zollvereinsstaaten den im Jahre 1750 von Friedrich dem Großen in Preußen eingeführten und bereits in anderen deutschen Staaten verbreiteten 14 Taler- (= 21 Gulden-) Fuß annahm. Da nach diesem Fuß die (cölnische) Vereinsmünzmark gleichwie beim $24\frac{1}{2}$ Guldenfuß geschehen war, auf 233,855 g festgesetzt wurde, so war zwischen dem wichtigsten der norddeutschen Münzsysteme und dem süddeutschen Münzsystem wenigstens insofern eine Annäherung gefunden, als der süddeutsche Gulden zum Taler in das Wertverhältnis von 7 : 4 d. i. 1 Gulden = $\frac{4}{7}$ Taler gebracht werden konnte. Man einigte sich daher auch dahin, eine Vereinsmünze zu schlagen, nämlich das Zweitaler- oder $3\frac{1}{2}$ Guldenstück.

6. Die Wiener Münzkonvention vom 24. Januar 1857, welcher auch Österreich angehörte. Durch dieselbe wurde das Zollpfund zu 500 g als Münzgewicht eingeführt und angeordnet, daß aus dem Pfunde fein Silber in Norddeutschland 30 Taler, in Österreich-Ungarn 45 Gulden zu 100 Neukreuzer und im Gebiete des süddeutschen Münzfußes $52\frac{1}{2}$ Gulden geprägt werden sollten. Als Vereinsmünze wurde der Taler = $1\frac{1}{2}$ Gulden österreichischer oder $1\frac{3}{4}$ Gulden süddeutscher Währung bestimmt. Daneben wurde eine Vereinsgoldmünze geschaffen, welche in Ganzstücken zu 50 und in Halbstücken zu 100 aus dem Pfunde fein Gold hergestellt wurde. Dieselbe gelangte aber niemals recht in den Verkehr, da sie in die Silberwährung absolut nicht paßte und im Auslande vielfach eingeschmolzen wurde. Als Kurantmünzen wurden ferner ausgeprägt nach dem 30-Talerfuße $\frac{1}{6}$- und in Sachsen außerdem $\frac{1}{3}$- Talerstücke, nach dem 45-Guldenfuße 2-, 1- und $\frac{1}{4}$-Guldenstücke und nach dem $52\frac{1}{2}$-Guldenfuße 2-, 1-, $\frac{1}{2}$- und $\frac{1}{4}$- Guldenstücke, während die Feststellung des Systems, nach welchem die Scheidemünze ausgeprägt werden sollte, den einzelnen Staaten überlassen blieb. Infolge der sich hieraus ergebenden Verschiedenheit wurde daher beispielsweise der Groschen in Preußen in 12 Pfennige, in Sachsen in 10 Pfennige geteilt, während man in den süddeutschen Staaten im Kleinverkehr nach Kreuzern fortrechnete. Immerhin war durch die Wiener Münzkonvention auf dem Gebiete der Münzeinigung in Deutschland zwar ein ganz erheblicher Schritt vorwärts getan, doch blieb das Erreichte noch unvollkommen. Neben dem Vereinsmünzfuße bestanden sogar noch mehrere besondere Münzfüße in Deutschland, nämlich der schleswig-holsteinsche Kurantfuß, nach welchem $34\frac{11}{16}$ Mark oder $11\frac{9}{16}$ Taler, die hamburgische Bank-

valuta, nach welcher zuerst $27\frac{5}{8}$ Mark Banco oder $9\frac{5}{24}$ Speziestaler, später $27\frac{3}{4}$ Mark Banco oder $9\frac{1}{4}$ Speziestaler, und der lübische (dänische) Fuß, nach welchem 34 Mark oder $11\frac{1}{3}$ Taler auf die Mark Silber gerechnet wurden. Grobes Kurant wurde jedoch in diesen Füßen nicht mehr ausgeprägt, sondern sie waren eigentlich nur Rechnungsfüße, und man bediente sich im gewöhnlichen Verkehr der groben Münzen des Talerfußes. Dagegen hatte Bremen als einziger deutscher Staat die Goldwährung und prägte es auch Taler in dieser Währung aus. Erst dem neuen Deutschen Reiche war es vorbehalten, die verschiedenen Münzfuße zu beseitigen und dem gesamten Deutschland ein wirklich einheitliches Münzsystem zu gewähren. Näheres hierüber s. unter Münzgesetzgebung des Deutschen Reichs.

Als außerdeutsche Münzkonventionen der Neuzeit sind zu erwähnen die lateinische Münzkonvention vom Jahre 1865, welcher Frankreich, Belgien, Italien, die Schweiz und seit 1868 auch Griechenland beigetreten sind, sowie die 1872 zwischen Schweden und Dänemark abgeschlossene skandinavische Münzkonvention, welcher seit 1877 auch Norwegen angehört. (S. die betreffenden Wörter).

Münzkunde, s. Numismatik.

Münzmandate, Ordonnancien, Valvationen hießen die Verordnungen, welche von den Münzherren in bezug aut das Münz- und Geldwesen in früheren Jahrhunderten erlassen wurden. Sie erstreckten sich inbesondere auf die Tarifierung der fremden im Lande umlaufenden sowie der älteren eigenen Münzen, ferner auf die Ungiltigkeit und die Verpflichtung zur Annahme gewisser Münzsorten und enthielten auch Strafbestimmungen für die Übertreter der Verordnungen. Dieselben wurden meist als Flugblätter gedruckt, mitunter auch bloß von den Kanzeln verlesen. Weiteres s. unter Valvation.

Münzmeister, *monetarii,* hießen im Mittelalter und auch später die Leiter der Münzstätten. Sie waren bald Beamte des Münzherrn, bald selbständige Unternehmer. Im ersteren Falle verwalteten sie die Münzstätte für Rechnung des Münzherrn und erhielten dafür für sich und ihre Gehilfen eine Besoldung, die meist in einem Anteil an dem Ertrage der Münze bestand. Im anderen Falle leiteten sie nicht nur den Betrieb der Münzstätte, sondern sie beschafften auch das Münzmetall, die nötigen Häuser, Gerätschaften usw. für ihre Rechnung und gaben an den Münzherrn einen bestimmten, gewöhnlich nach der vermünzten Mark berechneten Anteil vom Ertrage ab. Wegen der römischen Münzmeister s. tresviri monetales.

Münzmeisternamen und **Münzmeisterzeichen.** Diejenigen Beamten, welche den Betrieb einer bestimmten Münzstätte leiteten oder auch an der Spitze des gesamten Münzwesens eines Staates standen, wurden früher allgemein Münzmeister genannt. Sie waren in der Regel höhere Beamte und gehörten nicht selten zu den höchsten Würdenträgern des Staates. So standen an der Spitze des Münzwesens in England früher sogar Bischöfe und Erzbischöfe, und in Polen und Littauen führten die Münzmeister den Titel Kronschatzmeister.

Schon auf den antiken griechischen Münzen wird der Name des Münzmeisters oft genannt. Derselbe erscheint bald mit der vorgesetzten Präposition ἐπί, z. B. auf einer Münze von Abdera ΕΠΙ ΠΑΥΣΑΝΙΩ — unter Pausanias (geprägt) —, bald bloß im Nominativ oder Genitiv, bald mehr oder weniger abgekürzt. Bisweilen ist aber auch der Name, welchen wir auf griechischen Münzen finden, derjenige des Stempelschneiders, doch erscheint er in diesem Falle an weniger hervortretender Stelle. So tragen einige Münzen von Syrakus, welche zu den schönsten Erzeugnissen griechischer Stempelschneidekunst gehören, u. a. die Künstlernamen ΚΙΜΩΝ und ΕΥΑΙΝΕΤΟ(Σ).

Auf den Münzen der römischen Republik wurden die Namen der Münzmeister zunächst nicht amtlich angegeben. Wir finden aber auf den nach reduziertem Fuß geprägten Kupfermünzen neben den ein für allemal feststehenden Typen (den Köpfen der Gottheiten und der Prora) bisweilen gewisse Zeichen (Halbmond, Anker, Kranz, Stern, Pferd usw.), auch Monogramme, welche nur als Münzmeisterzeichen aufgefaßt werden können. Später gingen die römischen Münzmeister dazu über, ihre Abstammung sowie Geschlechtsehren und Taten ihrer Vorfahren, unter Angabe der Namen derselben, durch bildliche Darstellungen zu verherrlichen, und man kann daher hieraus, wenn auch nicht den vollen Namen, so doch das Geschlecht, welchem der betreffende Münzmeister angehört hat, in der Regel bestimmen. Schließlich und zwar seit etwa 150 v. Chr. nannten sich die Münzmeister mit ihrem eigenen vollen Namen auf den Münzen, wobei das Cognomen gewöhnlich auf die Hauptseite, Pränomen und Nomen auf die Rückseite derselben gesetzt wurden. Unter Augustus erscheinen die Namen der Münzmeister, der *tresviri monetales* (s. d.) unter Angabe ihres Titels amtlich auf den vom Senat geprägten Kupfermünzen, doch hörte dieser Gebrauch um das Jahr 11 n. Chr. für immer auf.

Auf den Münzen der Merowinger sowie auf den ältesten englischen und böhmischen Münzen werden die Münzmeister ebenfalls häufig genannt, dagegen finden wir auf anderen Münzen des Mittelalters Münzmeisternamen oder Abkürzungen derselben verhältnismäßig selten. Die Münzmeister, welche, wie es in den letzten Jahrhunderten dieses Zeitalters häufig vorkam, gleichzeitig Pächter der Münzstätten waren und dieses Verhältnis zu ihrem Vorteil ausbeuteten, hatten am wenigsten Veranlassung, ihre Namen auf die Münzen zu setzen. Im 15. Jahrhundert kam der Gebrauch auf, daß die von den Münzherren eingesetzten Münzmeister, ähnlich wie die Steinmetzen des Mittelalters, Zeichen verschiedener Art, wie Kreuzchen, Sterne, Blätter, Blumen, Rosetten, Hirschgeweihe, Zainhaken usw. annahmen, welche sie auf ihren Münzen anbrachten. So führte der kurfürstlich brandenburgische Münzmeister Paul Muhlrath in Berlin (um 1540) ein gezahntes Rad, der Münzmeister Heinrich von Rehnen ebendaselbst (1598—1603) einen Schwan, der Münzmeister Hans Weller in Freiberg († 1541) ein Lindenblatt, der Münzmeister Wolf Hühnerkopf in Annaberg (1539—1544) ein von einem Kreise eingeschlossenes Kreuz. Die Münzmeisterzeichen sind für den Numismatiker von besonderem Interesse, und wenn auch bei vielen der Name des Münzmeisters, welcher sie geführt hat, unbekannt ist, so sind doch auch diese Zeichen insofern von Wert, als mit ihrer Hilfe die Münzstätte, aus welcher die betreffenden Münzen herrühren, in den meisten Fällen hat festgestellt werden können. Eine übersichtliche Zusammenstellung der bekannten Münzmeisterzeichen ist bis jetzt nicht vorhanden, doch geben I. und A. Erbstein in ihren Erläuterungen zu dem Verzeichnis der Engelhardtschen Sammlung interessante Aufschlüsse über die sächsischen Münzmeisterzeichen; auch enthält der Katalog der Henckelschen Sammlung von A. Weyl ein Verzeichnis der brandenburgischen Münzmeisterzeichen.

Im 17. Jahrhundert hören die Münzmeisterzeichen allmählich auf und es treten an ihre Stelle die Anfangsbuchstaben der Münzmeisternamen, bis auch diese im 18. Jahrhundert verschwinden, um den Münzbuchstaben Platz zu machen. Dagegen ist auf manchen Münzen der neuesten Zeit, z. B. auf französischen Münzen und auf den bekannten Frankfurter Talern mit dem weiblichen Brustbild der Name des Stempelschneiders, jedoch an versteckter Stelle, angebracht. Vgl. auch Namen und Zeichen der Münzstätten.

Münzmesser. In früheren Zeiten war es üblich, daß man in Münzwerken bei der bildlichen Wiedergabe von Münzen das Bild derselben ohne Rücksicht auf ihre verschiedene Größe in Kreise von gleichem Durchmesser einzeichnete. Dies ist z. B. noch bei dem im Jahre 1700 erschienenen Werke von Vaillant über antike Münzen der Fall. Es ist begreiflich, daß diese Art von Münzabbildungen zu vielen Irrtümern Veranlassung gegeben hat. Um dem Übelstande zu begegnen bzw. richtige Beschreibungen der Münzen zu liefern, griff man bei dem früheren Mangel an einheitlichen und bekannten Längenmaßen zu dem Auskunftsmittel, daß man den Münzwerken Figuren beigab, Münzmesser genannt, welche aus ineinander gezeichneten, aber an einem Punkte zusammenstoßenden, mit Größennummern versehenen Kreisen bestanden. Man brauchte also eine Münze nur in den passenden Kreis zu legen, um festzustellen, ob sie die in der Beschreibung angeführte Größennummer hatte. Der älteste Münzmesser ist der von Olearius (1696), der am meisten bekannt gewordene (für antike Münzen) der Mionnetsche. Heut wird die Größe einer Münze allgemein nach ihrem größten Durchmesser in Millimetern bestimmt.

Münzmetalle. Die hauptsächlichsten Münzmetalle waren schon von alters her Gold, Silber und Kupfer (s. diese Wörter). Daneben wurde vorübergehend (von 1828 bis 1846) in Rußland das Platina zur Herstellung von Münzen (zu 3. 6 und 12 Rubel) verwendet. In neuerer Zeit ist das Nickel, jedoch meist mit Kupfer gemischt, den Münzmetallen hinzugetreten. Zinn sowie Blei ist nur ausnahmsweise, Eisen wohl niemals zur Herstellung von Münzen benutzt worden. Die Sage von dem durch Lykurg in Sparta eingeführten Eisengelde (s. d.) ist zweifellos darauf zurückzuführen, daß man Eisenbarren in Gestalt von Stäben oder Spießen (οβελοῖ) als Tauschmittel benutzte. Außer den oben gedachten Metallen wurden zur Herstellung von Münzen verwendet bzw. werden noch benutzt verschiedene Metallmischungen, nämlich das Elektron, die Bronze, das Orichalcum (Messing), das Billon, das Potin (s. diese Wörter).

Münzprägung. Das Prägen der ältesten Münzen erfolgte in der unter quadratum incusum beschriebenen höchst einfachen Weise. Es ist möglich, daß bei diesem Verfahren der Unterstempel, um das Verschieben oder Wegspringen des kugelförmig gegossenen Schrötlings beim Prägen zu verhindern, vertieft und zwar dergestalt in den Amboß eingelassen war, daß der überstehende Rand dem Schrötling noch gestattete, sich unter der Wucht der Schläge seitlich auszudehnen. In erster Linie hatten aber jedenfalls die scharfen Kanten des Stempels, welche die quadratischen Eindrücke (das *quadratum incusum*) auf den Münzen hervorbrachten, den Zweck, die Schrötlinge festzuhalten. Ob man dieselben in kaltem oder in glühendem Zustande prägte, möge dahingestellt bleiben. Ersteres war, wenn auch schwieriger, so doch möglich, da die Metalle ursprünglich möglichst rein vermünzt wurden und infolgedessen genügende Weichheit besaßen, um beim Schlage das Bild des Stempels aufzunehmen, die Dehnbarkeit der Metalle auch noch durch vorheriges Ausglühen derselben erhöht werden konnte. Ungleich leichter und besser mußte indessen die Prägung ausfallen, wenn man die Schrötlinge in glühendem Zustande auf den Amboß legte. Jedenfalls wurde die obenbeschriebene Art der Münzprägung aus freier Hand, wenn sie auch im Laufe der Zeit kleine Verbesserungen erfahren mochte, von den alten Griechen im wesentlichen unverändert beibehalten, denn zu wie hoher Entwicklung auch die Stempelschneidekunst bei denselben allmählich gelangte, so blieb doch die Gestalt ihrer Münzen nach unseren heutigen Begriffen stets eine mehr oder weniger unregelmäßige. So sind dieselben oft nichts weniger als kreisrund, unförmig dick, mit beim Prägen entstandenen Sprüngen versehen und bei gleichem Wert und Gewicht von sehr verschiedener Größe und Stärke; der Abdruck des Stempels deckt nicht immer genau den Schrötling und es ist daher ein Teil desselben manchmal ohne Prägung, während auf der entgegengesetzten Seite ein Teil des Münzbildes fehlt; die Münze ist, wenn der obere Stempel nicht gut aufgesetzt oder der Schlag nicht gerade geführt worden war, auf der einen Seite dicker oder von weniger klarer Prägung als auf der entgegengesetzten Seite.

Auch die Römer stellten ihre Münzen im Wege der Prägung her. Eine Ausnahme davon bilden nur die ältesten gegossenen Kupfermünzen der römischen Republik und eine Anzahl Münzen der späteren Kaiserzeit. (Näheres hierüber siehe unter gegossene Münzen.)

Die auf uns gekommenen Nachrichten über die Prägetechnik der Römer sind indessen äußerst dürftig. An den Gußzapfen, welche bei den geprägten Kupfermünzen der Republik häufig vorkommen, ist zwar erkennbar, daß die Herstellung der Schrötlinge noch im Wege des Gusses stattfand, doch erfolgte die Prägung jedenfalls aus freier Hand. Die Silbermünzen sind von vornherein im allgemeinen gut und gleichmäßig geprägt und beweisen, daß man es schon frühzeitig in der Münzkunst zu einem verhältnismäßig hohen Grade der Vollkommenheit gebracht hat und sich dabei zweckentsprechend konstruierter Werkzeuge und Instrumente bedient haben muß.

Es gibt einen für die Geschichte der Prägetechnik der Römer höchst interessanten, etwa aus dem Jahre 710 der Stadt herrührenden Denar des Münzmeisters T. Carisius, welcher auf der einen Seite die Aufschrift MONETA und den Kopf der Juno Moneta, in deren Tempel sich ursprünglich die Münzstätte befand, zeigt. Auf der anderen Seite sind folgende Prägewerkzeuge dargestellt: ein Amboß, ein Hammer und eine kleine Zange. Der letzteren bediente sich der *suppostor* genannte Münzarbeiter, welchem es oblag, den glühenden Schrötling zwischen die Stempel zu legen, wonächst ein anderer Arbeiter, der *maleator*, den Schlag auszuführen hatte. Das Geschäft, den Schrötling in die richtige Lage zu bringen, erforderte natürlich eine gewisse Übung und Geschicklichkeit, namentlich wenn es nicht gelang, mit einem Schlage des Hammers ein gutes Gepräge zu erzielen und das Stück deshalb wiederholt geglüht und zwischen die Stempel gelegt werden mußte. Man scheint sich daher auch eines andern Werkzeuges nach Art einer Flachzange bedient zu haben, in deren inneren Flächen die Münzbilder vertieft eingegraben oder die Stempel eingelassen waren, und mittels welcher man das dazwischen geschobene Metallstück dergestalt festhielt, daß mehrere Schläge, ohne dasselbe zu verrücken, auf die Münzzange geführt werden konnten. Jedenfalls haben sich die Römer nach und nach sehr verschiedenartiger Geräte und Maschinen zum Prägen ihrer Münzen bedient. So beschreiben J. Friedlaender in der Zeitschrift für Numismatik von A. von Sallet, Band V S. 121, und C. von Ernst in seiner Schrift „Die Kunst des Münzens" zwei uns erhalten gebliebene einfache Prägemaschinen, welche indessen nur zur Herstellung kleiner Münzen gedient haben. Über die Prägung der Großbronzen der Kaiserzeit wissen wir nichts Näheres. Zieht man jedoch in Betracht, daß gerade die Münzen der letztgedachten Gattung (in der späteren Zeit der Republik hatte die Kupferprägung vollständig geruht) oft von unvergleichlicher Schönheit und Zierlichkeit des Gepräges sind, so drängt sich unwillkürlich die Vermutung auf, daß die Römer zu ihrer Herstellung sich ganz besonders eingerichteter Geräte oder Maschinen bedient haben müssen. Es ist anzunehmen, daß die Bronzeschrötlinge, wenigstens zu Anfang, wo das Relief der Münzen höher war als in der späteren Zeit, gleich beim Guß für die nachfolgende Prägung vorbereitet, also dergestalt gegossen wurden, daß der bloße Schrötling schon ein rohes Bild des der Münze zu gebenden Gepräges bot. Bestärkt wird diese Ansicht durch den Titel, welchen die römischen Münzmeister führten: *tresviri auro, argento aeri flando feriundo*, wobei das dem *ferire*, schlagen, vorgesetzte *flare*, gießen, auf die dem eigentlichen Prägegeschäft vorangehende Manipulation des Gießens hindeutet. Immerhin müßte ersteres, namentlich bei einem wiederholten Ausglühen der vorgegossenen Stücke, besonders schwierig gewesen sein, wenn anders dieselben ohne eigens für diesen Zweck konstruierte Apparate in richtiger Lage zwischen die Prägestempel gebracht werden sollten. Eine sehr interessante, auf gründlichen Forschungen beruhende Arbeit über die antike, namentlich römische Münzprägung von M. Bahrfeldt befindet sich im Jahrgang 25 der Berliner Münzblätter.

Mit dem Untergange des römischen Reiches geriet die Münzkunst, welche schon in der letzten Zeit des Bestehens desselben sehr vernachlässigt worden war, ganz in Verfall. Sie gelangte auch nach Beendigung der Völkerwanderung und nachdem sich die staatlichen Verhältnisse in Europa konsolidiert hatten, während des ganzen Mittelalters nicht im entferntesten wieder auf die hohe Stufe, welche sie im Altertum eingenommen hatte. Das Verfahren bei der Münzprägung im Mittelalter war im wesentlichen dasselbe wie in der ältesten Zeit: man schlug also die Münzen aus freier Hand mit dem Hammer und es rührt daher der noch heute für „Münzen prägen“ vielfach im Gebrauch befindliche Ausdruck „Münzen schlagen“.

Diese einfache Prägeweise, welche sich am leichtesten bei der Prägung der Brakteaten (s. dieses Wort) gestaltete, wurde selbst noch im sechzehnten und siebzehnten Jahrhundert teilweise beibehalten, wie dies durch die unvollkommene Ausprägung vieler Münzen und durch Abbildungen bewiesen wird, welche aus dieser Zeit herrühren.

Über die Manipulationen, welche dem eigentlichen Prägegeschäft vorangingen, findet sich in Sebastian Münsters Kosmographie folgende interessante Darstellung:

Wie man gelt schmidet ausz gold vnd sylber.

*Wann der müntzer gelt machen will ausz gold oder sylber / wirfft er solche metall gantz lauter in ein tiegel / vnd thůt zum gold ein zůsatz von sylber / vnd zum sylber etwas kupffers so vil als jm gebürt ausz fürgeschribenen gesatz des Künigs oder eins Fürsten oder einer Statt / vñ so dz metall im feuwr zergangẽ ist / schüt der müntzer dz geschmoltzen gold oder sylber in ein eysen jnstrument / das vil langer grůben oder kanelen hat / das lange stånglin darausz werden / die håmmert er darnach / vnd macht bereite oder schmale blåcher darausz / dick oder dūn / nach dem die müntz dick oder dünn werden sol. Er zerhawt auch solche blåch in vil kleiner blåchlin / vñ die von gold seind die wigt er / deszgleichen thůt er mit den gr*o*ssern sylber stucken / darausz taler oder dickpfennig werden sollen / domit sie jr just gewicht habend. Aber was kleine sylber pfennig werden sollen / in denen halt man das gewicht nicht so eben / ist auch nieht vil daran gelegen / es wirt in jnen mehre die zal auff ein gulden sylbere stücklin / treibt sie noch mehr mit dem hammer / wårmt sie im feüwr so offt es not thůt / macht sie rotund / vñ damit sie gantz weisz werden was von sylber ist / seüdt er sie mit saltz vnd weinstein / stempffts darnach / vnd schlecht darein wappen / geschrifft vnd andere zeichen. Dise ding hab ich erlernt ausz den Bůchern des hocherfarnen Georgij Agricole.*

Georg Agricola, eigentlich Bauer, ist nicht zu verwechseln mit Johann Agricola, einem der Reformatoren und nachmaligen Hofprediger des Kurfürsten Joachim II. von Brandenburg. Unser Agricola, geboren 1490 zu Glauchau, war ein berühmter Mineraloge und Begründer neuerer Systeme in der

Mineralogie und Metallurgie, auch Schöpfer eines rationellen deutschen Bergbaues. Er war zuerst Rektor in Zwickau, reiste dann nach Italien und wurde nach seiner Rückkehr praktischer Arzt in Joachimsthal in Böhmen. Von dort aus legte er dem Kurfürsten Moritz verschiedene Projekte zur Verbesserung des sächsischen Bergbaues vor, welcher ihm dafür eine Pension aussetzte. Von 1531 ab lebte er in Chemnitz, wo er auch Stadtphysikus und Bürgermeister wurde und 1555 starb.

Was das eigentliche Prägen der Münzen anlangt, so war es bei den Talern und sonstigen großen Münzsorten, da die Hammerschläge mit besonderer Gewalt geführt werden mußten, für einen Arbeiter offenbar nicht möglich, dieses Geschäft allein zu verrichten, sondern es mußte mindestens ein Arbeiter den oberen Stempel festhalten, während ein zweiter den schweren Hammer führte. Vielleicht bediente man sich auch dabei einer Art Fallhammer. Erst im siebzehnten Jahrhundert und in manchen Ländern noch später fing man an, sich in größerem Umfange besonderer Prägemaschinen zu bedienen, wie der Walzwerke, Taschenwerke, Spindelpressen, bis man schließlich infolge der großen Fortschritte in der Technik der Neuzeit zu den heutigen vollkommenen Prägemaschinen gelangt ist, welche mit beispielloser Präzision und Schnelligkeit arbeiten. Weiteres über die Herstellung von Münzen und die dabei vorkommenden technischen Ausdrücke s. unter Coupellieren, Probieren, Scheiden, Stempel, Schrötling, Zain, Prägewerke, Fallwerke, Walzenprägung, Taschenwerke, Ringprägung, Justieren.

Münzprobationstage, s. Kreismünzstätten.

Münzrecht, Münzregal, Münzhoheit. 1. Unter Münzrecht versteht man im allgemeinen alle auf das Münzwesen eines Staates oder eines bestimmten Zeitraumes bezüglichen Gesetze und Verordnungen. Man spricht daher vom römischen, mittelalterlichen, deutschen etc. Münzrecht ebenso wie man von dem Kirchenrecht, Bergrecht, Handelsrecht etc. einer bestimmten Zeit oder eines bestimmten Staates spricht. Im engeren Sinne versteht man unter Münzrecht oder Münzgerechtigkeit die einer physischen oder juristischen Person zustehende Befugnis, in einem bestimmten Lande oder Orte unbeschränkt oder in mehr oder weniger beschränktem Umfange die Münzprägung auszuüben und den sich daraus ergebenden Nutzen zu ziehen. Der Begriff Münzrecht oder Münzgerechtigkeit deckt sich dann mit dem Begriffe Münzregal, denn die Regalien — *regalia,* königliche Rechte, von *regalis,* königlich — sind Rechte, welche früher lediglich als Einkommensquellen dem Staatsoberhaupte vorbehalten, aber veräußerlich waren, Dagegen gehört die Münzhoheit ebenso wie die Polizei-, Justiz-, Militärhoheit etc. zu den wesentlichen, staatlichen Hoheitsrechten, ohne die der Staat nicht bestehen kann und welche unveräußerlich sind; sie ist das Recht des Staates bzw. des Staatsoberhauptes, die zur Einrichtung und Erhaltung eines geordneten Münzwesens erforderlichen Bestimmungen zu treffen und die Aufrechthaltung derselben zu überwachen. Das Münzrecht oder Münzregal und die Münzhoheit können in verschiedenen Händen liegen, oder sie können vereinigt sein und man versteht daher unter Münzrecht oder Münzregal häufig nicht allein die Befugnis zur Herstellung von Münzen, sondern gleichzeitig auch die Münzhoheit. Dieser Sprachgebrauch hat sich eingebürgert und soll auch im Nachstehenden im allgemeinen beibehalten werden. Ursprünglich war auch die Vereinigung der Münzhoheit mit der Befugnis zur Münzprägung die Regel, doch kam es schon im Altertum häufig vor, daß das letztgedachte Recht vom Staatsoberhaupte in mehr oder weniger beschränktem Umfange dritten verliehen wurde. So überließen im alten Perserreiche die Großkönige die Prägung der Silbermünzen und der kleinen Goldmünzen ihren Statthaltern, den Satrapen (s. Persische Münzen); die römischen Kaiser, welche die Münzhoheit als ein kaiserliches Hoheitsrecht in vollem Umfange für sich in Anspruch nahmen, überließen gleichwohl das Recht der Kupferprägung lange Zeit dem Senat und gestatteten auch vielen unterworfenen griechischen Städten, ihre Münzen für den örtlichen Bedarf weiter zu prägen. In Deutschland ging, nachdem Karl der Große die Münzhoheit in vollem Umfange an sich gebracht hatte, das Recht der Münzprägung durch Verleihungen und schließlich auch die Münzhoheit allmählich auf die verschiedenen deutschen Fürsten, Herren und Städte über, doch behielten die deutschen Kaiser und Könige, wie die, allerdings unter Mitwirkung der Stände von ihnen erlassenen zahlreichen Reichsmünzordnungen zeigen, noch eine gewisse Oberhoheit über das Münzwesen. Die Münzgesetzgebung des neuen Deutschen Reiches hat wieder Einheitlichkeit in das deutsche Münzrecht gebracht. Nach Art. 4 Punkt 3 der Verfassung ist das Münzwesen der Beaufsichtigung seitens des Reichs und der Gesetzgebung desselben unterworfen. Ferner erfolgt nach dem Gesetz vom 4. Dezember 1871, betreffend die Ausprägung von Reichsgoldmünzen, sowie nach dem Münzgesetz vom 9. Juli 1873 die Regelung der gesamten Münzprägung durch den Bundesrat. Hiernach liegt nicht nur die Münzhoheit, sondern auch die Ausübung des Münzrechts beim Reiche bzw. bei der obersten Reichsgewalt und es ändert hierin nichts, daß, wie in den gedachten Gesetzen bestimmt ist, die Reichsgoldmünzen und die Silbermünzen über eine Mark auf der einen Seite das Bildnis des Landesherrn bzw. das Hoheitszeichen der freien Städte mit einer entsprechenden Umschrift zu tragen haben. Ebensowenig ist es von Bedeutung, daß die Ausprägung der Reichsmünzen in den früheren Landesmünzstätten stattfindet, da dieselbe vom Reiche beaufsichtigt wird und für Rechnung des Reiches erfolgt.

2. Nachdem man zur Herstellung von Metallgeld, also von Münzen gelangt war, ergab sich von selbst die Notwendigkeit, daß eine Gewähr für die Richtigkeit des Gewichts und des Feingehalts derselben, also für die Richtigkeit des Wertes, welchen sie darstellen sollten, geboten wurde. Diese Gewähr konnte aber nur von der Gesamtheit der Beteiligten, d. i. von der Gemeinde oder vom Staat, geboten werden. Derselbe übernahm es daher, die Münzen selbst oder auch durch dritte herstellen und mit seinen Hoheits- und anderen Garantiezeichen versehen zu lassen, woraus sich weiter das Recht für den Staat ergab und von ihm in Anspruch genommen wurde, das Münzwesen, gleichviel ob er das Münzrecht selbst ausübte oder die Ausübung desselben anderen übertrug, zu ordnen und zu beaufsichtigen. Er übt dieses Recht aus, indem er das Währungsmetall und den Münzfuß (s. d.) sowie die Zählweise unter Berücksichtigung der Bedürfnisse des Verkehrs feststellt und hiernach das gesamte Münzwesen regelt und beaufsichtigt. Andererseits bedarf der Staat, um die übernommene Verpflichtung zum Wohle der Gesamtheit wie des einzelnen unbeschränkt und sicher ausüben zu können, gewisser Rechte, welche darin bestehen, daß dem Staat allein die Befugnis zur Münzprägung zusteht, und daß die unberechtigte Herstellung von Münzen verboten ist — daher die strengen Strafen, welche schon von alters her auf Münzverbrechen gesetzt waren (s. Münzfälschungen). Gegenüber den Aufgaben, welche dem Staate obliegen, und den Rechten, mit welchen derselbe zur Erfüllung dieser Aufgaben ausgestattet ist, ist es eine um so schwerere Pflichtverletzung des Staates, wenn er mit diesen Rechten Mißbrauch treibt, namentlich das Münzregal, wie es früher häufig der Fall war, als finanzielle Einnahmequelle ausnutzt. Es ist vollständig gerechtfertigt, wenn er für die Ausprägung des Goldes und Silbers, vorausgesetzt daß dieselbe nicht in einem das Bedürfnis übersteigenden Maße vorgenommen wird, eine geringe, die Kosten der Ausprägung nicht übersteigende Gebühr, den Schlagschatz (s. d.) erhebt, denn der Tauschwert des edlen Metalls in Münzform wird mindestens um den Betrag des Schlagschatzes erhöht. Ebenso ist es gerechtfertigt und sogar geboten, daß für die Scheidemünze (s. d.), welche der Staat ausgibt, ein erhöhter Schlagschatz erhoben bzw. daß dieselbe in erheblicherem Maße unterwertig ausgebracht wird. Wenn aber der Staat dazu übergeht, Scheidemünzen über das Bedürfnis auszuprägen oder gar Kurantmünzen

herzustellen, deren wirklicher Metallwert hinter dem gesetzlichen Werte um einen die Prägegebühr übersteigenden Betrag zurückbleibt, oder wenn die Münzherren, wie es namentlich während des Mittelalters in Deutschland häufig vorgekommen ist, die Ausübung des Münzregals gegen eine hohe Abgabe an gewissenlose Unternehmer verpachten (s. Verpachtung der Münze), die ihrerseits wieder, um die Pacht zu erschwingen und selbst einen möglichst hohen Gewinn zu erzielen, die Münzen zu geringhaltig ausbringen, so muß das Münzwesen des betreffenden Staates notwendigerweise in Zerrüttung geraten und das Volkswohl wesentlich geschädigt werden.

3. Über die Entwicklung des Münzrechtes bei den alten Griechen ist uns wenig bekannt. Wir wissen nur aus einer alten Inschrift, der sogenannten parischen Chronik, daß auf der Insel Ägina die Prägung der ersten Münzen (um 700 v. Chr.) von dem Könige Pheidon angeordnet worden ist. Wir wissen ferner, daß der Sage nach Lykurg, der Gesetzgeber Sparta's, Eisengeld dort eingeführt haben soll, sowie daß Solon, der große Gesetzgeber Athens, neben anderen wohltätigen Einrichtungen, die von ihm getroffen worden sind, auch das Münzwesen dieses Staates gesetzlich geregelt hat. Aus alledem sowie aus dem Umstande, daß schon die ältesten griechischen Münzen gewisse feststehende Typen tragen, welche nur als Hoheitszeichen der betreffenden Staaten aufgefaßt werden können, geht hervor, daß dieselben die Münzhoheit wirklich ausübten. Dasselbe Recht nahmen dann die vom Mutterlande nicht mehr abhängigen Kolonien für sich in Anspruch.

Bei den Römern stand, wie wir wissen, die Münzhoheit von Anfang an ebenfalls dem Staate zu. Auch ist uns aus der Zeit der Republik eine Reihe von Gesetzen bekannt (s. Münzgesetze früherer Zeit), welche auf die Ausgestaltung des Münzwesens Bezug haben. Das Münzrecht wurde vom Senate ausgeübt, welcher seinerseits drei Münzmeister, die tres viri monetales (s. d.) mit der Ausprägung der Münzen beauftragte. Außerhalb der Stadt hatten auch die Beamten mit vollem militärischem Imperium, die Diktatoren, Konsuln, Prätoren und deren Vertreter die Befugnis, innerhalb ihrer Machtsphäre Münzen zu schlagen. Cäsar wich von diesem Grundsatze zuerst ab, indem er das Recht für sich in Anspruch nahm, auch in der Hauptstadt Gold und Silber zu prägen. Daneben münzte der Senat nach wie vor in Silber, später auch in Gold. Augustus, nachdem er in den Vollbesitz der Gewalt gelangt war, unterdrückte indessen um das Jahr 16 v. Chr. die senatorische Gold- und Silberprägung, machte also das Münzwesen in der Hauptsache zu einem kaiserlichen Hoheitsrechte. Dagegen überließ er, wie bereits oben erwähnt, dem Senate das Recht der Kupferprägung, welche seit dem Jahre 74 v. Chr. geruht hatte. Dieses Verhältnis blieb im wesentlichen bis auf Aurelian (270—276 n. Chr.), welcher dem Senate auch das Recht der Kupferprägung entzog, unverändert.

Was die Ausübung des Münzrechts seitens der von den Römern abhängigen Gemeinden, Provinzen und Schutzstaaten anlangt, so bildete sich in der späteren Zeit der Republik der Grundsatz aus, daß dasselbe als ein ausschließliches Hoheitsrecht der staatlichen Souveränität zu betrachten sei und demgemäß den Bürgerkolonien und sonstigen nicht selbständigen Gemeinden nicht zustehe. Dagegen blieb den zwar in tatsächlicher Abhängigkeit befindlichen, aber rechtlich freien Schutzstaaten dieses Hoheitsrecht gewahrt. Demgemäß wurden zur Zeit der römischen Republik von der macedonischen Eidgenossenschaft, den Städten der Provinz Asia, den Bundesstädten Syracus, Osca, Massilia, Nemausus, Lugdunum, Dyrrhachium, Apollonia, Rhodus, Athen und vielen anderen Städten, namentlich des Hellas und in Spanien, sowie von keltischen, numidischen und anderen Fürsten und Völkern selbständig Münzen in der Landeswährung geschlagen, auch nachdem sie unter römische Botmäßigkeit gelangt waren. Unter Augustus änderte sich dieses Verhältnis, wie daraus hervorgeht, daß derselbe einzelnen Bürgerkolonien, Landschaften und Gemeinden das Münzrecht ausdrücklich verlieh, was bisweilen auf den Münzen selbst durch bezügliche Aufschriften, z. B. PERM(*missu*) AVG(*usti*), INDVLGENTIA AVG. etc. ausgesprochen ist. Dagegen wurde das Münzrecht der Bundesgenossen von Augustus wesentlich beschränkt, indem er zunächst die Goldprägung im ganzen Reiche sowie in den von demselben abhängigen Staaten sich ausschließlich vorbehielt. Auch die Silberprägung blieb nur wenigen Städten von größerer Bedeutung, wie Caesarea Cappad., Antiochia in Syrien, Tarsus und Alexandria gestattet, und die Münzen mußten meist das Bildnis des Kaisers tragen. Unter Caligula und Tiberius wurde in der westlichen Reichshälfte allen Gemeinden und Landschaften das Münzrecht entzogen. Der Denar wurde zur Reichsmünze erhoben, und wenn auch im Osten neben der örtlichen beziehentlich kommunalen Prägung in Kupfer eine solche in Silber in einzelnen Orten noch fortbestand, so wurde dieselbe doch in ein festes, gesetzliches Verhältnis zum Denar gebracht. Eine Ausnahme machte bloß Ägypten, woselbst noch lange nach Drachmen, Obolen und Chalkus gerechnet worden zu sein scheint. Im dritten Jahrhundert n. Chr. begann die kommunale Prägung überall in die allgemeine Reichsprägung aufzugehen; bis sie schließlich unter Aurelian im ganzen Reiche, ausgenommen in Ägypten, welches erst einige Jahre später (295 n. Chr.) folgte, ganz aufgehoben wurde.

Die oströmischen Kaiser nahmen, altem Herkommen gemäß, das ausschließliche Recht der Ausprägung von Goldmünzen für sich in Anspruch; wenn indessen dieses Recht von den anderen Fürsten lange Zeit respektiert oder wenigstens das Brustbild des Kaisers auf ihre Goldmünzen gesetzt wurde, so lag der Grund dieser Erscheinung weniger in der Anerkennung der oströmischen Oberhoheit, wie ein spätrömischer Schriftsteller (Procop) annimmt, als in dem Umstande, daß Münzen mit anderem Gepräge beim Volke schwer Eingang gefunden haben würden. Tatsächlich wurde auch das von den oströmischen Kaisern in Anspruch genommene Recht von den Königen der Westgoten und Franken, welche eigene Goldmünzen prägten, nicht anerkannt. Dann ruhte überhaupt, ausgenommen in Unteritalien und Sizilien, bis zur Entstehung der Dukaten und Florene (s. d.) die Goldprägung in allen übrigen Staaten, und der oströmische Solidus blieb bis in das 13. Jahrhundert in ganz Europa die herrschende Goldmünze (s. Byzantinische Münzen).

Von den ersten Königen der Franken, den Merowingern, wurde die Münzhoheit unbeschränkt ausgeübt. Unter den späteren Merowingern ging indessen mit dem allmählichen Verfall der königlichen Macht auch die Münzhoheit derselben immer mehr verloren. Das Münzrecht wurde schließlich von den Münzmeistern fast selbständig ausgeübt, wie schon daraus hervorgeht, daß das Bild des Königs von den Münzen allmählich verschwindet und an dessen Stelle der Name des Münzmeisters und der Prägestätte tritt.

In Deutschland hat sich das Münzrecht in eigentümlicher Weise entwickelt. Die deutschen Kaiser und Könige sahen sich als die Nachfolger der römischen Kaiser an — daher der Titel Imperator und Rex Romanorum und die lange übliche Bezeichnung heiliges römisches Reich deutscher Nation — und nahmen das Münzregal als ein ihnen zustehendes Hoheitsrecht für sich allein in Anspruch. Dieses Verhältnis änderte sich indessen im Laufe der Zeit. Der Grund lag in der Deutschland eigentümlichen Institution des Lehnswesens. Unter den karolingischen, sächsischen und fränkischen Königen beziehentlich Kaisern standen, gewissermaßen als oberste Beamte derselben, die Herzöge, Markgrafen und Grafen, welche ihre Würden und die damit verbundenen Lehen anfänglich nur auf Widerruf oder auf Lebenszeit erhielten. Da die kaiserlichen Münzstätten im Laufe der Zeit dem Bedarf nicht mehr zu genügen vermochten oder zu entfernt waren, so übten diese Vasallen, ebenso wie andere Hoheitsrechte auch das Münzrecht kraft der ihnen übertragenen

Amtsgewalt aus. Als unter den fränkischen Kaisern die Lehne erblich wurden, änderte sich zwar dieses Verhältnis zu Gunsten der betreffenden Inhaber, doch gaben die Kaiser die Oberhoheit über das Münzwesen keineswegs auf.

Außer von den weltlichen Fürsten und Herren wurde auch von Bischöfen und Äbten schon frühzeitig das Münzrecht ausgeübt. Aus politischen Gründen, insbesondere um bei der immer mehr aufstrebenden Macht der weltlichen Großen sich auf die geistlichen Würdenträger stützen zu können, wurde letzteren von den Kaisern vielfach umfangreicher Landbesitz und unter anderen wichtigen Privilegien auch das Münzrecht verliehen, oder es wurde ihnen, wo sie dasselbe, wie in den früher von den Römern besetzt gewesenen Teilen des südlichen Deutschlands, vielleicht schon von alters her besaßen, von den Kaisern ausdrücklich bestätigt. Mit dem Münzrecht zusammen wurde meist auch das Marktrecht verliehen, da man an Orten, wo zur Hebung des Handels und Verkehrs ein Markt eingerichtet wurde, auch der erforderlichen Münze bedurfte und deshalb genötigt war, eigens zu diesem Zweck eine Prägestätte einzurichten. Ferner war mit den Münzstätten damaliger Zeit häufig eine Art Wechselbank verbunden, indem der Münzmeister nicht nur für Rechnung seines Herrn prägte, sondern auch von dem Privatmann und von den Kaufleuten Rohsilber oder fremdes Geld annahm und dasselbe ausmünzte oder unter Anrechnung der Prägekosten und des Schlagschatzes gleich gegen vorrätige kurshabendeMünzen umwechselte. Es wird daher unter *moneta,* der in mittelalterlichen Urkunden üblichen Bezeichnung sowohl für Münze, wie für Münzrecht, vielfach nicht bloß letzteres, sondern auch das Wechselrecht verstanden.

Die Kaiser selbst, welche zu damaliger Zeit noch keine festen Residenzen hatten, sondern ihren Aufenthalt fortwährend wechselten, übten, wie die zahlreichen Namen von Münzstätten auf den von ihnen geschlagenen Denaren beweisen, das Münzrecht aus, wo sie sich gerade befanden. Es erscheint diese Behauptung im ersten Augenblick gewagt, zumal wenn man bedenkt, daß der Aufenthalt der Kaiser in manchen Orten oft nur nach Wochen und Tagen zählte. Zieht man indessen in Betracht, daß die kunstlosen Stempel, deren man bedurfte, sehr schnell hergestellt werden konnten, daß die ganze damalige Prägeweise eine äußerst einfache war und das erforderliche Metall von den Steuererhebern geliefert wurde, so läßt sich diese Behauptung eher begreifen. Auch in Orten, wo sie das Münzrecht bereits vergeben hatten, scheinen die Kaiser sich das Recht vorbehalten zu haben, nach Bedarf ihre eigenen Münzen fortzuprägen, wenigstens besitzen wir von vielen Prägestätten kaiserliche und bischöfliche Münzen, welche ein und derselben Zeit angehören. Die Städte, beziehentlich Stadtgemeinden waren unter den sächsischen und fränkischen Kaisern wenig entwickelt und noch nicht im Besitz des Münzrechts.

Im Laufe der Zeit nahmen die mächtigeren der geistlichen und weltlichen Fürsten und Herren das Münzrecht als ein ihnen zustehendes Hoheitsrecht für sich in Anspruch und übten es ohne kaiserliche Genehmigung aus, doch wurde erst im Jahre 1356 durch die goldene Bulle das Münzrecht als ein gesetzliches Vorrecht der Kurfürsten vom Kaiser ausdrücklich anerkannt. Daneben erlangten indessen im Laufe der Zeit fast alle reichsunmittelbaren Fürsten, Herren und Städte das Münzrecht, da die Anschauung immer mehr Geltung gewann, daß dasselbe ein Ausfluß der Landeshoheit sei. Auch zahlreiche Klöster und geistliche Stifter besaßen das Münzrecht von alters her, beziehentlich waren sie mit demselben vom Kaiser beliehen worden. Viele Fürsten verkauften und verliehen es wieder, zum Teil nur für bestimmte Münzsorten, auf Zeit und unter sonstigen Beschränkungen an ihre Städte, so daß schließlich eine Unzahl von Münzstätten entstand, in welchen nach den verschiedensten Füßen geprägt wurde. Wie groß die Zahl der Münzherren beziehentlich der Prägeberechtigten zeitweilig in Deutschland gewesen ist, dürfte schwer festzustellen sein, da es an ausreichendem Urkundenmaterial hierzu fehlt und manche Herren und Städte das ihnen zustehende Recht nicht oder nur sehr kurze Zeit ausübten. Zieht man indessen die große Menge der aus dem sechzehnten, siebzehnten und selbst aus dem achtzehnten Jahrhundert noch vorhandenen verschiedenartigen Gepräge sowie den Umstand in Betracht, daß die Zahl der reichsunmittelbaren Fürsten, Herren und Städte des deutschen Reichs zur Zeit der größten Zerrissenheit desselben gegen 1800 betrug, so läßt sich eine Vorstellung von der Verwirrung gewinnen, welche früher im deutschen Münzwesen herrschte. Namentlich war das Umlaufsgebiet der meisten Münzen ein sehr beschränktes; ein Pfennig, der in einem Ländchen geprägt wurde, war in dem Nachbarländchen ungiltig oder nur mit Verlust an den Mann zu bringen — daher das Sprichwort „der Heller gilt nur dort, wo er geschlagen wird“.

Seit dem 16. Jahrhundert bemühte man sich zwar, durch allgemeine Reichs-Münzgesetze (s. Münzgesetze früherer Zeit) das Münzwesen in Ordnung zu bringen, doch immer ohne dauernden Erfolg. Die traurigsten Münzzustände herrschten während des dreißigjährigen Krieges (s. Kipper u. Wipper). Erst als sich die größeren Territorialstaaten bildeten, haben diese, jeder für sich, die volle Regalität des Münzwesens hergestellt und teils durch isoliertes Vorgehen, teils durch Münzverbände (s. Münzkonventionen) der allgemeinen Verwirrung zu steuern vermocht. Immerhin führte der Umstand, daß die Münzhoheit bis in die neueste Zeit von einer größeren Zahl deutscher Fürsten nebeneinander ausgeübt wurde, noch zu vielen Unzuträglichkeiten, welche erst dadurch beseitigt worden sind, daß seit Neubegründung des Deutschen Reiches diesem ausschließlich das Recht zusteht, die gesetzlichen Bestimmungen über das Münzsystem zu erlassen und das Münzwesen zu ordnen.

Während in Deutschland die Zahl der Lehne im Mittelalter sich fortwährend vermehrte und die Macht der Belehnten allmählich wuchs, so daß sich aus den Lehnen schließlich selbständige Staaten im Reiche bildeten, war das Verhältnis in Frankreich umgekehrt. Dort gelang es den Königen, die Macht des ursprünglich ebenfalls sehr zahlreichen Lehnsadels allmählich zu brechen und schließlich ganz Frankreich zu einer einheitlichen Monarchie zu gestalten. Im Gegensatz zu Deutschland, wo die Zahl der Münzberechtigten sich fortwährend vermehrte, nahm dieselbe daher in Frankreich dauernd ab, bis gegen Ende des 15. Jahrhunderts die Münzhoheit ausschließlich in den Besitz des Königtums gelangte und dadurch ein einheitliches Münzwesen erreicht wurde. Auch in den anderen europäischen Staaten, welche von vornherein rein monarchische Verfassung besaßen, oder in denen das Lehnswesen von Anfang an weniger entwickelt war als in Deutschland, gelangte man zeitiger als hier zu einem einheitlichen Münzwesen und damit zu einem einfachen Münzrecht.

Münzsammlungen. Man unterscheidet öffentliche und private, allgemeine oder Universalsammlungen und spezielle oder Spezialsammlungen. Allgemeine Sammlungen nennt man solche, deren Gebiet sich auf Münzen aller Länder und Herren, sowie aller Zeiten erstreckt, während Spezialsammlungen sich auf Münzen bestimmter Länder und Zeiten oder bestimmter Metalle, Größen usw. beschränken. Die öffentlichen Sammlungen werden von Regierungen, Städten, Korporationen, wissenschaftlichen Instituten etc., häufig in Verbindung mit historischen, archäologischen und anderen Museen unterhalten und sind in mehr oder minder beschränktem Maße der allgemeinen Besichtigung oder der Benutzung zu Studienzwecken geöffnet. Daneben gibt es auch zahlreiche Privatsammlungen; denn es ist natürlich und für das Studium unbedingt erforderlich, daß jeder, der Interesse für die Numismatik besitzt, namentlich wenn ihm öffentliche Sammlungen gar nicht oder nicht in dem gewünschten Maße offen stehen, Gelegenheit sucht, die Gegenstände seines Studiums sich auf andere Weise zugänglich zu machen und tunlichst selbst zu erwerben. Selbst die besten Abbildungen und Beschreibungen von Münzen können die persönliche Besichtigung und Prüfung nicht ersetzen.

Für den Sammler sind die Münzen unverfälschte Zeugnisse geschichtlicher Tatsachen sowie der Bildungsstufe der Völker und ihrer Beziehungen zu einander. Sie geben ihm durch ihre mehr oder minder künstlerische Ausführung ein anschauliches Bild von dem Aufkeimen, der Blüte und dem Sinken der Kultur und des Kunstsinnes der Nationen. Man vergleiche nur die ältesten gegossenen Erzmünzen der Römer mit den künstlerisch vollendeten Münzen derselben unter der Herrschaft eines Augustus, eines Trajan usw.; dann wieder die Münzen der letzteren mit den mangelhaften Erzeugnissen der Münzkunst in der spätesten Kaiserzeit! Von dem eben beschriebenen Standpunkte aus muß auch der Privatmann, gleichviel ob sein Gebiet beschränkt oder allgemeiner ist, vornehmlich sammeln; er muß die Münzwissenschaft als das, was sie ist, nämlich als Hilfswissenschaft der Geschichte, insbesondere der Kunst- und Kulturgeschichte, betrachten. Eine verständig angelegte Münzsammlung bietet daher, auch wenn sie klein ist, nicht bloß eine mehr oder minder umfangreiche chronologische Übersicht der Regentenreihen, sondern sie vergegenwärtigt dem Sammler auch die Geschichte der betreffenden Völker in ihren vortretenden Begebenheiten und Persönlichkeiten und bereichert seine Kenntnisse von der Entwickelung des Kunstsinns, des Handels, der Sitten und Gebräuche, der religiösen und politischen Anschauungen der Völker.

Die alten Griechen und Römer haben sich mit dem Sammeln von Münzen zu wissenschaftlichen Zwecken nicht befaßt, wenigstens fehlt es uns an jeder schriftlichen Nachricht darüber. Im Mittelalter war Italien das erste Land, in welchem man Interesse für die Münzkunde gewann und mit dem Sammeln von Münzen begann. So wissen wir, daß schon Petrarca (um 1360) und Cosmo von Medici Münzsammlungen besaßen. Demnächst breitete sich das Interesse für die Münzkunde auch in Spanien, Frankreich, den Niederlanden und Deutschland aus. Namentlich wurden in diesen Ländern zuerst von kunstsinnigen Fürsten und Herren Münzsammlnngen angelegt, welche dann den Stamm vieler noch heut bestehender Staatssammlungen bildeten. Später folgten Gelehrte und Künstler, und heutigen Tages, nachdem das Interesse für die Numismatik ein allgemeineres geworden ist, gibt es zahlreiche Privatpersonen, die im Besitz zum Teil sehr wertvoller Münzsammlungen sind.

Jede Münzsammlung gewinnt an Wert und ist, sobald sie nur einigen Umfang besitzt, überhaupt erst benutzbar, wenn sie übersichtlich geordnet ist. Kein verständiger Sammler wird daher, auch wenn sein Sammelgebiet nur ein beschränktes ist, versäumen, seine Münzen in rationeller Weise und dergestalt niederzulegen, daß jedes Stück leicht aufzufinden ist.

Bei Einrichtung einer allgemeinen Sammlung muß man naturgemäß auch der allgemeinen Einteilung der Münzkunde folgen. Dieselbe zerfällt in drei Hauptabschnitte, deren erster die Münzen der alten Welt oder die antiken Münzen umfaßt, während der zweite Abschnitt die Münzen des Mittelalters und der dritte diejenigen der neuen Zeit in sich schließt. Man darf sich indessen bei dieser Einteilung ebensowenig wie bei der Einteilung der Geschichte genau an die historischen Ereignisse halten, welche gewöhnlich als die Grenzen zwischen dem einen und dem anderen Zeitalter betrachtet werden; der Beginn der Münzkunde des Mittelalters ist also nicht gerade in das Jahr der Zerstörung des weströmischen Reiches (476 n. Chr.) und das Ende derselben in das Jahr der Entdeckung Amerikas (1492 n. Chr.) zu setzen. Denn wie die vorgedachten Ereignisse nicht für sich allein, sondern erst in Verbindung mit einer Reihe anderer geschichtlicher Tatsachen und bedeutsamer Umwälzungen im Staats- und Völkerleben den charakteristischen Unterschied der einzelnen Zeitalter herbeiführten, so können auch die Münzen, die Produkte menschlicher Kultur und die Vermittler des Verkehrslebens der Völker, nicht in einem bestimmten, fast willkürlich gewählten Jahre allgemein eine solche Umwandlung erfahren haben, daß es gerechtfertigt wäre, dasselbe als die Grenze des betreffenden Abschnitts der Münzkunde zu betrachten. Der Übergang vollzog sich vielmehr allmählich und bei den verschiedenen Völkern und neu entstehenden Staaten in oft weit auseinander liegenden Zeiträumen. So weichen zum Beispiel die Münzen der oströmischen Kaiser (die byzantinischen Münzen) noch lange nach dem Untergange des weströmischen Reiches so wenig von ihrem ursprünglichen Typus ab, daß sie, abgesehen von der zu vermeidenden Unterbrechung der fortlaufenden Reihenfolge, schon aus dem vorerwähnten Grunde vielfach noch den antiken Münzen beigezählt und mit letzteren zusammen behandelt werden. Auch die von den Goten und Vandalen in Italien und Afrika geprägten Münzen lehnen sich fast ganz den diesen Völkern dort gebotenen römischen Vorbildern an und können daher als eine neue, ihnen eigentümliche Münzgattung füglich nicht betrachtet werden.

Aus den angeführten Gründen erscheint es zweckmäßig, dem Mittelalter, unbeschadet einzelner aus einem Zeitalter in das andere übergreifender Münzreihen, erst diejenigen Münzen zuzuteilen, welche nach Beendigung der Völkerwanderung, also etwa seit 500 n. Chr., geprägt sind. Ebenso dürfte es gerechtfertigt sein, als das Ende der mittelalterlichen Münzprägung nicht das Jahr 1492 oder den Ausgang des fünfzehnten Jahrhunderts, sondern im allgemeinen erst den Anfang des sechzehnten Jahrhunderts (Beginn der Reformation) anzunehmen, da mit diesem Zeitpunkte in Deutschland das Aufblühen anderer Künste zusammenfällt, insbesondere auch die bisherigen, meist gotischen Schriftzeichen (Mönchsschrift) durch die Wiedereinführung der lateinischen und Anwendung unserer heutigen Schreib- und Frakturschrift endgiltig verdrängt werden.

Was die Unterabteilungen anlangt, in welche die einzelnen Hauptabteilungen einer allgemeinen Münzsammlung zu zerlegen sind, so werden die Münzen des Altertums in zwei große Hauptgruppen geschieden: die römischen, welche wieder in das altrömische und italische Schwergeld, die übrigen Münzen der Republik und die Münzen der Kaiserzeit zerfallen, und in die nichtrömischen Münzen. Letztere unterschied man früher nach den Münzberechtigten, welche sie hatten prägen lassen, in die Münzen der Fürsten, Völker (Republiken) und Städte (*numi regum, populorum et urbium*), während man heut alle nichtrömischen Münzen des Altertums, in allerdings nicht ganz korrekter Weise, nach der bedeutendsten Klasse derselben meist unter der allgemeinen Bezeichnung griechische Münzen zusammenfaßt. Es gehören also zu letzteren nicht bloß die Münzen des eigentlichen Griechenlands und der griechischen Inseln und Kolonien, sondern auch die Münzen der macedonischen Könige, insbesondere Alexanders des Großen und der Diadochen sowie überhaupt aller Städte und Länder, in welchen griechische Kultur herrschte. Auch werden zu den griechischen Münzen die Münzen der Perser und der Juden sowie anderer semitischer Völker gelegt. Man ordnet größere Sammlungen griechischer Münzen in der Regel nach dem Eckhelschen System dergestalt, daß man ohne Rücksicht auf die Zeit des Beginns der Münzprägung in den einzelnen Ländern, mit Hispanien anfangend, die Münzen der übrigen Länder des Mittelländischen Meeres der Reihe nach folgen läßt, an die Münzen Kleinasiens auch diejenigen der weiter zurückliegenden Länder Asiens anreiht und dann mit den Küstenländern Nordafrikas die Reihe schließt. Diese Anordnung hat den für große Kabinette wichtigen Vorzug des schnellen Auffindens jeder einzelnen Münze. Für kleinere Sammlungen, welche nur dazu bestimmt sind, einen allgemeinen Überblick über die Entwicklung des Münzwesens zu geben, wird es sich empfehlen, die griechischen Münzen nach dem Wege, welchen ihre Ausbreitung genommen hat, zu ordnen, also mit Hellas, den Inseln des Ägäischen Meeres und Kleinasiens zu beginnen, dann den Norden Griechenlands, Sizilien und Großgriechenland, sowie die übrigen Länder mit griechischer Kultur folgen zu lassen und mit den Münzen Persiens und der semitischen Völker zu schließen.

Ebenso wie Sammlungen bloß antiker Münzen gehören auch Münzsammlungen, welche nur Münzen des Mittelalters oder der neueren Zeit umfassen, zu den Spezialsammlungen. Man unterscheidet hier jedoch wieder Sammlungen, welche auf einzelne Länder und Zeitabschnitte, z. B. auf die sächsische und fränkische Kaiserzeit, auf gewisse Fürstendynastien oder auf die Zeit der ersten französischen Revolution usw. beschränkt werden; ferner Sammlungen nach den Metallen: Gold-, Silber-, Kupfermünzen; nach der Größe der Münzen: Dukaten, Taler, Groschen; nach der Art des Gepräges: Brakteaten, Not- und Belagerungsmünzen, Medaillen, Jetons usw.; nach dem Range und Stande der Münzherren: Kaiser, Könige, geistliche und weltliche Fürsten, Städte usw. Die letztgedachte Einteilung, welche auch von vielen Münzhändlern in ihren Katalogen beobachtet wird, ist insofern unpraktisch, als durch dieselbe die Reihen der Münzherren oft zerrissen werden, z. B. beim Kurfürstentum und Königreich Sachsen, bei den brandenburg-preußischen Regenten usw. Die Anordnung von Münzsammlungen lediglich nach der Zeitfolge oder nach dem Alphabet ist unwissenschaftlich, weil sie ganz Verschiedenartiges nebeneinanderbringt, doch kann bei Unterabteilungen die Anwendung der alphabetischen Reihenfolge mitunter zweckmäßig sein. Das beste System, die Münzen des Mittelalters und der neueren Zeit wissenschaftlich zu ordnen, ist zweifellos das geographisch-synchronistische, doch darf man dabei die Münzen der verschiedenen Länder nicht jahrgangweise nebeneinander legen, sondern man muß sie nach größeren oder kürzeren, mit den geschichtlichen Ereignissen im Einklange stehenden Perioden trennen und erhält dann ein interessantes Bild der Entwicklung des gesamten Münzwesens. Größere Sammlungen werden naturgemäß in erster Linie nach den Weltteilen, welchen die Münzen angehören, geordnet. Dann scheidet man die Münzen nach den in sprachlicher und ethnographischer Beziehung sich ergebenden Staatengruppen, innerhalb deren dann wieder die einzelnen Staaten besondere Unterabteilungen bilden. So wird man bei Europa die einzelnen Länder nicht willkürlich aufeinander folgen lassen, sondern die romanischen Staaten: Portugal, Spanien, Italien und Frankreich, die germanischen Staaten: Deutschland, England, Schweden, Norwegen, Dänemark und Holland, die slavischen Länder: Rußland, Polen usw. sowie die aus verschiedenen Volksstämmen zusammengesetzten, mehrsprachigen Staaten je zueinander gruppieren und innerhalb dieser großen Unterabteilungen die einzelnen Länder für sich ordnen. Ganz besonders behandelt werden in der Regel die orientalischen Münzen, weil dieselben sich auf mehrere Weltteile erstrecken, ferner die modernen überseeischen und Kolonialmünzen, sowie die Medaillen, falls man nicht vorzieht, letztere den Kurrentmünzen jedes Landes folgen zu lassen.

Was die deutschen Münzen des Mittelalters und der neueren Zeit anlangt, so lassen sich dieselben unter gleichzeitiger Berücksichtigung der historischen Ereignisse, der allgemeinen charakteristischen Merkmale und des vorherrschenden Typus der Münzen innerhalb gewisser Zeiträume, sowie der verschiedenen aufeinander folgenden Münzsysteme in nachstehende größere Gruppen einteilen:

1. Die Münzen der Karolinger, wobei indessen eine genaue Trennung Deutschlands von den beiden anderen aus dem Teilungsvertrage von Verdun hervorgegangenen Reichen, dem lotha18ringischen und Frankreich, nicht gut angängig sein wird.

2. Die Münzen der sächsischen und fränkischen Kaiserzeit von 936—1137.

3. Die Münzen aus der Zeit der hohenstaufischen und der denselben folgenden Kaiser bis etwa zum Beginn des vierzehnten Jahrhunderts oder das Zeitalter der während dieser Periode in dem größten Teile Deutschlands vorherrschenden Brakteatenprägung.

4. Die Münzen vom Beginn des vierzehnten bis zum Anfang des sechzehnten Jahrhunderts oder das Zeitalter der Herrschaft des Goldguldens und des Groschens.

5. Die neueren Münzen, beginnend mit dem Anfang des sechzehnten Jahrhunderts und charakteristisch durch die Ausbreitung und Herrschaft des Talers beziehentlich der großen Silbermünzen.

Ob und wie weit man bei dieser Gruppierung die Münzen derjenigen Gebiete einschließen will, welche früher zum deutschen Reiche gehörten oder in denen noch die deutsche Sprache vorherrscht, hängt vom Belieben jedes einzelnen ab.

Dem Anfänger ist zu empfehlen, daß er sich zunächst eine allgemeine Sammlung anlegt und erst, nachdem er sich einen gewissen Überblick über die geschichtliche Entwicklung des gesamten Münzwesens erworben hat, zu der seiner Neigung entsprechenden Beschränkung des Sammelfeldes übergeht. Bequeme Fingerzeige für die Einrichtung von Münzsammlungen bieten auch gute, wissenschaftlich geschriebene Kataloge, z. B. die von J. und A. Erbstein, von Thomsen und der Katalog der allgemeinen Gartheschen Sammlung. Ferner gibt Luschin von Ebengreuth im § 13 seiner Allgemeinen Münzkunde und Geldgeschichte wertvolle Ratschläge für Münzsammler, betreffend die Reinigung und Aufbewahrung der Münzen, die Behelfe zur Bestimmung und Beschreibung derselben, die Ausgestaltung einer Sammlung, den Münzhandel usw.

Münzschatz, s. Münzfunde.

Münzschmiede, im Mittelalter übliche Bezeichnung für Münze, Münzstätte. Der Name ist erklärlich, wenn man in Betracht zieht, daß Hammer und Amboß die Hauptwerkzeuge waren, mittels deren die Münzen früher hergestellt wurden.

Münzstätten nennt man sowohl Orte, in welchen Münzen geprägt werden, als auch Gebäude, Werkstätten und Fabriken oder Ateliers, in welchen dies geschieht. Die Römer unterschieden in dieser Beziehung genauer, indem sie letztere *officinae* nannten, denn es konnte in ein und demselben Orte mehrere Stellen geben, an welchen, wie tatsächlich auch der Fall gewesen ist, gleichzeitig Münzen geprägt wurden. Ursprünglich genügte in jedem Staate eine Münzstätte, welche sich bei den Griechen in oder bei den Tempeln befand oder mit den nationalen Schatzkammern vereinigt war. Wegen der ältesten römischen Münzstätte im Tempel der Juno moneta s. Münze. Mit der Ausdehnung des römischen Reiches genügte dieselbe natürlich nicht mehr dem Bedürfnis, und es wurden daher in allen Teilen des Reiches weitere Münzstätten eingerichtet, deren Zahl je nach dem wechselnden Bedürfnis bald vermehrt, bald verringert wurde. Die aus der Völkerwanderung hervorgegangenen Reiche hatten meist ebenfalls zahlreiche Münzstätten, am größten war aber die Zahl derselben im Frankenreiche unter den Merowingern. Sie stieg bis auf ungefähr 800, doch waren diese Münzstätten, deren Namen aus den den Münzen aufgeprägten Orts- und Münzmeisternamen erkennbar sind, Privatanstalten. Karl der Große nahm die Ausübung des Münzrechts wieder für sich allein in Anspruch, verringerte die Zahl derselben erheblich und beschränkte sie schließlich auf den jeweiligen Aufenthaltsort des Kaisers, die Pfalzen. Hieraus ergaben sich, da Karl und seine Nachfolger ihre Hofhaltung häufig verlegten und die Münzer derselben folgten, wandernde Münzstätten. Weiteres s. unter Münzrecht. Im ferneren Verlauf des Mittelalters erhöhte sich infolge der fortgesetzten Verleihung des Münzrechts an geistliche und weltliche Fürsten und Herren sowie an die Städte die Zahl der Münzstätten Deutschlands ins Ungeheure. Auch in Frankreich und anderen Ländern war bei der großen Menge selbständiger Fürsten und Herren die Zahl der Münzstätten während des Mittelalters eine erhebliche. Näheres über die römischen Reichsmünzstätten s. Stückelberg, Der Münzsammler, Abschn. VI.

Münzstempel, englisch und franz. coin. Das wichtigste Gerät zur Anfertigung von Münzen sind die Prägestempel, und zwar sind zu allen Münzen, welche ein zweiseitiges Gepräge tragen, zwei solche Stempel, der Oberstempel und der Unter- oder Gegenstempel erforderlich. Dieselben werden heut in der nachstehend kurz beschriebenen Weise hergestellt.

Das der Münze zu gebende Bild wird vom Münzgraveur zunächst in Wachs oder in einem anderen weichen Material erhaben, und zwar gewöhnlich in größerem Maßstabe modelliert. Dieses Modell oder auch ein von demselben in Eisen hergestellter Abguß wird sodann mittels einer auf dem Prinzip des Storchschnabels beruhenden Maschine in beliebiger Größe in Stahl kopiert. Man erhält auf diese Weise eine (wieder erhabene) Kopie des der Münze zu gebenden Bildes. Diese Kopie (Patrize) ist, da ihr noch alle feineren Züge des Originals fehlen, natürlich unvollkommen. Sie muß daher wieder dem Stempelscheider übergeben werden, welcher durch Gravieren aus freier Hand die vorhandenen Mängel beseitigt. Diese nunmehr Original gewordene Kopie prägt man, um sie zu schonen, bisweilen nochmals im Wege des Senkungsverfahrens vertieft in Stahl ab. Dann schlägt man mit Buchstabenpunzen die Schrift in den Abdruck, härtet denselben und verfertigt nun im Wege des Senkungsverfahrens eine zweite Reliefkopie, welche ebenfalls gehärtet wird und mittels der man, wieder im Wege des Absenkens, die erforderlichen Münzstempel (Matrizen), auf welchen das Münzbild natürlich vertieft erscheint, in beliebiger Zahl hergestellt. Hierdurch erklärt es sich, daß trotz des verhältnismäßig großen Verbrauchs von Stempeln eine Münze der anderen mit absoluter Genauigkeit gleicht.

Das vorbeschriebene, nur in allgemeinen Umrissen angedeutete Verfahren zur Herstelluug der Münzstempel ist jedoch eine Erfindung der neuesten Zeit. In früheren Jahrhunderten mußte man jeden einzelnen Münzstempel aus freier Hand gravieren, und nur für einzelne Teile bediente man sich des P u n z e n s (s. d.). Hieraus erklären sich die große Mannigfaltigkeit der Bilder auf Münzen ein und derselben Zeit und desselben Münzherrn sowie die zahlreichen mehr oder minder großen Abweichungen des Gepräges bei Münzen, welche sonst die gleichen Typen tragen.

Über die Art und Weise, auf welche die alten Griechen ihre Münzstempel herstellten, ist uns nichts bekannt; nur läßt die Vollkommenheit des Stempelschnitts bei den Münzen besseren Stils sowie die feine Ausführung der einzelnen Teile des Münzbildes darauf schließen, daß die griechischen Stempelschneider bereits sehr gute Gravierwerkzeuge besessen haben müssen. Auch über die Herstellung der Prägestempel der Römer wissen wir wenig. Jedenfalls war bei denselben, wie die ungemein vielen Stempelverschiedenheiten der Münzen ein und desselben Kaisers oft beweisen, der Verbrauch an Prägestempeln ungemein groß. Es erklärt sich dies daraus, daß man zu den

Stempeln oft zu weiches Material und, wie die Funde beweisen, selbst Bronze verwandte, daß sie aus diesem Grunde und infolge der Unvollkommenheit des Prägeverfahrens sich sehr schnell abnutzten und daß man bei der Langsamkeit des letzteren und dem großen Bedarf an Münzen jedenfalls gezwungen war, gleichzeitig mit vielen Stempeln zu prägen. Die auf uns gekommenen römischen Stempel tragen zum Teil an der gravierten Fläche einen über dieselbe hervorragenden Rand, welcher offenbar dazu bestimmt war, das Fortspringen des Schrötlings beim Prägen zu verhindern. Das Gravieren des Stempels mußte natürlich viel Zeit und Mühe erfordern, doch scheint man sich, wie Markl im achten Bande der Wiener numismatischen Zeitschrift nachweist, wenigstens bei Herstellung der Köpfe der Kaiser, später einer Art Senkungsverfahrens (vgl. auch Luschin von Ebengreut: Über das Alter des Senkungsverfahrens bei Anfertigung von Münzstempeln. Wiener numismatische Zeitschrift, Band XIV.) bedient zu haben, da zwischen den Köpfen zuweilen eine vollkommene, auf andere Weise nicht zu erzielende Gleichheit herrscht, während Umschrift und sonstige Beizeichen voneinander abweichen und daher aus freier Hand mögen nachgraviert worden sein. Jedenfalls erforderten der große Bedarf an Stempeln, die Unvollkommenheit der Technik und die Mangelhaftigkeit der Hilfsmittel eine außerordentlich große Menge von Münzarbeitern. Wie groß die Zahl derselben gewesen sein muß, läßt sich daraus schließen, daß bei der Unterdrückung eines Aufstandes der Münzarbeiter in Rom unter der Regierung Aurelians deren allein 7000 im offenen Straßenkampfe umkamen.

Während des größten Teils des Mittelalters stand die Stempelschneidekunst, wie überhaupt die gesamte Technik der Münzprägung auf einer sehr tiefen Stufe. Namentlich sind die deutschen Denare des zehnten und elften Jahrhunderts mit geringen Ausnahmen von besonders rohem und kunstlosem Stempelschnitt und sehr mangelhafter Prägung. Es erklärt sich dies aus der Ungeschicklichkeit der Stempelschneider, dem Mangel an Geschmack, der Unvollkommenheit der Werkzeuge und wohl auch aus der großen Eile und Sorglosigkeit, mit der die Münzprägung oft erfolgte. Besondere Schwierigkeiten mochten dabei die Schrötlinge verursachen, welche man aus den Zainen meist durch Abschneiden mit der Schere oder durch Abkneifen und Abreißen mit der Zange herstellte. Die Form der Münzen ist daher, wenn man auch die Schrötlinge nachträglich noch mit dem Hammer oder anderen Werkzeugen bearbeitete, oft eine sehr unregelmäßige, in einzelnen Fällen fast eine viereckige. Auch die Münzen der meisten übrigen europäischen Länder des zehnten und elften Jahrhunderts sind wenig oder gar nicht besser, als die gleichzeitigen deutschen Münzen. Man legte eben dem Gepräge der Münzen staatlicherseits fast überall keinen Wert bei, sondern überließ die Herstellung der Stempel ganz der Willkür nicht nur ungeschickter, sondern auch unwissender Stempelschneider. Letztere ließen bei der Arbeit bald ihre eigene Phantasie walten, bald ahmten sie die Typen älterer landesherrlicher Münzen nach. Diese Nachahmungen wurden aber in der Regel immer schlechter als die Originale, namentlich wurden die Aufschriften von häufig wohl der Schrift ganz unkundigen Stempelschneidern gedankenlos nachgebildet und oft so fehlerhaft geschnitten, daß sie kaum zu entziffern sind. Auf diese Weise ist es auch zu erklären, daß auf manchen Münzen die Aufschrift rückläufig, das ist von rechts nach links zu lesen, dargestellt ist, daß, wenn man mangelhaft geprägte oder durch den Gebrauch abgeschliffene oder bereits fehlerhaft nachgeahmte Münzen wieder zum Muster nahm, neue Fehler hinzukamen und daß schließlich bisweilen nur eine aus buchstabenähnlichen Zeichen bestehende und mit Strichen und Ringeln untermischte, ganz sinnlose Aufschrift (Pseudolegende) entstand. Dannenberg (die Deutschen Münzen der sächsischen und fränkischen Kaiserzeit, S. 33) sagt von den in Rede stehenden Münzen, welche man Nachmünzen nennt: „Man brauchte in jener Zeit, ja selbst bis zur Erfindung des Absenkens der Münzstempel eine sehr große Anzahl Stempel, und da wird denn mancher ungeschickte Arbeiter mit herangezogen worden sein, ganz abgesehen davon, daß Lesen und Schreiben ein Vorrecht weniger war, in einer Zeit, wo viele Herrscher je besser sie das Schwert zu handhaben wußten, desto schlechter mit der Feder umzugehen verstanden, wo die Kaiser statt ihres Namens mit ihrem Monogramm unterzeichneten, wo selbst ein Karl der Große diese damals seltene Kunst sich erst im Mannesalter aus eigenem Bildungsdrange aneignete und einer der gefeiertsten Dichter (Wolfram von Eschenbach) sich als Analphabet bekannte. Man muß, wenn man sich dies alles vergegenwärtigt, in der Tat, wie Grote mit Recht sagt, staunen, daß wir noch so viele korrekte Münzen aus dieser früheren Zeit besitzen." Das große Publikum legte auf eine lesbare Aufschrift natürlich am wenigsten Wert, da es der Schrift ganz unkundig war und die Münzen nur nach dem denselben aufgeprägten Bilde unterschied.

Nur in Italien, wo unter dem Einfluß der noch in großer Menge vorhandenen antiken Vorbilder der Kunstsinn von jeher mehr ausgebildet war, als in den übrigen Ländern Europas, zeigen die Münzen während des ganzen Mittelalters einen bessern Stempelschnitt. In Deutschland kann man dies nur von der ersten Zeit der Brakteatenprägung sagen, welche oft sehr zierlich und nicht ohne Kunstsinn angefertigte Stücke hervorbrachte. Mit der Einführung der Goldprägung wurde der Stempelschnitt überall etwas besser, vielleicht weil man die Notwendigkeit einsah, der Herstellung von Münzen von so hohem Werte mehr Aufmerksamkeit zuzuwenden, als den bisher ausschließlich gangbar gewesenen kleinen Silbermünzen. Namentlich zeichnen sich die Goldmünzen der französischen Könige des 14. und 15. Jahrhunderts durch ihren kunstvollen und zierlichen Stempelschnitt vor anderen Münzen vorteilhaft aus. Auch die Stempel zu den Turnosen und zu den ersten böhmischen Groschen sind, wenngleich nicht künstlerisch, so doch sorgfältig und sauber gearbeitet. König Wenzeslaus II. ließ sogar zur Anfertigung derselben Stempelschneider aus Italien nach Prag kommen. Einen nachhaltigen Einfluß auf die Verbesserung der Stempelschneidekunst in Deutschland übte indessen erst der Einbruch der Renaissance aus, zumal der Beginn des 16. Jahrhunderts auch die Prägung des Talers brachte, eines silbernen Großstücks, welches den Stempelschneidern Gelegenheit bot, ihre Kunst besser zu entwickeln, als auf den seitherigen kleinen Münzen. Die Taler Maximilians I., des Erzbischof Mathaeus Lang von Salzburg u. a. m. sind wahre Perlen deutscher Stempelschneidekunst. Aber schon im Laufe des 16. Jahrhunderts wurde dieselbe vom vielen Münzherren wieder vernachlässigt. Am tiefsten sank sie im dreißigjährigen Kriege zur Zeit der Kipper und Wipper, welchen es nur darauf ankam, auf möglichst schnellem und billigem Wege die zu ihren wucherischen Zwecken erforderlichen Stempel zu beschaffen. Nach Beendigung des dreißigjährigen Krieges, zur Zeit der Spätrenaissance, blühte die Stempelschneidekunst wieder auf, doch wandte sie sich mehr den Medaillen zu, welche früher im Wege des Gusses hergestellt worden waren, als den Kurrentmünzen. Die darauf folgende Barock- und die sogenannte Zopfzeit übten auch auf die Stempelschneidekunst ihren Einfluß aus, doch sind die Erzeugnisse dieser Zeit sehr verschieden, je nachdem der Stempelschneider mehr oder minder kunstsinnig war. Jedenfalls wurden auch dann noch, wenngleich man manche neue Hilfsmittel kennen gelernt hatte und sich vervollkommneter Werkzeuge bediente, die Münzstempel gleichwie im Mittelalter durch Gravierung aus freier Hand angefertigt. Die Kostspieligkeit dieser Herstellungsweise mag auch der Grund gewesen sein, daß man von jeher jeden Stempel so lange brauchte, als es irgend anging, und daß man daher, wie bei vielen Münzen zu hemerken ist, auch noch mit Stempeln fortgeprägt hat, welche bereits Sprünge zeigten.

Heutzutage steht die Stempelschneidekunst, dank der Vollkommenheit der technischen Hilfsmittel, auf einer hohen

Stufe; leider aber bietet die schablonenartige Gleichförmigkeit der heutigen Münzen dem Stempelschneider nicht mehr ein so dankbares Feld der Tätigkeit wie in früheren Zeiten.

Münzsystem. Nach Grote (Geldlehre § 12) besteht jedes **Geld**system aus drei Teilen: der Währung, der Zählweise und dem Münzfuß. Die Währung bestimmt das Metall, welches als Wertmesser dienen soll; die Zählweise bestimmt die Skala des Wertmessers, der Münzfuß die körperliche Darstellung der Stufen dieser Skala. Zählweise und Münzfuß zusammen bilden das **Münz**system. Diese Unterscheidung von Geld- und Münzsystem hat jedoch ihr Bedenken; denn wie kann man von einem Wertmesser und von einer Skala desselben sprechen, wenn man nicht festsetzt, welches Metall, ob Gold oder Silber, als Wertmesser dienen soll? So wurde durch das Fridericianische Münzsystem der 14-Talerfuß eingeführt, die Münzeinheit war der Taler und die Zählweise fand nach Talern und Talerteilen statt. Da aber der Taler in Silber, nicht in Gold hergestellt wurde, ergab sich als dritte Voraussetzung des Fridericianischen Münzsystems, daß demselben als Währungsmetall das Silber oder kurz die Silberwährung zum Grunde lag. Andererseits ist durch die deutschen Reichsmünzgesetze nicht nur die Einteilung der zu prägenden Münzen sowie der Fuß bestimmt, nach welchem die Gold- und Silbermünzen, d. i. wieviel Stücke aus dem Pfunde Gold bzw. Silber hergestellt werden sollen, sondern es ist auch zugleich ausdrücklich festgesetzt, daß an Stelle der bisherigen Landeswährungen die Reichsgoldwährung tritt. Die Zählung nach Mark setzt daher als Münzeinheit eine Goldmark voraus, und nur dem Umstande, daß die einzelne Mark in Gold nicht gut darstellbar war, ist es zuzuschreiben, daß das Markstück in Silber ausgeprägt wird, während das kleinste Goldnominal das Zehnmarkstück ist. Jedes Münzsystem besteht daher aus drei Teilen: der Währung, dem Münzfuß und der Zählweise oder Einteilung der Münzeinheit und Ausprägung derselben in mehrfachen und Teilstücken sowie der Scheidemünze.

Münzverträge, s. Münzkonventionen.

Münzwerte früherer Zeit. Von Münzforschern und Metrologen sind im Laufe der Zeit zahlreiche antike und mittelalterliche Gold- und Silbermünzen durch Nachwiegen und Einschmelzen auf ihr Gewicht und ihren Feingehalt geprüft worden. Wir kennen also von allen Gattungen dieser Münzen genau den Metallwert derselben. Wir kennen ferner, wenigstens annähernd, das Wertverhältnis, in welchem das Gold früher zum Silber gestanden hat, und wenn wir dasselbe mit dem Wertverhältnis vergleichen, in welchem diese Metalle heut zueinander stehen, so können wir auch den Wert von Münzen derjenigen Länder, welche Gold- und Silberprägung hatten, nach dem Geltungswerte unserer heutigen Münzen annähernd abschätzen. Dagegen ist es äußerst schwierig, sich von der Kaufkraft oder dem Tauschwert des Geldes früherer Zeit ein richtiges Bild zu machen: ob beispielsweise bei den Römern ein Einkommen von 100000 Sesterzen so viel Wert hatte, wie heut ein Einkommen von etwa 20000 Mark, oder ob eine Ware, die man im Mittelalter für 100 Pfennige kaufte, ebenso teuer war, wie eine Ware, die man heutigen Tages mit 100 Mark bezahlt. Jedenfalls hat die Kaufkraft dss Geldes seit dem Mittelalter erheblich abgenommen, wenn auch nicht in dem Maße, wie man häufig anzunehmen geneigt ist. Denn das berühmte Beispiel vom Pfennig, um den man im Mittelalter zehn Eier kaufen konnte, verliert schon, wie Luschin von Ebengreuth in seiner Allgemeinen Münzkunde und Geldgeschichte des Mittelalters und der neueren Zeit, Teil II, sagt, viel des Überraschenden, wenn man sich vergegenwärtigt, daß der Pfennig in jener Zeit vielleicht an Feinsilber das Zehnfache und mehr von dem wirklich besaß, was seine entarteten kupfernen Brüder im 19. Jahrhundert durch ihren Nennwert vorstellten. Als Maßstab, in welchem Grade die Kaufkraft des Geldes abgenommen hat, werden die Getreidepreise sowie der Tagelohn des gewöhnlichen Arbeiters herangezogen, indem man annimmt, daß der Handarbeiter des Mittelalters, welcher einen Tagelohn von einigen Pfennigen erhielt und sich dafür die notwendigsten Lebensbedürfnisse zu beschaffen in der Lage war, sich ebenso gut stand, wie der Handarbeiter unserer Zeit, welcher vielleicht das Zehnfache verdient. Diese Maßstäbe sind aber nicht ausreichend, um als allgemeine Wertmesser zu dienen, da hierbei noch viele andere Umstände in Betracht gezogen werden müssen, wie die Getreidegattung, die namentlich im Mittelalter häufigen, erheblichen Schwankungen der Getreidepreise, ferner das Angebot und die Nachfrage, der Wert der Arbeitsleistung, die gesteigerte Lebenshaltung der heutigen Zeit usw. Hierzu kommt, daß unsere Kenntnis der Preisverhältnisse in der antiken Welt wie im Mittelalter noch sehr mangelhaft und lückenhaft ist. Es ist daher bis jetzt noch nicht gelungen, für die Ermittelung der Münzwerte früherer Zeit ausreichende Unterlagen zu gewinnen, doch macht Luschin von Ebengreuth in seinem oben erwähnten Werke sehr scharfsinnige und beachtenswerte Vorschläge zur Ermittelung früherer Preise und damit zur Gewinnung eines Maßstabes, nach welchem die Kaufkraft des Geldes früherer Zeiten bemessen werden kann.

Münzyser (Münzeisen) wurden im Mittelalter in Norddeutschland diejenigen Bezirke genannt, welche von einer bestimmten

Münzstätte mit dem erforderlichen geprägten Gelde versorgt wurden. Zugleich waren diese Münzstätten bei dem zum Vorteil der Münzherren damals üblichen und sehr häufigen Verrufen der Münze (s. dieses Wort) beauftragt, das alte gegen neues Geld umzuwechseln. So bestanden in Brandenburg im 13. Jahrhundert unter den bayrischen Markgrafen die Münzyser von Stendal, Salzwedel und Berlin, zu welchem letzteren die Städte Berlin, Cölln, Frankfurt, Spandau, Bernau, Eberswalde, Landsberg a. W., Straußberg, Müncheberg, Drossen, Fürstenwalde, Mittenwalde, Wriezen und Freienwalde gehörten.

Münzzeichen, s. Namen und Zeichen der Münzstätten.

Müter, Myter ist eine Benennung, welche früher in Westfalen kursierenden Scheidemünzen beigelegt wurde. Richtiger ist jedenfalls Müte oder Myte, denn Müter und Myter dürfte wohl der Plural sein, welcher im Westen Deutschlands noch heut häufig auf *r* statt auf *n* gebildet wird. Deutsche Münzen, welchen die Bezeichnung Müter aufgeprägt ist, sind nicht bekannt, doch wird derselbe bereits in Urkunden des 16. Jahrhunderts, nämlich in einem Rechnungsbuch der Abtei Marienfeld im Münsterland vom Jahr 1512, sowie in zwei Verordnungen des Bischofs von Münster, Franz von Waldeck, vom 2. Juni und 15. Dezember 1538 (Grote, Münzstudien I. 266, 267) erwähnt, bzw. wird der Müter in diesen Schriftstücken tarifiert. Noch früher kommt der Name im Fürstentum Lippe vor, woselbst nach Weingärtner (Numism. sphrag. Anzeiger 1891, Nr. 6) schon im Jahre 1497 in der Münze zu Lemgo „Müter" geschlagen wurden. Grote weist an der Hand der in obigen Urkunden gegebenen Beschreibungen nach, daß der „Munster Myter de Byscop Hinrich hefft slaen laten myt den Lewen" ein Viertel- oder Sechstel-Schilling des Bischofs Heinrich III., Graf von Schwarzburg, 1466 bis 1496, und der „Munster Myter de Bysschop Cort hefft gheslagen myt dem Arndt (Adler)" ein Viertel-Schilling des Bischofs Conrad II., Graf von Rietberg 1497 bis 1508, gewesen sein muß. Später wurde der Name Müter kupfernen Scheidemünzen, insbesondere den im achtzehnten Jahrhundert vom Domkapitel in Münster geprägten und im Jahre 1764 auf $1^1/_2$ Pfennige herabgesetzten Dreipfennigstücken beigelegt. Hierauf ist der Müter noch lange Zeit eine in Westfalen übliche volkstümliche Bezeichnung für kleines Geld im allgemeinen gewesen, und Verfasser erinnert sich noch, von einem Bauer im Sauerland vor Jahren die Worte gehört zu haben: Wer meine Tochter freien will, der muß Müters haben — d. h. Geld besitzen. Müter wurde hier also in demselben Sinn gebraucht, wie Batzen, Groschen in anderen Gegenden Deutschlands, wo man z. B. von jemandem, der reich ist, sagt: Er hat Batzen bzw. Groschen.

Was die Entstehung des Wortes anlangt, so wird zwar im südlichen Westfalen die männliche Katze, der Kater, auch Müter genannt, doch dürfte derselbe wohl mit unserem Müter nichts gemein haben. Grote und mit ihm Weingärtner leiten vielmehr den Namen vom lateinischen *minuta* ab, während Düning (Numism. sphrag. Anz. 1891, Nr. 7) ihn auf einen germanischen Stamm: *mai, mît,* gotisch *maitan* = hauen, abschneiden, Hauptwort niederländisch *mijte,* niederdeutsch *myte,* ein abgehauenes Stück, etwas Kleines, also auch eine kleine Münze, zurückführt. Letztere Ableitung dürfte vorzuziehen sein, denn es besitzt wenig Wahrscheinlichkeit, daß man auf das lateinische *minutum,* das Kleine oder *minuta* (*moneta*), die in kleine Stücke geteilte Münze, oder gar auf den *argenteus minutulus,* wie in der späteren römischen Kaiserzeit die älteren Denare im Gegensatz zu den größeren Antoninianen genannt wurden, nach Jahrhunderten in Westfalen zurückgegriffen haben sollte, während die Zurückführung des Namens Müter auf die altgermanische Bezeichnung des Abhauens, Teilens viel natürlicher ist und z. B. in Rußland in der Entstehung des Namens Rubel (s. d.) ein Analogon besitzt. Im übrigen gibt es Kupfermünzen niederländischer Städte aus dem 17. Jahrhundert, welchen die Wertbezeichnung VI bzw. XII Myten aufgeprägt ist. Ob nun Westfalen diese Bezeichnung von den Niederlanden übernommen hat, oder ob das Umgekehrte der Fall gewesen ist, muß dahingestellt bleiben.

Musen, griech. Μοῦσαι, lat. *Musae,* hießen bei den Alten die Göttinnen der Künste und Wissenschaften. Sie waren Töchter des Zeus und der Mnemosyne; ihre Zahl, ursprünglich nur drei betragend, stieg zuletzt bis auf neun. Sie hießen Kalliope, die Göttin des epischen Gesanges, dargestellt mit Wachstafeln und den Stilus (Schreibgriffel — daher das in das Deutsche übergegangene Wort Stil für Schreibweise) in den Händen; Euterpe, die Flöte haltend, Muse des lyrischen Gesanges; Melpomene mit der tragischen Maske in der Hand, Muse der tragischen Dichtkunst; Erato, gewöhnlich mit Leyer, Muse der elegischen und Liebespoesie; Polyhymnia, Muse der Hymnen und der religiösen Musik; Thalia mit einer lachenden Maske in der Hand, Muse des heiteren Schauspiels; Terpsichore mit Lyra und einen Fuß zum Tanz hebend, Muse der Tanzkunst; Kleio (Clio) mit Schriftrolle und Schreibgriffel in der Hand, Muse der Geschichte; Urania mit der Weltkugel, Muse der Sternkunde. Mit den Musen wird Apollo, der Gott der Musik und des Gesanges, häufig in Verbindung gebracht; er wird daher Apollo Musagetes, Μουσαγέτης, der Musenführer, genannt.

Muthgroschen, s. Zinsgroschen.

Mythologie, die, vom griech. Mythos (μῦθος), die alte Sage,

Geschichte, Fabel und Logos (λόγος) in der Bedeutung Erzählung, Erörterung, ist die Kunde oder Lehre von den Göttern und Göttersagen heidnischer Völker. Für die Numismatik ist nur die griechische und römische Mythologie von Bedeutung.

N.

Nachahmung und Nachprägung von Münzen. Wenn in einem Lande eine neue Münzgattung aufkam, die zweckmäßig und beliebt war, so ist es natürlich, daß sie in anderen Ländern gern nachgeahmt wurde. So wurden den florentiner Goldgulden, den prager Groschen, den französischen Turnosen und den deutschen Talern ähnliche Stücke bald in vielen Ländern geprägt. Erstreckt sich die Nachahmung bloß auf Schrot und Korn der betreffenden Münze, so ist sie berechtigt. Etwas anderes ist es, wenn von dem Münzherrn auch das Gepräge den Urstücken mehr oder weniger nachgebildet oder das ursprüngliche Gepräge, lediglich unter Hinzufügung kleiner, leicht übersehbarer Beizeichen, vollständig beibehalten wird, da dieses Verfahren darauf hinausläuft, den nachgebildeten Münzen auch im fremden Lande Geltung zu verschaffen und dem Verkehr desselben Abbruch zu tun. Ganz ungerechtfertigt ist es aber, wenn das Gepräge der fremden Münze vollständig nachgeahmt wird und die Nachahmungen selbst in gewinnsüchtiger Absicht geringhaltiger ausgebracht werden als die Vorbilder.

Von der Nachprägung bekannter und beliebter Stücke, wie z. B. der cölner Denare (s. Sancta Colonia) wurde schon im frühen Mittelalter viel Gebrauch gemacht. Derartige Nachahmungen, auch Nachmünzungen oder Beischläge genannt, führten bei der Unwissenheit der Stempelschneider, welche oft selbst nicht lesen konnten und die besseren Vorbilder nicht getreu nachzuahmen vermochten, zu Fehlern in der Aufschrift und zu Verzerrungen des Münzbildes. Diese Mängel wurden im Laufe der Zeit immer größer, da die Stempelschneider den Fehlern ihrer Vorgänger immer neue Fehler hinzufügten. So sind beispielsweise auf den merowingischen Trienten, welchen die römischen Tremisses, und auf den ältesten angelsächsischen Münzen, welchen die römischen Denare und Kupfermünzen zum Vorbilde gedient hatten, die römischen Typen kaum wiederzuerkennen. Ebenso besteht auf den Wendenpfennigen (s. d.), welche gleich den deutschen Denaren der sächsischen Kaiserzeit das Bild des karolingischen Tempels tragen, die Schrift nur aus Strichen, Punkten und buchstabenähnlichen Zeichen, zwischen welche nur selten wirkliche Buchstaben eingestreut sind. Man nennt derartige sinnlose Aufschriften Pseudolegenden. Vgl. auch das Wort Münzstempel.

Näpfchenheller. Obgleich nach dem Aufhören der unseligen Kipper- und Wipperzeit (s. d.) und nach der Rückkehr zum Reichsmünzfuß einsichtige Fürsten sich bemühten, geordnete Münzzustände in Deutschland wiederherzustellen, gelang es doch nicht, der Falschmünzerei und dem Unfuge der Heckenmünzstätten (s. d.) so bald zu steuern. Letztere überschwemmten noch in der zweiten Hälfte des 17. Jahrhunderts namentlich Sachsen mit Unmassen kleinster, ganz schlechter Scheidemünzen, welche älteren Geprägen, vornehmlich den rheinischen Schüsselhellern (s. d.), nachgebildet waren und daher Näpgen-Heller (Näpfchenheller) genannt wurden.

Namen und Zeichen der Münzstätten. Das Bedürfnis, die Münzstätte, aus der die Münzen hervorgegangen sind, kenntlich zu machen, tritt stets dann ein, wenn der Münzherr oder der prägende Staat, sei es wegen des Umfangs des Münzbetriebes, sei es aus anderen Gründen, gezwungen ist, seine Münzen in verschiedenen Münzstätten herstellen zu lassen. Schon die Römer hatten zur Kaiserzeit zahlreiche Münzstätten außerhalb Roms, namentlich in Alexandria, Antiochia, Sirmium, Siscia, Lyon, Trier und anderen Orten. Diese Prägestätten finden wir in der Regel auf der Rückseite der Münzen im Abschnitt in mehr oder weniger abgekürzter Form oder auch bloß mit dem Anfangsbuchstaben angegeben. In vielen der vorgedachten Orte wurde sogar in mehreren Münzstätten geprägt, was durch den Zusatz OFF(*icina*) I, II, III, IV oder P. S. T. Q. (*prima, secunda, tertia, quarta*), in griechischen Städten durch die Zahlenzeichen A, B, Γ, Δ usw. bezeichnet wurde.

Auf den karolingischen Denaren und den Denaren der sächsischen und fränkischen Kaiserzeit ist auf der einen Seite meist der Münzherr, auf der anderen Seite die Münzstätte genannt, doch wird letztere bisweilen auch bloß durch den Namen des betreffenden Schutzheiligen angedeutet. Ist der Prägeort genannt, so ist der Name desselben gewöhnlich ganz oder fast vollständig ausgeschrieben. Auf den Brakteaten des 12. bis 14. Jahrhunderts gehört die Angabe der Münzstätte zu den Seltenheiten, da die einzige geprägte Seite in der Regel dem Münzherrn oder Schutzheiligen oder dem Wappen des Münzherrn gewidmet ist und viele Brakteaten überhaupt schriftlos (stumm) sind. Die mit der Einführung größerer Dickmünzen (der Turnosen, Groschen usw.) vervollkommnete Prägetechnik brachte es mit sich, daß auch den Aufschriften wieder mehr Raum und Sorgfalt zugewendet wurde. Wir finden daher auf den Groschen des 14. und 15. Jahrhunderts die Münzstätte oder das Ursprungsland deutlich angegeben, und zwar als Adjektivum zu der neuen Münzbenennung Groschen, z. B. Grossus Pragensis, Misnensis, Brandenburgensis usw. Daneben kommt aber bald die allgemeine Münzbezeichnung MONETA in Anwendung. Dieselbe bleibt bis tief in die Neuzeit, namentlich auf kleineren Münzen der verschiedensten Gattungen im Gebrauch, häufig noch mit dem Zusatz NOVA, ARGENTEA, AVREA. Der erstgedachte Zusatz bezog sich ursprünglich auf einen neuen Münzfuß, nach welchem das Stück geprägt war, doch wurde er später nur gewohnheitsmäßig hinzugefügt, während das überflüssig erscheinende argentea oder aurea andeuten sollte, daß das Münzmetall von richtigem Korn war. Zu der Aufschrift Moneta usw. trat dann der Name der Münzstätte, und zwar meist ebenfalls wieder in Adjektivform, z. B. MONETA usw., HAMBVRGENSIS, LIPSIENSIS, HAVELBERGENSIS, BVNENSIS usw. oder auch im Genitiv z. B. MONETA CIVITATIS METENSIS, COLONIENSIS, LVBECAE usw. Im Laufe der Zeit wurde es jedoch üblich, daß die Fürsten und Herren ihre Namen und Titel möglichst vollständig auf die Münzen setzen oder wohl auch noch Wahl- und Denksprüche auf denselben anbringen ließen. Es blieb daher kein Raum mehr zur ausführlichen Angabe der Münzstätte. Dafür setzten dann die Münzmeister ihre Zeichen, Monogramme oder die Anfangsbuchstaben ihres Namens auf die Münzen. Diese Münzmeisterzeichen ersetzten nunmehr den Namen der Münzstätte und können daher auch als Münzzeichen im allgemeinen angesehen werden.

Im 18. Jahrhundert wurde es üblich, die Münzstätten durch Buchstaben zu bezeichnen. So war früher in Preußen A der Münzbuchstabe für Berlin, B für Breslau, später für Bayreuth und Hannover, C für Cleve, später Frankfurt a. M., D für Aurich, später Düsseldorf, E für Königsberg, F für Magdeburg, G für Stettin, später Glatz. Auf den jetzigen deutschen Münzen bedeutet A die Münzstätte Berlin, B Hannover, C Frankfurt a. M., D München, E Dresden (Muldenhütten), F Stuttgart, G Karlsruhe, H Darmstadt, J Hamburg.

Vgl. auch Münzmeisterzeichen.

Neptun, s. Poseidon.

Nickel, das, ist ein Metall, welches vereinzelt schon in früheren Zeiten zur Herstellung von Münzen gedient haben soll. In größerem Umfange hat es erst seit der Mitte des vorigen Jahrhunderts, zunächst in der Schweiz und in Belgien, Verwendung gefunden. Es wird jetzt, meist mit Kupfer vermischt, in vielen Staaten, in Deutschland seit 1873, zur Herstellung von Scheidemünzen benutzt, doch werden solche in Österreich und in der Schweiz auch aus reinem Nickel geprägt. In Deutschland beabsichtigt man das neue 25 Pfennigstück ebenfalls aus reinem Nickel herzustellen, weil dasselbe härter ist als die Legierung und die Ausprägung des 25 Pfennigstücks in einer dünneren, von den anderen Nickelscheidemünzen leichter unterscheidbaren Form ermöglicht.

Nike, Νίκη, Victoria, bei den Griechen und Römern die Göttin des Sieges. Sie wird gewöhnlich als eine geflügelte Jungfrau dargestellt, die Zeichen des Sieges, den Palmenzweig und den Kranz in den Händen haltend. Auf den Münzen der Griechen und Römer kommt sie ungemein häufig vor, teils fliegend, teils stehend, teils sitzend, auch in Verbindung mit den Gottheiten, welche den Sieg verleihen. Namentlich wird der thronende Zeus oft dargestellt, die Statue einer Nike in der Hand haltend.

Nimbus, s. Heiligenschein,

Nobel, abgeleitet vom lat. *nobilis*, edel, Name einer großen englischen Goldmünze des 14. und 15. Jahrhunderts, welche zuerst vom König Eduard III. (1326—1377) geschlagen wurde. Sie zeigt in sehr schöner Prägung auf der Hauptseite den König gekrönt, mit Schwert und Schild in einem Schiffe stehend, auf der Rückseite ein reich verziertes Kreuz, in dessen Mitte sich, je nachdem die Münze von einem der Eduarde oder einem der Heinriche herrührt, ein E bzw. ein h befindet. Die Umschrift auf der Rückseite lautet IhC· AVTEM· TRANSIENS· PER· MEDIVM· ILLORVM· IBAT, während die Umschrift der Hauptseite den Namen und Titel des Königs enthält. Man nennt diese Goldstücke auch Rosenobel oder nach dem Bilde der Vorderseite Schiffnobel, doch weisen manche den erstgedachten Namen bloß den von Eduard IV. (1461—1483) geprägten Nobeln zu, auf welchen die Seite des Schiffes mit einer Rose (der Rose von York) verziert ist. Neben den Ganzstücken gab es auch halbe und viertel Nobel. Die Nobel waren, wie die Funde lehren, außer in England auch am Niederrhein verbreitet.

Nobilis, lat. edel. Im alten Rom bildeten ursprünglich die Patrizier den Stand der nobiles. Nachdem die Plebejer allmählich den Zutritt zu allen Ämtern erlangt hatten, bildete sich ein neuer erblicher Amts- oder Verdienstadel. Zu den nobiles gehörte nun jeder, dessen Vorfahren curulische Würden bekleidet hatten. Auch auf Münzen spätrömischer Kaiser wird denselben oft der Titel Nobilis Caesar oder Nobilissimus beigelegt.

Nominalwert oder **Nennwert** heißt der Wert welcher einer Münze ohne Rücksicht auf den realen Wert derselben vom Staate beigelegt wird. Der Nennwert der Münze wird durch die auf derselben meist befindliche Wertangabe bezeichnet, während der reale Wert dem Werte des in der Münze enthaltenen Edelmetalls entspricht und sich nach dem Marktpreise desselben richtet.

Notdaler, schwedische, sind kleine kupferne Notmünzen, welche Karl XII. in den Jahren 1715—19 auf Vorschlag seines Ministers, des Barons von Görtz, schlagen ließ — daher auch Görtzische Notdaler genannt —, die aber niemals eingelöst wurden. Sie wurden in 10 Serien ausgegeben und tragen dem entsprechend verschiedenes, vorwiegend der römischen Mythologie entnommenes Gepräge.

Notmünzen werden Münzen genannt, die bei großem Geldmangel meist in Eile angefertigt wurden und zur Wiedereinziehung bestimmt waren. Sie wurden teils in edlem Metall und vollwichtig, noch öfter aber, wie die schwedischen Notdaler (s. d.) in unedlem Metall hergestellt. Zu den Notmünzen gehören auch die Belagerungsmünzen und die Feldmünzen (s. diese Wörter), die in Kriegszeiten für die Bedürfnisse eines Heeres ausgegeben wurden.

Numismatik oder **Münzkunde** ist die Wissenschaft oder Lehre von den Münzen. Über die Ableitung von Münze s. dieses Wort. Das Wort Numismatik ist griechischen Ursprungs. Das Stammwort νομή bedeutet in erster Linie Viehweide, Weideplatz, dann Verteilung, Teilung, das Zugeteilte; νομός ist der angewiesene Wohnsitz, Bezirk, Distrikt. So war nach den Zeugnissen griechischer Schriftsteller das alte Ägypten unter den Pharaonen in eine Anzahl Gaue, Nomen genannt, eingeteilt. Da nun eine derartige Verteilung oder Einteilung des Landes notwendigerweise auf einer rechtlichen, mindestens einer gewohnheitsrechtlichen Grundlage beruhen muß, so hat das Wort νόμος weiterhin im allgemeinen die Bedeutung von Satzung (*mos* oder *institutum*), Sitte, endlich Gesetz erhalten. Νομίζειν, das Verbun zu νόμος, heißt also: etwas als Sitte anerkennen, einführen, gesetzlich feststellen und das Substantivum davon τὰ νενομισμένα das gesetzlich Festgelegte. Münzen sind im Wege der Prägung oder auch des Gusses hergestellte, handlich geformte Metallstücke, welche als allgemeines Tausch- und Umlaufsmittel (Geld) dienen. Wenn dieselben ihren Zweck vollständig erfüllen sollen, ist aber vor allem notwendig, daß sie unter staatlicher Aufsicht und Gewähr für die Richtigkeit des Gehalts und Gewichts hergestellt sind, eine Bedingung, welche nur die Gesamtheit der sie Gebrauchenden, also die Gemeinde, der Staat bzw. das denselben vertretende Oberhaupt im vollen Umfange zu erfüllen vermag. Hieraus erklärt sich, daß das ebenfalls auf νομίζειν zurückzuführende Wort νόμισμα, das durch Gebrauch und Sitte, dann durch Gesetz Festgelegte, auch die Bedeutung „Münze“ erhielt. Das Adjektivum zu νόμισμα ist νομισματικός; ἡ νομισματικὴ (τέχνη) bedeutet also die Kunst oder die Wissenschaft eines, der sich mit der Lehre von den Münzen beschäftigt, d. i. mit der Numismatik, ebenso wie beispielsweise die Begriffe Arithmetik von ἡ ἀριθμητικὴ (τέχνη) und Mathematik von ἡ μαθηματικὴ (τέχνη) hergeleitet sind. Das lateinische *numus* ist ebenfalls dem Griechischen entlehnt und hat gleich νόμισμα die Bedeutung Münze erhalten, während *pecunia* dem Begriffe Geld entspricht.

Die Numismatik beschäftigte sich früher mit den Münzen in der Regel nur insoweit, als sie Gegenstände von historischem und kulturgeschichtlichem sowie kunstgeschichtlichem Interesse sind. Ihre Aufgabe bestand vorzugsweise darin, Ort und Zeit des Entstehens der einzelnen Stücke, sowie den Münzherrn, welcher sie geprägt hat, zu bestimmen, die auf den Münzen vorkommenden Bilder und Inschriften zu erklären und die Entwickelung der Präge- und Stempelschneidekunst bei den einzelnen Nationen zu verfolgen. Man unterschied daher die Numismatik früher streng von der Geldlehre oder Geldkunde, welche einen Teil der Nationalökonomie bildet und die Münzen lediglich als Geld, das ist als allgemeinen Wertmesser behandelt und die Bestimmung des Wertverhältnisses derselben zueinander sowie zur Ware zum Gegenstande hat. Beide Wissenschaften ergänzen sich indessen in vielfacher Beziehung und dienen einander als Hilfswissenschaften. Sie sind daher nicht immer genau zu trennen. Schon Grote leitet seine im Jahre 1865 erschienene „Geldlehre mit folgenden Worten ein: „Wenn die Numismatik nicht lediglich eine Anweisung, Münzsammlungen zu ordnen, sein, sondern sich zum Wissenschaftlichen erheben soll, so darf sie sich nicht ausschließlich auf die Beantwortung der Frage: *Cujus sit imago et superscriptio?* (Wessen ist das Bildnis und die Aufschrift?) beschränken, sondern sie muß auch darüber Auskunft geben: *Quo valeat nummus, quem praebeat usum?* (Was gilt die Münze, wozu dient sie?); mit der Münzkunde muß Geldkunde verbunden sein.“ Auch Luschin von Ebengreuth rechnet in seiner „Allgemeinen Münzkunde und Geldgeschichte des Mittelalters und der neueren Zeit“ zu den Aufgaben der Numismatik die Betrachtung der Münzen von ihrer volkswirtschaftlichen und rechtlichen Seite. Er teilt daher die Numismatik a) in die Münzkunde, die sich an die Erscheinungsform, an das äußere Bild der Münze hält und daher vorwiegend beschreibenden Inhalts ist; b) in die Münzgeschichte, welche die Münze als gewesenes Geld, also nach ihrer volkswirtschaftlichen und rechtlichen Seite betrachtet und sich insofern zur Geldgeschichte erweitert, als sie sich nicht auf Münzen beschränkt, sondern auch die übrigen im Verkehr üblichen Geldformen sowie die Ersatzmittel des Geldes in Betracht zieht.

In engem Zusammenhange mit der Numismatik steht die Medaillenkunde. Dies gilt namentlich von den Medaillen der römischen Kaiser, welche von deren Münzen kaum getrennt behandelt werden können. Auch die Medaillen späterer Zeit sind, obwohl sie nicht die Natur des Geldes besitzen und nur zum geringsten Teil von der Staatsgewalt ausgegangen sind, für die Numismatik von Wichtigkeit, da sie nicht nur den Münzen ähnlich, sondern gleich diesen als Erzeugnisse der kleinen Plastik von kunstgeschichtlichem Interesse sind.

Über den Nutzen der Numismatik haben sich ältere numismatische Schriftsteller oft mit Vorliebe verbreitet. Hier sei nur darauf hingewiesen, daß sie eine wichtige Hilfswissenschaft der Geschichte und Altertumskunde sowie der Kunst- und Kulturgeschichte ist. In Fällen, in welchen die Zeugnisse der Schriftsteller gefälscht sind oder uns ganz im Stich lassen, ist mit Hilfe der Numismatik die Aufklärung rein geschichtlicher Tatsachen schon oft gelungen, z. B. die Ermittelung von Regentenreihen des Altertums und die Feststellung der Zeit, zu welcher sich historisch wichtige Ereignisse zugetragen haben. Die antiken Münzen bereichern ferner unsere Kenntnis der alten Sprachen und Schriftzeichen, deren Form sich im Laufe der Jahrhunderte oft ganz verändert hat; sie zeigen uns die Bildnisse von Göttern und Heroen, von Tempeln, gottesdienstlichen und häuslichen Gerätschaften, von Waffen und anderen Gegenständen. Auf zahlreichen römischen Münzen finden wir die künstlerisch schön und lebenswahr ausgeführten Bildnisse der Kaiser mit Angabe ihres Namens, wodurch es den Archäologen wiederholt gelungen ist, manche bisher zweifelhafte Porträtbüste sicher zu bestimmen. Die Münzen geben uns ferner ein Bild von der Bildungsstufe, den politischen und religiösen Anschauungen der Völker; an der Hand der Münzen, als Gegenständen der kleinen Plastik, können wir das Aufkeimen, die Blüte und das Sinken des Kunstsinns, in ihrer Eigenschaft als Geld die Entwickelung des Handels und den Grad der Wohlhabenheit der Völker verfolgen.

Die Numismatik wird ebenso wie die Geschichte in drei Hauptabschnitte geteilt, deren erster die Münzen der alten Welt oder die antiken Münzen umfaßt, während der zweite Abschnitt die Münzen des Mittelalters und der dritte diejenigen der neuen Zeit in sich schließt. Eine besondere Abteilung bilden die orientalischen Münzen, da dieselben sich in die Geschichtsperioden, auf welcher obige Einteilung beruht, nicht einfügen lassen. Weiteres über die Einteilung der Numismatik s. unter Münzsammlungen.

Numismatische Etymologie. Die Etymologie (griechisch) ist die Lehre von der Grundbedeutung und dem Ursprung der Wörter. Sie ist ein Teil der Sprachlehre, welcher die Lehre von den Bestandteilen des Worts, von den verschiedenen Wortarten, ihrem Begriffe und ihren Formen, endlich von der Bildung der Wörter durch Ableitung und Zusammensetzung umfaßt. Die Etymologie ist daher auch eine Hilfswissenschaft der Numismatik, denn es ist klar, daß der Numismatiker von der Entstehung und Ableitung von Namen, die er täglich in den Mund nimmt, Kenntnis haben muß und daß bei der Erklärung vieler Münzen die Etymologie nicht entbehrt werden kann. Die gedachte Wissenschaft hat sich, nachdem man auch die Sprachvergleichung derselben dienstbar gemacht hat, erst in neuerer Zeit, seit Adelung und Grimm, zu ihrer jetzigen Höhe entwickelt. In früherer Zeit verfuhr man bei der Erklärung der Wörter oft recht willkürlich, und auch auf dem Gebiete der Numismatik ist noch im vorigen Jahrhundert in bezug auf Etymologie viel gesündigt worden. Ältere numismatische Schriftsteller, wenn sie sich überhaupt um etymologische Erklärungen kümmerten, begnügten sich oft damit, die Münzbenennungen von beliebigen Worten abzuleiten, wenn sie mit ersteren nur eine Ähnlichkeit im Klange hatten und die Bedeutung des angeblichen Stammworts in eine noch so entfernte Beziehung zu dem gebräuchlichen Namen der Münze gebracht werden konnte. So leitete man früher — selbst der sonst recht brauchbare Schmieder tut es noch — Scherf von scharf und Schilling von solidus ab.

Bei der etymologischen Erklärung der Münzbenennungen könnte man dieselben in verschiedene Gruppen teilen, je nachdem die Namen abzuleiten sind: von dem Begriff des Ausgleichs, Tausches (Geld, Pfennig), des gesetzmäßigen Zahlungsmittels (νόμισμα, *numus*), der Form (Hohlpfennig, Schüsselmünze, Dicken), dem Gewicht (As, Pfund, Pfündner, Mark), dem Gehalt und dem Metalle (Weißgroschen, Witten, Gulden, Silbergroschen), ferner von Wertzahlen, gleichviel ob dieselben aufgeprägt sind oder nicht (Denar, Dreier, Sechsling), von Teilen der Aufschrift (Dukat), von den Münzstätten bzw. dem Ursprungsorte oder Lande (Turnose, Sterling, Taler) usw. Bei weitem die meisten der mittelalterlichen und neueren Münzen, mit welchen sich die Numismatik befaßt, haben ihren Namen von dem ihnen aufgeprägten Bilde erhalten, und es ist daher nicht schwer, die bezüglichen Benennungen zu erklären. Weiteres s. unter Volkstümliche Münzbenennungen.

Numismatische Literatur, s. Literatur der Numismatik.

Numus, auch nummus geschrieben, latein. die Münze, Lehnwort aus dem Griechischen. Über die Ableitung und ursprüngliche Bedeutung desselben s. Numismatik.

Die in Sizilien und Großgriechenland angesiedelten Griechen prägten ihre Münzen anfänglich nach dem aus ihrer Heimat mitgebrachten Fuße. Daneben kam mit der Zeit ein neues Münzsystem zur Anwendung, welchem der νόμος, bei griechischen Schriftstellern auch νοῦμμος genannt, als Rechnungseinheit zum Grunde lag. Dieselbe entwickelte sich in Sizilien aus der *litra*, dem Pfunde Kupfer und entsprach einem Silberstück von 3 Hemiobolen, während in Tarent und anderen unteritalischen Städten der νόμος eine größere Rechnungseinheit darstellte. Der Name, welcher hier, seiner ursprünglichen Bedeutung entsprechend, mit Abteilung zu übersetzen ist, bürgerte sich dann bei den Römern ein, doch fand er dort zunächst zur allgemeinen Bezeichnung jeder Gold- und Silbermünze im Gegensatz zu den Kupferstücken Anwendung. Insonderheit war der *nummus* zur Zeit der Republik Gattungsname für die unter derselben geprägten Silbermünzen, welche durch die auf letzteren befindlichen Zeichen X, V, IIS und durch das näher bestimmende Zahlwort denarius, quinarius, sestertius unterschieden wurden und wobei im Sprachgebrauch nummus in der Regel weggelassen wurde bzw. zu ergänzen war. Andererseits wurde der nummus sestertius, ursprünglich ein Silberstück, auch häufig schlechtweg nummus genannt. Bei den Schriftstellern der späteren Kaiserzeit kommt der nummus nicht mehr als der Name einer bestimmten Münze, sondern meist unter entsprechender zusätzlicher Bezeichnung in verschiedener Bedeutung vor, z. B. nummus centenionalis oder communis, nummus aureus usw. Ausführliches über den nummus findet sich bei Mommsen, Geschichte des römischen Münzwesens, der auch die vorstehenden Angaben entnommen sind.

O.

OB, s. CONOB.

Obol, Obolus, Obolos, griech. ὀβολός, war ursprünglich gleichwie Talent (τάλαντον) und Drachme (δραχμή) ein altgriechisches Münzgewicht, dann der Name einer Silberscheidemünze = $\frac{1}{6}$ der Drachme oder $\frac{1}{12}$ des Staters. Die Ableitung des Namens ist unsicher; am meisten Wahrscheinlichkeit hat die Annahme für sich, daß derselbe auf ὀβελός, ὀβολίσκος, Spieß, zurückzuführen ist, mit welchem Namen das älteste, eiserne Barrengeld bezeichnet wurde, welches in Form von dünnen, lanzenförmig zugespitzten Stäben gegossen war und nach der Sage von Pheidon, König von Argos, als derselbe die Silberprägung einführte (ungefähr 700 v. Chr.), als Weihgeschenk im Tempel der argivischen Hera aufgehängt wurde. Das Normalgewicht des Obol war 0,73 g, der Normalwert desselben = 0,14 Goldmark. Der Obol wurde im mehrfachen ausgeprägt als

Trihemiobolion	$= 1\frac{1}{2}$	Obolen
Diobolon	$= 2$	„
Triobolon	$= 3$	„
Tetrobolon	$= 4$	„
Pentobolon	$= 5$	„

Teilstücke des Obol waren

das Tritemorion	$= \frac{3}{4}$	Obolos
„ Hemiobolion	$= \frac{1}{2}$	„
„ Tetartemorion	$= \frac{1}{4}$	„
oder $\frac{1}{24}$ Drachme.		

Die kleineren der vorbezeichneten Nominale wurden in spätgriechischer Zeit in Kupfer ausgeprägt. Bekannt ist der Gebrauch, daß bei den Griechen den Toten ein Obolos als Fährgeld für Charon zur Überfahrt in den Hades in den Mund gesteckt wurde.

Im Mittelalter wurde der Name Obolus den halben Denaren oder Hälblingen beigelegt. Auch heut ist derselbe noch als bildliche Bezeichnung für kleine Münze im Gebrauch, z. B. in der Redensart: ich will meinen Obolus beisteuern.

Odoaker, Odovakar, Anführer der Herüler und anderer Germanen, beherrschte nach Absetzung des letzten weströmischen Kaisers Italien von Ravenna aus. Es gibt Silbermünzen von ihm, welche seinen Kopf mit der Umschrift FL. ODOVAC und auf der Rückseite sein Monogramm sowie die Aufschrift RV (Ravenna) tragen.

Ör, altnordisch *eyrir*, latinisiert *ora* oder *hora*, ursprünglich ein Gewicht bei den Angelsachsen sowie in Schweden, welches der Unze entsprach; dann eine schwedische Münze, anfänglich von Silber, später von Kupfer.

Okelpenninge sind eine Münzgattung, welche zuerst in einer Urkunde vom Jahre 1314 erwähnt wird, mittels deren Markgraf Johann V. von Brandenburg den Vasallen und Städten im Gebiete von Salzwedel und Lüchow die Münzschmiede in ersterem Orte übereignete und zugleich die Prägung von Denaren gestattete, „*qui vulgariter* Okelpenninge *vocantur*". Schmieder betrachtet in dem Nachtrage zu seinem Handwörterbuch der gesamten Münzkunde die Okelpenninge als identisch mit den brandenburgischen Vinkenaugen (s. d.). Dem widerspricht jedoch, daß in einigen späteren brandenburgischen Urkunden des 14. Jahrhunderts die Okelpenninge, dort unter Weglassung des O auch Kelpenninge genannt, nicht nur den älteren brandenburgischen Pfennigen, sondern auch den Vinkenaugen ausdrücklich gegenübergestellt werden. In einer pommerschen Urkunde des Jahres 1325 werden die Okelpenninge lateinisch *denarii augmentabiles* genannt. Hierauf gestützt, und das Wort Okel auf die niederdeutsche Wurzel ok, Verbum oken, d. i. mehren (*augmentare*) zurückführend, gelangt Menadier (Berliner Münzblätter, Jahrgang 1895 Nr. 179) zu dem Schluß, daß die Okelpenninge eine Gattung von Pfennigen gewesen seien, bei welchen eine Mehrung stattgefunden habe. Diese Mehrung habe aber, wie Menadier des weiteren ausführt, lediglich darin bestanden, daß man den Okelpenningen, um sie für den Umlauf bequemer zu machen, in Brandenburg wie in Pommern einen größeren Zusatz von Kupfer und infolgedessen ein größeres Volumen als den gewöhnlichen brandenburgischen Pfennigen bzw. pommerschen Vinkenaugen gegeben, sonst aber ihren Silbergehalt den gedachten Münzen gegenüber nicht geändert habe. Die brandenburgischen Okelpenninge hätten daher denselben Wert gehabt, wie die gewöhnlichen brandenburgischen Pfennige, während die pommerschen Okelpenninge nach demselben Fuße geprägt gewesen seien, wie die pommerschen Vinkenaugen.

Oktodrachmen oder Achtdrachmenstücke sind nach Dannenberg nur ausnahmsweise, und zwar von Alexander I. von Macedonien, der Königin Berenice von Ägypten und verschiedenen frühzeitigen Dynasten und Völkern in Thracien und Macedonien geprägt worden.

Oncia, s. Unze.

Orden nennt man im allgemeinen jede Vereinigung, deren Mitglieder zur Erreichung bestimmter Zwecke sich miteinander verbinden und zu diesem Behufe sich zur Befolgung bestimmter Regeln und Ordnungen (*ordines*) verpflichten. Man unterscheidet geistliche (Mönchs-) und weltliche Orden. Zu ersteren gehören die geistlichen Ritterorden, welche während der Kreuzzüge entstanden und die Bekämpfung der Ungläubigen zu ihrer Hauptaufgabe machten. Sie verbanden die Regeln des weltlichen Rittertums mit denjenigen des Mönchstums und legten die Gelübde der Keuschheit, der Armut und des Gehorsams ab. Der vornehmste dieser Orden war derjenige der Tempelherren, welcher 1119 von Hugo von Payens und Gottfried von Omer in Jerusalem gegründet wurde und bald zu großer Macht gelangte. Er dehnte sich schließlich über Italien, Frankreich, Spanien, England und Deutschland aus. 1306 wurde er von König Philipp IV in Frankreich ausgerottet und 1312 vom Papst aufgehoben. Die Ordenstracht der Tempelherren war ein weißer Mantel mit einfachem, rotem Kreuz.

Zu ungefähr derselben Zeit wie der Orden der Tempelherren entstand, ebenfalls in Jerusalem, der Johanniterorden, dessen Mitglieder später auch Rhodiser- oder Malteserritter genannt wurden. Derselbe machte sich außer der Bekämpfung der Ungläubigen auch die Pflege Armer und Kranker zur Aufgabe. Nach dem Verluste Jerusalems verlegte der Johanniterorden seinen Sitz nach der Insel Rhodus und, als diese 1522 in die Hände der Türken fiel, nach der Insel Malta, welche ihm vom Kaiser Karl V. angewiesen wurde und in deren Besitz der Orden blieb, bis er der französischen Revolution unterlag. Auf Rhodus sowohl wie auf Malta hat der Orden, welcher zur Zeit seiner Blüte ebenfalls zu großer Macht gelangt war, das Münzrecht ausgeübt. An seiner Spitze stand ebenso wie bei den Tempelherren ein Großmeister, welchem wiederum Komtureien, Balleien und Priorate unterstellt waren. Die Ordenstracht war ein schwarzer Mantel mit weißem, achtspitzigem Kreuz; im Felde trugen die Ritter über den Harnisch einen weißen Waffenrock mit je einem schwarzen einfachen Kreuze auf der Brust und auf dem Rücken. Das Ordenswappen bestand in einem silbernen achtspitzigen Kreuze in rotem Felde mit einer von einem Rosenkranz umgebenen Krone, unten ein kleines Malteserkreuz und die Aufschrift *pro fide*.

Der dritte geistliche Ritterorden, welcher 1190 im heiligen Lande von deutschen Fürsten gegründet und 1191 vom Papst Clemens III. bestätigt wurde, war der Deutschorden. Derselbe machte sich ebenso wie der Johanniterorden die Pflege ritterlicher Tugend und christlicher Mildtätigkeit zur Aufgabe. Das Ordenskleid war ein weißes Gewand mit schwarzem Kreuz. Zu großem Ansehen gelangte der Orden unter dem Hochmeister (*magister generalis*) Hermann von Salza, welcher damals in Venedig residierte und für sich und seine Nachfolger zur Würde eines Reichsfürsten erhoben wurde, auch das Recht erhielt, auf seinem Schilde und in seiner Ordensfahne den schwarzen Adler zu führen. Unter dem genannten Hochmeister wurden die Deutschordensritter von dem Bischof Christian von Culm und dem Herzog Conrad von Masovien zur Bekämpfung der Heiden nach Preußen gerufen. Hier gelangte der Orden zu großer Blüte und zu erheblichem Landbesitz. Er baute Burgen und Städte, führte überall das Christentum ein und übte auch in großem Umfange das Münzrecht aus. Der Sitz der Hochmeister war die Marienburg. Nach der Schlacht bei Tannenberg 1410 sank die Blüte des Ordens und das Land desselben geriet in polnische Lehnsabhängigkeit. 1525 wurde das Ordensgebiet von dem Hochmeister Albrecht von Brandenburg unter gleichzeitiger Einführung der Reformation in ein weltliches Herzogtum umgewandelt. Die in Deutschland befindlichen Reste desselben wählten einen neuen Hochmeister, der seinen Sitz in Mergentheim nahm und noch bis 1780 dort das Münzrecht ausübte.

Außer den vorgenannten großen geistlichen Ritterorden gab es deren noch kleinere, so namentlich in Spanien den Orden von St. Jago, den Calatrava-Orden und den Orden von Alcantara, welche sämtlich den Kampf gegen die Mauren zu ihrer Aufgabe machten, sowie in Livland den Orden der Schwertbrüder, welche auch das Münzrecht ausübten und nach dem Eindringen des Deutschordens in Preußen sich mit diesem vereinigten.

Nach dem Vorbilde der geistlichen Ritterorden entstanden seit Ende 12. Jahrhunderts auch weltliche Ritterorden, die vorzugsweise von Fürsten gegründet wurden und in der Folge hauptsächlich dynastischen Zwecken dienten. Zu den wichtigsten dieser Orden gehören

der 1190 vom König Kanut IV. von Dänemark gegründete Elefantenorden und der ebenfalls dänische, 1219 vom König Waldemar II. gestiftete Orden vom Danebrog,

der Orden des goldenen Vließes, gestiftet 1429 von Philipp dem Guten, Herzog von Burgund, Ordensabzeichen: ein goldenes Widderfell an einer Kette, deren Glieder Feuerstahle mit Steinen und daraus sprühenden Funken darstellen,

der englische Hosenbandorden (1349), blaues Band mit goldener Einfassung und Schnalle und mit der Devise *Hony soit qui mal y pense*,

der französische Michaelsorden (1469), ein an einer Kette getragenes Medaillon mit dem Bilde des Erzengels Michael,

die ebenfalls französischen Orden vom heiligen Geist (1578) und des heiligen Ludwig (1693),

der Schwanenorden, gestiftet vom Kurfürst Friedrich I. von Brandenburg, ein auffliegender Schwan in einer Schleife, darüber das Bild der Jungfrau Maria, an einer Kette.

Alle diese Orden dienten einerseits zur Verherrlichung der betreffenden Fürstenhöfe, anderseits zur Heranziehung geeigneter Persönlichkeiten für den Hof-, Staats- und Kriegsdienst, sowie zur Auszeichnung und Belohnung für Verdienste. Zu letzterem Zwecke oder als Gunstbezeugung werden ausschließlich die neueren Orden verliehen. In früherer Zeit brachten die souveränen Fürsten ihre Orden häufig im Wappenschilde an, oder man legte auch letzteres dergestalt auf den Orden, daß die vier Arme des Ordenskreuzes hinter dem Schilde hervorragen. In neuerer Zeit werden die Orden der Fürsten meist an ihrer Kette um den Schild gehängt oder unter demselben angebracht.

Ordenstaler sind Taler, aut welchen ein hoher Orden oder einzelne Insignien desselben ababgebildet sind. So trägt der vom König Friedrich I. von Preußen auf die Stiftung des schwarzen Adlerordens geprägte Taler die Kette desselben mit der Devise *Suum cuique*. Auch Goldmünzen (Ordensdukaten) sind aus Anlaß der Stiftung von Orden früher geprägt worden.

Orichalcum oder Aurichalcum, griech. ὀρείχαλκος, zusammengesetzt aus *aurum*, Gold, und *Chalcus*, griech. χαλκός, Erz, Kupfer, heißt also soviel wie Goldbronze und war der Name einer wegen ihrer hellgelben Farbe im Altertum sehr beliebten und höher als reines Kupfer geschätzten Mischung von Kupfer und Zink (Messing), aus welcher namentlich in der ersten römischen Kaiserzeit die Sesterze und später die Dupondien hergestellt wurden.

Ort, ein gemeingermanisches Wort, hat neben der bekannten Bedeutung von Stelle, Platz,

Raumteil und der allgemeinen Bezeichnung für Dorf, Flecken, Stadt, auch die Bedeutung von Spitze, Ecke, Kante, womit des weiteren auch der Begriff Rand oder Grenze verbunden ist. In der Bibel, Jes. 11, 12 ist die Rede von *den vier örtern des Erdreichs* und Jer. 49, 36 heißt es: *Und wil die vier winde auß den vier örtern des himels über sie kommen lassen.* Diese Vierteilung in Örter oder Orte wurde aber nicht bloß auf den Erdkreis und den Himmel, sondern auch auf den Kreis im allgemeinen angewandt, und hiermit stimmt, was Grote in seiner Geldlehre S. 154 Anmerk. 71 sagt, überein „Ort bedeutet: Ecke, die äußere Spitze des rechten Winkels, Gegensatz des innern; des Winkels, also $\frac{1}{4}$ des Kreises". Der mit dem Ausdruck Ort verbundene Begriff des vierten Teils wurde auch auf andere Gegenstände, insbesondere auf Münzen ausgedehnt und man gab daher in früheren Jahrhunderten dem vierten Teile einer bestimmten Münzeinheit, namentlich dem Viertelspecistaler den Namen Ortstaler oder nannte ihn unter Weglassung des Gattungsnamens bloß Ort. Auch teilte man die Orte noch in halbe und sogar viertel Orte, also in Stücke, deren 8 bzw. 16 auf den Taler gerechnet wurden. Die Viertelorte wurden auch Achtzehner genannt, weil sie bei der Teilung des Talers in 24 Groschen zu 12 Pfennigen, 18 Pfennige wert waren.

Ortje, Deminutivum von Ort (s. d.) wurde in Holland, Friesland, Cleve eine kleine Scheidemünze genannt, welche $= \frac{1}{4}$ Stüver war.

Osella. In Venedig war es zur Zeit der Republick üblich, daß der Doge den Mitgliedern des Großen Rates am Neujahrstage ein in Vögeln *(uccelli)* bestehendes Geschenk machte. Diese Sitte wurde im Anfang des 16. Jahrhunderts dahin abgeändert, daß statt der Vögel eine silberne Gedenkmünze gegeben wurde, welche nach dem ursprünglichen Geschenk den Namen Osella erhielt. Die Stücke nennen den Namen des Dogen, gewöhnlich auch das Regierungsjahr desselben, tragen aber sonst sehr verschiedenartige Gepräge.

Oskische Münzen sind eine besondere Gattung Münzen, welche früher irrtümlicherweise oft den römischen Familienmünzen beigezählt wurden. Es sind dies die während des Bundesgenossenkrieges (91 bis 88 v. Chr.) von den verbündeten italienischen Stämmen geschlagenen Denare. Dieselben tragen teils lateinische, teils oskische Aufschrift. Die Osker gehörten zu den Urvölkern Italiens. Sie wohnten vorzugsweise in Campanien und hatten eine eigene Sprache und eigentümliche Schrift, welche beide schon im ersten Jahrhundert v. Chr. untergegangen sind. Es gibt indessen noch eine Reihe älterer, teils in Silber, teils in Kupfer geprägter Münzen dieses Volkes, welche auf uns gekommen und unter dem Namen oskische Münzen bekannt sind. Unter den zur Zeit des Bundesgenossenkrieges geschlagenen oskischen Münzen sind besonders von Interesse diejenigen, welche auf der Vorderseite einen weiblichen behelmten oder bekränzten Kopf (der Italia) und auf der Rückseite das Bild von zwei, vier oder auch acht Kriegern tragen, die ein von einem zwischen ihnen knienden Jüngling gehaltenes Schwein mit den Schwertern berühren. Die letztgedachte Darstellung bezieht sich auf die Zeremonie des Bündnisschwurs der im Bundesgenossenkriege beteiligten Stämme.

Ostgotische Münzen, s. Gotische Münzen.

Oströmische Kaiser, Münzen derselben, s. Byzantiner.

P.

Paduaner, s. Münzfälschungen.

Pagament. Unter dieser Bezeichnung verstand man früher das aus alten Münzen, Gold- und Silbergeräten, Metallabfällen u. dgl. bestehende Münzgut. Bei dem geringen Ertrage der Bergwerke und dem steigenden Geldbedarf war man häufig gezwungen, das zu Neuprägungen erforderliche Metall durch Einschmelzen alter Münzen usw. zu beschaffen.

Pagoden waren frühere ostindische Gold- und auch Silbermünzen, welche von den ihnen aufgeprägten Götzenbildern und Tempeln (Pagoden) den Namen erhalten haben und auch von den Portugiesen und anderen Kolonialmächten für ihre indischen Besitzungen geprägt wurden.

Paläographie, vom griech. palaios (παλαιός), alt, und γραφή, die Schrift, ist die Lehre von den verschiedenen Schriftarten des Altertums. Die Form der Schriften desselben, auch die Schriftzeichen der Griechen und Römer haben nämlich im Laufe der Zeit manche Veränderungen und Umbildungen erfahren, wie dies auch auf den Münzen derselben aus früherer und späterer Zeit hervortritt. Die Paläographie verfolgt diese Veränderungen und dient daher der Numismatik als Hilfswissenschaft.

Palladium, das, griech. Palladion, war ein altes, aus Holz geschnitztes Bild der Pallas, welches in Troja aufbewahrt wurde und der Sage nach die Stadt unüberwindlich machte, bis es Odysseus und Diomedes raubten. Nach anderer Sage sollen sich zwei solche Bilder in Troja befunden haben, von denen das eine Äneas mit nach Italien brachte. Es gewann dann im allgemeinen den Charakter des Bildes einer Schutzgottheit und ist häufig auf alten Kunstwerken und in den Händen der auf römischen Münzen dargestellten Figuren zu finden.

Pallas Athene, Παλλὰς Ἀθήνη, die aus dem Haupte des Zeus geborne Göttin der Weisheit und aller Wissenschaften war eine hehre Jungfrau, die Erfinderin zahlreicher Künste und Gewerbe, die Beschirmerin der Städte, auch Göttin der Tapferkeit und des Kampfes. Sie genoß bei den Griechen hohe Verehrung, namentlich in Athen, daher der Name Athene, mit welchem sie auch häufig unter Weglassung von Pallas allein bezeichnet wird. Sie wird gewöhnlich dargestellt in langer Gewandung, auf dem Haupte den Helm, um die Brust die Aegis (s. d.) mit Schlangen am Rande und das Gorgonenhaupt in der Mitte, sich stützend auf die Lanze und in der Linken einen runden Schild mit dem Medusenhaupt haltend. Heilig waren ihr vornehmlich der Ölbaum und die Eule, welche letztere sowie ein Zweig des Ölbaums jahrhundertelang auf den attischen Münzen niemals fehlen. Der griechischen Pallas Athene entspricht die Minerva der Römer, von welchen sie ebenfalls hoch verehrt wurde. Auf den griechischen und römischen Münzen ist die Göttin sehr häufig dargestellt, teils in ganzer Figur, teils nur der Kopf derselben. Auf den Münzen der römischen Kaiser erscheint sie häufig kämpfend, daher der Beiname *propugnatrix* (Streiterin, Verteidigerin).

Pallium, das, war ein Ehrenabzeichen des Erzbischofs und bestand in einem mit Kreuzen bestickten schmalen Bande, welches derart um die Schultern getragen wurde, daß das eine Ende über die Brust, das andere über den Rücken herabfiel.

Paolo (Paul) eine frühere päbstliche Silbermünze, welche ebenso wie der Giulio (s. d.) nach dem Namen des Pabstes benannt wurde, unter dem sie geprägt worden ist.

Parisis s. Denier.

Passiergewicht. Sämtliche Münzen sind durch den Umlauf fortwährender Abnutzung und Gewichtsverminderung unterworfen. Sie müssten daher, wenn das eine oder das andere einen bestimmten Grad erreicht hat, eingezogen werden. Bezüglich der Goldmünzen pflegt man in die heutigen Münzgesetze stets eine Bestimmung darüber aufzunehmen, welches Gewicht dieselben mindestens haben müssen, um noch als vollgiltige, umlaufsfähige Münzen zu passieren. Dieses Gewicht nennt man Passiergewicht. In Deutschland ist die Differenz zwischen Normalgewicht und Passiergewicht auf fünf Tausendteile des Normalgewichts des betreffenden Goldstücks festgesetzt. Das Normalgewicht der Krone beträgt 3,982 g, das Passiergewicht 5 Tausendteile weniger, also 3,977 g.

Pasten nennt man Abformungen von Münzen, Medaillen, Gemmen in einer teigartigen, später erhärtenden Masse, namentlich in Gips, Siegelwachs, Schwefel usw. S. auch Abgüsse.

Paß nennt man in der Architektur und Kleinkunst eine Figur, welche aus drei, vier und mehr Kreisbögen dergestalt zusammengesetzt ist, daß durch die Scheitelpunkte derselben eine

Kreislinie gezogen werden kann, Dieselbe heißt Dreipaß, wenn sie aus drei Kreisbögen, also auf der Grundlage eines gleichseitigen Dreiecks, Vierpaß, wenn sie aus vier Kreisbögen, also aus dem Quadrat, Fünfpaß, wenn sie aus fünf Kreisbögen, also aus dem Fünfeck, Sechspaß, wenn sie aus sechs Kreisbögen, Vielpaß oder Rosette, wenn sie aus mehr Kreisbögen gebildet ist. Treten an die Stelle der Rundbögen gebrochene Bögen, so nennt man die Figuren Dreiblatt, Vierblatt usw.

Die Pässe treten zuerst im gotischen Maßwerk auf. Auf Münzen finden wir sie seit dem 14. Jahrhundert zur Umrahmung von Kreuzen, Wappen und anderen Hoheitszeichen, namentlich des Reichsapfels. Zwischen den Bögen sind häufig noch kleine geradlinige Spitzen angebracht. Das Dreiblatt, ebenfalls mit geradlinigen Ecken zwischen den Spitzbögen, kommt besonders oft auf den Münzen der rheinischen Kurfürsten des 14. und 15. Jahrhunderts vor.

Patagon, eine in Portugal früher geprägte größere Silbermünze. Ableitung des Namens nicht bekannt.

Patard, Double Patard waren burgundische und brabanter Silbermünzen, welche gegen Ende des 15. und Anfang des 16. Jahrhunderts geprägt wurden und gleich den Briquets (s. d.) neben dem Wappen die funkensprühenpen Feuerstähle zeigen.

Pătĕra hieß bei den Römern eine flache Schale, welche als Trinkgefäß und bei den Trankopfern auch als Opfergeschirr diente. Wir finden sie daher auf römischen Münzen häufig als Gegenstand des Kultus dargestellt oder in der Hand des Kaisers oder einer allegorischen Figur.

Patĭna nennt man im allgemeinen die Oxydschicht, welche sich auf Gegenständen von Metall infolge der Einwirkung von Luft und Feuchtigkeit auf der Oberfläche derselben bildet. Sie heißt Edelpatina oder Edelrost (*aerugo nobilis*), wenn sie auf antiken Bronze- und Kupfermünzen vorkommt und ist von verschiedener Farbe: hellgrün, dunkel- und blaugrün bis schwarz, auch von braunen und roten Tönen, je nach der Zusammensetzung des Metalls, nach dem Orte, an welchem die Münzen gelegen haben und den chemischen Einwirkungen, welchen sie ausgesetzt gewesen sind. Die Edelpatina hat die Eigenschaft, daß sie die Oberfläche der Stücke ganz gleichmäßig überzieht und daher die Deutlichkeit des Gepräges nicht beeinträchtigt. Sie gibt vielmehr denselben ein schönes Aussehen und wird auf antiken Münzen besonders geschätzt, zumal sie ein Zeichen der Echtheit und des Alters ist. Sie wird aus diesem Grunde nicht selten künstlich erzeugt und man hüte sich daher vor derartigen Fälschungen, die meist durch Anwendung von Säuren oder eines farbigen Lacküberzuges hervorgebracht werden. Fälschungen der letztgedachten Art sind allerdings leichter zu erkennen, da durch den Lack die Schärfe der Prägung beeinträchtigt wird. Näheres über echte und falsche Patina bei Kirmis, Chemische Winke für Numismatiker.

Pavillon d'or ist eine französische, unter Philipp IV. von Valois (1328—1350) geprägte, dem chaise d'or ähnliche Goldmünze, welche sich von letzterem in der Hauptsache dadurch unterscheidet, daß der König auf der Vorderseite unter einem mit Lilien besäten, vorn offenen Rundzelt (Kriegszelt) sitzend dargestellt ist. Die Rückseite trägt gleich dem chaise d'or ein mit Blumen verziertes Kreuz und die Umschrift *Christus vincit, Christus regnat, Christus imperat.*

Pax, griech. Eirēne (Ἐιρήνη), bei den Griechen und Römern die Göttin des Friedens. Auf römischen Münzen wird sie dargestellt bald als stehende, bald als sitzende weibliche Figur mit Ölzweig und Zepter. In der Aufschrift wird sie gewöhnlich bezeichnet als PAX PVBLICA.

Pecunia, lat., Geld. Im Altertum, ehe man den Gebrauch der Münzen kannte, war das Herdenvieh das hauptsächlichste Tauschmittel bzw. der gebräuchlichste Maßstab, nach welchem der Wert einer Ware taxiert wurde. So wird bei Homer (Ilias VI, 235) die Rüstung des Diomedes auf 9, die des Glaukos auf 100 Stiere geschätzt. Auch bei den italischen Völkerschaften war das Herdenvieh das älteste und gangbarste Tauschmittel. In Rom war nach den Überlieferungen römischer Schriftsteller Servius Tullius (578—535 v. Chr.) der erste König, welcher ein gesetzliches Zahlungsmittel herstellte (*primus signavit aes*), indem er die Kupferbarren, welche neben dem Herdenvieh schon vorher als Tauschmittel gedient hatten, mit gewissen Zeichen und Bildern versehen ließ. Durch diese Kennzeichnung wurde aber keineswegs ein bestimmtes Gewicht der umlaufenden Kupferbarren gewährleistet und noch weniger ersetzte sie eine Wertangabe, sondern es wurde damit nur die Geltung des Kupfers als eines allgemeinen gesetzlichen Tauschmittels und allenfalls die normale Reinheit des Metalls von Staats wegen verbürgt. Von dem Vieh (*pecus*), an dessen Stelle das neue Tauschmittel trat, oder auch von dem Bilde des Rindes, Schafes oder Schweines, welches auf den solchergestalt gekennzeichneten Barren am häufigsten vorkommt, ist der Name *pecunia* herzuleiten. Derselbe deckt sich vollkommen mit unserm Begriff Geld. Nur in der späteren römischen Kaiserzeit, etwa seit dem dritten Jahrhundert, verstand man unter *pecunia* lediglich die Kupfermünze im allgemeinen.

Pegăsos, Pegasus, der, nach der griechischen Mythologie ein geflügeltes Roß, welches aus dem Rumpfe der Medusa hervorsprang, als ihr Perseus das Haupt abschlug. Es galt als das Roß des Zeus, welches den Donner und Blitz trug, später als Roß der Eos, Göttin der Morgenröte. Bellerophontes fing das Roß und besiegte mit seiner Hilfe die Chimära (s. d.). Sein Hufschlag ließ auf dem Berge Helikon die Quelle Hippokrene (Roßquelle) hervorsprudeln, aus welcher die Musen Begeisterung schöpften. Es galt daher auch als Musenroß; seine Bedeutung als Dichterroß ist erst neueren Datums. Nach anderer Sage soll Bellerophon den Pegasus bei der in der Nähe von Korinth befindlichen Quelle Peirēne gebändigt haben, weshalb er, gewissermaßen als typisches Wappen dieser Stadt auf den Münzen derselben und ihrer Kolonien erscheint.

Pelikantaler wird ein vom Herzog Heinrich Julius von Braunschweig-Lüneburg im Jahre 1599 geprägter Taler genannt, auf dessen Rückseite ein Pelikan dargestellt ist, welcher mit ausgebreiteten Flügeln vor dem Neste sitzt und seine Jungen füttert. Bekanntlich galt früher vom Pelikan die Sage, daß er sich mit dem Schnabel die Brust aufhacke, um mit dem eigenen Blute seine Jungen zu tränken; er war daher das Sinnbild aufopferndster Mutterliebe. Auch auf dem in Rede stehenden braunschweigschen Taler ist er nichts anderes, als eine Verbildlichung des Wahlspruchs des Herzogs Heinrich Julius *Aliis inserviendo consumor*, d. h. ich verzehre mich, opfere mich auf im Dienst für andere. Ferner befindet sich noch auf der Rückseite des Pelikantalers, geteilt durch vier Pfeilbündel, die Umschrift *Pro aris et focis*, für Haus und Herd, also ein Hinweis darauf, zur Verteidigung des Vaterlandes jederzeit die Waffen zu ergreifen. Nach Schmieder, Nachtrag zu dem Handwörterbuch der gesamten Münzkunde, findet sich die Darstellung des die Jungen mit seinem eigenen Blute tränkenden Pelikans auch auf einem Scudo des Papstes Innozenz XII. vom Jahre 1693.

Penny, engl., Mehrzahl Pence, eine uralte, bis auf den heutigen Tag erhaltene Benennung englischer Münzen, welche dem deutschen Penning (Pennig, Pfennig) entlehnt ist und den bereits seit dem 8. Jahrhundert von den angelsächsischen Königen in England geprägten Denaren beigelegt wurde. Hierauf ist es auch zurückzuführen, daß das noch jetzt übliche Zeichen für den Penny ein d ist. Die angelsächsischen Pennies waren von Silber und meist von gutem Gepräge. Am zahlreichsten sind die Pennies von Ethelred II. (978—1016), Kanut dem Großen (1016—1035) und Eduard dem Bekenner (1042—1066). Sie zeigen auf der Hauptseite die Büste des Königs von rechts oder links, während die Rückseite meist ein doppelliniges Kreuz (Zwillingsfadenkreuz) trägt und die Prägestätte nennt, deren es sehr viele gab. Die von den Erzbischöfen von Canterbury und York sowie von den irischen und schottischen Königen geprägten Pennies sind ähnlich. Die normannischen Könige von

England (seit 1066) schlugen im Anfang ebenfalls Pennies nach angelsächsischem Muster, doch trat unter Heinrich III. 1216 bis 1272) ein neuer Typus, der Easterling oder Sterling (s. d.) und seit Eduard III. (1326—1377) der Groat (s. d.) an ihre Stelle. Der Penny wurde daneben aber als Teilstück des Groat und später des Schillings fortgeprägt. Heut ist der Penny in Großbritannien = $\frac{1}{12}$ Schilling im Werte von 8,5 Pfennig. Er wird auch in Halbstücken (Halfpence) und Viertelstücken (Farthings) in Kupfer, sowie im Mehrfachen als: Two-, Three-, Four- und Sixpence oder halber Schilling in Silber ausgeprägt.

Perlrand, Perlkreis, franz. *grènetis,* nennt man bei der Beschreibung von Münzen die aus kleinen Kügelchen (Perlen) gebildeten Kreise, mit denen das Münzbild umrahmt ist. Sie kommen schon auf Münzen der Römer vor.

Persische Münzen. Die Perser, ursprünglich nur im Norden des Persischen Meerbusens wohnend, gründeten unter Kyros (558—529 v. Chr.) ein mächtiges Reich. Sie unterwarfen sich die Babylonier, Meder, die kleinasiatischen Völkerschaften, Syrien und unter Kambyses (529—522 v. Chr.) auch Ägypten. Man nimmt gewöhnlich an, daß die persische Münzprägung unter Darius Hystaspes begonnen hat. Dieselbe war sehr umfangreich und bestand in Goldmünzen, den Dariken, (s. d.) und Doppeldariken sowie in Silbermünzen, den Stateren (s. d.) und deren Hälften (Siglen). Neben diesen Münzen, welche das eigentliche persische Reichsgeld darstellten, wurden auch von den Statthaltern der Könige, den Satrapen, in den von ihnen verwalteten Provinzen selbständig Münzen geschlagen. Während jedoch die Münzen der Großkönige übereinstimmend das Bild des knienden Bogenschützen tragen, zeigen die Satrapenmünzen, welche anscheinend nur in Silber geprägt worden sind, abweichende, sehr verschiedenartige Typen. Alexander der Große, König von Macedonien, vernichtete 330 v. Chr. das altpersische Reich und führte überall griechische Kultur und mit derselben auch die Münzprägung nach griechischem Muster ein. Mit dem Tode Alexanders (323 n. Chr.) zerfiel das macedonisch-persische Weltreich in viele kleinere Staaten (s. Alexander d. Gr. und Kleinasiatische Münzen). Nachdem sodann das eigentliche Persien lange Zeit von syrischen und parthischen Königen (s. Arsaciden) beherrscht worden war, entstand 226 n. Chr. unter der Dynastie der Sassaniden das neupersische Reich. Über die Münzen desselben s. Sassaniden.

Peseta, spanische Silbermünze, deren Name von *pezzo,* Stück, *pezeta,* Stückchen, abzuleiten ist, da sie ursprünglich eine Teilmünze des Peso war, welcher 8 Reals enthielt, während die Peseta = 2 Reals Silber oder 4 Reals Kupfer war. Heut ist die Peseta die Münzeinheit Spaniens, welches der lateinischen Münzkonvention beigetreten ist, und ihr Wert entspricht daher dem des Frank.

Peso de a ocho, oder Peso duro, schlechtweg Peso genannt, ist eine frühere spanische Silbermünze. Der Name ist auf *peso,* Gewicht zurückzuführen, was sich damit erklären läßt, daß das Stück anfänglich nur ein Silberbarren war, dessen Wert nach dem Gewicht festgestellt wurde, und daß sich hieraus die gedachte Münze entwickelte, als das erste silberne Großstück, welches nach dem Muster des Talers im 16. Jahrhundert in Spanien geprägt wurde. Auf den Peso wurden 8 Realen (s. dieses Wort) gerechnet — daher *peso de a ocho* —, während *peso duro* an den bei uns gebräuchlichen Ausdruck harter Taler erinnert. Der Peso wurde auch Colonnato und Piaster genannt (s. diese Wörter).

Pesttaler sind keine eigentlichen Kurrentmünzen, sondern Medaillen oder Schaumünzen. Sie wurden in Beziehung auf die Pest, von welcher Deutschland in den früheren Jahrhunderten vielfach heimgesucht wurde, namentlich aber beim Aufhören dieser Seuche geprägt. Es gibt Pesttaler von Breslau, Hamburg, Erfurt und anderen Städten. Am bekanntesten ist der Pesttaler vom Jahre 1528 mit dem Bildnis der ehernen Schlange, welcher gewöhnlich, jedoch mit Unrecht, der Stadt Wittenberg beigelegt wird. Wahrscheinlich verdankt er seine Entstehung der Münzstätte in Krems, welche im 16. und 17. Jahrhundert in der Hervorbringung von Schaumünzen überhaupt sehr fruchtbar war.

Petermännchen, im rheinischen Dialekt Petermenger genannt und auf den Münzen auch so geschrieben, sind kurtriersche kleine Silbermünzen des 17. und 18. Jahrhunderts, welche das Brustbild des heiligen Petrus auf Wolken, den Schlüssel in der Rechten haltend, zeigen.

Peterspfennig heißen im allgemeinen Abgaben, welche an den Papst, den Stuhl St. Petri geleistet werden. Diese Abgaben tragen heut einen freiwilligen Charakter, wurden aber früher in verschiedenen Ländern als Steuern ausgeschrieben. Hierauf ist es zurückzuführen, daß auch einzelne kleine Münzen, z. B. gewisse polnische und schlesische Heller, in denen diese Steuern gezahlt oder die wohl eigens zu diesem Zweck geprägt wurden, den Namen Peterspfennig erhalten haben.

Pfaffen- oder Pfaffenfeind- oder Gottesfreundtaler. Der Herzog Christian von Braunschweig, Sohn des Herzogs Heinrich Julius von Braunschweig-Lüneburg, war bekanntlich einer der wildesten und merkwürdigsten Parteigänger des dreißigjährigen Krieges. Er wurde 1599 geboren und gelangte durch den frühen Tod seines Vaters schon 1616 zur Würde eines lutherischen Bischofs von Halberstadt. Bald darauf wurde er auch mit der Abtei Michaelstein und einer Propstei in Braunschweig belehnt.

Infolge seines lebhaften und unruhigen Geistes nahm er schon sehr früh Kriegsdienste in Holland. Als Friedrich von der Pfalz die böhmische Königskrone verloren hatte, trat Christian in dessen Dienst und drang zunächst in das Kurmainzische ein. Hierauf, vom Grafen von Anhalt im Busecker Tal geschlagen, wandte er sich nach Westfalen und verbreitete durch Raub und Plünderung sowie durch die Zügellosigkeit seines Kriegsvolks überall Schrecken. Namentlich wurden von ihm die reichen Bistümer und Städte Westfalens geplündert und aus geraubtem Kirchensilber die obengenannten Taler geschlagen, welche auf der Hauptseite seinen Namen und Titel sowie die Aufschrift GOTTES FREVNDT DER PFAFFEN FEINDT tragen, während die Rückseite einen aus Wolken hervorragenden Arm, welcher ein Schwert hält sowie die Umschrift TOVT · AVEC · DIEV und die Jahreszahl 1622 zeigen. Nach der Sage soll das Silber zu diesen Talern von dem silbernen Sarge des heiligen Liborius sowie von 12 silbernen Aposteln herrühren, welche in Paderborn in die Hände Christians gefallen waren. Er habe dabei, wie die Sage weiter berichtet, in Spott und Übermut den Heiligen gedankt, daß sie seine Ankunft erwartet hätten, und erklärt, daß sie (die Apostel) nunmehr, ihrer Bestimmung gemäß, in alle Welt wandern sollten. Später hat man die Pfaffenfeindtaler gesammelt, eingeschmolzen und aus denselben wieder einen Sarg für den heiligen Liborius hergestellt, in welchen zur Erinnerung an das Geschehene 16 Stück solcher von Christian geprägter Taler eingesetzt worden sind.

Außer den vorbeschriebenen gibt es noch andere Pfaffenfeindtaler, welche sich von jenen nur dadurch unterscheiden, daß auf die Spitze des Schwertes ein Barett gesetzt ist, wie es katholische Geistliche tragen. Diese Taler zeigen zwar ebenfalls die Jahreszahl 1622, sind aber von dem Herzog Rudolph August von Braunschweig-Lüneburg aus Veranlassung eines Streites, in welchen er mit dem Bischof von Münster geriet, erst später nachgeprägt worden.

Pfalzgraf, s. Graf.

Pfennig, Pfenning, nach Heyne altes gemeingermanisches Wort, altnord. *penningr*, altengl. *pending* und *penning*, altsächs. *penning*, altfries. *panning*, althochd. *phantinc*, *phentinc*, *pfenninc*, *phennig*, auch *pendig*, mittelhochd. *phenninc*, *phennic*, *pennic*. Im neueren Sprachgebrauch hat die Form Pfennig die früher häufiger vorkommende Form Pfenning fast ganz verdrängt.

Der Ursprung des Wortes ist bis jetzt zweifelhaft. Ältere Numismatiker leiten dasselbe von Pfanne ab, insbesondere von den Brakteaten, weil dieselbe eine pfannenartige Form gehabt hätten. Abgesehen davon, daß dies nicht zutrifft, denn die Brakteaten sind mit flachen Stempeln einseitig geprägte dünne Silbermünzen, auf welchen nur das Bild der Vorderseite auf der Rückseite vertieft erscheint, muß jene Ableitung schon aus dem Grunde als unrichtig bezeichnet werden, weil der Name Pfennig Jahrhunderte älter ist als die Brakteatenprägung. Von den zur Römerzeit im südlichen Deutschland ansässigen Kelten, ferner von mehreren oströmischen Kaisern und auch in der Lombardei (in letzterer ganz vorübergehend im 9. Jahrhundert) wurden zwar schüsselförmige Münzen geprägt; es ist aber nicht abzusehen, warum man nach diesen den deutschen, ganz flach geprägten Denaren einen Namen beigelegt haben sollte, dessen Ursprung auf Pfanne zurückzuführen ist. Grote leitet den Namen Pfennig von dem keltischen Worte *pen*, Kopf, ab, da die Gallier den bei ihnen noch umlaufenden und beliebten römischen Denar nach dem auf demselben dargestellten Kopf der Roma oder auch des Kaisers in der Volkssprache Kopfstück, *pennec* (Plur. *pennein* oder *penneged*) nannten und die Deutschen diesen Ausdruck adoptiert hätten. Aber auch diese Ableitung erscheint zweifelhaft, zumal wenn man in Betracht zieht, daß auf den ältesten deutschen Denaren oder Pfennigen das Bild eines Kopfes fast gar nicht vorkommt. Viel natürlicher erscheint der Zusammenhang des Namens mit Pfand, althochd. *phant*. Tatsächlich hieß auch der Pfennig im Althochdeutschen *phantinc, phentinc,* auch *pendig;* die Ausstoßung des t ist erst neueren Ursprungs. Hierzu kommt die Analogie der Wortbildung bei Schilling (s. d.) und die Art und Weise, wie sich die Bedeutung dieses Wortes entwickelt hat. Man wird also nicht fehlgreifen, wenn man dem Worte phantinc die ursprüngliche Bedeutung Pfandwert beilegt, d. i. der Wert, welchen man für die Erwerbung eines Rechts, eines Besitzes, einer Ware einsetzt. Da nun das geprägte Metall das bequemste und gangbarste Pfandobjekt war, so ist es ganz natürlich, daß der Name auf das Geldstück übertragen wurde, und da ferner in Deutschland bis in das dreizehnte Jahrhundert die Münzeinheit der Denar war, so wurde derselbe Phantinc, Pfennig genannt. Tatsächlich wird das Wort Pfennig schon bei Otfried († 884) für Geld im allgemeinen gebraucht, und in allen deutsch geschriebenen Urkunden finden wir *denarius* stets mit Pfennig übersetzt. Auch werden die Pfennige nach den Gegenständen, wofür sie gezahlt wurden, häufig noch näher bezeichnet. So führt Bode in „Das ältere Münzwesen der Staaten und Städte Niedersachsens“ als Beispiel dafür folgende an: „*denarii avearum* (Wortpennige), vom Grund und Boden zahlbar, — *denarii qui dicuntur* Hantpennige, — *denarii de tentoriis*. Dipl. S. Ludgeri 1271 — *denarii piscenales,* zum Ankauf von Fischen; nach einer Urkunde des Stifts St. Blasii im Archiv zu Wolfenbüttel vom Jahre 1235. — Schon 1223 zahlte der Rat der Altstadt Quedlinburg dem Herrn von Ditfurt *talentum Quedlingheburgensium denariorum quod vulgariter „Vischepennige“ dicitur*.

Nach dem karolingischen Münzsystem (s. d.) sollten aus dem Pfunde feinen Silbers, an dessen Stelle später die Mark trat, 240 Pfennige geprägt werden. Allmählich wurden sie aber von den verschiedenen Münzherren nicht nur leichter, sondern unter Zusatz von Kupfer auch immer geringhaltiger ausgebracht. Man nannte daher Pfennige, bei welchen dieser Zusatz überwog, schwarze Pfennige zum Unterschiede von den Weißpfennigen (Witten), welche besser im Gehalt waren und deshalb die weiße Farbe bewahrten. Immerhin galt der Pfennig trotz seiner Verschlechterung noch lange Zeit als Silbermünze. Erst im 16. Jahrhundert begann man, zunächst in Westfalen, Pfennige von reinem Kupfer zu prägen. In Preußen wurden die ersten rein kupfernen Pfennige im Jahre 1751, in Kursachsen schon im Jahre 1721, zunächst jedoch nur zur Probe geschlagen.

Im übrigen ist der Pfennig ursprünglich nicht nur gleichbedeutend mit *denarius*, also eine spezielle Münzbenennung gewesen, sondern er galt auch von jeher als Name für ein Münzstück im allgemeinen. Man sprach von „güldîn“ (Goldstücken, Goldgulden) und „silbern“ Pfennigen. Auch gab es Denk-, Schau-, Ehren- und Gnadenpfennige (s. d.), welche letztere von fürstlichen Personen verliehen und an Ketten um den Hals getragen wurden.

Pfund, gotisch und altsächsisch *pund*, mittelhochdeutsch *pfunt*, englisch *pound*, russisch *pud*, Lehnwort von dem lateinischen *pondus* Gewicht, bzw. dem indeklinabeln *pondo*, dem Gewichte nach, an Gewicht, ist ein uraltes Münzgewicht. Schon die Römer legten das Pfund (*libra*) ihrer ältesten kupfernen Münzeinheit, dem As, zum Grunde, indem das Normalgewicht desselben ein Pfund betragen sollte. Das römische Pfund, welches in 12 Unzen geteilt wurde und nach den Feststellungen der Metrologen 327,43 Gramm wog, war auch bei den Franken üblich und bildete die Grundlage des von Karl dem Großen geschaffenen Münzsystems, jedoch mit dem Unterschiede, daß das karolingische Pfund, welches ebenso wie das römische Pfund in 12 Unzen geteilt war, im Gewicht etwas erhöht wurde, und zwar auf mindestens 367 Gramm. Aus dem karolingischen Pfunde feinen Silbers wurden 240 Denare oder Pfennige geschlagen, welche also einen Normalfeingehalt von 1,53 Gramm haben sollten. Eine Zwischenstufe bildete der *solidus* oder Schilling zu 12 Denaren, doch wurde derselbe in Wirklichkeit nicht geprägt, sondern er war nur Rechnungsmünze. Bei Großzahlungen rechnete man nach Pfund Pfennigen oder Talenten (*talenta denariorum*) und Schillingen. Da jedoch die Pfennige im Laufe der Zeit immer leichter und geringhaltiger ausgebracht, auf das Pfund aber nach wie vor 240 Pfennige gerechnet wurden, so sank mit der Schwere auch der Wert desselben immer mehr, während die Mark (s. d.), welche seit dem 12. Jahrhundert in Deutschland als Münzgewicht in Gebrauch kam und die Rechnung nach Pfunden überdauerte, einen festeren Geldwert bewahrte. Das Münzpfund ist daher wohl zu unterscheiden von dem gewöhnlichen Pfunde, und es konnte sogar vorkommen, daß das Pfund Pfennige der Pfennigmark gleich oder sogar geringer an Wert war, als die Mark Pfennige, obleich letztere nur 8 Unzen enthielt. Beispielsweise wird im Sachsenspiegel, Buch III Art. 45, die Mark zu 20 Schillingen angesetzt, also dem Pfunde im Wert gleichgestellt. Auch war der Wert des Pfundes Pfennige je nach den Münzstätten, in welchen sie geschlagen wurden, während des Mittelalters sehr verschieden, und man half sich daher damit, daß man bei Käufen, Verträgen usw. genau bestimmte, in welcher Gattung von Pfennigen das Pfund gezahlt werden sollte, z. B. *talenta denariorum brunsvicensium, quedlingheburgensium, stendalensium usw.* Übrigens hat sich das Pfund als Wertbezeichnung in dem englischen Pfund Sterling bis heutigen Tages erhalten, jedoch nicht mehr als ein Mehrfaches von Silbermünzen, sondern es wird repräsentiert durch eine Goldmünze, den Sovereign.

Pfundner oder **Zwölfer** wurden die im 15. und 16. Jahrhundert in Tirol geprägten Zwölfkreuzerstücke genannt. Sie waren die Verkörperung des bisher dort gebräuchlichen Rechnungsgeldes, des Pfundes Berner. Letzteres war jedoch kein Gewichtspfund, sondern ein Zählpfund, beruhend auf dem karolingischen Münzsystem und der während des ganzen Mittelalters in Deutschland, Frankreich, Italien üblichen Einteilung des Zählpfundes in 240 Münzeinheiten. Der Pfundner war daher = 12 *grossi*, Zwainziger und Kreuzer (Etschkreuzer) genannt = 60 Vierern = 240 Bernern. (S. auch diese Wörter.)

Phoebus, s. Apollo.

Phönizische Münzen. Die alten Phönizier waren zwar das erste handeltreibende und das erfinderischste Volk des Altertums, haben aber verhältnismäßig spät eigene Münzen geschlagen. Da sie bei ihren weitverzweigten Handelsbeziehungen die Münzen bald nicht entbehren konnten, haben sie sich mutmaßlich zunächst griechischer Münzen bedient. Die ältesten uns bekannten Münzen mit phönizischer Aufschrift rühren aus der Zeit her, in welcher dieses Volk unter persischer Oberhoheit stand. Dann besitzen wir Münzen verschiedener phönizischer Städte, namentlich von Sidon, Tripolis, Tyrus aus der Zeit, in welcher dieselben sich unter der Herrschaft der Seleuciden befanden, aber Autonomrechte von letzteren erhalten hatten. Diese Münzen tragen griechische Aufschrift und auf der einen Seite meist das Bildnis der betreffenden Schutzgottheit, auf der anderen verschiedene auf die Geschichte der Stadt, den Kultus usw. bezügliche Darstellungen.

Piaster, span. Piastro, ist der häufig vorkommende Name eines silbernen Großstücks. Derselbe wurde zunächst in Spanien und den spanischen Kolonien dem Peso (s. d.) beigelegt, dann auch den in anderen Staaten für den Handel mit fremden Ländern, namentlich mit der Levante, geprägten Münzen. Auch unter Friedrich dem Großen wurden 1751 von der asiatischen Kompagnie in Emden für den überseeischen Handel Piaster geprägt, welche auf der Hauptseite das Brustbild des Königs, auf der Rückseite unter dem preußischen Adler das Wappen der Kompagnie (einen Dreimaster mit vollen Segeln) sowie als Schildhalter einen wilden Mann mit der Keule und einen Chinesen zeigen. Der Piaster beherrschte überhaupt lange Zeit das gesamte Morgenland, und noch heut ist er die, allerdings auf einen ganz geringen Wert herabgesunkene Einheit im türkischen Münzsystem. Der Name Piaster (*Piastro*) ist nach Grote ebenso wie die Münzbenennung Pistole (*Piastola*) ursprünglich ein Spottname und bedeutet Pflaster, Pflästerchen, abgeleitet von *emplastrum,* doch dürfte die Entstehung des Namens mit mehr Wahrscheinlichkeit auf das italienische *Piastra*, d. i. ein Plättchen von Metall, zurückzuführen sein.

Piccolo, der, oder Bagattino ist der Name einer italienischen geringwertigen Scheidemünze, welche zuerst in Venedig und Verona mit der Entstehung des Matapan bzw. Grosso aufkam und eine Teilmünze desselben war. Es wurden zu verschiedenen Zeiten 12 und mehr, in Venedig zu Ende des Mittelalters sogar 32 und 48 Piccolo auf den Grosso gerechnet, und sie sind daher zunächst wenig in Einzelstücken, sondern in mehrfachen Stücken als Quattrino und Sesino, und zwar in Billon ausgeprägt worden. Die Piccoli späterer Zeit sind Bronzemünzen.

Piedfort, s. Probemünzen, Stal.

Pietas, römische Personifikation der Frömmigkeit, insbesondere der kindlichen Liebe, auf Münzen gewöhnlich dargestellt als stehende weibliche Figur, auf einen Altar Weihrauch streuend. Auch gibt es Münzen römischer Kaiser mit der Aufschrift PIETAS AVG und mit Darstellungen von Priestergerät, welche ebensowohl auf die Frömmigkeit des Kaisers als auf die von ihm bekleideten Priesterwürden bezogen werden können.

Pistole, eigentlich Piastola, Verkleinerung von Piastra, Plättchen von Metall, gekürzt Pistola, ursprünglich spanische Goldmünze, welche seit 1537 geprägt und mit einem Feingehalt von anfänglich 22 Karat zu $34\frac{1}{2}$ Stück auf die rauhe Mark ausgebracht wurde. Nach dem Muster der Pistolenprägung wurde im 17. Jahrhundert in Frankreich die Louisdorprägung eingeführt. Auch in Deutschland prägte man seit dem 18. Jahrhundert Pistolen, und zwar stellte die deutsche Pistole das Fünftalerstück in Gold dar. Ihr Feingehalt war jedoch nicht überall ganz gleich und bewegte sich zwischen 21 und 22 Karat, ihr Wert zwischen 16,00 M. und M. 16,80. Auch erhielt die deutsche Pistole nach den betreffenden Münzherren verschiedene Namen, als Friedrichsdor, Augustdor, Maxdor usw.

Pius (fromm), **Felix** (glücklich) waren Ehrenbenennungen der römischen Kaiser, welche häufig auf ihren Münzen vorkommen und von denen die erste die Frömmigkeit, die zweite das Glück des Kaisers rühmen soll. Pius war seit Antoninus Pius ein ständiger Ehrenname des Kaisers, Felix erscheint erst in der späteren Kaiserzeit, und dann in Verbindung mit dem vorangesetzten Pius, auf Münzen, meist abgekürzt in P. F.

Plaketten, franz. Plaques, Plaquettes, sind den Medaillen ähnliche Erzeugnisse der kleinen Plastik. Sie sind einseitig und von verschiedenen Metallen, meist von Bronze, werden jedoch nicht wie jene in runder, sondern meist in rechteckiger, auch in sechs- und achteckiger Form hergestellt. Dergleichen Plaketten gab es schon zur Zeit der Renaissance, doch verlor sich später die Vorliebe für dieselben. In neuerer Zeit ist die Herstellung von Plaketten, von Frankreich ausgehend, in Deutschland wieder aufgenommen worden, und sie gehören jetzt oft zu den schönsten Erzeugnissen der Kleinkunst.

Plappart, s. Blaffert.

Plaque (franz.), hat verschie- Bedeutungen: Platte, Plättchen, Täfelchen, Blech, Schildchen usw. Auf eine dieser Bedeutungen ist es zurückzuführen, daß man einen Groschen des Königs Karl VII. von Frankreich (1422—1461), welcher auf der Vorderseite außer der Umschrift im Felde drei Lilien und auf der Rückseite ein Kreuz mit FRAC in den Winkeln zeigt, den Namen Grande plaque gegeben hat, wobei das Adjektivum grande durch die für damalige Zeit ungewöhnliche Größe der Münze (sie hat einen Durchmesser von 32 mm) zu erklären ist. Auch in Lothringen gab es im 14. und 15. Jahrhundert groschenartige Münzen, Plaques genannt. Mit dem Namen Plaquettes, Deminutivum von Plaque, wurden ferner kleinere Silbermünzen belegt, welche zu ungefähr derselben Zeit in Lothringen, Burgund und in den Niederlanden geprägt wurden.

Platina, s. Münzmetalle.

Plectrum, griech. πλῆκτρον, war ein bei den Römern bzw. Griechen im Gebrauch befindliches Stäbchen von feinem Holz, Elfenbein oder Metall, mit welchem die Saiten der Lyra und der Kithara beim Spiel angeschlagen wurden.

Pluviale, das, vom lat. *pluvium*, Regen, ein zur geistlichen Tracht gehöriger Regen- oder Schutzmantel, war, seinem Zweck entsprechend, ursprünglich nur ein einfaches Kleidungsstück, wurde aber im 12. Jahrhundert ein reichverziertes Festgewand, in welchem die geistlichen Fürsten und Herren auf mittelalterlichen Münzen häufig dargestellt sind.

Points secrets werden Punkte genannt, die man im Mittelalter in Frankreich, zuerst unter Ludwig IX., unter gewisse Buchstaben der Aufschrift setzte, um daran die Emission oder die Münzstätte zu erkennen. Der Punkt unter dem ersten Buchstaben der Aufschrift bedeutete beispielsweise die Münzstätte Tournon, unter dem vierten Buchstaben die von Montpellier.

Póltora, Póltorak, zusammengesetzt aus dem polnischen *pol*, halb, und *twory*, der andere, also so viel wie anderthalb, war das frühere polnische $1\frac{1}{2}$-Groschenstück, umgedeutscht der Dreipölker (s. d.) = 3 halbe Groschen. Auch in Ungarn bestand im 18. Jahrhundert obige Münzbenennung unter dem Namen Poltura, doch galt sie dort für das $1\frac{1}{2}$ Kreuzerstück. S. auch Malkontentengulden.

Poluschka war eine frühere russische Münze, und zwar ein Teilstück des Denga (s. d.), ursprünglich von Silber, zuletzt von Kupfer. Der Name ist gebildet aus *pol* halb, *polu* die Hälfte von einer Sache und *schkura*, Fell, zusammengezogen *poluschkura* oder *poluschka*, bedeutet also ein halbes Fell, nach Grote ein halbes Hasenfell, und ist auf das frühere russische Pelzgeld zurückzuführen; zwei Poluschkas stellten ursprünglich den Wert eines kleinen Felles dar.

Pontifex maximus hieß der Vorsitzende des römischen Priesterkollegiums. Seit Augustus nahmen, meist auf Senatsbeschluß, alle römischen Kaiser diese Würde bzw. den Titel Pontifex maximus an; er findet sich daher häufig auf den Münzen derselben. Seit dem 15. Jahrhundert nannten sich auch die Päpste auf ihren Münzen und auf Medaillen Pontifex maximus.

Portugalöser, Name einer großen Goldmünze, welche unter Emanuel dem Großen, König von Portugal (1495—1521), zuerst geprägt wurde. Sie bezeichnet ihn in der Aufschrift der Hauptseite — Portugal stand damals auf der Höhe seiner Macht und war im Besitz zahlreicher überseeischer Kolonien — u. a. als Herrscher von Guinea, Äthiopien, Arabien, Persien und Indien, während die Rückseite das befußte portugiesische Kreuz zeigt mit der Umschrift IN HOC SIGNO VINCES. Auch in Deutschland begann man im 16. Jahrhundert mit Vorliebe große Goldmünzen bis zu 10 Dukaten Schwere zu prägen, welche auf einer Seite nach dem Vorbilde Portugals das portugiesische Kreuz zeigen und daher Portugalöser genannt wurden. Die Sitte wurde namentlich von deutschen Fürsten geübt, welche die Portugalöser als Geschenkmünzen verwandten. Auch in Siebenbürgen wurden Portugalöser sowie in Hamburg von 1667 ab große medaillenartige Goldstücke auf besondere Ereignisse geprägt, welche unter dem Namen Bank-Portugalöser bekannt sind.

Poseidon, der Sohn des Kronos und der Rheia, der Bruder des Zeus, war bei den Griechen der Gott des Meeres, welcher den Sturm hervorrief und die Fluten glättete. Er wurde daher vorzugsweise in den Seestädten verehrt; sein Attribut war der Dreizack, sein Begleiter der Delphin. Geweiht waren ihm auch die Fichte und das Roß. Abgebildet wird Poseidon, welchen die Römer mit ihrem Meeresgott Neptunus identifizierten, als ein Mann von kräftiger Muskulatur mit strengen Gesichtszügen, geloktem Haar und Vollbart. Auf den Münzen von Posidonia ist er in stehender Figur, den Dreizack schwingend, regelmäßig dargestellt.

Postulatsgulden wurden ursprünglich Goldgulden genannt, welche der Graf Rudolph von Diepholt, Bischof von Utrecht, im Jahre 1440 prägen ließ, um sein Recht auf die ihm streitig gemachte bischöfliche Würde und das damit verbundene Münzregal zum Ausdruck zu bringen. Sie zeigen auf der einen Seite das Wappen des Grafen in einem Dreipaß mit der Umschrift Moneta nova Rudolp. Ep. Traject., auf der anderen das Bild des heiligen Martinus. In der Folge wurden auch andere bischöfliche Gulden von ähnlichem Gepräge in den Niederlanden Postulatsgulden genannt. Berüchtigt waren nach Luschin von Ebengreuth die um 1500 geprägten Lütticher Postulatsgulden aus Blaßgold, die mehr als die Hälfte Silberzusatz enthielten.

Postulatus Episcopus, siehe Bischof.

Potin wird eine Metallmischung genannt, welche im Altertum bei herrschender Münzverschlechterung statt reinen oder nur wenig mit unedlem Metall legierten Silbers zur Münzprägung verwandt wurde. Man gibt den Namen gewöhnlich jeder Silbermischung, welche über 50 Prozent Kupferzusatz enthält; das Potin ist also bei antiken Münzen dieselbe Mischung, welche bei neueren Münzen Billon (s. dieses Wort) genannt wird. Bisweilen versteht man aber auch unter Potin solche Legierungen, welche gar kein Silber enthalten, sondern nur, ähnlich wie das Argentan, Weißkupfer, Neusilber usw. aus Kupfer und einem größeren Zusatz von Zink und Nickel bestehen, bisweilen auch etwas Zinn enthalten und eine dem Silber ähnliche, immer aber etwas dunklere Farbe als dieses besitzen.

Porzellan- und Glasmünzen hat es niemals gegeben. Die in Siam vorkommenden münzähnlichen Porzellan- und Glasstücke sind nach Dannenberg keine Münzen, sondern Marken der Spielhäuser.

P. P., Abkürzung für *pater patriae,* Vater des Vaterlandes, Ehrenbezeichnung der römischen

Kaiser, welche auf Münzen derselben häufig vorkommt. Auf Münzen der Päpste bedeutet **P.P.** Papa.

Prägewerke sind im allgemeinen Maschinen, welche dazu dienen, zweckentsprechend verarbeitete Metallstücke in bestimmte Formen zu pressen. Sie werden daher heutigen Tages vorzugsweise zum Prägen von Münzen benutzt. Jenachdem die erforderliche Kraft durch eine starke eiserne Schraubenspindel (Balancier) oder durch ein System von Hebeln erreicht wird, unterscheidet man Stoßwerke oder Spindelpressen und Druckwerke oder Kniehebelpressen. Erstere bestehen in einem starken eisernen Bügel von der Form eines ⊓ oder ⌈, in dessen oberen Teil eine bronzene oder messingne Schraubenmutter angebracht ist. In letzterer läuft eine angemessen lange Schraubenspindel, an deren oberem Ende sich ein an beiden Enden mit Schwungkugeln versehener Schwengel befindet. Das untere Ende der Spindel treibt einen in senkrechten Führungen gehenden Schieber, an welchem sich der Oberstempel befindet. Der Unterstempel ist unbeweglich und gerade unter dem Schieber auf einem festen Fundament angebracht. Beim Prägen wird der Schrötling auf den Unterstempel gelegt und die Spindel mittels des Schwengels in Bewegung gesetzt. Die Spindel läuft nun in der Mutter, bis sie bzw. der unter ihr befindliche Schieber mit dem Oberstempel auf das Münzplättchen aufstößt. Der hierdurch auf letzteres ausgeübte Druck ist so erheblich, daß es die Form beider Stempel annimmt und sogar ein Rückstoß entsteht, welcher die Spindel einen Teil ihres Weges wieder zurücktreibt. Der Erfinder der Spindelpresse soll der Franzose Briot gewesen sein. Zur Münzprägung wurde sie gegen Mitte des 17. Jahrhunderts zuerst in England und Frankreich verwandt, während sie in Deutschland, angeblich wegen des Widerstandes der Münzer, die durch Einführung der Spindelpresse in ihrem Einkommen geschmälert zu werden glaubten, erst viel später und auch dann nur allmählich Eingang fand.

Von noch weit größerer Wirksamkeit als die Spindelpressen sind die Kniehebelpressen, bei welchen die Kraft auf den oberen beweglichen Stempel nicht durch Stoß, sondern durch Druck ausgeübt wird. Die Münzprägewerke nach dem Kniehebelsystem wurden zuerst im Jahre 1811 von Nevedomsky in Petersburg in Anwendung gebracht und später von Uhlhorn, Thonnelier und anderen wesentlich verbessert. Sie haben gegenüber den Spindelpressen, welche nur durch Menschenhand bewegt werden, den Vorzug, daß sie auch mit Dampf- und Wasserkraft betrieben werden können, und sind noch heut in allen Münzen im Gebrauch, aber so vervollkommnet, daß es zu ihrer Bedienung nur eines Mannes bedarf, da die verschiedensten, früher durch Menschenhand bewirkten Arbeiten, wie das Zubringen der Schrötlinge zwischen die Stempel, das Fortstoßen der geprägten Stücke und selbst das Anhalten der Maschine im Falle, daß ausnahmsweise kein Schrötling zwischen die Prägestempel gelangt ist, durch die Maschine selbsttätig besorgt werden. Dabei prägt dieselbe von großen Münzen 36—40, von den mittleren 50—55 und von den kleinen 60—75 Stück in der Minute.

Medaillen werden meist mit Stoßwerken wie Münzen geprägt. Medaillen von Bronze oder anderem harten Metall erfordern jedoch, sofern sie groß und von hohem Relief sind, mehr als einen Stoß, oft sogar 10 bis 20 Stöße. Dazwischen müssen sie, damit das Metall die zum Prägen nötige Weichheit behält, wiederholt ausgeglüht und abgebeizt werden. Medaillen von besonders hohem Relief werden auch, um das Prägegeschäft zu erleichtern, zunächst in Sandformen nach einem Modell gegossen und dann in das Prägewerk gebracht, so daß die Maschine nur das Relief zu vollenden bzw. auszubilden hat. S. auch Walzenprägung, Taschenwerke, Klippwerke.

Prägewerkzeuge, römische, s. Münzprägung.

Präsenzzeichen, s. Méreau.

Princeps, lat., heißt im allgemeinen derjenige, welcher zu Anfang (*principium*), anderen voran, an der Spitze steht. Princeps senatus hieß daher bei den Römern der erste Senator, welcher zuerst um seine Meinung befragt wurde und durch seine Autorität den Ausschlag zu geben vermochte. Die Macht der römischen Kaiser war ursprünglich keine absolute, sondern bestand darin, daß dieselben sich alle höchsten Ämter und Machtbefugnisse vom Senat übertragen ließen. Augustus Octavianus bezeichnete sich selbst nur als ersten Bürger des Staates, als princeps. Einen rechtlichen Amtstitel hatten weder er, noch seine Nachfolger; die Bezeichnungen Caesar, Augustus, Imperator (s. diese Wörter) waren bloß Ehrennamen. Auch im Ritterstande gab es principes, *principes juventutis* genannt, und auf gewissen Münzen des Augustus mit den Bildnissen seiner Enkel Gaius und Lucius, welche er zu principes juventutis hatte ernennen lassen, sind dieselben als solche bezeichnet. Auf Münzen der späteren Kaiser sind die Söhne derselben, in Kriegertracht mit Lanze oder Zepter und zwischen Feldzeichen stehend, ebenfalls oft als principes juventutis dargestellt.

Privatmünzen sind Münzen, welche nicht vom Staate, sondern mit Genehmigung desselben von privilegierten Handelsgesellschaften, z. B. früher von der englisch-ostindischen Kompagnie, der preußisch-asiatischen Kompagnie in Emden (s. Handelsmünzen) und neuerdings von der deutschen Neuguinea-Kompagnie ausgegeben worden sind. Hierher gehören auch die Token (s. dieses Wort) und die médailles de confiance, welche 1791 und 1792 unter der französischen Republik hergestellt wurden und von welchen diejenigen der Gebrüder Monneron die bekanntesten sind.

Probation, Kreisprobationstage, s. Kreismünzstätten.

Probemünzen, franz. *monnaies d'essai,* sind Abschläge, die zur Prüfung neuer Stempel und Münzbilder, oft in anderem Metall oder in größerer Dicke, als für die auszugebenden Stücke bestimmt ist, gemacht werden. In Frankreich gebührten im Mittelalter diese Abschläge, nach der letztgedachten Eigenschaft *pieds-forts* genannt, den Münzbeamten. Für die Münzforschung sind die Probemünzen und Piedforts insofern oft von Wichtigkeit, als manche nicht mehr erhaltene Münzen nur durch die gedachten Abschläge bekannt geworden sind.

Probieren heißt im technischen Münzbetriebe das Verhältnis des in einer Gold- oder Silberlegierung enthaltenen reinen Goldes oder Silbers zu dem darin befindlichen anderen Metall ermitteln. Diese Ermittlung kann erfolgen durch Glühen des betreffenden Metallquantums — allerdings die unvollkommenste Art des Probierens —, durch die Strichprobe, durch Probieren auf trockenem Wege (Schmelzen) und durch Probieren auf nassem Wege (mittels Säuren). Das Probieren auf trockenem Wege, auch Coupellieren genannt, wurde namentlich von den Münzmeistern früherer Jahrhunderte geübt und ist deswegen für die Kenntnis der Entwicklung der Münzkunst von Interesse. von Ernst sagt in seiner Schrift „Die Kunst des Münzens" (Wiener numismatische Zeitschrift, Jahrgang 1880): „Beim Coupellieren wird ein bestimmtes Gewicht des zu untersuchenden Edelmetalls genau abgewogen und mit Blei auf einem aus Knochenasche bereiteten Schälchen (Kapelle) im Probierofen eingeschmolzen, abgetrieben. Das sich bildende Oxyd des Bleies und die anderen Verunreinigungen ziehen sich in die poröse Kapelle ein, und nach Abscheidung des letzten Oxydhäutchens tritt der Blick ein, wobei das Körnchen reinen Metalles erstarrt. Sein Gewicht ergibt den Feingehalt des probierten Silbers resp. der Legierung. Hat man es mit einer etwas Gold haltenden Legierung zu tun, so wird das auf der Kapelle erhaltene Körnchen in Salpetersäure aufgelöst und das als braunes Pulver zurückbleibende Gold nach erfolgter Trocknung ausgewogen. Ist die Legierung stark goldhaltig (was die Strichprobe auf dem Probierstein erkennen läßt), oder ist Gold zu probieren, so wird das Probestückchen, unter Anwendung von Blei, mit Silber auf der Kapelle zusammengeschmolzen, quartiert, und nach dem Abtreiben, wie beschrieben, verfahren."

Providentia, römische Personifikation der Vorsicht, Vorsorge, auf Münzen der Kaiser meist dargestellt als stehende weibliche Figur mit Füllhorn und Zepter oder Stab, auf Münzen Konstantins und seiner Söhne verkörpert durch ein befestigtes Tor.

Pseudolegende, s. Nachahmung von Münzen und Stempeln.

Ptolemäermünzen, s. Alexander der Große.

Pudicitia, römische Personifikation der Keuschheit und Schamhaftigkeit, oft auf Münzen der Kaiserinnen dargestellt als eine vor einem Altar opfernde, in lange Gewänder gehüllte weibliche Figur, bisweilen auch sitzend und sich in den Schleier hüllend.

Punze, der, ist ein meißelförmiges Instrument von Eisen, in dessen unteres abgeplattetes Ende ein Bild oder der Teil eines Bildes, eine Verzierung, ein Buchstabe oder ein anderes Zeichen erhaben geschnitten ist und welches nach Härtung bzw. Verstählung dazu dient, dasselbe in ein anderes, weicheres Metall einzuschlagen, auf dem es dann natürlich vertieft und im Spiegelbilde erscheint. Dieses Hilfsmittel war schon den Stempelschneidern des Altertums bekannt, und auch die Eisenschneider und Eisengraber, wie man die Stempelschneider im Mittelalter nannte, haben sich der Punzen bedient, da die Anwendung derselben die Anfertigung der Münzstempel wesentlich erleichterte und beschleunigte. Durch wiederholtes und geschicktes Einschlagen von Punzen mit Punkten, Strichen, Buchstaben, kleinen Verzierungen und Teilen von Wappen und sonstigen Figuren in den Stempel konnten ganze Bilder bzw. Aufschriften konstruiert werden, und es blieb dem Eisenschneider dann nur übrig, mit Hilfe des Grabstichels das Fehlende zu ergänzen oder Zwischenräume, die beim Einschlagen des Punzens entstanden waren, miteinander in Verbindung zu bringen. Durch zahlreiche Münzen des Mittelalters, welche einerseits Stempelverschiedenheiten, andererseits aber eine genaue Übereinstimmung einzelner Buchstaben und Teile des Münzbildes zeigen, wird bestätigt, daß man sich der Punzen vielfach bedient hat. Auch heutigen Tages finden bei der Herstellung der Schrift auf Münzstempeln Punzen Verwendung.

Putschänel werden in Adam Bergs Münzbuch kleine, einseitig und zweiseitig geprägte böhmische Silbermünzen mit dem Bilde des zweischwänzigen Löwen genannt, deren „3 ein Kreutzer, 180 ein Gulden thun“. Der Name, dessen Ableitung nicht bekannt ist, war jedenfalls ein Spottname.

Q.

Quadrans, der vierte Teil des römischen As (s. d.). Ferner führten seit Ausgang des Mittelalters in Tirol geprägte Teilstücke des Kreuzers (Fierer oder Vierer) diesen Namen. S. auch Vierer).

Quadratum incusum. Die ältesten Münzen der Perser und Griechen waren nur einseitig geprägt. Man stellte dieselben her, indem man, ein kugel- oder linsenförmig gegossenes Stück Metall, den Schrötling, auf einen Amboß legte, auf dessen Oberfläche das der Münze zu gebende Bild eingegraben war und setzte auf den Schrötling ein den Oberstempel vertretendes meißelförmiges, unten abgeplattetes Instrument auf. Dann schlug man auf das obere Ende desselben dergestalt mit dem Hammer, daß sich sowohl das Münzbild, als auch das untere Ende des Oberstempels auf dem Metallstück, welches unter den Hammerschlägen gleichzeitig eine flache Form annahm, abdrückte. Möglich auch, daß das Verfahren umgekehrt war, indem der Oberstempel das Münzbild trug, während der Amboß, um das Wegspringen des Schrötlings zu verhindern, mit einer zapfenartigen Erhöhung versehen war. Letztere bzw. die untere Fläche des Oberstempels hatte, wie bei den persischen Dariken zu bemerken ist, mitunter keine bestimmte Form, meist aber die Gestalt eines Quadrates, so daß sich auf der Rückseite der Münzen viereckig begrenzte Vertiefungen bildeten, welche unter dem Namen „quadratum incusum" bekannt sind.

Dasselbe war oft durch erhabene Linien geteilt, welche durch Einschnitte in die glatte Fläche des quadratisch geformten Stempels oder des Amboß hervorgebracht wurden und wurde später auch mit einzelnen Zeichen versehen, bis man endlich dazu überging, in den zweiten Stempel ebenfalls ein richtiges Bild einzugraben und auf diese Weise zweiseitig geprägte Münzen zu erzielen. Auch gibt es einseitig geprägte griechische Münzen, deren Rückseite ganz glatt ist und die nur kleine Vertiefungen tragen, welche Windmühlenflügeln ähnlich sind. Der zweite, sonst ebenfalls ganz glatte Stempel muß also eine entsprechende, erhaben geschnittene Figur getragen haben. Die vorerwähnte quadratische Form des zweiten Stempels wurde, auch nachdem demselben Bild und Aufschrift eingegraben waren, an manchen Orten, z. B. in Athen, auf Aegina, Rhodus absichtlich noch lange beibehalten.

Quadratum supercusum, s. Vierschlag.

Quadriga, lat., das Viergespann, insbesondere der niedrige, vorn geschlossene, hinten offene, auf zwei kleinen Rädern ruhende und mit vier nebeneinander geschirrten Pferden bespannte Wagen, welcher bei den circensischen Spielen gebräuchlich war und auf dem auch bei den Triumphen der Römer der Sieger seinen Einzug hielt. Dieses Gespann ist eine auf den Münzen des Altertums, z. B. auf den schönen Tetradrachmen und Dekadrachmen von Syrakus, namentlich aber auf den Denaren der römischen Republik häufig vorkommenden Darstellung. In der Quadriga steht dann eine Gottheit, meist die Victoria, kenntlich durch die Flügel und durch den Kranz, welchen sie emporhebt, oder durch den Palmen- oder Lorbeerzweig, welchen sie in der Hand hält. Auf römischen Münzen kommen auch mit Elefanten bespannte Quadrigen vor, welche auf einen Triumph Bezug haben und in denen der Triumphator steht.

Im übrigen ist die Quadriga auch heutigen Tages noch ein Symbol des Sieges, und wir finden sie daher nicht nur plastisch auf monumentalen Bauwerken, sondern auch auf Denkmünzen häufig dargestellt.

Quadrigati (denarii), lat., wurden nach dem Zeugnis römischer Schriftsteller die älteren Denare der römischen Republik genannt, welche auf der Rückseite das Bild einer Quadriga (s. d.) tragen. Sie waren von gutem Gehalt und deshalb neben den bigatis (s. d.) besonders beliebt. Auch auf späteren Münzen der Republik und auf solchen der Kaiserzeit kommt die Quadriga vor, doch gehören dieselben nicht mehr zu den mit obigem Namen belegten Münzen.

Quaternio, eine große römische Goldmünze im Werte von 4 aurei (s. d.), wurde unter Augustus, jedoch nur in sehr geringem Umfange geprägt.

Quattrino, kleine früher in Italien, namentlich in Rom Ferrara, Bologna, Ravenna, Gubbio Lucca, Mailand, Mantua und Toskana gangbare Scheidemünze von verschiedenem Metall. Sie war ursprünglich der vierte Teil des Grosso oder Soldo. dann eine Teilmünze des Bajocco (s.d.).

Quinar, quinarius, Silbermünze der römischen Republik, und zwar die Hälfte des Denars. Letzterer hatte 10 As, der Quinar also 5 As, weshalb er häufig die Wertbezeichnung V, in späterer Zeit auch ein Q trägt (s. Victoriatus).

Quincunx, der, zusammengesetzt aus *quinque* = fünf und *uncia*, die Unze, das Fünfunzenstück oder $^5/_{12}$ As altitalischer Völkerschaften.

Quincussis, s. Aes grave.

R.

Raderalbus, s. Albus.

Rändelwerke, s. Rand der Münzen.

Rait- oder Rechenpfennige sind münzenähnliche, meist aus unedlem Metall gefertigte Marken, deren man sich früher beim Rechnen bediente und die sehr verschiedenartige Darstellungen tragen. Ihr Gebrauch hat sich im Mittelalter von Frankreich nach Deutschland verbreitet. Auch nach Ausgang des Mittelalters — Adam Ries, der bekannte Rechenmeister und Bergbeamte zu Annaberg verfaßte die ersten methodischen Anweisungen zur praktischen Rechenkunst erst im 16. Jahrhundert — wurden die Raitpfennige, in Holland Legpenninge genannt, noch lange Zeit von den Rechnungsbehörden, namentlich aber für den Betrieb der Bergwerke und Münzstätten verwendet. Letztere stellten sich ihre Raitpfennige zweifellos selbst her, während für andere Behörden und für Privatpersonen der Bedarf hauptsächlich von „Rechenpfennigmachern" in Nürnberg gedeckt wurde. Sie werden von Liebhabern oft gesammelt, gehören aber nicht zu den Münzen und finden heut nur als Spielmarken Verwendung. Weiteres s. unter Jeton und Reiter.

Rand der Münzen. Im Altertum und im Mittelalter widmete man dem Rande der Münzen gar keine Aufmerksamkeit. Der eingekerbte Rand bei römischen Denaren (s. Serrati) und der glatte Rand bei Ptolemäermünzen (s. Schrötling) sind ebenso wie der aufgestauchte Rand, welcher bei Wendenpfennigen (s. d.) und einigen anderen Mittelaltermünzen vorkommt, als Ausnahmen anzusehen. Die sorgfältige Ausarbeitung des Randes ist aber der hauptsächlichste Schutz gegen Münzfälschungen, namentlich gegen das Beschneiden der Münzen, und besonders bei solchen von größerem Wert notwendig. Erst im 17. Jahrhundert kommt es vereinzelt vor, daß der Rand (mit Reliefschrift) verziert ist. Vertiefte Randschriften scheinen zuerst bei den nordamerikanischen ganzen und halben Dollars (1792—1836) angewandt worden zu sein. Dann folgten Frankreich 1795, Rußland 1807, Bayern 1809, Württemberg 1810, Preußen und Sachsen 1816 usw. Die Maschine, deren man sich zum Rändeln der Münzen bedient, das Rändelwerk, besteht in zwei geraden oder auch bogenförmigen Rändeleisen, deren jedes die Hälfte der dem Rande der Münzen zugebenden Verzierung oder Schrift trägt. Das eine Eisen liegt fest, während das andere beweglich und in einer dem Durchmesser der Münze angemessenen Entfernung von ersterem angebracht ist. Beim Rändeln — dasselbe erfolgt vor der Prägung — wird das bewegliche Eisen dergestalt verschoben, daß der zwischen beiden Eisen befindliche Schrötling in eine rollende Bewegung gerät bzw. eine halbe Umdrehung macht, wobei jede Hälfte des Randes den Eindruck von der Gravierung der Rändeleisen empfängt. Die Goldmünzen des Deutschen Reiches und die Fünfmarkstücke sind mit vertiefter Randschrift, die übrigen Silbermünzen mit Kerbrand, d. s. regelmäßig aneinandergereihte kleine Einschnitte, versehen. S. auch Ringprägung.

Rappen, richtiger Rappe, ist der Name einer im südwestlichen Deutschland gangbar gewesenen kleinen Silbermünze, doch ist derselbe nicht, wie man wohl anzunehmen geneigt ist, von dem ihr aufgeprägten Bilde eines Pferdes oder Rappen abzuleiten. *Rapp, rappe* ist vielmehr die ursprünglich oberdeutsche Form zu Rabe, ähnlich wie *Knappe* zu Knabe, und wurde erst später auf das rabenschwarze Pferd übertragen. Den Namen Rappen erhielten zuerst kleine brakteatenförmige, im 15. Jahrhundert von der Stadt Freiburg im Breisgau geprägte Münzen, weil sie das Wappen der Stadt, einen Vogelkopf, trugen und das Volk denselben für einen Rabenkopf ansah. Dieser volkstümliche Name ist uns noch heut in dem studentischen Ausdruck berappen für bezahlen erhalten. Es gab Rappenheller oder halbe Rappen, Rappenpfennige, Rappenblafferte (s. Blaffert) und auch größere Rappenmünzen als: Rappenvierer, Rappenbatzen, Rappenschillinge, Rappentaler, welche so genannt wurden, weil bei Berechnung des Wertes derselben der Rappen zugrunde gelegt wurde. Heut führt nur noch eine schweizerische Scheidemünze den Namen Rappen. Bis zum Zeitpunkte der Einführung des lateinischen Münzsystems waren dort 10 Rappen = 1 Batzen und 100 Rappen = 1 schweizer Frank, während seit 1850 der Rappen = 1 Centime = $\frac{1}{100}$ Frank ist.

Rauhgewicht s. Schrot.

Rautengroschen sind markgräflich meißnische bzw. herzoglich sächsische Groschen, welche unter Wilhelm III. († 1482) nach dem Typus der schildigen Groschen (s. d.) geprägt wurden, aber vor der Umschrift der Hauptseite statt des landsberger Schildes den herzoglich sächsischen Rauten- oder Balkenschild tragen. Vgl. auch Schwertgroschen.

Rautenheller sind kleine markgräflich meißnische Hohlmünzen, welche in der zweiten Hälfte des 15. Jahrhunderts geprägt worden sind. Sie sind schriftlos und tragen den herzoglich sächsischen Rautenschild, nach welchem sie ihren Namen erhalten haben.

Rautenkranz heißt der über den Wappenschild gelegte, von links oben nach rechts unten verlaufende und an der oberen Seite mit Blättern besetzte grüne Schrägbalken, wie er im sächsischen und anhaltschen Wappen vorkommt. Er ist eigentlich ein Kronenreif, ursprünglich hervorgegangen aus einem ornamental gehaltenen Kranze von Laub (Rautenblättern).

Real war eine größere Silbermünze, welche im Mittelalter in den nicht von den Arabern besetzten Teilen Spaniens, und zwar zuerst von Peter III. (1350 bis 1365), König von Kastilien, geschlagen wurde. Sie hieß daher *nummus regalis* (Königsmünze), spanisch Real. Derselbe zerfiel in 34 Maravedis. Auch in den spanischen Niederlanden wurden später silberne und goldene Münzen geprägt, welche den Namen Real führten.

Rebellentaler wird ein von dem Herzog Heinrich Julius von Braunschweig-Lüneburg im Jahre

1595 geprägter Taler genannt. Die Vorderseite zeigt den wilden Mann, welcher in der Rechten eine brennende Fackel, in der Linken einen Pfeil hält, dessen unteres Ende ebenfalls eine, und zwar mit Widerhaken versehene Spitze hat. Über der Fackel befinden sich die Buchstaben N · M · T · (*noli me tangere*), neben dem Pfeil die Buchstaben D · C · S · C (*durum contra stimulum calcitrare* — es ist schwer, gegen den Stachel zu lecken). Dieses Sprichwort wird in recht drastischer Weise dadurch veranschaulicht, daß vor dem Pfeile ein Hund liegt, welcher an der unteren Spitze desselben zu lecken versucht. Die Schwierigkeit dieses Bemühens hat zur Folge, daß dem Hunde dabei hinten der Kot abgeht, der sich indessen zu einem Rosenstock entwickelt, an dessen oberem Ende eine Rose sitzt. In der Umschrift sind Name und Titel des Münzherrn angegeben. Die Rückseite zeigt innerhalb eines Kranzes von zwölf Wappenschilden in ziemlich kleinem Maßstabe mehrere Personen, welche, zum Teil mit der Geberde des Schrekens, in die Tiefe sinken, während andere, darunter eine in betender Stellung, auf der Höhe stehen. Darüber leuchtet eine dreifache Reihe von Strahlen, zwischen welchen die Buchstaben N · R · M · A · D · I · E · S · stehen (*non recedit malum a domo ingrati et seditiosi*). Die unter dem Bildchen stehende Bibelstelle NVM. XVI. (4. Buch Mos. 16. Kap.) zeigt, daß wir es hier mit der Rotte Korah zu tun haben, welche von der Erde verschlungen wird.

Über das Ganze sagt Schmieder folgendes: „Dieser Taler ist eigentlich eine Stachelmünze auf einige Vasallen des Herzogs, die sich gegen ihn aufgelehnt und Unruhen im Lande gestiftet hatten. Der Hund ist das Wappen des Herrn von Asseburg, der Rosenstock zielt auf die von Stockheim und die Rose selbst auf die Familie von Saldern. Genannte Häuser verklagten den Herzog wegen dieses Talers beim Kammergerichte, aus dessen Akten die Erklärung genommen ist, die außerdem wohl schwerlich möglich gewesen wäre. Vgl. Madai, Thalerk., Nr. 1110. Köhlers Münzbelust., T. XVI. S. 161."

Rechenpfennig, s. Raitpfennig.

Rechnungsmünzen werden in nicht ganz zutreffender Weise Werte genannt, welche nicht durch ein geprägtes Münzstück verkörpert werden, sondern zu deren Darstellung eine bestimmte Anzahl von Münzen oder eine bestimmte Menge des betreffenden Münzmetalls gehört. Sie sind also gewissermaßen ein ideales Geld, und der Begriff desselben würde passender durch Rechnungsgeld wiedergegeben werden. Dergleichen Rechnungsmünzen — wir bleiben, dem Sprachgebrauch folgend, bei diesem Ausdruck — waren im Altertum das Gold- und das Silbertalent, im Mittelalter die Mark und das Talent Silber, der Schilling und das Schock Groschen, während aus der neueren Zeit das portugiesische Conto de Reïs, der türkische Beutel Silber = 500 Grusch und das ostindische Lack Rupien zu erwähnen sind.

Rechtsgrundsätze über Münzfunde, s. Münzfunde.

Rechts — links auf Münzen. Von jeher ist es streitig gewesen, was man bei Beschreibung eines Münzbildes, z. B. eines Kopfes, eines Reiters oder einer aus mehreren Figuren bestehenden Darstellung rechts und links nennen soll. Früher bezeichnete man nach heraldischem Gebrauch diejenige Seite mit rechts oder links, welche die rechte oder linke Seite des dargestellten Gegenstandes in Wirklichkeit ist. Neuerdings ist man aber dazu übergegangen, sich auf den Standpunkt des Beschauers zu stellen, und nennt rechts, was diesem zur rechten, links, was ihm zur linken Hand liegt. Man beschreibt also beispielsweise die Vorderseite des Guldengroschens (Talers) vom Erzherzog Sigismund von 1486: Stehender Erzherzog, im Felde rechts ein Helm, links das habsburgische Wappen, obgleich ersterer sich dem Erzherzoge zur linken, letzteres ihm zur rechten Seite befindet. Man schließt indessen jeden Zweifel durch kurze Umschreibungen aus, indem man statt des einfachen rechts oder links nach rechts bzw. nach links, oder von der rechten bzw. linken Seite oder in der rechten bzw. linken Hand sagt, z. B. Reiter nach rechts galloppierend, Brustbild von der rechten Seite, sitzender Bischof, in der Rechten einen Stab, in der Linken das Evangelienbuch haltend.

Reda oder rheda hieß bei den Römern der vierrädrige, gewöhnlich mit Maultieren bespannte Reisewagen. Auf einem Sesterz des Kaisers Nerva, welcher auf die Befreiung der Bewohner Italiens von der unentgeltlichen Vorspannleistung für reisende Staatsbeamte 79 v. Chr. geprägt ist, sind zwei weidende Maultiere dargestellt, hinter welchen eine unbespannte Reda erkennbar ist (Umschrift VEHICVLATIONE ITALIAE REMISSA). Von dem Stammwort *reda* ist auch für das vor den Wagen gespannte Zugtier die lateinische Bezeichnung *veredus* abzuleiten und auf diesen in das Mittelalter übergegangenen Ausdruck, unter welchem man insbesondere das leichte, zum Post- und Kurierdienst benutzte Pferd verstand, der deutsche Name dieses Tieres zurückzuführen.

Regenbogenschüsselchen, *guttae iridis,* daher auch Iriden genannt, sind eine ganz eigentümliche Art kleiner, aber ziemlich dicker, meist aus mit Silber legiertem, seltener aus reinem Golde geschlagener Münzen, welche, da die eine Seite konkav, die andere konvex geprägt ist, eine schüsselförmige Gestalt haben. Sie verdanken daher ihren Namen dem letztgedachten Umstande, sowie der Sage, daß sie der Regenbogen aus seinem Schoß fallen lasse, oder daß solche Goldstücke da zu finden seien, wo der Regenbogen seinen

Fuß aufsetze. Die Entstehung dieser Sage wird darauf zurückzuführen sein, daß durch Regen verursachte Bodenabschwemmungen die ersten Regenbogenschüsselchen an das Tageslicht gebracht haben. Sie werden zwar auf deutschem Boden, vornehmlich in Südwestdeutschland gefunden, sind aber keine germanische Münzen, sondern von keltischen, in vorrömischer Zeit an der obern Donau seßhaften Volksstämmen aus dem Golde geprägt worden, welches damals in den nördlichen Alpen und in den von denselben entspringenden Flüssen gefunden wurde. Die bei den Regenbogenschüsselchen am häufigsten vorkommenden, wahrscheinlich meist auf den Kultus der Kelten bezüglichen Typen sind die Schlange, der Vogelkopf und der Blätterkranz auf der vorderen (konvexen) Seite und drei bis sechs Punkte oder Kugeln unter einem dieselben umspannenden Bogen auf der Rückseite. Auch sind einige Regenbogenschüsselchen bekannt geworden, welche eine, mit lateinischen Buchstaben geschriebene Aufschrift tragen, deren Bedeutung zwar bis jetzt nicht erklärt ist, die aber darauf schließen läßt, daß sie aus einer Zeit herrühren, in welcher die Kelten bereits mit den Römern in Berührung gekommen waren. Neuerdings sind auch im Nordwesten Deutschlands Iriden gefunden worden, welche in der Form den beschriebenen Stücken gleichen, aber von Silber oder Billon sind.

Reï, Reïs, s. Milreis.

Reichsadler, Deutscher, s. Adler.

Reichsapfel, franz. *globe impérial*, gleich dem Zepter ein uraltes Abzeichen der Herrscherwürde. Schon die späteren römischen Kaiser sind auf ihren Münzen häufig mit dem Reichsapfel in der linken Hand dargestellt. Derselbe, eine oft mit einer Victoria gekrönte Kugel, war das Sinnbild ihrer Herrschaft über die Welt, den *orbis terrarum*. Seit Konstantin wurde der Reichsapfel, mit einem Kreuz auf dem Scheitelpunkt (*globus cruciger*) das Abzeichen der christlichen Könige des Morgenlandes wie des Abendlandes. Der Reichsapfel der deutschen Kaiser war eine aus Goldblech getriebene Kugel, von zwei sich kreuzenden Reifen umspannt, auf deren oberem Kreuzungspunkte sich ein goldenes Kreuz befand, welches ebenso wie der obere Teil der Reife mit Edelsteinen besetzt war. Später wurde der Reichsapfel auch ein Abzeichen der Königswürde. Er hat dann dieselbe Form wie der kaiserliche Reichsapfel, doch ist die Kugel meist blau dargestellt und mit goldenen Reifen umspannt. Auch die Königskronen sind an der Spitze häufig mit dem Reichsapfel verziert. Auf Brakteaten des Mittelalters kommt es sogar vor, daß der auf denselben dargestellte Kaiser einen doppelten Reichsapfel, nämlich zwei übereinandergestellte, oben verzierte Kugeln in der Hand hält, mit denen vielleicht die Königs- und die Kaiserwürde hat angedeutet werden sollen. Auch auf den meißner Brakteaten erscheint der einfache und der doppelte Reichsapfel häufig in der Hand des Markgrafen. Ebenso ist der Reichsapfel für sich allein und mit eingefügter Wertzahl eine typische Darstellung auf den nach Erlaß der Reichsmünzordnung von 1559 geprägten kleinen Münzen. Vgl. Münzgesetze und Münzordnungen früherer Zeit.

Reichsfürst, s. Fürst.

Reichsmünzgesetze, s. Münzgesetzgebung des Deutschen Reiches.

Reichstaler, s. Taler.

Reinigung von Münzen. Die aus Funden herrührenden Münzen sind häufig, namentlich wenn sie in der bloßen Erde gelegen haben, mit einer so dicken Kruste von Erdreich und Rost bedeckt, daß das Gepräge kaum zu erkennen ist. Aber auch wenn die Münzen sich an anderen Stellen befunden haben oder längere Zeit im Umlauf gewesen sind, hat ihr Aussehen infolge chemischer Einwirkungen oft stark gelitten. Aus demselben Grunde büßen selbst Münzen, die längere Zeit in Sammlungen aufbewahrt worden sind, nicht selten ihr gutes Aussehen ein. Dies gilt namentlich von Silbermünzen, die, auch wenn sie nicht stark mit Kupfer versetzt sind, leicht anlaufen, d. i. durch chemische Veränderungen der Oberfläche ihre weiße Farbe verlieren und einen andersfarbigen dünnen Überzug erhalten. Dies tritt selbst bei Silbermünzen ein, die in nicht ganz chlorfreies Papier eingewickelt sind. Andererseits kommt es vor, daß unechte Münzen, um ihnen ein altes Ansehen zu geben und den Sammler zu täuschen, absichtlich mit Rost und Schmutz überzogen werden. Das Reinigen der Münzen hat daher nicht nur den Zweck, das genaue Bestimmen derselben zu ermöglichen und ihnen ein gutes Aussehen zu geben, sondern es dient auch dazu, durch künstlichen Rost und Schmutz verdeckte Fälschungen zu offenbaren. Dabei ist aber die größte Vorsicht zu beachten, namentlich ist seitens Unkundiger die Anwendung von Säuren zu vermeiden, da sonst die Münzen leicht verdorben werden können. Das erste Mittel, Münzen zu reinigen, ist das vorsichtige Abreiben derselben mit weichem (sämisch gegerbten) Leder sowie das trokkene Abbürsten mit einer harten Zahn- oder Nagelbürste. Wo dies nicht ausreicht, namentlich bei Bronze- und Kupfermünzen, die lange in der Erde gelegen haben, bediene man sich einer Drahtbürste, die aus dünnen, pinselartig zusammengefügten Messingdrähten besteht. Man hüte sich jedoch dabei, die Patina (s. d.), welche den Münzen ein schönes Aussehen gibt und oft das Kennzeichen des Alters und der Echtheit ist, zu zerstören. Gold und reines Silber sind der Oxydation nicht unterworfen; das Reinigen von Münzen aus nur wenig legiertem Silber oder aus Gold wird daher in den meisten Fällen durch Waschen derselben in Seifenwasser mit Erfolg ausgeführt werden können. Wenn dies nicht genügt, sowie bei der Reinigung von stärker legierten Silbermünzen lege man die Münzen kurze Zeit in Seifenwasser, welches mit etwas Salmiakgeist versetzt ist. Derselbe hat die Eigenschaft, nicht nur den anhaftenden Schmutz, sondern auch das an der Oberfläche befindliche Kupfer zu lösen und ersteren in brauner, letzteres in blauer Färbung niederzuschlagen; die Münze erhält dann wieder ihre ursprüngliche weiße Farbe. Man versäume jedoch nicht, sie nach der Behandlung mit Salmiakgeist in reinem Wasser abzuspülen und dann trocken zu reiben. Bei mit Lack überzogenen Medaillen darf Salmiakgeist zur Reinigung nicht angewandt werden. Dagegen schützt ein Überzug von feinem Lack, da er den Luftzutritt verhindert, Münzen und Medaillen, namentlich Bleiabschläge vor Oxydation. Eine sehr gute Anweisung über die Behandlung und Reinigung der Münzen gibt M. Kirmis in seiner Schrift Chemische Winke für Numismatiker, Berlin 1894, 2. Auflage.

Reisemünzen des Kaisers Hadrian (117—138 n. Chr.) werden diejenigen Münzen genannt, welche mit Bezug auf die Reisen dieses Kaisers geprägt worden sind. Derselbe hat bekanntlich während seiner 21jährigen Regierung mehr als 13 Jahre auf Reisen zugebracht, und die zur Erinnerung an seinen Aufenthalt in den verschiedensten Provinzen und Städten des römischen Reiches geprägten Münzen sind, wenn sie uns auch hinsichtlich der Zeit ihrer Entstehung oft im Zweifel lassen, doch die Hauptquellen für die Kenntnis der Reisen des Kaisers. Bekannt sind nicht weniger als 59 Reisemünzen Hadrians in Gold, Silber und Kupfer mit verschiedenen Typen und Aufschriften, welche sich auf 28 verschiedene Provinzen und Städte beziehen. Es sind dies nach der mutmaßlichen Reihenfolge, in welcher Hadrian dieselben besucht hat: Mösien, Dacien, Italien, Gallien, Germanien, Rhätien, Noricum, Britannien, Spanien, Afrika, Lybien, Asia, Phrygien, Cappadocien, die Quartiere der an der parthischen Grenze stationierten Legionen *(exercitus parthicus)*, Bithynien, Nicomedia, Thracien, Macedonien, Achaja, Sizilien, Mauretanien, Cilicien, Syrien, Judäa, Arabien, Alexandria und Ägypten.

Reiter, mittelhochd. *rîter*, hatte früher die Bedeutung von Sieb. Reiterbüchsen waren nach Luschin von Ebengreuth Büchsen, deren sich mehrere elsässische Städte gegen Ende des 14. Jahrhunderts bedienten, um die Passiergröße, mithin auch das Passiergewicht ihrer Münzen zu prüfen. Sie waren mit einem Schlitz versehen, dessen Länge und Breite nach den Größenverhältnissen einer bestimmten Münzgattung gearbeitet war. Als vollwertig galten diejenigen Stücke, welche in der Öffnung stecken blieben, während diejenigen, welche durch dieselbe fielen, als unterwertig angesehen und wieder eingeschmolzen wurden.

Reiter, Reuter hatte früher neben der gewöhnlichen Bedeutung eines zu Pferde Sitzenden u. a. auch die Bedeutung eines Beamten, der einen bestimmten Bezirk zu Aufsichts- und Revisionszwecken zu bereiten hatte, also eines berittenen Aufsehers, Beraiters, insbesondere eines bergmännischen Aufsehers — in Sachsen besteht noch heut der Titel Oberhütten-Reiter oder Reuter. Reiter, Raiter war daher früher auch so viel wie Rechner, und die Marken, deren er sich bei diesem Geschäft bediente, hießen Raitpfennige (s. d.) Auch in einzelnen Teilen Schlesiens führen auf den Rittergütern beschäftigte Beamte noch heut den Titel Reuter.

Religiöse Münzaufschriften. Auf den frommen Sinn früherer Zeiten ist es zurückzuführen, daß auf vielen Münzen des Mittelalters von fortgeschrittenerem Gepräge und Stempelschnitt Umschriften religiösen Inhalts zu finden sind: so auf den Turnosgroschen (s. d.) *Benedictum sit nomen Domini nostri Jesu Christi* (Gesegnet sei der Name unseres Herrn Jesu Christi), auf den venezianischen Zecchinen (s. Dukaten) *Sit tibi Christe datus, quem tu regis, iste ducatus* (Dieses Herzogtum, welches Du regierst, sei Dir, Christus, geweiht), auf anderen Münzen *Christus vincit, Christus regnat, Christus imperat* (Christus siegt, Christus regiert, Christus gebietet) usw. Später, namentlich mit Beginn der neueren Zeit treten an die Stelle religiöser Aufschriften die Wahl- und Sinnsprüche der Münzherren (s. Devisen, Spruchtaler).

Remedium, s. Toleranz.

Rempelheller sind Breslauer im Jahre 1422 in großen Mengen geprägte Heller, welche auf einer Seite den Kopf Johannes des Täufers tragen und diesen Spottnamen erhalten haben, weil man den Kopf des Heiligen mit dem Porträt eines Breslauer Schöffen namens Nikolaus Rempel in vergleichenden Zusammenhang brachte.

Restituierte Münzen heißen solche Münzen, welche von verschiedenen römischen Kaisern zur Erinnerung an verdiente Männer der Republik oder zu Ehren früherer Kaiser geprägt worden sind. Sie tragen demgemäß auf der einen Seite Typen von Münzen der Republik, welche auf den Gefeierten Bezug haben, oder den Kopf des betreffenden Kaisers mit entsprechender Umschrift, auf der anderen Seite das Bild und die Namensumschrift desjenigen Kaisers, welcher die Münzen hat prägen lassen mit dem Zusatz REST*(ituit)*. Besonders zahlreiche und schöne Restitutionsmünzen, welche übrigens in Gold, Silber und Kupfer vorkommen, sind von Trajan geprägt worden.

Restitutor. Die *restitutio,* wörtlich Wiederherstellung, war bei den Römern die Wiedereinsetzung Verurteilter in die ihnen früher aberkannten Rechte, die Begnadigung. Das Recht der restitutio lag ursprünglich beim Volke; später ging es auf die jeweiligen Machthaber, schließlich auf die Kaiser über. Hadrian wird auf mehreren seiner Münzen restitutor Galliae, Hispaniae, d. i. Wiederhersteller geordneter Verhältnisse in Gallien und Spanien, genannt; auch auf Münzen späterer Kaiser werden dieselben als Wiederhersteller des Staates restitutores reipublicae und in überschwänglicher Weise sogar der Welt (mundi oder orbis) gefeiert.

Revers, der, franz. (von lat. *revertĕre*, umkehren) ist die Rück- oder Kehrseite einer Münze oder Medaille, welche im Gegensatz zur Hauptseite der minder wichtigen Darstellung (Wappen, Schrift, Wertangabe) gewidmet ist. Vergl. Avers.

Rex Romanus, s. Kaiser und König.

Rheindukaten, s. Ausbeutemünzen.

Rheinischer Gulden, s. Münzkonventionen.

Richtmünzen, franz. *étalons*, sind Stücke, welche dem Münzer bald als Normalgewicht, bald als Muster für den den Münzen zu gebenden gezetzlichen Feingehalt, bald für beide Zwecke zugleich dienten. In Norddeutschland wurden während des Mittelalters die Richtstücke auch Stals genannt, ein Name, welcher nach Luschin von Ebengreuth in volkstümlicher Umdeutung von étalon in Estalen, Stael, Stahel, Stal entstanden ist. In Süddeutschland hießen sie Korn.

Richtpfennig, s. Mark.

Rigsdaler, Ricksdaler (Reichstaler), vor Einführung der skandinavischen Münzkonvention (1875) in Dänemark und Schweden-Norwegen die herrschende Münzeinheit. Der dänische Rigsdaler hatte 6 Mark zu 16 Schillingen = M. 2,28, der schwedische Rigsdaler war = M. 1,15 und wurde in 48 Schillinge, seit 1855 in 100 Öre geteilt, während der ältere schwedische Reichstaler = M. 4,50 war.

Ringgeld nennt man eine Art Barrengeld, welches jedoch nicht wie gewöhnliche Metallbarren in Stangen oder Klumpen, sondern in Form von Ringen hergestellt ist. Schon die alten Ägypter bedienten sich, wie aus Abbildungen auf Denkmälern derselben hervorgeht, der Ringe als eines Tauschmittels. Bei den alten Germanen und nordischen Völkern vertraten neben anderen Schmuckgegenständen Arm- und Beinringe oder Spiralen aus Gold, Silber und Erz ebenfalls die Stelle des Geldes. Die Ringform bot u. a. den Vorteil, daß man diese Art Geldes leicht bei sich tragen und bei Gebrauch leicht abstreifen konnte. Im Handel bezahlte man Gegenstände von größerem Wert mit ganzen Ringen, während man für den kleineren Verkehr die Ringe zerbrach oder zerhieb. Ringbrecher ist der Ehrenname von Königen, welche die sie im Liede preisenden Barden und Skalden sowie sonst ihnen geleistete Dienste mit Armringen oder Bruchstücken von solchen belohnten. Tatsächlich werden auch solche, absichtlich zerteilte Ringe sowie andere zerbrochene Schmucksachen oft mit ganzen Stücken und selbst mit fremden Münzen, die als Zierat dienten, zusammen gefunden. Bei unkultivierten afrikanischen Stämmen dienen Ringe von Kupfer und Messing noch heut als Geld.

Ringprägung. In früheren Zeiten erfolgte die Münzprägung dergestalt, daß der Schrötling frei auf den Unterstempel gelegt wurde. Diese Art der Prägung hatte den Nachteil, daß das Münzplättchen sich leicht verschieben konnte, in welchem Falle dasselbe von den Stempeln nicht vollständig getroffen wurde, und daß, selbst wenn man zum Festhalten des Schrötlings geeignete Vorkehrungen anwandte, die Münzen doch nicht immer gleichmäßig groß ausfielen, auch die Rundung des Randes unvollkommen war. Diesen Übelständen wurde durch die Einführung der Prägung im Ringe, welche schon seit Ende des 17. Jahrhunderts vereinzelt vorkommt, abgeholfen. Dieselbe besteht darin, daß der Schrötling in einen den Unterstempel umschließenden Stahlring, in welchen der Oberstempel eintritt und dessen innerer Durchmesser genau der Größe der fertigen Münze entspricht, gelegt wird. Durch den beim Prägen ausgeübten Druck dehnt sich der Schrötling aus, und sein Rand wird infolgedessen so stark gegen den Ring gepreßt, daß der Schrötling genau die vorgeschriebene Größe und zugleich selbst einen scharfen, glatten Rand erhält oder auch, wenn der Ring eine Gravierung besitzt, einen genauen Abdruck derselben annimmt. Von besonderer Wichtigkeit ist bei diesem Verfahren das Entfernen der fertigen Münze aus dem Ringe. Zu diesem Zwecke muß entweder der Unterstempel dergestalt beweglich sein, daß er die fertig geprägte Münze selbsttätig nach oben schiebt, oder der Ring muß nach erfolgter Prägung durch einen Mechanismus nach unten gesenkt werden. In beiden Fällen ist aber Bedingung, daß der Ring glatt oder nur mit senkrechten Einschnitten versehen ist, wodurch, wie bei den heutigen Markstücken, der sogenannte Kerbrand erzielt wird. Ist der Schrötling vorher auf dem Rändelwerk (s. d.) mit vertiefter Schrift oder Verzierung versehen, so bleibt diese auch nach der Prägung im glatten Ringe bestehen. Soll dagegen der Rand beim Prägen mit erhabener Schrift oder Verzierung versehen werden, so kommt ein aus drei Teilen bestehender Ring *(virole brisée)* zur Anwendung, welcher innerlich die Buchstaben usw. vertieft enthält und nach erfolgter Prägung sich sofort aufschließt, um die Münze freizulassen.

Während das Prägen von Münzen mit erhabener Randverzierung oder Reliefschrift unter Anwendung eines Federringes, dessen Handhabung aber ziemlich umständlich war, schon im 17. Jahrhundert in verschiedenen europäischen Staaten vorkommt, fand das Prägen im glatten Ringe (nach vorherigem Rändeln) in England erst 1797, in Frankreich 1807, in Holland und Dänemark 1809, in Preußen und Sachsen 1816, in Baden, Braunschweig, Hannover, Schweden 1821, in Württemberg 1823, in Bayern 1825 und in Österreich 1831 Eingang. Daneben wurden aber in diesen Staaten Münzen von geringerem Wert noch längere oder kürzere Zeit ohne die Anwendung des Ringes fortgeprägt.

Ritterorden, s. Orden.

Riyder, s. Cavalier.

Römische Kleidung. Die charakteristischen Kleidungsstücke der Römer, welche auch an den auf Münzen derselben dargestellten Personen häufig erkennbar sind, waren die Toga und die Tunica. Letztere, das Unterkleid, war ein ärmelloses oder kurzärmeliges Hemd, welches bis an die Waden, oder gegürtet bis an die Knie reichte und bei den Senatoren und Rittern vorn einen von oben nach unten gehenden Purpurstreifen hatte. Die Toga, ein großes, halbrundes Stück Zeug von weißer Wolle mit einem Ausschnitt für den Hals, wurde derart über die linke Schulter gelegt, daß diese völlig bedeckt war und ein Teil der Länge vorn fast bis zum Boden herabfiel, während das hinten herabhängende Stück um den Rücken und die rechte Seite derart geschlungen wurde, daß der rechte Arm frei blieb und das Ende von vorn ebenfalls über die linke Schulter geworfen werden konnte. Das Recht zur Anlegung der Toga stand nur den römischen Bürgern zu; die Toga der Magistrate war mit Purpurstreifen verbrämt, die des Kaisers ganz von Purpur. Die Frauen trugen ebenfalls die Tunica und als Obergewand die Stola; weitere Kleidungsstücke derselben waren die Palla, der Schleier usw. Das Kriegskleid der Soldaten war die *tunica militaris,* über welche der Panzer angelegt wurde, während die Sklaven eine einfache, hoch aufgeschürzte Tunica trugen.

Römische Münzen. Man teilt dieselben in die Münzen der Republik, welche wieder in das Schwergeld (s. aes grave) und in die Konsular- oder Familienmünzen (s. d.) unterschieden werden, sowie in die Münzen der Kaiserzeit. Von letzteren gehören diejenigen des 1. und 2. Jahrhunderts zu den schönsten Erzeugnissen römischer wie überhaupt antiker Münzkunst. Unter den folgenden Kaisern verschlechterten sich die Münzen nicht nur im Gehalt, sondern auch in der Ausführung in solchem Maße, daß sie mit den Münzen der ersten Kaiser nicht verglichen werden können. Man kehrte sogar, wie namentlich an den Antoninianen (s. d.) zu bemerken ist, häufig zum Guß zurück. Weiteres über römische Münzen s. unter Denar, Sesterz, Aureus usw.

Römische Münzgesetzgebung, s. Münzgesetze und Münzordnungen früherer Zeit.

Römisches Münzrecht, siehe Münzrecht.

Rollbatzen, s. Batzen.

Roma, Personifikation und Göttin der Stadt Rom wie überhaupt des römischen Staates. Der Kopf der Roma erscheint zuerst auf der Uncia als charakteristisches Gepräge derselben (s. As), dann, mit dem geflügelten Helm bedeckt, auf zahlreichen Denaren und anderen Münzen der Republik. Auf Münzen der Kaiserzeit ist die Roma in ganzer Figur, teils stehend mit Schild und Speer, teils auf Waffen und Schilden sitzend, zur konstantinischen Zeit nur im Brustbilde, häufig dargestellt. Der behelmte weibliche Kopf auf der Uncia und dann auf anderen Münzen der Republik wird auch als Kopf der Minerva angesehen, doch dürfte dies nicht berechtigt sein, da bereits der Triens den Kopf der Minerva trägt und nicht anzunehmen ist, daß man derselben eine zweite Münze, die Unze, gleichzeitig geweiht hat. Auch ist der griechischen Pallas Athene, welche die Römer als Minerva in ihren Kultus aufgenommen haben, der geflügelte Helm nicht eigentümlich, während die Flügel am Helm der Roma sie als Victrix bezeichnen.

Rosenobel, s. Nobel.

Royal d'or, französische Goldmünze des 14. Jahrhunderts, auf welcher der König unter einem gotischen Portal stehend dargestellt ist.

Rubel, der, russische Münzeinheit, war ursprünglich ein von einem Barren roh abgehauenes und gestempeltes Stück Silber — *rubitj*, russ. = abhauen, abschneiden, daher der Name. Den ersten, vorübergehenden Versuch zur Prägung einer eigentlichen großen Silbermünze machte Alexius Michailowitsch im Jahre 1654 durch Überprägung deutscher und anderer Taler mit dem Bilde des Zaren zu Pferde auf der einen und des russischen zweiköpfigen Adlers auf der anderen Seite; eine regelmäßige Rubelprägung begann jedoch erst unter Peter dem Großen. Der Rubel war zuerst = 100 Denga, wurde aber später, wie noch jetzt, in 100 Kopeken geteilt. Man muß den heutigen Silberrubel vom Papierrubel wohl unterscheiden: ersterer ist M. 3,24, während der Papierrubel im Kurse stets weit niedriger steht als jener.

Rübener hießen salzburgische kleine Münzen (Groschen) nach der Rübe in dem Wappen des Erzbischofs Leonhard von Keutschach (1495—1519), von welchem sie geprägt worden sind. Auch ein seltener Taler, Rübentaler genannt, ist von demselben Erzbischof geschlagen worden.

S.

Sachsenspiegel heißt das älteste Rechtsbuch, welches das gesamte deutsche Recht umfaßt. Bis in das 12. Jahrhundert gab es in Deutschland kein Landrecht von allgemeiner Bedeutung; die Rechtsprechung der einzelnen Städte und Gerichtsherren war vielmehr sehr verschieden und fußte zum größten Teil auf dem ungeschriebenen Gewohnheitsrechte. Da veranlaßte im Anfang des 13. Jahrhunderts der Graf Hoyer von Falkenstein den Eike von Repkow (Eibe von Repgowe), einen rechtsverständigen Schöffen aus ritterbürtigem Geschlecht, mit der Zusammenstellung aller derzeit in Sachsen gültigen, geschriebenen und ungeschriebenen gesetzlichen Bestimmungen. Eike von Repkow unterzog sich dieser Aufgabe wahrscheinlich zwischen 1226 und 1238 auf dem Falkenstein, einer heut noch wohl erhaltenen Burg im Selkethal im Harz, und zwar schrieb er das neue Rechtsbuch zuerst in lateinischer Sprache. Später übersetzte er dasselbe in das Niederdeutsche und nannte es nach der literarischen Mode seiner Zeit Sachsenspiegel, da das Recht seines Volkes gewissermaßen in einem Spiegel zur Anschauung gebracht werden sollte.

Der Sachsenspiegel, obgleich, wie aus Vorstehendem hervorgeht, ursprünglich nichts anderes als die Privatarbeit eines Rechtsverständigen, gewann schnell, namentlich im nördlichen Teile Deutschlands, weite Verbreitung und die Bedeutung eines förmlichen Gesetzbuches, nach welchem die Richter Recht sprachen. Auch wurde er die Grundlage zahlreicher späterer Rechtsbücher, vor allem des Deutschenspiegels (1257) und des im Jahre 1275 vollendeten, in Süddeutschland giltigen Schwabenspiegels.

Für die Numismatik des Mittelalters ist der Sachsenspiegel insofern von besonderem Interesse, als er auch über das Münzrecht Bestimmungen enthält. Die wichtigsten der darauf bezüglichen Stellen (nach der ältesten Leipziger Handschrift, herausgegeben von J. Weiske) lauten:

Buch II. Art. 26. *Wenne man nûwe pfenninge slân sal. Wer mit valschen pfenningen kouft. Wie man markte, munzce erheben mûze. Man en mů̊z keine pfenninge slân den andern glîch. Wî lange man mit alden pfenningen koufen mûze.*

§ 1. *Phenninge sal man vernûwens* (erneuern), *alnûwe herren komen.* § 2. *Bûtet* (Bietet) *der munzcêre einen valschen phenning ûz sô daz her dâ mite koufen wil, ez gêt ime an den hals. Swer sîn recht verworcht hât mit dûbe* (Diebstahl) *oder mit roube, vint man under ime vîrdehalben phenning, ez gêt ime an die hant, her en muge ir gewere habn. Swer sô an sîme rechte volkomen ist, vindet man bî ime einen schilling valscher phenninge, die phenninge hât her verlorn und nicht mêr; hat her aber ir mêr, ir gêt ime an die hant, her en muge ir gewere haben.* § 3. *Velschet der munzcêre sîne phenninge und en heldet her si nicht nâh irme rechte, die wîle en mac her niemanne valsches gezîhen, dâ her wandel* (Schadenersatz) *umme tûn durfe. Phenninge sal der munzcer halden phundic, und ebene swêr, und glîche wîz.* § 4. *Nieman en mûz cheinen markt noch mnnze erheben* (aufrichten) *âne des richtêres willen, in des gerichte ez ligt. Ouch sal der kung sînen hantschû durch recht dar zû senden, zû bewîsene, daz ez sîn wille sie.* § 5. *Nieman mûz ouch phenninge slân anderen phenningen glîch, sie en habn sunderlich bescheidunge* (unterscheidende Bezeichnung). § 6. *Swenne man di phenninge verbûtet, uber vîrzcên nacht dar nâh mûz man mit den phenningen gelden* (bezahlen) *und phant lôsen. Swer dâ mete kouft boben rechter zcît, der munzcer mů̊z sie ime wol zcubrechen, her sal sie ime aber wieder gebn.*

Buch III. Art. 60. ... *Wenne deme kong zcolne, munzce, gerichte und gevangene lôs sîn suln....*

§ 2. *In swilche stat des rîches der kung kümt binnen deme rîche, dâr ist ime ledic* (frei) *munzce unde zol, unde in wilch lant her kumt, dâr ist ime ledic daz gerichte, daz her wol richten mů̊z alle die clage, die vor gerichte nicht begunt noch nicht gelent en sî ...*"

Auch über die Höhe der Buß- und Wergelder enthält der Sachsenspiegel interessante Angaben. So betrug nach Buch III, Art. 51 u. a. das Wergeld für ein Huhn oder eine Ente einen halben Pfennig, für eine Gans einen Pfennig, für ein Lamm vier und für ein Kalb sechs Pfennige, für eine trächtige Sau fünf Schillinge, für einen Maulesel oder Zugochsen acht, für ein Arbeitspferd zwölf Schillinge und für ein Reitpferd ein Pfund.

Saeculares, s. Ludi saeculares.

Säulentaler, s. Colonnato.

Saigern, Aussaigern nannte man im Mittelalter das Aussuchen überwichtiger Stücke aus den geprägten Münzen mittels einer eigens dazu konstruierten Wiegevorrichtung, dem Saiger, sowie das Ausscheiden der überwichtig befundenen Stücke aus dem Verkehr. Bei der Unvollkommenheit der Münztechnik damaliger Zeit war es den Münzern nicht möglich, die Schrötlinge zu den zu prägenden Pfennigen oder Hellern genau in dem Gewichte herzustellen, welches sie nach dem Verhältnis der Zahl der aus der Münzmark zu prägenden Stücke haben sollten. Man begnügte sich daher, das Gewicht derselben *al marco* (s. d.) zu prüfen, wobei der Verkehr im allgemeinen nicht zu kurz kam, da das Mindergewicht einzelner Stücke durch das Übergewicht anderer Stücke ausgeglichen wurde. Die Gewinnsucht führte aber dazu, daß man schon in den Münzstätten und dann auch außerhalb derselben die schwereren Pfennige aussaigerte und wieder einschmolz, so daß schließlich nur die leichteren Stücke im Verkehr blieben. Dieses verwerfliche Verfahren führte dann häufig zu den Verrufungen der Münze (s. d.) und zur vollständigen Zerrüttung des Münzwesens.

Salus, Personifikation sowohl der Gesundheit des römischen Volkes, weshalb man bei Seuchen ihren Schutz anflehte, als auch der öffentlichen Wohlfahrt (Salus publica). Die Salus, der auf dem Quirinalis ein Tempel errichtet war, ist auf Münzen der Kaiser häufig dargestellt als thronende weibliche Figur, mit einer Schale die Libation auf einen Altar gießend oder eine Schlange nährend, die sich an dem Altar hinaufwindet.

Salut, franz., Saluto, ital., war eine Münze, auf welcher die Verkündigung Mariä dargestellt ist und die unter anderem, wenn auch nicht immer vollständig, die Aufschrift Ave Maria, gracia plena usw. trägt, d. i. den Engelsgruß, von welchem sie auch den Namen erhalten hat. Solche Saluti wurden in Frankreich und in Sizilien und Neapel geprägt, und zwar in ersterem Lande ausschließlich in Gold (Saluts d'or) von Karl VI. (1380—1422) sowie von den Königen von England Heinrich V. (1413—1422) und Heinrich VI. (1422—1436) während ihrer Herrschaft in Frankreich; in Gold und Silber (Saluto d'oro und Saluto d'argento) in Sizilien und Neapel von Karl I. von Anjon (1266—1285) und seinem Nachfolger Karl II. König von Neapel (1285—1309).

Salvatortaler sind schwedische Taler des 16. und 17. Jahrhunderts, welche auf einer Seite das Bild Christi mit der Umschrift *SALVATOR MUNDI ADJUVA* oder *SALVA NOS* tragen.

Sancta Colonia ist die typische Aufschrift, welche zahlreiche im 10. und 11. Jahrhundert in Cöln geprägte Denare tragen. Dieselbe ist meist in drei Zeilen gestellt, wobei die erste Zeile durch ein quer durchstrichenes S (Abkürzung für Sancta), die zweite Zeile durch die Buchstaben CoLoNI (der Buchstabe o ist weit kleiner als die übrigen Buchstaben) und die dritte Zeile nur aus dem Buchstaben A oder Ā gebildet wird, so daß

S
das Bild CoLoNI entsteht. We-
Ā
gen der Beliebtheit der Cölner Denare wurde dieses Schriftbild von anderen Münzstätten, namentlich Remagen, Corvey, Fritzlar, Minden, Paderborn, Soest unberechtigter Weise nachgeahmt, und es sind daher nicht alle Münzen der gedachten Zeit, welche die Aufschrift Sancta Colonia tragen, in Cöln enstanden. S. auch Städtenamen auf deutschen Münzen und Nachahmung und Nachprägung von Münzen.

Sargpfennig. Dieser eigentümliche Name wird kleinen geringhaltigen Hohlpfennigen des Bistums Halberstadt aus dem 16. Jahrhundert beigelegt, welche rechts das Wappen des Bistums, einen silbern und rot geteilten Schild und daneben den Schild mit dem heiligen Stephan, dem Schutzpatron des Bistums, sowie ein hinter beiden Schilden hervorragendes Kreuz zeigen. Schmieder weist diese Pfennige irrigerweise der Stadt Erfurt zu und knüpft daran die Sage, daß dieselben obigen Namen erhalten hätten, weil sie aus dem Silber, welches von den im Jahre 1525 von aufständischen Bauern zerschlagenen Heiligensärgen herrührte, seitens der Stadt geprägt worden seien, um die ihr auferlegte Buße zu zahlen. Diese Sage wird durch das auf den kleinen Münzen allerdings ziemlich mangelhaft ausgefallene Brustbild des Heiligen unterstützt, denn der Kopf desselben gleicht einem Totenkopf, während die Zeichnung der Kleidung unter demselben befindlichen Knochen ähnlich ist. Es ist daher anzunehmen, daß das Ganze als das Gebein eines Heiligen angesehen worden und hierauf die Enstehung obiger Sage zurückzuführen ist.

Sassaniden, Bezeichnung einer Königsdyanstie, welche nach Besiegung der Parther 226 n. Chr. das neupersische Reich begründet und bis zur Vernichtung desselben durch die Araber (i. J. 651 n. Chr.) beherrscht hat. Die Bezeichnung der Dynastie ist auf den ersten, aus der Familien Sassan stammenden König zurückzuführen. Die Münzen der Sassaniden zeigen auf der einen Seite die Büste des Königs mit einer eigentümlichen, turbanartigen und reich verzierten Kopfbedeckung, auf der anderen Darstellungen, welche sich auf den von den Sassaniden wiederhergestellten Zoroaster- (Feuer-) Kultus der alten Perser beziehen.

Satrapenmünzen, s. Persische Münzen.

Satyrische Medaillen, s. Spottmünzen.

S C, s. Senatus consultum.

Sceattae waren die ersten Münzen, welche von den angelsächsischen Königen nach der Eroberung Englands geschlagen wurden. Sie bestanden in kleinen Silberstücken, welche nach dem Muster der von ihnen vorgefundenen römischen Münzen hergestellt wurden, waren aber von sehr unvollkommener Prägung. Auf die Sceattae folgten die besseren Pennies (s. d.).

Schatz. Unter Schatz versteht man im allgemeinen eine eingemauerte, vergrabene oder sonst verborgene Sache, welche so lange Zeit verborgen war, daß der Eigentümer nicht mehr zu ermitteln ist. Münzfunde werden daher, gleichviel ob dieselben über oder unter der Erde gemacht werden und ohne Rücksicht darauf, ob ihr Metallwert ein größerer oder ein geringer ist, ebenfalls Schätze genannt. Näheres hierüber, insbesondere über die auf Findung eines Schatzes bezüglichen Rechtsgrundsätze s. unter Münzfunde.

Schaumünzen, s. Medaillen.

Scheidemünzen, im Simplicissimus *Schiedmünz* genannt, unterscheiden sich von den Währungsmünzen dadurch, daß ihr wirklicher Wert hinter dem ihnen vom Staate beigelegten Wert, dem Nennwert, stets und zwar oft erheblich zurückbleibt. Sie werden aus Silber oder Nickel unter mehr oder weniger Zusatz von Kupfer, sowie aus Kupfer mit oder ohne Zusatz von Zinn oder Zink hergestellt. Dem Mittelalter war die Unterscheidung von Währungs- und Scheidemünzen lange Zeit fremd, da der Denar oder Pfennig die einzige geprägte Münze war. Man half sich häufig mit dem Zerschneiden derselben, namentlich der Brakteaten, in Hälften und selbst Viertel. Erst verhältnismäßig spät kam es zur Prägung von Halblingen und Vierteln (Orten), dann nach Entstehung des Groschens zur Herstellung von Groschenteilen, die allmählich immer geringhaltiger als dieser ausgebracht wurden. Damit war man zur Scheidemünze gelangt. Dieselbe dient in jedem Münzsystem dem Kleinverkehr und auch zum Ausgleich von Bruchteilen, die in der Münzsorte, in welcher die Zahlung erfolgt, nicht darstellbar sind, denn reine Gold- und Silbermünzen würden für diesen Zweck überaus klein und Kupfermünzen viel zu groß ausfallen, wenn ihr Metallwert dem Nennwert entsprechen sollte. Der Staat muß sich indessen hüten, Scheidemünzen, wie leider in früheren Zeiten häufig geschehen ist, über das wirkliche Bedürfnis ausgehen zu lassen, da sonst das gesamte Münzwesen in Unordnung gerät und der Kredit geschädigt wird. Mittel gegen die Überhandnahme der Scheidemünze bestehen 1. in der genauen Begrenzung der Summe, die jedermann verpflichtet ist, in Scheidemünze anzunehmnen, 2. in der Verpflichtung der Staatskasse, Scheidemünzen unbeschränkt anzunehmen, und 3. in der gesetzlichen, dem Verkehrsbedürfnis entsprechenden Beschränkung der Ausprägung der Scheidemünze. Diesen Bedingungen ist in Deutschland durch die Reichsmünzgesetzgebung im vollen Umfange entsprochen. Denn Artikel 9 des Münzgesetzes vom 9. Juli 1873 bestimmt, daß niemand verpflichtet ist, Reichssilbermünzen, welche infolge der Einführung der Goldwährung zu den Scheidemünzen gehören, im Betrage von mehr als zwanzig Mark und Nickel- und Kupfermünzen im Betrage von mehr als einer Mark in Zahlung anzunehmen. Außerdem bestimmt derselbe Artikel, daß Reichssilbermünzen von den Reichs- und Landeskassen zu jedem Betrage in Zahlung anzunehmen sind, sowie daß von bestimmten, seitens des Bundesrates näher bezeichneten Kassen Reichssilbermünzen in Beträgen von mindestens 200 Mark und Nickel- und Kupfermünzen in Beträgen von mindestens 50 Mark auf Verlangen gegen Goldmünzen eingewechselt werden. Endlich ist durch Art. 4 bzw. 5 bestimmt, daß der Gesamtbetrag der Reichssilbermünzen bis auf weiteres 10 Mark und der Nickel- und Kupfermünzen $2\frac{1}{2}$ Mark für den Kopf der Bevölkerung des Reichs nicht übersteigen soll. Die erstere Quote ist später, da sich das Bedürfnis dazu herausstellte, auf 15 Mark und neuerdings auf 20 Mark für den Kopf der Bevölkerung erhöht worden.

Scheiden oder **Affinieren** des Goldes und Silbers. Beide Metalle kommen in chemisch reinem Zustande in der Natur nicht vor; sie werden immer mit anderen Metallen, namentlich Gold mit Silber und Silber mit Blei und Kupfer vermischt gefunden. Das Verfahren, mittels dessen Gold oder Silber von anderen Metallen gereinigt wird, heißt scheiden oder affinieren. Die Scheidung wird auch häufig angewandt, um aus altem Silber, namentlich alten Silbermünzen das reine Silber zu gewinnen und erfolgt durch Rösten derselben und weitere Behandlung mit Schwefelsäure. Als infolge der Einführung der Deutschen Reichswährung die Landessilbermünzen eingezogen wurden, richtete man in Hamburg und Frankfurt a. Main große Affinieranstalten ein, welchen dieselben überwiesen wurden. Das gereinigte Silber wurde dort in Barrenform gegossen und ging dann wieder an die Münzstätten, von welchen es nach Legierung auf das durch das Reichsmünzgesetz vorgeschriebene Korn zur Neuausprägung von Reichssilbermünzen verwandt wurde. Da das Gold stets in Begleitung von Silber vorkommt und da man früher die verschiedenen Metalle nicht so rein wie heutigentages herzustellen vermochte, so tritt nicht selten der Fall ein, daß man beim Affinieren alter Silbermünzen noch kleine Mengen Gold gewinnt.

Scherf, mittelhochdeutsches Wort, bedeutet einen Bruchteil, ein Bißlein, und ist offenbar auf denselben Stamm zurückzuführen, wie das Wort Scherbe. Den Namen Scherf erhielten daher im Mittelalter die in Norddeutschland, namentlich in Pommern gangbaren kleinsten Silbermünzen, welche die Hälfte eines Denars oder Pfennigs darstellten. Vgl. auch die unter ewiger Pfennig abgedruckte Urkunde Ottos des Faulen von 1369, durch welche er an eine Anzahl brandenburgischer Städte das Münzrecht abtritt und in der es u. a. heißt: *Ouch sullen und mogen sy Phenninge slan und machen, der man czwene vor eyne gebin sal, die dar geheisen seyn Scherfpennige.* Die Scherfe sind meist von schlechtem Gepräge und ohne Aufschrift. Das Deminutivum Scherflein kommt in der Bibel vor: arme widwe... legte zwei scherflin ein, die machen einen heller. Marc. 12, 42. Auch heut wird das Wort Scherflein noch bildlich gebraucht, z. B. ich will mein Scherflein beitragen.

Schießtaler, Schützenmedaillen, Schießklippen, auch Kleinode genannt, waren Schaumünzen, welche aus Anlaß von Schützenfesten in verschiedenen Städten, z. B. Regensburg, Augsburg, Löwenberg geprägt wurden und auch heut noch aus ähnlichen Anlässen hergestellt werden. Bisweilen wurden sie, wie noch neuerdings die bekannten

Frankfurter Schützenfesttaler, als Denkmünzen, also als umlaufsfähiges Geld ausgeprägt. In früheren Jahrhunderten, in welchen der Bürger zur Verteidigung der Stadt verpflichtet war und sich im Waffengebrauch üben mußte, hatten die Schützenfeste besondere Bedeutung.

Schiffnobel, s. Nobel.

Schiff- oder **Reisetaler** sind Gedenktaler des Herzogs August von Braunschweig-Wolfenbüttel (1636—1666). Derselbe war ein sehr edler Fürst, welcher die durch den dreißigjährigen Krieg dem Lande geschlagenen Wunden zu heilen suchte und viele wohltätige Einrichtungen für dasselbe schuf. So war er u. a. der Gründer der Wolfenbütteler Bibliothek. Auf den ernsten Sinn dieses Fürsten ist auch die Prägung der vorgedachten Taler zurückzuführen, mit welchen er insbesondere seine Söhne, wenn sie auf Reisen gingen, versehen haben soll. Sie tragen auf der Hauptseite das Brustbild des Fürsten von vorn und in der Umschrift Namen und Titel desselben. Auf der Rückseite zeigen sie ein am Ufer liegendes Schiff, während ein anderes Schiff, dessen Segel von einem Windgott geschwellt werden, in die Ferne fährt. Am Ufer steht ein Mann, welcher mit dem Finger seine Stirn berührt und dadurch in naiver Weise andeutet, daß er darüber nachdenkt, ob er reisen soll oder nicht. Über dem Bilde befindet sich der Wahlspruch des Herzogs ALLES MIT BEDACHT, während unter dem Bilde die bekannten Worte Cäsars JACTA · EST · ALEA stehen, beides Sentenzen, deren Beziehung auf das Reisen nahe liegt. Eine Jahreszahl trägt der Taler nicht.

Schiffsmünzen werden spanische Silbermünzen (Piaster und Teilstücke derselben) genannt, welche angeblich auf den Schiffen der Silberflotte während der Überfahrt derselben von Amerika nach Europa geschlagen wurden. Sie sind aus kantig gehauenen Silberstücken hergestellt und von sehr unvollkommener Prägung.

Schild, der, Mehrzahl die Schilde, altsächsisch *skild,* althochdeutsch *scilt,* mittelhochdeutsch *schilt,* war im Altertum wie im Mittelalter bis zur allgemeinen Einführung der Feuerwaffen die wichtigste Schutzwaffe gegen Hieb, Stich, Pfeil- und Spießwurf. Er war von sehr verschiedener Größe und Form, bald aus bloßem Holz gearbeitet, bald aus Holz oder Flechtwerk mit Tierhäuten überzogen oder mit Metall beschlagen, bald ganz aus Metall.

Der griechische Schild ἀσπίς bei Homer auch σάκος oder βοείη genannt (weil von Rindsleder) war oval, mit einem Riemen zum Umhängen versehen und so groß, daß er den ganzen Mann deckte. Daneben hatten die Griechen einen kleineren runden Schild, welcher auch argivischer Schild genannt wurde und auf der Innenseite mit Vorrichtungen zum Halten desselben versehen war. Von eigentümlicher Form waren, der auf Münzen nicht selten vorkommende, auf beiden Seiten mit halbkreisförmigen Ausschnitten versehene böotische Schild und der kleine halbmondförmige Amazonenschild.

Bei den Römern war ein kleiner kreisrunder Schild (*clypeus*) und ein größerer (*scutum*) aus leichtem Holz, mit Rindshaut überzogen und von ovaler, rechteckiger oder auch länglich-sechseckiger, nach außen gewölbter Form im Gebrauch. Die Schilde waren mit verschiedenen Zeichen und Verzierungen, am häufigsten mit dem geflügelten Biltz bemalt und in der Mitte mit einem Buckel (*umbo*) versehen, dessen Entstehung wahrscheinlich darauf zurückzuführen ist, daß in die durch denselben auf der inneren Seite gebildete Höhlung die Hand gelegt wurde. Auf den römischen Münzen finden wir nicht selten den runden Schild dargestellt, und zwar bald für sich allein, bald unter Trophäen, bald am Arme von Kriegern oder der kämpfenden Minerva.

Die germanischen Völkerschaften hatten ebenfalls zwei verschiedene Arten von Schilden: große wandartige, mit bestimmten Farben bemalte Gestelle von Holz oder festem Flechtwerk und wahrscheinlich mit Tierhäuten überzogen, sowie kleinere, meist runde oder ovale Bronzeschilde mit einem Buckel oder nach außen stehender Spitze. Letztere finden wir vornehmlich bei den nordischen Völkern, was jedenfalls auf den Metallreichtum der betreffenden Länder zurückzuführen ist. Im 11. und 12. Jahrhundert herrscht der mandelförmige Schild vor, welcher später eine dreieckige, zu beiden Seiten meist etwas nach außen gerundete Gestalt erhielt und an einem Bande um den Hals oder die Schulter getragen wurde. Er war in der Regel aus Holz und mit Leder überzogen, seltener aus Metall, da er nicht zu schwer sein durfte. Die Armbrustschützen bedienten sich des sogenannten Setzschildes, eines großen, unten mit Spitzen versehenen Gestelles, welches auf dem Rücken getragen und beim Gebrauch in den Boden gesteckt wurde, so daß es dem Schützen als Deckung diente.

Der ritterliche Schild des 14. Jahrhunderts war im allgemeinen ebenfalls dreieckig, jedoch kleiner als in früheren Jahrhunderten, da die vervollkommneten Rüstungen (Schuppenpanzer) dem Körper besseren Schutz boten, als bisher. Die von der dreieckigen Form abweichenden Schilde, welche daneben in Gebrauch kamen, wurden Tartschen genannt (vom angelsächs. *targe*, altnord. *targa*, althochdeutsch *zarga* = Schutzwehr). Sie haben rechts oben häufig einen Ausschnitt zum Einlegen der Lanze und wurden vorzugsweise auf dem Turnierplatze gebraucht, weshalb sie auch Stechschilde oder Renntartschen genannt, wurden. Daneben gab es noch eine Tartsche für das Fußvolk, einen großen rechteckigen oder ovalen Schild, Pavese genannt.

Letzterer hatte in der Mitte eine tiefe, außen als Rippe erscheinende Rinne.

Seit der Mitte 15. Jahrhunderts hört der Schild auf, von den Rittern im Kampf benutzt zu werden, da die immer mehr verbesserte und fast den ganzen Körper deckenden Plattenrüstungen denselben entbehrlich machten. Er erscheint nur noch bei den Turnieren, und nachdem auch diese aufgehört hatten, ist er nur noch zur Aufnahme von Wappenbildern bestimmt. Weiteres s. unter Wappenschild.

Schildhalter nennt man Engel, Menschen, Tiere oder phantastische Gestalten, welche den Wappenschild tragen oder halten oder auch wie Wächter neben oder hinter demselben stehen. Die Schildhalter sind teils einzelne, teils zwei gleichartige Figuren, teils zwei Figuren verschiedener Art wie beim großbritannischen Wappen (Löwe und Einhorn). Sie sind mitunter den Bildern des Wappenschildes oder den Kleinodsfiguren entnommen, häufiger aber willkürlich gewählt.

Schildige Groschen oder Schildgroschen sind von den Markgrafen von Meißen (nach Erlangung des Herzogtums Sachsen mit der Kurwürde) im 15. Jahrhundert geprägte Groschen, welche ihren Namen von dem auf ihnen befindlichen Landsberger Wappenschilde (mit drei Pfählen) erhalten haben. Dasselbe ist einmal auf der Vorderseite und dann auf der Rückseite angebracht, wo es von dem stehenden meißnischen Löwen gehalten wird.

Schilling, got. *skilliggs*, altnord. *skillingr*, altengl. *skilling*, althochd. *scilling*, mittelhochd. *schillinc*, ist eine altdeutsche Wert- und Münzbenennung, deren Ableitung nicht ganz sicher ist. Zu verwerfen ist die Annahme, daß Schilling eine Korrumpierung des spätrömischen *solidus* (Goldmünze) oder gar der *siliqua* (kleine Silbermünze) sei, denn obgleich der Schilling in den lateinisch geschriebenen altdeutschen Urkunden mit *solidus* übersetzt wurde und ursprünglich auch dessen Wert entsprach, so läßt sich doch die Umwandlung des Anfangsbuchstabens *s* in *sk*, *sc* oder gar *sch* nicht erklären, wenigstens fehlt es an jedem Analogon dafür. Dann wird Schilling vielfach von dem althochdeutschen *scellan*, klingen, tönen, schallen und damit im Zusammenhang von *skiltr*, „der Klang“, *skillingr*, „der Klingende“ abgeleitet. Es soll also ein tönendes Metallstück, Geld im allgemeinen bedeuten. Aber auch diese Erklärung erscheint hinfällig, wenn man in Betracht zieht, daß der Schilling ursprünglich nur eine Rechnungsmünze war. Nach dem karolingischen Münzsystem wurde nämlich das Pfund Silber in 20 Schillinge zu 12 Denaren geteilt, doch wurden lange Zeit nur die letzteren wirklich ausgemünzt. Erst im 13. Jahrhundert wurden in Frankreich größere Silberstücke, die *denarii grossi (gros tournois)* und im Jahr 1300 in Böhmen die ersten Groschen geschlagen, welche Münzgattungen dem karolingischen Schilling insofern entsprechen, als sie beide das Zwölffache des Denars bzw. Pfennigs darstellen. Berücksichtigt man ferner, daß uns die Schillinge unter der Bezeichnung *skilligans* und *scilling* sprachlich schon in gotischen und angelsächsischen Urkunden des 6. Jahrhunderts, also zu einer Zeit begegnen, zu welcher an die wirkliche Ausprägung dieser Münzen noch nicht zu denken war, so dürfte die Ableitung von *scellan*, klingen, hinfällig sein. Aus demselben Grunde ist die allerdings verführerische Ableitung von Schild — Schildling — zu verwerfen. Ebensowenig erscheint die Ableitung von dem angelsächsischen *skilan*, teilen, gerechtfertigt, worunter etwa die Teilung des Münzpfundes zu verstehen sein könnte. Denn hier steht, wie wir später sehen werden, der Mangel einer Analogie in der Ableitung anderer, uralter Münzbenennungen, wie Pfennig, Mark, sowie der Umstand entgegen, daß man den aus dem Münzpfund wirklich hergestellten greifbaren Metallstücken, also den Pfennigen, eher einen auf den Begriff des Teilens zurückzuführenden Namen gegeben haben würde, als einer Rechnungsmünze.

Grote (und mit ihm Jakob Grimm) führt in seinen Münzstudien (II. 850 u. f.) die Entstehung des Wortes Schilling auf die altgermanischen Bußzahlungen zurück, was das Richtige sein dürfte. Bei den Germanen versah nämlich (vgl. Tacitus, Germania 12 und 21) das Vieh hauptsächlich die Stelle des Geldes. Die herkömmlichen Bußzahlungen, insbesondere das Wergeld, d. i. die für einen Totschlag an die Blutverwandten zu entrichtende Buße, wurde daher in Häuptern Vieh geleistet. Nun heißt das altgermanische Wort *skillan:* ich habe getötet oder verwundet, daher weiter: ich bin bußpflichtig geworden, schulde, Schuld. In dem hieraus gebildeten Wort Schilling ist daher die Werteinheit zu erblicken, nach welcher die Buße festgesetzt wurde. Diese Werteinheit war die gewöhnliche, gesunde, milchgebende Kuh und entsprach ungefähr der spätrömischen Werteinheit, dem Solidus, wodurch sich die Übersetzung von Schilling mit *solidus* erklärt. Daß aber der römische Solidus wirklich dem alten Kuhwert gleichkam, erhellt, wie in Götzingers Real-Lexikon der deutschen Altertümer angeführt wird, aus dem Volksrecht der ripuarischen Franken, worin bei der Entrichtung des Wergeldes ein gehörnter, sehender und gesunder Ochse für 2 Solidi, eine gehörnte, sehende und gesunde Kuh für 1 Solidus, ein sehendes und gesundes Pferd für 6 Solidi, eine sehende und gesunde Stute für 3 Solidi, ein Schwert mit Scheide für 7 Solidi gerechnet werden. Heute wird Schilling oft bildlich als ein Wort gebraucht, welches keinen bestimmten Wert darstellt, sondern mit dem beim Erwerb einer

Ware der Begriff des dafür gegebenen Gegenwerts verbunden ist: Kaufschilling, Pfandschilling.

Im Mittelalter kommen erst gegen Ende desselben, und zwar im 15. Jahrhundert, Münzen vor, welche den Namen Schilling führen. Letzterer behauptete sich namentlich im Norden Europas sowie in den deutschen Küstenländern der Ostsee, während der Groschen das übrige Deutschland beherrschte. So wurden in England unter Heinrich VII. (1485—1509), in Dänemark unter Christoph (1439 bis 1448) die ersten Schillinge geschlagen. Im weiteren fand seit dem 15. Jahrhundert in Preußen unter den Ordensmeistern und in Pommern eine ausgedehnte Schillingprägung statt. In Deutschland hat sich der Schilling als Scheidemünze in Hamburg, Lübeck, Mecklenburg, Holstein und Lauenburg bis zum Inkrafttreten des Reichsmünzgesetzes erhalten; auch in Dänemark, Schweden und Norwegen wurde bis zur Einführung der skandinavischen Münzkonvention nach Schillingen gerechnet. In England ist der Schilling noch heut eine gangbare Münze.

Schinderlinge nannte man spottweise kleine Silbermünzen (Pfennige), welche in der Zeit von etwa 1457 bis 1460 in Österreich und dann in Salzburg und Bayern von münzberechtigten Herren und Städten aus Gewinnsucht in großen Mengen geschlagen und ganz unterwertig ausgebracht wurden. Im Jahre 1460 wurden die Schinderlinge in Bayern unter Herabsetzung auf ihren wirklichen Wert (6 Schinderlinge für einen guten Pfennig) eingezogen. Das in der Schinderlingszeit herrschende Münzunwesen ist zu vergleichen mit den Münzwirren in der Kipperzeit (s. d.). Der Spottname Schinderling ist auf „schinden, Schinder“ zurückzuführen oder von „schindern“ abzuleiten, was soviel wie rauschen (daher Schindergold, Rauschgold) bedeutet.

Schirmbretter, s. Helmkleinode.

Schlägelpfennige, Slegelpenninge werden in Münsterschen Urkunden des Mittelalters die Münzen genannt, welche von einer bestimmten Anzahl geprägter Stücke dem das Münzrecht Ausübenden zuflossen. Der Ausdruck ist also gleichbedeutend mit Schlagschatz (s. d.).

Schlagschatz, franz. *brassage*. Unter diesem Worte versteht man den Unterschied zwischen dem Nennwert und dem Metallwert einer Münze, welcher dem Münzherrn als Entschädigung für die Kosten der Herbeischaffung des Münzmetalls, der Herstellung der Münze und der Einziehung der durch Abnutzung unterwertig gewordenen Münzen gebührt. In einem geordneten Staatswesen ist die Höhe des Schlagschatzes ein für allemal festgelegt, indem durch Gesetz genau bestimmt wird, wieviel Münzen aus einer gewissen Menge des Münzmetalls hergestellt werden sollen. Beispielsweise werden im Deutschen Reiche aus einem Pfunde feinen Goldes 139½ Kronen im Werte von 1395 Mark geprägt. Wenn nun das Reich das Pfund feinen Goldes für 1392 Mark ankauft, so bleibt ihm zur Deckung der Prägekosten usw. ein Gewinn von 3 Mark für das Pfund. Auch ist durch das Reichsmünzgesetz vom 9. Juli 1873 bestimmt, daß für die Ausprägung von 20-Markstücken für Rechnung von Privatpersonen eine Gebühr erhoben werden soll, welche den Betrag von 7 Mark für das Pfund fein Gold nicht übersteigen darf.

In früheren Zeiten herrschte in der Erhebung des Schlagschatzes in allen Ländern die größte Willkür. Nicht nur daß die Münzherren einen zu hohen Schlagschatz beanspruchten, suchten sie oft auch durch andere ungerechtfertigte Mittel aus dem Münzregal möglichst hohen Gewinn zu erzielen. Dahin gehören vornehmlich die Herabsetzung der Münze im Schrot und Korn sowie das häufige Verrufen (s. d.) derselben.

Schlicktaler ist eine Benennung, welche nach dem Namen der Münzherren, der Grafen Schlick, den von ihnen geprägten Guldengroschen oder Talern neben der Bezeichnung Joachimstaler (s. Taler) häufig beigelegt wurde.

Schmalkaldischer Bundestaler. Im Jahre 1531 wurde der Schmalkaldische Bund gegründet, welchem die meisten protestantischen Fürsten und Reichsstädte angehörten und dessen Häupter der Kurfürst Johann Friedrich von Sachsen und der Landgraf Philipp von Hessen waren. Dieselben prägten aus diesem Anlaß in den Jahren 1535 bis 1546 gemeinschaftlich Münzen, von welchen die Taler, Schmalkaldische Bundestaler genannt, auf der einen Seite das Bild des Kurfürsten, auf der anderen Seite das Bild des Landgrafen und beiderseits entsprechende Umschriften tragen. Der schmalkaldische Krieg (1546 bis 1547) endigte bekanntlich mit dem Siege Kaiser Karls V. bei Mühlberg sowie mit der Gefangennahme beider Fürsten und dem Übergange der Kurwürde von der Ernestinischen auf die Albertinische Linie des Hauses Wettin.

Schock Groschen. Schock ist ein altes hoch- und niederdeutsches Wort, welches eine Anzahl von 60 Stück bedeutet. Dasselbe war zuerst in der Landwirtschaft gebräuchlich — in vielen Gegenden Norddeutschlands finden wir noch jetzt die Bezeichnung Schock Stroh oder Schock Garben — und wurde dann bei allerlei Waren, welche nach der Stückzahl gekauft werden, eine noch heut nicht ganz ausgestorbene Rechnungseinheit — Schock Eier, Schock Leinwand (d. s. 60 Ellen Leinwand) usw. —, obgleich die Zahl 60 nicht immer genau festgehalten, sondern der besseren Teilbarkeit wegen bisweilen um ein Geringes erhöht oder auch herabgesetzt wurde. So enthielt das Großschock oder gute Schock nicht 60, sondern 64 und infolgedessen der vierte Teil desselben, die Mandel, nicht 15, sondern 16 Stück (gute Mandel), die halbe Mandel also 8 Stück. Auf die allgemeine Verbreitung, welche die Schockrechnung im Mittelalter hatte, ist es zweifellos zurückzuführen, daß man auch die ersten prager und meißnischen Groschen zu 60 Stück auf die feine Mark ausbrachte. Bei Großzahlungen rechnete man sodann in den Ländern der Groschenwährung nach Schock Groschen, bis diese Rechnungsweise infolge der Einführung des silbernen Großstücks, des Güldengroschens oder Talers, dessen Wert ursprünglich = 1 Goldgulden war, unnötig wurde.

Im übrigen waren die Schock Groschen, je nach ihrem Gehalt und den Ländern, in welchen sie geprägt wurden, später von sehr verschiedenem Wert und man fügte daher, um sie zu unterscheiden, dem Namen noch das Ursprungsland hinzu, sprach also von Schock böhmischen, meißnischen, brandenburgischen usw. Groschen. Auch kam es vor, daß man, um das Schock geringhaltiger Groschen dem Schock besserer Groschen gleichzustellen, die Zahl der auf das Schock zu rechnenden Groschen entsprechend erhöhte. So ließen die Markgrafen von Meißen Friedrich der Sanftmütige († 1464) und Wilhelm III. († 1482) eine neue Sorte Groschen prägen, welche, obwohl sie zu 100 Stück auf die feine Mark ausgebracht wurden, den Namen Schockgroschen, allerdings mit dem Zusatz neue und daneben wegen ihrer geringeren Größe auch die Bezeichnung kleine Groschen erhielten. Sie zeigen auf der Hauptseite in vierbogiger Einfassung (Vierpaß) das den meißnischen Groschen eigentümliche Lilienkreuz mit darauf liegendem landsberger Schilde, auf der Rückseite den meißnischen Löwen und im Felde einen Buchstaben, ein Kreuzchen und andere Beizeichen.

Schraubtaler, Schraubmedaillen sind weder den Münzen noch den eigentlichen Medaillen zuzuzählen. Sie sind zwar, was die Form und die Prägung oder Pressung anlangt, letzteren ähnlich, bestehen aber aus zwei dünnen, die Vorder- und die Rückseite des Stückes bildenden Hälften, welche der Fläche nach derart ineinandergeschraubt werden können, daß sie äußerlich ein medaillenartiges Ganzes, innen aber einen Hohlraum bilden, in welchen man eine Folge runder, meist auf Zeitereignisse bezüglicher Bildchen oder auch andere kleine Gegenstände legte. Derartige Schraubmedaillen wurden früher namentlich in Augsburg und Nürnberg angefertigt.

Schreckenberger, s. Engelsgroschen.

Schrift auf Münzen. Der Gebrauch, die Münzen mit Aufschriften zu versehen, ist fast ebenso alt wie die Münzprägung selbst. Die zu der ältesten bekannten Münzen gehörenden Didrachmen von Aegina mit der Meerschildkröte sowie von anderen Inseln des ägäischen Meeres und von Jonien, ferner die unter dem Namen Dariken bekannten persischen Münzen waren zwar schriftlos, doch gibt es griechische Münzen von vielleicht ebenso hohem, jedenfalls aber wenig niedrigerem Alter, welche neben dem Münzbilde bereits eine Aufschrift tragen, sei es auch in abgekürzter Form, oder gar bloß in einem Buchstaben bestehend. So finden wir auf sehr alten Münzen von Theben in Böotien das Zeichen ⊕ (die altertümliche Form des Θ) als Anfangsbuchstabe des Stadtnamens, auf Münzen von Ephesus neben dem Bilde der Biene die Anfangsbuchstaben des Namens ΕΦ und auf Münzen von Korinth unter dem Bilde des Pegasus ein Ϙ (Koppa), die altertümliche Form des Κ. In der Folge wurden Aufschriften auf den griechischen Münzen häufiger und umfangreicher, doch blieben sie bis zur Zeit Alexanders des Großen und bis die Prägung unter römischen Einfluß kam, immerhin kurz, da der Hauptwert auf die bildlichen Darstellungen gelegt wurde und letztere sowie die Größe der Münzen genügten, den Ursprungsort und den Wert derselben erkennen zu lassen. Die Aufschrift nannte den Namen der prägenden Städte, Landschaften und Fürsten meist in der Genitivform (wobei νόμισμα oder ein ähnliches Wort zu ergänzen ist), oft auch den Namen der Münzbeamten und Stempelschneider. In der auf den älteren griechischen Münzen vorkommenden Schrift weichen einzelne Buchstaben in der Form von den späteren griechischen Schriftzeichen ab, namentlich finden wir auf denselben ⊗ für Θ, ϟ für Ι, Ϙ für Κ, Ⅴ für Λ, Μ für Σ. Auch schrieb man anfangs, wie die Phönizier, von denen die Schrift entlehnt sein soll, von rechts nach links, oder auch wohl, wenn zwei Zeilen untereinandergesetzt waren, die erste Zeile von rechts nach links, die zweite von links nach rechts.

Auf den ältesten italischen Münzen fehlen ebenfalls häufig die Aufschriften. Auf den ersten (gegossenen) Erzmünzen der römischen Republik finden sich nur beim As und Semis (s. d.) die Wertzeichen I und S, während auf den übrigen Asteilen der Wert nur durch Punkte angedeutet ist. Die ältesten Silbermünzen der Republik tragen neben der Wertbezeichnung auch den Namen der prägenden Stadt ROMA. Als dann die Münzbeamten dazu übergingen, neben den Gottheiten historische und allegorische Darstellungen auf die Münzen zu bringen, wurden auf denselben auch erläuternde Aufschriften, wenngleich häufig in sehr abgekürzter Form, üblich. Sehr umfangreich gestalteten sich die Aufschriften auf den römischen Kaisermünzen, denn die auf der Hauptseite befindliche Umschrift um den Kopf oder das Brustbild des Kaisers oder der betreffenden Angehörigen desselben enthielt nicht nur den Namen, sondern auch Titel und Ehrenbenennungen, während die auf der Rückseite befindlichen historischen und allegorischen Darstellungen ebenfalls erläuternde Aufschriften bzw. Umschriften trugen. Die in den Aufschriften der römischen Münzen vorkommenden Buchstaben entsprechen mit Ausnahme einiger wenigen, auf den älteren Münzen der Republik vorkommenden Schriftzeichen der noch heut gebräuchlichen lateinischen Kapital- (Majuskel-) Schrift. Abweichend sind auf den älteren Münzen die Buchstaben Λ statt A, V statt L und Γ statt P. Auch ist das O häufig kleiner, als die übrigen Buchstaben dargestellt.

Neben der griechischen und römischen Schrift kommen auf den Münzen des Altertums noch andere Schriftzeichen vor. Zu erwähnen sind die althebräische Quadratschrift auf den jüdischen Münzen — ganz verschieden von der heutigen hebräischen Schrift, welche das Produkt eines jüdischen Gelehrten des Mittelalters ist —, ferner die phönizische Schrift auf persisch-phönizischen Münzen, die punische Schrift auf Münzen der Karthager, die iberische Schrift auf altspanischen Münzen. Unter dem Einfluß griechischer Kultur schwanden indessen die fremden Aufschriften von den Münzen, namentlich traten seit Alexander dem Großen in den von ihm und seinen Nachfolgern beherrschten Ländern griechische Aufschriften an deren Stelle. Ebenso wurden in den westlichen Ländern die Münzen der Ureinwohner und die von den Phöniziern und Griechen in ihren Kolonien eingeführten Münzen durch die Münzen der Römer mit lateinischen Aufschriften verdrängt. Nach Unterwerfung des Ostens ließen die römischen Kaiser dort zwar Münzen mit ihrem Bilde und Titel herstellen, doch gestatteten sie auf denselben die Beibehaltung der griechischen Schrift. Besonders wurden in Ägypten, Kleinasien und Griechenland noch zahlreiche derartige Münzen geschlagen.

In der späteren römischen Kaiserzeit wurden zugleich mit den bildlichen Darstellungen auch die Aufschriften auf den Münzen sehr mangelhaft. In den Aufschriften auf den Münzen der oströmischen (byzantinischen) Kaiser sind die lateinischen mit den griechischen Buchstaben gemischt, und es entwickelte sich hieraus unter Zuhilfenahme von Runenzeichen die altgotische Schrift, in der von dem ostgotischen Bischof Ulfilas († 381) die Bibelübersetzung geschrieben ist. Im Westen Europas blieb zunächst die lateinische Schrift, und zwar in Majuskeln (großen Buchstaben) auf den Münzen bestehen, jedoch in verschlechterter Form, da mit dem allgemeinen Rückgange der Kultur zu Anfang des Mittelalters auch Kunst und Wissenschaft in Verfall gerieten. Charakteristisch sind den Münzen des 5. bis 8. Jahrhunderts die auf denselben häufig vorkommenden Monogramme (s. d.). Vom 10. Jahrhundert ab macht sich auf den Münzen wieder eine Verbesserung der Schrift bemerkbar, einzelne Buchstaben werden jedoch bisweilen nicht mehr in der alten Weise dargestellt. So erhält das E häufig die Form Є, das A wird zum Ā und das M zum Ꮇ, S und X werden häufig liegend dargestellt. Auch sind die Münzaufschriften bisweilen rückläufig, d. h. von rechts nach links zu lesen, oder die einzelnen Buchstaben werden statt nebeneinander untereinander gestellt und ganze Wörter beliebig zerrissen. Allmählich macht sich, wie in der Baukunst und Malerei, so auch in der Schrift der Einfluß der Gotik immer mehr geltend. Namentlich finden wir auf den Brakteaten (s. d.), welche im übrigen die künstlerisch besten Münzen jener Zeit waren, gemischte Schriftzeichen. Im 13. und 14. Jahrhundert bildete sich in den Klöstern die gotische, richtiger neugotische Schrift oder die sogenannte Mönchsschrift aus mit ihren teils eckigen, teils runden und schnörkeligen Formen. Dieselbe wurde daher auch Münzschrift, und zwar mit Ausnahme Italiens im ganzen westlichen Europa. Die gotischen Majuskeln — die Minuskeln (kleine Buchstaben) kommen auf mittelalterlichen Münzen selten vor — sind folgende:

A A B C D D E E F F G H H
A A B C D D E E F F G H h
I K L L M M N N O P P R S T
I K L L M M N N O P P R S T
U V W X Z.
U V W X Z.

Die Renaissancezeit brachte mit der Rückkehr zu den antiken Formen auch die Rückkehr zur antiken römischen Schrift, heut Antiqua genannt. Nur in Deutschland, Niederland und Skandinavien bildete sich aus der Mönchsschrift noch eine besondere Druckschrift heraus, die heutige Schwabacher, Fraktur usw., welche jedoch in den beiden letztgenannten Ländern gegenwärtig bereits wieder im Verschwinden begriffen ist. Auf den Münzen wurde, jedenfalls aus Zweckmäßigkeitsgründen und weil die Sprache auf denselben noch lange die lateinische blieb, auch die lateinische Schrift (Kapitalschrift) bis heutigen Tages überall beibehalten. Die Anwendung deutscher Schriftzeichen auf Kurrentmünzen, wie solche sich z. B. auf einem Taler des Herzogs Friedrich von Braunschweig vom Jahre 1639 findet, gehört zu den Ausnahmen, während auf den Medaillen deutsche Schriftzeichen häufiger vorkommen.

Die Araber, als sie in die Geschichte eintraten, hatten ihre eigene Schrift und wandten dieselbe auch auf ihren Münzen an. Die christlichen Völker behielten die lateinische Schrift bei, und heut herrscht dieselbe auf den Münzen der ganzen kultivierten Welt mit Ausnahme derjenigen Rußlands, welches seinen eigenen Weg gegangen ist und mit den übrigen Ländern griechischer Konfession die cyrillische Schrift (s. d.) angenommen hat, ferner der mohammedanischen und ostasiatischen Länder, welche ihre Nationalschrift haben.

Weiteres s. unter Abkürzungen, Sprachen auf Münzen, Legende, Ligatur, Monogramm, Münzherren, zweisprachige Münzen, Wertbezeichnung.

Schrötling, von schroten, d. i. schneiden, hacken, zerstückeln, harte und feste Körper mit schneidenden Werkzeugen trennen, durchschneiden, im Münzbetriebe die Zaine stückeln, daher Schrötling der Name für das aus den Zainen ausgeschnittene und in sonst geeigneter Weise vorgerichtete Metallstück, aus welchem eine Münze geprägt wird. Die alten Griechen verwandten zur Prägung ihrer Gold- und Silbermünzen, wie die Form derselben und die abgerundeten Ränder erkennen lassen, Schrötlinge, welche kugel- oder linsenförmig gegossen waren, oft auch eine ziemlich unregelmäßige, klumpenförmige Gestalt haben mochten. Da das Gold und Silber möglichst rein vermünzt wurde, also weich war, so erklärt es sich, daß man trotz der Unvollkommenheit der Schrötlinge doch brauchbare Münzen erhielt, weil das zwischen die Stempel gebrachte Metall unter den Schlägen des Hammers nicht nur das Bild der Stempel aufnahm, sondern sich gleichzeitig auch nach der Seite ausdehnte und dadurch die Form einer mehr oder minder runden Scheibe erhielt. Auch die Römer bedienten sich, wie aus der Stärke ihrer Münzen und den abgerundeten Rändern derselben hervorgeht, gegossener Schrötlinge, wenn auch dieselben, ehe sie unter den Prägehammer kamen, vorher in geeigneter Weise zugerichtet sein mochten. Überhaupt kamen im Altertum bei der Münzprägung fast immer gegossene Schrötlinge in Anwendung; nur die großen Bronzemünzen der Ptolemäer besitzen einen zwar schiefen, aber regelmäßigen und scharfen Rand, so daß die Annahme berechtigt ist, daß man bei denselben die Schrötlinge, ebenso wie es heutigentages zu geschehen pflegt, mittels Durchstoßens aus den Zainen herstellte, oder daß man sie nachträglich abdrehte. Ebenso tragen die letztgedachten Münzen zum Teil eine Vertiefung in der Mitte, welche entweder von einem aus dem Prägestempel hervorragenden und zum Festhalten des Schrötlings bestimmten Zäpfchen herrührt oder durch das Einklemmen des Schrötlings beim Abdrehen entstanden sein muß. Im Mittelalter, während dessen man fast ausschließlich kleine Münzen, und zwar auf kaltem Wege, prägte, bediente man sich dünner Schrötlinge. Dieselben wurden in der Weise hergestellt, daß man das gegossene Metall — das Walzverfahren war noch unbekannt — mit Hämmern so lange bearbeitete, bis es genügend dünn war und dann mittels Stockscheren und anderer geeigneter Instrumente die Schrötlinge aus demselben ausschnitt. Heutigentages werden aus dem Münzmetall flache Stäbe (Zaine) gegossen, welche gestreckt, d h. durch Walzen genau auf den erforderlichen Grad der Stärke gebracht und aus denen dann die Schrötlinge ausgestückelt, d. i. mittels ganz genau arbeitender Maschinen ausgeschnitten werden, deren Hauptbestandteile in einer Matrize von dem Durchmesser des Schrötlings und einem Schneidstempel bestehen, welcher in die Maschine eintritt und den dazwischen liegenden Zain durchschneidet. Hierauf gelangen die ausgeschnittenen Münzplättchen in die Justier- und Prägemaschinen.

Schrot (das) **und Korn.** Unter Schrot versteht man das absolute oder Rauhgewicht einer Münze, d. i. das Gewicht, welches der zur Prägung zubereitete, aus legiertem Gold oder Silber hergestellte Schrötling haben soll, während das Korn den Feingehalt der Münze bezeichnet, d. i. die Menge reines Gold oder Silber, welche die Münze enthalten soll. Durch den Münzfuß (s. d.) werden Schrot und Korn einer Münzgattung bestimmt. Vgl. auch die Wörter Schrötling, Korn und Feingehalt.

Schroten, die, nennt man im Münzbetriebe den Abfall, der sich aus dem Ausstückeln der Schrötlinge aus den Zainen (s. d.) ergibt. In früheren Zeiten erfolgte dasselbe durch Ausschneiden, während es jetzt mittels Durchschnitts oder Durchstoßes geschieht. Die Schroten werden wieder eingeschmolzen und von neuem zur Herstellung von Zainen bzw. Schrötlingen (s. d.) verwandt.

Schüsselpfennige wurden früher in allerdings nicht ganz zutreffender Weise häufig die Brakteaten (s. d.) genannt. Heut versteht man unter Schüsselpfennigen kleine Silbermünzen von geringem Gehalt und konkaver Form, welche mit der Form der Brakteaten und Hohlpfennige nichts gemein hat, aber an die Form der Scyphati (s. d.) erinnert. Sie sind indessen nur einseitig geprägt, und zwar trägt die konkave Seite das Münzbild, während die konvexe Seite ohne Prägung ist. Letztere kann daher auch nicht in der Art und Weise wie bei den Brakteaten erfolgt sein, auf deren Rückseite das Münzbild vertieft erscheint, sondern sie muß wie bei anderen Münzen in gewöhnlicher Weise, jedoch mit abgerundeten Stempeln auf einer entsprechend hohlen Unterlage ohne Gravierung stattgefunden haben. Ein besonderes Merkmal der Schüsselpfennige ist ein Perlenkreis, in welchem sich das Wappen des Münzherrn und über demselben oft ein oder mehrere Buchstaben befinden. Die Schüsselpfennige wurden, wie die Funde lehren, vorzugsweise in der Pfalz und in den dieser benachbarten Gebieten sowie am Niederrhein, und zwar vom Beginn des 16. bis Anfang des 17. Jahrhunderts geprägt.

Schuitken oder Nobel wurden in den Niederlanden Goldmünzen des 15. Jahrhunderts genannt, welche das Bild eines in einem Schiffe aufrecht stehenden Fürsten trugen und nach dem Bilde des Schiffs (*Schuitke*) ihren Namen erhalten haben. Sie waren offenbar mit den in den Niederlanden vielfach im Umlauf befindlichen englischen Nobeln (s. d.) identisch.

Schulprämienmedaillen. Unter diesem Namen werden in Münzhändlerkatalogen häufig Medaillen aufgeführt, die an fleißige Schüler als Belohnung verteilt wurden. Nach Schmieder sollen derartige Medaillen, Schulpfennige genannt, zuerst in Basel im Jahre 1593 ausgegeben worden sein. Die hübsche Sitte scheint indessen immer mehr zu schwinden. S. auch Brabeon.

Schuppen wurden spottweise äußerst kleine und dünne Silbermünzen genannt, welche die Bischöfe von Münster gegen Ausgang des Mittelalters für Emden und die Herrschaft Vechta haben prägen lassen.

Schwabenspiegel. Nächst dem Sachsenspiegel (s. d.) ist in Deutschland der Schwabenspiegel das wichtigste mittelalterliche Rechtsbuch. Er beruht auf der Grundlage des Sachsenspiegels mit Herbeiziehung des römischen und des kanonischen Rechts, einiger älteren deutschen Rechtsbücher, der Bibel sowie der geistlichen Literatur des Mittelalters und fand vornehmlich in Süddeutschland weite Verbreitung. Der Schwabenspiegel ist in der zweiten Hälfte des 13. Jahrhunderts, jedenfalls noch vor dem Jahre 1276 entstanden. Sein Verfasser ist unbekannt, wahrscheinlich war derselbe ein in Schwaben oder Bayern lebender Geistlicher. Er zerfällt ebenso wie der Sachsenspiegel in das Landrecht und Lehnrecht und wird in Artikel oder Kapitel geteilt. Die ältesten Handschriften des Schwabenspiegels sind die wahrscheinlich noch aus dem 13. Jahrhundert herrührende Ambraser und die Handschrift des Klosters Einsiedeln aus dem 14. oder 15. Jahrhundert.

Der Schwabenspiegel ist ebenso wie der Sachsenspiegel von Bedeutung für die Kenntnis des mittelalterlichen Münzrechts. Es mögen daher hier die betreffenden Kapitel folgen nach W. Wackernagel, Der Schwabenspiegel in der ältesten Gestalt.

165. Wie man phenninge slân sol.

Alte phenninge sol man niht verslahen wan sô ein niwer herr kumt. unde ist aber daz der herre stirbet oder verwandelt wirt vor drin jâren, die phenninge sullen dannoch stên unze driu jâr vür koment. unde biutet der münzer einen valschen phenning ûz, sô daz er dâ mit iht koufen wil, oder iemande vür guot geben wil; unde ist ir mêr danne zwelve: ez gêt im an die hant, ern habe ir danne sînen schup. unde dannoch sô muoz er sweren daz er niht enweste daz si valsch wâren. unde ist ir ein halb phunt oder mêr, ez gêt im an den hals. Ist er aber der selben untât e bewaeret, sô sol man sînes eides niht nemen: man sol im drî wal teilen: daz heizc îsen, oder die wazerurteil, oder in einen wallenden kezel ze grîfenn. unde gerîchet er mit der einen niht, sô sol man im die hant ab slahen. daz reht ist niemandes wan der münzere. Swer an sînem rehte volkomen ist, unde vindet man bî deme einen schillinc valscher phenninge, oder minner: man sol si zesnîden, unde sol im diu stüke wider geben. unde ist ir mêr denne fümf schillinge, ez gêt im an die hant, ern habe danne sînen schup. Als man niwe phenninge ûz gewirfet, dannoch sol man mit den alten vierzehen tage gelten unde phant loesen; ane umbe die juden: von den loeset man dar nàch vier wochen dâ mite.

343. Von valscher münze.

Swelh münzer valsche phenninge sleht, dem sol man ab die hant slahen. wir heizen daz valsche phenninge, die nâh ir rehte niht stênt, als si gesetzet sint. die phenninge suln alsô wîz sîn, daz von der marke niht engê wan ein sǣtin, die phenninge suln phündic sîn. nu machent si die herren etwâ ringer. swie si die herren ringer heizent machen, alsô suln si die münzer ringer machen. wan dehein herre hât des gewalt, daz er sî an der wîze iht anders mache, wan daz ein sǣtin von der marke gê sô man si brennet. unde sint die phenninge iht anders, sô sînt si valsch. swelh herre si anders heizet slahen wan als hie gesriben stêt, sô hât er des rîches hulde verlorn. Unde ist er phaffe, der rômische künc sol ez dem pâbeste heizen clagen. der sol im sîn reht tuon: er sol in engrêden, daz er sol im sîn phaflich êre nemen. unde sol der künc dann über in rihten als über einen valschǣr: daz ist, er sol im daz houpt ab slahen. unde ist er ein leige, der die münze alsô gevelschet hât, man sol im daz houpt ab slahen, man sol die herren überziugen mit den phenningen; unde sint sî niht als hie gescriben stêt, sô sint si schuldic. Unde swelh münzaer si sleht, dem sol man die hant ab slâhen; oder swelh wehselǣr oder hûsgenôz si hin wehselt mit wizzen, dem sleht man och die hant ab. Swer einen gǣben phenninc versprichet, der sîn reht gar hat, der ist dem geriht schuldic vierzec schillinge der selben phenninge. die suln dem rihtǣr halbe werden, unde dem halbe, des diu münze ist. Swelh gemǣlde ein herre an sîne phenninge setzet, unde setzet daz ein ander herre an die sînen: die sint valsch, unde ist der herre ein valschǣr, unde sol man über in rihten als über einen valschǣr. ob daz einr verwürket der niht phenninge hât, dem sol man slahen an der scraiât vierzec slege.

Schwaren, eine frühere bremische und oldenburgische Scheidemünze = $^1/_5$ Grote; die in Kupfer geprägten $2^1/_2$-Schwarenstücke waren daher = $^1/_2$ Grote (s. d.) Der Name ist von schwer abzuleiten, altnord. *svâr*, altsächs. *swâr*, althochd. *swâri*, *swâr* und bedeutet einen schweren Pfennig, wobei das letztgedachte Wort zu ergänzen ist. Durch die ganze ältere Zeit zieht sich nämlich der Gegensatz zwischen vollwichtiger und leichter Münze. Denjenigen Münzherren, welche Münzen von gutem Schrot und Korn schlugen, lag daher ebenso wie den diese Münzen Gebrauchenden daran, dies auch zum Ausdruck zu bringen; daher die Münzbenennungen Albus oder Weißgroschen (weil von feinem oder weißem Silber), ferner guter

Groschen und schwerer oder niederdeutsch swarer Pfennig. Im Verkehr bildet sich dann von selbst die Abkürzung Swaren und Schwaren; ebenso wie man noch vor wenig Jahren in Berlin hören konnte: es kostet 2 Gute, statt 2 gute Groschen oder $2^1/_2$ Silbergroschen, sagte man in Bremen und Oldenburg: es kostet 1 oder 2 Schwaren, wobei das Substantivum weggelassen bzw. durch das Adjektivum ersetzt wurde. Dies geschah dann auch bei der Prägung: einmal wegen der Schwierigkeit, den vollen Namen auf die verhältnismäßig kleine Münze zu bringen, dann weil es weniger darauf ankam, auszudrücken, daß sie, was jeder sah und wußte, ein Pfennig war, als darauf, daß es ein guter, vollwichtiger Pfennig war. Der Name blieb dann, auch nachdem der ursprünglich in Silber ausgemünzte Schwaren zur Kupfermünze herabgesunken war.

Schwarze Pfennige wurden früher die Pfennige genannt, welche aus besonders geringhaltigem, d. h. stark mit Kupfer gemischtem Silber hergestellt waren und deshalb bald ein schwarzes Aussehen gewannen, im Gegensatz zu den aus besserem Silber geprägten, weiß glänzenden Pfennigen, welche diese Farbe bewahrten. In den Urkunden des Mittelalters werden daher schwarze und weiße Pfennige oft unterschieden, doch kam es auch vor, daß der Wert beider Sorten gleich war, da der Unterschied dadurch ausgeglichen wurde, daß die geringhaltigeren schwarzen Pfennige ein entsprechend höheres Gewicht hatten, als die weißen Pfennige. Bisweilen wurde die Bezeichnung schwarze Pfennige auch den Pfennigen von besserem Gehalt lediglich deshalb beigelegt, weil man die Schrötlinge vor der Prägung nicht der Prozedur des Weißsiedens unterzog und die fertigen Münzen aus diesem Grunde ein schwarzes Aussehen hatten.

Schwarzsilber *(argentum nigrum)* nennt man eine Mischung von Silber und Kupfer, in welcher letzteres das Silber um mehr als 75 Prozent überwiegt. Im Mittelalter verstand man nach Luschin von Ebengreuth unter dieser Bezeichnung auch Silberplatten (Zaine), welche zur Vermeidung einer Gewichtsverminderung nicht weißgesotten, sondern aus denen die Schrötlinge ohne weiteres ausgestückelt wurden, so daß die aus ihnen geprägten Münzen die schwarze Farbe der Zaine bewahrten.

Schwergeld, römisches, s. Aes grave.

Schwertgroschen sind markgräflich meißnische bzw. herzoglich sächsische Groschen, welche zuerst von Friedrich II. dem Sanftmütigen († 1464) nach dem Muster der schildigen Groschen (s. d.) geprägt wurden, aber vor der Umschrift statt des landsberger Schildes mit dem Pfählen ein Schildchen mit den gekreuzten Kurschwertern tragen. Obgleich die Markgrafen von Meißen bereits 1423 unter Friedrich dem Streitbaren das Herzogtum Sachsen mit der Kurwürde erlangten, erscheint das Kurwappen doch erst verhältnismäßig spät auf ihren Münzen. Eine andere Gattung Schwertgroschen, welche neben den Kurschwertern auch den sächsischen Rautenschild zeigen, führte den Namen neue Schwertgroschen. Außerdem gibt es noch halbe Schwertgroschen, welche in den letzten Jahrzehnten des 15. Jahrhunderts geprägt wurden. Dieselben zeigen auf der Vorderseite den Kurschild in einem Dreipaß und auf der Rückseite, ebenfalls in einem Dreipaß, einen gespaltenen Schild mit dem aufgerichteten Löwen und den landsberger Pfählen.

Schwertmünzen heißen Münzen, die früher in China in Form von kleinen Schwertern hergestellt wurden. Sie gehören also gewissermaßen zum Barrengelde. Ihre Entstehung dürfte darauf zurückzuführen sein, daß sie ursprünglich den Wert eines Schwertes darstellten.

Scudo, Mehrzahl Scudi, ist das seit dem 16. Jahrhundert in Italien nach dem Muster des deutschen Talers, jedoch etwas schwerer, als dieser ausgeprägte silberne Großstück, dessen Name wie beim französischen Ecu, dem spanischen Escudo, dem belgischen Escalin, dem deutschen Schildgroschen auf den das Wappen des Münzherrn enthaltenden Schild zurückzuführen ist. Neben dem Scudo wurde noch ein anderes silbernes Großstück, jedoch von etwas leichterem Gewicht als der Scudo, in mehreren Staaten Italiens geprägt, nämlich der Tállero (s. Taler).

Scyphati, numi scyphati nennt man eine eigentümliche Gattung von Münzen, welche in einigen Staaten des Mittelalters vorübergehend geprägt wurden. Sie sind auf der einen Seite konkav, auf der anderen konvex, haben also eine schüsselförmige Gestalt. Am bekanntesten sind die scyphati der byzantinischen Kaiser, von welchen diese Art der Prägung im 11 und 12. Jahrhundert in größerem Umfange ausgeübt wurde. Der Name kommt vom lat. *scyphus*, griech. σκύφος, eine Art Becher in Gestalt einer flachen Schale, mit welchem die Form der Münze Ähnlichkeit hat.

Sechser, Sechsling war ein Name, der dem Sechsfachen ebenso wie der Name Dreier oder Dreiling, Vierer, Fünfer usw. dem Drei- bzw. Vier- und Fünffachen einer bestimmten Werteinheit (Scheidemünze) beigelegt wurde, der aber, nachdem im Münzwesen überall das Decimalsystem Platz gegriffen hat, fast verschwunden ist. Vielen werden noch die alten preußischen $\frac{1}{2}$- Silbergroschen- oder 6-Pfennig-Stücke, welche Sechser genannt wurden, in Erinnerung sein, sowie die österreichischen Sechser, unter welchem Namen man das ehemalige, auf der Einteilung des Guldens in 60 Kreuzer beruhende Sechskreuzerstück und, nachdem der Gulden in 100 Kreuzer geteilt worden war, auch noch das Zehnkreuzerstück verstand. Die ältesten von den bekannten Münzen, welche den Namen Sechser führten, waren die gegen Ende des 15. Jahrhunderts vom Erzherzog Sigismund von Tirol geprägten Sechskreuzerstücke (Groschen) oder halben Pfundner (s. d.).

Sechsgröscher, s. Dreigröscher.

Sechstel, Hectae, ἕκται, werden kleine Elektronmünzen genannt, welche dem sechsten Teile des kyzikenischen Staters (s. d.) entsprechen. Sie wurden seit etwa 500 v. Chr. von den griechischen Städten Kleinasiens in großen Mengen geprägt und bildeten nach Dannenberg bis zum Erscheinen der Statere Philipps von Macedonien und Alexanders des Großen mit den persischen Dariken (s. d.) im Großverkehr das Hauptzahlungsmittel der alten Welt. Die Sechstel tragen, je nach den Städten, von welchen sie ausgegangen sind, sehr verschiedenartiges Gepräge, doch ist, offenbar um ihre Umlaufsfähigkeit als Handelsmünze zu sichern, das ursprüngliche quadratum incusum auf denselben lange Zeit beibehalten worden. Von den jonischen Städten und Inseln, deren Münzen sich von jeher durch gutes Gepräge auszeichneten, sind neben Stateren auch Sechstel mit schön geschnittenen Münzbildern, namentlich Götterköpfen, ausgegangen.

Securitas, römische Personifikation der Sicherheit, dargestellt als eine Matrone, sitzend oder an eine Säule gelehnt mit verschiedenen Attributen. Sie kommt auf Münzen der Kaiser mit Bezug auf die von denselben geschaffene Sicherheit des Staates häufig vor als Securitas publica, reipublicae, orbis et populi romani.

Sedisvakanz- und **Kapitelmünzen** wurden während der Dauer der Erledigung des päpstlichen Stuhls sowie münzberechtigter Erzbistümer, Bistümer und Abteien von den zuständigen geistlichen Herren bzw. Kollegien, welche in der angegebenen Zeit auch die Münzhoheit ausübten, geschlagen. Sie sind meist mit einer hierauf bezüglichen Aufschrift als: *Sede vacante* oder *Moneta Capituli Cathedralis Monasteriensis, Fuldensis usw.)* versehen.

Sekel, auch Shekel oder Schekel geschrieben, der, ursprünglich ein Gewicht, ist die älteste jüdische Münze, welche zuerst von Simeon Makkabäus (143 bis 135 v. Chr.), dem Antiochus VII, König von Syrien, das Münzrecht verliehen hatte, geprägt wurde. Er zeigt auf der Hauptseite einen Kelch, darüber das Regierungsjahr und die Umschrift „Schekel Israel", auf der Rückseite eine Lilie mit drei Blüten und die Umschrift „Ieruschalem Kedoschah" (Jerusalem die Heilige). Die Schriftzeichen sind althebräisch. Daneben gibt es auch halbe Sekel von ähnlichem Gepräge. Von den Sekeln sind viel Nachahmungen vorhanden, zu welchen, da die Münze als der in der Bibel vorkommende Silberling angesehen wurde, zunächst der fromme Sinn unserer

Vorfahren Anlaß gegeben haben mag. Gegen Ende des 15. Jahrhunderts hat nämlich der Bürgermeister Emmerich, nachdem er von einer Wallfahrt nach Palästina glücklich zurückgekehrt war, in Görlitz das sogenannte „heilige Grab“, eine Nachbildung der heiligen Stätten der Christenheit, errichten lassen. In Görlitz wurden auch und werden wohl heut noch zur Erinnerung Nachahmungen der „Silberlinge“ an die Besucher verkauft. Diese Nachahmungen, welche früher viel begehrt waren und deshalb auch anderwärts angefertigt worden sind, haben jedoch mit den echten Sekeln wenig Ähnlichkeit, namentlich unterscheiden sie sich von denselben durch ihre Größe sowie dadurch, daß sie nicht die althebräische, sogenannte samaritanische Schrift, sondern die neuzeitliche hebräische Schrift tragen.

Sella curulis, ein auf römischen Münzen häufig dargestellter Stuhl ohne Lehne mit vier nach innen gekrümmten Füßen, von denen je zwei kreuzweise gestellt waren. Er war aus Elfenbein, Marmor oder Metall, oft reich verziert und zur Zeit der römischen Republik ein Zeichen der Würde der höheren Magistratsbeamten (Consuln, Prätoren, curulischen Ädilen, des Dictators und des *magister equitum*). Unter den Kaisern wurde die *sella curulis* zur *sella imperatoria*.

Semis, s. As.

Semiuncialfuß oder **Halbunzenfuß**. Derselbe wurde für die Kupfermünze der römischen Republik, welche bereits mehrere Reduktionen erfahren hatte, gegen das Jahr 89 n. Chr. eingeführt und bestand darin, daß der As auf $\frac{1}{2}$ Unze = $\frac{1}{24}$ seines ursprünglichen Normalgewichts herabgesetzt wurde.

Senatus consultum hieß jeder vollgiltige Beschluß des römischen Senats. Derselbe hatte zur Zeit der Republik die Münzhoheit unbeschränkt ausgeübt. Als jedoch der Kaiser Augustus in den Vollbesitz der Gewalt gelangt war, riß er (um das Jahr 16 v. Chr.) die Gold- und Silberprägung an sich und überließ dem Senat nur das Recht der Kupferprägung, welche seit dem Jahre 74 v. Chr. geruht hatte. Infolgedessen tragen alle seitdem vom Senat geprägten Kupfer- und Bronzemünzen an hervortretender Stelle die Buchstaben S. C. *senatus consulto* (auf Senatsbeschluß geprägt). Hierbei blieb es bis auf Aurelian (270—276 n. Chr.), welcher der inzwischen bis zu einem unglaublichen Grade gediehenen Münzverschlechterung mit rücksichtsloser Strenge entgegentrat und, nachdem er eine Empörung der Münzarbeiter unterdrückt hatte, die Münze vorläufig schloß und dem Senat das Recht der Kupferprägung entzog. Die letzten Kupfermünzen, auf welchen das S. C. vorkommt, sind daher unter Gallienus geprägt.

Serments hießen die in Frankreich, ähnlich den deutschen Münzerhausgenossenschaften (s. d.) im Mittelalter bestehenden

Münzerverbände. Ihren Namen haben sie von dem eidlichen Gelöbnis (*serment*) erhalten, welches von den Mitgliedern bei der Aufnahme in den Verband abzulegen war.

Serrati (numi), von *serra*, die Säge, sind Münzen mit sägenförmig ausgezacktem Rande, welche zuerst unter einigen syrischen Königen in Kupfer und in Karthago auch in Gold und Silber geprägt wurden. In größerem Umfange begegnen wir denselben unter den Denaren der römischen Republik. Ob man sie, wie vielfach angenommen wird, zur Verhütung der Falschmünzerei, nämlich um bei den gefütterten Münzen (s. Subaerati) den falschen Kern leichter zu erkennen, hergestellt hat, ist unbestimmt. Bei den Germanen wurden sie auch *saigae* (Sägen) genannt und neben den Bigatis (s. d.) wegen der Gewähr ihrer Echtheit anderen römischen Denaren vorgezogen.

Sesino oder Sestino, der, war eine Teilmünze des italienischen Grosso oder Soldo (s. diese Wörter).

Sesterz, sestertius, römische Münze = $^1/_4$ des Denars oder $2\frac{1}{2}$ As, ursprünglich von Silber, dann von Kupfer oder Bronze. Das Wort ist aus *semis*, halb, die Hälfte und *tertius*, der dritte, gebildet, bedeutet also soviel wie der dritte As halb, drittehalb. Das Wertzeichen für den Sesterz, welches jedoch nur auf den ältesten dieser Münzen angegeben ist, war IIS (zwei und einhalb). Als später der Denar auf 16 As gebracht wurde, galt der Sesterz 4 As. Er war, obgleich der Denar die herrschende Münzeinheit war, schon in der letzten Zeit der Republik und unter den Kaisern bis Diocletian die Rechnungseinheit der Römer, nach, welcher alle großen Geldsummen bestimmt wurden. Sein Wert, auf die deutsche Goldmark bezogen, war in der ersten Kaiserzeit etwa 22 Pfennige. Die Sesterze aus dieser Zeit zeichnen sich durch Schönheit des Stempelschnitts und der Prägung aus und gehören deshalb sowie wegen der Mannigfaltigkeit der auf ihnen befindlichen Darstellungen zu den interessantesten Münzen des Altertums. Bis tausend wurden die Sesterze einfach gezählt, *trecenti sestertii* waren also 300 Sesterze. Sobald es sich indessen um Darstellung eines Mehrfachen von tausend handelte, bediente man sich oft gewisser Abkürzungen, indem man *sestertius* appositiv oder in der Genitivform *sestertium* (für *sestertiorum*) zu *milia* hinzusetzte und das letztgedachte Wort selbst wegließ. So bedeuten beispielsweise *trecenta sestertia* 300 000 Sesterzen. Eine Million wurde in der Regel mit *decies*, zwei Millionen mit *vicies*, drei Millionen mit *tricies* usw. *sestertium* bezeichnet, wobei *centena milia* weggelassen ist. Die Genitivbedeutung von *sestertium* ging schließlich bei dieser Zählweise ganz verloren und man bildete sich, ähnlich wie die Griechen in ihrem Talent, eine große Rechnungsmünze, das Sestertium, welches 100000 Sesterzen enthielt. Das alte Münzzeichen für das Wort Sesterz IIS (in den alten Handschriften gewöhnlich HS geschrieben) wurde beibehalten, daneben unterschied man aber auch die Tausende und Hunderttausende dadurch, daß man bei den ersteren über die Zahlzeichen einen wagerechten Strich setzte und bei letzteren außerdem noch an jeder Seite zwei senkrechte Striche hinzufügte. So waren

HS decem oder HSX = decem sestertii (10 Sesterzen)

HS decem milia oder HS$\overline{X}$ = decem milia sestertium (10000 Sesterzen)

HS decies oder HS$\|\overline{X}\|$ = decies sestertium (1 Million Sesterzen).

Als Beispiele der römischen Sesterzrechnung mögen hier einige bei den Schriftstellern vorkommende, auch in historischer Beziehung nicht uninteressante Zahlenangeben folgen. So betrug der senatorische Census zur Kaiserzeit 1 Million Sesterzen (ungefähr 220000 Mark), das Gehalt eines Legionstribunen 25000 Sesterzen (ungefähr 5500 Mark), das Gehalt eines *praefectus vehiculorum*, Direktors der kaiserlichen Staatspost 100000 Sesterzen (ungefähr 22000 Mark), das Vermögen des M. Crassus 170 Millionen Sesterzen (ungefähr 37400000 Mark) und das Vermögen des Augur Cn. Lentulus, das höchste, welches uns überhaupt aus dem Altertum bekannt ist, 400 Millionen Sesterzen (ungefähr 88000000 Mark).

Obgleich der Sesterz eine ziemlich geringwertige Münze war, konnte man im Kleinverkehr die Teilstücke desselben, namentlich den As natürlich nicht entbehren, wie in Pompeji aufgefundene interessante Wand- usw. Aufschriften zeigen, die uns zugleich einen Blick in das Leben und Treiben des kleinen Bürgers tun lassen. Die bei vielen unserer kleinen Geschäftsleute noch heut herrschende Sitte, Rechnungen über gekaufte oder geborgte Waren gleich auf den Ladentisch oder an die Türpfosten und Wände zu schreiben, scheint nämlich auch in Pompeji verbreitet gewesen zu sein; wenigstens haben sich viele derartige Zusammenrechnungen in den dortigen Läden gefunden, in einer Bäckerei z. B. die folgende: „Ein Pfund Öl 4 As, Stroh 5 As, Heu 16 As, Tagelohn 5 As, Kleie 6 As usw. *(oleum l(ibra) a. IV, palea a. V, faenum a. XVI, diaria a. V, furfures a. VI etc.)* Noch kleinere Scheidemünze scheint nach Lage der Preisverhältnisse wenig gebraucht worden zu sein, wie auch daraus zu schließen ist, daß halbe Asse und viertel Asse, der Semis bzw. Quadrans, nur in verhältnismäßig kleiner Zahl auf uns gekommen sind.

Seufzer wurden die in den Jahren 1701 und 1702 geprägten, ganz unterwertigen kursächsischen Sechspfennigstücke spottweise genannt, weil, wie Schmieder in seinem Handwörterbuch der gesamten Münzkunde sagt, jedermann seufzte, wenn er sie als Bezahlung annehmen mußte. Ihre

Entstehung verdankten sie einer ganz verkehrten Finanzmaßregel des Kurfürsten Friedrich August (des Starken), um die enormen Mittel zu beschaffen, welche der Erwerb der polnischen Königskrone und die Teilnahme des Kurfürsten am nordischen Kriege verschlangen. Durch die Unmasse dieser Sechspfennigstücke, welche das Land überschwemmten, wurde dasselbe nahe an den Ruin gebracht. Glücklicherweise gelangte man bald zur Einsicht der bevorstehenden Gefahr, denn schon im Jahre 1703 wurden die gedachten Sechspfennigstücke wieder eingezogen.

Sextans, s. As.

Sextantarfuß. Nachdem die Kupfermünze der römischen Republik im Jahre 268 v. Chr. auf den Trientalfuß herabgesetzt worden war, trat bald darauf eine weitere Reduktion derselben ein, nach welcher der As auf 2 Unzen oder $\frac{1}{6}$ seines ursprünglichen Normalgewichts von 12 Unzen ausgebracht wurde. Dieser Fuß heißt der Sextantarfuß.

Siglos, medischer Sekel (σίγλος). Derselbe war das älteste, dem Goldstater (στατὴς Δαρειχός) entsprechende Silbernominal der Perser im Gewichte von 5,56 g. Von den Griechen wurde diese Münze, weil sie übereinstimmend mit dem Goldareikos (weiteres s. unter Darike) das Bild des knienden Bogenschützen trug, auch Silberareikos genannt. Der spätere jüdische Sekel oder Schekel hat mit dieser Münze nur den Namen gemein. S. auch Stater.

Silber, lat. *argentum,* griech. *argyrion* (αργύριον), ital. *argento,* franz. *argent,* engl. *silver.* Dasselbe ist wegen seines Wertes, seiner Schönheit und seiner Eigenschaften, die es zur Verarbeitung in Münzen besonders geeignet machen, neben dem Golde das älteste und verbreitetste Münzmetall. Es wurde jedoch in früheren Zeiten, einerseits weil man bei dem damaligen Stande der Scheidekunst chemisch ganz reines Silber nicht herzustellen vermochte, anderseits aus Absicht niemals in reinem Zustande vermünzt. Auch heutigen Tages wird das Silber, hauptsächlich um die Münzen gegen Abnutzung widerstandsfähiger zu machen, mit einem Zusatz von Kupfer versehen.

Aus dem Altertum sind uns die Silberbergwerke von Laurion in Attika bekannt. Im Mittelalter waren in Deutschland die ältesten und ertragreichsten Silberbergwerke diejenigen des Harzes, welche für die in dieser Gegend in großen Mengen geprägten Denare und Brakteaten das Silber lieferten und demnächst die Bergwerke des sächsischen und böhmischen Erzgebirges, welche zu einer umfangreichen Groschen- und später Talerprägung führten. Nach der Entdeckung Amerikas bzw. mit Beginn der gewaltigen Silbereinfuhr aus diesem Erdteil verlor der deutsche wie überhaupt der europäische Silberbergbau, welcher dem gesteigerten Bedürfnis ohnehin nicht mehr hätte genügen können, an Bedeutung.

Silbergewicht, s. Mark, Feingehalt.

Silbergroschen, preußischer. Bis zum Jahre 1821 hatte Preußen noch kein einheitliches Münzsystem. Wenn auch der Taler und das kleine Kurantgeld in allen Provinzen als gesetzliches Zahlungsmittel galten, so war doch die Scheidemünze in den nach und nach zum preußischen Staat gekommenen Landesteilen unverändert geblieben und daher sehr verschiedenartig. So rechnete man in der Provinz Preußen im Kleinverkehr noch nach Schillingen und Kupfergroschen, in der Provinz Posen ebenfalls nach Kupfergroschen in Schlesien nach Dreikreuzerstücken (Böhmen), Kreuzern und Gröscheln, im Magdeburgischen nach Mariengroschen in der Rheinprovinz nach den verschiedenartigsten, früher dort giltigen Münzsystemen, in Cleve nach Stübern, in der Grafschaft Mark nach Schillingen und Mariengroschen, in Ravensberg nach Matiern und Hellern usw. Wenn auch die landesübliche Scheidemünze zum Taler und zu dem sonstigen preußischen Kurantgeld überall in ein festes Wertverhältnis gesetzt war, so wurde doch nach den alten gewohnten Münzeinheiten fortgerechnet. Hierzu kam, daß ganz Preußen noch mit den unter Friedrich dem Großen geprägten Groschen, den Hausgroschen oder Stiefelknechten — spottweise so genannt nach der steifen Form der ihnen aufgeprägten Namenschiffre FR — überflutet war. Diese Groschen waren nämlich im Laufe der Zeit immer geringhaltiger geworden. Sie wurden sogar in England aus Kupfer oder Messing in großen Massen nachgeprägt, weiß gesotten und dann nach Preußen gebracht. Der Staat sah sich daher genötigt, die alten Groschen wiederholt im Wert herabzusetzen, so daß schließlich statt 24 Groschen deren 42 auf den Taler gerechnet wurden. Alle diese Übelstände führten mit Notwendigkeit dazu, das Münzwesen gründlich zu ordnen und einheitlich zu gestalten. Nachdem der preußische Staat nach Beendigung der Kriege von 1813 bis 1815 sich wieder befestigt hatte, wurde daher im Jahre 1821 zu einer für seinen ganzen Umfang giltigen Ordnung des Münzwesens geschritten. Durch dieselbe wurde über den Feingehalt des Talers und kleinen Kurants Bestimmung getroffen und des weiteren festgesetzt, daß der Taler in 30 Groschen geteilt werden sollte, welche zum Unterschied von den bisherigen Guten Groschen, vielleicht auch im Gegensatz zu den in einem großen Teil der Monarchie gangbar gewesenen Kupfergroschen, Silbergroschen genannt wurden. Die Einteilung des Talers in 30 Silbergroschen ist auf die im Jahr 1623 getroffene Feststellung des Reichsspeciestalers auf 90 Kreuzer, deren drei dem Wert des neuen Silbergroschens entsprachen, zurückzuführen. Letzterer war daher nichts anderes, als eine neue Auflage des alten 3 Kreuzerstücks oder Kaisergroschens. Die meisten übrigen Länder Norddeutschlands nahmen die Einteilung des Talers in 30 Groschen nach und nach ebenfalls an, Sachsen unter dem Namen Neugroschen, doch folgte dieser Staat, sowie Sachsen-Altenburg, Sachsen-Gotha und Hannover nicht der in Preußen giltigen duodecimalen Einteilung des Groschens in 12 Pfennige, sondern man teilte den Groschen in 10 Pfennige.

Silberwährung, s. Währung.

Siliqua, die, griech. Keration (Κεράτιον), ist ursprünglich der Name des kleinsten Gewichts spätrömischer Zeit $= \frac{1}{1728}$ Pfund (0,189 g). Sodann wurde der Name auf eine von Konstantin dem Großen oder einem seiner unmittelbaren Nachfolger eingeführte Silbermünze übertragen, welche dem Werte von $\frac{1}{1728}$ Goldpfund entsprechen sollte. Weiteres über die Siliqua s. unter Miliarense.

Silphium, das, war eine im Altertum geschätzte, kaktusartige Pflanze, welche ein beliebtes Gewürz und Heilmittel lieferte, jetzt aber ausgestorben ist. Sie wuchs vornehmlich im nördlichen Afrika, in der Cyrenaica; sie wurde deshalb das wappenartige Zeichen von Cyrene und erscheint als charakteristisches Gepräge auf den meisten Münzen dieser Stadt bzw. der Cyrenaica.

Simpulum hieß ein rundes Schälchen mit langem Stiel, ähnlich einem Schöpflöffel, welches bei den Opferhandlungen der Römer dazu diente, den Wein in die Schalen zu gießen. Es ist auf den Münzen der Kaiser und Cäsaren als Zeichen der Priesterwürde häufig dargestellt.

Sinnlose Aufschriften, s. Nachahmung von Münzen und Stempel.

Sizilische Münzen. Sizilien, lat. Sicilia, wurde von den Griechen nach den drei Vorgebirgen Peloron, Pachynon und Lilibaion bzw. der durch dieselben gebildeten dreieckigen Gestalt der Insel auch Trinacria (Τριναχρία) genannt. Das Sinnbild und gewissermaßen das Wappen Siziliens war daher im Altertum das *triquetrum*, eine Figur, welche durch drei von einem Punkte ausgehende menschliche Beine gebildet wird und auf den alten sizilischen Münzen häufig vorkommt. In Sizilien wurden zuerst von den Phöniziern, dann (im 7. und 6. Jahrhundert) von den Griechen zahlreiche Kolonien gegründet und griechische Kultur und Kunst eingeführt. Die wichtigsten griechischen Pflanzstädte waren Agrigent, Camarina, Gela, Naxus, Panormus, Selinus, Zankle (später Messana genannt) und vor allem das durch seinen Reichtum und seine Macht hervorragende Syrakus. In diesen Städten entwickelte sich auch die Münzkunst allmählich zu einer solchen Blüte, daß ihre Erzeugnisse noch heut unübertroffen dastehen. Dies gilt namentlich von den Münzen von Syrakus, welches zahlreiche Tetradrachmen und auch Dekadrachmen (Zehndrachmenstücke, die größten Geldstücke des Altertums) prägte. Dieselben tragen zum Teil auf der Vorderseite den von Delphinen umgebenen Kopf der Persephone oder der Quellnymphe Arethusa, letzteren — eine bei den antiken Münzen verhältnismäßig selten vorkommende Erscheinung — auch von vorn dargestellt, mit der Aufschrift ΣΥΡΑΚΟΣΙΩΝ und auf der Rückseite ein Viergespann mit darüber schwebender Nike, welche den Wagenlenker bekränzt, sowie verschiedene Beizeichen, bisweilen auch den Namen der Stempelschneider.

Später treten an die Stelle der Münzen sizilischer Städte die Münzen sizilischer Könige (Agathokles, Hiketas, Hiero, Gelo und anderer) sowie Münzen der Karthager, welche auf Sizilien festen Fuß zu fassen suchten und mit jenen Königen langjährige Kämpfe führten, bis schließlich nach dem zweiten punischen Kriege ganz Sizilien in den Besitz der Römer gelangte.

Im 9. Jahrhundert eroberten die Araber Sizilien, welches bis dahin noch zum oströmischen Reiche gehört hatte, sowie verschiedene Küstenstriche Unteritaliens. Im Jahre 1016 erschienen die Normannen und bemächtigten sich allmählich nicht nur Siziliens, sondern auch Unteritaliens. An ihrer Spitze standen Herzöge und Grafen, welche eigene Münzen prägten. Roger I., Graf von Sizilien, machte der Araberherrschaft auf der ganzen Insel ein Ende. Sein Sohn Roger II. vereinigte schließlich Neapel und ganz Unteritalien mit Sizilien zu einem Königreich, welches Sizilien diesseits und jenseits des Faro (der Meerenge) oder Königreich beider Sizilien genannt wurde. Nach dem Tode des letzten Normannenkönigs Wilhelm II. gelangte das Königreich beider Sizilien durch Erbgang an den Hohenstaufen Heinrich VI., nach dessen Tode an Friedrich II. und 1266 an das Haus Anjou. Im Jahre 1282 (sizilianische Vesper) kam Sizilien an das Haus Aragon, während die Anjous bis 1435 in Neapel weiter herrschten.

Die mittelalterlichen Münzen Siziliens sind ebenso wie diejenigen Unteritaliens wegen ihrer Mannigfaltigkeit, bedingt durch das Gemisch der verschiedensten Völkerstämme und den häufigen Wechsel der Herrscher von hervorragendem Interesse. Die Verschiedenartigkeit der Sprachen führte auch dazu, daß man zeitweise zweisprachige Münzen prägte, nämlich solche, die lateinische und griechische oder lateinische und arabische Aufschriften tragen. Von den Normannen prägten Roger I. u. a. große dicke Kupfermünzen mit dem Bilde der Jungfrau und des Christuskindes und lateinischer und griechischer Aufschrift, Roger II. Silbermünzen mit arabischer und der lateinischen Aufschrift TERCIA DVCALIS — daher Dukaten genannt. Auch das Pferd und der Palmbaum, welche beide offenbar den früheren karthagischen Münzbildern entnommen sind, kommen auf Münzen der Normannen vor. Von den Münzen der Hohenstaufen sind der

Augustalis, von denjenigen der Anjous der Saluto d'oro und der Gigliato hervorzuheben. Näheres über die letztgenannten drei Münzen s. unter den betr. Wörtern.

Skandinavische Münzkonvention, s. Münzkonventionen.

Skoter, s. Halbskoter.

Snaphan, Schnapphahn ist die volkstümliche Benennung einer Silbermünze, welche gegen Ende des 15. Jahrhunderts von den Herzögen und Grafen von Geldern geprägt wurde. Sie zeigt auf der Hauptseite das Bild eines Bewaffneten auf gallopierendem Pferde mit erhobenem Schwert. Dieses Bild stellt, wie die Umschrift ergibt, zweifellos den Münzherrn dar, doch sah das Volk dasselbe lieber als das Bild eines Raubritters an und gab ihm deshalb obigen Spottnamen, welcher schließlich die allgemein gebräuchliche Benennung dieser Münze wurde. Der Snaphan wurde in Ganzstücken von ungefähr 36 mm Durchmesser sowie in Halbstücken von ungefähr 26 mm Breite geprägt.

Sol, lat., die Sonne, dann der Sonnengott, der Phöbus der Griechen, später mit Apollo identifiziert. Er kommt sowohl auf den Denaren der römischen Republik (bisweilen im eilenden Viergespann) wie auf Münzen der konstantinischen Zeit vor, auf welchen letzteren er mit der Strahlenkrone und in der Hand die Weltkugel haltend dargestellt ist. Umschrift: Soli invictocomiti.

Sol, abgeleitet von Solidus (s. d.), altfranzösische Bezeichnung des Sou (s. d.).

Soldino, Deminutivum von Soldo, kleine venezianische Silbermünze des 15. Jahrhunderts. Vgl. auch Soldo.

Soldo, plur. Soldi, ital., vom lateinischen solidus (s. d.), Name einer Silbermünze, welche im 13. Jahrhundert in verschiedenen Staaten Ober- und auch Mittelitaliens, namentlich in Mailand und Venedig, neben dem grosso (s. d.) an die Stelle des denaro bzw. in Venedig des matapane trat und von sehr verschiedenem, jedoch durchgängig geringerem Wert war, als der grosso usw. Der Soldo, in Venedig auch der Soldino (Deminutivum von Soldo, also kleiner Soldo), sank allmählich zur Kupfermünze herab und wurde bei Einführung des französischen Münzsystems in Italien durch Napoleon I. auf $\frac{1}{20}$ Lira $=$ 5 Centesimi gesetzt. Noch heut wird in Italien das 5 Centesimistück Soldo genannt.

Solidus, lat., fest, dicht, auf Metalle angewandt massiv, gediegen (bei Münzen zu ergänzen *numus* bzw. *aureus*), war der Name, welcher dem durch die Münzordnung Konstantins des Großen (306—337 v. Chr.) geschaffenen Goldstück beigelegt wurde. Er war $= \frac{1}{72}$ des römischen Goldpfundes, welches Gewichtsverhältnis durch die griechische Zahl OB $=$ 72 (meist unter Voransetzung der Anfangsbuchstaben der Prägestätte Constantinopel durch CON OB) auf den Münzen selbst ausgedrückt wurde. Der Solidus wurde im oströmischen Reiche — daher auch der Name Byzantiner für denselben — nicht bloß in Ganzstücken, sondern auch in Dritteln (*tremisses, trientes*), seltener in Halbstücken fortgeprägt und war Jahrhunderte lang in den christlichen Staaten die allein herrschende Goldmünze. Der Name ist, allerdings bei Silber- und zuletzt bei Kupfermünzen, in dem italienischen Soldo und in dem französischen Sou = 5 centesimi bzw. centimes bis auf die neueste Zeit erhalten geblieben. In Deutschland wurde der Name Schilling in lateinischen Münzaufschriften mit Solidus übersetzt, doch hat die Ableitung des erstgedachten Namens mit letzterem nichts zu tun. Vgl. das Wort Schilling.

Sophiendukaten werden die Dukaten genannt, welche im Jahre 1616 die Kurfürstin Sophie von Sachsen aus Veranlassung der Geburt des Kurprinzen Johann Georg herstellen ließ. Dieselben wurden später, namentlich in Nürnberg, vielfach nachgeprägt, da sie als Schau- bzw. Geschenkmünzen sehr beliebt waren. Sie zeigen auf der Vorderseite die Buchstaben I H S, darüber das Auge Gottes und darunter die den heiligen Geist versinnbildlichende Taube sowie die Umschrift „Hilf du Heilige Dreifaltigkeit“. Die Rückseite trägt auf den gekreuzten Kurschwertern ein verschlungenes C und S und die Umschrift „Wohl Dem, der Freude an seinen Kindern erlebt“.

Sou, altfranz. Sol, abgeleitet von *Solidus* (Schilling), ursprünglich ein Teilstück des *Sol d'argent*, welches unter den letzten französischen Königen in Kupfer sowie während der ersten Revolution in Bronze ausgeprägt wurde, die man aus den eingeschmolzenen Glocken gewonnen hatte. Die Sous, welche auch in Doppel- sowie in Teilstücken ausgebracht wurden, zeigen unter den Königen das Brustbild derselben, während sie zur Zeit der Revolution verschiedenartige, auf dieselbe bezügliche Darstellungen und Aufschriften trugen. Der Sou galt ursprünglich 4 Liards oder 12 Deniers; 20 Sous waren = 1 Livre. Die Revolution, zu deren Zeit der Sou mit seinen Doppel- und Teilstücken die Hauptmasse des im Verkehr befindlichen Metallgeldes bildete, teilte ihn in 5 Centimes und nannte das Zweisoustück Decime. Der Name Sou ist noch heut in Frankreich die volkstümliche Bezeichnnng für das Fünfcentimesstück. Vgl. auch Frankenwährung.

Souveränitätstaler werden Taler genannnt, welche der Kurfürst Friedrich Wilhelm von Brandenburg (der Große Kurfürst) im Jahre 1657 zur Erinnerung hat prägen lassen, nachdem ihm im Vertrage von Wehlau die Souveränität über das Herzogtum Preußen von Polen zugesichert worden war. Sie zeigen auf der Hauptseite den Kurfürsten im vollen Ornat mit Zepter und Schwert auf galoppierendem Pferde sowie die Umschrift PROVIDENTIÆ HÆC DIVINÆ OBNOXIA. Die Rückseite ist lediglich durch die Inschrift ausgefüllt, welche den Namen und die Titel des Kurfürsten nennt. Von demselben Stempel gibt es auch einen sehr seltenen Dickdoppeltaler.

Sovereign, eine englische Goldmünze, welche zuerst von Heinrich VII. (1485—1509) geprägt wurde und das Bild des thronenden Königs zeigt Der heutige großbritannische Sovereign ist = 1 Pfund Sterling im Werte von M. 20,43. Vgl. auch die Wörter Pfund und Sterling.

Sparren sind ein in der Heraldik häufig vorkommendes Bild. Man bezeichnet mit diesem Wort zwei nach Art der Dachsparren in einem Winkel zusammentreffende Schrägbalken. (S. auch Wappenschilde.)

Speciestaler wurden die nach der Reichsmünzordnung vom Jahre 1566 zu 8 Stück aus der 14,4lötigen oder zu 9 Stück aus der feinen Mark ausgebrachten Taler zum Unterschiede von den Zähltalern genannt. Näheres hierüber s. unter Taler. Später erhielten die nach dem Konventionsfuße, welcher 1753 zwischen Österreich und Bayern vereinbart und dann auch von vielen anderen Reichsständen angenommen wurde, geprägten Taler zum Unterschiede von den Kurrenttalern, d. i. den nach geringeren Münzfüßen, z. B. nach dem leipziger und nach dem preußischen Fuß hergestellten Talern, ebenfalls die Bezeichnung Speciestaler, (Konventions-Speciestaler). Nach dem Konventionsfuße wurden 10 Stück Taler aus der feinen oder $8\frac{1}{3}$ Stück aus der gemischten, 13 Lot 6 Grän fein Silber enthaltenden Mark, sowie halbe Speciestaler oder Gulden zu 20 Stück aus der feinen bzw. $16\frac{2}{3}$ Stück aus der gemischten Mark geprägt.

Spes, römische Personifikation der Hoffnung, besonders mit Bezug auf die Hoffnungen für das neue Jahr und in der Kaiserzeit mit Bezug auf die erhoffte Nachkommenschaft. Sie wird auf Münzen dargestellt als schreitende weibliche Figur, in der Rechten einen Zweig oder eine Blume haltend, mit der Linken das lange Gewand leicht hebend.

Sphinx, der, eine uraltes, schon bei den Assyrern und Ägyptern vorkommendes Ungeheuer mit dem Rumpfe eines Löwen und dem Kopfe eines Mannes. Bei den Griechen hatte es den Kopf und die Brust einer Jungfrau — daher die Sphinx —, auch waren ihm Flügel beigegeben. Dargestellt ist die Sphinx mit welcher die Vorstellung von etwas Geheimnisvollem verbunden war, auf kyzikenischen Stateren und auf Münzen von Chios.

Sphragistik, gebildet aus dem griech. Wort Sphragis (σφραγίς) das Siegel, heißt Siegelkunde. Sie beschäftigt sich mit dem Material, der Anfertigung, der Art der Anbringung usw. der Siegel, hauptsächlich aber mit der Erklärung der auf denselben befindlichen Darstellungen und ist eine wichtige Hilfswissenschaft der Numismatik, indem sie häufig zur Erläuterung unvollkommener Darstellungen von Wappen usw. auf Münzen dient.

Spintrien. Unter diesem Worte (vom lat. spintria, ein Mann, welcher widernatürliche Unzucht mit sich treiben läßt) versteht man Gemmen oder münzenartige Gepräge mit unzüchtigen Darstellungen. Sie sind aus Kupfer oder Bronze hergestellt und von der Größe der römischen Denare. Nach den Untersuchungen von Nadrowski (Berliner Münzblätter Nr. 52) waren die Spintrien Einlaßmarken zu den seit der Kaiserzeit in Rom zahlreichen Bordellen.

Spitzgroschen, Silbergroschen wurde eine neue Gattung sächsischer Groschen benannt, welche Kurfürst Ernst in Gemeinschaft mit seinen Brüdern, den Herzögen Wilhelm und Albrecht, und zum Teil auch mit seiner Mutter Margarethe vom Jahre 1475 ab schlagen ließ. Ersteren Namen haben sie von den Spitzen erhalten, mit welchen der auf der Rückseite der Groschen befindliche, den landsberger Wappenschild umgebende Dreipaß verziert ist. Der Name Silbergroschen wurde den neuen Groschen beigelegt, weil sie im Gegensatz zu den vorher geprägten Groschen von sehr feinem (15-lötigen) Silber waren. Sie fielen deshalb weit kleiner aus als letztere. Daneben wurden auch halbe Spitzgroschen geprägt, welche auf der Vorderseite ebenfalls in einem mit Spitzen verzierten Dreipaß, den sächsischen Rauten- oder Balkenschild, auf der Rückseite den Löwenschild zeigen, aber erheblich größer sind als die ganzen Spitzgroschen, da sie nur von 6 bis 7 lötigem Silber waren.

Spottmünzen sind Münzen, welche den Zweck haben, gewisse Personen und Begebenheiten zu verspotten und lächerlich zu machen. Der Gebrauch, Spottmünzen herzustellen, kam in Deutschland im 16. Jahrhundert auf. Die Münzherren benutzten dieselben nicht nur dazu, den Gegner zu verhöhnen, sondern auch die eigene Sache zu verteidigen und Stimmung für sich zu machen. Namentlich gaben die kirchlichen Streitigkeiten des 16. Jahrhunderts und die Händel zwischen den Fürsten einerseits und Vasallen und Städten andererseits häufig Anlaß zur Herstellung von Spottmünzen. So wurden im Jahre 1549 in Magdeburg Taler geprägt, die sogenannten Interimstaler (s. d.), welche den Zweck hatten, die Unzufriedenheit der Protestanten mit dem Augsburger Interim zu erkennen zu geben und dasselbe zu verspotten. Ferner wurde im 16. und 17. Jahrhundert von den braunschweigischen Herzögen eine ganze Reihe von Talern geprägt, z. B. die sogenannten Wahrheitstaler, die Lügentaler, Rebellentaler usw., durch deren Bilder und Aufschriften sie in spottender Weise den Sieg über ihre Feinde feierten. Mit Bezug auf diese Münzen, auch Stachelmünzen genannt, sagt Bode in seinem Werke über das ältere Münzwesen der Staaten und Städte Niedersachsens folgendes:

„Der Einfluß solcher Münzen auf die Volksstimmung ist noch nicht hinlänglich gewürdigt und geschichtlich berücksichtigt. Sie waren ganz dazu geeignet, Ansichten und Meinungen in allen Volksklassen zu verbreiten; zumal in einer Zeit, in welcher Druckwerke noch seltener waren und auch von dem großen Haufen, der nicht lesen und schreiben konnte, nicht benutzt wurden. Die Münzen gingen von Hand zu Hand. Was bildlich darauf dargestellt war, wurde erläutert, wußte endlich jedermann zu deuten, und der Hohn und Spott, den man bezweckte, teilte sich dem Volke auf leichte Weise mit. Dasselbe Mittel benutzte dann auch der Gegner: wie darüber sich zahlreiche Beispiele in der Stadt Braunschweig vorfinden."

Im übrigen wurden manche Münzen durch die Deutung, welche das Volk dem Münzbilde oder einzelnen Teilen desselben oder auch den in den Aufschriften vorkommenden Abkürzungen gab, gegen die Absicht des Prägenden zu Spottmünzen, deren Stachel sich oft gegen letzteren selbst richtete. So ließ z. B. der Graf von Solms als Kommandant der dänischen Truppen, welche Wolfenbüttel besetzt hatten, namens des Königs von Dänemark im Jahre 1627 Taler schlagen. In Erbitterung über die Bedrückungen, welche der Genannte sich zuschulden kommen ließ, legte das Volk einer auf diesen Talern vorkommenden Abkürzung eine hier nicht wiederzugebende Bedeutung bei und nannte dieselben Hahnreitaler. Näheres hierüber siehe bei Schmieder, Handwörterbuch der gesamten Münzkunde.

Außer den eigentlichen Spottmünzen, welche zu den umlaufsfähigen Geldstücken gehörten, gab es noch zahlreiche ähnliche Gepräge, welche ebenso wie jene den Zweck hatten, eine Person oder Begebenheit zu verhöhnen, aber nicht zum münzmäßigen Umlauf bestimmt waren, sondern einen medaillenartigen Charakter haben und daher Spottmedaillen oder satirische Medaillen genannt werden. Es sei hier nur der zur Verhöhnung der katholischen Kirche gefertigten Stücke erwähnt, welche auf der einen Seite den Kopf des Papstes mit der Tiara und umgekehrt einen Teufelskopf zeigen mit der Umschrift *Ecclesia perversa tenet faciem diaboli*, während auf der andern Seite sich der Kopf eines Kardinals und umgekehrt der eines Narren befindet mit der Umschrift *Stulti aliquando sapientes.* Namentlich fruchtbar an Spottmedaillen war Holland, doch sind die dort im 18. Jahrhundert hergestellten Stücke von gar keinem künstlerischen Wert. Sie beziehen sich meist auf politische Ereignisse dieses Jahrhunderts, wie z. B. die Spottmedaillen auf die pragmatische Sanktion usw.

Sprachen auf Münzen. Von den Münzen des Altertums sind

diejenigen mit Aufschriften in griechischer und lateinischer Sprache weitaus am häufigsten. Daneben gibt es noch Münzen mit iberischer (altspanischer), oskischer (Mittelitalien), etruskischer, lycischer, hebräischer, phönizischer und punischer, indischer, numidischer Aufschrift, doch verschwanden alle diese anderssprachigen Münzen, sobald die betreffenden Länder unter den Einfluß griechischer Kultur, oder unter die Herrschaft der Römer kamen. Münzen mit Aufschriften in griechischer Sprache wurden daher nicht nur im eigentlichen Griechenland und in den von dort aus gegründeten Kolonien des Mittelländischen und Schwarzen Meeres, sondern nach den Eroberungszügen Alexanders des Großen von ihm und seinen Nachfolgern auch in Ägypten, ganz Kleinasien, Persien und selbst in Indien geprägt. Die Römer ihrerseits führten in den von ihnen unterworfenen oder abhängigen Ländern des Westens auch die römischen Münzen ein, gestatteten jedoch nach Eroberung Griechenlands, Macedoniens, Kleinasiens, Ägyptens in diesen Ländern die Fortprägung von Münzen nach dem vorgefundenen Fuß und mit griechischer Aufschrift. Nach der Teilung des römischen Reiches in das oströmische und weströmische Reich wurde die Sprache auf den Münzen des ersteren griechisch, während sie auf den Münzen des letzteren lateinisch blieb. Nach dem Untergange des weströmischen Reiches behielten die Völker des Abendlandes die lateinische Sprache, wohl weil sie die Kirchensprache war, auf den Münzen bei. Bei diesem Gebrauch sind die christlichen Völker mit Ausnahme Rußlands, welches auf seinen Münzen von jeher eigene Sprache und eigene Schrift angewandt hat, während des ganzen Mittelalters geblieben, und es gehören Ausnahmen hiervon, wie z. B. auf einigen Brakteaten vorkommende deutsche Aufschriften, zu den Seltenheiten. Mit Beginn der neueren Zeit werden auf den deutschen Münzen auch die deutschen Aufschriften häufiger, doch erst gegen Ende des 18. Jahrhunderts wurde es allgemeiner üblich, unter Beibehaltung der lateinischen Schrift die Aufschriften in der Sprache desjenigen Landes auf die Münzen zu setzen, von welchem sie geprägt werden. Auffallender Weise nahm man auch in einer gewissermaßen als Übergangsperiode zu bezeichnenden Zeit keinen Anstand, die Aufschriften teils lateinisch, teils deutsch herzustellen. So tragen z. B. die Taler Friedrichs des Großen auf der einen Seite die lateinische Umschrift FRIEDERICVS REX BORUSSORUM, während die Wertangabe auf der Rückseite EIN REICHSTHALER lautet. Die nichtchristlichen Völker, soweit sie überhaupt Münzen besitzen, haben auf denselben von jeher die eigene Sprache angewandt. Weiteres s. unter Schrift auf Münzen, zweisprachige Münzen.

Spruch-Taler, -Groschen usw. nennt man alle Münzen, welche einen kurzen biblischen oder Sinnspruch tragen. Namentlich sind im 17. Jahrhundert von Herzögen von Braunschweig und vom Herzog Wilhelm von Sachsen-Weimar viele Spruchgroschen geschlagen worden.

Stab, der, war von alters her ein Abzeichen sowohl kirchlicher Amtsführung, als auch weltlicher Herrschaft (s. Bischofstab, Zepter), dann der Herolde sowie höherer und niederer Beamten, namentlich der Richter. Er war ferner das Abzeichen eines Führers im allgemeinen, insbesondere der obersten Truppenbefehlshaber — daher Kommandostab, Marschallstab. Als solchen finden wir ihn oft auf Münzen und Medaillen in der Hand fürstlicher Heerführer.

Stachelmünzen, s. Spottmünzen.

Stäbler wurden gegen Ausgang des Mittelalters im südwestlichen Deutschland geprägte kleine Silbermünzen nach dem Bischofstabe genannt, welchen die auf denselben dargestellten geistlichen Münzherren in der Hand halten.

Städtenamen auf deutschen Münzen. Infolge der Sitte, die Münzen mit lateinischer Aufschrift (s. Sprachen auf Münzen) zu versehen, war es während des ganzen Mittelalters und auch in den ihm folgenden Jahrhunderten üblich, die Namen der Städte, selbst wenn dieselben rein deutschen Ursprungs waren, in latinisierter Form auf die Münzen zu bringen. Im frühen Mittelalter erscheinen die Namen der Städte, in welchen sich Münzstätten befanden, meist ohne den Zusatz *civitas etc.* Einzelnen derselben wurden jedoch ehrende Beinamen beigelegt, oder sie nahmen, wenn sie römischen Ursprungs waren, die alten Namen vorübergehend wieder an, z. B. Speier *Nemetis*, Andernach *Antoniacum*, Metz *Mediomatrici*, Straßburg *Argentinum*. Trier wurde, weil es unter Konstantin zur kaiserlichen Residenz erhoben worden war, sogar *Secunda Roma* genannt, während Mainz den Beinamen das goldene *(aurea)* und mehrere andere Städte, wie Metz und Bamberg, vor allen aber Cöln wegen ihrer Heiligenlegenden und der von ihnen aufbewahrten Reliquien den Ehrennamen *Sancta* führten, welcher auf Münzen gewöhnlich als ein durchstrichenes S (Ꞩ) erscheint. Auch Xanten, dessen Name wegen des Märtyrertodes, den christliche Legionssoldaten dort gefunden haben sollen, aus Colonia Trajana Sanctorum entstanden ist, nannte sich Sancta Troja. Später, nachdem die Städte selbst das Münzrecht erworben hatten und eigene Münzen prägten, wird die Voransetzung von civitas, seltener respublica vor den Stadtnamen allgemein gebräuchlich. Ein Verzeichnis der auf Münzen vorkommenden lateinischen Länder- und Städtenamen ist dem numismatischen Legenden-Lexikon von Rentzmann beigegeben.

Stal (abgeleitet von *étalon*, altfranz. *estalon*, das Eichmaß) oder

Piedfort ist der Name münzförmiger, besonders schwerer und dicker Gold- oder Silberstücke, welche zwar mit gewöhnlichen Münzstempeln beprägt, aber keine eigentlichen Münzen, sondern Probe- oder Richtstücke waren und in letzterer Eigenschaft zur Kontrolle der Richtigkeit der nachherigen Prägungen in bezug auf den Feingehalt und das Gewicht einer bestimmten Gattung von Münzen dienten. Die Stale kommen schon im Mittelalter, am häufigsten in Frankreich und Böhmen vor.

Statēr, στατήρ, ist die griechische Benennung der ältesten uns bekannten Münzeinheit, und zwar wurde mit diesem Namen die gangbarste persische Goldmünze, der στατὴρ Δαρεικός bezeichnet, deren 3000 im Gewichte von 8,385 g auf das Talent (s. d.) gerechnet wurden. Daneben gab es einen Silberstater, auch medischer Siglos (σίγλος) genannt, welcher zwei Drittel des goldenen Stater wog, also 5,57 g schwer war. Beide Stücke sind eigentlich Hälften eines goldenen bzw. silbernen Großstücks, welches indessen wenig oder gar nicht geprägt wurde, und man legte daher der Hälfte den Namen des Ganzen bei. Die kleinasiatischen Griechen entlehnten ihr Münzsystem im wesentlichen von den Persern und die europäischen Griechen das ihrige wieder von jenen, doch prägten sie den Silberstater in großem Umfange als Ganzstück aus. Dieses Ganzstück war das Didrachmon, dessen Hälfte, die Drachme, also dem medischen Siglos entsprach und später als Münzeinheit angesehen wurde. S. Drachme und Didrachme.

Steckenreiter, Steckenreiterklippen heißen viereckige silberne Schaumünzen, welche der Kaiserliche Gesandte in Nürnberg im Jahre 1650 zur Erinnerung an den westfälischen Friedensschluß hat prägen lassen. Sie sind in zwei verschiedenen Größen hergestellt und tragen auf einer Seite die Aufschrift Vivat Ferdinandus III. Rom. Imp., auf der anderen das Bild eines auf einem Steckenpferde reitenden Knaben. Aus Anlaß der in Nürnberg veranstalteten Friedensfeier hatte nämlich u. a. eine große Menge Knaben dem Gesandten, auf Steckenpferden vor seine Wohnung reitend, eine Ovation gebracht, was ihn bestimmte, die gedachten Stücke herstellen und unter die Knaben verteilen zu lassen.

Stempelschneidekunst, siehe Münzstempel.

Sterling, engl. Easterling, franz. Esterlin. Unter Heinrich III. (1216—1272) trat eine Verbesserung des englischen Münzwesens ein, insbesondere wurde den Pennies, welche seither die verschiedensten Gepräge gehabt hatten, feststehende Typen gegeben. Den Namen Easterling (Münze von Osten) erhielten die neuen Münzen, weil man die Münzmeister, welche dieselben prägten, aus dem Osten (Deutschland oder den Niederlanden) hatte kommen lassen. Die Easterlinge, später Sterlinge genannt, wurden dann im nördlichen Frankreich, in den Niederlanden und auch am Rhein, selbst in Westfalen vielfach nachgeahmt und kamen auf diese Weise gewissermaßen nach ihrem Ursprungslande zurück. Das charakteristische Gepräge ist das Brustbild oder der Kopf des Münzherrn von vorn, mit dreizinkiger Krone und hervortretendem lockigen Haar auf der einen und ein ursprünglich doppelliniges, später einfaches langes Kreuz mit je drei Kügelchen oder auch Sternchen in den Winkeln auf der anderen Seite. Der Name der gedachten Münzen, welche im größeren Verkehr gewogen wurden, hat sich in England in dem „Pfund Sterling" bis heut erhalten.

Stiefelknechte, s. Silbergroschen.

Stockfischtaler ist eine vom Herzog Heinrich Julius von Braunschweig-Lüneburg im Jahre 1612 geprägte Spottmünze. Sie zeigt auf der Hauptseite das braunschweigsche Wappen mit der Umschrift HENRICVS · IVLIVS usw. Auf der Rückseite ist ein auf einem Block liegender Stockfisch dargestellt, welcher von zwei Händen mit Hämmern geschlagen wird. Die Umschrift lautet NON · NISI · CONTVSVS · ANNO · MDCXII. Eine freie Übersetzung derselben bzw. die Nutzanwendung von dem Bilde gibt eine andere Münze des Herzogs Friedrich Ulrich vom Jahre 1614, auf deren Rückseite zu lesen ist: Wan mans Stockfischs genießen soll, mus man ihn zuvor kloppen wol. so findet man viel fauler Leut, die nichts thun wan man sie nicht bleuwt. Die Veranlassung, aus welcher diese Taler geprägt worden sind — es soll auch Stockfischgulden geben — ist nicht bekannt. Es ist möglich, daß der Herzog mit diesen Münzen seinem Volke die Lehre hat geben wollen, hübsch fleißig und arbeitsam zu sein, da er jedoch hierzu einfachere Mittel besessen haben dürfte, so liegt die Annahme näher, daß die Sache einen politischen Hintergrund gehabt hat, und daß der Herzog damit die Trägheit und Indolenz, welchen Untugenden er bei seinen Regierungshandlungen begegnet ist, hat an den Pranger stellen wollen.

Eine andere Münze mit der Darstellung des mit Schlägen bearbeiteten Stockfisches und der Aufschrift NON · NISI · CONTVSVS ist im Jahre 1620 in Hamburg geprägt worden.

Stola, *f.*, lat., ein von den römischen Matronen getragenes, langes, zuweilen mit Ärmeln versehenes Obergewand, welches über den Gürtel in die Höhe gezogen wurde und über denselben hinwegfiel. Ebenso wurde auch das lang herabwallende Gewand genannt, welches in Byzanz von den Kaisern, den Priestern und Beamten getragen wurde. In der katholischen Kirche ist die Stola ein zum geistlichen Ornat gehöriges Stück. Sie besteht in einem langen, mit kleinen Kreuzen oder anderen Stickereien verzierten Streifen vom Stoff und von der Farbe der Meßgewänder (weiß, grün, violett, rot, schwarz), welcher dergestalt über die Schultern gelegt wird, daß er vorn bis zu den Knien herabfällt. Auf größeren Münzen mit den Bildern geistlicher Fürsten und Herren im Ornat ist die Stola oft deutlich erkennbar. Auch gibt es einen Brakteat von Halberstadt, auf welchem der heilige Stephan sitzend und einen Streifen Zeug vor sich haltend dargestellt ist, der nur als Stola angesehen werden kann.

Straube- oder **Straubspfennige,** s. Kehlpfennige.

Streitkolben, der, war eine mittelalterliche Waffe, welche viel im Kampfe, später beim Kolbenturnier benutzt wurde. Sie bestand in einem eisernen oder hölzernen Stiel, an dessen Ende sich ein eiserner kugelförmiger oder birnförmiger Knopf oder ein eiserner Tierkopf mit Hörnern befand. Lief der Stiel in eine mit Stacheln besetzte Kugel aus, so hieß die Waffe Morgenstern, war dieselbe mit einer Axt oder mit einem Hammer versehen, so hieß sie Streitaxt bzw. Streithammer. Später diente der Streitkolben nicht mehr als Waffe, sondern er wurde gleich dem Buzikan (s. d.) ein Abzeichen der Feldherrnwürde und als solches handlicher hergestellt und oft reich verziert. Dasselbe führen häufig, und zwar meist geschultert, die auf Münzen dargestellten fürstlichen Personen und Heerführer, doch wird es nicht selten irrigerweise als Zepter angesehen.

Strickkreise nennt man bei der Beschreibung von Münzen die mit einem gewundenen Strick (einer Kordel) Ähnlichkeit habenden Kreise, mit welchen das Münzbild umrahmt ist.

Strohtaler sind während der Kipperzeit von verschiedenen Münzherren in Schlesien geprägte 24-Kreuzerstücke, welche man wegen ihres besonders schlechten Gehalts und in Rücksicht darauf, daß der Taler ebenfalls in 24 Teile (Groschen) geteilt wurde, mit obigem Spottnamen belegte.

Stüber, holländ. Stuiver, Name einer in den Niederlanden sowie im ganzen nordwestlichen Deutschland vom 17. bis Anfang des 19. Jahrhunderts verbreiteten, ursprünglich silbernen, später kupfernen Scheidemünze von sehr verschiedenem Wert und Gepräge.

Stumm nennt man Münzen, welche keine Aufschrift tragen, wie dies namentlich bei den Brakteaten und Hohlpfennigen häufig vorkommt. Das Bestimmen derselben nach dem Münzherrn, der Zeit und dem Orte der Prägung stößt daher oft auf besondere Schwierigkeiten.

Subaerati (numi), gefütterte oder plattierte Münzen, monnaies fourrées. Schon im Altertum kamen häufig Münzfälschungen vor. Dieselben bestanden meist darin, daß man den Kern der Münze, die *anima*, aus weniger wertvollem Metall herstellte und ihr nur einen Überzug von dem Metalle gab, aus dem sie bestehen sollte. Da das geringere Metall gewöhnlich Kupfer war, heißen sie *numi subaerati*, inwendig kupferne Münzen; auch werden sie nach der Haut *(pellis)*, dem Überzuge von Silber oder Gold, der ihnen gegeben wurde, *numi pelliculati*, mit einer Haut (von Silber oder Gold) überzogene Münzen genannt. Selbst Kupfermünzen wurden auf diese Weise gefälscht, da das Kupfer im Altertum einen weit höheren Wert hatte, als jetzt.

Unter den in Großgriechenland geprägten Silbermünzen kommen gefütterte Stücke ziemlich häufig vor; im größten Umfange wurde aber die vorbeschriebene Fälschung bei den römischen Denaren betrieben. Neuere Forschungen haben aber ergeben, daß sie, wenigstens zum Teil, als Kreditmünzen neben den vollwertig geprägten Denaren vom Staate selbst in Umlauf gesetzt und von diesem zeitweise auch wieder eingezogen wurden. So beantragte M. Livius Drusus im Jahre der Stadt 663 die Emission eines plattierten auf je sieben vollwertige Denare, während um das Jahr 670 strenge Maßregeln ergriffen wurden, um die plattierten Denare zu beseitigen. Auch unter den Kaisern, namentlich unter Caligula und Claudius wurden gefütterte Denare von Staats wegen in großen Massen ausgegeben. Daß die Falschmünzer sich den in Rede stehenden Gebrauch wahrscheinlich zunutze machten und unterwertige Denare schlugen, läßt sich nicht nur annehmen, sondern ist auch nachweisbar.

Über die Art der Herstellung der gefütterten Denare sagt von Ernst in seiner Abhandlung über die Kunst des Münzens (Wiener numismatische Zeitschrift, Jahrgang XII, Seite 47) nach einem in dieser Beziehung angestellten Versuche: „Er tauchte eine rotglühend gemachte Kupfermünze in flüssiges Silber und diese überzog sich so vollkommen mit letzterem, daß, als sie geprägt worden, der Silberüberzug ebenso fest haftete, und die Münze dasselbe Aussehen darbot, wie die von Lenormant bewunderten monnaies fourrées.“ Diese Erklärung erscheint sehr glaublich und natürlich, namentlich wenn man bedenkt, daß Silber äußerst dehnbar ist und daß selbst schwach verkupferter oder verzinnter Eisendraht, wenn er nach der Verkupferung gezogen wird, sein ursprüngliches Aussehen behält.

Suitenmedaillen nennt man Medaillen, die sich auf eine Folge von Ereignissen, Herrschern oder Privatpersonen beziehen und trotz der Größe des Zeitraums, den sie umfassen, eine einheitliche Ausstattung zeigen. Derartige Medaillenfolgen, die notwendigerweise manch erfundenes Bildnis bringen müssen, sind im allgemeinen heutzutage weit weniger geschätzt, als noch vor 70 und 80 Jahren. (Nach Dr. A. Luschin von Ebengreuth, Allgemeine Münzkunde und Geldgeschichte).

Symbol (griech.) ist ein Sinnbild, durch welches ein Begriff, vorzugsweise ein religiöser, bildlichen Ausdruck finden soll. So ist das Kreuz das Sinnbild des Glaubens, das Lamm das Sinnbild der Reinheit, die Rose das Sinnbild der Tugend, die Palme das Sinnbild des Friedens, die sich in den Schwanz beißende Schlange das Sinnbild der Ewigkeit, der Löwe das Sinnbild der Tapferkeit und Stärke, die Eule das Sinnbild der Weisheit usw. Dergleichen Symbole kommen auf Münzen und Denkmünzen sowie auf Medaillen häufig vor.

T.

Taenia, lat., (griech. *ταινία*), ein Band, eine Binde, welche zu verschiedenen Zwecken, namentlich zum Umwinden der Kränze und als Schmuck des Kopfes benutzt wurde, ist ein bei der Beschreibung antiker Münzen häufig vorkommendes Wort.

Talentum, griech. *τάλαντον*, heißt eigentlich die Wage, dann das auf die Wage Gelegte, also das Gewogene und weiter ein bestimmtes Gewicht, insbesondere Gold- und Silbergewicht. Im Altertum war man nämlich bei dem Mangel an eigentlichem Gelde oder an vollwichtig ausgeprägten Münzen, besonders bei Großzahlungen gezwungen, das Metall einander zuzuwiegen. Das Talent repräsentierte daher eine bestimmte Menge Gold oder Silber und in der Folge eine Rechnungsmünze, welche eine bestimmte Anzahl Münzeinheiten enthielt.

Die alten Perser hatten zwei Talente: das euböische, bei den Griechen so genannt, weil es denselben wahrscheinlich über Euböa bekannt geworden war, für Gold und das babylonische für Silber. Auf das Goldtalent gingen 3000 Dariken. Da nun der Wert des Dareikos nach Hultsch = 22,68 Goldmark war, so berechnet sich der Wert des Goldtalents auf ungefähr 68100 Mark. Bei den Griechen gab es ebenfalls verschiedene Talente, namentlich das äginäische, das ältere attische oder euböische, das korinthische und vor allem das am weitesten verbreitete neuere attische (Silber-) Talent. Letzteres wog, wie nach den auf den Zeugnissen der alten Schriftsteller beruhenden Untersuchungen als sicher angenommen werden darf, rund 26,20 Kilogramm und enthielt 60 Minen zu 100 Drachmen. Das Normalgewicht der Drachme betrug also 4,367 g. Hiernach ist das Talent ungefähr = 4716 Mark, die Mine = 78,6 Mark und die Drachme = 78 Pfennige. Außerdem gab es bei den Völkern des Altertums noch andere Talente, nach welchen bei Großzahlungen gerechnet wurde. Näheres über die Gewichts- und Wertverhältnisse der griechischen Münzen s. Hultsch, griechische und römische Metrologie.

Im Mittelalter war der Ausdruck Talent für Pfund gebräuchlich, namentlich rechnete man bei Großzahlungen ebenso oft nach Talenten wie nach Pfunden Goldes, Silbers oder Pfennigen.

Taler. Derselbe nimmt in der Geschichte des Münzwesens insofern eine hevorragende Stellung ein, als er nicht nur in Deutschland, sondern auch in vielen anderen Ländern jahrhundertelang die herrschende Münzeinheit war. Der Beginn seiner Prägung fällt in die Zeit, die den Übergang des Mittelalters in die Neuzeit bildet, also gegen das Ende des 15. und den Anfang des 16. Jahrhunderts. Er ist hiernach gewissermaßen als ein Merkstein zwischen dem Münzwesen des Mittelalters und der Neuzeit zu betrachten. Während des größten Teiles des Mittelalters wurden, das oströmische Reich sowie das Reich der Merowinger und der Araber ausgenommen, überall nur kleine geringwertige Silbermünzen geschlagen. In den genannten Reichen prägte man schon früh neben kleinen Silbermünzen und Kupfermünzen auch Goldmünzen in größerem Umfange. In Deutschland und im westlichen Europa begann man erst im 13. Jahrhundert mit der Goldprägung und in Frankreich zu ungefähr derselben Zeit mit der Herstellung größerer Silberstücke, der sogenannten Turnosen, während in Böhmen im Jahre 1300 die ersten Groschen geprägt wurden, die ebenso wie die Turnosen das Zwölffache der bisher gangbaren Denare und Pfennige darstellten. Aber auch diese größeren Silbermünzen genügten nicht lange dem steigenden Verkehrsbedürfnis. Da wurde gegen Ende des 15. Jahrhunderts, und zwar in Tirol, vom Erzherzoge Sigismund ein silbernes Großstück geprägt, das später Taler genannt wurde. Wenn das Geburtsland des Talers, mit dessen Entstehen ein gewaltiger Umschwung im gesamten deutschen Münzwesen eintrat, merkwürdigerweise Tirol, also ein Land war, welches in Bezug auf Handel und Verkehr unter den übrigen Ländern Europas keineswegs eine hervorragende Stelle einnahm, so sind die Gründe dafür darin zu finden, daß Tirol das Durchgangsland für den Handel zwischen Deutschland und Italien war, daß in der zweiten Hälfte des 15. Jahrhunderts neue und ertragreiche Silberbergwerke dort erschlossen wurden und daß der Erzherzog Sigismund für eine gesunde und weitschauende Münzpolitik Verständnis hatte. Die unter ihm hergestellten Münzen zeichnen sich auch durch künstlerisches Gepräge aus, welches den Einfluß des nahen Italiens erkennen läßt. Die ersten Tiroler Taler zeigen auf der Vorderseite den Erzherzog in ganzer Figur, stehend und mit dem Herzogshute bedeckt. In der Rechten hält er das Zepter, während die Linke an den Griff des Schwertes gelegt ist. Im Felde befinden sich ein den österreichischen Schild haltender Löwe und ein Helm. Die Umschrift lautet (in gotischer, sogenannter Mönchsschrift)

SIGISMVNDVS ARCHIDVX AVSTRIE. Auf der Rückseite ist ein Turnierritter auf galoppierendem Pferde dargestellt, umgeben von 16 Wappenschilden. Daneben wurden von Sigismund ähnliche Halbtaler sowie Dicktaler geschlagen, d. s. Münzen, die den Wert des Talers haben, aber mit kleineren Stempeln geprägt und infolgedessen entsprechend dicker sind als die gewöhnlichen Taler. Das Gepräge der Tiroler Halbtaler und Dicktaler unterscheidet sich von den Ganzstücken in der Hauptsache nur dadurch, daß sie auf der Vorderseite den Erzherzog statt in ganzer Figur bloß im Brustbilde zeigen. Die älteste Jahreszahl, die auf den Talern vorkommt, ist 1486, auf den Dicktalern und Halbtalern 1484, doch ist aus diesem Umstande keineswegs mit Sicherheit zu schließen, daß man genau in diesen Jahren mit der Talerprägung begonnen hat, da der Gebrauch, die Münzen mit Jahreszahlen zu versehen, überhaupt erst im 15. Jahrhundert allgemeiner wurde.

Der Taler wurde in anderen Ländern sehr bald nachgeprägt, denn schon mit dem Jahre 1500 finden wir ihn außer in Tirol auch in Hessen, Sachsen, Bern, in den Dreiwaldstädten, Savoyen, Ungarn, Spanien und wohl auch in Böhmen usw. Von diesen ältesten Talern sind, abgesehen von den nicht gerade seltenen Tiroler Talern, nur verhältnismäßig wenige auf uns gekommen, sie scheinen also nicht in großer Zahl geprägt worden zu sein. Weitere und zugleich schnelle Ausbreitung fand die Talerprägung mit dem Anfange des sechzehnten Jahrhunderts, da zu dieser Zeit teils infolge Erschließung neuer Silbergruben, teils infolge erhöhter Ausbeutung der bereits vorhandenen Gruben des sächsischen Erzgebirges eine so große Menge Silber gewonnen wurde, daß man es in den bisher gangbaren kleinen Stücken nicht mehr zu vermünzen vermochte. Man nannte die neue Münze, die 2 Lot schwer und 15 Lot fein und nach dem damaligen Kurse des Goldes dem geringhaltigen Goldgulden im Werte völlig gleich war, ursprünglich Güldengroschen, weil man bisher keine größeren Silbermünzen als Groschen kannte, in lateinisch geschriebenen Urkunden auch *unciales* (2 Lot = 1 Unze). Die Güldengroschen, später auch mit dem Namen Güldiner bezeichnet, wurden bald in solcher Menge geprägt, daß sie die umlaufenden Goldgulden überwogen. Dies war namentlich der Fall, als die auf der Südseite des Erzgebirges ansässigen Grafen Schlick damit begannen, die aus den reichen Joachimsthaler Bergwerken gewonnene große Silberausbeute zu vermünzen. Die von ihnen geprägten Stücke waren 2 Lot schwer, doch von etwas weniger feinem Silber als die bisherigen Güldengroschen, etwa vierzehnlötig. Sie wurden wegen des geringeren Gehalts und des damit verbundenen größeren Gewinns von anderen

Münzherren gern nachgeprägt und zur Unterscheidung von den älteren Güldengroschen nach der Münzstätte Joachimsthal Joachimstaler (Güldengroschen) genannt, woraus später die Abkürzung Taler entstand. Die ältesten Joachimstaler, die im Jahre 1519 geprägt wurden, tragen keine Jahreszahl. Auf der Hauptseite befindet sich wegen des Lehnsverhältnisses der Grafen Schlick zu den Königen von Böhmen der böhmische, zweischwänzige Löwe mit der Umschrift LVDOVICVS PRIM(*us*) D(*ei*) GRACIA R(*ex*) BO(*hemiae*). Auf der Rückseite ist der heilige Joachim dargestellt, und zu seinen Füßen das Gräflich Schlicksche Wappen; die Umschrift lautet AR(*ma*) DOMI(*norum*) SLI(*ckorum*) STE(*fani*) ET FRA(*trum*) CO(*mitum*) D(*e*) B(*assano*). Zu den ältesten Talern gehören ferner die von Kurfürst Friedrich dem Weisen in Gemeinschaft mit den Herzögen Georg und Johann von Sachsen geprägten Klappmützentaler, so genannt nach der eigentümlichen Kopfbedeckung, welche die im Brustbilde dargestellten beiden Herzöge nach der Mode der damaligen Zeit tragen, ferner diejenigen von Kaiser Maximilian I. (1493—1519), teils mit, teils ohne Jahreszahl, die sich durch Schönheit des Stempelschnitts und der Prägung auszeichnen. Weiterhin wurden nach Dannenberg in Solothurn 1501, in Salzburg 1504, in Württemberg 1507, in Bremen und Thann 1511, in Zürich 1512, in Cleve 1513, in Luzern 1518, in Trient 1520, in Brandenburg unter Joachim I. und in Mansfeld 1521, in Mainz und Osnabrück 1524, in Magdeburg, Schwarzburg und Livland 1525 die ersten Taler geprägt, während sie in Braunschweig sowie in den Erzbistümern Trier und Cöln erst verhältnismäßig spät erschienen. Dagegen sind von der Stadt Cöln schon frühzeitig Taler, die sogenannten Ursulataler (s. d.), geprägt worden.

Mit der Ausbreitung des Talers vollzog sich in Deutschland der Übergang von der Goldwährung zur Silberwährung, welcher durch die immer reicher werdenden Erträge der Bergwerke, namentlich aber durch die gewaltige Zufuhr von Silber aus Amerika wesentlich begünstigt wurde. Die Talerprägung wurde infolgedessen auch im Laufe des 16. Jahrhunderts immer umfangreicher. Es wurden bald nicht nur einfache Taler, sondern auch anderthalbfache Taler, Doppeltaler, drei- und vierfache und (in Braunschweig) selbst zehnfache Taler, die sogenannten Juliuslöser (s. Lösertaler), sowie daneben Halbtaler und Viertel (Orte s. d.) geschlagen. Die übrigen europäischen Länder folgten, die außereuropäischen Länder naturgemäß später, Deutschland in der Annahme eines silbernen Großstücks und leiteten zum Teil sogar die Benennung von dem deutschen Worte Taler ab. So finden wir ihn neben dem Scudo in Italien wieder als Tallero, in Skandinavien als

Daler, in den Vereinigten Staaten von Amerika als Dollar.

Durch die Reichsmünzordnung Kaiser Karls V. vom Jahre 1524, die nach dem Orte ihres Entstehens den Namen Esslinger Münzordnung erhielt, wurde bestimmt, daß der Güldengroschen oder Taler zu 15 Lot fein und zu 8 Stück auf die rauhe Mark, also zum Gewichte von 2 Lot ausgebracht werden sollte. Durch die Reichsmünzordnung von 1551 wurde der Taler zu 72 Kreuzern angesetzt, und zugleich bestimmt, daß die eine Seite des Talers den Reichsadler tragen sollte, während die andere Seite dem Bildnis oder dem Wappen des Münzherrn vorbehalten blieb. Daneben kam der sogenannte Guldentaler auf, d. i. ein silbernes Großstück, das zu 60 Kreuzern ausgebracht wurde. Bei den Talern sollte daher die Zahl 72, bei den Guldentalern die Zahl 60 auf der Brust des Reichsadlers oder im Reichsapfel angegeben werden, doch wurden nicht nur obige Wertzahlen, sondern auch die kaiserlichen Hoheitszeichen von den Münzherren auf den von ihnen geschlagenen Münzen oft weggelassen.

Im Jahre 1566 wurde der Taler zur gesetzlichen Reichssilbermünze erhoben, gleichzeitig aber auf 66 Kreuzer herabgesetzt. Daß die Wertbestimmung in den Reichsmünzordnungen nach Kreuzern erfolgte, erklärt sich daraus, daß die Kreuzerrechnung inzwischen in Süddeutschland und Österreich allgemein gebräuchlich geworden war. Während indes im Süden die Rechnung nach Kreuzern und Gulden dauernd beibehalten wurde, folgte man in Norddeutschland, wo schon jahrhundertelang nach Groschen gerechnet wurde, dieser Zählweise nicht, sondern teilte dort den Taler in Groschen, rechnete aber zu verschiedenen Zeiten und in verschiedenen Gegenden je nach dem Gehalt und Gewichte des Groschens deren 20, 21, 24, 25, 30, 32, 36 und 48 auf den gemünzten Taler. Leider trat infolge der großen Zahl der münzberechtigten Herren und Städte und infolge ihrer Habsucht schon mit dem 17. Jahrhundert eine große Verschlechterung des Münzwesens ein. Der gute Taler wurde immer seltener ausgemünzt, und an seiner Stelle Deutschland mit Unmassen von immer geringhaltiger werdenden Scheidemünzen überschwemmt. Dies führte dazu, einer bestimmten Zahl von Groschen die Bezeichnung Taler beizulegen, und es entstand hieraus ein Zähltaler, dessen Wert also von dem veränderlichen Werte der auf ihn gerechneten Groschen abhängig war und sich im gleichen Maße wie die immer schlechter werdende Scheidemünze verringerte. Zum Unterschiede vom Zähltaler erhielt dann der zum gesetzlichen Werte ausgemünzte Taler die Bezeichnung: Taler *in specie* („in Gestalt" eines Talers), Speciestaler, und es kam vor, daß letzterer infolge der Verschlechterung der Scheidemünze oft das Drei-, Vier-, sogar das Zehnfache des Zähltalers galt, indem man statt beispielsweise 24 oder 36 Groschen, die er ursprünglich enthalten sollte, deren bis 240 und 360 auf den Speciestaler rechnete.

Ihre größte Höhe erreichten die Münzwirren gegen Beginn des dreißigjährigen Krieges, zur sogenannten Kipper- und Wipperzeit (1621 und 1622). Auch die Taler und andere größere Silberstücke entgingen zu dieser Zeit nicht der Verfälschung. Obgleich man wohl einsah, daß gegen das herrschende Münzunwesen ernstlich eingeschritten werden mußte, war es doch wegen der Wirren des dreißigjährigen Krieges nicht möglich, hierin eine nachhaltige und dauernde Besserung zu schaffen. Unter den in dieser Zeit von Reichs wegen getroffenen vielfachen Anordnungen ist nur die vom Jahre 1623 von Wichtigkeit. Nach dieser wurde der durch die Reichsmünzordnungen festgestellte Speciestaler, der im ganzen Reiche Geltung hatte und deshalb sowie im Gegensatze zu den auf Grund von Sondermünzverträgen einzelner deutscher Fürsten geprägten Talern nunmehr den Namen Reichstaler führte, in Süddeutschland zu 90 Kreuzern oder $1^1/_2$ Gulden, in Norddeutschland zu 24 Groschen gerechnet. Wegen der weiteren Änderungen, welche der Taler- und Guldenfuß erfuhr, s. Münzkonventionen.

Bis in das 18. Jahrhundert war es nicht üblich, die Taler mit der Aufschrift Taler oder Reichstaler zu versehen. Aus der Größe und Schwere der Stücke entnahm jedermann von selbst, daß er es mit einem Taler zu tun hatte. In Preußen finden wir erst auf den Talern Friedrichs des Großen die gedachte Bezeichnung, und zwar lautete sie auffallenderweise „Ein Reichstaler“, obgleich sie nicht nach dem Reichsmünzfuße, sondern nach dem von Friedrich in Preußen eingeführten 14-Talerfuß ausgebracht waren.

Was die Einteilung des Talers in der letzten Zeit seines Bestehens anlangt, so wurden im ersten Drittel des 18. Jahrhunderts auf den aus dem alten Speciestaler abgeleiteten Reichstaler und auch auf den nach dem 14-Talerfuße geprägten Taler 24 Groschen zu 12 Pfennigen gerechnet. Im Jahre 1821 wurde in Preußen die Einteilung des Talers in 30 Silbergroschen eingeführt. Später folgten die übrigen Staaten mit Talerwährung dieser Einteilung. Während jedoch in Preußen der Silbergroschen in 12 Pfennige zerfiel, wurde in Sachsen, Sachsen-Altenburg und Gotha der Groschen, der dort den Namen Neugroschen erhielt, in 10 Pfennige geteilt.

Das Gepräge der früheren deutschen Taler war sehr verschiedenartig und im Laufe der Zeit häufigen Wandlungen unterworfen. Während bei den Münzen der übrigen europäischen Staaten eine gewisse Gleichmäßigkeit oder Ähnlichkeit der

Münztypen herrscht, finden wir bei den deutschen Talern schon im 16. Jahrhundert eine allmählich zunehmende Verschiedenartigkeit und einen häufigen Wechsel im Gepräge, hervorgerufen teils durch die Verschiedenartigkeit der fortwährend entstehenden und nebeneinander gültigen Münzfüße, teils durch die große Zahl der Münzberechtigten, deren jeder seine Münzen durch besondere Typen und Bilder kenntlich machte. Dabei ist jedoch, namentlich im 16. Jahrhundert unter dem Einflusse der Renaissance sowie infolge Vervollkommnung der Münzkunst eine allgemeine Verbesserung des Gepräges bemerkbar. Auch bot sich, nachdem die silbernen Großstücke zur Einführung gelangt waren, den Stempelschneidern Gelegenheit, ihre Arbeit künstlerischer auszuführen und namentlich dem Bildnisse des Münzherrn mehr Sorgfalt zu widmen. Es gibt daher, besonders unter den österreichischen, sächsischen, brandenburgischen und braunschweigischen Talern, wie auch unter den Städtemünzen des 16. Jahrhunderts, zahlreiche Stücke, die Kunstwert besitzen. Als während des dreißigjährigen Krieges die deutsche Kunst von der unmittelbar vorher erreichten Höhe herabsank, wurde natürlich auch dem Gepräge der Taler nicht mehr die frühere Sorgfalt gewidmet, und es finden sich namentlich aus der Kipper- und Wipperzeit zahlreiche Münzen, die nicht nur durch ihren schlechten Gehalt sich unrühmlich auszeichnen, sondern denen man auf den ersten Blick auch ansieht, mit welcher Eile und Nachlässigkeit sie geprägt worden sind.

Gegen Ende des 17. Jahrhunderts, als Deutschland sich von den Folgen des dreißigjährigen Krieges allmählich zu erholen begann, verbesserte sich mit dem Gehalt auch das Gepräge der Münzen. So widmete namentlich der kunstsinnige Kurfürst Friedrich III. von Brandenburg, der nachmalige erste König von Preußen, der Münzkunst seine Aufmerksamkeit. Die unter ihm geschlagenen Taler und Gulden zeichnen sich sogar durch Schönheit des Stempelschnitts vor den gleichartigen Münzen seines Nachfolgers, des sparsamen Königs Friedrich Wilhelm I., vorteilhaft aus. Ebenso finden sich unter den Münzen der Zeitgenossen Friedrichs III., der Kaiser Leopold I. und Karl VI., sowie der Kurfürsten von Sachsen und anderer deutscher Fürsten viele Taler von schönem Gepräge.

Im übrigen bieten die deutschen Taler des 16., 17. und 18. Jahrhunderts nicht bloß wegen der bereits oben erwähnten, aus der großen Zahl der münzberechtigten weltlichen und geistlichen Fürsten, Herren und Städte sich ergebenden Mannigfaltigkeit der Prägungen, sondern auch vom allgemeinen historischen und kunstgeschichtlichen Standpunkte viel Anziehendes. Zunächst boten die Bildnisse, Wappen und Hoheitszeichen der

Münzberechtigten sowie die Schutzheiligen der Länder und Städte Veranlassung zu den verschiedenartigen Bildern, die den Talern aufgeprägt wurden. Nach diesen Bildern sowie nach geschichtlichen Ereignissen und besonderen Begebenheiten, aus deren Anlaß sie geprägt wurden, manchmal auch nach den Aufschriften und nach kleinen Beizeichen haben dann die Taler häufig mehr oder weniger volkstümliche, zum Teil auch offizielle Benennungen erhalten, von welchen die wichtigsten in diesem Buche erörtert sind.

Tállero, Tallāro, s. Scudo und Taler.

Taschenwerke sind Vorrichtungen, welche im 17. und 18. Jahrhundert vielfach zur Münzenprägung verwandt wurden und auf dem Prinzip der Walzenprägung (s. d.) beruhten. Die Taschen sind krumm gebogene Eisen, auf welchen die ebenfalls rund gebogenen Stempel angebracht waren, deren Form man sich am leichtesten vorstellen kann, wenn man sich dieselben auf einen Zylinder eingraviert und dann aus demselben ausgeschnitten denkt. Zwei solcher Stempel wurden nun in die Taschen, welche auf zwei nebeneinander befindlichen Walzen befestigt waren, eingesetzt und zwar dergestalt, daß die eine der einander genau gegenüberstehenden Taschen den Stempel der Vorderseite und die andere denjenigen der Rückseite der zu prägenden Münze trug, worauf der Zain zwischen den in entgegengesetzter Richtung rotierenden Walzen hindurchgezogen wurde. Während aber bei der Prägung mit Walzen ein ununterbrochenes Rotieren derselben in der gleichen Richtung stattfand, müssen die Taschen nach jeder Prägung ihre Bewegung in entgegengesetzer Richtung geändert bzw. sich abwechselnd vor- und rückwärts bewegt haben. Im übrigen hatte die Taschenprägung denselben Übelstand wie die Walzenprägung, daß nämlich die Münzen leicht gekrümmt und, falls die Stempel nicht oblong graviert waren, oval ausfielen. So ist ersteres u. a. bei vielen Münzen des Kurfürsten Friedrich III. von Brandenburg zu bemerken. Im königlichen Münzkabinett zu Dresden befinden sich noch mehrere Stempel, welche bei der Taschenprägung benutzt worden sind, und zwar zur Herstellung von Groschen und Zwölfteltalerstücken des genannten Kurfürsten. Diese Stempel sind gekrümmt und nicht ganz kreisrund, sondern etwas oval gearbeitet. Auch sind dieselben mit Ansätzen versehen, mittels welcher sie in die Taschen eingelassen bzw. an denselben befestigt wurden.

Tauschmittel, s. Geld.

Tempelmünzen, chinesische, s. Chinesische Medaillen.

Ternarius, Ternar, früher in Polen und Preußen lateinische Bezeichnung des Dreifachen einer kleinen Münze (Pfennigs); der Name entspricht also dem Dreier oder Dreiling.

Tessĕra, plur. tesserae, waren Marken von Kupfer oder Bronze, deren sich die Römer zu verschiedenen Zwecken bedienten, namentlich als Eintrittsmarke zu den Theatern (tesserae theatrales). Dagegen waren die tesserae gladiatoriae nicht, wie man früher annahm, Eintrittsmarken zu den Kampfspielen, sondern sie dienten wahrscheinlich als Zeichen der Anerkennung für die siegreichen Gladiatoren. Ferner erhielt bei den Getreide- und Geldspenden der Empfänger eine tessera frumentaria bzw. numaria, gegen deren Abgabe er sich bei einem bestimmten Magazin seinen Teil abholen konnte. Die tesserae hospitales waren Erkennungszeichen, welche man beim Schließen des hospitiums (der Gastfreundschaft) mit Fremden wechselte. Auch der sechsseitige Würfel zum Spielen (alĕa), sowie die Parole der Soldaten hieß tessera.

Teston. Während man in Deutschland mit Beginn der Neuzeit von der Groschenprägung zur Prägung eines silbernen Großstücks, des Talers unmittelbar überging, vollzog sich in Italien und Frankreich dieser Übergang insofern allmählich, als man gegen Ende des 15. Jahrhunderts eine Silbermünze prägte, die zwar ein Mehrfaches des Groschens darstellte, ihrer Größe und ihrem Werte nach aber hinter dem Taler zurückblieb. Es war dies in Frankreich der teston, in Italien testone genannt. Als man in diesen Ländern später — in Frankreich geschah es erst unter Heinrich IV. — zur Talerprägung überging, wurde der Teston zum Taler in das Wertverhältnis von 4 : 1 gesetzt, er entsprach also dem Vierteltaler. Eine Reihe sehr schöner Testons haben die Herzöge von Mailand, Galeazzo Maria Sforza (1466 bis 1476), Johann Galeazzo Maria Sforza und Ludwig Moro und später die Päpste geprägt; in Frankreich wurden die ersten Testons unter Ludwig XII. (1435 bis 1505) geschlagen, eine umfangreichere Testonprägung fand jedoch erst unter Franz I. (1515 bis 1547) statt. Auch in Portugal wurden Testons, tostâos genannt, und zwar die ersten unter Emanuel dem Großen (1495—1521) geprägt. Der Name der Münze ist von dem auf derselben dargestellten Kopfe (ital. *testa*) des Münzherrn abgeleitet worden.

Tetartemorion, s. Obolos.

Tetradrachme, die, oder das Tetradrachmon ist das altgriechische Vierdrachmenstück. Dasselbe wurde in großem Umfange in Athen ausgemünzt und dann von Alexander dem Großen in seinem Reiche eingeführt, woselbst es weite Verbreitung fand. Auch nach Auflösung dieses Reiches blieb es in den aus demselben hervorgegangenen Staaten und in den autonomen Städten Kleinasiens lange Zeit die häuptsächlichste Verkehrsmünze. Ebenso fand in den sizilischen Städten eine ausgiebige Prägung von Tetradrachmen statt. Das Normalgewicht der attischen

Tetradrachme ist nach Hultsch 17,46 g., der Normalwert derselben 3,14 Goldmark. Bekannt sind die athenischen Tetradrachmen mit dem eigentümlich geschnittenen Kopf der Pallas Athene auf der einen und dem Bilde einer Eule auf der anderen Seite, sowie die schöneren Tetradrachmen Alexanders des Großen mit dem thronenden Zeus und dem Kopf des jugendlichen Herakles.

Thogra (Thugra) heißt das aus künstlich verschlungenen Linien und Schnörkeln gebildete Handzeichen des türkischen Sultans, welches auf allen türkischen Münzen zu finden ist. Im übrigen tragen die türkischen ebenso wie die arabischen Münzen nur Schrift und einfache Verzierungen, da der Koran die bildliche Darstellung von Menschen und Tieren verbietet.

Thüringer Groschen werden Groschen genannt, welche von den Markgrafen von Meißen Balthasar († 1406) und Friedrich dem Streitbaren († 1428) geprägt wurden. Ihren Namen haben dieselben erhalten, weil sie abweichend von den gleichzeitig kursierenden Breitgroschen und Fürstengroschen (s. diese Wörter) statt des meißner Löwen den thüringer Helm mit der Krone und auf demselben als Kleinode zwei Büffelhörner mit je acht belaubten Stäbchen tragen. Die Markgrafen von Meißen waren nach dem im Jahre 1247 erfolgten Anfall Thüringens an das Markgraftum Meißen auch Landgrafen von Thüringen.

Tiara, eine turbanartige, schmiegsame Kopfbedeckung von verschiedener Form, welche schon im Altertum von orientalischen Fürsten getragen wurde. Auf Münzen der Sassaniden und Arsaciden ist sie steif aufrecht stehend dargestellt und mit Perlen und Edelsteinen reich verziert.

Die päpstliche Tiara ist eine weiße, kegelförmige, in der Mitte etwas ausgebauchte, oben den Reichsapfel tragende Mütze, um welche drei Kronen übereinandergelegt sind. Zu den Seiten derselben fallen zwei lange mit Kreuzen bestickte Bänder herab.

Tinkturen, s. Wappenschild.

Tippelgroschen, volkstümliche Benennung einer von dem Deutschen Orden in Preußen während des Krieges mit Polen (und 1520) geschlagenen Notmünze, welche über dem Ordensschilde 2 Punkte (Tüpfel) zeigt.

Titel der Münzherren. Der Gebrauch, daß die Münzherren neben dem Namen auch ihren Titel auf die Münzen setzten, bestand schon im Altertum. Auf griechischen Münzen erscheint am häufigsten der Titel Basileus βασιλεύς, König) und Basileus Basileōn König der Könige). Andere Titel waren Autokrator (Selbstherrscher, auch Titel römischer Kaiser auf griechischen Münzen), ferner Ethnarches und Tetrarches (Judäa), Archon (Bosporus), Tyrannos (Skythien) usw. Zahlreich sind auch die auf römischen Münzen vorkommenden Titel (Caesar, Augustus, Imperator, Consul,

Pontifex maximus etc.). Die meisten und verschiedenartigsten Titel finden sich aber infolge der großen Zahl der Münzherren auf den Münzen des Mittelalters und auch der neueren Zeit, zumal es in letzterer üblich wurde, daß diese Herren alle oder eine ganze Reihe ihrer Titel auf die Münzen brachten. Näheres über die auf den Münzen vorkommenden Titel s. unter den betreffenden Wörtern. Im übrigen ist die Angabe des Titels der Münzherren auf den Münzen beim Bestimmen derselben, namentlich wenn der Name oder das Wappen nicht gut erhalten sind, oft von Bedeutung.

Toga, s. Römische Kleidung.

Toison, franz., das Widderfell, wurde eine gegen Ende des 15. und in der ersten Hälfte des 16. Jahrhunderts geprägte niederländische Silbermünze genannt, welche die Kette des Ordens des Goldenen Vließes (*ordre de la toison d'or*) trägt. Weiteres s. unter Vließ.

Token sind kupferne Privatmünzen, welche Ende des 18. Jahrhunderts und Anfang des 19. Jahrhunderts in England und seinen Kolonien von Banken, Bergwerken und Privatpersonen in großen Mengen hergestellt wurden und die verschiedensten Gepräge haben. In England wurde die Ausgabe von Token 1818, in den englischen Kolonien erst 1873 verboten.

Toleranz. Da es selbst bei der Vollkommenheit der heutigen Münztechnik kaum möglich ist, kleine Abweichungen von dem vorgeschriebenen Schrot und Korn der Münzen gänzlich zu vermeiden, hat man gewisse Fehlergrenzen festgesetzt, innerhalb deren die Münzen unter dem gesetzlich vorgeschriebenen Gewicht und Feingehalt zurückbleiben oder beides überschreiten können. Diese Abweichung nennt man Toleranz (vom lat. *tolerare*, dulden, franz. *tolérance*, Duldung) oder Remedium (lat. *remedium*, Hilfe, Hilfsmittel). Bei den deutschen Reichsgoldmünzen darf die Toleranz in Mehr oder Weniger im Gewicht nicht mehr als zwei und ein halb Tausendteile ihres Gewichts, im Feingehalt nicht mehr als zwei Tausendteile betragen. Bei den Reichssilbermünzen ist die Abweichung im Feingehalt auf höchstens drei Tausendteile, im Gewicht auf höchstens zehn Tausendteile festgesetzt, doch müssen Normalgewicht und Normalgehalt bei allen Silbermünzen in der Masse innegehalten werden.

Tournois ist eine Bezeichnung, welche zahlreichen vom 13. bis 15. Jahrhundert in Frankreich geprägten Münzen nach dem auf ihnen befindlichen Stadtzeichen von Tours, ihrer ersten Prägestätte, beigelegt wurde und den sie auch behalten haben, nachdem dasselbe von den Münzen verschwunden und durch ein anderes Zeichen, namentlich das Kreuz, ersetzt worden war. Es gab den gros tournois, den denier tournois, das Doppelte desselben, den double tournois und seine Hälfte, den obole oder petit tournois. Weiteres s. unter Turnosgroschen und Denier.

Tremissis, s. Triens.

Tresviri monetales aeri argento auro flando feriundo (auf den Münzen abgekürzt III. VIRI · A · A · A · F · F) waren zur Zeit der römischen Republik die Münzmeister des Staates, welchen, wie der Titel sagt, die Aufgabe zufiel, „das Erz, Silber und Gold schmelzen, gießen und schlagen, prägen" zu lassen. Daß dem *ferire*, schlagen, das *flare*, schmelzen oder gießen, vorgesetzt ist, zeigt, daß, wie auch die abgerundeten Ränder erkennen lassen, die Schrötlinge im Wege des Gusses hergestellt wurden. Die *tresviri monetales* zählten zu den *magistratus minores*, den niederen Magistratsbeamten, und bildeten ein Kollegium von drei Mitgliedern, doch scheint es, daß sie nicht kollegialisch zu wirken brauchten, da, wie zahlreiche Münzen der Republik zeigen (s. Consularmünzen), immer nur ein Münzmeister auf denselben genannt ist. Auch auf Bronze- und Kupfermünzen des Augustus finden wir noch Namen von Münzmeistern, z. B. L. Surdinus, Lurius Agrippa und Quinctius Crispin. Sulpic. mit dem Zusatz IIIVIR · A · A · A · F · F ·, doch verschwinden sie auf späteren Münzen.

Triens oder **tremissis** war eine kleine spätrömische Goldmünze, welche den dritten Teil des Solidus, der von Konstantin eingeführten, auf der Goldwährung beruhenden Münzeinheit darstellte. Der Triens wurde von den Merowingern, anfänglich nach dem Muster der oströmischen Trienten, später jedoch in geringerem Wert und mit veränderten, immer roher werdenden Typen in großem Umfange nachgeprägt.

Wegen des Triens aus der Zeit der römischen Republik s. As.

Trientalfuß. Im Jahre 268 v. Chr., und zwar gleichzeitig mit der Einführung der Silberprägung trat eine Reduktion des für die Kupfermünze der römischen Republik bisher bestandenen Liberalfußes (s. d.) ein, indem der As auf den dritten Teil seines Normalgewichts, also auf 4 Unzen herabgesetzt wurde. Man nennt diesen Fuß den Trientalfuß. Die seitherigen Typen des As und seiner Teile blieben unverändert, doch ging man nunmehr dazu über, die einzelnen Nominale nicht mehr lediglich im Wege des Gusses herzustellen, sondern dieselben zu prägen. Neben dem As und seinen Teilen wurden noch als Mehrfache desselben der Dupondius = 2 As, der Tressis = 3 As und der Decussis = 10 As in Kupfer ausgeprägt.

Trinacria, triquetrum, s. Sizilische Münzen.

Triobolos, s. Drachme.

Tropaeum, τρόπαιον. Bei den Römern bestand die von den Griechen übernommene Sitte, zur Erinnerung an erfochtene Siege und zu Ehren des Siegers Denkmäler zu errichten, Tropäen genannt, welche meist aus Baumstämmen mit einer Anhäufung von erbeuteten Waffen bestanden. Auf Münzen der Römer ist das Tropäum, welches von einer Victoria bekränzt wird, eine häufig vorkommende Darstellung.

Tropfkopeken, s. Kopeke.

Troymark, altes, ursprünglich amsterdamer Silbergewicht, welches im Handelsverkehr gebraucht wurde und aus dem die cölnische Mark hervorgegangen ist. Letztere war = $^{19}/_{20}$ Troymark (Grote, Münzstudien). Das Troypfund ist in England noch heut die Gewichtseinheit für Edelmetalle.

Tuin, s. Lion à la haie.

Tunica, s. Römische Kleidung.

Turnosgroschen, Turnose, gros tournois. Wie in den meisten christlichen Staaten Europas waren während des größten Teils des Mittelalters auch in Frankreich der Denar, dort *denier* genannt und dessen Hälfte, der Obol die Hauptverkehrsmünzen in Silber. Erst um 1250 unter Ludwig IX., dem Heiligen, begann man im Gegensatz zu dem sehr dünn gewordenen Denar *nummi grossi* (dicke Münzen) anzufertigen, welche nach der Stadt Tours, wo sie zuerst geprägt wurden, den Namen grossi turonenses oder gros tournois erhielten. Sie führten auf der einen Seite eine einer Kirche oder einem Stadttor ähnliche Figur, das Zeichen von Tours, und die Umschrift *turonus civi(ta)s*, umgeben von einem Kranze von Lilien, und auf der anderen Seite das gwöhnliche Zeichen der christlichen Könige des Mittelalters, nämlich ein gleichschenkliges Kreuz und um dasselbe in zweizeiliger Umschrift den Namen und Titel des Königs, sowie in abgekürzter Schreibart und in lateinischer, jedoch mit einzelnen Mönchsschriftbuchstaben untermischter Schrift die Worte *benedictum sit nomen domini nostri Jesu Christi.* Die gedachte Münzsorte, welche von gutem Gehalt und gutem Gepräge ist, war lange Zeit auch ausserhalb Frankreichs sehr beliebt und wurde im vierzehnten Jahrhundert in den Niederlanden und in den Rheingegenden, woselbst sie den Namen Turnosgroschen erhielt, mit den ursprünglichen Typen vielfach nachgeprägt.

Neben dem *gros tournois* münzte man in Frankreich *deniers* fort, von denen 12 auf den ersteren gingen und die, je nachdem die Münzstätte Tours oder Paris auf ihnen angegeben ist, *denier tournois* bzw. *denier parisis* genannt wurden. Daneben gab es auch Doppelstücke dieser Münzen, welche die Aufschrift MONETA DVPLEX trugen und daher *double tournois* bzw. *double parisis* genannt wurden. Der *gros tournois* wurde gegen Ende des 14. Jahunderts durch den *gros blanc* (s. d.) verdrängt, während der *double tournois*, abwohl er schließlich zur Kupfermünze herabsank, bis in das 17. Jahrhundert im Gebrauch war.

Tympfe sind geringhaltige polnische Gulden, welche zuerst im Jahre 1663 geschlagen wurden und nach dem Münzmeister Tympf oder Timpf ihren Namen erhielten. Besonders viel Tympfe wurden unter den Kurfürsten von Sachsen als Könige von Polen geprägt. Auch von den Kurfürsten von Brandenburg bzw. Königen von Preußen wurden für die polnischen und littauischen Landesteile vielfach Tympfe hergestellt. Sie tragen das gekrönte Brustbild des Münzherrn, meist mit geschultertem Schwert, und die Zahl 18 = 18 Groschen, weshalb sie auch Achtzehngröscher genannt wurden, und standen zum Taler im Wertverhältnis von 5:1.

Typus einer Münze. Derselbe wird durch Bild und Schrift zusammen, also durch das Gepräge bestimmt. Er entspricht dem Eindruck, den mehrere Münzen durch den Inhalt ihrer Darstellungen beim Beschauer hervorrufen, und ist daher wohl zu unterscheiden von der sogenannten Fabrik (Mache) der Münze (s. d.). (Nach Luschin von Ebengreuth, Allgemeine Münzkunde und Geldgeschichte).

U.

Unciales, s. Taler.

Uncialfuß. Dieser Fuß wurde für die Kupfermünze der römischen Republik, nachdem dieselbe bereits wiederholt Reduktionen erfahren hatte, im Jahre 217 v. Chr. durch das flaminische Gesetz eingeführt und bestand darin, daß der As auf $\frac{1}{12}$ seines ursprünglichen Normalgewichts, also auf eine Unze herabgesetzt wurde.

Unicat, ein in Münzkatalogen nicht selten anzutreffendes Wort, mit welchem man sagen will, daß die betreffende Münze nur in einem Exemplar existiert bzw. bekannt ist. Das Wort ist ein sprachliches Unding; es müßte heißen Unicum.

Unze, lat. uncia, war sowohl eine Gewichts- als auch eine Münzbezeichnung. Die alte römische Unze war ursprünglich ein Gewicht, dann eine Münze $= {}^1/_{12}$ As (s. d.); die deutsche Unze war ein Silbergewicht zu 2 Lot oder $^1/_{16}$ Pfund bzw. $^1/_8$ der cölnischen Mark (s. d.), die italienische Unze (*oncia*) ein solches von $^1/_8$ und $^1/_{12}$ des Pfundes (*libbra*) und die als Gold- und Silbergewicht noch heut gebräuchliche englische Unze (*ounce*) $= {}^1/_{12}$ des Troypfundes. In Spanien, Sizilien, Neapel und auf Malta war die Unze, span. *onza*, ital. *oncia*, später der Name einer Rechnungsmünze oder einer Münze von verschiedenem Metall und sehr verschiedenem Wert.

Ursulataler. Zu den ältesten und interessantesten Städtetalern gehören die Anfang des 16. Jahrhunderts in Cöln geprägten Ursulataler, teils mit, teils ohne Jahreszahl. Sie zeigen auf der einen Seite die heiligen drei Könige stehend, zu ihren Füßen das Wappen der Stadt und die Umschrift IASPAR

MELCHIOR ET BALTASAR, im Abschnitt die Worte O FELI(*x*) COLON(*ia*). Auf der Rückseite ist die heilige Ursula dargestellt, wie sie begleitet von ihrem Vater und dem Papst Cyriacus mit ihren 11000 Jungfrauen zu Schiff den Rhein herabfährt nach Cöln, wo sie nach der Legende mit ihren Begleiterinnen den Märtyrertod fand. Die Umschrift der Rückseite lautet SANGVIE (*sanguine*) ★ HI(*c*) ★ ROSEO ★ REGNA ★ VICERE ★ ZVPERNA ★. Das Wappen der Stadt zeigt auf den Ursulatalern nur die drei Kronen (der heiligen drei Könige), da die elf, die heiligen 11000 Jungfrauen andeutenden Flämmchen dem Wappen erst später hinzugefügt worden sind. Die Ursulataler wurden übrigens nicht bloß in einfachen, sondern auch in 1½, zwei- und dreifachen Stücken ausgeprägt.

Usualmark. Während des größten Teils des Mittelalters, d. h. bis zum Beginn der Gold- und der Groschenprägung kannte man in Deutschland fast keine anderen Münzen, als die Denare oder Pfennige und die noch geringwertigeren Teilstücke dieser Münzen. Da jedoch die Rechnung nach einzelnen Pfennigen für den Großverkehr nicht genügte, so griff man zu dem Auskunftsmittel, daß man Großzahlungen entweder in Pfunden oder Marken (zu 16 Lot) geprägter Pfennige, oder in Silberbarren leistete. Um nun die letztere Art des Zahlens zu erleichtern, wurden, namentlich in den münzberechtigten Städten Niedersachsens, Silberbarren im Gewichte einer Mark und von dem in den betreffenden Orten üblichen Feingehalt gegossen, welche zum Zeichen der Richtigkeit des Gewichts und Gehalts mit bestimmten Stempeln versehen wurden. Diese Barren oder Usualmarken werden in lateinisch geschriebenen Urkunden *marcae argenti usualis signatae* genannt, d. s. gezeichnete (*geteknete*) Marken von dem gebräuchlichen (zum Handelsverkehr bestimmten) Silber. Sie sind in Gestalt runder Kuchen gegossen und heißen auch Gußkönige. Die Mark Usualsilber der niedersächsischen Städte war meist lötig, d. h. mit einer gewissen Menge geringeren Metalls versetzt und ihr Feingehalt nach den verschiedenen Orten ihrer Entstehung sehr verschieden. Man half sich daher damit, daß man in Kaufverträgen usw. von vornherein festsetzte, ob die Zahlung in *marc. brunswicensis, hildesemensis, bremensis etc. valoris*, d. h. in Mark nach braunschweigschen, hildesheimschen, bremischen usw. Feingehalt erfolgen sollte. Es kam aber auch vor, daß man Marken herstellte, die keinen Zusatz enthielten. Dieselben erreichten daher nicht das Gewicht von 16 Lot, enthielten aber soviel feines Silber, wie die gewöhnliche Mark Usualsilber. Derartige gegossene Markstücke von ganz reinem Silber nannte man daher *marcae usualis argenti purae*.

V.

Valvation, franz., abgeleitet vom lat. *valēre,* gelten, Wert haben, heißt Wertbestimmung, Devalvation Wertherabsetzung. Der Umstand, daß früher in den einzelnen Staaten neben den Landesmünzen zahlreiche alte und fremde Münzen im Umlauf waren, führte schon im Mittelalter dazu, daß man durch obrigkeitliche Verordnungen diese Münzen valvierte bzw. devalvierte, d. i. ihnen gegenüber den kurrenten eigenen Münzen einen bestimmten Umlaufswert beilegte. Zu den diesem Zweck dienenden Verordnungen, Münzmandaten, Ordonancien usw. gehörten insbesondere die Valvationstabellen. Dieselben wurden häufig, um sie dem Volke verständlicher zu machen, mit Abbildungen der betreffenden Münzen ausgestattet und sind noch heut ein wertvolles Hilfsmittel für die Münzforschung. Ein noch gründlicheres Mittel, ungültige oder im Wert herabgesetzte Münzen umlaufsfähig zu machen, war die Abstempelung derselben. S. Contremarken.

Vandalenmünzen. Die Vandalen prägten während ihrer Herrschaft in Nordafrika von 428 bis 534 n. Chr. Münzen in Silber und Kupfer, welche das Brustbild und den Namen des Königs tragen. Goldmünzen sind von ihnen nicht geschlagen worden.

Venus, s. Aphrodite.

Verleihung des Münzrechts. Ein großer Übelstand, unter welchem in früheren Zeiten die Einheitlichkeit des deutschen Münzwesens litt, bestand in den zahlreichen Verleihungen des Münzrechts. Zur karolingischen Zeit war es gerechtfertigt, daß den Herzögen und Grafen die Ausübung des Münzrechts vom Kaiser gestattet wurde, da die kaiserlichen Münzstätten dem Bedarf nicht zu genügen vermochten (s. Münzrecht). Später änderte sich aber das Verhältnis, indem die Verleihung des Münzrechts nicht mehr aus volkswirtschaftlichen Rücksichten stattfand, sondern sich zu einem Gnadenakt gestaltete, oder aus anderen politischen Gründen erfolgte, namentlich um die Vasallen zu Gegenleistungen zu verpflichten. Dann wurde mit der steigenden Macht und Selbständigkeit der größeren Vasallen das Münzrecht zu einem mit der Belehnung verbundenen Recht derselben. Sie leiteten aber hieraus nicht nur die Befugnis zur Ausprägung eigener Münzen, sondern auch alle aus der Münzhoheit sich ergebenden Rechte ab. Sie erteilten daher das Münzrecht wieder an ihre Vasallen und Städte, und es entstand hieraus die große Verschiedenheit der Münzsysteme und die Buntscheckigkeit der Münztypen, unter welchen Übelständen Deutschland jahrhundertelang gelitten hat.

Verpachtung der Münze. Im Mittelalter und auch in späterer

Zeit war es vielfach üblich, daß die Münze aus Bequemlichkeit oder in Erhoffung eines größeren Gewinns vom Münzherrn an einen Unternehmer verpachtet wurde. Damit begab sich der Münzherr keines Rechts aus der ihm zustehenden Münzhoheit, sondern er übertrug die Ausübung des Münzgeschäfts und die Beschaffung des Münzmetalls nur auf Zeit dem Unternehmer, der ihm dafür einen Anteil am Gewinn oder eine feste Entschädigung vertragsmäßig zusicherte. Aus derartigen Pachtverhältnissen entstanden dann vielfach die Münzerhausgenossenschaften (s. d.).

Verpfändung der Münze. Eine Schattenseite des Mittelalters und der während desselben in den Staaten herrschenden dynastischen Regierungsform war die, daß die Fürsten und Herren, wenn sie sich in Geldverlegenheit befanden, nicht nur ihre Burgen und Schlösser sowie sonstiges Privateigentum, sondern auch Städte und ganze Landgebiete sowie die Einnahmen aus den Zöllen und anderen Gerechtsamen gegen Gelddarlehen verpfändeten. Ein beliebtes Pfandobjekt waren auch die Münzstätten und das mit denselben verbundene Münzrecht. Namentlich fand die Verpfändung der Münze an Städte oder wohlhabende Bürger derselben statt, und wenn der Schuldner nicht zahlen konnte, ergab sich dann aus diesem Verhältnis nicht selten der Verkauf und damit die endgültige Überlassung des Münzrechts an den Gläubiger.

Verrufen der Münze heißt dieselbe für ungültig erklären, außer Kurs setzen. Dieses Verfahren war während des Mittelalters in Deutschland sehr gebräuchlich und sollte nach dem Sachsenspiegel sogar bei jedem Wechsel des Münzherrn stattfinden. Es war ein Hauptgrund der Verschlechterung des Münzwesens. Von den vielen Münzberechtigten waren es namentlich die geistlichen Herren, welche, da sie meist in vorgerückten Jahren gewählt wurden, am häufigsten wechselten und durch kein Familieninteresse mit ihrem Lande verbunden waren. Dieselben nahmen daher, anfänglich wohl aus Eitelkeit, später aus Gewinnsucht, die Gewohnheit an, bei ihrem Regierungsantritt die mit den Bildern und Zeichen ihrer Vorgänger versehenen Münzen einzuziehen und durch neue, meist schlechtere Münzen mit ihren eigenen Bildnissen und Zeichen zu ersetzen. Dieser unter Umständen erheblichen Gewinn abwerfenden Gewohnheit folgten auch die weltlichen Münzherren, und die Münzen wurden bald nicht mehr bloß beim Eintritt eines Regierungswechsels, sondern alljährlich und zuweilen noch öfter verrufen. Zu diesem Zweck wurde ein Tag bestimmt, von welchem ab der Wert der im Umlauf befindlichen Denare oder Pfennige erheblich herabgesetzt wurde und dieselben unter entsprechendem Verlust gegen neues Geld, in welchem die Steuern und Renten zu zahlen waren, umgewechselt werden mußten. Der Münzherr erhielt also das vermünzte Silber zu einem billigen Preise zurück und ließ dafür neues Geld schlagen. Wurden nun noch die neuen Pfennige, wie es häufig vorkam, geringhaltiger ausgebracht als die alten, so war der Gewinn des Münzherrn ein doppelter. Von der Verrufung des Geldes machten namentlich die brandenburgischen Markgrafen des 14. Jahrhunderts einen umfänglichen Gebrauch. Bei denselben war es üblich, daß das gesamte im Umlauf befindliche Geld alljährlich, meist acht Tage vor St. Jacobi, verrufen wurde. Jedermann war alsdann bei schwerer Strafe verpflichtet, sein Geld gegen neue Münze umzuwechseln, und erhielt für 16 alte nur 12 neue Pfennige; der Gewinn des Münzherrn betrug also, abgesehen von dem aus etwaiger Verschlechterung der neuen Münze sich ergebenden Nutzen, alljährlich 25 Prozent des vorhandenen baren Geldes. Um nun die neuen von den verrufenen Münzen unterscheiden zu können, wechselte man jedes Jahr das Gepräge, dessen Festsetzung den Münzmeistern überlassen gewesen zu sein scheint. Es erklärt sich hieraus sowie aus dem Umstande, daß in mehreren Münzstätten gleichzeitig gemünzt wurde, die ungemein große Zahl der bei den brandenburgischen Denaren des Mittelalters vorkommenden Stempelverschiedenheiten. Dieselbe beträgt nach E. Bahrfeldt, „Das Münzwesen der Mark Brandenburg“, für die Zeit von 1170—1415, d. i. bis zum Herrschaftsantritt der Hohenzollern, ungefähr 700. Auf das periodische Verrufen ist auch die Verschiedenheit der Beizeichen auf den braunschweigischen Pfennigen des 14. Jahrhunderts, den sogenannten als Brakteaten ausgemünzten Löwenpfennigen, zurückzuführen. Auf letzteren blieb zwar das Münzbild des Löwen unverändert, dagegen wurden zur Unterscheidung der Jahrgänge bzw. der neuen von den verrufenen Pfennigen neben oder unter dem Löwen nacheinander vielerlei Beizeichen angebracht.

Das geschilderte Unwesen mußte natürlich einmal ein Ende nehmen. Namentlich hatten die Städte, je mehr sich Handel und Verkehr entwickelte, ein Interesse daran, wieder zu geordneten Münzverhältnissen zu gelangen. Sie benutzten daher jede Gelegenheit, namentlich die bei den münzberechtigten Fürsten häufig vorkommenden Geldverlegenheiten, das Münzrecht, zunächst gewöhnlich pfandweise, dann endgültig an sich zu bringen und das Recht des ewigen Pfennigs zu erlangen, d. i. Pfennige zu schlagen, welche der Herabsetzung und Verrufung nicht unterworfen waren. Weiteres darüber s. unter Ewiger Pfennig.

Vesta, griech. Hestia, war bei den Griechen wie bei den Römern die Göttin des häuslichen Herdes und des Herdfeuers, die Beschirmerin des Hauses und der Familie. Sie wurde daher gemeinsam mit den Laren und Penaten in jedem Hause und, da die Stadt- oder Staatsgemeinde als eine große Familie angesehen wurde, auch öffentlich verehrt. In ihrem unter der Aufsicht des Pontifex maximus stehenden Heiligtum zu Rom wurde der Dienst von sechs keuschen Jungfrauen, den Vestalinnen, versehen, welche das ewige Feuer zu unterhalten hatten. Auf den Münzen der römischen Kaiserinnen kommt das Bild der Vesta häufig vor. Sie wird in langer Gewandung dargestellt, meist das Zepter in der einen und das Palladium (das Schnitzbild der Pallas als Beschirmerin der Stadt) oder das Simpulum (s. d.) oder ein Füllhorn in der anderen Hand haltend.

Vexillum, das, lat. Dasselbe war ein römisches Feldzeichen, welches einzelne, von der Legion abkommandierte Abteilungen, insbesondere aber die zur Legion gehörige Reiterei, führten. Das Vexillum bestand in einem viereckigen (quadratischen) Stück Zeug von bestimmter Farbe, welches an einem Stabe befestigt war, der quer an einer Lanze aufgehängt wurde. Das Vexillum war also eine Art Standarte, in der Art der Befestigung des Tuches aber ähnlich den Kirchenfahnen. Auch diente es als Signal, namentlich wurde durch das Aufstecken des Vexillums auf dem Zelte des Feldherrn der Beginn der Schlacht angedeutet. Es ist auf römischen Münzen nicht selten zu erblicken, z. B. auf der bekannten Großbronze Neros mit der Aufschrift DECVRSIO in der Hand des Kriegers, welcher den mit eingelegter Lanze dahinsprengenden Kaiser begleitet.

Vicariatsmünzen sind von denjenigen Kurfürsten geprägte Münzen, welchen bei Erledigung des Kaiserthrones bis zur Wiederbesetzung desselben die Reichsverweserschaft oder das Reichsvicariat übertragen war. Es waren dies für Norddeutschland die Kurfürsten von Sachsen und für Süddeutschland die Kurfürsten von der Pfalz. Namentlich sind von ersteren in der Zeit, während welcher sie das Vicariat ausübten, viel dergleichen Münzen geschlagen worden, welche dadurch kenntlich sind, daß auf ihnen der Reichsadler angebracht und in der Aufschrift auf die vorgedachte Veranlassung bzw. Würde Bezug genommen ist.

Victoria, s. Nike.

Victoriatus ist der Name einer zur Zeit der römischen Republik vorübergehend geprägten Silbermünze, welchen dieselbe erhalten hat, weil auf der Rückseite eine das Tropäum (s. d.) bekränzende Victoria dargestellt ist. Der Victoriat hatte einen Wert von $^3/_4$ Denaren und scheint, nach den Funden zu urteilen und da er sich der Währung der griechisch-illyrischen Städte anschloß, vornehmlich für den Handel mit letzteren geprägt worden zu sein. Er kommt in

Ganz- und auch in Halbstücken (*semivictoriatis*) vor, welche beide obige Darstellung auf der Rückseite gemeinsam haben, von denen aber erstere auf der Vorderseite einen Jupiter-, letztere einen Apollokopf tragen. Um das Jahr 600 der Stadt hörte die Prägung der Victoriaten auf bzw. wurden dieselben auf den Wert des halben Denars herabgesetzt und mit dem Wertzeichen Q (*Quinarius*) versehen.

Vierblatt, s. Paß.

Vierchen. Unter diesem Namen versteht man im allgemeinen kleine Münzen, deren Wert dem vierten Teile einer größeren Münze entspricht. Insbesondere werden die unter Friedrich II. (1440—1470) in Prenzlau geprägten Teilstücke der ältesten brandenburgischen Groschen sowie die Teilstücke des Halbskoters (s. d.) Vierchen genannt.

Vierdung, Teil einer Mark, s. Mark.

Vierer oder **Fierer**, auch Etschvierer oder Quadrans genannt, war der Name einer kleinen tiroler Silbermünze des 13. bis 16. Jahrhunderts, welche ursprünglich = 4 Bernern (s. d.) oder $\frac{1}{5}$ des Kreuzers war.

Vierlander, s. Drylander.

Vierpaß, s. Paß.

Vierschildheller werden in der Numismatik Heller genannt, welche von den rheinischen Kurfürsten Ende des 15. oder Anfang des 16. Jahrhunderts gemeinschaftlich geprägt worden sind und die vier Wappenschilder derselben tragen. Auch von anderen Münzberechtigten wurden im 15. Jahrhundert am Niederrhein ähnliche Heller geschlagen, welchen daher ebenfalls die Bezeichnung Vierschildheller häufig beigelegt wird. Sie gehören insgesamt zur Klasse der Hohlpfennige (s. d.).

Vierschlag nennt man das im 11. Jahrhundert in der Schweiz und im 12. Jahrhundert in Süddeutschland üblich gewordene Verfahren, nach welchem man die viereckig geschnittenen Schrötlinge zu dünnen Denaren und kleinen Brakteaten dadurch möglichst auszurunden suchte, daß man die Seiten dergestalt mit dem Hammer bearbeitete, daß das Metall unter der Wucht der Hammerschläge sich zwischen Ecken nach außen hin bogenartig ausdehnte, während in der Mitte des Schrötlings eine viereckige Erhöhung, das sogenannte *quadratum supercusum*, bestehen blieb. Bisweilen begnügte man sich, um dem Schrötling eine möglichst runde Form zu geben, auch damit, die Ecken des Schrötlings mit dem Hammer einfach umzuschlagen.

Vinkenauge, **Vinkenoge** ist der Name einer kleinen Silbermünze, welche in Pommern, Mecklenburg, der Mark Brandenburg und auch in der Niederlausitz gangbar war. Sie wird zuerst in Urkunden aus dem letzten Viertel des 13. Jahrhunderts erwähnt, hatte im 14. Jahrhundert in Pommern, im 15. Jahrhundert in Mecklenburg weite Verbreitung und kommt in der Niederlausitz noch im 16. Jahrhundert vor.

Der Wert der Vinkenaugen war sehr schwankend, doch machte sich im allgemeinen ein langsamer Rückgang desselben bemerkbar. In Pommern wurden im Laufe der Zeit 18 bis 34 auf den böhmischen Groschen, in Mecklenburg 18 bis 24 auf den Schilling, in der Mark Brandenburg 16 bis 40 Vinkenaugen auf den böhmischen oder märkischen Groschen gerechnet, während in der Niederlausitz nur 14 bis 20 Vinkenaugen auf den böhmischen Groschen gingen. In den Urkunden werden sie wendische Pfennige, *parvi denarii slavicales, vincones* genannt. Der Name ist noch nicht mit Sicherheit erklärt. Derselbe wird gewöhnlich von dem den Münzen aufgeprägten Bilde, welches bei der üblichen Mangelhaftigkeit der Phantasie freien Spielraum ließ, und zwar von dem Bilde des mecklenburgischen Greifenkopfs, welchen der gemeine Mann als den eines Finken ansah, am liebsten aber von dem auf den mecklenburgischen Hohlpfennigen dargestellten Ochsenkopf abgeleitet, nach dessen großen Augen man die Pfennige Ogen, sowie von der ursprünglichen Feinheit des Silbers, nach welcher man sie vienke (feine) Ogen genannt haben soll. Darüber, welche Gattung von Münzen man mit dem Namen Vinkenaugen belegte, herrscht ebenfalls noch Unsicherheit. Dannenberg bezeichnete sie in seinen „Grundzügen der Münzkunde" als kleine Denare, was ja auch durch ihre Benennung als parvi denarii in lateinisch geschriebenen Urkunden begründet ist, und unterscheidet die Vinkenaugen von den Scherfen (s. d.), die halbe Denare waren. Neuerdings hat E. Bahrfeld in einer in der Festschrift zur Feier des fünfzigjährigen Bestehens der numismatischen Gesellschaft in Berlin 1893 enthaltenen Studie, der auch obige Angaben in der Hauptsache entnommen sind, nachgewiesen, „daß überall da, wo man im Verkehr Pfennige mit dem Namen Vinkenaugen belegte, sie das kleinste und geringwertigste Geld gewesen sein müssen, das man gehabt hat", und daß die Vinkenaugen in Pommern, Mecklenburg und der Mark Brandenburg zweiseitig geprägte, in der Niederlausitz aber hohle Pfennige gewesen sind.

Virtus, s. Honor.

Vließ = Widderfell. Der Orden des Goldenen Vließes, franz. *ordre de la toison d'or,* wurde vom Herzog Philipp dem Guten von Burgund im Jahre 1429 gestiftet. Großmeister des Ordens war Maximilian, Erzherzog von Österreich, nachmaliger Kaiser, nach dessen Vermählung mit Maria von Burgund die Großmeisterwürde an das Haus Österreich kam. In der Folge machte Spanien ebenfalls auf diese Würde Anspruch und man einigte sich dahin, daß beide Häuser das Recht der Verleihung des Ordens haben sollten. Das Ordenszeichen ist ein goldenes Widderfell, welches an einer Kette hängt, die aus goldenen Feuerstählen und goldene Funken sprühenden Edelsteinen zusammengesetzt ist. Das goldene Vließ ist noch heut der höchste österreichische und spanische Orden, welcher mit seiner Kette um die betreffenden Wappenschilde gelegt ist.

Volkstümliche Münzbenennungen. Die meisten Münzen des Altertums und des Mittelalters lassen ebenso wie viele Münzen der neueren Zeit nicht nur die Wertbezeichnungen (s. d.), sondern auch den Namen der Münzen vermissen. Dieser Umstand mag daher in erster Linie dem Volk Veranlassung gegeben haben, den Münzen gewisse Namen beizulegen, zumal bei der großen Verschiedenartigkeit der vielen, im Lauf der Zeit entstandenen Münzsorten die Notwendigkeit vorlag, dieselben im geschäftlichen Verkehr durch möglichst einfache Benennungen zu unterscheiden.

Aber nicht bloß ein wirklich vorhandenes Bedürfnis, sondern auch manche anderen, oft ganz zufälligen Umstände führten zu volkstümlichen Münzbenennungen. In denselben liegt insofern viel Interessantes, als sie Zeugnis davon geben, wie der gesunde Sinn des Volks die charakteristischen Merkmale gewisser Münzen richtig herauszufinden wußte und hiernach dieselben mit oft sehr treffenden Namen belegte. So erhielten zahlreiche Münzen nach dem Namen des Münzherrn oder des betreffenden Schutzheiligen, nach den Bildern und Aufschriften, nach den Ereignissen, auf welche sie geprägt waren, nach kleinen, oft unbedeutenden aber charakteristischen Beizeichen, ferner mit Bezug auf ihren Wert, ihren Feingehalt, ihre Größe und Form, nicht selten auch zum Spott und aus mißverständlicher Auffassung der Darstellung auf den Münzen im Volksmunde oft gewisse Benennungen, welche, wenn auch die Münzen selbst längst aus dem Verkehr verschwunden sind, sich doch zum Teil bis auf unsere Zeit erhalten haben. (Vgl. auch numismatische Etymologie.)

Schon aus dem Altertum sind uns volkstümliche Münzbenennungen bekannt. So wurden die weit verbreiteten persischen Goldmünzen, die Dariken (s. d.), weil sie das Bild eines gekrönten knienden Bogenschützen tragen, von den Griechen Bogenschützen (τοξόται) genannt. Ferner nannte man die alten Silbermünzen von Aegina, welche das Bild einer Schildkröte tragen, χελῶναι (Schildkröten) und die weit verbreiteten Drachmen und Tetradrachmen von Athen nach dem auf der Hauptseite befindlichen Pallaskopf Parthenoi (παρθένοι), d. i. Jungfrauen, oder nach dem Bilde der Rückseite, einer Eule, welche der Stadt heilig war und deshalb gewissermaßen als ihr Wappentier anzusehen ist, γλαῦκες d. i. Eulen. Eine Gattung Silbermünzen, welche nach der Unterwerfung Kleinasiens unter die Herrschaft der Römer von diesen in der neuen Provinz eingeführt wurde, erhielt von der ihnen aufgeprägten bacchischen *cista mystica* mit der sich aus letzterer hervorwindenden Schlange den Namen *cistophorus*, d. i. Kistenträger. Auch bei den Römern finden wir volkstümliche Münzbenennungen. So wurden die zahlreichen Denare der Republik, auf welchen die auf einem Zweigespann oder auf einem Viergespann dahineilende Victoria dargestellt ist, mit Vorliebe *bigati* und *quadrigati* (*denarii*) genannt, während die Denare mit dem Bilde der Dioscuren Castor und Pollux *castoriati* hießen.

Was das Mittelalter anlangt, so kommen bis ins 13. Jahrhundert volkstümliche Münzbenennungen wenig oder gar nicht vor, da es bei der Einförmigkeit der bis dahin vorherrschenden Münzprägung wohl an Veranlassung dazu fehlte. Als man jedoch in diesem Jahrhundert in Frankreich zur Prägung der Tournosen und um 1300 in Deutschland zur Herstellung der Groschen überging, trat gleichzeitig eine größere Mannigfaltigkeit in der gesamten Münzprägung ein. In Deutschland schlug man neben den Groschen nicht bloß Pfennige und Heller, sondern auch Doppel- und halbe Groschen, sowie die verschiedenartigsten Groschenteile. Daneben begann im Norden die Schillingprägung, und im Süden gewann die Prägung des Kreuzers und des Mehrfachen vom Kreuzer größere Ausdehnung. Ferner bedienten sich die einzelnen Münzherren nicht nur der verschiedenartigsten Münzbilder, sondern sie schlugen ihre Münzen auch nach sehr verschiedenem, oft wechselndem Fuß. Alle diese Umstände trugen dazu bei, daß in Deutschland und anderen Ländern bald vielerlei Gattungen von Münzen kursierten, und daß diese Verschiedenartigkeit, welche bis in die neueste Zeit bestehen blieb, in Verbindung mit den oben angeführten Gründen dem Volk häufig Veranlassung bot, einzelnen Münzen besondere Benennungen beizulegen. Viele dieser ursprünglich im Volksmunde gebräuchlichen Namen wurden dann den Münzen amtlich beigelegt und zum Teil auch auf die Münzen gesetzt. Die wichtigsten der volkstümlichen Münzbenennungen und der Namen von Münzen des Mittelalters und der neueren Zeit sind in diesem Buche unter den betreffenden Buchstaben besonders behandelt. An dieser Stelle sei nur noch über die Namen, welche vielen Münzen nach ihrem Wertbetrage beigelegt worden ist, folgendes gesagt.

Man kann die Münzen unterscheiden in solche, welche ein Teilstück, und in Münzen, welche ein Mehrfaches einer bestimmten Münzeinheit darstellen. Zu den erstgedachten Münzen gehören der Semis, Quadrans, Hälbling, Ort (s. diese Wörter) usw., zu den letzteren der Denar, Sestertius, die Doppia, Dublone (s. diese) usw. In Deutschland war es von jeher üblich, daß man bei der Bezeichnung von Münzen, welche das Mehrfache oder einen Teil einer bestimmten Einheit darstellten, den Gattungsnamen oft weggelassen und die Münze selbst nur durch das Zahlwort und, je nach dem Dialekt der betreffenden Gegend, unter Anhängung der Silbe er oder chen oder ling bezeichnet hat. So nannte man früher in Ober- und Niedersachsen die Zweipfennigstücke, in Süddeutschland die Doppelbatzen und die Zweikreuzerstücke oder halben Batzen auch Zweier. Bekannt sind ferner noch aus der neuesten Zeit die Dreier und Sechser, sowie die Dreilinge, und Sechslinge. Vierer, Vierlinge, Vierchen wurden bald die Vierpfennigstücke, bald solche Münzen genannt, welche dem vierten Teil des Groschens, Kreuzers usw. entsprachen. Auch Fünfer, Achter, Zehner, Zwölfer, Achtzehner und sogar Dreizehner (Drütteiner) gab es. Seltener war der Gebrauch, auch halbe Einheiten in derartig abgekürzte Münzbenennungen hineinzuziehen. Letzteres geschah dann in der Weise, daß man sich zur Bezeichnung der Münze nicht der betreffenden gemischten Zahl, z. B. $2^1/_2$ oder $7^1/_2$, bediente und etwa Zweieinhalber oder Siebeneinhaber sagte, sondern man ließ die ganze Zahl überhaupt weg und brachte bloß zum Ausdruck, daß von der darauf folgenden Zahl nur die Hälfte gemeint war. Man sagt ja auch häufig im gewöhnlichen Leben nicht „es kostet fünf und ein halb Mark“, sondern „es kostet sechsthalb oder sechstehalb Mark“, d. h. die sechste Mark wird nur halb gerechnet, wobei es als selbstverständlich gilt, daß noch fünf ganze Mark dazu gehören.

Zu den Münzen, deren Namen sich auf vorbeschriebene Weise im Volksmund gebildet haben, gehören die Dritthalber, wie u. a. die braunschweigischen Zweieinhalbpfennigstücke vom Jahr 1792 und die oldenburgischen und bremischen halben Grote oder Zweieinhalbschwarenstücke genannt wurden, sowie der Achtehalber (s. d.).

Votis multis. Vota publica waren Bitten und Gelübde, welche bei den Römern auf den glücklichen Erfolg eines Unternehmens, namentlich eines Krieges, an die Götter gerichtet wurden. Gelobt wurden große Opfer, Anteil an der Kriegsbeute, Tempel, öffentliche Spiele usw. Zur Zeit der Kaiser wurden solche Gelübde für das Wohl derselben und ihrer Familie in regelmäßigen Zeiträumen, teils jährlich, teils alle 5 oder 10 Jahre geleistet, und es entwickelten sich hieraus, da das Gelöbnis immer in Spielen bestand, die *ludi quinquennales* und *decennales*, d. s. die alle 5 bzw. 10 Jahre stattfindenden öffentlichen Spiele. Auf Münzen der späteren Kaiserzeit sind häufig zwei weibliche Figuren dargestellt, welche ein Schild mit der Aufschrift VOT*(is)* MVL*(tis)* und den Zahlen V, X auch XX gemeinsam halten. Diese Aufschriften und Zahlen beziehen sich auf die aus Anlaß der Quinquennalien und Decennalien für das Wohl der Kaiser usw. aufs neue geleisteten Gelübde und die denselben für die nächsten Feiern dargebrachten guten Wünsche.

W.

Währung (ital. Valuta), mittelhochd. *werunge*, abgeleitet von gewähren, d. i. Gewährung, Sicherheit leisten, ist die Gewähr für den Wert der vom Staate zu gesetzlichen Zahlungsmitteln bestimmten Münzen. Grote bezeichnet in seiner Geldlehre Währung als „diejenige bestimmte Zahlungsweise, bei welcher der Empfänger sicher ist, einen angegebenen Wertbetrag wirklich zu erhalten, — bei welcher dieser Wertbetrag gewährleistet, garantiert ist. Dabei muß vor allem zuerst feststehen, ob der Wert eines solchen Betrages in Gold oder in Silber gemessen werden soll. Wenn das eine der beiden edlen Metalle als Wertmesser dient, so ist das andere diesem gegenüber Ware, welche wie jede andere Ware im Werte, also im Preise, steigt und fällt". Der Wert des vom Staate zum allgemeinen Wertmesser erklärten Münzmetalls muß also fest und unabänderlich, oder es muß ihm wenigstens diese Eigenschaft vom Staate beigelegt sein. Je nachdem nun das Gold oder das Silber in einem Lande zum gesetzlichen Wertmesser erklärt ist, besteht in demselben die Goldwährung oder die Silberwährung. Nach anderen wird die Währung nicht unmittelbar durch das Münzmetall, sondern mittelbar durch die Hauptmünzen bestimmt, die der Staat in diesem Metall geprägt und zum gesetzlichen Zahlungsmittel erhoben hat. Diese Ansicht hat manches für sich, namentlich deswegen, weil man im gewöhnlichen Leben von einer Taler-, Mark-, Gulden-, Franken-, Kronenwährung spricht. Sie deckt sich auch mitunter, beispielsweise bei der Talerwährung insofern mit Grotes Erklärung, als die herrschende Münzeinheit, der Taler, seinerzeit nur in Silber ausgemünzt wurde, mithin kein Zweifel besteht, daß der zum Grunde liegende Wertmesser, das Währungsmetall, Silber war. Dagegen wird z. B. die jetzt in Deutschland herrschende Münzeinheit, das Markstück, nicht in Gold, dem Währungsmetall, ausgeprägt; es ist also an sich nicht Währungsmünze, auch keine unbedingt gesetzliches Zahlungsmittel, da nach Artikel 9 des Reichsmünzgesetzes vom 9. Juli 1873 niemand verpflichtet ist, Reichssilbermünzen im Betrage von mehr als zwanzig Mark in Zahlung zu nehmen und da letztere in Beträgen von mindestens 200 Mark bei bestimmten Reichskassen auf Verlangen in Goldmünzen umgewechselt werden. Da es also ganz gleichgültig ist, ob die gesetzliche Münzeinheit, nach welcher gezählt wird, aus dem Währungsmetall hergestellt ist oder nicht, so wird die Währung nicht durch die gesetzliche Münzeinheit, sondern durch das Münzmetall bestimmt, welches als gesetzlicher Wertmesser dem Münzsystem zum Grunde gelegt ist. Das Deutsche Reichsmünzgesetz unterscheidet auch scharf zwischen **Währung** und **Rechnungseinheit** (Münzeinheit), indem es im Artikel 1 bestimmt: „An die Stelle der in Deutschland geltenden Landeswährungen tritt die **Reichsgoldwährung**. Ihre Rechnungseinheit bildet die **Mark**", welche nach Artikel 3 desselben Gesetzes in **Silber** ausgeprägt wird. Im übrigen hat sich die ungenaue Bezeichnung der Währung nach der Münzeinheit neben der Bezeichnung nach dem Währungsmetall so eingebürgert, daß man ebensowohl von der deutschen Markwährung wie von der deutschen Goldwährung spricht.

Die Art der Währung schließt selbstverständlich nicht aus und bedingt sogar die Notwendigkeit, daß neben den aus dem Währungsmetall hergestellten Münzen auch solche aus anderem Metall geschlagen werden. In den Ländern der Goldwährung ist dann aber das Silbergeld Scheidemünze, während in den Ländern der Silberwährung die dort geprägten Goldstücke nichts anderes sind, als Münzen, welche lediglich zur Bequemlichkeit für den Handel und Verkehr bzw. zu dem Zwecke geschlagen werden, um Münzen zu besitzen, welche einen höheren, durch Vervielfachung der silbernen Münzeinheit nicht gut darstellbaren Wert haben. Denn es wäre ein Unding gewesen, wenn man beispielsweise früher den 5- und 10-fachen Taler in Silber hätte ausmünzen wollen, und man prägte daher Friedrichsdore, Augustdore usw.

Außer dem in dem Währungsmetall, also in Gold oder Silber nach dem gesetzlichen Fuße ausgemünzten Gelde, den **Währungsmünzen**, gibt es noch **Kreditgeld**, nämlich die **Scheidemünze** (s. d.), welche in Ländern der Silberwährung aus unterwertig ausgebrachten Silberstücken sowie aus Kupfer- oder einem anderen unedlen Metall hergestellten Münzen, in Ländern der Goldwährung aus Silber- und ebenfalls Kupfer- usw. Münzen besteht, sowie das **Papiergeld**, für welches aber in Staaten mit geordnetem Finanzwesen ausreichende Deckung in einem Vorrat an Edelmetall vorhanden sein muß. Wenn letzteres nicht der Fall ist und deshalb dem Papiergelde ein Zwangskurs beigelegt werden muß, spricht man von **Papierwährung**. Ähnlich verhält es sich mit der **Kupferwährung**, welche bloß für den inneren Verkehr eines Landes brauchbar und daher unter den heutigen Verkehrsverhältnissen nicht mehr anwendbar ist.

In den ältesten Zeiten wurde im Orient nur Gold und in Griechenland nur Silber ausgemünzt. Es bestand also dort die reine Gold- bzw. Silberwährung. Die Römer hatten, solange sie noch ein unbedeutendes, Ackerbau und Viehzucht treibendes Volk waren, zwar die Kupferwährung. Als jedoch die Macht der Republik stieg, gingen sie zur Silber- und später unter den Kaisern zur Goldwährung über.

Während des größten Teils des Mittelalters herrschte in Deutschland und in den übrigen christlichen Staaten Europas die Silberwährung, bis sie im 14. und 15. Jahrhundert infolge Ausbreitung des von Italien ausgegangenen Florens oder Goldguldens in den meisten dieser Länder durch die Goldwährung verdrängt wurde. Mit Beginn der Neuzeit und der Einführung des silbernen Großstücks, des dem Goldgulden gleichwertigen Güldengroschens oder Talers, wurde die Goldwährung in Deutschland wieder durch die Silberwährung ersetzt, welche (mit Ausschluß von Bremen) bis zum Inkrafttreten des Reichsmünzgesetzes bestehen blieb. In mehreren Ländern Europas und der neuen Welt besteht zwar noch die Silberwährung, doch treiben die betreffenden Staaten immer mehr der Goldwährung zu.

Außerdem wurde früher von mancher Seite noch für eine dritte Währung, die Doppelwährung (Bimetallismus) eingetreten, doch sind die Anhänger derselben jetzt fast ganz verschwunden. Das Wesen der Doppelwährung besteht darin, daß Gold und Silber zugleich Währungsmetall sind. Da dies jedoch bedingt, daß beide Metalle dauernd in ein festes Wertverhältnis zueinander gebracht werden, letzteres aber bei den fortwährenden und oft plötzlich eintretenden Schwankungen der Gold- und Silberproduktion unmöglich erscheint, so dürfte auch die Doppelwährung in den Ländern, wo sie noch besteht, bald aufgegeben werden. Vgl. Lateinischer Münzbund und Wertverhältnis des Goldes zum Silber.

Das Schwanken der Gold- und Silberpreise führt in den Staaten mit Doppelwährung, sofern sie nicht jedesmal den ganzen Münzfuß ändern wollen, zur hinkenden Währung. So nennt man nämlich den Zustand, in welchen das Münzwesen dieser Staaten gerät, wenn sich das Wertverhältnis des Goldes zum Silber zugunsten des ersteren wesentlich verschiebt und der Nennwert der gesetzliches Zahlungsmittel bleibenden Silbermünzen ihren Metallwert erheblich übersteigt. Auch in Deutschland hatten wir vor der Einziehung des Talers eine hinkende Währung, da die reine Goldwährung noch nicht vollständig durchgeführt war, der Taler vielmehr, obgleich sein Metallwert auf ungefähr M. 1,50 zurückgegangen war, noch als gesetzliches Zahlungsmittel galt und zu 3 Goldmark tarifiert wurde.

Wahl- und Denksprüche, s. Devisen.

Wahrheitstaler. Derselbe ist von dem Herzog Heinrich Julius von Braunschweig-Lüneburg in den Jahren 1597 und 1598 aus dem gleichen Anlaß geprägt worden wie der Lügentaler (s. d.). Er trägt auf der Hauptseite die Worte RECTE FACIENDO NEMINEM TIMEAS, darunter die Jahreszahl und die Umschrift HENRI · IVLI · DEI · GRATIA etc. Die Rückseite zeigt allegorisch die Wahrheit als eine stehende nackte Figur mit Glorienschein und ausgebreiteten Armen, zu ihren Füßen zwei sich krümmende Ungeheuer, die Verleumdung und Lüge, im Felde die Aufschrift VERITAS VINCIT OMNIA und über den Ungeheuern die erklärenden Worte CALVMNIA und MENDACIVM. Das Ganze ist von zwölf Wappenschilden umgeben.

Wallfahrtsmedaillen od. Wallfahrtsmünzen und Pfennige werden Medaillen genannt, die an Wallfahrtsorten erhältlich sind und von Wallfahrern zum Andenken an vollbrachte Wallfahrten und Bittgänge gekauft werden. Wenn diese Medaillen von Priesterhand geweiht sind, heißen sie Weihmünzen. Sie sind meist von unedlem Metall, selten rund, vielmehr gewöhnlich oval, mitunter auch eckig.

Walzenprägung. Das Prägen der Münzen mittels Hammer und Amboß, wie es während des ganzen Mittelalters und auch noch in späteren Jahrhunderten geübt worden ist, konnte auf die Dauer nicht genügen. Man sann daher auf andere, verbesserte Prägemethoden, unter welchen die Walzenprägung lange Zeit eine hervorragende Stellung einnahm. Dieselbe bestand im wesentlichen darin, daß man die Schrötlinge nicht aus den Zainen oder Metallplatten ausstückelte, sondern daß man letztere durch ein Walzenpaar gehen ließ, in welches die Münzbilder, und zwar auf der einen Walze die Vorderseiten, auf der anderen die Rückseiten derselben so vielmal, als der Umfang der Walzen gestattete, und in solcher Anordnung eingraviert waren, daß bei den Umdrehungen der Walzen die betreffenden Vorderseiten genau auf die Rückseiten trafen. Das Ausschlagen der Münzen aus den Platten erfolgte also erst nachträglich bzw. nach der Prägung mittels Durchschnitts oder Durchstoßes (s. Schrötling). Die Walzenprägung hatte aber verschiedene Übelstände. Abgesehen davon, daß das Einstellen der Walzen und das nachträgliche Ausstückeln der bereits fertigen Münzen viel Mühe verursachten, nahmen letztere, wie bei allen auf diese Weise hergestellten Stücken zu erkennen ist, je nachdem der Durchmesser der Walzen größer oder kleiner war, eine mehr oder minder gebogene Form an. Ein weiterer Übelstand lag darin, daß durch Walzen gehende kreisrunde Flächen in die Länge gezogen, also oval gepreßt werden, doch ließ sich demselben dadurch begegnen, daß man beim Gravieren der Walzen hierauf Rücksicht nahm und die Münzbilder nicht in kreisrunder, sondern in entgegengesetzt ovaler Form in die Walzen eingrub, so daß sie beim Prägen wieder eine kreisrunde Form annahmen.

Nach C. von Ernst (die Kunst des Münzens, Wiener numismatische Zeitschrift, Band XII) hat zuerst das Münzamt in Hall in Tirol, und zwar bereits gegen Mitte des 16. Jahrhunderts von der Walzenprägung Gebrauch gemacht. Im 17. und auch noch im 18. Jahrhundert kam dieselbe in Wien und in verschiedenen deutschen Münzstätten vielfach zur Anwendung.

Wappen sind bestimmte, nach den Regeln der Heraldik gefertigte Bilder, welche von Personen und Geschlechtern, Ländern, Städten und Köperschaften mit einer besonderen Berechtigung als ihnen eigentümliche Abzeichen geführt werden. Der Name ist entstanden aus Waffen, mittelhochdeutsch *wâfen* oder *wâpen*, weil jene Bilder zuerst auf Schild und Helm, den mittelalterlichen Schutz- oder Verteidigungswaffen angebracht wurden. Dementsprechend wird Wappen lateinisch mit *arma* (Waffen) übersetzt, und auch in anderen Sprachen hat man für Wappen und Waffen noch heut dasselbe Wort: französisch *armes*, italienisch *arma*, englisch *arms*, schwedisch *vapen*.

Der Gebrauch, Wappen zu führen, ist im Mittelalter aufgekommen. Im Altertum bedienten sich zwar viele Städte und Länder auf ihren Münzen ebenfalls gewisser stereotyper Bilder, welche sich auf eine charakteristische Eigentümlichkeit der betreffenden Stadt oder des Landes bezogen und mit deren Hilfe wir bei dem oft vorkommenden Mangel der Aufschrift imstande sind, ihren Ursprung zu bestimmen. So führte z. B. Aegina eine Schildkröte, Ephesus eine Biene, Melos einen Apfel, Böotien einen eigentümlich geformten Schild, die Cyrenaica eine Silphiumpflanze (deren Saft ein berühmtes Gewürz und Heilmittel gab). Diese Bilder sind aber nur als wappenähnliche Darstellungen, nicht als Wappen in unserem Sinne zu betrachten. Letztere sind nämlich aus dem Bedürfnis entstanden, im Kriege Freund und Feind durch gewisse äußere Abzeichen zu unterscheiden. Hierzu dienten in erster Linie die Schilde, welche mit bestimmten Farben bemalt waren. So führten nach Tacitus die Arier schwarze Schilde, wahrend die Friesen an braunen und die Sachsen an roten Schilden kenntlich waren.

Später nahmen die Heerführer zur Kennzeichnung ihrer Person noch besondere Bilder an, die sie nicht nur auf dem Schilde, sondern auch am Helm führten. Die ersten Wappenbilder finden wir auf Siegeln der Könige und Fürsten des 11. und 12. Jahrhunderts dargestellt; häufiger werden die Wappen indessen erst im 13. Jahrhundert, und zwar hing die Entstehung und Ausbildung derselben mit der Entstehung und Ausbildung des Ritterwesens eng zusammen. Nach dem Beispiele der Könige, Fürsten und Herren nahmen auch Länder, Bistümer, Städte und Korporationen Wappen an. Die Wappen der Länder sind gewöhnlich dem Geschlechtswappen ihrer Herren entnommen, diejenigen der Bistümer und Städte verdanken ihren Ursprung wahrscheinlich den Bannern, unter welchen man zu Felde zog.

von Sacken (Katechismus der Heraldik) unterscheidet die Wappen wie folgt: 1. Familien- oder Geschlechtswappen (zu welchen auch die Wappen nicht adeliger — Patrizier- — Familien gehören); 2. Gemeinschaftswappen (von Ländern, Städten, Bistümern, Abteien, Zünften, Gesellschaften); 3. Amtswappen, welche einer gewissen Würde zugehören und vermöge dieser manchmal Geschlechtern verliehen wurden, z. B. den Kurfürsten für die Erbämter des Römischen Reiches. So führte Pfalz-Bayern den Reichsapfel wegen des Erztruchsessen-, Württemberg die Reichssturmfahne wegen des Erbpannerherrn-, Sachsen die gekreuzten Schwerter wegen des Erbmarschallamts.

Die wesentlichsten Bestandteile des Wappens sind der Schild mit dem eigentlichen Wappenbilde und der Helm. Letzterer wird über dem Schilde, und zwar, wenn derselbe aufrecht steht, auf der Mitte des Oberrandes, wenn der Schild nach einer Seite geneigt ist, auf der entgegenstehenden oberen Ecke angebracht. Dies erklärt sich daraus, daß man sich die Zusammensetzung von Schild und Helm ursprünglich dergestalt vorstellte, daß hinter beide nur der Ritter selbst gedacht zu werden brauchte, um ein Bild desselben, wie er den Schild am linken Arm trägt und geharnischt zu Pferde sitzt, zu erhalten. Im Laufe der Zeit wurden die Wappen noch mit Symbolen der Würde des Inhabers, als Kronen, Hüten usw. sowie mit verschiedenen Zieraten ausgeschmückt. Wappen, deren Bilder den Namen des Besitzers wiedergeben, z. B. das Bild eines Wolfes = Wolf, eine Henne auf einem Berge = Henneberg, nennt man redende Wappen. (Weitere auf das Wappenwesen bezügliche Begriffe sind unter den betreffenden Wörtern erläutert).

Außer auf Schild und Helm wurden die Wappen bald auch auf anderen Gegenständen angebracht, sei es um den Inhaber des Wappens als Besitzer derselben zu kennzeichnen, sei es als Zeichen seiner Würde und seiner Berechtigung zur Ausübung gewisser Machtbefugnisse. Zunächst kam der Gebrauch auf, die Wappen in die Siegel aufzunehmen. Auf Münzen erscheinen die Wappen des Münzherrn oder Teile der Wappen erst in den letzten Jahrhunderten des Mittelalters. Sie sind, namentlich wenn die Aufschrift fehlt oder unvollkommen ist, ein wesentliches Hilfsmittel zum Bestimmen der Münzen, und ihre Kenntnis ist daher für den Numismatiker von der größten Wichtigkeit. Ein gutes Hilfsbuch zur Kenntnis der auf Münzen vorkommenden Wappen ist Rentzmanns numismatisches Wappenlexikon.

Wappenschild, der. Über den Ursprung der Wappenschilde s. Schild und Wappen. Man unterscheidet in der Heraldik hauptsächlich folgende Wappenschilde:

1. den großen dreieckigen Schild des 11. und 12. Jahrhunderts, auch gotischer Schild genannt, unten spitz, oben mit meist abgerundeten Ecken;

2. den kleineren, sogenannten Dreiecksschild des 13. und 14. Jahrhunderts, welcher fast die Form eines gleichseitigen Dreiecks hat, an den Seiten jedoch meist etwas nach außen gebogen ist;

3. den geraden, unten runden Schild, welcher die Form eines Rechtecks mit unten abgerundeten Ecken hat. Derselbe wird auch spanischer Schild genannt;

4. den seit dem 16. Jahrhundert sehr gebräuchlichen sogenannten französischen Schild, dessen untere Ecken wie bei demjenigen unter 3 zwar ebenfalls abgerundet sind, der aber nach unten noch in eine Spitze ausläuft;

5. den Stechschild oder die Tartsche, welche bei den Turnieren gebraucht wurde. Sie ist unten rund, an den Seiten mehr oder weniger geschweift und links oben mit einem halbkreisförmigen Ausschnitt versehen, durch welchen bei den Turnieren die Lanze gelegt wurde.

Aus der Tartsche entwickelte sich der Renaissance-Schild, auch deutscher Schild genannt, welcher sich von jener hauptsächlich dadurch unterscheidet, daß die Ecken und Ausbuchtungen desselben zu beiden Seiten gleichförmig erscheinen. In späterer Zeit gab man den Schilden auch ovale, kreisrunde und andere ganz willkürliche Formen. Namentlich erhielten sie im 17. und 18. Jahrhundert sehr verschiedenartig ausgeschweifte und mit Verschnörkelungen versehene barocke Gestalt, sowie förmliche Rahmen (Cartouchen). Die Schilde für Frauenwappen sind ursprünglich rautenförmig, doch kommt diese Form selten vor.

Zur Anfertigung der Wappenbilder dienen von alters her vier bestimmte Farben, nämlich rot, blau, grün, schwarz, welche die heraldischen Farben oder Tinkturen genannt werden, sowie die beiden Metalle Gold und Silber. Außerdem kommen noch der Purpur vor, jedoch nicht als eigentliche Schildfarbe, sondern nur bei Mänteln, Hüten und sonstigem Beiwerk der Wappen sowie Naturfarben, d. s. solche Farben, welche der betreffende Gegenstand in Wirklichkeit besitzt, z. B. wenn der in einem Wappen etwa vorkommende Hirsch braun oder eine Hand fleischfarben dargestellt wird. Grundsatz in der Heraldik ist, daß Farbe nicht auf Farbe und Metall nicht auf Metall stehen darf. So soll z. B. ein roter Balken sich niemals in einem blauen Felde befinden, sondern dasselbe muß golden oder silbern, oder umgekehrt der Balken muß, wenn das Feld blau bleiben soll, von Gold oder Silber sein. Wenn gleichwohl, namentlich bei neueren Wappen, Ausnahmen vorkommen, so stehen dieselben mit der obigen heraldischen Grundregel nicht im Einklang. Nur bei Gegenständen, welche in Naturfarbe dargestellt sind, kommt es, wenigstens in der neueren Heraldik, häufiger vor, daß dieselben ebensowohl auf Metall, als auf farbigem Grunde stehen.

Das Bedürfnis, Wappen auch ohne Anwendung von Gold, Silber und Farben, z. B. in Druckwerken heraldisch richtig darzustellen, hat dazu geführt, jede Farbe durch eine bestimmte Schraffierung pp. anzudeuten, und zwar rot durch senkrechte Striche, blau durch wagerechte Striche, grün durch schräge Striche von links oben nach rechts unten, schwarz durch senkrechte und wagerechte, einander kreuzende Striche, Gold durch Besäen des Feldes mit Punkten, Silber, das Feld bleibt weiß, Purpur durch schräge Striche von rechts oben nach links unten.

Hierzu tritt noch bei den Metallen die Damaszierung, welche durch arabeskenartige Verzierung des Feldes dargestellt wird — in früheren Zeiten durch schräg gekreuzte Linien und durch Sternchen, Punkte usw., welche in die durch erstere gebildeten Öffnungen gesetzt wurden.

In den auf Münzen früherer Zeit dargestellten Wappen finden sich noch keine Tinkturen, und es ist daher bei der großen Zahl gleichartiger und sich häufig nur durch die Farben unterscheidender Wappenbilder, z. B. dem Balken, dem Löwen usw. oft nicht möglich, eine Münze richtig zu bestimmen, wenn anders nicht die Aufschriften oder gewisse Beizeichen zu Hilfe kommen. Das Verfahren, die Farben in der vorbeschriebenen Weise anzudeuten, kam zwar schon in der ersten Hälfte des 17. Jahrhunderts auf, doch machten die Stempelschneider, sei es daß sie diese Methode nicht kannten, sei es daß ihnen die kleine Schraffierung zu mühsam war, noch lange Zeit keinen Gebrauch davon oder sie wandten, wenn es dennoch geschah, ganz beliebige und daher oft unrichtige Schraffierungen an. Erst in neuerer Zeit, etwa mit Beginn vorigen Jahrhunderts, wurde der Darstellung richtiger Tinkturen in den auf Münzen vorkommenden Wappen größere Aufmerksamkeit zugewandt. Immerhin ist die Kenntnis derselben für den Numismatiker von Wichtigkeit.

Wappenbilder, die bloß in einer Teilung des Schildes durch regelmäßig gezeichnete Linien in zwei oder mehr verschiedenfarbige Teile (Plätze) entstehen, nennt man Heroldsbilder (Ehrenstücke), solche die einen Gegenstand der Natur, der Kunst oder der Phantasie darstellen (Tiere, Pflanzen, Waffen, Drachen usw.) gemeine Wappenbilder. Beide Gattungen können auch vereinigt sein. Wappen, die aus mehreren Wappen bestehen, nennt man zusammengesetzte. In denselben erfolgt die Zusammenstellung der einzelnen Wappen in einer gewissen Ordnung dergestalt, daß das vornehmere immer einen bevorzugteren Platz hat, als das ihm im Range folgende. Bei Wappen, welche schachbrettartig zusammengesetzt sind, ist stets der in der oberen rechten, vom Standpunkte des Beschauers linken Ecke befindliche Platz die Hauptstelle; hat das Wappen außerdem noch ein Mittel- oder Herzschild, so enthält dieses das vornehmste Wappen. Heirats- oder Alliancewappen werden von Frauen geführt und sind solche Wappen, in welchen das Geburtswappen der Frau mit dem des Mannes vereinigt ist. Beim Beschreiben der Wappen (Blasonnieren) gilt als Grundsatz, daß man sich hinter dem Schilde stehend denkt. Es gilt also als rechts, was für den Beschauer links, und als links, was für den Beschauer rechts erscheint.

Die am häufigsten vorkommenden, lediglich durch Linien geteilten Schilde (Heroldsbilder oder Ehrenstücke) sind folgende:

1. Der durch eine senkrechte Linie längsgeteilte oder gespaltene Schild.

2. Der durch eine wagerechte Linie quergeteilte Schild, auch bloß geteilter Schild genannt.

3. Der schrägrechtsgeteilte (rechts- geschrägte) Schild, gebildet durch eine von der Linken gegen die Rechte abwärts gezogene gerade Linie.

4. Der schräglinksgeteilte (links- geschrägte) Schild.

5. Der durch zwei senkrechte Linien in drei Teile geteilte Schild heißt zweimal- gespaltener Schild, wenn jeder der durch diese Linien gebildeten Teile (Plätze) eine andere Tinktur hat; wenn jedoch zwei Plätze von gleicher Farbe sind, so heißt der mittlere, natürlich anders tingierte Platz Pfahl. Bei Spaltung durch drei Senkrechte erhält man einen dreimal- gespaltenen, durch vier Senkrechte einen viermal- gespaltenen Schild oder zwei Pfähle wie z. B. beim Landsberger Wappen (zwei schwarze Pfähle im goldenen Felde). Ist der Schild mehr als sechsmal gespalten, so heißt er gestreifter Schild.

6. Der durch zwei Querlinien geteilte Schild heißt zweimal- geteilt, wenn jeder Platz eine andere Farbe hat; sind jedoch der obere und untere Platz von gleicher Farbe, so heißt der mittlere Platz Balken (oder auch Binde), z. B. ein silberner Balken in rotem Felde (habsburgischer Schild). Bei fortgesetzter Teilung des Schildes mit drei Linien erhält man den dreimal- geteilten Schild, mit vier Linien zwei Balken usw.

7. Der geviertete oder quadrierte Schild wird gebildet durch eine Senkrechte und eine Querlinie, ist also ein gespaltener und geteilter Schild. Die vier Plätze desselben heißen auch Quartiere, und zwar haben die nach der Diagonale gegenüberliegenden Plätze in der Regel dieselbe Tinktur, wie z. B. beim hohenzollernschen Schilde von Schwarz und Silber geviertet.

8. Der durch mehrere Längs- und Querlinien geteilte Schild

heißt Schach oder geschachtet.

9. Wird der Schild durch zwei schräge Linien geteilt, so erhält man bei zwei Tinkturen einen Schrägbalken (badischer Schild). Bei 4, 6, 8 Schräglinien erhält man 2, 3, 4 Schrägbalken; ist jedoch die Zahl der Linien eine ungerade, so nennt man den Schild rechts- bzw. linksgeschrägt.

10. Die durch mehrere schrägrechts und schräglinks gezogene Linien entstehenden Figuren nennt man Rauten oder Wecken (bayrischer Schild).

11. Durch je zwei parallel laufende, nach oben einen Winkel bildende Linien erhält man den Sparren. Bei 4, 6, 8 usw. Linienpaaren entstehen halb soviel Sparren. Ist die Zahl der Linien ungerade, so nennt man den Schild gesparrt. Zeigen die Spitzen nach unten, so heißen die Sparren gestürzt.

12. Wenn die Teilungslinie in einem Schilde nicht glatt verläuft, sondern rechteckige Ansätze zeigt, so nennt man dieselben Zinnen, z. B. goldene Mauer mit drei Zinnen in blauem Felde (Oberlausitz).

13. Balken, Pfähle und Schrägbalken, welche statt von geraden, von Wellenlinien begrenzt sind, nennt man gewellt oder Flüsse, z. B. gewellter weißer oder silberner Schrägbalken in grünem Felde (Rheinland).

14. Eine in den Wappen häufig und in verschiedenartiger Zusammenstellung vorkommende Figur ist der Eisenhut, ein nach oben abgestumpfter Kegel. Meist erscheinen die Eisenhüte reihenweise.

15. Weitere Heroldsstücke wurden durch gespaltene und durch Teilungslinien, durch Schrägbalken usw. gebildet. Es seien hier nur erwähnt der gespaltene und halb geteilte Schild (die eine Hälfte des durch eine Längslinie gespaltenen Schildes ist durch eine Querlinie geteilt), der geteilte und halb gespaltene Schild (der obere oder untere Teil des durch eine Querlinie geteilten Schildes ist durch eine senkrechte Linie in zwei Hälften geteilt), der gesparrte Schild mit verwechselten Tinkturen oder der gegengesparrte Schild, der durch zwei gegeneinander laufende schräge Linien, welche eine Spitze bilden, in drei Plätze geteilte Schild usw.

Zu den gemeinen Wappenbildern gehören Gegenstände aus der Natur, und zwar aus dem Pflanzenreich, wie Bäume, Rosen, Lilien, Seeblätter; aus dem Tierreich, wie Löwen, Adler (beides die am häufigsten vorkommenden Wappentiere), ferner Leoparden, Pferde, Schlangen, Raben und andere Vögel; Himmelskörper und Figuren aus dem Erdreich: Sonne, Mond, Sterne, Flüsse, Berge; Ungeheuer und Phantasiegestalten: Drachen, Meerweiber, Jungfernadler (Harpyien), Greife; Gegenstände der Kunst und des Handwerks; Bauwerke, Waffen, Geräte, Kreuze, Anker, Kugeln, Ringe; endlich menschliche Figuren oder

Teile derselben; Köpfe, Arme, Hände usw.

Schließlich mögen hier noch einige der beim Blasonnieren, d. i. Beschreiben der Wappen, am häufigsten vorkommenden, oben nicht erwähnten Kunstausdrücke folgen:

Begleitet heißt ein Hauptbild, um welches kleinere Bilder stehen, ohne dasselbe zu berühren.

Belegt, ein Bild, auf welches ein oder mehrere andere Bilder gelegt sind, z. B. ein Schrägbalken, auf welchem ein Bär dargestellt ist.

Besäumt oder bordiert. Der Schild ist mit einem Rande von abweichender Tinktur versehen.

Besät, das Feld zeigt eine größere Anzahl kleiner Figuren, als Bienen, Lilien usw., von denen jedoch die äußeren in die Schildränder halb verschwinden,

Bestreut, wenn letzteres nicht der Fall ist.

Bewehrt ist ein Ausdruck, welcher sich auf diejenigen Körperteile von Tieren bezieht, die als Waffen derselben angesehen werden können, also bei Vierfüßlern die Zähne und Krallen, bei Vögeln die Schnäbel und Fänge. Man sagt z. B. der Adler ist rot bewehrt, d. h. er hat einen roten Schnabel und rote Fänge.

Flug = Flügel. Derselbe ist offen, wenn er nach vorn gekehrt ist, also beide Flügel sichtbar sind, geschlossen, wenn er von der Seite gesehen wird, während der einzelne Flügel halber Flug genannt wird.

Gestürzt werden Figuren genannt, welche verkehrt dargestellt sind.

Gestümmelt heißen Figuren, bei welchen ein oder mehrere wesentliche Teile fehlen,

Hervorbrechend, Tiere, von welchen nur der vordere Teil aus dem Schildrande oder einer anderen Figur hervorragt.

Redend ist ein Wappen, wenn das Wappenbild mit dem Namen des Besitzers vollständig übereinstimmt (z. B. Henneberg, Einsiedel, Wolf), oder wenn dasselbe in einem sinnbildlichen Zusammenhange mit dem Namen steht.

Schreitend heißt ein vierfüßiges Wappentier, welches einen Vorderfuß hebend dargestellt ist,

Stehend, wenn es mit allen Füßen auf dem Boden steht,

Steigend oder aufgerichtet, wenn es auf den Hinterfüßen stehend, die Vorderfüße ungleich erhebend dargestellt ist.

Wachsend heißt eine Figur, welche aus einer Teilungslinie oder dem Rande des Schildes dergestalt hervorragt, daß sie nur zur Hälfte sichtbar ist. Der Ausdruck ist also in der Heraldik ziemlich gleichbedeutend mit halb.

Zu erwähnen sind noch die Beizeichen oder Brüche, nämlich der Turnierkragen, ein abwärts breitgezinnter Balken; quer über den Schild und dessen Figur liegend, welchen in einigen Ländern die jüngeren Söhne zur Unterscheidung von dem Wappen des Vaters oder älteren Bruders führen, und der Faden, ein schmaler, über das Wappen gezogener Schrägbalken, welcher, wenn er von links nach rechts läuft, eine Neben- oder jüngere Linie bezeichnet, wenn er aber schräglinks angebracht ist, das Kennzeichen eines Bastardes war.

Neben dem Schilde mit seinen Wappenfiguren ist der Helm der zweite wesentliche Bestandteil eines Wappens. Näheres über den Helm und die zu demselben gehörige Helmkleinode und Helmdecken, ferner über die heraldischen Rang- und Würdenzeichen, als Kronen, Mützen, Hüte, Orden, über die heraldischen Prachtstücke: Schildhalter, Wappenzelte sowie über die Devisen s. unter den betreffenden Wörtern.

Wappenzelte oder Pavillons sind hinter und über einem Wappen angebrachte mantelartige Draperien, welche lediglich zur Dekoration desselben dienen. In der Regel ist der Mantel oben zusammengerafft und mit einer Krone bedeckt, während er zu beiden Seiten, jedoch etwas niedriger mittels Schnüren bauschartig aufgebunden ist. Die Farbe des Wappenzeltes ist meist purpurn, rot oder blau, das Futter Hermelin.

Wardein. Prüfer des Feingehalts edler Metalle und von Münzen, abgeleitet vom mittelhochd. *warten* achthaben, oder vom niederd. *warden*, d. i. werten. Auch wird das Wort, mittelalterliche Form *wardîn*, Waradein zurückgeführt auf Guardian, Wardian, was so viel heißt wie Aufseher, insbesondere von Klöstern.

Wecken nennt man in der Heraldik die durch mehrere sich schiefwinkelig durchschneidende Linien gebildeten rautenförmigen Vierecke, wie sie im bayrischen Wappen vorkommen. Die Wecke oder der Weck, ein mittelhochdeutsches Wort, bedeutet soviel wie Keil. (S. auch Wappenschilde.)

Weihemünzen, s. Wallfahrtsmedaillen.

Weiße Pfennige, Weißpfennige, Weißgroschen. Durch das ganze deutsche Münzwesen bis in die neuere Zeit zieht sich die Unterscheidung zwischen leichten und schweren, großen und kleinen, guten und geringen, schwarzen und weißen Pfennigen, Groschen usw. Der Grund liegt in der Verschiedenheit der Münzsysteme, welche in den zahlreichen Teilen des Deutschen Reiches herrschte, in dem häufigen Wechsel, welchen die münzberechtigten Herren und Städte in ihrem Münzwesen eintreten ließen, sowie in dem Umstande, daß wenn einer der Münzherren der herrschenden Münzverschlechterung zu steuern suchte und deshalb neue, bessere Münze einführte, derselben eine unterscheidende Bezeichnung gegeben wurde. Dergleichen, ursprünglich volkstümliche Benennungen, wurden den neuen Münzen dann auch offiziell beigelegt und schließlich beibehalten, auch wenn dieselben im Laufe der Zeit wieder geringhaltiger ausgeprägt wurden. Weiße Pfennige, *denarii albi*, sogenannt wegen ihres weiß glänzenden Aussehens und zum Unterschiede von den geringhaltigeren schwarzen Pfennigen (s. d.), werden bereits in den Urkunden des Mittelalters erwähnt. Später begegnen wir den Weißgroschen, namentlich im Westen Deutschlands, wo sie auch den Namen Albus (s. d.) erhielten. Die seit dem 14. Jahrhundert im Norden Deutschlands gangbaren Witten (s. d.) haben ihren Namen ebenfalls dem ursprünglichen Feingehalt dieser Münze, der weißen Farbe derselben zu danken. Weitere auf die Feinheit des Silber bzw. die weiße Farbe zurückzuführende Benennungen waren u. a. in Frankreich der Blanc (*gros blanc*), in Italien der Bianco, in Portugal der Blanco.

Weißkupfer nennt man eine Mischung von Silber und Kupfer, in welcher letzteres das Silber in solchem Maße überwiegt, daß dasselbe beim Weißsieden nur als ganz dünnes Häutchen auf der Oberfläche der Münze erscheint und bei geringer Abnutzung derselben wieder verschwindet. Hierauf ist es zurückzuführen, daß manche Münzen des späten Altertums und des Mittelalters, die als Silbermünzen galten, jetzt als Kupfermünzen angesehen werden.

Wendenpfennige. Mit diesem Namen wird eine eigentümliche Gattung von Münzen belegt, welche nach den in den Funden vorhandenen bekannten Münzen aus der zweiten Hälfte des zehnten und aus dem elften Jahrhundert herrühren. Das Charakteristische an denselben ist der hohe, aufgestauchte Rand, mit welchem beide Seiten versehen sind. Die größeren Wendenpfennige, welche ungefähr der Größe der Denare damaliger Zeit entsprechen, zeigen auf einer Seite ein Kreuz, auf der anderen das Bild einer Kirche (des karolingischen Tempels) und auf beiden Seiten eine Pseudolegende, welche aus Strichen und Ringeln, bisweilen auch untermischt mit wenigen Buchstaben und buchstabenähnlichen Zeichen, besteht. Die kleineren Wendenpfennige, welche jüngeren Datums als die großen Pfennige und offenbar Teilstücke derselben sind, tragen ebenfalls auf der einen Seite ein, meist aus gleichschenkeligen Dreiecken gebildetes Kreuz, auf der anderen Seite verschiedene Typen (verziertes Kreuz oder Kreuz mit Punkten in den Winkeln, Bischofstab, Kopf, Hand usw.). Auch sind die größeren derselben mit einer Pseudolegende versehen. Ihren Namen führen die Wendenpfennige mit Unrecht, denn obwohl sie häufig in den von den Wenden früher eingenommenen Landstrichen gefunden werden, können sie nicht von den Wenden geprägt sein. Ihre eigentümliche, von den deutschen Denaren abweichende Form und der Umstand, daß sie besonders häufig in Polen gefunden werden, läßt darauf schließen, daß die Wendenpfennige auch nicht deutschen Ursprungs sind. Jedenfalls herrscht über das Land und den Ort ihrer Entstehung noch völlige Ungewißheit. Anzunehmen ist jedoch, daß die Wendenpfennige von auswärts nach den Gebieten zwischen Elbe und Oder als Handelsmünze gelangt sind.

Wergeld, Wehrgeld hieß diejenige Geldsumme, welche nach altdeutschem Recht von einem Totschläger denjenigen, welche das Recht der Blutrache hatten, also den Verwandten des Erschlagenen zu zahlen war, damit dieselben auf die Ausübung dieses Rechts verzichteten.

Wêrsilber, s. Mark.

Wertbezeichnungen auf Münzen. Der Gebrauch, den Münzen eine Wertbezeichnung oder Wertzahlen aufzuprägen, ist erst in neuerer Zeit allgemein geworden. Im Altertum kannte man diesen Gebrauch fast garnicht, denn auf den griechischen Münzen kommen nur vereinzelt, und zwar erst in der späteren Zeit, Wertbezeichnungen vor. Die Römer setzten zwar zur Zeit der Republik bestimmte, das Wertverhältnis andeutende Buchstaben und Zeichen auf ihre Münzen (s. As, Denar usw.), doch kam dieser Gebrauch zur Kaiserzeit wieder ab. Die Verschiedenheit des zur Anwendung kommenden Münzmetalls, der Größe und des Gepräges genügte, um jedermann in den Stand zu setzen, den Wert der Münze ohne weiteres zu erkennen. Während des größten Teils des Mittelalters kommen in Deutschland, wenige Ausnahmen abgerechnet, Wertbezeichnungen und Münzbenennungen auf den Münzen ebenfalls nicht vor. Ein Bedürfnis dazu war auch nicht vorhanden, da die große Menge des Lesens unkundig war, und da es in den meisten Ländern nur sehr wenig Münzsorten gab, in Deutschland nur zwei, den Denar oder Pfennig und daneben den Obolus oder Hälbling. Die später, abweichend von dem Fuß der alten Denare ausgemünzten Kreuzer und Händelheller waren auf ein gewisses Umlaufsgebiet beschränkt und auch durch das Gepräge von jenen leicht zu unterscheiden. Erst die vom König Wenzel II. von Böhmen um das Jahr 1300 gemünzten und dann vielfach nachgeprägten größeren Silberstücke trugen die Aufschrift *grossi (Pragenses)*, woraus der Name Groschen entstand, doch hatte diese Bezeichnung nicht die Eigenschaft einer bestimmten Wertangabe, sondern sie diente nur zur Unterscheidung der neuen dicken Münze von den bisherigen kleinen Denaren und dünnen Brakteaten. Auch ließ man diese Aufschrift auf den betreffenden Münzen bald wieder weg. Später ging man dazu über, das Wertverhältnis des Groschens zum Taler, mit dessen Prägung man um das Jahr 1500 begann, durch Zahlen auszudrücken. Auf dem Taler, wie überhaupt auf dem groben Kurantgelde wurde die Wertbezeichnung oder Angabe des Namens des betreffenden Münzstücks erst im 18. Jahrhundert allgemein gebräuchlich. Auch die kleineren Münzen und namentlich die Scheidemünzen lassen bis in das 17. Jahrhundert hinein die Wertbezeichnung meist vermissen. Was die übrigen europäischen Staaten anlangt, so trugen die Münzen des oströmischen Reiches, ferner der Vandalen und Merowinger vielfach Wertzahlen. Die auf den französischen Münzen des Mittelalters befindlichen Bezeichnungen *turonus, burgensis, parisius* usw. sind nur Münzstättenbezeichnungen oder Namen der Gattung, welcher die Münze angehört, während das auf vielen dieser Münzen vorkommende *duplex* bereits als eine Wertangabe anzusehen ist, da es das Doppelte der betreffenden Münzeinheit bezeichnet. Weiteres s. unter volkstümliche Münzbenennungen.

Wertverhältnis des Goldes zum Silber. Im Altertum war das Wertverhältnis dieser Metalle zueinander ungefähr 1 : 10, doch stieg dasselbe bei den Römern zur Zeit der Republik auf 1 : 12 und später unter den Kaisern noch etwas höher. Das Verhältnis von 1 : 12 behauptete sich auch im allgemeinen während des ganzen Mittelalters. Als jedoch infolge der Entdeckung Amerikas eine außerordentlich starke Zufuhr von Silber nach Europa stattfand, fiel plötzlich der Preis desselben bzw. erhöhte sich der Preis des Goldes auf das 15fache des Silbers und mehr. Dieses Verhältnis blieb lange unverändert und noch bis vor wenigen Jahren stand das Gold zum Silber im Preise von 1 : 15½. Da plötzlich, infolge unvorhergesehener Silberproduktion in der ganzen Welt, namentlich in Nordamerika, ferner infolge des Freiwerdens großer Silbermassen aus Anlaß der Einführung der Goldwährung und Beschränkung der Silberprägung in Deutschland, sowie infolge des vermehrten Bedarfs an Gold im allgemeinen, fiel der Preis des Silbers so plötzlich und so anhaltend, daß das Verhältnis zwischen beiden Metallen ungefähr 1 : 35 war. Neuerdings ist der Preis des Silbers wieder etwas gestiegen, und das Wertverhältnis des Goldes zum Silber ist jetzt etwa 1 : 30.

Wespen- oder **Mückentaler.** Derselbe ist ebenso wie der Lügen-, Wahrheits-, Rebellentaler eine Spottmünze, welche der Herzog Heinrich Julius von Braunschweig-Lüneburg zur Verhöhnung seiner widerspenstigen Vasallen im Jahre 1599 hat prägen lassen. Er zeigt einen Löwen, welchem ein über ihm schwebender Adler einen Kranz auf den Kopf setzt. Um den Löwen fliegen, von der Sonne beschienen, 12 Wespen, welche vielleicht die Zahl jener Vasallen andeuten. Schmieder beschreibt noch einen anderen ähnlichen Taler, ebenfalls vom Jahre 1599, auf welchem jedoch die Zahl der Wespen nur 10 beträgt und die Bekränzung des Löwen von einem Engel besorgt wird.

Westgotische Münzen, s. Gotische Münzen.

Wewelinghöfer werden die im 13. und 14. Jahrhundert in Westfalen und benachbarten Gegenden hergestellten kleinen, dicken Denare genannt, welche die Eigentümlichkeit haben, daß sie mit Stempeln von ungefähr 22 mm Durchmesser auf viel zu kleinen, etwa nur 15 mm Durchmesser habenden Schrötlingen

(Münzplättchen) ausgeprägt sind. Infolgedessen erscheint die Randschrift auf diesen Denaren nur teilweise, mitunter bloß in einem oder in zwei Buchstaben. Der Name ist auf einen der Prägeherren, den Bischof von Münster Florenz von Wewelinghofen (1364—1379) zurückzuführen, von dem dergleichen Denare besonders häufig gefunden werden.

Wiedertäufermünzen sind talerförmige Silberstücke, welche im Jahre 1534 während der Herrschaft der Wiedertäufer in Münster aus dem von denselben geraubten Silber, zum Teil, wie die noch erkennbaren Spuren älterer Stempel zeigen, durch Überprägung vorhandener Taler hergestellt worden sind. Sie tragen keine bildlichen Darstellungen, sondern nur die Aufschrift THO MVNSTER, darüber die Jahreszahl 1534, sowie verschiedene Sprüche und Inschriften in niederdeutscher Mundart, welche sich auf das von den Wiedertäufern verkündete neue Reich Gottes beziehen. Ob diese Stücke als Kurrentmünzen im Umlauf gewesen sind, ist zweifelhaft. Jedenfalls scheint sich, wenn letzteres der Fall gewesen ist, das Umlaufsgebiet nur auf Münster beschränkt zu haben, da sie in dem Münzverzeichnis von Wolff Stürmer, Leipzig 1572, und in Adam Bergs Münzbuch von 1599 nicht aufgeführt sind. Wenn es trotzdem noch jetzt verhältnismäßig viel Wiedertäufertaler gibt (auch $1\frac{1}{2}$fache, doppelte und und selbst vierfache Taler), so liegt der Grund vielleicht darin, daß sie in Holland s. Z. nachgeprägt worden sind.

Wiener Pfennige. Unter diesem Namen versteht man österreichische, hauptsächlich in Wiener Münzstätten geprägte Denare und Pfennige des 12. bis 16. Jahrhunderts, deren älteste die Spuren von Hammerschlägen zeigen, mit welchen man die viereckig geschnittenen Schrötlinge bearbeitet hat (s. Vierschlag). Sie tragen zuerst sehr verschiedenartige, dem Tierreich entnommene Münzbilder, vorwiegend den Adler und den Löwen und sind von unvollkommener Prägung. Später treten auf den Wiener Pfennigen der österreichische Bindenschild und der Doppeladler, dann auch Schriftzeichen auf. Ihr Gehalt verschlechterte sich allmählich sehr und sank schließlich in den Jahren 1457—60 so weit, daß ihnen ebenso wie den gleichzeitigen bayerschen Pfennigen der Spottname Schinderlinge (s. d.) beigelegt wurde. Nach Einziehung der Pfennige wurde in Wien der von Tirol übernommene Kreuzer mit der Einteilung in 4 Pfennige die Hauptmünze für den Kleinverkehr.

Wildemanns - Taler, - Gulden usw. sind Braunschweig-Lüneburgische Münzen, auf welchen der wilde Mann (Schildhalter des herzoglichen Wappens) mit einem Baume in der Hand dargestellt ist.

Wilhelmer hießen meißnische Groschen des 15. Jahrhunderts (Fürstengroschen, Schildige und andere Groschen), auf welchen einer der drei Markgrafen des Namens Wilhelm allein oder mit anderen Markgrafen zusammen als Münzherr genannt ist. Meist ist jedoch der Name nur durch den Anfangsbuchstaben W angedeutet. S. auch Fürstengroschen, Schildige Groschen.

Witte, die, (Weiße) war in Niedersachsen der mittelalterliche Ausdruck für das Verhältnis, in dem das zur Münzprägung dienende Silber mit unedlem Metall gemischt war, also für den Silbergehalt oder die Feinheit der Mischung. Man bestimmte dieselbe jedoch nicht nach Loten reinen Silbers, welche die Mark (s. d.) enthielt, sondern nach dem in bestimmten Orten üblichen Feingehalt. Man sprach also nicht von der Mark lötigen Silbers, sondern von der Mark lübeckscher, braunschweigscher, stendalscher usw. Witte und Wichte, mit welchem letzteren Worte man gleichzeitig das Gewicht der Mark, welches nicht überall genau übereinstimmte, näher bezeichnete. Auf die Witte ist es auch zurückzuführen, daß man kleine zweiseitige Silbermünzen, mit deren Prägung zuerst in Lübeck in der zweiten Hälfte des 14. Jahrhunderts begonnen wurde, Witten nannte. Sie hatten den Wert von vier der bisher gangbar gewesenen kleinen Hohlpfennige und verbreiteten sich über Hamburg, Lüneburg, Schleswig-Holstein, Mecklenburg, Pommern, in welchen Gebieten sie bis zur Einführung des Groschens bzw. Schillings das übliche Kurantgeld bildeten. Auch am Niederrhein sowie in Dänemark und Norwegen sind die Witten nachgeprägt worden.

Z.

Zählmark, s. Mark.

Zähltaler, s. Taler.

Zählweise. Durch dieselbe wird bestimmt, wieviel Untereinheiten in der Obereinheit eines Münzsystems (s. d.) enthalten sein sollen. In den Münzsystemen des Altertums war die Zählweise sehr verschieden. Der kleinasiatische Elektronstater wurde in großem Umfange in Sechsteln, ἕκται, (s. d.) ausgemünzt. Ebenso zerfiel die silberne Münzeinheit der Griechen, die Drachme (s. d.), in sechs Teilstücke, Obole genannt, welche auch in halben und Viertelobolen ausgeprägt wurden. Die Zählweise näherte sich also hier dem Duodecimalsystem, welches bis zu $\frac{1}{24}$ Drachme ausgedehnt war. Die Teilung des As, der ältesten Münzeinheit der Römer, war eine rein duodecimale, da derselbe in 12 Unzen zerfiel, welche auch im Mehrfachen, zu 2, 3, 4 und 6 Unzen ausgeprägt wurden. Mit der Einführung der Silberprägung in Rom wurde jedoch der bisherige Standpunkt verlassen, indem man den Denar, die nunmehrige Münzeinheit, in 10 As teilte. Der Vierteldenar oder Sesterz, welcher in der Folge die übliche Rechnungsmünze wurde, war also = $2\frac{1}{2}$ As, doch wurde der As später auf $\frac{1}{16}$ Denar, der Sesterz also auf 4 As festgesetzt. Man war also damit zu der für den Kleinverkehr geeignetsten Teilung, dem Quartalsystem, gelangt. Durch die konstantinische Münzordnung (s. d.), insbesondere durch die ungewöhnliche Einteilung der goldenen Münzeinheit, des Solidus, in Drittelstücke (Trienten) wurde eine ganz neue Zählweise eingeführt. Dieselbe blieb auch bei den Merowingern im Gebrauch. Karl der Große führte insofern wieder das Duodecimalsystem ein, als er den Schilling, der allerdings nur Rechnungsgeld war, in 12 Denare teilte. In der folgenden Zeit (bis in das 13. Jahrhundert) lag fast in ganz Europa der Münzausprägung das Quartalsystem zum Grunde; in Deutschland gab es nur Denare oder Pfennige und deren Hälften (Obole, Hälblinge, Scherfe) sowie Vierteldenare. Seit der Entstehung des Groschens herrschte in Deutschland bis in das 19. Jahrhundert im Kleinverkehr wieder das Duodecimalsystem vor mit der Einteilung des Groschens in 12 Pfennige. Die ersten Münzen mit decimaler Einteilung wurden im Jahre 1792 in den Vereinigten Staaten von Nordamerika und bald darauf in der Schweiz ausgegeben. Dann folgten Frankreich und in mehr oder minder großen Abständen die übrigen Länder der alten und neuen Welt mit Ausnahme von England, Indien und der Türkei.

Wie die Erfahrung gezeigt hat, ist zwar die Decimalteilung für den Großverkehr die zweckmäßigste Zählweise, doch genügt sie nicht den Bedürfnissen des Kleinverkehrs. Man hat denselben daher in manchen Ländern, wie z. B. in Rußland und früher in Frankreich Konzessionen gemacht, indem man Scheidemünzen eingeführt hat, welche zwar nicht in das Decimalsystem passen, aber der natürlichen und bequemen Teilung Rechnung tragen. Das neueste Beispiel in dieser Beziehung bietet Deutschland, woselbst die gesetzgebenden Faktoren erst vor kurzem das vor noch nicht langer Zeit eingeführte reine Decimalsystem aufgegeben und neben der Ausprägung von Dreimarkstücken auch die Herstellung von 25-Pfennig-, also Viertelmarkstücken beschlossen haben.

Zaine nennt man die blechartigen Streifen des Münzmetalls, aus welchen die Schrötlinge (s. d.) hergestellt werden. Zu diesem Zweck wird das Metall in flache Stäbe von angemessener Länge gegossen, welche in früherer Zeit solange mit dem Hammer bearbeitet wurden, bis sie genügend dünn waren. Eine schwierige Arbeit war sodann das Ausstükkeln der Schrötlinge mittels Scheren, Zangen und ähnlicher Instrumente. Heutigen Tages erfolgt das Strecken der Zaine auf bequemere Weise und dabei viel vollkommener und genauer durch Walzen. Ebenso erfolgt das Ausstückeln der Schrötlinge mittels Durchstoßes oder Durchschnitts (s. Schrötling).

Zainhaken sind lange eiserne, an einem Ende hakenförmig gebogene Stangen, welche zum Bewegen der noch heißen oder in glühendem Zustande befindlichen Metallbarren dienen, aus welchen die Zaine hergestellt werden. Sie sind ein auf Münzen des 16. und 17. Jahrhunderts häufig vorkommendes Münzmeisterzeichen.

Zecchine, s. Dukat.

Zehner wurden früher Münzen genannt, die das Zehnfache einer bestimmten Münzeinheit darstellten, zuerst die im 16. Jahrhundert in Süddeutschland geprägten Zehnkreuzerstücke mit der Zahl 10, dann die österreichischen Zehnkreuzerstücke, die schweizerischen Zehnbatzenstücke usw.

Zepter, das, Abzeichen der Herrschergewalt, war im Altertum ein langer Stab, welchen die Könige führten. Auch die Statuen des Zeus und die altgriechischen Münzen zeigen denselben, wie er auf dem Throne sitzend, mit der Linken sich auf das Zepter stützt, während die Rechte den Donnerkeil oder den Adler hält. Im Mittelalter und in der neueren Zeit ist das Zepter weit kürzer und am oberen Ende mit einer Lilie, einer Hand, einem Reichsapfel, einem Kreuz oder auch nur mit einem Knauf besetzt.

Zeus, Ζεύς, Jupiter, der höchste und mächtigste, der König der Götter, wird auf den Münzen der Griechen und Römer häufig dargestellt, und zwar mit langem, in reicher Lockenfülle herabfallendem Haar, starkem Bart, stolzen Gesichtszügen und breiter Brust, doch gibt es auch jugendlichere Darstellungen des Gottes mit weniger Bart und milderem Gesichtsausdruck. Heilig war ihm der Adler. Von seinen zahlreichen Beinamen seien erwähnt Zeus Eleutherios (Ζεὺς ἐλευθέριος) der Freiheitsbeschützer, Befreier, Nikephoros (νικηφόρος) der Siegbringende, Soter (σωτήρ) der Retter, Dodonaios (Δωδωναῖος) der das Orakel zu Dodona schützende; ferner Jupiter tonans der donnernde, pluvius der Regen bringende, maximus der höchste, capitolinus, dem auf dem römischen Capitol ein Tempel geweiht war, conservator der erhaltende, stator der Flucht hemmende, victor der Sieger usw. Attribute des Zeus waren der Adler, das Zepter, der Donnerkeil, die Schale als Zeichen des Kultus. Er wird auf den Münzen meist auf dem Throne sitzend dargestellt, mit der Linken sich auf das Zepter stützend und mit der Rechten eins seiner Attribute oder eine Nike (s. d.) haltend, als Beschützer der Wettkämpfe und Verleiher des Sieges.

Zierbrakteaten sind goldene Schmückstücke, welche in nordischen Goldfunden mitunter vorkommen. Sie sind in der Form und nach Art der Brakteaten (s. d.) hergestellt und wurden daher früher als Goldbrakteaten angesehen, doch haben neuere Forschungen erwiesen, daß sie niemals die Eigenschaft von Münzen besessen, sondern lediglich zum Schmuck gedient haben.

Zinn eignet sich wegen seiner Weichheit wenig zur Herstellung von Münzen, doch ist dasselbe im Altertum ausnahmsweise zur Prägung von Münzen und münzenähnlichen Marken sowie in neuerer Zeit hin und wieder zur Herstellung von Notmünzen benutzt worden. Auch zur Herstellung von Medaillen und Jetons findet das Zinn, häufig in einer Legierung mit anderen Metallen, z. B. in der als Britanniametall bezeichneten Mischung, vielfach Verwendung.

Zinsgroschen sind kurfürstlich bzw. herzoglich sächsische Groschen. Es gab Schneeberger Zinsgroschen, auch Mutgroschen, genannt, welche vom Kurfürst Friedrich III. dem Weisen (1486—1525) in Gemeinschaft mit den Herzögen Albrecht und Johann, sowie Johann und Georg geprägt wurden und auf der Vorderseite den behelmten Kurschild, auf der Rückseite den behelmten Rautenschild, beide jedoch nicht wie die Spitzgroschen im Dreipaß, sondern im freien Felde tragen. 1 Zinsgroschen war = 2 halben Schwertgroschen oder 12 Pfennigen: 21 Stück galten einen rheinischen Goldgulden. Den Namen Schneeberger Zinsgroschen haben sie erhalten, weil gewisse Abgaben in dieser Münze geleistet werden mußten und weil sie in der Münzstätte zu Schneeberg bzw. aus Silber geprägt waren, welches aus dem Bergwerke bei Schneeberg gewonnen wurde; den Namen Mutgroschen, weil nach damaligem Handwerksgebrauch der Geselle beim Muten d. i. Nachsuchen des Meisterrechts dergleichen Groschen zur Handwerkslade zahlen mußte. Außerdem gibt es noch Zwikkauer Zinsgroschen, welche Kurfürst Friedrich III. in Gemeinschaft mit seinem Bruder Johann in der Zwickauer Münzstätte prägen ließ. Sie zeigen auf der Hauptseite das Brustbild des Kurfürsten im Kurornat mit geschultertem Schwert und in der den Namen und Titel desselben enthaltenden Umschrift vier kleine Wappenschilde, auf der Rückseite den Thüringer Helm, die Jahreszahl 1492 oder 1493 und die Umschrift GROSSVS NOWS ZWICKAVIE.

Zloty, der frühere polnische Gulden. Der Name ist, ähnlich wie der Name des deutschen Guldens von Gold, von *złoto*, Gold, *złoty*, golden, abgeleitet. Der Wert des polnischen Guldens (*złoty polski*), welcher in 30 Groszy geteilt wurde, blieb allmählich hinter dem Werte des deutschen Guldens erheblich zurück und betrug schließlich nur ungefähr 45½ Pfennig. Der rheinische Gulden hieß polnisch *złoty renski*, der Goldgulden und Dukaten *czerwony* (roter) *złoty*.

Zopf- oder **Schwanzdukaten**, Spottname eines unter König Friedrich Wilhelm I. von Preußen geprägten Dukatens, auf welchem sich das Brustbild, des Königs mit einem dünnen, vom Kopfe abstehenden Zopfe befindet.

Zwainziger (Zwanziger) hießen ursprünglich die in der zweiten Hälfte des 13. Jahrhunderts zuerst geprägten Tiroler Kreuzer (Etschkreuzer), da sie = 20 Bernern (s. d.) waren. Sie tragen auf einer Seite den Tiroler Adler, auf der anderen ein einfaches Kreuz, später zwei übereinandergelegte Kreuze.

Zwanziger, Knopfzwanziger, wurden die früheren bayerischen und salzburgischen Zwanzigkreuzerstücken genannt. Sie wurden nach Anlötung einer Öse von den Bauern mit Vorliebe zu Knöpfen verwandt und, nachdem sie selten geworden waren, zu diesem Zwecke von Münchener und Augsburger Geschäften, jedoch mit abgeänderter Umschrift, nachgeprägt. Auch österreichische und andere Zwanzigkreuzerstücke hießen kurzweg Zwanziger.

Zweier hießen Wiener Zweipfennigstücke oder halbe Kreuzer, welche Anfang des 16. Jahrhunderts geschlagen wurden.

Zweisprachige (bilingue) Münzen kommen schon im Altertum vor. So nennen die unter der Römerherrschaft in Kleinasien von den römischen Beamten (Proconsuln und Quästoren) geprägten Münzen Namen und Titel derselben in lateinischer Schrift und Sprache, während die übrige Aufschrift griechisch ist. Im Mittelalter wurden während der Herrschaft der Araber im Süden Europas nicht bloß von diesen, sondern auch von christlichen Fürsten (s. sizilische Münzen) Münzen mit arabischer und lateinischer Aufschrift geschlagen. In neuerer Zeit sind von Kolonialmächten für ihre überseeischen Besitzungen häufig Münzen mit Aufschriften in zwei und von den Holländern selbst in drei Sprachen geprägt worden.

Zwittermünzen nennt man solche Stücke, zu deren Prägung zwei nicht zusammengehörige Stempel verwendet worden sind. Es mag dies manchmal versehentlich geschehen sein, öfters aber wohl mit Absicht oder aus Sparsamkeit, indem man nur für die eine Seite einer neuen Münze einen neuen Stempel, für die andere Seite aber, um die Herstellung des zweiten Stempels zu ersparen, einen bereits vorhandenen alten Stempel benutzt hat. So gehören z. B. die während der russischen Okkupation von Königsberg im Jahre 1761 geschlagenen Münzen zum Teil zu den Zwittermünzen, indem die Hauptseite mit dem Bilde der Kaiserin Elisabeth oder dem russischen Adler mit neuen Stempeln geprägt ist, während man für die Rückseite vorgefundene preußische Stempel verwendet hat.

Zwölfer, s. Pfundner.

Zwölfgröscher, s. Dreigröscher.

Verzeichnis der hauptsächlich benutzten Werke.

A. Werke verschiedenen wissenschaftlichen Inhalts.

Bucher, Reallexikon der Kunstgewerbe.
Droysen, Historischer Atlas.
Flathe, Hertzberg u. a., Allgemeine Weltgeschichte.
Götzinger, Reallexikon der deutschen Altertümer.
Grimm, Deutsches Wörterbuch.
Heyne, Deutsches Wörterbuch.
Karmarsch, Handbuch der mechanischen Technologie.
Derselbe, Geschichte der Technologie.
Lübker, Reallexikon des klassischen Altertums.
Müller und Mothes, Archäologisches Wörterbuch.
Nasse (Lexis), Das Geld- und Münzwesen.
Plötz, Auszug aus der alten, mittleren und neueren Geschichte.
von Sacken, Katechismus der Heraldik.
Seyler, Geschichte der Siegel.
Warnecke, Heraldisches Handbuch.
Wolff, Die unmittelbaren Teile des ehemaligen römisch-deutschen Kaiserreichs.

B. Numismatische Werke.

a) Münzkunde im allgemeinen.

Ambrosoli, Manuale di numismatica.
Derselbe, Vocaboliaretto pei numismatici.
Dannenberg, Grundzüge der Münzkunde.
Friedländer und von Sallet, Das königliche Münzkabinett. Berlin.
Grote, Münzstudien.
Derselbe, Die numismatische Metrologie.
Halke, Einleitung in das Studium der Numismatik.
Klimpert, Lexikon der Münzen, Maße, Gewichte.
Schlickeysen (Fallman-Droysen), Erklärung der Abkürzungen auf Münzen.
Schmieder, Handwörterbuch der gesamten Münzkunde nebst Nachtrag.
Stückelberg, Der Münzsammler.

b) Antike Münzkunde.

Eckhel, Elementa rei numariae veterum sive prolegomena doctrinae numorum.

Derselbe, Kurzgefaßte Anfangsgründe zur alten Numismatik.

Hultsch, Griechische und römische Metrologie.

Levy, Geschichte der jüdischen Münzen.

Mommsen, Geschichte des römischen Münzwesens.

von Werlhof, Handbuch der griechischen Numismatik.

c) Münzkunde des Mittelalters und der neueren Zeit.

Bode, Das ältere Münzwesen der Staaten und Städte Niedersachsens.

Dannenberg, Die deutschen Münzen der sächsischen und fränkischen Kaiserzeit.

Leitzmann, Wegweiser auf dem Gebiete der deutschen Münzkunde.

Luschin von Ebengreuth, Allgemeine Münzkunde und Geldgeschichte des Mittelalters und der neueren Zeit.

Mader, Kritische Beiträge zur Münzkunde des Mittelalters.

Münzkataloge bzw. Münzkabinette von Schulthess, Götz, Neumann, Welzl von Wellenhein, Erbstein, Garthe, Killisch von Horn.

von Posern-Klett, Münzstätten und Münzen der Städte und geistlichen Stifter Sachsens im Mittelalter.

Rentzmann, Numismatisches Legenden-Lexikon des Mittelalters und der Neuzeit.

Schlumberger, Des bractéates d'Allemagne.

Thomsen, Catalogue, les monnaies du moyenage.

Wagner, Die in Sachsen, Thüringen und Meißen gemünzten Groschen.

d) Numismatische Zeitschriften.

Berliner Münzblätter, neue Folge, herausgegeben von *E. Bahrfeld*, Lichterfelde.

Blätter für Münzfreunde, herausgegeben von *H. Buchenau*, Verlag von *C. G. Thieme*, Dresden.

Münz- und Medaillenfreund von *J. Erbstein* (eingegangen).

Numismatisches Literaturblatt, herausgegeben von *M. Bahrfeld*, Rastenburg.

Numismatische Zeitschrift, herausgegeben von der numismatischen Gesellschaft in *Wien*.

Zeitschrift für Numismatik, herausgegeben von *H. Dressel* und *J. Menadier*, gegründet von *A. von Sallet*. *Berlin*, Weidmannsche Buchhandlung.

Berichtigungen.

Seite 9, linke Spalte, Z. 9 v. o. lies ΑΡΓΕΙΟΣ statt ΛΡΓΕΙΟΣ.
„ 9, „ „ Z. 11 v. o. lies ΑΙΓΙΝΗ statt ΛΙΓΙΝΗ.
„ 83, rechte Spalte, Z. 20 v. u. lies heaumé statt héaumé.
„ 118, linke Spalte, Z. 2 v. o. lies **Grènetis** statt **Grenetis.**
„ 184, „ „ Z. 10 v. o. hinter *numaria* einzuschalten *antiqua.*
„ 269, „ „ Z. 3 v. u. lies ὀβελίσκος statt ὀβδλίσκος.

FSC
www.fsc.org
MIX
Papier | Fördert gute Waldnutzung
FSC® C083411

Kolibri 360 GmbH
Ferdinand-Jühlke-Straße 7
99095 Erfurt, Deutschland
produktsicherheit@kolibri360.de